有限元分析及应用

Finite Element Analysis and Applications

曾 攀

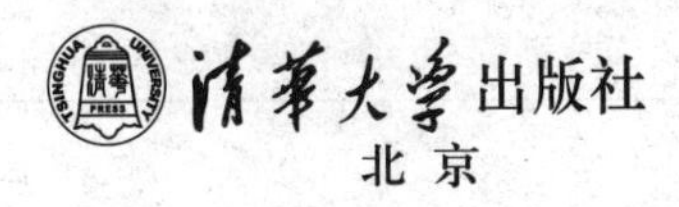

北 京

内容简介

本书强调有限元分析的工程概念、数学力学基础、建模方法以及实际应用，全书包括3篇，共分12章；第1篇为有限元分析的基本原理，包括第1章至第5章，内容有：有限元分析的力学基础、有限元分析的数学求解原理、杆梁结构的有限元分析原理、连续体弹性问题的有限元分析原理；第2篇为有限元分析的扩展内容，包括第6章至第8章，内容有：有限元分析中的单元性质特征与误差处理、有限元分析中的复杂单元及实现、有限元分析的应用领域（结构振动问题，弹塑性问题，传热与热应力问题）；第3篇为有限元分析的建模、软件平台及实例分析，包括第9章至第12章，内容有：有限元分析的实现与建模、有限元分析的自主程序开发以及与ANSYS平台的衔接、基于ANSYS平台的有限元建模与分析、基于MARC平台的有限元建模与分析。本书还给出中、英文关键词索引，并附有配书光盘(CD-ROM)。本书的理论阐述简明扼要，实例丰富，书中的3篇内容相互衔接，也可独立使用，分别适合于初级、中级和较高水平的学生作为课程教材，也适合于不同程度的读者进行自学；对于希望在ANSYS和MARC平台进行建模分析的读者，本书更值得参考。

本书的读者对象为机械、力学、土木、水利、航空航天等专业的高年级本科生、研究生、工程技术人员、科研工作者。

图书在版编目(CIP)数据

有限元分析及应用/曾攀编著. —北京：清华大学出版社，2004（2023.1重印）
ISBN 978-7-302-07475-5

Ⅰ.有…　Ⅱ.曾…　Ⅲ.有限元分析　Ⅳ.O241.82

中国版本图书馆CIP数据核字(2003)第096097号

责任编辑：杨　倩
责任印制：曹婉颖

出版发行：清华大学出版社
　　网　　址：http://www.tup.com.cn，http://www.wqbook.com
　　地　　址：北京清华大学学研大厦A座　　**邮　　编**：100084
　　社 总 机：010-83470000　　**邮　　购**：010-62786544
　　投稿与读者服务：010-62776969，c-service@tup.tsinghua.edu.cn
　　质 量 反 馈：010-62772015，zhiliang@tup.tsinghua.edu.cn
印 装 者：三河市铭诚印务有限公司
经　　销：全国新华书店
开　　本：175mm×245mm　　**印　张**：31.75　　**字　　数**：630千字
　　附光盘1张
版　　次：2004年6月第1版　　**印　　次**：2023年1月第19次印刷
定　　价：89.00元

产品编号：009084-08

作者简介

曾攀，男，1963年生，海南省海口市人。1988年在清华大学获博士学位，1988－1992年先后在大连理工大学和西南交通大学从事两站博士后研究(领域为计算力学)，为国家杰出青年科学基金获得者(1998)、长江学者(2000)、德国“洪堡”学者(1994－1995)，2004年入选“新世纪百千万人才工程”国家级人选。现为清华大学机械工程系主任、教授、博士生导师，《机械工程学报》、《工程力学》、《塑性工程学报》等5个学术期刊的编委，上海交通大学振动冲击噪声国家重点实验室、华中科技大学塑性成形模拟与模具国家重点实验室学术委员会委员。先后主持包括国家级基金项目、863项目、霍英东基金项目等科研项目30多个，获教委科技进步二等奖、机械部一等奖、北京高等教育教学成果二等奖各一项，获国家发明专利授权两项。已出版学术著作《材料的概率疲劳损伤力学及现代结构分析原理》，发表论文100多篇。主要从事计算力学、结构设计与分析、材料加工中的数值模拟等方面的研究。

FOREWORD

前言

据有关统计，在我国机械制造业中，采用有限元方法开发和设计的新产品已达到70%以上；在机械工程、车辆工程、土木工程、航空航天、材料加工工程等领域中从事工程设计与优化、材料宏微观模拟与分析的各类工作和学位论文中，约有90%以上的论文采用有限元方法作为分析工具，并且有限元方法在其中80%以上的论文中起到决定性的作用；可以看出，有限元分析已经成为教学、科研、产品设计中广泛使用的重要工具。近年来，有限元分析已从过去的只有较少数专业人员掌握的理论和方法，变为大学生、研究生、科技工作者、工程技术设计人员广泛使用的通用分析工具，一个重要的原因就是有限元分析商品化软件的普及。拥有了先进的和完全自动化的有限元分析软硬件平台，并不意味着就掌握了有限元分析方法和能够得到正确的分析结果，本书针对这一发展现状，力求提供反映时代特色的实用教程，强调有限元方法的工程理解和融会贯通，既给出有限元分析基本原理的清晰推导，又提供较多扩展内容，同时也让读者在目前国际上最先进的有限元软件平台上进行实际的建模和应用，在实践的基础上深刻理解和掌握有限元分析方法。

全书分为3篇，第1篇包括第1章至第5章，相关内容如下。

第1章为绪论，简要介绍有限元方法的发展过程及历史。

第2章为有限元分析的力学基础，介绍变形体的三大类变量描述、三大类基本方程、两类边界条件、能量表达等，讨论了平面应力、平面应变，以及变形体的构形、刚体位移及体积应变等基本问题；在参考内容中，给出了平面极坐标、空间柱坐标、球坐标下的变量和方程描述，可作为手册以备查用。

第3章为有限元分析的数学求解原理，基于实例，系统推导和讨论了弹性力学问题近似求解的加权残值法(Galerkin法、残值最小二乘法)、虚功原理、最小势能原理及其变分基础，并给出各种求解方法的特点及比较；在参考内容中，介绍了虚余功原理、最小余能原理、一般变分方法、广义变分原理等内容。

第 4 章为杆梁结构的有限元分析原理，首先基于一个实例介绍了有限元分析求解的完整过程，然后讨论了杆单元及坐标变换、梁单元及坐标变换，对拉杆结构、匀速旋转杆件、悬臂梁受压的间隙接触问题给出完整的应用实例；在参考内容中，介绍了考虑剪切应变的一般梁单元和 Timoshenko 梁单元。

第 5 章为连续体弹性问题的有限元分析原理，首先讨论了连续体的离散过程及特征，然后讨论了平面问题的单元构造、轴对称问题的单元构造、空间问题的单元构造、参数单元的一般原理和数值积分；在典型例题中，详细讨论了平面 4 节点矩形单元位移模式、平面矩形结构的应变能和应变余能计算等实际问题；在参考内容中，介绍了面积坐标、体积坐标、等参元变换的条件及收敛性、平面三角形单元与矩形单元求解精度的比较等问题。

第 2 篇包括第 6 章至第 8 章，相关内容如下。

第 6 章为有限元分析中的单元性质特征与误差处理，讨论了单元节点编号与存储带宽、形状函数矩阵与刚度矩阵的性质、边界条件的处理与支反力的计算、单元刚度阵的缩聚、位移函数构造与收敛性要求、C_0 型单元与 C_1 型单元、单元的拼片试验、有限元分析数值解的精度与性质、单元应力计算结果的误差与平均处理、误差控制和提高精度的 h 方法和 p 方法等重要内容；在参考内容中，介绍了应力(应变)计算结果的磨平改善、C_0 型问题 Wilson 非协调单元及拼片试验。

第 7 章为有限元分析中的复杂单元及实现，讨论了 1D 高阶单元、2D 高阶单元、3D 高阶单元、基于薄板理论的弯曲板单元、子结构与超级单元、特殊高精度单元；在参考内容中，介绍了基于薄板理论的协调板单元、考虑剪切的 Mindlin 板单元，还给出了常用 C_0 型高阶单元一览表以备查用。

第 8 章为有限元分析的应用领域，系统并深入讨论了结构振动问题、弹塑性问题、传热与热应力问题的有限元分析原理，并给出一系列的实例；在参考内容中，介绍了大变形动态非线性力学问题的构形描述及求解方法，清晰阐述 Lagrange 网格(描述)和 Euler 网格(描述)、静力隐式算法与动力显式算法等基本概念。

第 3 篇包括第 9 章至第 12 章，相关内容如下。

第 9 章为有限元分析的实现与建模，介绍有限元分析平台的一般组成、有限元分析过程中的离散方式与单元选择、特征建模与等效建模、逐级精细分析、单元的“激活”技术、多场耦合分析等重要内容，对于希望进行复杂问题分析和建模的读者具有重要的指导作用。

第 10 章为有限元分析的自主程序开发以及与 ANSYS 平台的衔接，介绍基于 Fortran 和 C 语言的有限元分析源程序，并给出详细的注释和应用实例；基于现有的有限元分析商品化软件进行自主程序开发和高水平的研究是一个新的发展趋势，本章还介绍自主程序开发与 ANSYS 前后处理器的衔接技术，并提供相应的接口程序。

第 11 章为基于 ANSYS 平台的有限元建模与分析，ANSYS 是目前最为普及的著名有限元分析软件，本章以典型实例介绍基于图形界面(GUI)的交互式操作(step by step)、log 命令流文件的调入操作、完全的直接命令输入方式操作、APDL 参数化编程等几种操作方式，所涉及的问题为平面问题、空间问题、振动分析、材料非线性分析。

第 12 章为基于 MARC 平台的有限元建模与分析，MARC 是另一个著名的有限元分析软件，本章同样基于四类典型的实例来介绍相应的有限元建模和分析过程。

本书的第 1 篇为有限元分析基本原理，可作为高年级本科生或初学者的入门教材，约需 32～40 学时；第 2 篇为有限元分析的扩展内容，可作为研究生或中级水平读者的教材，约需 32 学时；第 3 篇为有限元分析的建模、软件平台及实例分析，是专门为已具有较高水平且希望采用有限元方法解决复杂实际问题的读者编写的，其中的部分内容也可作为本科生或研究生课程上机练习的配套内容(基于 ANSYS 或 MARC)。书中各章中的参考内容可作为课堂教学的补充，不是必学内容，但对于希望进一步研究有限元方法及理论的读者，这些内容具有非常重要的参考价值。本书在每一章中重点突出有限元方法的思想、数理逻辑及建模过程，强调相应的工程概念，提供典型例题及详解，许多例题可作为读者进行编程校验的标准考题(Benchmark)，每一章都对主要内容给出相应的要点，还提供更多参考内容，以介绍一些较新的研究进展，使读者能够触及该领域的一些前沿和深层次成果，书中的许多实例取自于作者的科研工作积累，具有较好的实际背景，其中的部分研究工作还得到了国家自然科学基金项目(59825117，50175060)的资助。本书还给出中文关键词索引、英文关键词索引，以方便读者学习有限元分析中的专业词汇；在配书光盘(CD-ROM)中，提供了基于 Fortran 和 C 语言的有限元分析源程序、与 ANSYS 前后处理器衔接的接口程序、四类典型问题的 ANSYS 操作指南和 MARC 操作指南等。

本书的内容曾在清华大学研究生学位课"有限元分析及应用"中讲授多年，并借鉴国内外的一些研究成果，经过不断充实更新而完成；该课程于 2002 年被清华大学研究生院列为首批精品课建设课程。

清华大学机械工程系的方刚副教授、雷丽萍博士，以及博士研究生娄路亮、孔劲、杨学贵，硕士生孙德林、李莹、杨濯、刘海军在本书的编写过程中付出了许多辛勤的劳动，并仔细校审了本书的初稿和例题。博士生孔劲、硕士生赵瑞海还分别调试了书中第 10 章有限元分析 Fortran 程序和 C 程序，石刚博士和娄路亮参加编写了第 11 章的内容，雷丽萍博士、蒋昱硕士参加编写了第 12 章的内容。作者还特别感谢张惠玲女士、清华大学出版社的杨倩编辑对本书的重要贡献。

作　者

2003 年 7 月于清华园

CONTENTS

目录

第1篇　有限元分析的基本原理

CONTENTS

例及典型例题目录

CONTENTS

各章参考内容及重要列表目录

第6章

第7章

第8章

第9章

第 1 篇

有限元分析的基本原理

第1章 绪论

1.1 概况

人类认识客观世界的第一任务就是获取复杂对象的各类信息，这是人们从事科学研究、进行工程设计的基础。理论分析、科学实验、科学计算已被公认为并列的三大科学研究方法，甚至对于某些新型领域，由于科学理论和科学实验的局限，科学计算还不得不是惟一的研究手段。就工程领域而言，**有限元分析**(finite element analysis)是进行科学计算的极为重要的方法之一，利用有限元分析可以获取几乎任意复杂工程结构的各种机械性能信息，还可以直接就工程设计进行各种评判，可以就各种工程事故进行技术分析。1990年10月美国波音公司开始在计算机上对新型客机B-777进行"无纸设计"，仅用了三年半的时间，于1994年4月第一架B-777便试飞成功，这是制造技术史上划时代的成就，其中在结构设计和评判中就大量采用有限元分析这一重要手段。据有关资料，一个新产品的问题有60%以上可以在设计阶段消除，如果人们有先进的精确分析手段，就可以在产品设计(包括结构和工艺设计)时进行参数分析和优化，在最短的时间里制定新工艺，以获得高品质的产品，而工程计算和评判将在这一过程中起关键作用。

有限元方法(finite element method)是求解各种复杂数学物理问题的重要方法，是处理各种复杂工程问题的重要分析手段，也是进行科学研究的重要工具。该方法的应用和实施包括三个方面：计算原理、计算机软件、计算机硬件。这三个方面是相互关联的，缺一不可。正是由于计算机技术的飞速发展，才使得有限元方法的应用如此广泛和普及，使之成为最常用的分析工具，目前，国际上有90%的机械产品和装备都要采用有限元方法进行分析，进而进行设计修改和优化。实际上有限元分析已成为替代大量实物试验的数值化"**虚拟试验**"(virtual test)，基于该方法的大量计算分析与典型的验证性试验相结合可以做到高效率和低成本。

1.2 有限元方法的历史

20世纪40年代，由于航空事业的飞速发展，对飞机结构提出了愈来愈高的要求，即重量轻、强度高、刚度好，人们不得不进行精确的设计和计算，正是在这一背景下，逐渐在工程中产生了矩阵力学分析方法。1941年，Hrenikoff使用**“框架变形功方法”**(frame work method)求解了一个弹性问题，1943年，Courant发表了一篇使用三角形区域的多项式函数来求解扭转问题的论文[1]，这些工作开创了有限元分析的先河。1956年波音公司的Turner，Clough，Martin和Topp在分析飞机结构时系统研究了离散杆、梁、三角形的单元刚度表达式[2]，并求得了平面应力问题的正确解答，1960年Clough在处理平面弹性问题时，第一次提出并使用**“有限元方法”**(finite element method)的名称[3]。随后大量的工程师开始使用这一离散方法来处理结构分析、流体问题、热传导等复杂问题。1955年德国的Argyris出版了第一本关于结构分析中的能量原理和矩阵方法的书[4]，为后续的有限元研究奠定了重要的基础，1967年Zienkiewicz和Cheung出版了第一本有关有限元分析的专著[5]。1970年以后，有限元方法开始应用于处理非线性和大变形问题，Oden于1972年出版了第一本关于处理非线性连续体的专著[6]。这一时期的理论研究工作是比较超前的，但由于当时计算机的发展状态和计算能力的限制，还只能处理一些较简单的实际问题。1975年，对一个300个单元的模型，在当时先进的计算机上进行2000万次计算大约需要30小时的机时，花费约3万美元，如此高昂的计算成本严重限制了有限元方法的发展和普及。然而，许多工程师们都对有限元方法的发展前途非常清楚，因为它提供了一种处理复杂形状真实问题的有力工具。

在工程师研究和应用有限元方法的同时，一些数学家也在研究有限元方法的数学基础。实际上，1943年Courant的那一篇开创性的论文就是研究求解平衡问题的变分方法，1963年Besseling，Melosh和Jones等人研究了有限元方法的数学原理[7]。还有学者进一步研究了加权残值法与有限元方法之间的关系，对于一些尚未确定出能量泛函的复杂问题，也可以建立起有限元分析的基本方程，这可以将有限元方法的应用领域大大地扩展。我国的胡海昌于1954年提出了广义变分原理[8]，钱伟长最先研究了拉格朗日乘子法与广义变分原理之间关系[9]，冯康研究了有限元分析的精度与收敛性问题。

有限元方法的基本思想和原理是“简单”而又“朴素”的，在有限元方法的发展初期，以至于许多学术权威对该方法的学术价值有所鄙视，国际著名刊物Journal of Applied Mechanics许多年来都拒绝刊登关于有限元方法的文章，其理由是没有新的科学实质。而现在则完全不同了，由于有限元方法在科学研究和工程分析中的作用和地位，关于有限元方法的研究已成为数值计算的主流。目前，专业的著名有限元分析软件公司有几十家，国际上著名的通用有限元分析软件有ANSYS，ABAQUS，MSC/NASTRAN，MSC/MARC，ADINA，ALGOR，PRO/MECHANICA，IDEAS，还有一些专门的有限元分析软件，如LS-DYNA，DEFORM，PAM-STAMP，AUTOFORM，SUPER-FORGE等。在刊名中直接包含有限元方法这一专业名称的著名学术刊物就达10多种，涉及有限元方法的杂志有几十种之多。

1.3 有限元分析的内容和作用

固体结构有限元分析的力学基础是弹性力学,而方程求解的原理是采用加权残值法或泛函极值原理,实现的方法是数值离散技术,最后的技术载体是有限元分析软件。在处理实际问题时需要基于计算机硬件平台来进行处理。因此,有限元分析的主要内容包括:基本变量和力学方程、数学求解原理、离散结构和连续体的有限元分析实现、各种应用领域、分析中的建模技巧、分析实现的软件平台等。

虽然,有限元分析实现的最后载体是经技术集成后的**有限元分析软件**(FEA code),但能够使用和操作有限元分析软件,并不意味着掌握了有限元分析这一复杂的工具,因为,对同一问题,使用同一种有限元分析软件,不同的人会得到完全不同的计算结果,如何来评判计算结果的有效性和准确性,这是人们不得不面临的重要问题。只有在掌握了有限元分析基本原理的基础上,才能真正理解有限元方法的本质,应用有限元方法及其软件系统来分析解决实际问题,以获得正确的计算结果。本书的作用是,除使读者掌握有限元分析的基本原理外,还希望提高读者在以下几方面的素质:

- 复杂问题的建模简化与特征等效
- 软件的操作技巧(单元、网格、算法参数控制)
- 计算结果的评判能力
- 二次开发能力
- 工程问题的研究能力
- 误差控制能力

下面提供两个实例来进一步说明有限元分析在实际工程设计与分析中的重要作用。图1.1所示为一新型轿车的全数字化设计与有限元分析,由于数值分析的广泛应用,可以减少近60%以上的实物试验,一种新型号轿车的开发时间比过去减少一半,开发费用也降低三分之一。

图1.1 新型轿车的全数字化设计与基于有限元方法的结构分析

图1.2为我国新一代正负电子对撞机BESIII的核心部件——CsI晶体电磁量能器,它用来测量电子和γ光子。由于整个对撞机的主要部件都为单件设计和单件建造,不可能事先进行实物试验,但对部件的力学性能有很高的要求,因此,对各

种设计方案进行力学评判的最佳手段就是采用有限元方法进行“虚拟试验”，以优选出最佳的方案，图 1.3 给出其中一种方案的分析结果。

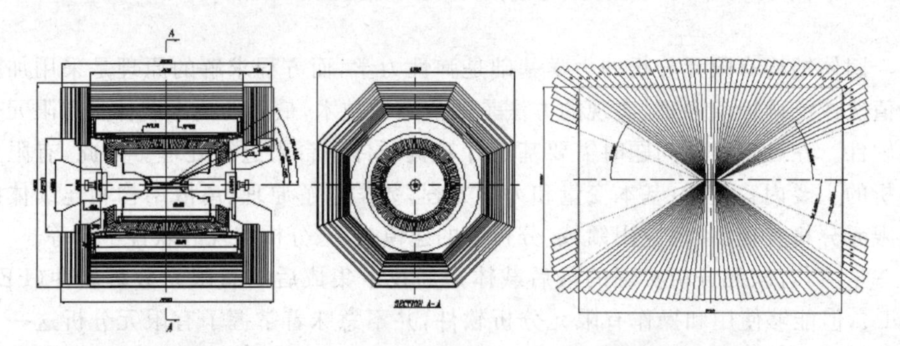

图 1.2　BESIII 中的核心部件 CsI 晶体电磁量能器

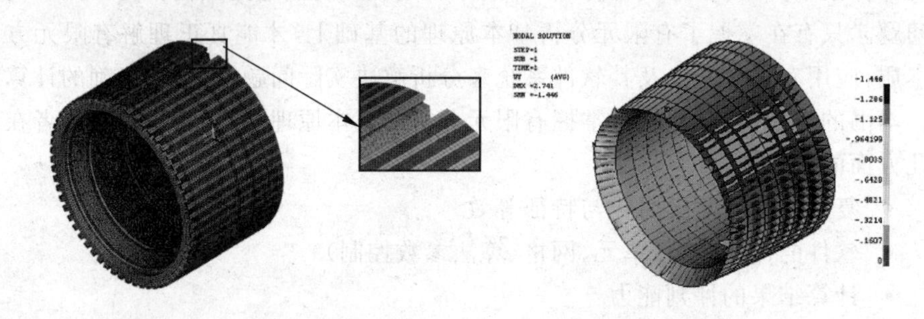

图 1.3　基于有限元分析的电磁量能器的结构设计与分析

第2章 有限元分析的力学基础

由固体材料组成的具有一定形状的物体在一定约束边界下(外力、温度、位移约束等)将产生**变形**(deformation),该物体中任意一个位置的材料都将处于复杂的受力状态之中,本章将定义用于刻画任意形状弹性变形体的力学变量和表达这些变量之间的关系。具体地,将在五个简化条件下,定义有关位移、变形、力的三大类变量,推导这些变量之间的三大类方程,给出典型的两类边界条件,本章的主要内容就是弹性力学中的基础部分。

2.1 变形体的描述、变量定义、分量表达与指标记法

1. 变形体

在外力的作用下,若物体内任意两点之间发生相对移动,这样的物体叫做**变形体**(deformed body),它与材料的物理性质密切相关。如果从几何形状的复杂程度来考虑,变形体又可分为简单形状变形体和任意形状变形体。简单变形体如杆、梁、柱等,材料力学和结构力学研究的主要对象就是简单变形体,而弹性力学则处理任意形状变形体。有限元方法所处理的对象为任意形状变形体,因而,弹性力学中有关变量和方程的描述将是有限元方法的重要基础。

2. 基本变量

当一个变形体受到外界的作用(如外力或约束的作用)时,如何来描述它?首先,我们可以观察到物体在受力后产生了内部和外部位置的变化,因此,物体各点的位移应该是最直接的变量,它将受到物体的形状、组成物体的材质以及外力的影响,变形体的完整描述如图 2.1 所示。

描述位移是最直接的,因为可以直接观测,描述力和材料特性是间接的,需要我们去定义新的变量,如图 2.2 所示,可以看出应包括位移、变形程度、受力状态这三个方面的变量,当然,还应有材料参数来描述物体的材料特性。

总之,在材料确定的情况下,基本的力学变量应该有:

- **位移**(displacement)(描述物体变形后的位置)

- **应变**(strain)(描述物体的变形程度)
- **应力**(stress)(描述物体的受力状态)

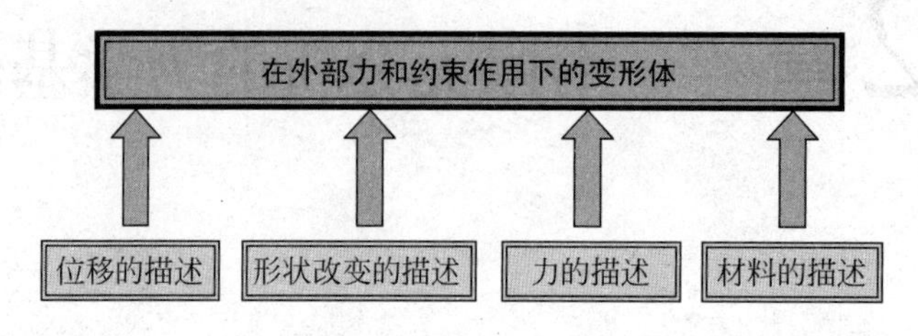

图 2.1 变形体的描述

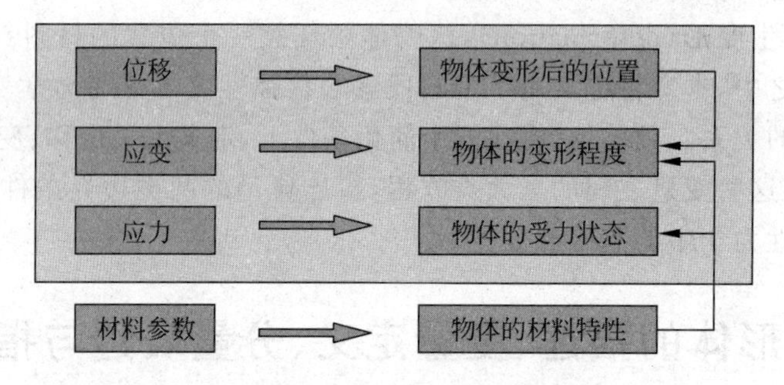

图 2.2 变形体的描述及所需要的变量

对于任意形状的变形体,我们希望建立的方程具有普遍性和通用性,因此,采用**微小体元**(representative volume)$dxdydz$ 的分析方法来定义位移、应变、应力这三类变量。

3. 基本方程

受外部作用的任意形状变形体,在其微小体元 $dxdydz$ 中,基于位移、应变、应力这三大类变量,可以建立以下三大类方程:

- 受力状况的描述:**平衡方程**(equilibrium equation)
- 变形程度的描述:**几何方程**(strain-displacement relationship)
- 材料的描述:**物理方程(应力应变关系或本构方程)**(stress-strain relationship or constitutive equation)

有关变形体、变量、方程、边界的概况如图 2.3 所示。

4. 基本变量的分量表达

以物理量在坐标系中某一个面上的每一个方向的分量来具体表达该物理量,则称为分量表达方式。如:位移 u,v,w 这三个分量表示空间问题中物体内某一点沿 x 方向、y 方向、z 方向的位移。

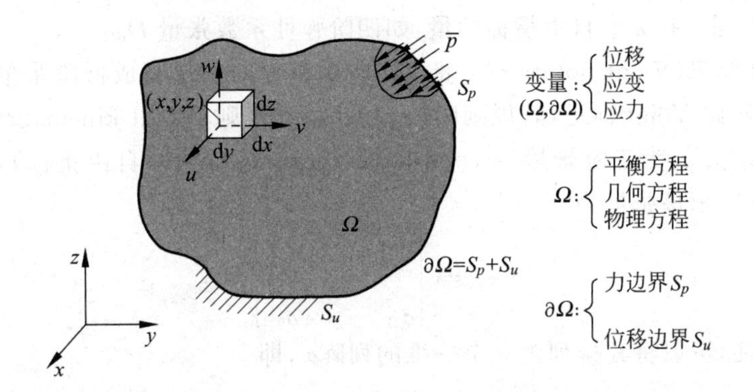

图 2.3　变形体的基本变量、基本方程及边界条件

5. **基本变量的指标表达**

指标记法(indicial notation) 的下标约定如下。

自由指标(free index)：即每项中只出现一次的下标，如：σ_{ij}，其中 i,j 为自由指标，它们可以自由变化。在三维问题中，自由指标变化的范围为 1,2,3，它表示直角坐标系中的三个坐标轴 x,y,z。

哑指标(dumb index)：在表达式的每一项中重复出现的下标，如：$a_{ij}x_j=b_i$，其中 j 为哑指标，在三维问题中其变化的范围为 1,2,3。

Einstein 求和约定(Einstein summation convention)：哑指标意味着求和。

下面以一个实例来说明指标记法的应用。若有一个方程组为

$$\left.\begin{aligned} a_{11}x_1+a_{12}x_2+a_{13}x_3&=b_1\\ a_{21}x_1+a_{22}x_2+a_{23}x_3&=b_2\\ a_{31}x_1+a_{32}x_2+a_{33}x_3&=b_3 \end{aligned}\right\} \tag{2.1}$$

按一般的写法，上式可表示为

$$\sum_{j=1}^{3}a_{ij}x_j=b_i\quad(i=1,2,3) \tag{2.2}$$

若用指标记法，则为

$$a_{ij}x_j=b_i \tag{2.3}$$

(2.3)式与(2.2)式是等价的，因为上式中的 i 为自由指标，j 为哑指标，意味着求和，并且这两个指标都要变化为 1,2,3。

张量(tensor)：能够用指标表示法表示的物理量，并且该物理量满足一定的坐标变换关系。各阶张量如下：

0 阶张量：无自由指标的量，如标量。

1 阶张量：有 1 个自由指标的量，如矢量 u_i。

2 阶张量：有 2 个自由指标的量，如应力 σ_{ij}、应变 ε_{ij}。

n 阶张量：有 n 个自由指标的量，如四阶弹性系数张量 D_{ijkl}。

Voigt 标记（Voigt notation）：将高阶自由指标的张量写成低阶张量（矩阵）形式的过程叫做 Voigt 标记，其规则叫做 **Voigt 移动规则**（Voigt kinematics rule）。

例如应力 σ_{ij} 为**二阶张量**（second-order tensor）（有两个自由指标），对于二维问题，具体写出该张量为

$$\sigma_{ij}=\begin{bmatrix}\sigma_{11} & & \sigma_{12}\\ & \searrow & \uparrow\\ \sigma_{21} & & \sigma_{22}\end{bmatrix} \tag{2.4}$$

为表达方便，可以将其排列为一个一维的列阵 $\boldsymbol{\sigma}$，即

$$\boldsymbol{\sigma}=\begin{bmatrix}\sigma_{11}\\ \sigma_{22}\\ \sigma_{12}\end{bmatrix}=\begin{bmatrix}\sigma_{xx}\\ \sigma_{yy}\\ \tau_{xy}\end{bmatrix} \tag{2.5}$$

由于应力 σ_{ij} 是对称的，有 $\sigma_{12}=\sigma_{21}$，因此，式(2.5)中只写了 σ_{12}。

可以看出，将(2.4)式变为(2.5)式的 Voigt 移动规则为以下次序：

$$\sigma_{11}\rightarrow\sigma_{22}\rightarrow\sigma_{12} \tag{2.6}$$

如(2.4)式中的箭头所示。

对于三维问题，二阶应力张量 σ_{ij} 为

$$\sigma_{ij}=\begin{bmatrix}\sigma_{11} & & \sigma_{12} & \leftarrow & \sigma_{13}\\ & \searrow & & & \uparrow\\ \sigma_{21} & & \sigma_{22} & & \sigma_{23}\\ & & & \searrow & \uparrow\\ \sigma_{31} & & \sigma_{32} & & \sigma_{33}\end{bmatrix} \tag{2.7}$$

可以将其表达为一个一维的列阵 $\boldsymbol{\sigma}$ 为

$$\boldsymbol{\sigma}=\begin{bmatrix}\sigma_{11}\\ \sigma_{22}\\ \sigma_{33}\\ \sigma_{23}\\ \sigma_{13}\\ \sigma_{12}\end{bmatrix}=\begin{bmatrix}\sigma_{xx}\\ \sigma_{yy}\\ \sigma_{zz}\\ \tau_{yz}\\ \tau_{xz}\\ \tau_{xy}\end{bmatrix} \tag{2.8}$$

将(2.7)式变为(2.8)式的 Voigt 移动规则为

$$\sigma_{11}\rightarrow\sigma_{22}\rightarrow\sigma_{33}\rightarrow\sigma_{23}\rightarrow\sigma_{13}\rightarrow\sigma_{12} \tag{2.9}$$

可将以上移动规则列在表 2.1 和表 2.2 中。

表 2.1　二维问题 Voigt 移动规则的下标对应关系

σ_{ij}		σ_p
i	j	p
1	1	1
2	2	2
1	2	3

表 2.2　三维问题 Voigt 移动规则的下标对应关系

σ_{ij}		σ_p
i	j	p
1	1	1
2	2	2
3	3	3
2	3	4
1	3	5
1	2	6

有了以上的 Voigt 移动规则的下标对应关系，就可以按同一规则来处理更复杂的问题，下面以二维问题的物理（本构）方程为例来进行说明，材料的物理方程的张量表达式为

$$\sigma_{ij} = D_{ijkl}\varepsilon_{kl} \quad (i,j,k,l = 1,2) \tag{2.10}$$

可以应用 Voigt 移动规则来变换以上方程中的下标，使其写成矩阵形式；具体地将下标 ij 变为 p，将下标 kl 变为 q，则有 $\sigma_{ij} \to \sigma_p$，$\varepsilon_{kl} \to \varepsilon_q$，则(2.10)式可以写成

$$\sigma_p = D_{pq}\varepsilon_q \tag{2.11}$$

其中下标 p 和 q 都应满足表 2.1 中的对应关系，由此，可以推论出 D_{ijkl} 与 D_{pq} 的对应关系为

$$D_{pq} = \begin{bmatrix} D_{11} & D_{12} & D_{13} \\ D_{21} & D_{22} & D_{23} \\ D_{31} & D_{32} & D_{33} \end{bmatrix} = \begin{bmatrix} D_{1111} & D_{1122} & D_{1112} \\ D_{2211} & D_{2222} & D_{2212} \\ D_{1211} & D_{1222} & D_{1212} \end{bmatrix} = D_{ijkl} \tag{2.12}$$

Voigt 移动规则的主要作用是制定出统一的约定，按照该约定将高阶张量排列成低阶张量来表达，如将二阶应力张量 σ_{ij} 或应变张量 ε_{ij} 排列成一阶张量 $\boldsymbol{\sigma}$ 和 $\boldsymbol{\varepsilon}$（都为列向量），将四阶张量 D_{ijkl}（弹性系数）排列成一个矩阵 $\boldsymbol{D}$，这样可以将一些复杂的张量关系变为矩阵运算关系。

作为一种习惯，一般都将三维问题应力（或应变列阵）的分量次序记为

$$\boldsymbol{\sigma} = [\sigma_{xx}\ \sigma_{yy}\ \sigma_{zz}\ \tau_{xy}\ \tau_{yz}\ \tau_{zx}]^{\mathrm{T}}$$

而不是(2.8)式中的次序，只要按照一个统一的规定次序即可。

2.2　弹性体的基本假设

为突出所处理问题的实质，并使问题得以简单化和抽象化，在弹性力学中，提出以下五个基本假定。

(1) 物体内的物质**连续性**(continuity)假定，即认为物质中无空隙，因此可采用连续函数来描述对象。

(2) 物体内的物质**均匀性**(homogeneity)假定，即认为物体内各个位置的物质

具有相同特性，因此，各个位置材料的描述是相同的。

(3) 物体内的物质(力学)特性**各向同性**(isotropy)假定，即认为物体内同一位置的物质在各个方向上具有相同特性，因此，同一位置材料在各个方向上的描述是相同的。

(4) **线弹性**(linear elasticity)假定，即物体变形与外力作用的关系是线性的，外力去除后，物体可恢复原状，因此，描述材料性质的方程是线性方程。

(5) **小变形**(small deformation)假定，即物体变形远小于物体的几何尺寸，因此在建立方程时，可以忽略高阶小量(二阶以上)。

以上基本假定和真实情况虽然有一定的差别，但从宏观尺度上来看，特别是对于工程问题，大多数情况下还是比较接近实际的。以上几个假定的最大作用就是可以对复杂的对象进行简化处理，以抓住问题的实质。

2.3 平面问题的基本力学方程(分量形式，指标形式)

平面问题(2-dimensional problem)，简称 2D 问题。

对于一个待分析的对象，包括复杂的几何形状、给定的材料类型、指定的边界条件(受力和约束状况)。如前所述，描述这样的对象需要三大类变量、三大类方程和边界条件。

三大类方程为

- 力的平衡方程(变形体的内部)
- 几何变形方程(变形体的内部)
- 材料的物理方程(变形体的内部、边界)

边界条件为

- 位移方面(变形体的边界)
- 外力方面(变形体的边界)

下面就三大类方程和两类边界条件进行具体的讨论。

2.3.1 三大类方程之一：力的平衡方程

1. 微小体元上的平面应力分量

平面问题实际上是空间问题的一种特殊情况，即物体在厚度方向(z)上较薄，因此，认为在沿厚度方向上各种应力很小(或为零)，可以忽略。设在变形体的任意一点 $a(x,y)$ 取一个微小体元 $\mathrm{d}x\mathrm{d}y\_t$(注意 t 为厚度)，如图 2.4 所示，每一个侧面上的任意力(单位面积上的)都可以分解为沿 x 方向和沿 y 方向的力，对于垂直于侧面上的力(即沿着所在平面的法线方向)叫做**正应力**(normal stress)，而位于侧面内的力(即沿着所在平面的切线方向)叫做**剪应力**(shear stress)。对于图 2.5 所示的几何体，bc 边与厚度 t 组成的侧面我们记作 bc_t，它与 ad_t 侧面在 x 方向上相差 $\mathrm{d}x$ 的距离，而 cd_t 侧面与 ab_t 侧面在 y 方向上相差 $\mathrm{d}y$ 的距离。

下面给出各个侧面上的应力定义：

$$\sigma_{xy} = \lim_{\Delta A_y \to 0} \frac{\Delta P_x}{\Delta A_y} \tag{2.13}$$

其中 ΔA_y 表示法线方向沿 y 轴的平面，ΔP_x 为作用在 ΔA_y 面上合力沿着 x 方向的分量，若用指标符号来表示 σ_{xy}，可写成 σ_{12}。若改变(2.13)式中的下标，可以得到各个侧面上沿各个方向的应力。

应力符号有两个下标，第一个下标表示力的方向，第二个下标表示受力面的法线方向，如图 2.4 所示。对于图 2.5 所示的微小体元 $\mathrm{d}x\mathrm{d}y\_t$，其各个受力面上的所有应力都标注在该图中。图中的 $\bar{b}_x$ 和 $\bar{b}_y$ 分别为作用在物体上沿着 x 方向和 y 方向的单位**体积力**(body force)。

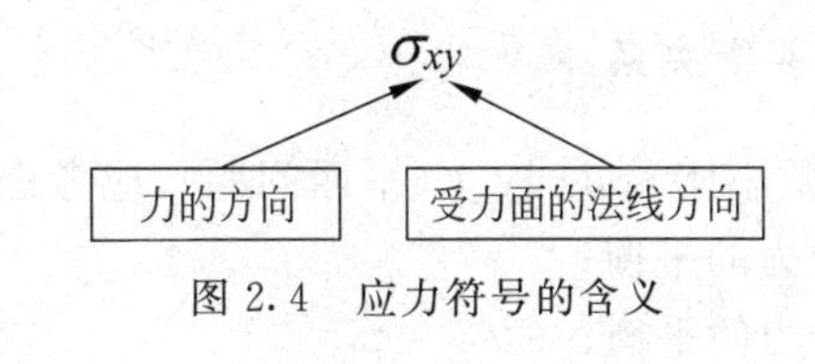

图 2.4　应力符号的含义

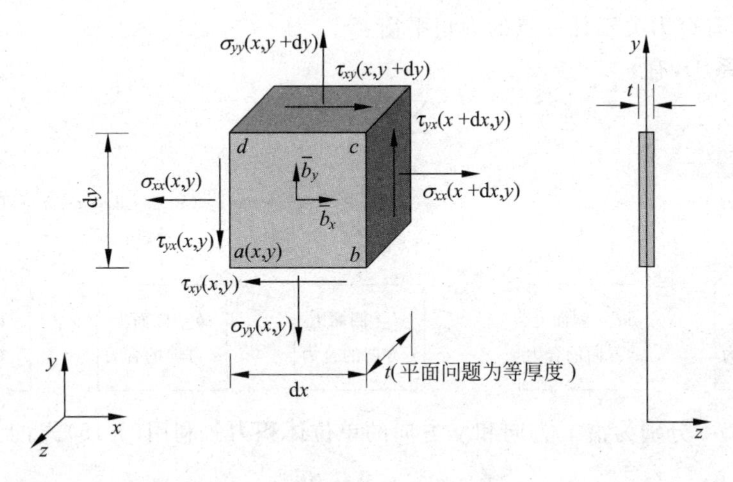

图 2.5　空间坐标系中的平面问题(z 方向无任何力，其等厚度为 t)

在推导平衡方程之前，做好以下准备。

准备 1：应力的增量计算

在推导平衡方程时，需要计算不同位置截面上的应力，不同截面的几何位置将有一个 $\mathrm{d}x$ 或 $\mathrm{d}y$ 的差别，以 σ_{xx} 为例，由高等数学中的 Taylor 级数展开，有

$$\sigma_{xx}(x + \mathrm{d}x, y) = \sigma_{xx}(x, y) + \frac{\partial \sigma_{xx}(x, y)}{\partial x}\mathrm{d}x + \frac{\partial^2 \sigma_{xx}(x, y)}{2\partial x^2}(\mathrm{d}x)^2 + \cdots \tag{2.14}$$

略去二阶以上微量,有

$$\sigma_{xx}(x+\mathrm{d}x,y)=\sigma_{xx}(x,y)+\frac{\partial\sigma_{xx}(x,y)}{\partial x}\mathrm{d}x \tag{2.15}$$

对应于 bc_t 侧面上的正应力

对应于 ad_t 侧面上的正应力

准备 2:应考虑各个方向合力的平衡

在表达各个面上的合力时应注意以下几点:

① 有四个侧面,在平衡方程中,应考虑所有合力的平衡;

② 应力在经过 $\mathrm{d}x$ 或 $\mathrm{d}y$ 变化后的位置上有增量表达;

③ 约定:正应力沿外法线方向为正,剪应力的正方向如图 2.5 所示;

④ 应力在各个侧面上为均匀分布。

2. 微小体元的几个平衡关系

对如图 2.5 所示的微小体元 $\mathrm{d}x\mathrm{d}y\_t$(平面问题),应考虑以下平衡关系:

① 沿 x 方向所有合力的平衡;

② 沿 y 方向所有合力的平衡;

③ 所有合力关于任一点的力矩平衡。

就平衡关系①,有

$$\sum F_x=0 \tag{2.16}$$

具体地,有

$$\sigma_{xx}(x+\mathrm{d}x,y)\cdot\mathrm{d}y\cdot t-\sigma_{xx}(x,y)\cdot\mathrm{d}y\cdot t+\tau_{xy}(x,y+\mathrm{d}y)\cdot\mathrm{d}x\cdot t-\tau_{xy}(x,y)\cdot\mathrm{d}x\cdot t+\bar{b}_x\cdot\mathrm{d}x\mathrm{d}y\cdot t=0$$

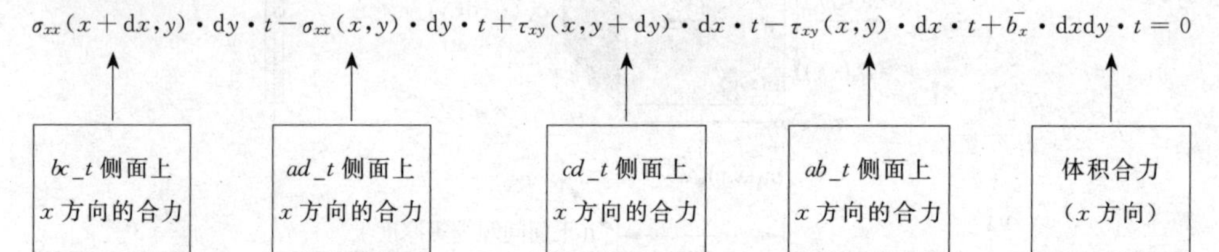

其中 $\bar{b}_x$ 和 $\bar{b}_y$ 分别为沿 x 方向和 y 方向的单位体积力。利用(2.15)式,上式化为

$$\left(\sigma_{xx}+\frac{\partial\sigma_{xx}}{\partial x}\mathrm{d}x\right)\mathrm{d}y\cdot t-\sigma_{xx}\mathrm{d}y\cdot t+\left(\tau_{xy}+\frac{\partial\tau_{xy}}{\partial y}\right)\mathrm{d}x\cdot t-\tau_{xy}\mathrm{d}x\cdot t+\bar{b}_x\mathrm{d}x\mathrm{d}y\cdot t=0 \tag{2.17}$$

进一步化简后,有

$$\frac{\partial\sigma_{xx}}{\partial x}+\frac{\partial\tau_{xy}}{\partial y}+\bar{b}_x=0 \tag{2.18}$$

同理,就平衡关系②,由 $\sum F_y=0$,有

$$\frac{\partial\sigma_{yy}}{\partial y}+\frac{\partial\tau_{yx}}{\partial x}+\bar{b}_y=0 \tag{2.19}$$

就平衡关系③(力矩平衡)，对微小体元 $dxdy\_t$ 的中心点求力矩，由 $\sum M_O = 0$，得

$$\left(\tau_{xy} + \frac{\partial \tau_{xy}}{\partial y}dy\right) \cdot dx \cdot t \cdot \frac{dy}{2} + \tau_{xy} \cdot dx \cdot t \cdot \frac{dy}{2} - \left(\tau_{yx} + \frac{\partial \tau_{yx}}{\partial x}dx\right) \cdot dy \cdot t \cdot \frac{dx}{2} - \tau_{yx} \cdot dy \cdot t \cdot \frac{dx}{2} = 0 \tag{2.20}$$

略去高次项后，有

$$\tau_{xy} = \tau_{yx} \tag{2.21}$$

这就是**剪应力互等定理**(reciprocal theorem of shear stress)。因此，以后可以将这一关系直接引用到方程中去。

3. 微小体元的平衡方程

归纳上面的推导，平面问题的平衡方程为

$$\left.\begin{aligned} &\frac{\partial \sigma_{xx}}{\partial x} + \frac{\partial \tau_{xy}}{\partial y} + \bar{b}_x = 0 \\ &\frac{\partial \sigma_{yy}}{\partial y} + \frac{\partial \tau_{yx}}{\partial x} + \bar{b}_y = 0 \\ &\tau_{xy} = \tau_{yx} \end{aligned}\right\} \tag{2.22}$$

如果代换其中的第三式，则(2.22)式可写为两个方程，即

$$\left.\begin{aligned} &\frac{\partial \sigma_{xx}}{\partial x} + \frac{\partial \tau_{xy}}{\partial y} + \bar{b}_x = 0 \\ &\frac{\partial \sigma_{yy}}{\partial y} + \frac{\partial \tau_{xy}}{\partial x} + \bar{b}_y = 0 \end{aligned}\right\} \tag{2.23}$$

或写成指标形式

$$\sigma_{ij,j} + \bar{b}_i = 0 \quad (i,j = 1,2) \tag{2.24}$$

其中 $\sigma_{ij,j}$ 中的下标(,j)表示物理量 σ_{ij} 对 j 方向求偏导数。

2.3.2　三大类方程之二：变形的几何方程

设一个变形体微小体元的平面直角在变形前为 APB，而变形后为 $A'P'B'$，P 点变形到 P' 点的 x 方向位移为 u，y 方向位移为 v，如图 2.6 所示。

1. 平面变形量(应变)的定义

从图 2.6 可以看出，平面物体在受力后，其几何形状的改变主要在两个方面：沿各个方向上的长度变化以及夹角的变化，下面给出具体的描述。

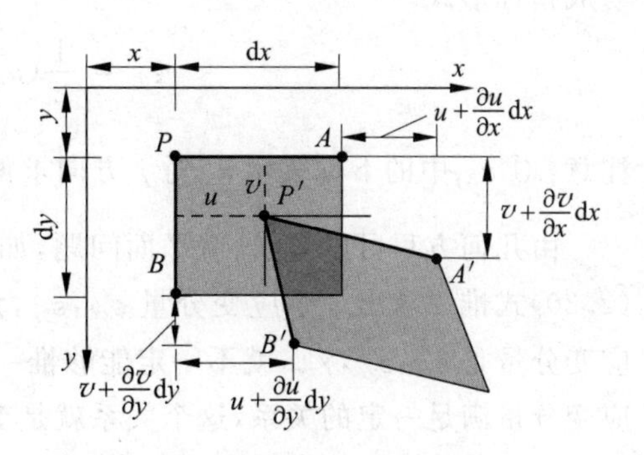

图 2.6　平面问题中的变形表达

(1) 定义 x 方向的相对伸长量为

$$\varepsilon_{xx}=\frac{P'A'-PA}{PA}=\frac{\frac{\partial u}{\partial x}\mathrm{d}x}{\mathrm{d}x}=\frac{\partial u}{\partial x} \tag{2.25}$$

(2) 定义 y 方向的相对伸长量为

$$\varepsilon_{yy}=\frac{P'B'-PB}{PB}=\frac{\frac{\partial v}{\partial y}\mathrm{d}y}{\mathrm{d}y}=\frac{\partial v}{\partial y} \tag{2.26}$$

(3) 定义夹角的变化

$P'A'$线与 PA 线的夹角为

$$\alpha=\frac{\left(v+\frac{\partial v}{\partial x}\mathrm{d}x\right)-v}{\mathrm{d}x}=\frac{\partial v}{\partial x} \tag{2.27}$$

$P'B'$线与 PB 线的夹角为

$$\beta=\frac{\left(u+\frac{\partial u}{\partial y}\mathrm{d}y\right)-u}{\mathrm{d}y}=\frac{\partial u}{\partial y} \tag{2.28}$$

则定义夹角的总变化为

$$\gamma_{xy}=\alpha+\beta=\frac{\partial u}{\partial y}+\frac{\partial v}{\partial x} \tag{2.29}$$

2. **平面变形体的几何方程**

归纳以上方程,则平面问题中定义应变的几何方程为

$$\left.\begin{aligned}\varepsilon_{xx}&=\frac{\partial u}{\partial x}\\ \varepsilon_{yy}&=\frac{\partial v}{\partial y}\\ \gamma_{xy}&=\frac{\partial u}{\partial y}+\frac{\partial v}{\partial x}\end{aligned}\right\} \tag{2.30}$$

写成指标形式

$$\varepsilon_{ij}=\frac{1}{2}(u_{i,j}+u_{j,i}) \tag{2.31}$$

注意:①$u_{i,j}$中的下标表示 u_i 对 j 方向求偏导数;②$\varepsilon_{ij}=\frac{1}{2}\gamma_{ij}\ (i\neq j)$。

由几何方程可以看出,就平面问题,如果已知 2 个位移分量 u 和 v,可以通过(2.30)式惟一求出 3 个应变分量 $\varepsilon_{xx},\varepsilon_{yy},\gamma_{xy}$。但如果是一个反问题,即已知 3 个应变分量是 $\varepsilon_{xx},\varepsilon_{yy},\gamma_{xy}$,就不一定能够惟一求出 2 个位移分量 u 和 v,除非这 3 个应变分量满足一定的关系,这个关系就是**变形协调条件**(compatibility condition),其物理意义是,材料在变形过程中应是整体连续的,不应出现“撕裂”和“重叠”现

象，如图 2.7 所示。

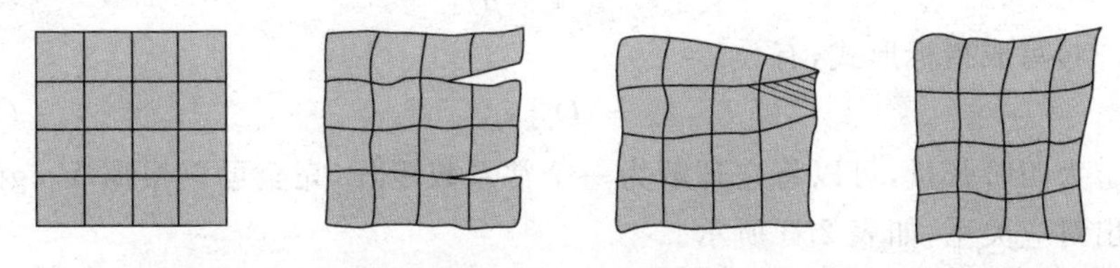

(a) 变形前　(b) 变形后的“撕裂”现象　(c) 变形后“重叠”现象　(d) 协调的变形状态

图 2.7　变形的协调性

基于几何方程，可以推导出变形协调条件为

$$\begin{aligned}\frac{\partial^2 \varepsilon_{xx}}{\partial y^2}+\frac{\partial^2 \varepsilon_{yy}}{\partial x^2} &= \frac{\partial^3 u}{\partial y^2 \partial x}+\frac{\partial^3 v}{\partial x^2 \partial y} \\ &= \frac{\partial^2}{\partial x \partial y}\left(\frac{\partial u}{\partial y}+\frac{\partial v}{\partial x}\right) \\ &= \frac{\partial^2 \gamma_{xy}}{\partial x \partial y}\end{aligned} \tag{2.32}$$

即

$$\frac{\partial^2 \varepsilon_{xx}}{\partial y^2}+\frac{\partial^2 \varepsilon_{yy}}{\partial x^2}=\frac{\partial^2 \gamma_{xy}}{\partial x \partial y} \tag{2.33}$$

只有满足了变形协调条件(2.33)的应变分量或应力分量(该方程也可通过物理方程用应力分量来表达)，才能惟一确定变形体的连续位移场。

2.3.3　三大类方程之三：材料的物理方程

材料的物理方程也叫做材料的应力应变关系或本构方程。根据**广义 Hooke 定律**(generalized Hooke law)，平面应力情况下的物理方程为

$$\left.\begin{aligned}\varepsilon_{xx} &= \frac{1}{E}(\sigma_{xx}-\mu\sigma_{yy}) \\ \varepsilon_{yy} &= \frac{1}{E}(\sigma_{yy}-\mu\sigma_{xx}) \\ \gamma_{xy} &= \frac{1}{G}\tau_{xy}\end{aligned}\right\} \tag{2.34}$$

或逆形式

$$\left.\begin{aligned}\sigma_{xx} &= \frac{E}{1-\mu^2}(\varepsilon_{xx}+\mu\varepsilon_{yy}) \\ \sigma_{yy} &= \frac{E}{1-\mu^2}(\varepsilon_{yy}+\mu\varepsilon_{xx}) \\ \tau_{xy} &= G\gamma_{xy}\end{aligned}\right\} \tag{2.35}$$

其中 E 为**弹性模量**(elastic modulus)或**杨氏模量**(Young's modulus)，G 为**剪切模量**(shear modulus)，μ 为**泊松比**(Poisson's ratio)，且有关系

$$G = \frac{E}{2(1+\mu)} \tag{2.36}$$

若将(2.34)写成指标形式，有

$$\varepsilon_{ij} = D_{ijkl}^{-1}\sigma_{kl} \tag{2.37}$$

其中 D_{ijkl}^{-1} 为四阶张量，可以将它理解为一个常系数矩阵，完全可以根据 Voigt 移动规则写出对应关系，如表 2.3 所示。

表 2.3 平面问题物理方程的 D_{ijkl}^{-1} 矩阵系数

ε_{ij}	D_{ijkl}^{-1}			σ_{kl}
ε_{11} $(i=1,j=1)$	$1/E$ $(i=1,j=1,k=1,l=1)$	$-\mu/E$ $(i=1,j=1,k=2,l=2)$	0 $(i=1,j=1,k=1,l=2)$	σ_{11} $(k=1,l=1)$
ε_{22} $(i=2,j=2)$	$-\mu/E$ $(i=2,j=2,k=1,l=1)$	$1/E$ $(i=2,j=2,k=2,l=2)$	0 $(i=2,j=2,k=1,l=2)$	σ_{22} $(k=2,l=2)$
$2\varepsilon_{12}$ $(i=1,j=2)$	0 $(i=1,j=2,k=1,l=1)$	0 $(i=1,j=2,k=2,l=2)$	$1/G$ $(i=1,j=2,k=1,l=2)$	σ_{12} $(k=1,l=2)$

也可将(2.37)式写成逆形式

$$\sigma_{ij} = D_{ijkl}\varepsilon_{kl} \tag{2.38}$$

其中 D_{ijkl} 为**弹性矩阵**(elastic matrix)，D_{ijkl}^{-1} 为 D_{ijkl} 的逆矩阵。也可以根据 Voigt 移动规则写出对应关系，如表 2.4 所示。

表 2.4 平面问题物理方程的 D_{ijkl} 矩阵系数

σ_{ij}	D_{ijkl}			ε_{kl}
σ_{11} $(i=1,j=1)$	$E/(1-\mu^2)$ $(i=1,j=1,k=1,l=1)$	$\mu E/(1-\mu^2)$ $(i=1,j=1,k=2,l=2)$	0 $(i=1,j=1,k=1,l=2)$	ε_{11} $(k=1,l=1)$
σ_{22} $(i=2,j=2)$	$\mu E/(1-\mu^2)$ $(i=2,j=2,k=1,l=1)$	$E/(1-\mu^2)$ $(i=2,j=2,k=2,l=2)$	0 $(i=2,j=2,k=1,l=2)$	ε_{22} $(k=2,l=2)$
σ_{12} $(i=1,j=2)$	0 $(i=1,j=2,k=1,l=1)$	0 $(i=1,j=2,k=2,l=2)$	G $(i=1,j=2,k=1,l=2)$	$2\varepsilon_{12}$ $(k=1,l=2)$

2.3.4 边界条件

边界条件(boundary condition)，简称 BC。一般包括位移方面和力平衡方面的边界条件，对于变形体的几何空间 Ω，其外表面将被位移边界和力边界完全不重叠地包围，即有关系 $\partial\Omega=S_u+S_p$，其中 S_u 为给定的位移边界，S_p 为给定的力边界。

1. 位移边界条件

在平面问题中，有关于 x 方向和 y 方向的位移边界条件，即

$$\left.\begin{aligned} u &= \bar{u} \\ v &= \bar{v} \end{aligned}\right\} \quad \text{在 } S_u \text{ 上} \tag{2.39}$$

其中 $\bar{u}$ 和 $\bar{v}$ 为在 S_u 上指定的沿 x 方向和 y 方向的位移，S_u 为给定的位移边界。

2. 力的边界条件

对于如图 2.8 所示的力边界条件，$\bar{p}_x$ 和 $\bar{p}_y$ 分别为所作用的沿 x 方向和 y 方向的面力，在力的边界上取微小体元 $\mathrm{d}x\mathrm{d}y\_t$(平面问题)并考察它的平衡问题。

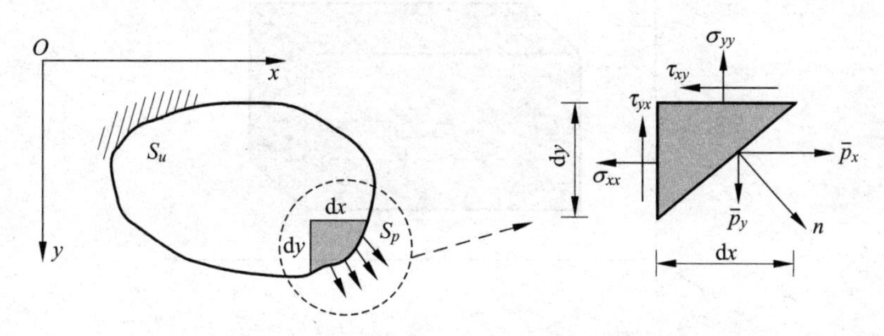

图 2.8　边界条件

由微小体元的 x 方向合力平衡，有

$$-\sigma_{xx}\cdot \mathrm{d}y\cdot t-\tau_{xy}\cdot \mathrm{d}x\cdot t+\bar{p}_x\cdot \mathrm{d}s\cdot t=0 \tag{2.40}$$

注意 $\mathrm{d}s$ 为边界上斜边的长度，边界外法线 n 的方向余弦为 $n_x=\mathrm{d}y/\mathrm{d}s$，$n_y=\mathrm{d}x/\mathrm{d}s$，则上式简化为

$$\sigma_{xx}\cdot n_x+\tau_{xy}\cdot n_y=\bar{p}_x \tag{2.41}$$

同样，可建立 y 方向合力和力矩的平衡方程；将微小体元的三个平衡方程汇总，有

$$\left.\begin{aligned} \sigma_{xx}n_x+\tau_{xy}n_y &= \bar{p}_x \\ \sigma_{yy}n_y+\tau_{yx}n_x &= \bar{p}_y \\ \tau_{xy} &= \tau_{yx} \end{aligned}\right\} \quad \text{在 } S_p \text{ 上} \tag{2.42}$$

其中 S_p 为给定的力边界，由于 $\tau_{xy}=\tau_{yx}$，则重写上式，有

$$\left.\begin{aligned}\sigma_{xx}n_x+\tau_{xy}n_y=\bar{p}_x\\ \sigma_{yy}n_y+\tau_{xy}n_x=\bar{p}_y\end{aligned}\right\}\quad 在\ S_p\ 上 \tag{2.43}$$

3. 边界条件汇总

将位移边界条件记为 BC(u)，将力边界条件记为 BC(p)。综上所述，将边界条件写成指标形式

$$\text{BC}(u)\qquad u_i=\bar{u}_i\qquad 在\ S_u\ 上 \tag{2.44}$$

$$\text{BC}(p)\qquad \sigma_{ij}n_j=\bar{p}_i\qquad 在\ S_p\ 上 \tag{2.45}$$

其中 n_j 为边界一点上外法线的方向余弦。

2.4 空间问题的基本力学方程（分量形式，指标形式）

空间问题（3-dimensional problem），简称 3D 问题。可将 2D 问题的基本方程推广到 3D 问题，图 2.9 为 3D 情形下的应力分量。

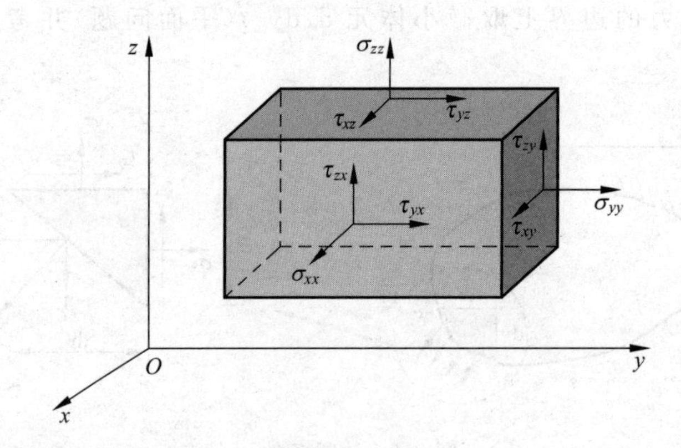

图 2.9 空间问题中的应力分量

2.4.1 空间问题的基本力学变量

空间问题变形体中任意一点的位移有沿 x 方向、y 方向、z 方向的位移分量，即位移分量为(u,v,w)，而应力分量有 9 个，见图 2.9，由剪应力互等，有 $\tau_{xy}=\tau_{yx}$，$\tau_{yz}=\tau_{zy}$，$\tau_{zx}=\tau_{xz}$，因此独立的应力分量为 6 个，应变分量的情况与应力相同，空间问题三大类变量汇总如下：

位移分量： $u\quad v\quad w$

应变分量： $\varepsilon_{xx}\quad \varepsilon_{yy}\quad \varepsilon_{zz}\quad \gamma_{xy}\quad \gamma_{yz}\quad \gamma_{zx}$

应力分量： $\sigma_{xx}\quad \sigma_{yy}\quad \sigma_{zz}\quad \tau_{xy}\quad \tau_{yz}\quad \tau_{zx}$

注意：一般的教科书都习惯地将正应力和正应变简写成

$$[\sigma_{xx} \quad \sigma_{yy} \quad \sigma_{zz}]^{\mathrm{T}} \Rightarrow [\sigma_x \quad \sigma_y \quad \sigma_z]^{\mathrm{T}}$$

$$[\varepsilon_{xx} \quad \varepsilon_{yy} \quad \varepsilon_{zz}]^{\mathrm{T}} \Rightarrow [\varepsilon_x \quad \varepsilon_y \quad \varepsilon_z]^{\mathrm{T}}$$

2.4.2 空间问题的三大类力学方程和边界条件(分量形式,指标形式)

可以完全按平面问题的推导方法,或直接将 2D 情形下的方程进行扩展得到以下方程。

(1) 平衡方程

$$\left.\begin{aligned} \frac{\partial \sigma_{xx}}{\partial x}+\frac{\partial \tau_{xy}}{\partial y}+\frac{\partial \tau_{zx}}{\partial z}+\bar{b}_x &= 0 \\ \frac{\partial \tau_{xy}}{\partial x}+\frac{\partial \sigma_{yy}}{\partial y}+\frac{\partial \tau_{yz}}{\partial z}+\bar{b}_y &= 0 \\ \frac{\partial \tau_{zx}}{\partial x}+\frac{\partial \tau_{yz}}{\partial y}+\frac{\partial \sigma_{zz}}{\partial z}+\bar{b}_z &= 0 \end{aligned}\right\} \tag{2.46}$$

(2) 几何方程

$$\left.\begin{aligned} &\varepsilon_{xx}=\frac{\partial u}{\partial x}, \quad &&\varepsilon_{yy}=\frac{\partial v}{\partial y}, \quad &&\varepsilon_{zz}=\frac{\partial w}{\partial z} \\ &\gamma_{xy}=\frac{\partial v}{\partial x}+\frac{\partial u}{\partial y}, \quad &&\gamma_{yz}=\frac{\partial w}{\partial y}+\frac{\partial v}{\partial z}, \quad &&\gamma_{zx}=\frac{\partial w}{\partial x}+\frac{\partial u}{\partial z} \end{aligned}\right\} \tag{2.47}$$

(3) 材料的物理方程(应力应变关系或本构方程)

$$\left.\begin{aligned} &\varepsilon_{xx}=\frac{1}{E}[\sigma_{xx}-\mu(\sigma_{yy}+\sigma_{zz})] \\ &\varepsilon_{yy}=\frac{1}{E}[\sigma_{yy}-\mu(\sigma_{xx}+\sigma_{zz})] \\ &\varepsilon_{zz}=\frac{1}{E}[\sigma_{zz}-\mu(\sigma_{xx}+\sigma_{yy})] \\ &\gamma_{xy}=\frac{1}{G}\tau_{xy}, \quad \gamma_{yz}=\frac{1}{G}\tau_{yz}, \quad \gamma_{zx}=\frac{1}{G}\tau_{zx} \end{aligned}\right\} \tag{2.48}$$

或写成另一种形式

$$\left.\begin{aligned} &\sigma_{xx}=\frac{E(1-\mu)}{(1+\mu)(1-2\mu)}\left[\varepsilon_{xx}+\frac{\mu}{1-\mu}(\varepsilon_{yy}+\varepsilon_{zz})\right] \\ &\sigma_{yy}=\frac{E(1-\mu)}{(1+\mu)(1-2\mu)}\left[\varepsilon_{yy}+\frac{\mu}{1-\mu}(\varepsilon_{xx}+\varepsilon_{zz})\right] \\ &\sigma_{zz}=\frac{E(1-\mu)}{(1+\mu)(1-2\mu)}\left[\varepsilon_{zz}+\frac{\mu}{1-\mu}(\varepsilon_{xx}+\varepsilon_{yy})\right] \\ &\tau_{xy}=G\gamma_{xy}, \quad \tau_{yz}=G\gamma_{yz}, \quad \tau_{zx}=G\gamma_{zx} \end{aligned}\right\} \tag{2.49}$$

(4) 边界条件(BC)

位移边界条件 BC(u)

$$\left.\begin{aligned} u&=\bar{u} \\ v&=\bar{v} \\ w&=\bar{w} \end{aligned}\right\} \quad \text{在 } S_u \text{ 上} \tag{2.50}$$

力边界条件 BC(p)

$$\left.\begin{aligned}\sigma_{xx}n_x+\tau_{xy}n_y+\tau_{zx}n_z&=\bar{p}_x\\ \tau_{xy}n_x+\sigma_{yy}n_y+\tau_{yz}n_z&=\bar{p}_y\\ \tau_{zx}n_x+\tau_{yz}n_y+\sigma_{zz}n_z&=\bar{p}_z\end{aligned}\right\}\quad 在\ S_p\ 上 \tag{2.51}$$

下面以指标形式写出空间问题的基本变量和基本方程。

基本变量为 $u_i,\varepsilon_{ij},\sigma_{ij}$ $\left(注意：当 i\neq j 时,\varepsilon_{ij}=\frac{1}{2}\gamma_{ij}\right)$,变量的指标形式与分量形式的对应关系为

位移

$$u_i=[u_1\quad u_2\quad u_3]^{\mathrm{T}}=[u\quad v\quad w]^{\mathrm{T}}$$

应变

$$\begin{aligned}\varepsilon_{ij}&=[\varepsilon_{11}\quad \varepsilon_{22}\quad \varepsilon_{33}\quad \varepsilon_{12}\quad \varepsilon_{23}\quad \varepsilon_{31}]^{\mathrm{T}}\\&=\left[\varepsilon_{xx}\quad \varepsilon_{yy}\quad \varepsilon_{zz}\quad \frac{1}{2}\gamma_{xy}\quad \frac{1}{2}\gamma_{yz}\quad \frac{1}{2}\gamma_{zx}\right]^{\mathrm{T}}\\&=\left[\varepsilon_{x}\quad \varepsilon_{y}\quad \varepsilon_{z}\quad \frac{1}{2}\gamma_{xy}\quad \frac{1}{2}\gamma_{yz}\quad \frac{1}{2}\gamma_{zx}\right]^{\mathrm{T}}\end{aligned}$$

应力

$$\begin{aligned}\sigma_{ij}&=[\sigma_{11}\quad \sigma_{22}\quad \sigma_{33}\quad \sigma_{12}\quad \sigma_{23}\quad \sigma_{31}]^{\mathrm{T}}\\&=[\sigma_{xx}\quad \sigma_{yy}\quad \sigma_{zz}\quad \tau_{xy}\quad \tau_{yz}\quad \tau_{zx}]^{\mathrm{T}}\\&=[\sigma_{x}\quad \sigma_{y}\quad \sigma_{z}\quad \tau_{xy}\quad \tau_{yz}\quad \tau_{zx}]^{\mathrm{T}}\end{aligned}$$

三大类方程的形式与平面问题相似,注意自由指标(i,j)的变化应为($i,j=1,2,3$),分别表示沿直角坐标系的 x 轴、y 轴、z 轴。下面具体给出 3D 情形下的三大类方程和边界条件。

(1) 平衡方程

$$\sigma_{ij,j}+\bar{b}_i=0 \tag{2.52}$$

(2) 几何方程

$$\varepsilon_{ij}=\frac{1}{2}(u_{i,j}+u_{j,i}) \tag{2.53}$$

(3) 物理方程

$$\varepsilon_{ij}=D_{ijkl}^{-1}\sigma_{kl}\quad 或\quad \sigma_{ij}=D_{ijkl}\varepsilon_{kl} \tag{2.54}$$

(4) 边界条件(BC)

$$u_i=\bar{u}_i\quad 在\ S_u\ 上 \tag{2.55}$$

$$\sigma_{ij}n_j=\bar{p}_i\quad 在\ S_p\ 上 \tag{2.56}$$

对上面的力学变量及方程进行小结如下：

3D 问题的独立变量的数目：3 个位移分量,6 个应力分量,6 个应变分量,共 15 个变量。

3D 问题的独立方程的数目：3 个平衡方程,6 个几何方程,6 个物理方程,共 15 个方程,外加两类边界条件。

以上变量和方程是针对从任意变形体中所取出来的 $dxdydz$ 微小体元来建立的，因此，无论所研究对象（变形体）的几何形状和边界条件有何差异，但基本变量和基本方程是完全相同的，不同之处在于变形体的几何形状 Ω 和边界条件 BC(u) 及 BC(p)，所以，针对一个给定对象进行问题求解的关键是如何处理变形体的几何形状和边界条件。

2.4.3　应力的分解及 Mohr 应力圆

由应力的定义可知，应力将与所作用的平面以及力的方向相关，因此可将某一点的应力 σ_{ij} 在该点任意一个斜面上进行分解，以获得有重要影响的那些分量；一般情况下，我们希望知道只有正应力而无剪应力或者剪应力为最大的那些斜面及方向。求取的方法有以下几种：①进行斜面分解并取平衡，②用二阶张量中求主方向与不变量的方法，③在工程上，也可以用作图的方法来进行计算，即 Mohr 应力圆方法。下面主要介绍方法①和③。

1. 3D 情形下的主应力

下面首先用方法①来讨论，如图 2.10 所示为微小体元的一个斜面 ABC，其外法线为 n，设该斜面上的剪应力为零，则该斜面上只有正应力 σ_n，其方向沿法线 n，此时图 2.10 中的 σ_n 沿着坐标轴三个方向的分解为

$$p_x = n_x\sigma_n,\quad p_y = n_y\sigma_n,\quad p_z = n_z\sigma_n \tag{2.57}$$

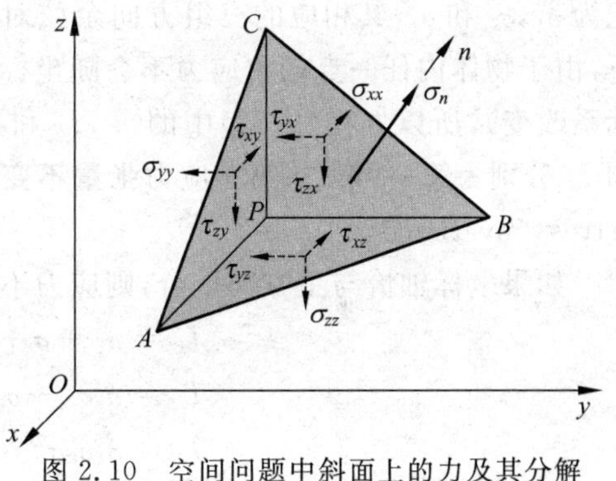

图 2.10　空间问题中斜面上的力及其分解

其中 n_x, n_y, n_z 为斜面外法线 n 的方向余弦。对于图 2.10 中的四面体 $ABCP$，分别在三个方向上取合力的平衡，则有

$$\left.\begin{aligned}
n_x\sigma_{xx} + n_y\tau_{xy} + n_z\tau_{xz} &= p_x = n_x\sigma_n \\
n_x\tau_{yx} + n_y\sigma_{yy} + n_z\tau_{yz} &= p_y = n_y\sigma_n \\
n_x\tau_{zx} + n_y\tau_{zy} + n_z\sigma_{zz} &= p_z = n_z\sigma_n
\end{aligned}\right\} \tag{2.58}$$

注意有三个剪应力互等关系，另外还有关系

$$n_x^2 + n_y^2 + n_z^2 = 1 \tag{2.59}$$

若给定一点的应力状态 σ_{ij}，则可由式(2.58)和式(2.59)联立求解 σ_n, n_x, n_y, n_z。具体地，可将式(2.58)写为

$$\left.\begin{aligned}
n_x(\sigma_{xx} - \sigma_n) + n_y\tau_{xy} + n_z\tau_{xz} &= 0 \\
n_x\tau_{yx} + n_y(\sigma_{yy} - \sigma_n) + n_z\tau_{yz} &= 0 \\
n_x\tau_{zx} + n_y\tau_{zy} + n_z(\sigma_{zz} - \sigma_n) &= 0
\end{aligned}\right\} \tag{2.60}$$

这是关于 n_x, n_y, n_z 的齐次线性方程组，其非零解的条件为

$$\begin{vmatrix} \sigma_{xx}-\sigma_n & \tau_{xy} & \tau_{xz} \\ \tau_{yx} & \sigma_{yy}-\sigma_n & \tau_{yz} \\ \tau_{zx} & \tau_{zy} & \sigma_{zz}-\sigma_n \end{vmatrix} = 0 \tag{2.61}$$

将(2.61)式展开，并考虑到剪应力互等关系，则有

$$\sigma_n^3 - I_1\sigma_n^2 + I_2\sigma_n - I_3 = 0 \tag{2.62}$$

其中

$$I_1 = \sigma_{xx} + \sigma_{yy} + \sigma_{zz}$$

$$I_2 = \sigma_{xx}\sigma_{yy} + \sigma_{xx}\sigma_{zz} + \sigma_{zz}\sigma_{yy} - \tau_{xy}^2 - \tau_{yz}^2 - \tau_{zx}^2$$

$$I_3 = \begin{vmatrix} \sigma_{xx} & \tau_{xy} & \tau_{xz} \\ \tau_{xy} & \sigma_{yy} & \tau_{yz} \\ \tau_{xz} & \tau_{yz} & \sigma_{zz} \end{vmatrix}$$

式(2.62)是关于 σ_n 的三次方程，它的 3 个根，即为 3 个**主应力**(principal stress)，记为 σ_1，σ_2 和 σ_3，其相应的三组方向余弦对应于 3 组主平面。在给定的应力状态下，由于物体内任一点的主应力不会随坐标系的改变而改变(尽管应力分量随着坐标系改变)，所以方程(2.62)中的 I_1，I_2 和 I_3 的值不会随坐标系而改变，称 I_1，I_2 和 I_3 分别为第一、第二、第三应力**张量不变量**(tensor invariant)，简称**应力不变量**(stress invariant)。

如果坐标轴恰与主方向重合，则应力不变量可用主应力来表示，即

$$\left.\begin{aligned} I_1 &= \sigma_1 + \sigma_2 + \sigma_3 \\ I_2 &= \sigma_1\sigma_2 + \sigma_2\sigma_3 + \sigma_3\sigma_1 \\ I_3 &= \sigma_1\sigma_2\sigma_3 \end{aligned}\right\} \tag{2.63}$$

2. 2D 情形下的主应力

二维问题的 σ_{ij} 为 $[\sigma_{xx} \quad \sigma_{yy} \quad \tau_{xy}]^{\mathrm{T}}$，对应于(2.62)的方程变为

$$\sigma_n^2 - (\sigma_{xx} + \sigma_{yy})\sigma_n + (\sigma_{xx}\sigma_{yy} - \tau_{xy}^2) = 0 \tag{2.64}$$

可求得两个主应力为

$$\left.\begin{matrix} \sigma_1 \\ \sigma_2 \end{matrix}\right\} = \frac{\sigma_{xx} + \sigma_{yy}}{2} \pm \sqrt{\left(\frac{\sigma_{xx} - \sigma_{yy}}{2}\right)^2 + \tau_{xy}^2} \tag{2.65}$$

其**主方向**(principal direction)为

$$\tan\alpha_1 = \frac{\sigma_1 - \sigma_{xx}}{\tau_{xy}} \qquad (\alpha_1 \text{ 为 } \sigma_1 \text{ 与 } x \text{ 轴的夹角}) \tag{2.66}$$

$$\tan\alpha_2 = -\frac{\tau_{xy}}{\sigma_1 - \sigma_{xx}} \qquad (\alpha_2 \text{ 为 } \sigma_2 \text{ 与 } x \text{ 轴的夹角}) \tag{2.67}$$

由(2.66)式和(2.67)式可知，$\tan\alpha_1 \tan\alpha_2 = -1$，这就是说，$\sigma_1$ 的方向与 σ_2 的方向互相垂直。

3. **应力分解的 Mohr 圆**

对于二维问题任意一点的应力状态 $\sigma_{ij}=[\sigma_{xx}\quad\sigma_{yy}\quad\tau_{xy}]^{\mathrm{T}}$，设在法线为 n 的斜面上(方向余弦为 $n_x=\cos\theta, n_y=\sin\theta$)，其正应力为 σ_n，剪应力为 τ_n，由平衡条件可以得到

$$\left.\begin{aligned}\sigma_n&=\frac{\sigma_{xx}+\sigma_{yy}}{2}+\frac{\sigma_{xx}-\sigma_{yy}}{2}\cos2\theta+\tau_{xy}\sin2\theta\\ \tau_n&=\frac{\sigma_{xx}-\sigma_{yy}}{2}\sin2\theta-\tau_{xy}\cos2\theta\end{aligned}\right\}\tag{2.68}$$

由以上两式将得到一个圆方程，即

$$\left(\sigma_n-\frac{\sigma_{xx}+\sigma_{yy}}{2}\right)^2+\tau_n^2=\left(\frac{\sigma_{xx}-\sigma_{yy}}{2}\right)^2+\tau_{xy}^2\tag{2.69}$$

如以图示来表达以上圆方程，见图2.11，该圆的圆心为 $\left(\frac{\sigma_{xx}+\sigma_{yy}}{2},0\right)$，半径为 $\left(\left(\frac{\sigma_{xx}-\sigma_{yy}}{2}\right)^2+\tau_{xy}^2\right)^{\frac{1}{2}}$。这种以图示来计算斜面上正应力和剪应力的方法叫做应力圆计算方法，最早由德国工程师 Mohr, Otto(1835—1918)提出，因此也叫做 **Mohr 应力圆**(Mohr circle of stress)。

对于三维问题任意一点的应力状态 $\sigma_{ij}=[\sigma_{xx}\quad\sigma_{yy}\quad\sigma_{zz}\quad\tau_{xy}\quad\tau_{yz}\quad\tau_{xz}]^{\mathrm{T}}$，可按坐标系的三个平面 Oxy, Oyz, Oxz 将应力分量分成三组，即

$$[\sigma_{xx}\quad\sigma_{yy}\quad\tau_{xy}]^{\mathrm{T}},\quad(Oxy)$$
$$[\sigma_{yy}\quad\sigma_{zz}\quad\tau_{yz}]^{\mathrm{T}},\quad(Oyz)$$
$$[\sigma_{xx}\quad\sigma_{zz}\quad\tau_{xz}]^{\mathrm{T}},\quad(Oxz)$$

分别对这三组分量作出三个应力圆，可以求出三个主应力，如图2.12所示。可以证明，任意一个斜面上的应力落在图中三个应力圆所围成的阴影区域内。

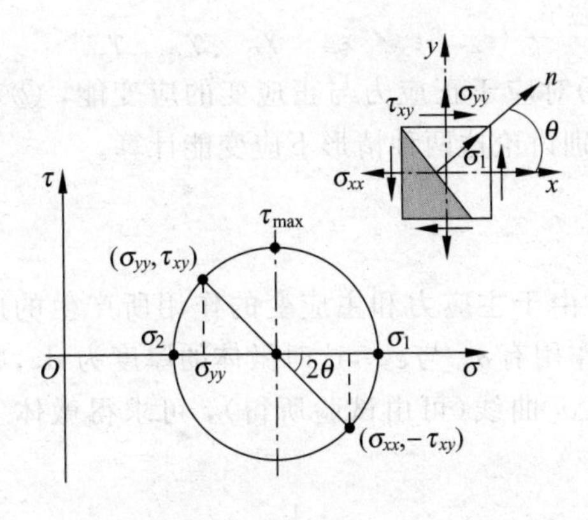

图2.11　平面问题中一点的应力状态与 Mohr 圆

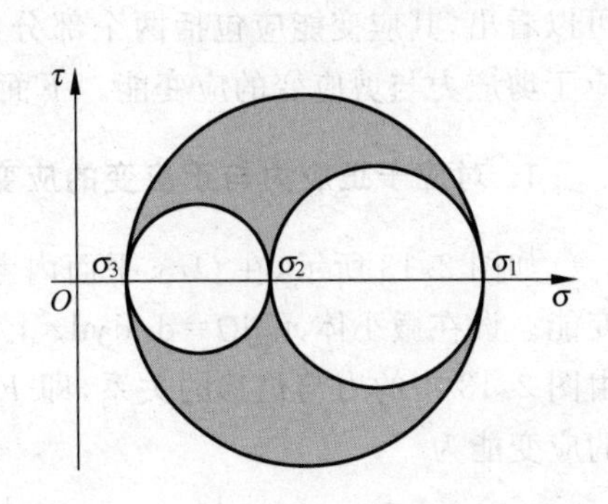

图2.12　三维问题中一点的应力状态与 Mohr 圆

2.5 弹性问题中的能量表示

弹性问题中的自然能量包括两类：①施加外力在可能位移上所做的功，②变形体由于变形而存储的能量。

出于研究的需要，还要定义一些由自然能量所组合的物理量，如势能（以位移为基本变量的表达）、余能（以应力为基本变量的表达）等，下面分别给出具体的表达式。

2.5.1 外力功

外力功也叫做可能功，即所施加外力在可能位移上所做的功，外力有两种，包括作用在物体上的面力和体力，这些力被假设为与变形无关的不变力系，即为保守力系，则**外力功**(work by force)包括这两部分力在可能位移上所做的功。

① 在力边界条件上，由外力（面力）$\bar{p}_i$ 在对应位移 u_i 上所做的功（在 S_p 上）。

② 在问题内部，由体积力 $\bar{b}_i$ 在对应位移 u_i 上所做的功（在 Ω 内）

则外力的总功为

$$\begin{aligned} W &= \int_\Omega (\bar{b}_x u + \bar{b}_y v + \bar{b}_z w)\mathrm{d}\Omega + \int_{S_p} (\bar{p}_x u + \bar{p}_y v + \bar{p}_z w)\mathrm{d}A \\ &= \int_\Omega \bar{b}_i u_i \mathrm{d}\Omega + \int_{S_p} \bar{p}_i u_i \mathrm{d}A \end{aligned} \tag{2.70}$$

2.5.2 应变能

以位移（或应变）为基本变量所表达的变形能叫做**应变能**(strain energy)。3D情形下变形体的应力与应变的对应关系为

$$\{\sigma_{xx} \quad \sigma_{yy} \quad \sigma_{zz} \quad \tau_{xy} \quad \tau_{yz} \quad \tau_{zx}\} \xrightarrow{\text{对应于}} \{\varepsilon_{xx} \quad \varepsilon_{yy} \quad \varepsilon_{zz} \quad \gamma_{xy} \quad \gamma_{yz} \quad \gamma_{zx}\}$$

可以看出，其应变能应包括两个部分：①对应于正应力与正应变的应变能，②对应于剪应力与剪应变的应变能。下面分别讨论这两种情形下应变能计算。

1. 对应于正应力与正应变的应变能

如图 2.13 所示，在 Oxy 平面内考察由于主应力和主应变的作用所产生的应变能。设在微小体元 $\mathrm{d}\Omega=\mathrm{d}x\mathrm{d}y\mathrm{d}z$ 上只作用有 σ_{xx} 与 ε_{xx}，这时微体的厚度为 $\mathrm{d}z$，则由图 2.13 中的力与位移的关系，即 $F\sim\Delta u$ 曲线（可由试验所得），可求得微体上的应变能为

$$\Delta U_{(\sigma,\varepsilon)x} = \frac{1}{2}F\cdot\Delta u = \frac{1}{2}(\sigma_{xx}\mathrm{d}y\mathrm{d}z)(\varepsilon_{xx}\mathrm{d}x) = \frac{1}{2}\sigma_{xx}\varepsilon_{xx}\mathrm{d}\Omega \tag{2.71}$$

则在整个物体 Ω 上，σ_{xx} 与 ε_{xx} 所产生的应变能为

$$U_{(\sigma,\varepsilon)x} = \int_{\Omega} \Delta U_{(\sigma,\varepsilon)x} = \frac{1}{2}\int_{\Omega} \sigma_{xx}\varepsilon_{xx}\,\mathrm{d}\Omega \tag{2.72}$$

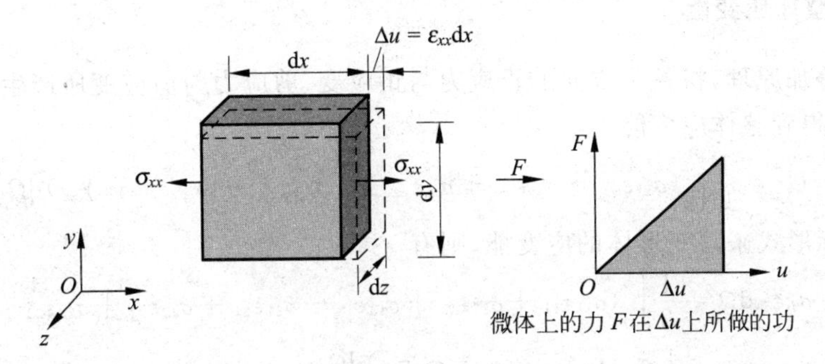

图 2.13　正应力与正应变产生的应变能

另外两个方向上的主应力和主应变(σ_{yy} 与 ε_{yy}，σ_{zz} 与 ε_{zz})所产生的应变能与上面的计算公式类似。

2. 对应于剪应力与剪应变的应变能

先考察一对剪应力与剪应变，如图 2.14 所示，假设在微小体元 $\mathrm{d}x\mathrm{d}y\mathrm{d}z$ 上只作用有 τ_{xy} 与 γ_{xy}，这时微体的厚度为 $\mathrm{d}z$，由于 τ_{xy} 是剪应力对，即为 τ_{xy} 和 τ_{yx}，将其分解为两组情况分别计算变形能，如图 2.14 所示。

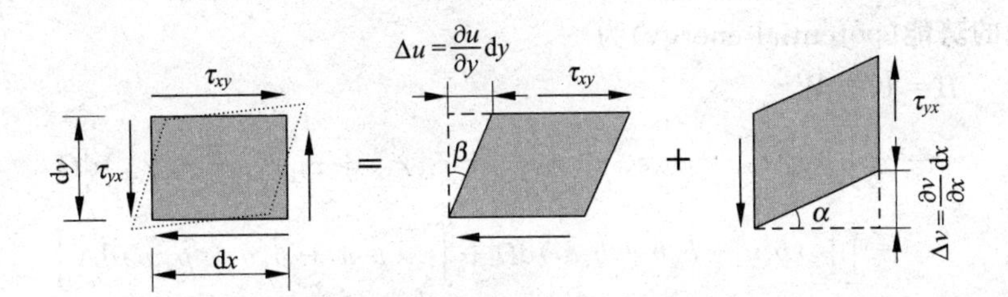

图 2.14　剪应力与剪应变产生的应变能

由于 τ_{xy} 与 γ_{xy} 的作用，在微体上产生的应变能为

$$\begin{aligned}\Delta U_{(\tau,\gamma)xy} &= \frac{1}{2}(\tau_{xy}\,\mathrm{d}x\mathrm{d}z)\beta\mathrm{d}y + \frac{1}{2}(\tau_{yx}\,\mathrm{d}y\mathrm{d}z)\alpha\mathrm{d}x \\ &= \frac{1}{2}\tau_{yx}(\alpha+\beta)\,\mathrm{d}x\mathrm{d}y\mathrm{d}z \\ &= \frac{1}{2}\tau_{xy}\gamma_{xy}\,\mathrm{d}\Omega\end{aligned} \tag{2.73}$$

在整个物体 Ω 上，τ_{xy} 与 γ_{xy} 所产生的应变能为

$$U_{(\tau,\gamma)xy} = \frac{1}{2}\int_{\Omega}\tau_{xy}\gamma_{xy}\,\mathrm{d}\Omega \tag{2.74}$$

另外的剪应力和剪应变对(τ_{yz} 与 γ_{yz}，τ_{zx} 与 γ_{zx})所产生的应变能与上面的计算

公式类似。

3. 整体应变能

由叠加原理，将各个方向的正应力与正应变、剪应力与剪应变所产生的应变能相加，可得到整体应变能

$$U=\frac{1}{2}\int_{\Omega}(\sigma_{xx}\varepsilon_{xx}+\sigma_{yy}\varepsilon_{yy}+\sigma_{zz}\varepsilon_{zz}+\tau_{xy}\gamma_{xy}+\tau_{yz}\gamma_{yz}+\tau_{zx}\gamma_{zx})\mathrm{d}\Omega \quad (2.75)$$

若用指标形式来写变形体的应变能，则有

$$\begin{aligned}\frac{1}{2}\int_{\Omega}\sigma_{ij}\varepsilon_{ij}\,\mathrm{d}\Omega&=\frac{1}{2}\int_{\Omega}(\sigma_{11}\varepsilon_{11}+\sigma_{12}\varepsilon_{12}+\sigma_{13}\varepsilon_{13}+\sigma_{21}\varepsilon_{21}+\sigma_{22}\varepsilon_{22}+\sigma_{23}\varepsilon_{23}\\&\quad+\sigma_{31}\varepsilon_{31}+\sigma_{32}\varepsilon_{32}+\sigma_{33}\varepsilon_{33})\mathrm{d}\Omega\\&=\frac{1}{2}\int_{\Omega}(\sigma_{11}\varepsilon_{11}+\sigma_{22}\varepsilon_{22}+\sigma_{33}\varepsilon_{33}\\&\quad+2\sigma_{12}\varepsilon_{12}+2\sigma_{23}\varepsilon_{23}+2\sigma_{31}\varepsilon_{31})\mathrm{d}\Omega\\&=\frac{1}{2}\int_{\Omega}(\sigma_{xx}\varepsilon_{xx}+\sigma_{yy}\varepsilon_{yy}+\sigma_{zz}\varepsilon_{zz}+\tau_{xy}\gamma_{xy}+\tau_{yz}\gamma_{yz}+\tau_{zx}\gamma_{zx})\mathrm{d}\Omega\\&=U\end{aligned} \quad (2.76)$$

2.5.3 系统的势能

对于受外力作用的变形体，基于它的外力功(2.70)和应变能(2.76)的表达，定义系统的**势能**(potential energy)为

$$\begin{aligned}\Pi&=U-W\\&=\frac{1}{2}\int_{\Omega}(\sigma_{xx}\varepsilon_{xx}+\sigma_{yy}\varepsilon_{yy}+\sigma_{zz}\varepsilon_{zz}+\tau_{xy}\gamma_{xy}+\tau_{yz}\gamma_{yz}+\tau_{zx}\gamma_{zx})\mathrm{d}\Omega\\&\quad-\left[\int_{\Omega}(\bar{b}_xu+\bar{b}_yv+\bar{b}_zw)\mathrm{d}\Omega+\int_{S_p}(\bar{p}_xu+\bar{p}_yv+\bar{p}_zw)\mathrm{d}A\right]\\&=\frac{1}{2}\int_{\Omega}\sigma_{ij}\varepsilon_{ij}\,\mathrm{d}\Omega-\left[\int_{\Omega}\bar{b}_iu_i\mathrm{d}\Omega+\int_{S_p}\bar{p}_iu_i\mathrm{d}A\right]\end{aligned} \quad (2.77)$$

2.6 特殊问题的讨论

在实际问题中，经常有一些比较典型的情况，需要有针对性地进行处理，如厚度较薄的平面问题、厚度较厚的等截面平面应变问题、物体的刚体移动、物体变形后的体积变化等。下面分别就这些问题进行讨论。

2.6.1 平面应力

设有很薄的等厚度板，所受外力全部作用在(Oxy)平面，且不随z变化，见图2.15，这种状况叫做**平面应力**(plane stress)。在薄板的内外表面上，所有应力

为零，即

$$\sigma_{zz}\Big|_{z=\pm\frac{t}{2}}=0,\quad \tau_{xz}\Big|_{z=\pm\frac{t}{2}}=0,\quad \tau_{yz}\Big|_{z=\pm\frac{t}{2}}=0 \tag{2.78}$$

由于板很薄，可近似认为在整个板内处处有

$$\sigma_{zz}=0,\quad \tau_{xz}=0,\quad \tau_{yz}=0 \tag{2.79}$$

由物理方程可知，对应的

$$\gamma_{xz}=0,\quad \gamma_{yz}=0\quad (但\ \varepsilon_{zz}\neq 0) \tag{2.80}$$

由于所有力学变量都是 x、y 的函数，不随 z 变化，则对原 3D 问题进行简化，有基本变量

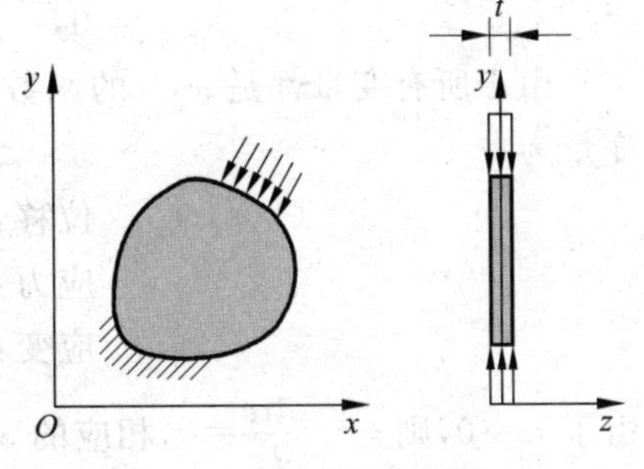

图 2.15　平面应力问题

位移：　u，　v

应力：　σ_{xx}，　σ_{yy}，　τ_{xy}

应变：　ε_{xx}，　ε_{yy}，　γ_{xy}

由于 $\sigma_{zz}=0$，则相应的 3D 问题物理方程中的一个方程

$$\varepsilon_{zz}=\frac{1}{E}[\sigma_{zz}-\mu(\sigma_{xx}+\sigma_{yy})]$$

变为

$$\varepsilon_{zz}=-\frac{\mu}{E}(\sigma_{xx}+\sigma_{yy}) \tag{2.81}$$

因而 $\varepsilon_{zz}\neq 0$。

平面应力问题的三大方程和边界条件与第 2.3 节中推导的方程完全相同，但注意 z 方向的特征为

$$\left.\begin{aligned}\sigma_{zz}&=0\\ \varepsilon_{zz}&=-\frac{\mu}{E}(\sigma_{xx}+\sigma_{yy})\end{aligned}\right\} \tag{2.82}$$

2.6.2　平面应变

设有一无限长的等截面柱形体，所承受的外载不随 z 变化，见图 2.16，这种状况叫做**平面应变**(plane strain)。由于任意一横截面都为对称面，则有沿 z 方向的

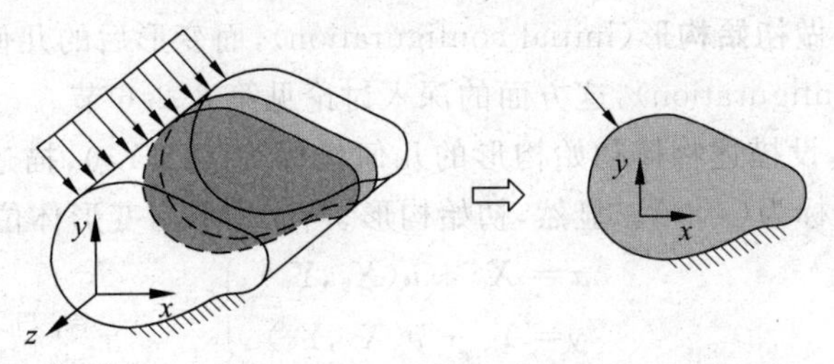

图 2.16　平面应变问题

位移和应变为零，即

$$w=0,\quad \gamma_{zx}=0,\quad \gamma_{zy}=0 \tag{2.83}$$

由物理方程可知，所对应的

$$\tau_{zx}=0,\quad \tau_{zy}=0\quad (\text{但}\ \sigma_{zz}\neq 0) \tag{2.84}$$

由于所有变量都是 x,y 的函数，不随 z 变化，对原 3D 问题进行简化，其基本变量为

$$\begin{aligned}&\text{位移：}\quad u,\quad v\\&\text{应力：}\quad \sigma_{xx},\quad \sigma_{yy},\quad \tau_{xy}\\&\text{应变：}\quad \varepsilon_{xx},\quad \varepsilon_{yy},\quad \gamma_{xy}\end{aligned}$$

由于 $w=0$，则 $\varepsilon_{zz}=\dfrac{\partial w}{\partial z}=0$，相应的 3D 问题物理方程中的一个方程变为

$$\varepsilon_{zz}=\frac{1}{E}[\sigma_{zz}-\mu(\sigma_{xx}+\sigma_{yy})]=0$$

进一步，有

$$\sigma_{zz}=\mu(\sigma_{xx}+\sigma_{yy}) \tag{2.85}$$

将该关系代入原 3D 问题物理方程中，并进行简化，有

$$\left.\begin{aligned}\varepsilon_{xx}&=\frac{1-\mu^2}{E}\left[\sigma_{xx}-\left(\frac{\mu}{1-\mu}\right)\sigma_{yy}\right]\\ \varepsilon_{yy}&=\frac{1-\mu^2}{E}\left[\sigma_{yy}-\left(\frac{\mu}{1-\mu}\right)\sigma_{xx}\right]\\ \gamma_{xy}&=\frac{1}{G}\tau_{xy}\end{aligned}\right\} \tag{2.86}$$

由两种平面问题（平面应力和平面应变）的比较可知，除物理方程外，其他方程完全相同，若将平面应力问题的物理方程中的 E 换成 $\dfrac{E}{1-\mu^2}$，μ 换成 $\dfrac{\mu}{1-\mu}$，则可得到平面应变问题的物理方程。注意平面应变问题 z 方向的特征为(2.83)式和(2.85)式。

2.6.3 变形体的构形、刚体位移及体积应变

1. 变形体的构形

所谓**构形**(configuration)，是指由坐标系所描述的变形体的几何形貌。变形前的几何形貌叫做**初始构形**(initial configuration)，而变形后的几何形貌叫做**当前构形**(present configuration)，这方面的深入讨论见第 8.2.6 节。

就 2D 问题，设描述物体初始构形的几何坐标为(X_0,Y_0)，描述物体变形后当前构形的几何坐标为(x,y)。显然，初始构形、当前构形与变形体位移的关系为

$$\left.\begin{aligned}x&=X_0+u(X_0,Y_0)\\ y&=Y_0+v(X_0,Y_0)\end{aligned}\right\} \tag{2.87}$$

这样就可以根据物体的初始构形和位移状态来确定出物体变形后的几何位置，即

当前构形。

2. 平面问题的刚体位移

以平面问题为例,**刚体位移**(rigid displacement)意味着在物体内不会产生任何应变,则令

$$\left.\begin{aligned}\varepsilon_{xx}&=\frac{\partial u}{\partial x}=0\\ \varepsilon_{yy}&=\frac{\partial v}{\partial y}=0\\ \gamma_{xy}&=\frac{\partial v}{\partial x}+\frac{\partial u}{\partial y}=0\end{aligned}\right\}\tag{2.88}$$

方程(2.88)有解的形式

$$\left.\begin{aligned}&u(x,y)=f_1(y)\\ &v(x,y)=f_2(x)\\ &\frac{\mathrm{d}f_1(y)}{\mathrm{d}y}+\frac{\mathrm{d}f_2(x)}{\mathrm{d}x}=0\end{aligned}\right\}\tag{2.89}$$

其中 $f_1(y)$和 $f_2(x)$为待定函数,将方程(2.89)中的第三式变为

$$\frac{\mathrm{d}f_2(x)}{\mathrm{d}x}=-\frac{\mathrm{d}f_1(y)}{\mathrm{d}y}\tag{2.90}$$

该方程的左端为关于 x 的函数,而右端为关于 y 的函数,要使其关于 x 和 y 处处成立,则只有使其等于一个常数,即

$$\frac{\mathrm{d}f_2(x)}{\mathrm{d}x}=-\frac{\mathrm{d}f_1(y)}{\mathrm{d}y}=\omega_0\tag{2.91}$$

其中 ω_0 为常数,求解上式,有

$$\left.\begin{aligned}f_2(x)&=\omega_0x+v_0\\ f_1(y)&=-\omega_0y+u_0\end{aligned}\right\}\tag{2.92}$$

其中 v_0 和 u_0 为常数,将(2.92)式代入(2.89)式中的前两式,则有刚体位移的表达式

$$\left.\begin{aligned}u(x,y)&=-\omega_0y+u_0\\ v(x,y)&=\omega_0x+v_0\end{aligned}\right\}\tag{2.93}$$

关于系数 u_0、v_0、ω_0 的物理含义,进行如下讨论。

① 令 $\omega_0=0,v_0=0$,则$\begin{cases}u(x,y)=u_0\\ v(x,y)=0\end{cases}$,可以看出:$u_0$ 表示物体在 x 方向的刚体平移。

② 令 $\omega_0=0,u_0=0$,则$\begin{cases}u(x,y)=0\\ v(x,y)=v_0\end{cases}$,可以看出:$v_0$ 表示物体在 y 方向的刚体平移。

③ 令 $u_0=0,v_0=0$,则$\begin{cases}u(x,y)=-\omega_0y\\ v(x,y)=\omega_0x\end{cases}$,如图 2.17 所示,其合成的位移 d 为该点 P 绕 O 点的刚体转动(小位移情况下),转动的角度为 ω_0。

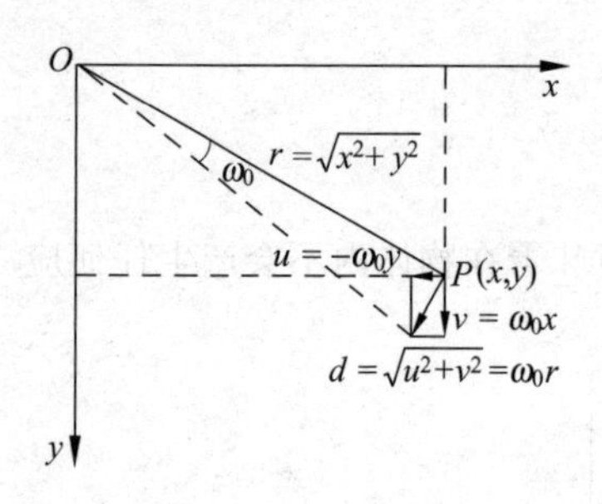

图 2.17 小位移情形下 P 点绕 O 点的刚体转动

如果已知位移分量 u 和 v，如何求取相应的刚体位移？对于刚体平移，可由位移场中的常数项确定。而对于刚体转动，由于

$$\frac{\partial u}{\partial y}=-\omega_0 \tag{2.94}$$

$$\frac{\partial v}{\partial x}=\omega_0 \tag{2.95}$$

将(2.94)式乘以负号，然后与(2.95)式相加，有

$$\omega_0=\frac{1}{2}\left(\frac{\partial v}{\partial x}-\frac{\partial u}{\partial y}\right) \tag{2.96}$$

这就是刚体转动的角度。

更具有一般性，可以定义能够描述物体变形和刚体转动的**变形梯度**(deformation gradient)$u_{i,j}$（二阶张量），该变形梯度可以分解为对称部分与反对称部分之和，即

$$\begin{aligned}u_{i,j}&=\frac{1}{2}(u_{i,j}+u_{j,i})+\frac{1}{2}(u_{i,j}-u_{j,i})\\&=\varepsilon_{ij}+\omega_{ij}\end{aligned} \tag{2.97}$$

ε_{ij} 就是前面所定义的应变张量为**对称张量**(symmetric tensor)，ω_{ij} 为**反对称张量**(anti-symmetric tensor)。对于二维问题，有应变张量为

$$\varepsilon_{ij}=\begin{bmatrix}\varepsilon_{11}&\varepsilon_{12}\\\varepsilon_{21}&\varepsilon_{22}\end{bmatrix}=\begin{bmatrix}\dfrac{\partial u}{\partial x}&\dfrac{1}{2}\left(\dfrac{\partial v}{\partial x}+\dfrac{\partial u}{\partial y}\right)\\\dfrac{1}{2}\left(\dfrac{\partial v}{\partial x}+\dfrac{\partial u}{\partial y}\right)&\dfrac{\partial v}{\partial y}\end{bmatrix} \tag{2.98}$$

反对称张量为

$$\omega_{ij}=\begin{bmatrix}0&\dfrac{1}{2}\left(\dfrac{\partial u}{\partial y}-\dfrac{\partial v}{\partial x}\right)\\\dfrac{1}{2}\left(\dfrac{\partial v}{\partial x}-\dfrac{\partial u}{\partial y}\right)&0\end{bmatrix}=\begin{bmatrix}0&-\omega_0\\\omega_0&0\end{bmatrix} \tag{2.99}$$

可以看出 ω_{ij} 表示刚体位移中的刚体转动，转动角度为 ω_0。

3. 体积应变

物体在外力和位移边界条件的共同作用下会产生变形，描述其变形程度的物理量就是应变。下面推导体积的改变与应变之间的关系。

设微小体元为正六面体，它的棱边长度是 $\Delta x,\Delta y,\Delta z$。在变形之前，它的体积是 $\Delta x\Delta y\Delta z$，在变形之后，描述该变形的应变为 ε_{ij}，则它变形后的体积成为

$$(\Delta x+\varepsilon_{xx}\Delta x)(\Delta y+\varepsilon_{yy}\Delta y)(\Delta z+\varepsilon_{zz}\Delta z) \tag{2.100}$$

因此，它的单位体积的体积改变量为

$$\begin{aligned}e&=\frac{(\Delta x+\varepsilon_{xx}\Delta x)(\Delta y+\varepsilon_{yy}\Delta y)(\Delta z+\varepsilon_{zz}\Delta z)-\Delta x\Delta y\Delta z}{\Delta x\Delta y\Delta z}\\&=(1+\varepsilon_{xx})(1+\varepsilon_{yy})(1+\varepsilon_{zz})-1\\&=\varepsilon_{xx}+\varepsilon_{yy}+\varepsilon_{zz}+\varepsilon_{yy}\varepsilon_{zz}+\varepsilon_{zz}\varepsilon_{xx}+\varepsilon_{xx}\varepsilon_{yy}+\varepsilon_{xx}\varepsilon_{yy}\varepsilon_{zz}\end{aligned} \tag{2.101}$$

由于为小应变，所以两个或三个应变分量的乘积作为高阶小量可以略去不记，从而得到

$$e = \varepsilon_{xx} + \varepsilon_{yy} + \varepsilon_{zz} \tag{2.102}$$

将几何方程(2.47)中的前三式代入，得

$$e = \frac{\partial u}{\partial x} + \frac{\partial v}{\partial y} + \frac{\partial w}{\partial z} \tag{2.103}$$

这就是所谓的**体积应变**(volume strain, bulk strain)。

2.7　典型例题及详解

典型例题 2.7(1)　证明弹性力学解的惟一性问题(uniqueness of solution)

解答：设同一问题的解不惟一，即有两组不同的解

$$u_i^{(1)},\quad \varepsilon_{ij}^{(1)},\quad \sigma_{ij}^{(1)} \tag{2.104}$$

和

$$u_i^{(2)},\quad \varepsilon_{ij}^{(2)},\quad \sigma_{ij}^{(2)} \tag{2.105}$$

它们都要各自满足三大类方程和相同的两类边界条件，即

$$\left.\begin{aligned} &\sigma_{ij,j}^{(1)} + \bar{b}_i = 0 \\ &\varepsilon_{ij}^{(1)} = \frac{1}{2}(u_{i,j}^{(1)} + u_{j,i}^{(1)}) \\ &\sigma_{ij}^{(1)} = D_{ijkl}\varepsilon_{kl}^{(1)} \\ &\sigma_{ij}^{(1)} n_j = \bar{p}_i \qquad \text{在 } S_p \text{ 上} \\ &u_i^{(1)} = \bar{u}_i \qquad \text{在 } S_u \text{ 上} \end{aligned}\right\} \tag{2.106}$$

和

$$\left.\begin{aligned} &\sigma_{ij,j}^{(2)} + \bar{b}_i = 0 \\ &\varepsilon_{ij}^{(2)} = \frac{1}{2}(u_{i,j}^{(2)} + u_{j,i}^{(2)}) \\ &\sigma_{ij}^{(2)} = D_{ijkl}\varepsilon_{kl}^{(2)} \\ &\sigma_{ij}^{(2)} n_j = \bar{p}_i \qquad \text{在 } S_p \text{ 上} \\ &u_i^{(2)} = \bar{u}_i \qquad \text{在 } S_u \text{ 上} \end{aligned}\right\} \tag{2.107}$$

(2.106)式和(2.107)式中的 $\bar{b}_i, \bar{p}_i, \bar{u}_i$ 以及边界 S_p, S_u 是相同的，这是因为它们为同一问题。设有一组新的解为

$$\left.\begin{aligned} u_i^* &= u_i^{(1)} - u_i^{(2)} \\ \varepsilon_{ij}^* &= \varepsilon_{ij}^{(1)} - \varepsilon_{ij}^{(2)} \\ \sigma_{ij}^* &= \sigma_{ij}^{(1)} - \sigma_{ij}^{(2)} \end{aligned}\right\} \tag{2.108}$$

将(2.106)式与(2.107)式的对应部分进行相减，有

$$\left.\begin{aligned} &\sigma_{ij,j}^{*}=0 \\ &\varepsilon_{ij}^{*}=\frac{1}{2}(u_{i,j}^{*}+u_{j,i}^{*}) \\ &\sigma_{ij}^{*}=D_{ijkl}\varepsilon_{kl}^{*} \\ &\sigma_{ij}^{*}n_{j}=0 \qquad \text{在 } S_{p} \text{ 上} \\ &u_{i}^{*}=0 \qquad \text{在 } S_{u} \text{ 上} \end{aligned}\right\} \tag{2.109}$$

方程(2.109)描述了一个无面力,无体力的自然状态,则在 Ω 内必有

$$\sigma_{ij}^{*}=0, \quad \varepsilon_{ij}^{*}=0, \quad u_{i}^{*}=0 \tag{2.110}$$

由(2.108)式,有 $\sigma_{ij}^{(1)}=\sigma_{ij}^{(2)}$,$\varepsilon_{ij}^{(1)}=\varepsilon_{ij}^{(2)}$,$u_{i}^{(1)}=u_{j}^{(2)}$,于是,解的惟一性得证。

典型例题 2.7(2) 证明弹性力学中的叠加原理(superposition principle)

解答:设有一弹性体 Ω,在面力 $\bar{p}_{i}^{(1)}$ 和体力 $\bar{b}_{i}^{(1)}$ 作用下的结果为

$$u_{i}^{(1)}, \quad \varepsilon_{ij}^{(1)}, \quad \sigma_{ij}^{(1)} \tag{2.111}$$

同样对该弹性体,作用有另一组面力 $\bar{p}_{i}^{(2)}$ 和体力 $\bar{b}_{i}^{(2)}$,相应的结果为

$$u_{i}^{(2)}, \quad \varepsilon_{ij}^{(2)}, \quad \sigma_{ij}^{(2)} \tag{2.112}$$

它们各自要满足的方程为

$$\left.\begin{aligned} &\sigma_{ij,j}^{(1)}+\bar{b}_{i}^{(1)}=0 \\ &\varepsilon_{ij}^{(1)}=\frac{1}{2}(u_{i,j}^{(1)}+u_{j,i}^{(1)}) \\ &\sigma_{ij}^{(1)}=D_{ijkl}\varepsilon_{kl}^{(1)} \\ &\sigma_{ij}^{(1)}n_{j}=\bar{p}_{i}^{(1)} \qquad \text{在 } S_{p}^{(1)} \text{ 上} \\ &u_{i}^{(1)}=\bar{u}_{i}^{(1)} \qquad \text{在 } S_{u}^{(1)} \text{ 上} \end{aligned}\right\} \tag{2.113}$$

和

$$\left.\begin{aligned} &\sigma_{ij,j}^{(2)}+\bar{b}_{i}^{(2)}=0 \\ &\varepsilon_{ij}^{(2)}=\frac{1}{2}(u_{i,j}^{(2)}+u_{j,i}^{(2)}) \\ &\sigma_{ij}^{(2)}=D_{ijkl}\varepsilon_{kl}^{(2)} \\ &\sigma_{ij}^{(2)}n_{j}=\bar{p}_{i}^{(2)} \qquad \text{在 } S_{p}^{(2)} \text{ 上} \\ &u_{i}^{(2)}=\bar{u}_{i}^{(2)} \qquad \text{在 } S_{u}^{(2)} \text{ 上} \end{aligned}\right\} \tag{2.114}$$

设

$$\left.\begin{aligned} &u_{i}^{*}=u_{i}^{(1)}+u_{i}^{(2)} \\ &\varepsilon_{ij}^{*}=\varepsilon_{ij}^{(1)}+\varepsilon_{ij}^{(2)} \\ &\sigma_{ij}^{*}=\sigma_{ij}^{(1)}+\sigma_{ij}^{(2)} \\ &S_{p}^{*}=S_{p}^{(1)}+S_{p}^{(2)} \\ &S_{u}^{*}=S_{u}^{(1)}+S_{u}^{(2)} \end{aligned}\right\} \tag{2.115}$$

将(2.113)式与(2.114)式的对应项相加,有

$$\left.\begin{aligned}&\sigma_{ij,j}^{*}+(\bar{b}_i^{(1)}+\bar{b}_i^{(2)})=0\\&\varepsilon_{ij}^{*}=\frac{1}{2}(u_{i,j}^{*}+u_{j,i}^{*})\\&\sigma_{ij}^{*}=D_{ijkl}\varepsilon_{kl}^{*}\\&\sigma_{ij}^{*}n_j=\bar{p}_i^{(1)}+\bar{p}_i^{(2)}\quad \text{在 } S_p^{*} \text{ 上}\\&u_i^{*}=\bar{u}_i^{(1)}+\bar{u}_i^{(2)}\quad \text{在 } S_u^{*} \text{ 上}\end{aligned}\right\}\tag{2.116}$$

由(2.116)式可以看出,u_i^*,ε_{ij}^*,σ_{ij}^* 就是同一弹性体由于面力($\bar{p}_i^{(1)}+\bar{p}_i^{(2)}$)、体力($\bar{b}_i^{(1)}+\bar{b}_i^{(2)}$)和位移边界($\bar{u}_i^{(1)}+\bar{u}_i^{(2)}$)在边界($S_p^*$,$S_u^*$)共同作用下所得到的结果,这就是叠加原理。显然,叠加原理成立的条件为小变形、线性的材料物理方程。

典型例题 2.7(3)　证明各向同性的均匀弹性体的独立弹性常数只有 2 个

解答:取坐标轴 Ox,Oy,Oz 与主应力方向一致,则主应力与主应变之间有下列关系式:

$$\left.\begin{aligned}\sigma_{xx}&=c_{11}\varepsilon_{xx}+c_{12}\varepsilon_{yy}+c_{13}\varepsilon_{zz}\\\sigma_{yy}&=c_{21}\varepsilon_{xx}+c_{22}\varepsilon_{yy}+c_{23}\varepsilon_{zz}\\\sigma_{zz}&=c_{31}\varepsilon_{xx}+c_{32}\varepsilon_{yy}+c_{33}\varepsilon_{zz}\end{aligned}\right\}\tag{2.117}$$

在各向同性介质中,ε_{xx} 对 σ_{xx} 的影响,ε_{yy} 对 σ_{yy} 的影响,以及 ε_{zz} 对 σ_{zz} 的影响,这三种情况都是相同的,即应有 $c_{11}=c_{22}=c_{33}$。同理,ε_{yy} 和 ε_{zz} 对 σ_{xx} 的影响应相同,即 $c_{12}=c_{13}$。类似地有 $c_{21}=c_{23}$,$c_{31}=c_{32}$ 等,因而有

$$\left.\begin{aligned}&c_{11}=c_{22}=c_{33}=a\\&c_{12}=c_{21}=c_{13}=c_{31}=c_{23}=c_{32}=b\end{aligned}\right\}\tag{2.118}$$

由此得出,对应变主轴(用 1,2,3 表示)来说,弹性常数只有 2 个,即 a 和 b。将式(2.118)代入式(2.117)中,并令 $a-b=2\vartheta$,$b=\lambda$,$e=\varepsilon_1+\varepsilon_2+\varepsilon_3$,可得下列弹性本构关系(物理方程):

$$\left.\begin{aligned}\sigma_1&=\lambda e+2\vartheta\varepsilon_1\\\sigma_2&=\lambda e+2\vartheta\varepsilon_2\\\sigma_3&=\lambda e+2\vartheta\varepsilon_3\end{aligned}\right\}\tag{2.119}$$

常数 λ,ϑ 称为**拉梅常数**(Lame constant)。

通过坐标变换后,可得任意坐标系 $Oxyz$ 内的本构关系为

$$\left.\begin{aligned}\sigma_{xx}&=\lambda e+2\vartheta\varepsilon_{xx},\quad \tau_{xy}=\vartheta\gamma_{xy}\\\sigma_{yy}&=\lambda e+2\vartheta\varepsilon_{yy},\quad \tau_{yz}=\vartheta\gamma_{yz}\\\sigma_{zz}&=\lambda e+2\vartheta\varepsilon_{zz},\quad \tau_{xz}=\vartheta\gamma_{xz}\end{aligned}\right\}\tag{2.120}$$

或以指标形式,有

$$\sigma_{ij} = \lambda\delta_{ij}e + 2\vartheta\,\varepsilon_{ij} \tag{2.121}$$

其中 δ_{ij} 为 **Kronecker 记号**(Kronecker delta symbol)。

以上证明了各向同性均匀弹性体的独立弹性常数只有 2 个。有些工程材料具有明显的非对称弹性性质,如复合材料、钢筋混凝土构件、化纤材料、木材等。当适当选取坐标系中的平面 $x=0$、$y=0$ 和 $z=0$,可以使得这些材料的弹性性质关于这些平面对称,由于这三个平面相互正交,故称之为**正交各向异性**(orthotropy)材料。

典型例题 2.7(4)　等倾面组成的八面体上的正应力和剪应力

解答:基于主应力空间,由等倾面组成的**八面体的平面**(octahedral plane)上的正应力和剪应力具有一些特殊的性质,因而在力学分析中,特别是在塑性力学中具有非常重要的作用。

设某一点的应力状态为 σ_{ij},其 3 个主应力为 σ_1、σ_2、σ_3,并且 $\sigma_1>\sigma_2>\sigma_3$,如果坐标轴恰与主方向重合,由第 2.4.3 节,则应力张量的不变量为

$$\left.\begin{aligned} I_1 &= \sigma_1 + \sigma_2 + \sigma_3 \\ I_2 &= \sigma_1\sigma_2 + \sigma_2\sigma_3 + \sigma_1\sigma_3 \\ I_3 &= \sigma_1\sigma_2\sigma_3 \end{aligned}\right\} \tag{2.122}$$

以主应力 σ_1、σ_2、σ_3 的方向为坐标轴(记为 1,2,3)的几何空间,称为主向空间或主应力空间。设该点有一斜面上的应力矢量为 $\boldsymbol{p}$,它与 σ_{ij} 保持平衡,该斜面法线 n 的方向余弦为 n_x,n_y,n_z,由合力平衡可以得到 $\boldsymbol{p}$ 在坐标轴方向的三个投影分别为 $p_1=\sigma_1 n_x$,$p_2=\sigma_2 n_y$,$p_3=\sigma_3 n_z$,于是该面上与 $\boldsymbol{p}$ 等价的正应力 σ_n 和剪应力 τ_n 的关系为

$$\begin{aligned} \sigma_n^2 &= p^2 - \tau_n^2 = p_1^2 + p_2^2 + p_3^2 - \tau_n^2 \\ &= \sigma_1^2 n_x^2 + \sigma_2^2 n_y^2 + \sigma_3^2 n_z^2 - \tau_n^2 \end{aligned} \tag{2.123}$$

由于

$$\sigma_n = p_1 n_x + p_2 n_y + p_3 n_z = \sigma_1 n_x^2 + \sigma_2 n_y^2 + \sigma_3 n_z^2 \tag{2.124}$$

故由(2.123)式,有

$$\tau_n = \sqrt{\sigma_1^2 n_x^2 + \sigma_2^2 n_y^2 + \sigma_3^2 n_z^2 - (\sigma_1 n_x^2 + \sigma_2 n_y^2 + \sigma_3 n_z^2)^2} \tag{2.125}$$

通过坐标变换,还可以将(2.124)式和(2.125)式写成更一般的形式

$$\sigma_n = \sigma_{xx} n_x^2 + \sigma_{yy} n_y^2 + \sigma_{zz} n_z^2 + 2n_y n_z \tau_{yz} + 2n_z n_x \tau_{zx} + 2n_x n_y \tau_{xy} \tag{2.126}$$

$$\begin{aligned} \tau_n^2 = {} & (\sigma_{xx} n_x + \tau_{xy} n_y + \tau_{xz} n_z)^2 + (\tau_{xy} n_x + \sigma_{yy} n_y + \tau_{yz} n_z)^2 \\ & + (\tau_{xz} n_x + \tau_{yz} n_y + \sigma_{zz} n_z)^2 - (\sigma_{xx} n_x^2 + \sigma_{yy} n_y^2 + \sigma_{zz} n_z^2 \\ & + 2\tau_{xy} n_x n_y + 2\tau_{yz} n_y n_z + 2\tau_{xz} n_x n_z)^2 \end{aligned} \tag{2.127}$$

在实际情况中,我们最关心**静水压力**(hydrostatic pressure)作用的斜面,所谓静水压力为三个主应力的平均值,也就是说在该斜面上,其正应力为

$$\sigma_n = \frac{1}{3}(\sigma_1 + \sigma_2 + \sigma_3) \tag{2.128}$$

对照(2.124)式,可以发现,要得到(2.128)式,则要求

$$|n_x| = |n_y| = |n_z| = \frac{1}{\sqrt{3}} \qquad (2.129)$$

可以看出该斜面的法线 n 与三个坐标轴为等倾斜。具体的角度为

$$\arccos(n,\sigma_1) = \arccos(n,\sigma_2) = \arccos(n,\sigma_3) = 54°44' \qquad (2.130)$$

在空间直角坐标系的 8 个象限中,有 8 个这样的面,这 8 个面组成了一个八面体,其中每一个面称为八面体平面。图 2.18 给出了八面体的图形。

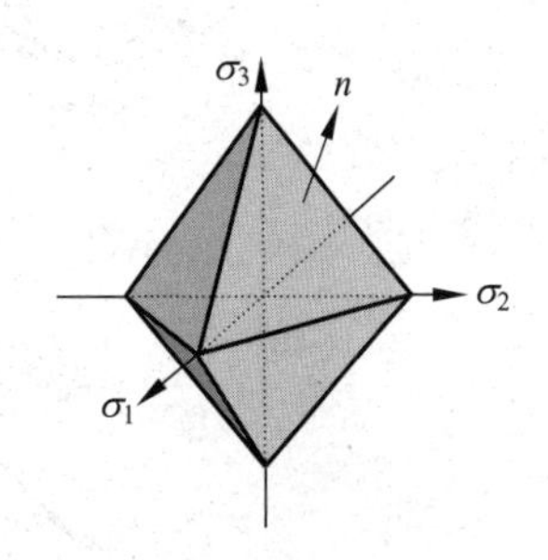

图 2.18　由等倾面组成的八面体

由(2.128)式,将八面体平面上的正应力记为

$$\sigma_8 = \frac{1}{3}(\sigma_1 + \sigma_2 + \sigma_3) = \frac{1}{3}(\sigma_{xx} + \sigma_{yy} + \sigma_{zz}) \qquad (2.131)$$

由(2.125)式,八面体上的剪应力为

$$\tau_8 = \frac{1}{3}\sqrt{(\sigma_1 - \sigma_2)^2 + (\sigma_2 - \sigma_3)^2 + (\sigma_1 - \sigma_3)^2} = \frac{1}{3}\sqrt{(\sigma_{xx} - \sigma_{yy})^2 + (\sigma_{yy} - \sigma_{zz})^2 + (\sigma_{zz} - \sigma_{xx})^2 + 6(\tau_{xy}^2 + \tau_{yz}^2 + \tau_{zx}^2)} \qquad (2.132)$$

材料的塑性实验和理论表明:材料的塑性屈服与静水压力无关,因此,真正决定塑性屈服的物理量将是八面体上的剪应力,这方面的深入讨论见第 8.2.1 节。

2.8　本章要点及参考内容

2.8.1　本章要点

- 变形体的三大类基本变量
- 变形体的三大类基本方程及两类边界条件
- 弹性问题中的能量表示(外力功、应变能、势能)
- 平面应力、平面应变、刚体位移的特征及表达
- 应力及应变的分解

2.8.2　参考内容 1:空间任意一点的应变状态及其主应变

已知物体内任一点 P 的三个位移分量 u、v、w,以及 6 个应变分量 ε_{xx},ε_{yy},ε_{zz},γ_{xy},γ_{yz},γ_{zx},下面求解经过 P 点、沿 N 方向的任一微小线段 $PN = \mathrm{d}r$ 的正应变[10],如图 2.19 所示。

设这一微小线段的方向余弦为 n_x,n_y,n_z,于是该线段在坐标轴上的投影为

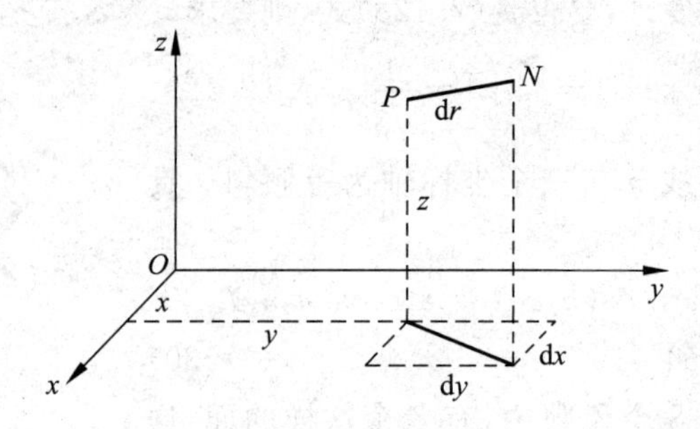

图 2.19 空间任意一点的应变状态

$$\mathrm{d}x = n_x \mathrm{d}r, \quad \mathrm{d}y = n_y \mathrm{d}r, \quad \mathrm{d}z = n_z \mathrm{d}r \tag{2.133}$$

则 N 点的位移分量为

$$\left.\begin{aligned} u_N &= u + \frac{\partial u}{\partial x}\mathrm{d}x + \frac{\partial u}{\partial y}\mathrm{d}y + \frac{\partial u}{\partial z}\mathrm{d}z \\ v_N &= v + \frac{\partial v}{\partial x}\mathrm{d}x + \frac{\partial v}{\partial y}\mathrm{d}y + \frac{\partial v}{\partial z}\mathrm{d}z \\ w_N &= w + \frac{\partial w}{\partial x}\mathrm{d}x + \frac{\partial w}{\partial y}\mathrm{d}y + \frac{\partial w}{\partial z}\mathrm{d}z \end{aligned}\right\} \tag{2.134}$$

在变形之后,线段 PN 在坐标轴上的投影为

$$\left.\begin{aligned} \mathrm{d}x + (u_N - u) &= \mathrm{d}x + \frac{\partial u}{\partial x}\mathrm{d}x + \frac{\partial u}{\partial y}\mathrm{d}y + \frac{\partial u}{\partial z}\mathrm{d}z \\ \mathrm{d}y + (v_N - v) &= \mathrm{d}y + \frac{\partial v}{\partial x}\mathrm{d}x + \frac{\partial v}{\partial y}\mathrm{d}y + \frac{\partial v}{\partial z}\mathrm{d}z \\ \mathrm{d}z + (w_N - w) &= \mathrm{d}z + \frac{\partial w}{\partial x}\mathrm{d}x + \frac{\partial w}{\partial y}\mathrm{d}y + \frac{\partial w}{\partial z}\mathrm{d}z \end{aligned}\right\} \tag{2.135}$$

从(2.135)式中的第一式可以看出,$\mathrm{d}x$ 为变形前的长度在 x 方向上的投影,$(u_N - u)$为由变形引起的长度变化在 x 方向上的投影。令线段的正应变为 ε_n,则该线段在变形之后的长度为 $\mathrm{d}r + \varepsilon_n \mathrm{d}r$,而这一长度的平方就等于(2.135)式中三个投影的平方之和,即

$$\begin{aligned} (\mathrm{d}r + \varepsilon_n \mathrm{d}r)^2 = &\left(\mathrm{d}x + \frac{\partial u}{\partial x}\mathrm{d}x + \frac{\partial u}{\partial y}\mathrm{d}y + \frac{\partial u}{\partial z}\mathrm{d}z\right)^2 \\ &+ \left(\mathrm{d}y + \frac{\partial v}{\partial x}\mathrm{d}x + \frac{\partial v}{\partial y}\mathrm{d}y + \frac{\partial v}{\partial z}\mathrm{d}z\right)^2 \\ &+ \left(\mathrm{d}z + \frac{\partial w}{\partial x}\mathrm{d}x + \frac{\partial w}{\partial y}\mathrm{d}y + \frac{\partial w}{\partial z}\mathrm{d}z\right)^2 \end{aligned} \tag{2.136}$$

将该式除以$(\mathrm{d}r)^2$,并应用(2.133)式,有

$$(1+\varepsilon_n)^2=\left(n_x\left(1+\frac{\partial u}{\partial x}\right)+n_y\frac{\partial u}{\partial y}+n_z\frac{\partial u}{\partial z}\right)^2+\left(n_x\frac{\partial v}{\partial x}+n_y\left(1+\frac{\partial v}{\partial y}\right)+n_z\frac{\partial v}{\partial z}\right)^2+\left(n_x\frac{\partial w}{\partial x}+n_y\frac{\partial w}{\partial y}+n_z\left(1+\frac{\partial w}{\partial z}\right)\right)^2 \quad (2.137)$$

因为正应变 ε_n 和位移分量的导数都是微小的，它们的平方或乘积都可以忽略，由上式可得到

$$1+2\varepsilon_n=n_x^2\left(1+2\frac{\partial u}{\partial x}\right)+2n_xn_y\frac{\partial u}{\partial y}+2n_xn_z\frac{\partial u}{\partial z}+n_y^2\left(1+2\frac{\partial v}{\partial y}\right)+2n_yn_z\frac{\partial v}{\partial z}+2n_yn_x\frac{\partial v}{\partial x}+n_z^2\left(1+2\frac{\partial w}{\partial z}\right)+2n_zn_x\frac{\partial w}{\partial x}+2n_yn_z\frac{\partial w}{\partial y} \quad (2.138)$$

由于 $n_x^2+n_y^2+n_z^2=1$，式(2.138)又可以简化为

$$\varepsilon_n=n_x^2\frac{\partial u}{\partial x}+n_y^2\frac{\partial v}{\partial y}+n_z^2\frac{\partial w}{\partial z}+n_yn_z\left(\frac{\partial w}{\partial y}+\frac{\partial v}{\partial z}\right)+n_zn_x\left(\frac{\partial u}{\partial z}+\frac{\partial w}{\partial x}\right)+n_xn_y\left(\frac{\partial v}{\partial x}+\frac{\partial u}{\partial y}\right) \quad (2.139)$$

再应用几何方程(2.53)，则

$$\varepsilon_n=n_x^2\varepsilon_{xx}+n_y^2\varepsilon_{yy}+n_z^2\varepsilon_{zz}+n_yn_z\gamma_{yz}+n_zn_x\gamma_{zx}+n_xn_y\gamma_{xy} \quad (2.140)$$

可以看出，求任意方向的正应变 ε_n 的公式(2.140)，与求任意斜面上的正应力 σ_n 的公式(2.126)是完全相似的。若用正应变 ε_{xx}、ε_{yy}、ε_{zz} 代替正应力 σ_{xx}、σ_{yy}、σ_{zz}，用剪应变 $\frac{1}{2}\gamma_{yz}$、$\frac{1}{2}\gamma_{zx}$、$\frac{1}{2}\gamma_{xy}$ 代替剪应力 τ_{yz}、τ_{zx}、τ_{xy}，还可以得出和第 2.4.3 节中相似的结论，即在物体内的任意一点，一定存在三个互相垂直的应变主向，它们所成的三个直角在变形之后保持为直角(即剪应变等于零)，沿着这三个应变主向的正应变称为主应变。同样三个主应变 ε_1、ε_2、ε_3 是下列方程中 ε 的三个实根：

$$\varepsilon^3-I_{e1}\varepsilon^2+I_{e2}\varepsilon-I_{e3}=0 \quad (2.141)$$

相应的应变状态的三个**应变不变量**(strain invariant)为

$$\left.\begin{aligned}I_{e1}&=\varepsilon_{xx}+\varepsilon_{yy}+\varepsilon_{zz}\\I_{e2}&=\varepsilon_{yy}\varepsilon_{zz}+\varepsilon_{zz}\varepsilon_{xx}+\varepsilon_{xx}\varepsilon_{yy}-\frac{\gamma_{yz}^2+\gamma_{zx}^2+\gamma_{xy}^2}{4}\\I_{e3}&=\varepsilon_{xx}\varepsilon_{yy}\varepsilon_{zz}-\frac{\varepsilon_{xx}\gamma_{yz}^2+\varepsilon_{yy}\gamma_{zx}^2+\varepsilon_{zz}\gamma_{xy}^2}{4}+\frac{\gamma_{yz}\gamma_{zx}\gamma_{xy}}{4}\end{aligned}\right\} \quad (2.142)$$

其中第一个不变量 I_{e1} 就是体积应变。

2.8.3 参考内容2：平面极坐标系下的弹性问题

设坐标系为(r,θ)，三大类基本力学变量有8个，即

$$\text{位移：}\quad u_i=[u_r\quad u_\theta]^{\mathrm{T}}$$

$$\text{应变：}\quad \varepsilon_{ij}=[\varepsilon_{rr}\quad \varepsilon_{\theta\theta}\quad \gamma_{r\theta}]^{\mathrm{T}}$$

$$\text{应力：}\quad \sigma_{ij}=[\sigma_{rr}\quad \sigma_{\theta\theta}\quad \tau_{r\theta}]^{\mathrm{T}}$$

以上u_r为沿r方向的位移，u_θ为**环向位移**(circumferential displacement)；ε_{rr}为**径向正应变**(radial normal strain)，$\varepsilon_{\theta\theta}$为环向正应变，$\gamma_{r\theta}$剪应变；$\sigma_{rr}$为径向正应力，$\sigma_{\theta\theta}$为环向正应力，$\tau_{r\theta}$为剪应力。

三大类基本方程如下。

① 平衡方程

$$\left.\begin{aligned}&\frac{\partial\sigma_{rr}}{\partial r}+\frac{1}{r}\frac{\partial\tau_{r\theta}}{\partial\theta}+\frac{\sigma_{rr}-\sigma_{\theta\theta}}{r}+\bar{b}_r=0\\&\frac{1}{r}\frac{\partial\sigma_{\theta\theta}}{\partial\theta}+\frac{\partial\tau_{r\theta}}{\partial r}+\frac{2\tau_{r\theta}}{r}+\bar{b}_\theta=0\end{aligned}\right\}\tag{2.143}$$

其中$\bar{b}_r$、$\bar{b}_\theta$为体积力。

② 几何方程

$$\left.\begin{aligned}\varepsilon_{rr}&=\frac{\partial u_r}{\partial r}\\\varepsilon_{\theta\theta}&=\frac{u_r}{r}+\frac{1}{r}\frac{\partial u_\theta}{\partial\theta}\\\gamma_{r\theta}&=\frac{1}{r}\frac{\partial u_r}{\partial\theta}+\frac{\partial u_\theta}{\partial r}-\frac{u_\theta}{r}\end{aligned}\right\}\tag{2.144}$$

③ 物理方程

$$\left.\begin{aligned}\varepsilon_{rr}&=\frac{1}{E}(\sigma_{rr}-\mu\,\sigma_{\theta\theta})\\\varepsilon_{\theta\theta}&=\frac{1}{E}(\sigma_{\theta\theta}-\mu\,\sigma_{rr})\\\gamma_{r\theta}&=\frac{1}{G}\tau_{r\theta}\end{aligned}\right\}\tag{2.145}$$

④ 边界条件(BC)

典型的边界条件为

$$\text{位移 BC}(u):\quad \left.\begin{aligned}u_r&=\bar{u}_r\\u_\theta&=\bar{u}_\theta\end{aligned}\right\}\quad \text{在 } S_u \text{ 上}\tag{2.146}$$

$$\text{力 BC}(p):\quad \left.\begin{aligned}\sigma_{rr}&=\bar{\sigma}_{rr}\\\sigma_{\theta\theta}&=\bar{\sigma}_{\theta\theta}\end{aligned}\right\}\quad \text{在 } S_p \text{ 上}\tag{2.147}$$

简例2.8(1) 分析圆孔的应力集中问题(problem of stress concentration)

在无限大薄板中有一个半径为R_0的圆孔，该无限大薄板在x方向受有$\sigma_{xx}=$

q_0 的均匀载荷，如图 2.20 所示，分析该弹性问题的应力分布。

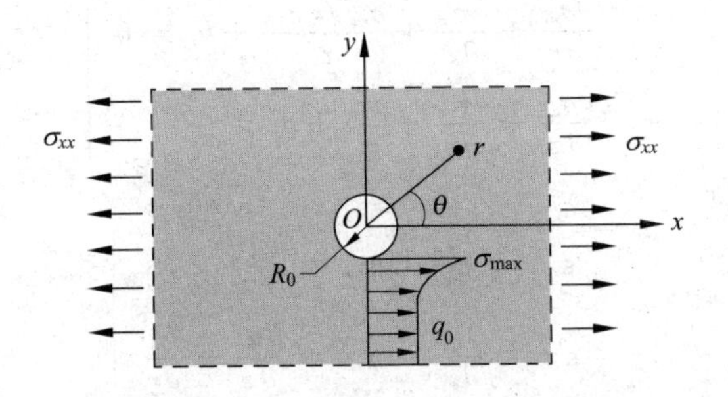

图 2.20　孔边应力集中问题

对于无限大板宽的孔边应力集中问题，基于以上平面极坐标下的三大类基本方程，可以得到以下弹性状态下的解析解：

$$\left.\begin{aligned}\sigma_{rr} &= \frac{q_0}{2}\left(1-\frac{R_0^2}{r^2}\right)+\frac{q_0}{2}\cos2\theta\left(1-\frac{R_0^2}{r^2}\right)\left(1-3\frac{R_0^2}{r^2}\right)\\ \sigma_{\theta\theta} &= \frac{q_0}{2}\left(1+\frac{R_0^2}{r^2}\right)-\frac{q_0}{2}\cos2\theta\left(1+3\frac{R_0^4}{r^4}\right)\\ \tau_{r\theta} &= \tau_{\theta r}=-\frac{q_0}{2}\sin2\theta\left(1-\frac{R_0^2}{r^2}\right)\left(1+3\frac{R_0^2}{r^2}\right)\end{aligned}\right\}\tag{2.148}$$

具体地，在圆孔边沿 y 轴上的环向应力 $\sigma_{\theta\theta}$ 为

$$\sigma_{\theta\theta}(\theta=90^\circ,r)=q_0\left(1+\frac{1}{2}\frac{R_0^2}{r^2}+\frac{3}{2}\frac{R_0^4}{r^4}\right)\tag{2.149}$$

最大的环向应力为

$$\sigma_{\theta\theta}(\theta=90^\circ,r=R_0)=3q_0\tag{2.150}$$

2.8.4　参考内容 3：空间柱坐标系下的轴对称弹性问题

设坐标系为 (r,θ,z)，则**轴对称弹性问题**(axisymmetric elastic problem)的非零的三大类基本力学变量有 10 个，不随 θ 变化，即

位移：　$u_i=[u_r\quad w]^{\mathrm{T}},\quad u_\theta=0$

应变：　$\varepsilon_{ij}=[\varepsilon_{rr}\quad \varepsilon_{\theta\theta}\quad \varepsilon_{zz}\quad \gamma_{rz}]^{\mathrm{T}},\quad \gamma_{r\theta}=\gamma_{\theta z}=0$

应力：　$\sigma_{ij}=[\sigma_{rr}\quad \sigma_{\theta\theta}\quad \sigma_{zz}\quad \tau_{rz}]^{\mathrm{T}},\quad \tau_{r\theta}=\tau_{\theta z}=0$

以上 u_r 为沿 r 方向的位移分量，w 为沿 z 方向的位移分量，也称为轴向位移，由于对称，环向位移 $u_\theta=0$；ε_{rr} 为径向正应变，$\varepsilon_{\theta\theta}$ 为环向正应变，ε_{zz} 为轴向正应变，γ_{rz} 为 r 方向与 z 方向之间的剪应变；σ_{rr} 为径向正应力，$\sigma_{\theta\theta}$ 为环向正应力，σ_{zz} 为轴向正应力，τ_{rz} 为圆柱面上的剪应力。

三大类基本方程如下。

(1) 平衡方程

$$\left.\begin{aligned}&\frac{\partial\sigma_{rr}}{\partial r}+\frac{\partial\tau_{rz}}{\partial z}+\frac{\sigma_{rr}-\sigma_{\theta\theta}}{r}+\bar{b}_r=0\\&\frac{\partial\sigma_{zz}}{\partial z}+\frac{\partial\tau_{rz}}{\partial r}+\frac{\tau_{rz}}{r}+\bar{b}_z=0\end{aligned}\right\}\tag{2.151}$$

(2) 几何方程

$$\left.\begin{aligned}&\varepsilon_{rr}=\frac{\partial u_r}{\partial r},\quad \varepsilon_{\theta\theta}=\frac{u_r}{r}\\&\varepsilon_{zz}=\frac{\partial w}{\partial z},\quad \gamma_{rz}=\frac{\partial u_r}{\partial z}+\frac{\partial w}{\partial r}\end{aligned}\right\}\tag{2.152}$$

(3) 物理方程

$$\left.\begin{aligned}&\varepsilon_{rr}=\frac{1}{E}[\sigma_{rr}-\mu(\sigma_{\theta\theta}+\sigma_{zz})]\\&\varepsilon_{\theta\theta}=\frac{1}{E}[\sigma_{\theta\theta}-\mu(\sigma_{zz}+\sigma_{rr})]\\&\varepsilon_{zz}=\frac{1}{E}[\sigma_{zz}-\mu(\sigma_{rr}+\sigma_{\theta\theta})]\\&\gamma_{rz}=\frac{1}{G}\tau_{rz}\end{aligned}\right\}\tag{2.153}$$

(4) 边界条件(BC)

典型的边界条件为

$$\text{位移 BC}(u):\quad \left.\begin{aligned}u_r&=\bar{u}_r\\w&=\bar{w}\end{aligned}\right\}\quad \text{在 } S_u \text{ 上}\tag{2.154}$$

$$\text{力 BC}(p):\quad \left.\begin{aligned}\sigma_{rr}&=\bar{\sigma}_{rr}\\\sigma_{zz}&=\bar{\sigma}_{zz}\end{aligned}\right\}\quad \text{在 } S_p \text{ 上}\tag{2.155}$$

简例 2.8(2) 分析回转体在匀速转动时的弹性应力

对于半径为 a,厚度为 $2c$ 的**转动圆盘**(rotating discs),其密度为 ρ,它为一轴对称的物体,如果体力不计,绕其对称轴 z 以均匀角速度 ω 旋转,如图 2.21 所示,分析该物体的应力状况。

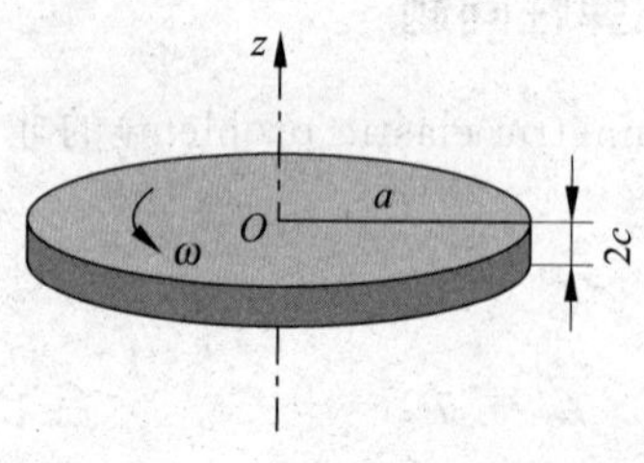

图 2.21 匀速转动的圆盘

解答:该物体中任意一点的向心加速度为 $\omega^2 r$,则单位体积上的**离心惯性力**(centrifugal force)为 $\rho\omega^2 r$,它的效果相当于平衡方程(2.151)中的体积力,此时的平衡方程为

$$\left.\begin{aligned}&\frac{\partial\sigma_{rr}}{\partial r}+\frac{\partial\tau_{rz}}{\partial z}+\frac{\sigma_{rr}-\sigma_{\theta\theta}}{r}=-\rho\omega^2 r\\&\frac{\partial\sigma_{zz}}{\partial z}+\frac{\partial\tau_{rz}}{\partial r}+\frac{\tau_{rz}}{r}=0\end{aligned}\right\}\tag{2.156}$$

将坐标原点放在圆盘的中心,假定厚度 $2c$ 远小于 a,则边界条件为

$$\left.\begin{aligned}\sigma_{rr}\big|_{r=a} &= 0\\ \sigma_{zz}\big|_{z=\pm c} &= 0\\ \tau_{zr}\big|_{z=\pm c} &= 0\end{aligned}\right\} \tag{2.157}$$

对于上述方程，可以在以上边界条件的第一式近似满足(即合力为零)

$$\int_{-c}^{c}\sigma_{rr}\big|_{r=a}\mathrm{d}z = 0 \tag{2.158}$$

的前提下，得到以下应力解答：

$$\left.\begin{aligned}\sigma_{rr} &= \rho\omega^2 a^2\left[\frac{3+\mu}{8}\left(1-\frac{r^2}{a^2}\right)+\frac{\mu(1+\mu)}{6(1-\mu)}\left(\frac{c^2}{a^2}-\frac{3z^2}{a^2}\right)\right]\\ \sigma_{\theta\theta} &= \rho\omega^2 a^2\left[\frac{3+\mu}{8}-\left(\frac{1+3\mu}{8}\right)\frac{r^2}{a^2}+\frac{\mu(1+\mu)}{6(1-\mu)}\left(\frac{c^2}{a^2}-\frac{3z^2}{a^2}\right)\right]\\ \sigma_{zz} &= \tau_{zr} = \tau_{rz} = 0\end{aligned}\right\} \tag{2.159}$$

由以上的第一式可见，在圆盘的边缘上，有自成平衡的面力，即

$$\sigma_{rr}\big|_{r=a} = \frac{\mu(1+\mu)}{6(1-\mu)}\rho\omega^2(c^2-3z^2) \tag{2.160}$$

因此，边界条件只是近似地满足，但是在离开边缘稍远处，误差是很小的。

最大正应力位于圆盘的中心[10]

$$\begin{aligned}\sigma_{\max} &= \sigma_{rr}\big|_{r=0,z=0} = \sigma_{\theta\theta}\big|_{r=0,z=0}\\ &= \rho\omega^2 a^2\left[\frac{3+\mu}{8}+\frac{\mu(1+\mu)}{6(1-\mu)}\frac{c^2}{a^2}\right]\end{aligned} \tag{2.161}$$

2.8.5　参考内容 4：球坐标系下的球对称弹性问题

设球坐标系为 (r,φ,θ)，r 为径向，t 为切向。由于是**球对称问题**(sphere symmetric problem)，因此所有力学变量只与 r 有关，应力分量如图 2.22 所示。

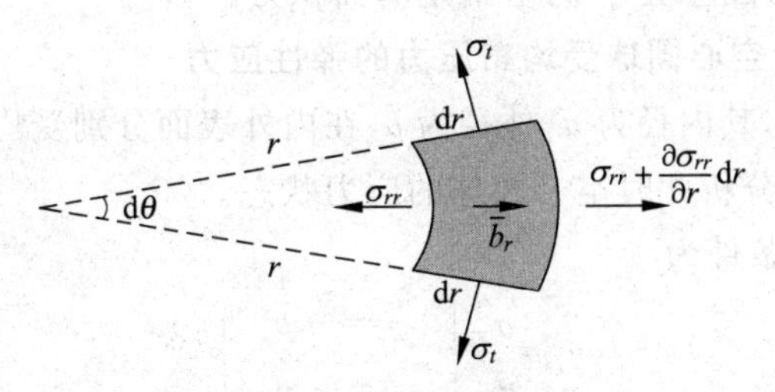

图 2.22　球坐标系下的应力分量

非零的三大类基本力学变量有 5 个，即

位移：　$u_i = [u_r]^{\mathrm{T}}$

应变：　$\varepsilon_{ij} = [\varepsilon_{rr}\quad \varepsilon_t]^{\mathrm{T}}$

应力：　$\sigma_{ij} = [\sigma_{rr}\quad \sigma_t]^{\mathrm{T}}$

以上 u_r 为径向位移，ε_{rr} 为径向正应变，ε_t 为**切向正应变**(tangent normal strain)，σ_{rr} 为球面的径向正应力，σ_t 为切向正应力。由于对称，切向位移为零。

三大类基本方程如下。

(1) 平衡方程

$$\frac{\mathrm{d}\sigma_{rr}}{\mathrm{d}r}+\frac{2}{r}(\sigma_{rr}-\sigma_t)+\bar{b}_r=0 \tag{2.162}$$

其中 $\bar{b}_r$ 为体积力。

(2) 几何方程

$$\left.\begin{aligned}\varepsilon_{rr}&=\frac{\mathrm{d}u_r}{\mathrm{d}r}\\ \varepsilon_t&=\frac{u_r}{r}\end{aligned}\right\} \tag{2.163}$$

(3) 物理方程

$$\left.\begin{aligned}\varepsilon_{rr}&=\frac{1}{E}(\sigma_{rr}-\mu\,\sigma_t-\mu\,\sigma_t)=\frac{1}{E}(\sigma_{rr}-2\mu\,\sigma_t)\\ \varepsilon_t&=\frac{1}{E}(\sigma_t-\mu\,\sigma_t-\mu\,\sigma_{rr})=\frac{1}{E}[(1-\mu)\sigma_t-\mu\,\sigma_{rr}]\end{aligned}\right\} \tag{2.164}$$

或者写成另一形式

$$\left.\begin{aligned}\sigma_{rr}&=\frac{E}{(1+\mu)(1-2\mu)}[(1-\mu)\varepsilon_{rr}+2\mu\,\varepsilon_t]\\ \sigma_t&=\frac{E}{(1+\mu)(1-2\mu)}(\varepsilon_t+\mu\,\varepsilon_{rr})\end{aligned}\right\} \tag{2.165}$$

(4) 边界条件(BC)

典型的边界条件为

$$\left.\begin{aligned}&\text{位移 BC}(u):\quad u_r=\bar{u}_r \quad \text{在 } S_u \text{ 上}\\ &\text{力 BC}(p):\quad \sigma_{rr}=\bar{p} \quad \text{在 } S_p \text{ 上}\end{aligned}\right\} \tag{2.166}$$

其中 $\bar{u}_r$ 为所给定的位移值,$\bar{p}$ 为所给定的面积力。

简例 2.8(3) 分析空心圆球受均布压力的弹性应力

设有空心圆球,其内径为 a,外径为 b,在内外表面分别受均布压力 $\bar{p}_a$ 和 $\bar{p}_b$ 的作用,若不计体力,分析此时空心圆球的应力状态。

解答:相应的边界条件为

$$\left.\begin{aligned}\sigma_{rr}\big|_{r=a}&=-\bar{p}_a\\ \sigma_{rr}\big|_{r=b}&=-\bar{p}_b\end{aligned}\right\} \tag{2.167}$$

首先对原始三大类方程进行变量代换,得到只有一个未知变量的方程,以便进行求解。具体做法为:将几何方程(2.163)代入物理方程(2.165)中,再代入平衡方程(2.162)中,可得到只含有位移变量 u_r 的常微分方程为

$$\frac{E(1-\mu)}{(1+\mu)(1-2\mu)}\left(\frac{\mathrm{d}^2u_r}{\mathrm{d}r^2}+\frac{2}{r}\frac{\mathrm{d}u_r}{\mathrm{d}r}-\frac{2}{r^2}u_r\right)=0 \tag{2.168}$$

该方程的一般解为

$$u_r = Ar + \frac{B}{r^2} \tag{2.169}$$

其中 A 和 B 是待定常数。将(2.169)式代入边界条件(2.167)中,可得到以下结果:

$$u_r = \frac{(1+\mu)r}{E}\left[\frac{\dfrac{b^3}{2r^3}+\dfrac{1-2\mu}{1+\mu}}{\dfrac{b^3}{a^3}-1}\bar{p}_a - \frac{\dfrac{a^3}{2r^3}+\dfrac{1-2\mu}{1+\mu}}{1-\dfrac{a^3}{b^3}}\bar{p}_b\right] \tag{2.170}$$

$$\sigma_{rr} = -\frac{\dfrac{b^3}{r^3}-1}{\dfrac{b^3}{a^3}-1}\bar{p}_a - \frac{1-\dfrac{a^3}{r^3}}{1-\dfrac{a^3}{b^3}}\bar{p}_b \tag{2.171}$$

$$\sigma_t = \frac{\dfrac{b^3}{2r^3}+1}{\dfrac{b^3}{a^3}-1}\bar{p}_a - \frac{1+\dfrac{a^3}{2r^3}}{1-\dfrac{a^3}{b^3}}\bar{p}_b \tag{2.172}$$

ε_{rr},ε_t 略。由于不存在剪应力分量,上面的径向正应力 σ_{rr} 和切向正应力 σ_t 就是主应力。

讨论 1:空心圆球只受内压力 $\bar{p}$ 的情形

令(2.170)~(2.172)式中的 $\bar{p}_a=\bar{p}$, $\bar{p}_b=0$,有

$$u_r = \frac{(1+\mu)r\bar{p}}{E}\left[\frac{\dfrac{1}{2r^3}+\dfrac{1-2\mu}{1+\mu}\dfrac{1}{b^3}}{\dfrac{1}{a^3}-\dfrac{1}{b^3}}\right] \tag{2.173}$$

$$\sigma_{rr} = -\left(\frac{\dfrac{1}{r^3}-\dfrac{1}{b^3}}{\dfrac{1}{a^3}-\dfrac{1}{b^3}}\right)\bar{p} \tag{2.174}$$

$$\sigma_t = \left(\frac{\dfrac{1}{2r^3}+\dfrac{1}{b^3}}{\dfrac{1}{a^3}-\dfrac{1}{b^3}}\right)\bar{p} \tag{2.175}$$

ε_{rr},ε_t 略。

讨论 2:球形孔洞受内压的情形

设有一个弹性体,在它的内部有一个半径为 a 的球形孔洞,在孔洞内受有流体压力 $\bar{p}$ 的作用,此时可令(2.173)~(2.175)式中的 $b\to\infty$,则

$$u_r = \frac{(1+\mu)a^3}{2Er^2}\bar{p} \tag{2.176}$$

$$\sigma_{rr} = -\frac{a^3}{r^3}\bar{p} \tag{2.177}$$

$$\sigma_t = \frac{a^3}{2r^3}\bar{p} \tag{2.178}$$

特别值得注意的是，由(2.178)式可知，孔边将发生$\frac{\bar{p}}{2}$的切向拉应力，这可能引起脆性材料的开裂。

2.9 习题

2.1 分别对以下情形，写出所有基本变量、基本方程及边界条件(分量形式、指标形式)，并指明各分量形式变量与指标形式变量之间的对应关系。

(1) 1D 情形

(2) 2D 情形

(3) 3D 情形

2.2 设平面问题的应力状态为

$$\sigma_{xx} = a_1 + a_2 x + a_3 y$$
$$\sigma_{yy} = a_4 + a_5 x + a_6 y$$
$$\tau_{xy} = a_7 + a_8 x + a_9 y$$

其中 $a_i(i=1,2,\cdots,9)$为常数，若体积力为零，试讨论下列各种情况下平衡方程是否满足？若不能满足，则在 a_i 之间需要建立何种关系才能满足平衡方程。

(1) 除 a_1、a_4、a_7 外，其余 a_i 为零。

(2) $a_3=a_5=a_8=a_9=0$。

(3) $a_2=a_6=a_8=a_9=0$。

(4) 所有 a_i 均为非零。

2.3 在体积力为零的情况下，下列应力分布是否满足平衡条件(平面应力问题)，就如图所示平面结构，给出该应力函数所表示的边界应力分布状况。

$$\sigma_{xx} = a_1 + a_2 x$$
$$\sigma_{yy} = a_3 + a_4 y$$
$$\tau_{xy} = a_5 - a_2 y - a_4 x$$

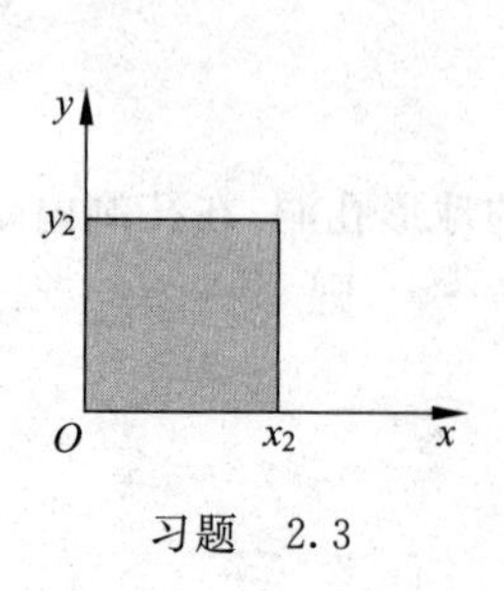

习题 2.3

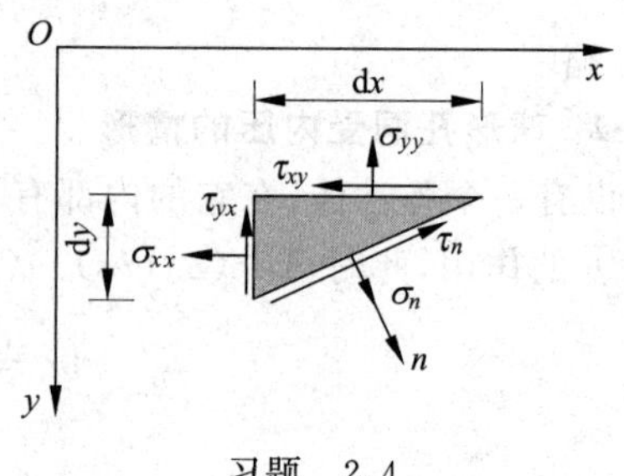

习题 2.4

2.4 对于平面应力问题，已知一点的应力状态 σ_{xx}，σ_{yy}，τ_{xy}，如图所示。

求：(1) 斜面上应力 σ_n，τ_n 的表达式。

(2) 最大主应力、最小主应力及此时斜面的方向余弦。

2.5　如图所示为一个正方形物体 $ABCD$，其边长为 1，在以下几种情形下作平面刚体运动，试用位移场函数来描述，并求出 $ABCD$ 各点在进行刚体运动后的具体位置。

(1) 物体 $ABCD$ 被平移，平移后 A 点的坐标为(2,3)。

(2) 在(1)平移的基础上，$ABCD$ 绕其几何中心旋转，旋转后 A 点的 x 方向坐标为 2.1。

(3) 物体 $ABCD$ 作刚体运动后，A 点位置为(u_A, v_A)，B 点位置为(u_B, v_B)，并且有关系

$$\sqrt{(u_A - u_B)^2 + (v_A - v_B)^2} = 1$$

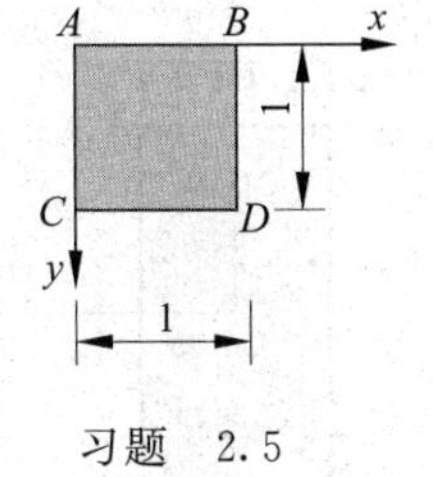

习题　2.5

2.6　分别给出平面应力和平面应变状态下的前提条件及表达式，推导两种情况下的完整物理方程，以及它们之间的转换关系。

2.7　一个立方块的弹性体放在同样大小的刚性盒内，其上面使用一个刚性盖来施加均匀压力 $\bar{q}$，方块与盒盖之间无摩擦力，设加压方向为沿 z 轴方向，盒的侧面法向为 x 轴和 y 轴，求弹性体的应力 $\sigma_{xx}, \sigma_{yy}, \sigma_{zz}$ 和应变 $\varepsilon_{xx}, \varepsilon_{yy}, \varepsilon_{zz}$。

2.8　有一长方体形状的弹性体，弹性模量为 E，泊松比为 μ，受外力 P 的作用，其变形后的位移为

$$u(x,y,z) = -\frac{P(1-2\mu)}{E}x + b_3 y - b_2 z + a_1$$

$$v(x,y,z) = -\frac{P(1-2\mu)}{E}y + b_1 z - b_3 x + a_2$$

$$w(x,y,z) = -\frac{P(1-2\mu)}{E}z + b_2 x - b_1 y + a_3$$

其中 $a_1, a_2, a_3, b_1, b_2, b_3$ 为常数。试证明：该长方体只有体积改变，而无形状改变。若该长方体的原点无移动，整个物体也无转动，求以上各式中的各常数。

2.9　证明 1：受纯剪作用的弹性体的应变能为

$$U = \frac{1}{2}\int_\Omega [\gamma_{xy}\tau_{xy} + \gamma_{yz}\tau_{yz} + \gamma_{zx}\tau_{zx}]\mathrm{d}\Omega$$

证明 2：指标形式与分量形式的应变能计算公式的对应关系为

$$\int_\Omega \frac{1}{2}\sigma_{ij}\varepsilon_{ij}\,\mathrm{d}\Omega = \frac{1}{2}\int_\Omega [\sigma_{xx}\varepsilon_{xx} + \sigma_{yy}\varepsilon_{yy} + \sigma_{zz}\varepsilon_{zz} + \tau_{xy}\gamma_{xy} + \tau_{yz}\gamma_{yz} + \tau_{zx}\gamma_{zx}]\mathrm{d}\Omega \quad (i,j = 1,2,3)$$

证明 3：纯弯梁应变能的表达式为

$$U = \frac{1}{2EI}\int_l M^2\,\mathrm{d}x$$

2.10　对于不考虑体积力的平面应力问题，试证明由位移表达的平衡方程为

$$\left[\frac{\partial^2}{\partial x^2} + \left(\frac{1-\mu}{2}\right)\frac{\partial^2}{\partial y^2}\right]u + \left(\frac{1+\mu}{2}\right)\frac{\partial^2 v}{\partial x \partial y} = 0$$

$$\left[\frac{\partial^2}{\partial y^2}+\left(\frac{1-\mu}{2}\right)\frac{\partial^2}{\partial x^2}\right]v+\left(\frac{1+\mu}{2}\right)\frac{\partial^2 u}{\partial x\partial y}=0$$

其中 u,v 分别为 x 和 y 方向的位移，μ 为泊松比。

2.11 对于如图所示的两个平面问题，试给出图中各个边界的应力边界条件。

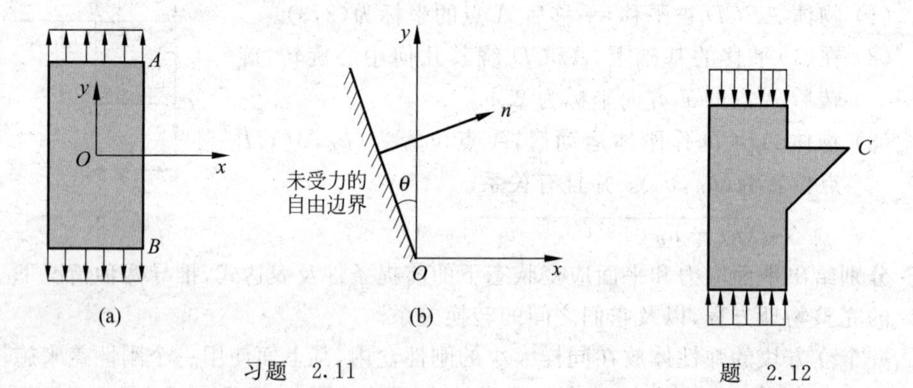

习题 2.11　　题 2.12

2.12 有一个车间墙体用于支撑天车的短柱体，其受力状态如习题图 2.12 所示，假设该柱体处于平面应力状态，试证明在牛腿尖端 C 处的应力为零。

2.13 已知下列位移分量，试求给定点的应变状态。

(1) 对于平面问题，$u=(2x^2+10y)\times10^{-2}$，$v=(5xy^2)\times10^{-2}$，在(1,4)点处。

(2) 对于空间问题，$u=(3x^2+20y)\times10^{-2}$，$v=(4xzy^2)\times10^{-2}$，$w=(2yz^2-2xyz)\times10^{-2}$，在(1,3,4)点处。

2.14 试说明下列应变状态是否存在，为什么？

$$\varepsilon_{ij}=\begin{bmatrix}A(x^2+y^2) & Axy & 0\\ Axy & Ay^2 & 0\\ 0 & 0 & 0\end{bmatrix}$$

其中 A 为常数。

2.15 如图所示为一正六面体的弹性体，其位移分量为 $u=a_1xyz$，$v=a_2xyz$，$w=a_3xyz$，其中 a_1,a_2,a_3 为常数。

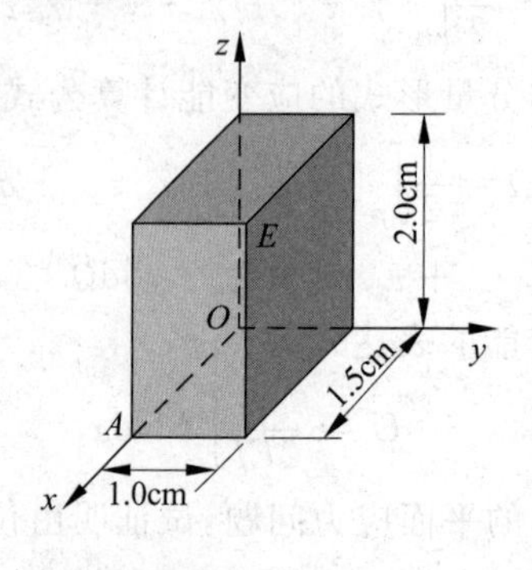

习题 2.15

若变形前 E 点坐标为(1.5,1.0,2.0),变形后移至(1.503,1.001,1.997),求此时 E 点的变形状态和 E 点沿 EA 方向的线应变。

2.16　对于平面问题,设有应变分量的表达式为

$$\varepsilon_{xx}=A_0+A_1(x^2+y^2)+(x^4+y^4)$$
$$\varepsilon_{yy}=B_0+B_1(x^2+y^2)+(x^4+y^4)$$
$$\gamma_{xy}=C_0+C_1xy(x^2+y^2+C_2)$$

其中 $A_0,A_1,B_0,B_1,C_0,C_1,C_2$ 为常数,试问这些常数需要满足何种关系,以上的应变分量才能成为一种真正的应变状态。

2.17　已知某点的应力分量为 $\sigma_{xx}=0,\sigma_{yy}=2\text{MPa},\sigma_{zz}=1\text{MPa},\tau_{xy}=1\text{MPa},\tau_{yz}=0,\tau_{zx}=2\text{MPa}$。在经过此点的平面 $x+3y+z=1$ 上,求沿坐标轴方向的应力分量,以及该平面上的正应力和剪应力。

2.18　已知 $\sigma_{xx}=\sigma_{yy}=50\text{MPa},\sigma_{zz}=4\text{MPa},\tau_{xy}=0,\tau_{xz}=\tau_{yz}=10\text{MPa}$。求 $\sigma_1,\sigma_2,\sigma_3$。

2.19　已知一点的应变状态:$\varepsilon_{xx}=500\mu,\varepsilon_{yy}=400\mu,\varepsilon_{zz}=200\mu,\gamma_{xy}=600\mu,\gamma_{yz}=-200\mu,\gamma_{zx}=0$。试求(1)沿 $2\boldsymbol{i}+2\boldsymbol{j}+\boldsymbol{k}$ 方向的线应变,其中 $\boldsymbol{i},\boldsymbol{j},\boldsymbol{k}$ 为沿 x,y,z 方向的单位矢量,(2)主应变及主方向。

2.20　如图所示,采用应变花测量平面问题某一点的应变状态,若 $\varepsilon_A=-1\times10^{-4},\varepsilon_B=1\times10^{-4},\varepsilon_C=1.8\times10^{-4}$,试求该点的 $\varepsilon_{xx},\varepsilon_{yy},\gamma_{xy}$。

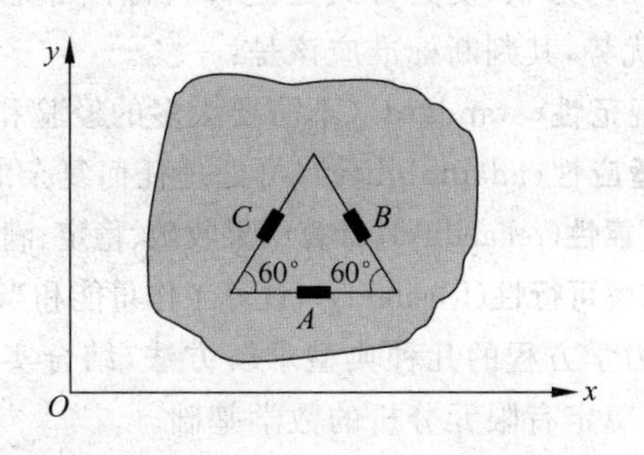

习题　2.20

(注:本书的部分习题参考了文献[10,13,14,18,25,29,37~42])

第3章 有限元分析的数学求解原理

前一章针对任意形状的变形体，基于物体内的微小体元 $dxdydz$ 定义了描述弹性变形体信息的所有基本力学变量(u_i，ε_{ij}，σ_{ij})、基本方程(平衡、几何、物理)及边界条件。接下来的任务就是对这些方程在具体的条件下进行求解，也就是说在已知的边界条件下，由基本方程求出相应的位移场、应力场和应变场。

一般说来，求解方程的途径有两大类：(1)直接针对原始方程进行求解，方法有：**解析法**(analytical method)、**半逆解法**(semi-inverse method)、**有限差分法**(finite difference method)等；(2)间接针对原始方程进行求解，方法有：加权残值法、虚功原理、最小势能原理、变分方法等。

工程问题无论是几何形状、受力方式还是材料特性都是千变万化的，因此，一种求解方法是否具有优势，其判断标准应该是：

(1) 具有良好的**规范性**(standard)(不需要太多的经验和个人技巧)

(2) 具有良好的**适应性**(adaptability)(可处理任何复杂的工程实际问题)

(3) 具有良好的**可靠性**(reliability)(计算结果收敛、稳定、满足一定的精度要求)

(4) 具有良好的求解**可行性**(feasibility)(计算工作量能和当时的计算条件相匹配)

本章将介绍弹性力学方程的几种典型求解方法，结合实例，由具体到一般，分析这些方法的特点，以奠定有限元分析的数学基础。

3.1 简单问题的解析求解

对于一些特殊对象或者简单对象，可以利用对象的一些特性进行简化。当然，简化后也一定包括：三大类力学变量(位移、应力、应变)、三大类方程(平衡、几何、物理)以及两类边界条件，只是表达形式与前面的通用表达式有所不同。

下面结合 1D 拉压杆问题以及平面梁的弯曲问题进行讨论。

3.1.1 1D 拉压杆问题

有一个左端固定的拉杆，其右端承受一外力 P。该拉杆的长度为 l，横截面积为 A，弹性模量为 E，如图 3.1 所示，下面讨论该问题的力学描述与求解。

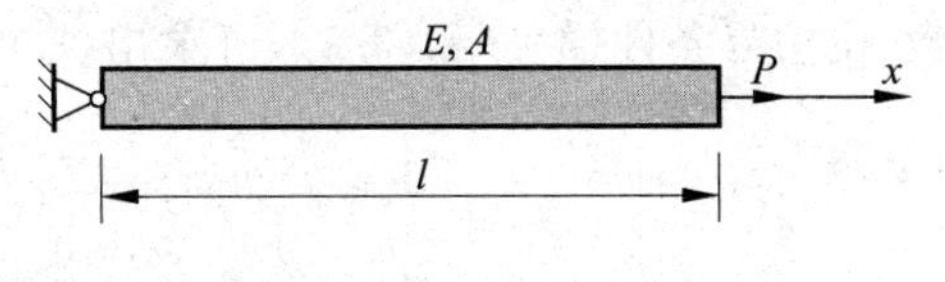

图 3.1　一端固定的拉杆

1. 基本变量

由于该问题是沿 x 方向的一维问题,因此只有沿 x 方向的基本变量,即

位移：　$u(x)$

应变：　$\varepsilon_x(x)$

应力：　$\sigma_x(x)$

2. 基本方程

对原三维问题的所有基本方程进行简化,只保留沿 x 方向的方程,得到该问题的三大类基本方程和边界条件如下。

① 平衡方程(无体力)

$$\frac{\mathrm{d}\sigma_x}{\mathrm{d}x}=0 \tag{3.1}$$

② 几何方程

$$\varepsilon_x=\frac{\mathrm{d}u}{\mathrm{d}x} \tag{3.2}$$

③ 物理方程

$$\varepsilon_x=\frac{\sigma_x}{E} \tag{3.3}$$

④ 边界条件(BC)

$$\text{位移 BC}(u)\quad u(x)\Big|_{x=0}=0 \tag{3.4}$$

$$\text{力 BC}(p)\quad \sigma_x(x)\Big|_{x=l}=\frac{P}{A}=\bar{p}_x \tag{3.5}$$

以上方程中,力的边界条件为一种近似,因为在 $x=l$ 的端面,$\sigma_x(x)$不应是均匀分布的。由**圣维南原理**(Saint-Venant principle),在远离 $x=l$ 的截面,力的边界条件才较好地满足。

3. 求解

对方程(3.1)～(3.3)进行直接求解,可得到以下结果：

$$\left.\begin{aligned}\sigma_x(x)&=c\\ \varepsilon_x(x)&=\frac{c}{E}\\ u(x)&=\frac{c}{E}x+c_1\end{aligned}\right\} \tag{3.6}$$

其中 c 及 c_1 为待定常数，由边界条件(3.4)和(3.5)，可求出(3.6)中的常数为 $c_1=0$，$c=\dfrac{P}{A}$。因此，有最后的结果

$$\left.\begin{aligned}\sigma_x(x)&=\frac{P}{A}\\ \varepsilon_x(x)&=\frac{P}{EA}\\ u(x)&=\frac{P}{EA}x\end{aligned}\right\}\tag{3.7}$$

4. 讨论 1

若用经验方法求解(如材料力学的方法)，则需先作平面假设，即假设 σ_x 为均匀分布，则可得到

$$\sigma_x=\frac{P}{A}\tag{3.8}$$

再由 Hooke 定律可算出

$$\varepsilon_x=\frac{P}{EA}\tag{3.9}$$

再计算右端的伸长量为

$$\Delta u=\varepsilon_x\cdot l=\frac{Pl}{EA}\tag{3.10}$$

经验方法求解的结果(3.8)～(3.10)与弹性力学的解析结果(3.7)完全一致。

比较以上解析方法与经验方法可以看出：

① 解析方法的求解过程严谨，可得到物体内各点力学变量的表达，是场变量。

② 经验方法的求解过程较简单，但需要事先进行假定，往往只得到一些特定位置的力学变量表达，而且只能应用于一些简单情形。

5. 讨论 2

根据第 2.5 节，计算该问题有关能量方面的物理量如下：

应变能

$$U=\frac{1}{2}\int_{\Omega}\sigma_x\varepsilon_x\,\mathrm{d}\Omega=\frac{1}{2}\int_0^l\sigma_x\varepsilon_xA\cdot\mathrm{d}x=\frac{P^2l}{2EA}\tag{3.11}$$

外力功

$$W=P\cdot u(x)\Big|_{x=l}=\frac{P^2l}{EA}\tag{3.12}$$

势能

$$\Pi=U-W=\frac{1}{2}\int_{\Omega}\sigma_x\varepsilon_x\,\mathrm{d}\Omega-P\cdot u(x)\Big|_{x=l}=-\frac{P^2l}{2EA}\tag{3.13}$$

3.1.2　平面梁的弯曲问题

设有一个受分布载荷作用的简支梁如图3.2所示，由于简支梁的厚度较小，外载沿厚度方向无变化，该问题可以认为是一个 Oxy 平面内的问题，下面讨论该问题的描述与求解。

1. **基本方程**

有以下两种方法来建立基本方程。

方法之一是采用一般的建模及分析方法，即从对象取出 $\mathrm{d}x\mathrm{d}y$ 微元体进行分析，建立最一般的基于（u_i，ε_{ij}，σ_{ij}）描述的方程，见第2.3节中关于2D问题的基本变量及方程，这样，所用的变量较多，方程复杂，未考虑到这一具体问题的特征。

方法之二是用“**特征建模**”（characterized modeling）的简化方法来推导的三大方程，其基本思想是采用工程宏观特征量来进行问题的描述。图3.2所示问题的特征为：①梁为**细长梁**（long beam），因此可只用 x 坐标来刻画；②主要变形为垂直于 x 的挠度，可只用**挠度**（deflection）来描述位移场。针对这两个特征，可以做出以下假定：

- 直法线假定；
- 小变形与平面假定。

该问题的三类基本变量：

位移：$v(x,\hat{y}=0)$（中性层的挠度）

应力：σ（采用 σ_x，其他应力分量很小，不考虑），该变量对应于梁截面上的弯矩 M

应变：ε（采用 ε_x，满足直线假定）

下面取具有全高度梁的 $\mathrm{d}x$“微段”来推导三大方程（见图3.3）。

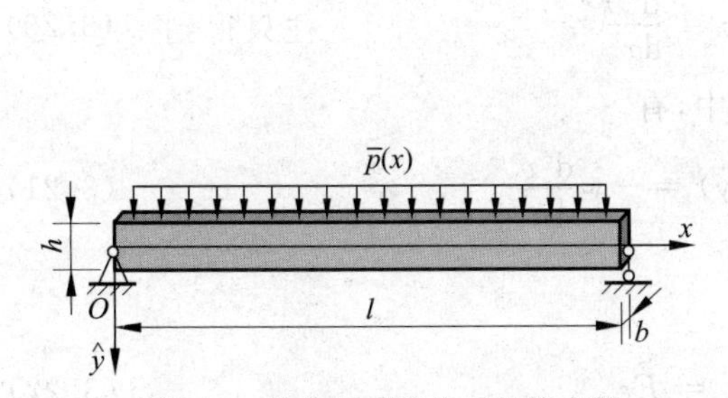

图3.2　受分布载荷作用的简支梁

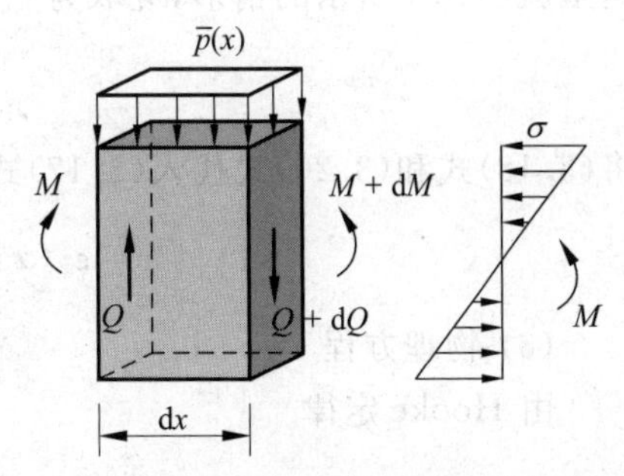

3.3　梁问题的 $\mathrm{d}x$“微段”及受力平衡

(1) 平衡方程

针对图3.3中的“微段”，应该有三个平衡方程，首先由 x 方向的合力等效 $\sum X=0$，有

$$M=\int_A \sigma_x \cdot \hat{y} \cdot \mathrm{d}A \tag{3.14}$$

其中 $\hat{y}$ 是以梁的**中性层**(neutral layer)为起点的 y 坐标,M 为截面上的弯矩。

然后由 y 方向的合力平衡 $\sum Y=0$,有 $\mathrm{d}Q+\bar{p}(x)\cdot\mathrm{d}x=0$,即

$$\frac{\mathrm{d}Q}{\mathrm{d}x}+\bar{p}=0 \tag{3.15}$$

其中 Q 为截面上的剪力,由弯矩平衡 $\sum M_O=0$,有 $\mathrm{d}M-Q\mathrm{d}x=0$,即

$$Q=\frac{\mathrm{d}M}{\mathrm{d}x} \tag{3.16}$$

(2) 几何方程

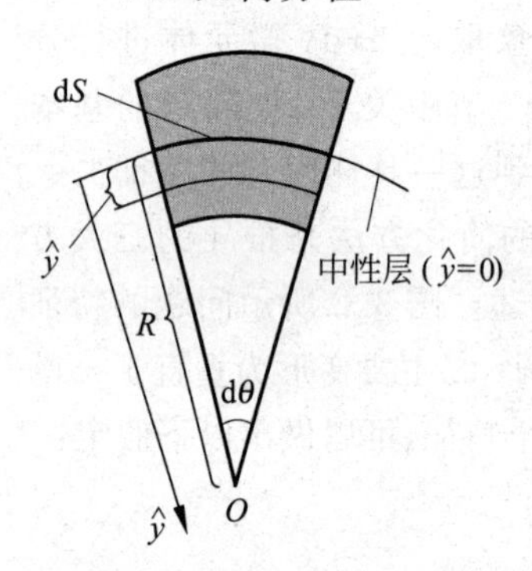

图 3.4 梁的纯弯变形图

考虑梁的**纯弯变形**(pure bending deformation),如图 3.4 所示。由变形后的几何关系,可得到位于 $\hat{y}$ 处纤维层的应变(即相对伸长量)为

$$\varepsilon_x(\hat{y})=\frac{(R-\hat{y})\cdot\mathrm{d}\theta-R\cdot\mathrm{d}\theta}{R\cdot\mathrm{d}\theta}=-\frac{\hat{y}}{R} \tag{3.17}$$

其中 R 为曲率半径,而**曲率** κ(curvature)与曲率半径 R 的关系为

$$\kappa=\frac{\mathrm{d}\theta}{\mathrm{d}S}=\frac{\mathrm{d}\theta}{R\cdot\mathrm{d}\theta}=\frac{1}{R} \tag{3.18}$$

对于梁的挠度函数 $v(x,\hat{y}=0)$,它的曲率 κ 的计算公式为

$$\kappa=\pm\frac{v''(x)}{(1+v'(x)^2)^{3/2}}\approx\pm v''(x) \tag{3.19}$$

这里就图 3.4 所示的情形,应取为

$$\kappa=\frac{\mathrm{d}^2 v}{\mathrm{d}x^2} \tag{3.20}$$

将(3.18)式和(3.20)式代入(3.17)式中,有

$$\varepsilon_x(x,\hat{y})=-\hat{y}\frac{\mathrm{d}^2 v}{\mathrm{d}x^2} \tag{3.21}$$

(3) 物理方程

由 Hooke 定律

$$\sigma_x=E\varepsilon_x \tag{3.22}$$

对以上方程进行整理,有描述平面梁弯曲问题的基本方程

$$-EI\frac{\mathrm{d}^4 v}{\mathrm{d}x^4}+\bar{p}(x)=0 \quad (y\text{ 方向的平衡}) \tag{3.23}$$

$$\begin{aligned}M(x)&=\int_A\sigma_x\hat{y}\,\mathrm{d}A\\&=\int_A-\hat{y}^2Ev''\mathrm{d}A \quad (x\text{ 方向的平衡})\end{aligned}$$

$$= -EI\frac{\mathrm{d}^2 v}{\mathrm{d}x^2} \tag{3.24}$$

$$\sigma_x(x) = -E\hat{y}\frac{\mathrm{d}^2 v}{\mathrm{d}x^2} \quad （物理方程） \tag{3.25}$$

$$\varepsilon_x(x) = -\hat{y}\frac{\mathrm{d}^2 v}{\mathrm{d}x^2} \quad （几何方程） \tag{3.26}$$

方程(3.24)中 $I=\int_A \hat{y}^2 \mathrm{d}A$ 为梁截面的**惯性矩**(moment of inertia)，可以看出：将原始基本变量定为中性层的挠度 $v(x,\hat{y}=0)$，而其他力学参量都可以基于它来表达。

(4) 边界条件

图 3.2 所示简支梁的边界为梁的两端，由于在建立平衡方程时已考虑了分布外载 $\bar{p}(x)$（见方程(3.23)），因此不能再作为力的边界条件。

两端的位移边界：

$$\mathrm{BC}(u)：\quad v\Big|_{x=0} = 0,\quad v\Big|_{x=l} = 0 \tag{3.27}$$

两端的力（弯矩）边界：

$$\mathrm{BC}(p)：\quad M\Big|_{x=0} = 0,\quad M\Big|_{x=l} = 0 \tag{3.28}$$

由(3.24)式，可将弯矩以挠度的二阶导数来表示，即

$$\mathrm{BC}(p)：\quad v''\Big|_{x=0} = 0,\quad v''\Big|_{x=l} = 0 \tag{3.29}$$

2. 方程的求解

若用基于 $\mathrm{d}x\mathrm{d}y$ 微体所建立的原始方程（即原平面应力问题中的三大类方程）进行直接求解，不仅过于繁琐，而且不易求解，若用基于以上“特征建模”简化方法所得到的基本方程进行直接求解则比较简单，对如图 3.2 所示的问题（如为均匀分布），其方程为

$$-EI\frac{\mathrm{d}^4 v}{\mathrm{d}x^4} + \bar{p}_0 = 0 \tag{3.30}$$

$$\mathrm{BC}(u)：\quad v\Big|_{x=0} = v\Big|_{x=l} = 0 \tag{3.31}$$

$$\mathrm{BC}(p)：\quad v''\Big|_{x=0} = v''\Big|_{x=l} = 0 \tag{3.32}$$

这是一个常微分方程，其解的形式为

$$v(x) = \frac{1}{EI}\left(\frac{\bar{p}_0}{24}x^4 + c_3 x^3 + c_2 x^2 + c_1 x + c_0\right) \tag{3.33}$$

其中 $c_0,\cdots,c_3$ 为待定系数，可由四个边界条件求出，最后有结果

$$v(x) = \frac{\bar{p}_0}{24EI}(x^4 - 2lx^3 + l^3 x) \tag{3.34}$$

$$v\left(x = \frac{1}{2}l\right) = 0.013020833\,\frac{\bar{p}_0 l^4}{EI} \tag{3.35}$$

3. 讨论

根据第2.5节，计算平面梁弯曲问题有关能量方面的物理量如下：

应变能

$$
\begin{aligned}
U &= \frac{1}{2}\int_{\Omega} \sigma_{ij}\varepsilon_{ij}\,\mathrm{d}\Omega \approx \frac{1}{2}\int_{\Omega} \sigma_x\,\varepsilon_x\,\mathrm{d}\Omega \\
&= \frac{1}{2}\int_{\Omega}\left(-E\hat{y}\,\frac{\mathrm{d}^2 v}{\mathrm{d}x^2}\right)\left(-\hat{y}\,\frac{\mathrm{d}^2 v}{\mathrm{d}x^2}\right)\mathrm{d}A\mathrm{d}x \\
&= \frac{1}{2}\int_{l} EI_z\left(\frac{\mathrm{d}^2 v}{\mathrm{d}x^2}\right)^2 \mathrm{d}x
\end{aligned}
\tag{3.36}
$$

外力功

$$
W = \int_{l} \bar{p}(x)\cdot v(x)\,\mathrm{d}x \tag{3.37}
$$

势能

$$
\Pi = U - W = \frac{1}{2}\int_{l} EI_z\left(\frac{\mathrm{d}^2 v}{\mathrm{d}x^2}\right)^2 \mathrm{d}x - \int_{l} \bar{p}(x)\cdot v(x)\,\mathrm{d}x \tag{3.38}
$$

3.2 弹性力学问题近似求解的加权残值法

直接针对原始三大类方程在给定边界条件下求解三大类变量往往是非常困难的，当对象的几何形状 Ω 和边界条件 $\partial\Omega = S_u + S_p$ 比较复杂时，一般求不出相应的解析解。如果事先假设满足一定边界的试函数，再在此基础上进行近似求解，则可大大降低求解难度。这种试函数方法可以使求解过程比较规范和简单，并有一定的适应性，但求解精度有所降低。

试函数(trial function)方法的基本原理是：先假定满足一定边界条件的试函数，然后将其代入需要求解的方程中(即**控制方程**(governing equation))，通过使与原方程的误差残值最小来确定试函数中的待定系数。为提高求解或逼近精度，可以采用较多项数的试函数进行计算，这种方法叫做加权残值法。

加权残值法 WRM(weighted residual method)，又分为 **Galerkin 加权残值法**(Galerkin WRM)和残值**最小二乘法**(least squares method)。

下面以梁的平面弯曲问题为例来阐述加权残值法的各种形式，然后推广到一般情形。

3.2.1 梁弯曲问题近似求解的 Galerkin 加权残值法

设问题的提法为，求解 $v(x)$，使其满足以下方程和边界条件：

$$
\left.
\begin{array}{lll}
 & L(v(x)) + \bar{b} = 0 & \\
\mathrm{BC}(u): & g_u(v(x)) = 0 & \text{在 } S_u \text{ 上} \\
\mathrm{BC}(p): & g_p(v(x)) = 0 & \text{在 } S_p \text{ 上}
\end{array}
\right\} \tag{3.39}
$$

其中 $L(\ )$ 为微分算子，例如，对于平面梁的弯曲问题，$L(\ )=-EI\dfrac{\mathrm{d}^4}{\mathrm{d}x^4}$，$\bar{b}=\bar{p}(x)$，BC($u$)为位移边界条件，BC($p$)为力的边界条件。

假设能够找到事先满足(3.39)式中边界条件 BC(u)和 BC(p)的一个试函数 $\hat{v}(x)$，将其代入到(3.39)式中的第一个微分方程(控制方程)，则一定存在**残差**(residual error)，记为

$$\mathscr{R}=L(\hat{v}(x))+\bar{b}\neq 0 \tag{3.40}$$

对于更一般的情形，设有一组满足所有边界条件的试函数 $\phi_i(x)$，将其线性组合为新的试函数

$$\hat{v}(x)=c_1\phi_1(x)+c_2\phi_2(x)+\cdots+c_n\phi_n(x) \tag{3.41}$$

其中 $c_1,c_2,\cdots,c_n$ 为**待定系数**(unknowns)。

若将 $\hat{v}(x)$ 代入原始方程，则必有残差(值)$\mathscr{R}$，真实的 $c_1,c_2,\cdots,c_n$ 使得加权残值的积分为零，即

$$\left.\begin{aligned}&\int_\Omega w_{t1}\cdot\mathscr{R}(c_1,c_2,\cdots,c_n,\phi_1,\phi_2,\cdots,\phi_n)\mathrm{d}\Omega=0\\&\int_\Omega w_{t2}\cdot\mathscr{R}(c_1,c_2,\cdots,c_n,\phi_1,\phi_2,\cdots,\phi_n)\mathrm{d}\Omega=0\\&\qquad\vdots\\&\int_\Omega w_{tn}\cdot\mathscr{R}(c_1,c_2,\cdots,c_n,\phi_1,\phi_2,\cdots,\phi_n)\mathrm{d}\Omega=0\end{aligned}\right\} \tag{3.42}$$

其中 $w_{t1},w_{t2},\cdots,w_{tn}$ 为**权函数**(weight function)。以上为关于 $c_1,c_2,\cdots,c_n$ 的方程组，由(3.42)式可求出它们，最后由(3.41)式可得到真实的 $\hat{v}(x)$。

如果将权函数 $w_{t1},w_{t2},\cdots,w_{tn}$ 取为 $\phi_1,\phi_2,\cdots,\phi_n$，则该方法叫做 Galerkin 加权残值方法，所得到的方程组(3.42)为线性方程组。

简例 3.2(1)　受均布外载简支梁的 Galerkin 加权残值法求解

对于由方程(3.30)～(3.32)所描述的简支梁，如图 3.2，将试函数 $\hat{v}(x)$ 取为

$$\hat{v}_1(x)=c_1\phi_1(x)=c_1\cdot\sin\frac{\pi x}{l} \tag{3.43}$$

可以验证它满足该问题的所有边界条件 BC(u)(见(3.31)式)和 BC(p)(见(3.32)式)，代入控制方程(3.30)中，有残差

$$\mathscr{R}=EI\frac{\mathrm{d}^4(c_1\phi_1(x))}{\mathrm{d}x^4}-\bar{p}_0\neq 0 \tag{3.44}$$

由 Galerkin 加权残值方程(3.42)，有

$$\int_l\left(\sin\frac{\pi x}{l}\right)\cdot\left[EI\frac{\mathrm{d}^4\left(c_1\cdot\sin\dfrac{\pi x}{l}\right)}{\mathrm{d}x^4}-\bar{p}_0\right]\mathrm{d}x=0 \tag{3.45}$$

求解后，有

$$c_1=\frac{4l^4}{\pi^5 EI}\bar{p}_0$$

则最后的结果为

$$\hat{v}_1(x) = \frac{4l^4}{\pi^5 EI}\bar{p}_0 \sin\frac{\pi x}{l}$$

为进一步改善求解精度，我们可以在试函数的模式上进行改进，取另一个试函数为

$$\hat{v}_2(x) = c_1 \cdot \phi_1(x) + c_2 \cdot \phi_2(x) = c_1 \cdot \sin\frac{\pi x}{l} + c_2 \cdot \sin\frac{3\pi x}{l} \tag{3.46}$$

可以验证，它同样满足所有边界条件 BC(u)和 BC(p)，代入控制方程(3.30)中，则残差为

$$\mathscr{R}(x) = EI\,\frac{\mathrm{d}^4\hat{v}_2}{\mathrm{d}x^4} - \bar{p}_0 \tag{3.47}$$

由 Galerkin 加权残值方程(3.42)，有

$$\left.\begin{aligned}\int_l \phi_1(x)\cdot\mathscr{R}(x)\,\mathrm{d}x = 0\\ \int_l \phi_2(x)\cdot\mathscr{R}(x)\,\mathrm{d}x = 0\end{aligned}\right\} \tag{3.48}$$

将 $\phi_1(x)=\sin\frac{\pi x}{l}$，$\phi_2(x)=\sin\frac{3\pi x}{l}$代入式(3.48)，有

$$\left.\begin{aligned}EIc_1\left(\frac{\pi}{l}\right)^4\cdot\frac{l}{2}-\bar{p}_0\cdot\frac{2l}{\pi}=0\\ EIc_2\left(\frac{3\pi}{l}\right)^4\cdot\frac{l}{2}-\bar{p}_0\cdot\frac{2l}{3\pi}=0\end{aligned}\right\} \tag{3.49}$$

可求得

$$c_1 = \frac{4l^4\bar{p}_0}{\pi^5 EI},\quad c_2 = \frac{4l^4\bar{p}_0}{243\pi^5 EI} \tag{3.50}$$

将以上近似计算结果与精确解析解进行比较。当试函数取为 $\hat{v}_1(x)=c_1\phi_1(x)$，由 Galerkin 法得到的简支梁在 $x=\frac{l}{2}$处的挠度为

$$\hat{v}_1\left(x=\frac{l}{2}\right) = 0.0130711\,\frac{l^4\bar{p}_0}{EI}$$

当试函数取为 $\hat{v}_2(x)=c_1\phi_1(x)+c_2\phi_2(x)$，由 Galerkin 加权残值法得到的简支梁在 $x=\frac{l}{2}$处的挠度为

$$\hat{v}_2\left(x=\frac{l}{2}\right) = 0.013017264\,\frac{l^4\bar{p}_0}{EI}$$

由(3.35)式，精确解得到的 $x=\frac{l}{2}$处的挠度为

$$v\left(x=\frac{l}{2}\right) = 0.013020833\,\frac{l^4\bar{p}_0}{EI}$$

$\hat{v}_1\left(x=\frac{l}{2}\right)$与 $v\left(x=\frac{l}{2}\right)$的相对误差为 0.3861%，而 $\hat{v}_2\left(x=\frac{l}{2}\right)$与 $v\left(x=\frac{l}{2}\right)$的相对

误差为-0.027%。

3.2.2 梁弯曲问题近似求解的残值最小二乘法

同样,设有满足所有边界条件(包括 BC(u)和 BC(p))的试函数 $\hat{v}(x)$,若将 $\hat{v}(x)$代入原始方程中,则必有残差(值)$\mathscr{R}$,真实的 $c_1,c_2,\cdots,c_n$ 使得残值平方的加权积分取极小值,即

$$\min_{c_1,c_2,\cdots,c_n}\left[E_{rr}=\int_{\Omega}w_t\cdot\mathscr{R}^2(c_1,c_2,\cdots,c_n,\phi_1,\phi_2,\cdots,\phi_n)\mathrm{d}\Omega\right]\tag{3.51}$$

其中 w_t 为权函数,一般可取为1,将式(3.51)进一步具体化,即对 E_{rr} 取极值,有

$$\left.\begin{aligned}\frac{\partial E_{rr}}{\partial c_1}&=0\\\frac{\partial E_{rr}}{\partial c_2}&=0\\&\vdots\\\frac{\partial E_{rr}}{\partial c_n}&=0\end{aligned}\right\}\tag{3.52}$$

这是一组关于 $c_1,c_2,\cdots,c_n$ 的线性方程组,由(3.52)式可求出它们,最后由(3.41)式可得到真实的 $\hat{v}(x)$。

简例 3.2(2) 受均布外载简支梁的残值最小二乘法求解

同样以如图3.2所示的简支梁为例,设试函数 $\hat{v}(x)$为

$$\hat{v}(x)=c_1\cdot\phi_1(x)+c_2\cdot\phi_2(x)=c_1\cdot\sin\frac{\pi x}{l}+c_2\cdot\sin\frac{3\pi x}{l}\tag{3.53}$$

可以验证它满足该问题的所有边界条件,代入控制方程(3.30)中,有残差 $\mathscr{R}$,取权函数 $w_t=1$,则残差平方的积分为

$$E_{rr}=\int_{\Omega}\mathscr{R}^2(c_1,c_2,\cdots,c_n,\phi_1,\phi_2,\cdots,\phi_n)\mathrm{d}\Omega\tag{3.54}$$

由最小二乘法,有

$$\left.\begin{aligned}\frac{\partial E_{rr}(c_1,c_2)}{\partial c_1}&=0\\\frac{\partial E_{rr}(c_1,c_2)}{\partial c_2}&=0\end{aligned}\right\}\tag{3.55}$$

由上式可解出

$$c_1=\frac{4l^4\overline{p}_0}{\pi^5EI},\quad c_2=\frac{4l^4\overline{p}_0}{243\pi^5EI}\tag{3.56}$$

这一结果与 Galerkin 加权残值法的结果相同。

3.2.3 一般弹性问题近似求解的加权残值法

下面以平面弹性问题为例,给出一般弹性力学问题近似求解的加权残值法的表达式。

平面问题的三大类变量为(u_i, ε_{ij}, σ_{ij})，三大类方程以及两类边界条件见(2.23)、(2.30)、(2.35)、(2.39)、(2.43)式，可对这些变量和方程进行代换，如将几何方程代入物理方程消去应变 ε_{ij}，再将所表达的 σ_{ij} 代入平衡方程，得到基于位移表达的平衡方程(控制方程)如下：

$$\left.\begin{aligned}\frac{E}{1-\mu^2}\left(\frac{\partial^2 u}{\partial x^2}+\frac{1-\mu}{2}\frac{\partial^2 u}{\partial y^2}+\frac{1+\mu}{2}\frac{\partial^2 v}{\partial x\partial y}\right)+\bar{b}_x=0\\ \frac{E}{1-\mu^2}\left(\frac{\partial^2 v}{\partial y^2}+\frac{1-\mu}{2}\frac{\partial^2 v}{\partial x^2}+\frac{1+\mu}{2}\frac{\partial^2 u}{\partial x\partial y}\right)+\bar{b}_y=0\end{aligned}\right\}\tag{3.57}$$

同样，力的边界条件 BC(p)也可以表达为位移的关系，即

$$\left.\begin{aligned}\frac{E}{1-\mu^2}\left[n_x\left(\frac{\partial u}{\partial x}+\mu\frac{\partial v}{\partial y}\right)+n_y\left(\frac{1-\mu}{2}\right)\left(\frac{\partial u}{\partial y}+\frac{\partial v}{\partial x}\right)\right]=\bar{p}_x\\ \frac{E}{1-\mu^2}\left[n_y\left(\frac{\partial v}{\partial y}+\mu\frac{\partial u}{\partial x}\right)+n_x\left(\frac{1-\mu}{2}\right)\left(\frac{\partial v}{\partial x}+\frac{\partial u}{\partial y}\right)\right]=\bar{p}_y\end{aligned}\right\}\quad 在\ S_p\ 上\tag{3.58}$$

位移边界条件 BC(u)为

$$\left.\begin{aligned}u=\bar{u}\\ v=\bar{v}\end{aligned}\right\}\quad 在\ S_u\ 上\tag{3.59}$$

由平衡方程(3.57)、力的边界条件(3.58)以及位移边界条件(3.59)就构成了基于位移(u,v)求解平面应力问题的所有方程。

设有位移的试函数

$$\left.\begin{aligned}\hat{u}(x,y)=\sum_{i=1}^{n}c_{ui}\cdot\phi_{ui}(x,y)\\ \hat{v}(x,y)=\sum_{i=1}^{n}c_{vi}\cdot\phi_{vi}(x,y)\end{aligned}\right\}\tag{3.60}$$

其中 c_{ui}，c_{vi} 为待定系数，$\phi_{ui}(x,y)$ 和 $\phi_{vi}(x,y)$ 为满足所有边界条件(3.58)和(3.59)的基底函数。将试函数(3.60)代入控制方程(3.57)中，并使其残值在加权积分下为零，即得到 Galerkin 加权残值方程

$$\left.\begin{aligned}\int_A\left[\frac{E}{1-\mu^2}\left(\frac{\partial^2\hat{u}}{\partial x^2}+\frac{1-\mu}{2}\frac{\partial^2\hat{u}}{\partial y^2}+\frac{1+\mu}{2}\frac{\partial^2\hat{v}}{\partial x\partial y}\right)+\bar{b}_x\right]\phi_{ui}\,\mathrm{d}x\mathrm{d}y=0\\ \int_A\left[\frac{E}{1-\mu^2}\left(\frac{\partial^2\hat{v}}{\partial y^2}+\frac{1-\mu}{2}\frac{\partial^2\hat{v}}{\partial x^2}+\frac{1+\mu}{2}\frac{\partial^2\hat{u}}{\partial x\partial y}\right)+\bar{b}_y\right]\phi_{vi}\,\mathrm{d}x\mathrm{d}y=0\end{aligned}\right\}\quad(i=1,2,\cdots,n)\tag{3.61}$$

这是关于 c_{ui}，c_{vi} 的线性方程组，求解后代入式(3.60)中可得到该问题的近似解。

同样，也可以推导出空间问题的加权残值法，包括 Galerkin 加权残值法以及残值最小二乘法。可以看出，弹性问题的加权残值法的特点为

- 试函数要满足所有边界条件，即位移边界条件 BC(u)和力边界条件 BC(p)条件；
- 积分中试函数的最高阶导数较高 (对梁的弯曲问题，导数为四阶，对一般

弹性问题，导数为二阶)，因此对试函数的连续性要求很高；

- 整个方法为计算一个全场(几何域)的积分(物理含义为整个区域的误差)；
- 由求取积分问题的最小值(即使其误差最小)，将原方程的求解化为线性方程组的求解；
- 整个方法的处理流程比较规范。

加权残值法(WRM)的技术难点为：如何在全场范围内寻找同时满足所有边界条件(包括 BC(u)和 BC(p))的具有较高连续性的试函数？

3.3 弹性问题近似求解的虚功原理、最小势能原理及其变分基础

前面所叙述的基于试函数的加权残值法，其关键是如何寻找定义在整个场(几何域)中的试函数，该试函数既要满足所有边界条件，又要求具有较高的连续性。做到这一点往往比较困难，所以也只能求解一些比较简单的问题。下面将讨论如何放松对试函数的要求，使试函数只满足位移边界条件 BC(u)，并降低对函数的连续性要求。在这一前提下，进一步讨论相应的求解原理。

3.3.1 虚功原理

1. 虚位移与虚功原理

如图 3.5 所示的一个平衡力系，由于该系统处于平衡状态，则有

$$\frac{P_A}{P_B}=\frac{l_B}{l_A} \tag{3.62}$$

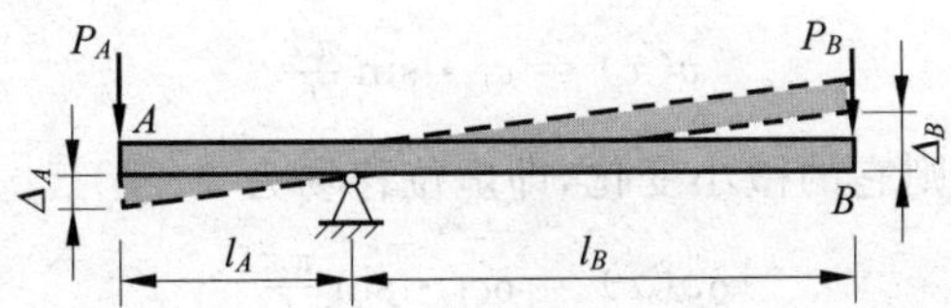

3.5 平衡力系由于微小扰动产生相应的虚位移

假想在该平衡力系上作用有微小的扰动(不影响原平衡条件)，且外力所作用的位置产生了微小的位移变化，即 Δ_A，Δ_B。该假想的位移如果不影响原平衡条件，应满足以下几何关系：

$$\frac{\Delta_B}{\Delta_A}=\frac{l_B}{l_A} \tag{3.63}$$

这就是任意扰动的位移应满足的条件，称为许可位移条件。我们把满足许可位移条件的、任意微小的假想位移称为**虚位移**(virtual displacement)。

将(3.63)式代入(3.62)式,有

$$P_A\Delta_A - P_B\Delta_B = 0 \tag{3.64}$$

$P_A\Delta_A$ 为 A 点的**虚功**(virtual work)(即外力 P_A 在 A 点虚位移 Δ_A 上所做的功),$-P_B\Delta_B$ 为 B 点的虚功(即外力 P_B 在 B 点虚位移 Δ_B 上做的功,注意负号表示力与位移的方向相反)。

实质上,关系(3.64)式表达了基于虚位移的**虚功原理**(principle of virtual work),即:对于一个处于平衡状态的系统,当作用有满足许可位移条件的虚位移时,系统上所有的虚功总和恒为零。

现在进一步讨论弹性力学中有关变形体的虚功原理,这时的虚功应包括外力虚功 δW 和内力虚功 $-\delta U$,δU 叫做**虚应变能**(virtual strain energy)。由于弹性体在变形过程中,内力是克服变形所产生的,其方向总是与变形的方向相反,所以内力虚功取负。由于虚功总和为零,则有

$$\delta W - \delta U = 0 \tag{3.65}$$

所以

$$\delta U = \delta W \tag{3.66}$$

弹性力学中的虚功原理可表述为:在外力作用下处于平衡状态的变形体,当给物体以微小虚位移时,外力所做的总虚功等于物体的总虚应变能(即应力在由虚位移所产生虚应变上所做的功)。注意这里的虚位移是指仅满足位移边界条件 BC(u)的许可位移。

2. 梁弯曲问题的虚功原理求解

同样以如图 3.2 所示的简支梁为例,假设有一个只满足位移边界条件 BC(u)的位移场 $\hat{v}(x)$为

$$\hat{v}(x) = c_1 \cdot \sin\frac{\pi x}{l} \tag{3.67}$$

其中 c_1 为待定系数,则它的微小变化,即虚位移场为

$$\delta\hat{v}(x) = \delta c_1 \cdot \sin\frac{\pi x}{l} \tag{3.68}$$

δc_1 为微小变化量,可以验证,它满足位移边界条件 BC(u),将满足位移边界条件 BC(u)的试函数叫做**许可位移**(admissible displacement)。

该简支梁的虚应变能为

$$\begin{aligned}\delta U &= \int_\Omega \sigma_x \delta\varepsilon_x \,\mathrm{d}\Omega \\ &= \int_0^l\int_A E \cdot \varepsilon_x \delta\varepsilon_x \,\mathrm{d}A \cdot \mathrm{d}x\end{aligned} \tag{3.69}$$

其中 A 为梁的横截面,对于梁的弯曲问题,由(3.21)式,有几何方程

$$\varepsilon_x = -y \cdot \frac{\mathrm{d}^2\hat{v}}{\mathrm{d}x^2} \tag{3.70}$$

将其代入(3.69)式，则有

$$\delta U=\int_0^l E\left(\int_A \hat{y}^2\mathrm{d}A\right)\cdot\left(\frac{\mathrm{d}^2\hat{v}}{\mathrm{d}x^2}\right)\cdot\left(\frac{\mathrm{d}^2\delta\hat{v}}{\mathrm{d}x^2}\right)\cdot\mathrm{d}x \tag{3.71}$$

将(3.67)式和(3.68)式代入上式，有

$$\begin{aligned}\delta U&=\int_0^l EI\left(\frac{\pi}{l}\right)^2\cdot c_1\sin\frac{\pi x}{l}\cdot\left(\frac{\pi}{l}\right)^2\cdot\sin\frac{\pi x}{l}\cdot\delta c_1\cdot\mathrm{d}x\\&=\frac{EIl}{2}\left(\frac{\pi}{l}\right)^4\cdot c_1\cdot\delta c_1\end{aligned} \tag{3.72}$$

其中 $I=\int_A \hat{y}^2\mathrm{d}A$ 为截面惯性矩。

该简支梁的外力虚功为

$$\begin{aligned}\delta W&=\int_0^l \bar{p}_0\delta\hat{v}\mathrm{d}x\\&=\bar{p}_0\cdot\delta c_1\cdot\int_0^l\sin\frac{\pi x}{l}\mathrm{d}x=\frac{2l\bar{p}_0}{\pi}\cdot\delta c_1\end{aligned} \tag{3.73}$$

由虚功原理(3.66)，即 $\delta U=\delta W$，则

$$\frac{2l\bar{p}_0}{\pi}\cdot\delta c_1=\frac{EIl}{2}\left(\frac{\pi}{l}\right)^4\cdot c_1\cdot\delta c_1 \tag{3.74}$$

消去 δc_1 后，有

$$c_1=\frac{4l^4}{EI\pi^5}\bar{p}_0 \tag{3.75}$$

那么，由(3.67)式所表示的位移模式中，真实的一组为满足虚功原理时的位移，即

$$\hat{v}(x)=\frac{4l^4}{EI\pi^5}\bar{p}_0\sin\frac{\pi x}{l} \tag{3.76}$$

该结果与前面 Galerkin 加权残值法得到的结果相同，这是因为两种方法取了相同的试函数。

从以上的求解过程可以看出，虚功原理与加权残值法类似，只能在试函数的范围内寻找最好的解，但该结果不一定是精确的，这取决于事先所假定的位移模式(试函数)，如果事先所假定的位移模式包含有精确解的情况，那么由虚功原理求解出的解一定是精确的。

3. 一般弹性问题的虚功原理

对于一般弹性问题，设有满足位移边界条件的位移场 u_i，则它的虚位移为 δu_i，虚应变为

$$\delta\varepsilon_{ij}=\frac{1}{2}(\delta u_{i,j}+\delta u_{j,i}) \tag{3.77}$$

相应的虚应变能为

$$\delta U=\int_\Omega \sigma_{ij}\delta\varepsilon_{ij}\mathrm{d}\Omega \tag{3.78}$$

而外力虚功为

$$\delta W = \int_{\Omega} \bar{b}_i \delta u_i \mathrm{d}\Omega + \int_{S_p} \bar{p}_i \delta u_i \mathrm{d}A \tag{3.79}$$

那么,虚功原理 $\delta U=\delta W$ 可以表达为

$$\int_{\Omega} \sigma_{ij} \cdot \delta\varepsilon_{ij} \cdot \mathrm{d}\Omega = \int_{\Omega} \bar{b}_i \cdot \delta u_i \cdot \mathrm{d}\Omega + \int_{S_p} \bar{p}_i \cdot \delta u_i \cdot \mathrm{d}A \tag{3.80}$$

3.3.2 最小势能原理

同样,设有满足位移边界条件 BC(u)的许可位移场,其中真实的位移场 $\hat{u}_i$ 使物体的总势能取最小值,即

$$\min_{\hat{u}_i \in \mathrm{BC}(u)} \left[\Pi(\hat{u}_i) = U - W \right] \tag{3.81}$$

其中 Π 为总势能,U 为应变能,W 为外力功。以上就是**最小势能原理**(principle of minimum potential energy)的基本表达式。当试函数取为许可基底函数的线性组合时,如(3.60)式,该原理所描述的方法也叫 **Rayleigh-Ritz 原理**(Rayleigh-Ritz principle)。

下面具体讨论梁的弯曲问题和一般弹性问题的最小势能原理表达式。

1. 梁弯曲问题的最小势能原理求解

仍以如图 3.2 所示的平面简支梁的弯曲问题为例,同样取满足位移边界条件 BC(u)的许可位移场 $\hat{v}(x)$为

$$\hat{v}(x) = c_1 \cdot \sin\frac{\pi x}{l} + c_2 \cdot \sin\frac{3\pi x}{l} \tag{3.82}$$

其中 c_1 和 c_2 为待定系数。计算应变能 U 为

$$\begin{aligned} U &= \frac{1}{2}\int_{\Omega} \sigma_x \cdot \varepsilon_x \cdot \mathrm{d}\Omega \\ &= \frac{1}{2}\int_0^l EI \cdot \left(\frac{\mathrm{d}^2 \hat{v}}{\mathrm{d}x^2}\right)^2 \mathrm{d}x \\ &= \frac{1}{2}\int_0^l EI\left[c_1^2\left(\frac{\pi}{l}\right)^4 \sin^2\left(\frac{\pi x}{l}\right) + c_2^2\left(\frac{3\pi}{l}\right)^4 \sin^2\left(\frac{3\pi x}{l}\right)\right. \\ &\qquad \left. + 2c_1c_2\left(\frac{\pi}{l}\right)^2\left(\frac{3\pi}{l}\right)^2 \sin\frac{\pi x}{l}\sin\frac{3\pi x}{l}\right]\mathrm{d}x \\ &= \frac{EI}{2}\left[c_1^2\left(\frac{\pi}{l}\right)^4 \frac{l}{2} + c_2^2\left(\frac{3\pi}{l}\right)^4 \frac{l}{2}\right] \end{aligned} \tag{3.83}$$

相应的外力功 W 为

$$\begin{aligned} W &= \int_0^l \bar{p}_0 \cdot \left(c_1 \sin\frac{\pi x}{l} + c_2 \sin\frac{3\pi x}{l}\right)\mathrm{d}x \\ &= \bar{p}_0\left(c_1 \frac{2l}{\pi} + c_2 \frac{2l}{3\pi}\right) \end{aligned} \tag{3.84}$$

则总势能为 $\Pi=U-W$,为使 Π 取极小值,则有

$$\left.\begin{aligned}\frac{\partial \Pi}{\partial c_1} &= \frac{EI}{2}\left[2c_1\left(\frac{\pi}{l}\right)^4 \frac{l}{2}\right]-\bar{p}_0 \frac{2l}{\pi} = 0\\ \frac{\partial \Pi}{\partial c_2} &= \frac{EI}{2}\left[2c_2\left(\frac{3\pi}{l}\right)^4 \frac{l}{2}\right]-\bar{p}_0 \frac{2l}{3\pi} = 0\end{aligned}\right\} \tag{3.85}$$

解出 c_1 和 c_2 后，有 $\hat{v}(x)$ 的具体表达

$$\hat{v}(x) = \frac{4\bar{p}_0 l^4}{\pi^5 EI}\sin\left(\frac{\pi x}{l}\right)+\frac{4\bar{p}_0 l^4}{243\pi^5 EI}\sin\left(\frac{3\pi x}{l}\right) \tag{3.86}$$

可以看出，该方法与虚功原理求解出来的结果相同，这是因为两种方法取了相同的试函数。以上求解过程中所用的试函数(3.82)为许可基底函数的线性组合，因此，上述求解方法也是基于 Rayleigh-Ritz 原理。

2. 一般弹性问题的最小势能原理

设有许可位移场 $\hat{u}_i$，即满足(2.55)位移边界条件，那么真实的一组 $\hat{u}_i$ 使得该系统的势能取极小值，即

$$\min_{\hat{u}_i \in \mathrm{BC}(u)} \Pi \tag{3.87}$$

其中

$$\begin{aligned}\Pi &= U - W\\ &= \frac{1}{2}\int_{\Omega}\sigma_{ij}\varepsilon_{ij}\,\mathrm{d}\Omega - \left(\int_{\Omega}\bar{b}_i u_i \,\mathrm{d}\Omega + \int_{S_p}\bar{p}_i u_i \,\mathrm{d}A\right)\end{aligned} \tag{3.88}$$

3.3.3 最小势能原理的变分基础

下面将证明最小势能原理的正确性，同时也证明虚功原理的正确性，其证明的思路是通过对势能这一复合函数的求极值来推导最小势能原理与原始方程的对应关系。首先以梁的平面弯曲问题为例来进行证明，然后推广到一般情形。值得注意的是：最小势能原理的证明推导过程实际上就是数学上的变分过程，所采用的方法叫做**变分方法**(variational method)。

1. 梁弯曲问题最小势能原理求解的变分基础

考虑受均布外载简支梁的平面弯曲问题(见图 3.2)，该问题的原始提法为：求取位移 $v(x)$，使其满足以下方程和边界条件：

$$EI\,\frac{\mathrm{d}^4 v}{\mathrm{d}x^4} = \bar{p}(x) \tag{3.89}$$

$$\mathrm{BC}(u):\quad v\big|_{x=0} = v\big|_{x=l} = 0 \tag{3.90}$$

$$\begin{aligned}\mathrm{BC}(p):\quad M\big|_{x=0} &= -EIv''\big|_{x=0} = 0\\ M\big|_{x=l} &= -EIv''\big|_{x=l} = 0\end{aligned} \tag{3.91}$$

对应于该问题的最小势能原理，其数学变分提法为：设有满足位移边界条件

(BC(u))的许可位移场函数 $\hat{v}(x)$，其中真实的一组 $\hat{v}(x)$ 使得以下**泛函**(functional)(即复合函数)取极小值，即

$$\min_{\hat{v}(x)\in \mathrm{BC}(u)}\left[\Pi(\hat{v})=\frac{1}{2}\int_l EI\left(\frac{\mathrm{d}^2\hat{v}}{\mathrm{d}x^2}\right)^2\mathrm{d}x-\int_l \bar{p}(x)\hat{v}(x)\mathrm{d}x\right] \tag{3.92}$$

下面来证明，由(3.92)式所得到的 $\hat{v}(x)$ 就是**真实解**(true solution)。

基本思路：数学变分的求解应等价于对原始方程(3.89)～(3.91)的求解，由于原方程中的(3.90)式已事先满足(即许可位移场)，那么希望由(3.92)式可推导出等价于原问题所剩下的方程(3.89)和(3.91)。

由(3.92)式可知，需要对泛函 Π 求关于 $\hat{v}(x)$ 的极值。由于基本变量为函数 $\hat{v}(x)$，则求极值过程为复合函数求导过程，也叫做变分过程。具体地，有

$$\begin{aligned}\delta\Pi&=\frac{\partial\Pi}{\partial(\mathrm{d}^2\hat{v}/\mathrm{d}x^2)}\delta\left(\frac{\mathrm{d}^2\hat{v}}{\mathrm{d}x^2}\right)+\frac{\partial\Pi}{\partial\hat{v}}\delta\hat{v}\\&=\frac{1}{2}EI\int_l 2\left(\frac{\mathrm{d}^2\hat{v}}{\mathrm{d}x^2}\right)\cdot\delta\left(\frac{\mathrm{d}^2\hat{v}}{\mathrm{d}x^2}\right)\mathrm{d}x-\int_l\bar{p}\,\delta\hat{v}\mathrm{d}x\end{aligned} \tag{3.93}$$

以上的符号 δ 为变分符号(即复合函数求微分)。对上式右端的第一项作两次分部积分，有

$$\begin{aligned}&\int_l EI\left(\frac{\mathrm{d}^2\hat{v}}{\mathrm{d}x^2}\right)\delta\left(\frac{\mathrm{d}^2\hat{v}}{\mathrm{d}x^2}\right)\mathrm{d}x\\&=EI\left(\frac{\mathrm{d}^2\hat{v}}{\mathrm{d}x^2}\right)\left(\frac{\mathrm{d}\delta\hat{v}}{\mathrm{d}x}\right)\Bigg|_0^l-EI\left(\frac{\mathrm{d}^3\hat{v}}{\mathrm{d}x^3}\right)\delta\hat{v}\Big|_0^l+\int_l EI\left(\frac{\mathrm{d}^4\hat{v}}{\mathrm{d}x^4}\right)\delta\hat{v}\mathrm{d}x\\&=\left[M\cdot\delta\left(\frac{\mathrm{d}\hat{v}}{\mathrm{d}x}\right)\right]\Bigg|_{x=0}-\left[M\cdot\delta\left(\frac{\mathrm{d}\hat{v}}{\mathrm{d}x}\right)\right]\Bigg|_{x=l}-Q\cdot\delta\hat{v}\Big|_{x=0}\\&\quad+Q\cdot\delta\hat{v}\Big|_{x=l}+\int_l EI\left(\frac{\mathrm{d}^4\hat{v}}{\mathrm{d}x^4}\right)\delta\hat{v}\mathrm{d}x\end{aligned} \tag{3.94}$$

上式中 $M=-EI\dfrac{\mathrm{d}^2\hat{v}}{\mathrm{d}x^2}$，实际上为弯矩；$Q=-EI\dfrac{\mathrm{d}^3\hat{v}}{\mathrm{d}x^3}$，实际上为剪力。将(3.94)式代回(3.93)式中，考虑到许可位移场 $\hat{v}$ 的性质，由于它事先已满足位移边界条件，因此在位移边界上，它的微分增量为零，即，$\delta\hat{v}\big|_{x=0}=\delta\hat{v}\big|_{x=l}=0$，则(3.93)式变为

$$\delta\Pi=\left[M\cdot\delta\left(\frac{\mathrm{d}\hat{v}}{\mathrm{d}x}\right)\right]\Bigg|_{x=0}-\left[M\cdot\delta\left(\frac{\mathrm{d}\hat{v}}{\mathrm{d}x}\right)\right]\Bigg|_{x=l}+\int_l\left[EI\left(\frac{\mathrm{d}^4\hat{v}}{\mathrm{d}x^4}\right)-\bar{p}\right]\cdot\delta\hat{v}\cdot\mathrm{d}x \tag{3.95}$$

由变分方法，对泛函 Π 取极值，令

$$\delta\Pi=0 \tag{3.96}$$

则

$$\left[M\cdot\delta\left(\frac{\mathrm{d}\hat{v}}{\mathrm{d}x}\right)\right]\Bigg|_{x=0}-\left[M\cdot\delta\left(\frac{\mathrm{d}\hat{v}}{\mathrm{d}x}\right)\right]\Bigg|_{x=l}+\int_l\left[EI\left(\frac{\mathrm{d}^4\hat{v}}{\mathrm{d}x^4}\right)-\bar{p}\right]\cdot\delta\hat{v}\cdot\mathrm{d}x=0 \tag{3.97}$$

由于 $\delta\hat{v}$ 及 $\delta\left(\dfrac{\mathrm{d}\hat{v}}{\mathrm{d}x}\right)$ 是变分增量，具有任意性，要使(3.97)式恒满足，则必有

$$M\Big|_{x=0}=0 \tag{3.98}$$

$$M\Big|_{x=l}=0 \tag{3.99}$$

$$EI\left(\frac{\mathrm{d}^4\hat{v}}{\mathrm{d}x^4}\right)-\bar{p}=0 \tag{3.100}$$

这就是力的边界条件 BC(p)(3.91)式，以及平衡方程(3.89)式。若再对(3.93)式取一次变分，求取泛函 Π 的二次变分，有

$$\delta^2\Pi=EI\int_l\left[\delta\left(\frac{\mathrm{d}^2\hat{v}}{\mathrm{d}x^2}\right)\right]^2\mathrm{d}x \tag{3.101}$$

由于 $EI>0$，则有

$$\delta^2\Pi>0 \tag{3.102}$$

因此，由(3.92)式所确定的 $\hat{v}(x)$ 使得泛函 Π 取极小值。

2. 一般弹性问题最小势能原理求解的变分基础

一般弹性问题的提法为：求取三大类变量(u_i，ε_{ij}，σ_{ij})，使其满足以下方程和边界条件：

$$\text{平衡}\quad \sigma_{ij,j}+\bar{b}_i=0 \tag{3.103}$$

$$\text{几何}\quad \varepsilon_{ij}=\frac{1}{2}(u_{i,j}+u_{j,i}) \tag{3.104}$$

$$\text{物理}\quad \sigma_{ij}=D_{ijkl}\varepsilon_{kl} \tag{3.105}$$

$$\mathrm{BC}(u)\quad u_i=\bar{u}_i\qquad \text{在 } S_u \text{ 上} \tag{3.106}$$

$$\mathrm{BC}(p)\quad \sigma_{ij}n_j=\bar{p}_i\qquad \text{在 } S_p \text{ 上} \tag{3.107}$$

对应于该问题的最小势能原理，给出该问题求解的变分提法：设有许可位移场 $\hat{u}_i$，事先满足位移边界条件 BC(u)(3.106)式，真实的一组 $\hat{u}_i$，使得以下泛函(即复合函数)取极小值

$$\min_{\hat{u}_i\in \mathrm{BC}(u)}\left[\Pi(\hat{u}_i)=\frac{1}{2}\int_\Omega\sigma_{ij}\hat{\varepsilon}_{ij}\,\mathrm{d}\Omega-\left(\int_\Omega\bar{b}_i\hat{u}_i\,\mathrm{d}\Omega+\int_{S_p}\bar{p}_i\hat{u}_i\,\mathrm{d}A\right)\right] \tag{3.108}$$

基本思路：同样可以看出，以上的变分方法提法与最小势能原理完全相同，原问题的提法共有 5 组方程，其中式(3.106)可以事先满足(因是许可位移场)，而几何方程(3.104)和物理方程(3.105)中的 σ_{ij} 和 ε_{ij} 也可以表达为 u_i 的关系，可事先满足。因此，应该从(3.108)式推导出与(3.103)式和(3.107)式对应的等价表达式，即力的平衡方程和力的边界条件。

将泛函(复合函数) Π 表达成 $\hat{\varepsilon}_{ij}$ 和 $\hat{u}_i$ 的函数，即

$$\Pi=\frac{1}{2}\int_\Omega D_{ijkl}\hat{\varepsilon}_{ij}\hat{\varepsilon}_{kl}\,\mathrm{d}\Omega-\left(\int_\Omega\bar{b}_i\hat{u}_i\,\mathrm{d}\Omega+\int_{S_p}\bar{p}_i\hat{u}_i\,\mathrm{d}A\right) \tag{3.109}$$

和前面关于梁的弯曲问题的推导类似，对(3.109)式求关于函数 $\hat{u}_i$ 的变分，有

$$\delta\Pi=\frac{\partial\Pi}{\partial\hat{\varepsilon}_{ij}}\delta\hat{\varepsilon}_{ij}+\frac{\partial\Pi}{\partial\hat{u}_i}\delta\hat{u}_i$$

$$=\int_{\Omega} D_{ijkl}\hat{\varepsilon}_{ij}\,\delta\hat{\varepsilon}_{kl}\,\mathrm{d}\Omega-\left[\int_{\Omega}\bar{b}_i\delta\hat{u}_i\,\mathrm{d}\Omega+\int_{S_p}\bar{p}_i\delta\hat{u}_i\,\mathrm{d}A\right]$$

$$=\int_{\Omega}\sigma_{ij}\,\delta\hat{\varepsilon}_{ij}\,\mathrm{d}\Omega-\left[\int_{\Omega}\bar{b}_i\delta\hat{u}_i\,\mathrm{d}\Omega+\int_{S_p}\bar{p}_i\delta\hat{u}_i\,\mathrm{d}A\right] \tag{3.110}$$

对上式右端的第一项进行处理，将几何方程(3.104)代入，利用 σ_{ij} 的对称性进行简化，并使用 Gauss-Green 公式，有

$$\int_{\Omega}\sigma_{ij}\,\delta\hat{\varepsilon}_{ij}\,\mathrm{d}\Omega=\int_{\Omega}\sigma_{ij}\cdot\frac{1}{2}(\delta\hat{u}_{i,j}+\delta\hat{u}_{j,i})\,\mathrm{d}\Omega$$

$$=\int_{\Omega}\sigma_{ij}\,\delta\hat{u}_{i,j}\,\mathrm{d}\Omega=\int_{\partial\Omega}\sigma_{ij}\,\delta\hat{u}_i n_j\,\mathrm{d}A-\int_{\Omega}\sigma_{ij,j}\,\delta\hat{u}_i\,\mathrm{d}\Omega \tag{3.111}$$

由于物体 Ω 的总边界是由力边界和位移边界所构成，即 $\partial\Omega=S_p+S_u$，将(3.111)式代入(3.110)式中，考虑到许可位移场的性质(满足位移边界条件，因此，在位移边界上，它的微分增量为零) $\delta\hat{u}_i|_{S_u}=0$，则(3.110)式变为

$$\delta\Pi=-\int_{\Omega}(\sigma_{ij,j}+\bar{b}_i)\delta\hat{u}_i\,\mathrm{d}\Omega+\int_{S_p}(\sigma_{ij}n_j-\bar{p}_i)\,\delta\hat{u}_i\,\mathrm{d}A \tag{3.112}$$

由变分方法，对泛函 Π 取极值 $\delta\Pi=0$，有

$$-\int_{\Omega}(\sigma_{ij,j}+\bar{b}_i)\delta\hat{u}_i\,\mathrm{d}\Omega+\int_{S_p}(\sigma_{ij}n_j-\bar{p}_i)\delta\hat{u}_i\,\mathrm{d}A=0 \tag{3.113}$$

由于 $\delta\hat{u}_i$ 在 Ω 及 S_p 上具有任意性，要使(3.113)式恒满足，则必有

$$\sigma_{ij,j}+\bar{b}_i=0 \quad 在\ \Omega\ 内 \tag{3.114}$$

$$\sigma_{ij}n_j-\bar{p}_i=0 \quad 在\ S_p\ 上 \tag{3.115}$$

这就是力的平衡方程和力的边界条件，由于 D_{ijkl} 是正定的，进一步对泛函 Π 求二次变分，有 $\delta^2\Pi\geqslant 0$，因此由 $\delta\Pi=0$ 得到的 $\hat{u}_i$ 使泛函 Π 取极小值。

以上的证明过程同样说明，总可能找到满足位移边界条件的试函数(即许可位移场)，在满足几何方程和物理方程的前提下，当势能取最小时，其结果可精确满足所剩下的平衡方程以及力边界条件。但实际上，由于我们在选择许可位移场时具有相当的局限性和盲目性，一般很难将真正精确的位移场包含在许可位移场中，这样，就不可能由最小势能原理求出精确解，只能在所选择的试函数(即许可位移场)范围内，通过最小势能原理求出最好的一组解，这组解是在加权残值最小的意义下，对平衡方程以及力边界条件进行**最佳逼近**(best approximation)。

由以上的情况可以看出，弹性问题的最小势能原理的特点为

- 试函数为许可位移场，即只需要满足位移 BC(u)条件，而不必满足外力 BC(p)条件；
- 积分中试函数的最高阶导数较低(对梁的弯曲问题，导数为二阶，对于一般问题，导数为一阶)；
- 整个方法为计算一个全场(几何域)的积分(物理含义为整个区域的能量)；
- 由求取积分问题的最小值(即使其势能为最小)，可将原方程的求解化为线性方程组的求解；
- 整个方法的处理流程比较规范。

3. 加权残值法、虚功原理、最小势能原理以及变分方法之间的关系

可以看出，以上的变分方法提法完全是从纯数学的角度来描述的，只是用方程、泛函（复合函数）、极值等术语来进行表达和推导，而没有考虑背后的物理含义。

最小势能原理和虚功原理的提法为物理提法，它们有相应的物理量表达和物理意义。加权残值法是一种数学提法，它基于试函数来求取对原始方程的最佳逼近。从以上变分方法的证明和推导过程可以发现，加权残值法、虚功原理、最小势能原理以及变分方法是相互关联的，在某种意义上，这几种方法是可以相互转换的，如变分方法的泛函极值表达式(3.108)，若给予相应的物理含义，它就是最小势能原理，若在证明过程中，直接对(3.110)式取极值，则有

$$\int_{\Omega}\sigma_{ij}\,\delta\hat{\varepsilon}_{ij}\,\mathrm{d}\Omega-\left[\int_{\Omega}\bar{b}_i\,\delta\hat{u}_i\,\mathrm{d}\Omega+\int_{S_p}\bar{p}_i\,\delta\hat{u}_i\,\mathrm{d}A\right]=0$$

该表达式实际上就是 $\delta U-\delta W=0$，即虚功原理。同样从变分方法证明过程中的(3.113)式可以看出，它实际上就是加权残值意义下对平衡方程和力边界条件的逼近。

因此，以上基于试函数的几种求解方法在本质上是相同的，它们都是变分方法的几种表现形式。当然，这几种方法也有各自的特点，当能够写出系统的泛函时，一般可直接采用最小势能原理，若不能写出系统的泛函时，可以采用针对原始方程的加权残值法，但对试函数的连续性要求也更苛刻一些。

3.4　各种求解方法的特点及比较

表 3.1　求解弹性力学方程的主要方法及其特点比较

<table>
<tr><td rowspan="3">求解方法</td><td colspan="3">微分形式</td><td colspan="3">积分形式（试函数法）</td></tr>
<tr><td rowspan="2">解析法</td><td rowspan="2">半解析法</td><td rowspan="2">差分法</td><td colspan="2">加权残值法</td><td rowspan="2">最小势能原理</td></tr>
<tr><td>Galerkin 法</td><td>残值最小二乘法</td></tr>
<tr><td>方　式</td><td colspan="3">求解原微分方程</td><td colspan="3">积分形式的极值问题</td></tr>
<tr><td>求解过程</td><td colspan="2">• 直接针对原始方程
• 分离变量
• 代换
• 偏微分方程→常微分方程
• 解析或半解析求解</td><td>• 微分→差商
• 线性方程组
• 求解</td><td colspan="2">• 假设的试函数满足所有边界条件（BC(u)，BC(p)）
• 由原始方程定义残差的积分形式
• 残值最小
线性方程组</td><td>• 假设的试函数满足位移边界条件（BC(u)）
• 定义势能泛函的积分形式（与原始方程无直接关系）
• 极值最小
• 线性方程组</td></tr>
</table>

续表

求解方法	微分形式			积分形式(试函数法)		
				加权残值法		
	解析法	半解析法	差分法	Galerkin 法	残值最小二乘法	最小势能原理
函数的要求及形式	• 为简化问题或进行变量分离,可先假设解函数的形式 • 函数连续性要求高			• 试函数要满足所有边界条件 • 函数连续性要求高		• 试函数只满足位移边界条件(许可位移场) • 函数连续性要求低
泛函形式	无			• 泛函直接由原始方程形成 • 泛函中的导数阶次高		• 需定义新的泛函,在极值条件下与原始方程对应 • 泛函中的导数阶次低
技术关键	寻找满足全场条件的解函数			全场试函数满足所有(力、位移)边界条件		全场试函数只满足位移边界条件
难易程度	很难			较难		简单
求解精度	高			较高		低
方程的最后形式	常微分方程		差分方程	积分方程→线性方程组		线性方程组
方法的规范性	不规范,技巧要求高		比较规范	只要试函数确定,后续过程非常规范		
方法的通用性	不好		较好	较好		很好
解题范围	简单问题(非常有限)		较复杂问题	较大		大
其他				具有一定的物理背景(残差最小)		求解过程具有对应的物理概念(势能最小)

可以看出,微分形式的求解方法与积分形式的求解方法有着本质上的不同,正是引入了试函数,使得求解的难度大大降低。由于工程问题非常复杂,要求所采用的方法具有较好的规范性、较低的难度、较低的函数连续性要求、较明确的物理概念、较好的通用性。而基于最小势能原理的求解方法具有较明显的综合优势,因此,可以在该原理的基础上发展出能广泛适用于工程中任意复杂问题的求解方法,但必须处理的技术难点是:

- 复杂物体的几何描述
- 试函数(许可位移场)的确定与选取(规范化形式)
- 全场试函数的表达

因此，在具备大规模计算能力的前提下，将复杂的几何物体等效离散为一系列的标准形状的几何体，再在标准的几何体上研究规范化的试函数表达及其全场试函数的构建，然后利用最小势能原理建立起力学问题的线性方程组，这就是有限元方法的基本思路。在计算机技术高度发展的今天，有限元方法在工程中得到最广泛的应用，也发展了上千种具有完善功能的有限元分析商品化软件。

3.5　典型例题及详解

典型例题 3.5(1)　受集中载荷简支梁的虚功原理求解

如图 3.6 所示的一个简支梁，梁的中部受有集中载荷 P，左端受有力偶 M_0，试用虚功原理求其挠度曲线。

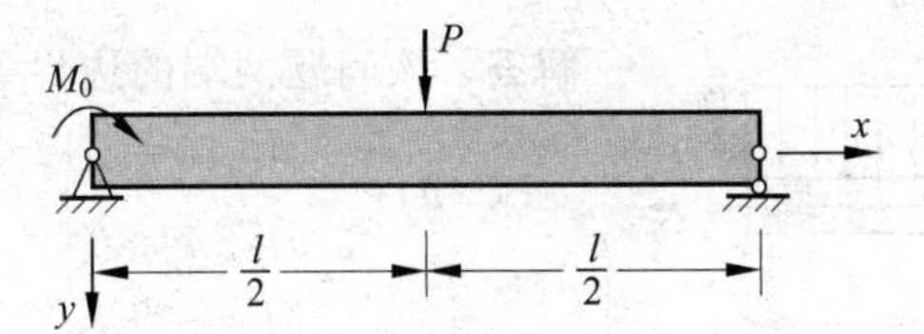

图 3.6　受有集中载荷和力偶的简支梁

解答：假设位移的试函数为一个级数

$$\hat{v}(x) = \sum_{n=1}^{\infty} c_n \sin \frac{n\pi x}{l} \tag{3.116}$$

可以验证该试函数满足两端的位移边界条件，因此它是许可位移，该函数为一无穷级数，含有无穷多个待定参数 c_n。不失一般性，如果令第 m 个参数 c_m 产生的虚增量 $\delta c_m \neq 0$，而其他参数的虚增量均为零，则这时的虚位移为

$$\left.\begin{aligned} \delta\hat{v} &= \delta c_m \sin \frac{m\pi x}{l} \\ \delta\hat{v}\big|_{x=l/2} &= \delta c_m \sin \frac{m\pi}{2} \end{aligned}\right\} \tag{3.117}$$

这时梁的虚应变能为

$$\begin{aligned} \delta U &= \int_0^l EI \cdot \left(\frac{\mathrm{d}^2 \hat{v}}{\mathrm{d}x^2}\right) \cdot \left(\frac{\mathrm{d}^2 \delta\hat{v}}{\mathrm{d}x^2}\right) \mathrm{d}x \\ &= EI \left(\frac{n\pi}{l}\right)^2 \left(\frac{m\pi}{l}\right)^2 \int_0^l \left(\sum_{n=1}^{\infty} c_n \sin \frac{n\pi x}{l}\right) \cdot \delta c_m \sin \frac{m\pi x}{l} \mathrm{d}x \end{aligned} \tag{3.118}$$

梁的外力虚功为

$$\delta W = M_0 \delta v'\big|_{x=0} + P\delta v\big|_{x=l/2} \tag{3.119}$$

将(3.118)式和(3.119)式代入虚功方程 $\delta U=\delta W$ 中并进行积分，有

$$\frac{EI\pi^4}{2l^3}m^4 c_m \delta c_m = \frac{m\pi}{l}M_0 \delta c_m + P\sin\frac{m\pi}{2}\delta c_m \tag{3.120}$$

两端消去非零的 δc_m，可解得参数的一般表达式

$$c_m = \frac{2l^3}{EI\pi^4 m^4}\left(M_0 \frac{m\pi}{l} + P\sin\frac{m\pi}{2}\right) \tag{3.121}$$

令 $m=1,2,\cdots,\infty$，可得所有的待定参数。将(3.121)式中的 m 改为 n 后代回(3.116)式时，有

$$\hat{v}(x) = \sum_{n=1}^{\infty}\frac{2l^3}{EI\pi^4 n^4}\left(M_0 \frac{n\pi}{l} + P\sin\frac{n\pi}{l}\right)\sin\frac{n\pi x}{l} \tag{3.122}$$

当 $n\to\infty$ 时，(3.122)式就是梁的真实位移精确解，一般只取(3.122)式的前几项就能得到较好的近似解。

典型例题 3.5(2)　平面悬臂梁的最小势能原理和加权残值法求解

用最小势能原理和加权残值法求解如图 3.7 所示受均布外载悬臂梁的挠度，梁的抗弯刚度为 EI。

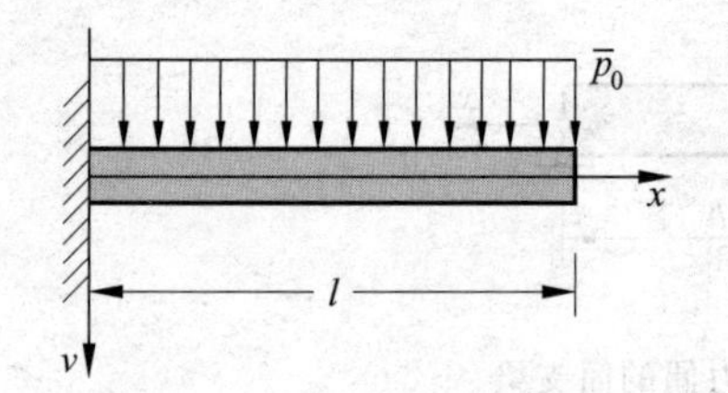

图 3.7　受均布外载悬臂梁

解答：该问题两端的边界条件为

$$\text{BC}(u):\quad \left.\begin{aligned} v|_{x=0} &= 0 \\ v'|_{x=0} &= 0 \end{aligned}\right\} \tag{3.123}$$

$$\text{BC}(p):\quad \left.\begin{aligned} M &= -EIv''|_{x=l} = 0 \\ Q &= -EIv'''|_{x=l} = 0 \end{aligned}\right\} \tag{3.124}$$

(1) 基于最小势能原理的求解

作为一级近似，试函数仅取一项三角函数

$$\hat{v}(x) = c\left(1-\cos\frac{\pi x}{2l}\right) \tag{3.125}$$

其中 c 为待定系数，该函数满足该问题的位移边界条件 BC(u)(3.123)式，所以是许可位移函数，代入总势能的表达式，有

$$\begin{aligned}
\Pi &= \int_0^l \frac{1}{2}EI(\hat{v}'')^2\,\mathrm{d}x - \int_0^l \overline{p}_0 \hat{v}\,\mathrm{d}x \\
&= \frac{1}{2}EI\left(\frac{\pi}{2l}\right)^4 c^2 \int_0^l \cos^2\frac{\pi x}{2l}\,\mathrm{d}x - \overline{p}_0 c\int_0^l\left(1-\cos\frac{\pi x}{2l}\right)\mathrm{d}x \\
&= \frac{1}{2}c^2 EI\left(\frac{\pi}{2l}\right)^4\left(\frac{l}{2}\right) - \overline{p}_0 cl\left(1-\frac{2}{\pi}\right)
\end{aligned} \tag{3.126}$$

由最小势能原理，$\frac{\partial \Pi}{\partial c}=0$，可解得

$$c = \frac{32}{\pi^4}\left(1-\frac{2}{\pi}\right)\frac{\overline{p}_0 l^4}{EI} \tag{3.127}$$

代回(3.125)式，可求得 $x=l$ 处的最大挠度为

$$\hat{v}\Big|_{x=l} = c = 0.11937\,\frac{\bar{p}_0 l^4}{EI} \tag{3.128}$$

和精确解 $v\Big|_{x=l}=\dfrac{1}{8}\dfrac{\bar{p}_0 l^4}{EI}$ 相比小 4.5%，可以达到工程精度。但如进一步计算应力，则偏低 41%。为了提高精度可取如下三角级数的前 N 项作为许可位移函数：

$$\hat{v} = \sum_{n=1}^{N} c_n\left(1-\cos\frac{(2n-1)\pi x}{2l}\right) \tag{3.129}$$

当 $N=5$ 时，最大的挠度误差仅 0.03%，应力误差为 8.1%。

(2) 基于 Galerkin 加权残值法的求解

当选挠度 $\hat{v}$ 为自变函数的试函数时，相应的加权残值法 Galerkin 方程为

$$\int_0^l (EI\hat{v}^{(4)} - \bar{p}_0)\phi_n \mathrm{d}x = 0 \quad (n=1,2,\cdots,N) \tag{3.130}$$

其中 ϕ_n 为试函数 $\hat{v}(x)=\sum\limits_{n=1}^{N} c_n\phi_n(x)$ 中的基底函数。

当选曲率 $\hat{v}''$ 为自变函数的试函数时，则对应的加权残值法 Galerkin 方程为

$$\int_0^l (EI\hat{v}'' - M)\phi_n'' \mathrm{d}x = 0 \quad (n=1,2,\cdots,N) \tag{3.131}$$

其中 ϕ_n'' 为试函数 $\hat{v}''(x)=\sum\limits_{n=1}^{N} c_n\phi_n''(x)$ 中的基底函数。下面取 $N=1$ 作为一级近似进行求解。

Galerkin 加权残值法要求试函数同时满足力和位移边界条件，即 BC(p) 和 BC(u)。前面基于最小势能原理的许可函数(3.125)不能满足 $x=l$ 处弯矩和剪力为零的条件，所以不适用。若勉强将其代入加权残值法 Galerkin 的方程中（见(3.130)式），将导出

$$\hat{v}\Big|_{x=l} = -0.441\,\frac{\bar{p}_0 l^4}{EI} \tag{3.132}$$

显然，该结果是错误的，因为向下的载荷不会引起向上的挠度。

寻找 Galerkin 加权残值法的试函数时，从研究力边界条件 BC(p) 入手更合适，设

$$\frac{\mathrm{d}^2\hat{v}}{\mathrm{d}x^2} = c\left(1-\sin\frac{\pi x}{2l}\right) \tag{3.133}$$

它满足 $x=l$ 处弯矩和剪力为零的条件，即

$$\hat{v}''\big|_{x=l}=0,\quad \hat{v}'''\big|_{x=l}=0 \tag{3.134}$$

把(3.133)式积分两次，可得

$$\hat{v}(x) = c\left[\frac{x^2}{2}+\left(\frac{2l}{\pi}\right)^2\sin\frac{\pi x}{2l}+Ax+B\right] \tag{3.135}$$

调整两个积分常数 A 和 B，使满足 $x=0$ 处的位移边界条件(3.123)，有 $A=-2l/\pi$，$B=0$，则得到 Galerkin 加权残值法的试函数

$$\hat{v}(x)=c\left[\frac{x^2}{2}-\frac{2l}{\pi}x+\left(\frac{2l}{\pi}\right)^2\sin\frac{\pi x}{2l}\right]=c\phi(x) \tag{3.136}$$

代入(3.130)式，取 $N=1$，有

$$\int_0^l\left[EIc\left(\frac{\pi}{2l}\right)^2\sin\frac{\pi x}{2l}-\bar{p}_0\right]\left[\frac{x^2}{2}-\frac{2l}{\pi}x+\left(\frac{2l}{\pi}\right)^2\sin\frac{\pi x}{2l}\right]\mathrm{d}x=0 \tag{3.137}$$

可解出

$$c=\frac{\dfrac{1}{6}-\dfrac{1}{\pi}+\dfrac{8}{\pi^3}}{\dfrac{3}{2}-\dfrac{4}{\pi}}\frac{\bar{p}_0l^2}{EI}=0.469\frac{\bar{p}_0l^2}{EI} \tag{3.138}$$

代回(3.136)式得 $x=l$ 处的最大挠度

$$\hat{v}\Big|_{x=l}=cl^2\left(\frac{1}{2}-\frac{2}{\pi}+\frac{4}{\pi^2}\right)=0.126\frac{\bar{p}_0l^4}{EI} \tag{3.139}$$

它比精确解大0.8%，显然比最小势能原理的一级近似解(3.128)式好，这是因为这里所取的试函数性能较好，它满足了所有的边界条件，而前面最小势能原理求解所用的试函数只满足位移边界条件，但要寻找要求高的试函数非常困难。如果最小势能原理也改用试函数(3.136)式，则结果和(3.139)式相同。

如果把(3.133)式作为试函数代入(3.131)式，其中

$$M=\frac{\bar{p}_0}{2}(1-x)^2 \tag{3.140}$$

结果将完全相同。

典型例题 3.5(3) 用最小势能原理导出基于位移的平衡方程和力边界条件

解答：以平面应力问题为例，用位移来表达平面应力问题(厚度 $t=1$)的应变能，有

$$\begin{aligned}U&=\frac{1}{2}\iint_\Omega(\sigma_{xx}\varepsilon_{xx}+\sigma_{yy}\varepsilon_{yy}+\tau_{xy}\gamma_{xy})\mathrm{d}x\mathrm{d}y\\&=\frac{G}{1-\mu}\iint_\Omega\left(\varepsilon_{xx}^2+\varepsilon_{yy}^2+2\mu\varepsilon_{xx}\varepsilon_{yy}+\frac{1-\mu}{2}\gamma_{xy}^2\right)\mathrm{d}x\mathrm{d}y\\&=\frac{E}{2(1-\mu^2)}\iint_\Omega\left[\left(\frac{\partial u}{\partial x}\right)^2+\left(\frac{\partial v}{\partial y}\right)^2+2\mu\frac{\partial u}{\partial x}\cdot\frac{\partial v}{\partial y}+\frac{1-\mu}{2}\left(\frac{\partial v}{\partial x}+\frac{\partial u}{\partial y}\right)^2\right]\mathrm{d}x\mathrm{d}y\end{aligned} \tag{3.141}$$

以上表达式中 E,G,μ 为材料常数，则总势能表达式为

$$\Pi=U-\int_A(\bar{b}_xu+\bar{b}_yv)\mathrm{d}x\mathrm{d}y-\int_{\Gamma_p}(\bar{p}_xu+\bar{p}_yv)\mathrm{d}s \tag{3.142}$$

其中 $\bar{b}_x$ 和 $\bar{b}_y$ 为域内 x 方向和 y 方向体力，$\bar{p}_x$ 和 $\bar{p}_y$ 为力边界 Γ_p 上给定的 x 方向和 y 方向侧面力，泛函 Π 的自变函数为位移分量 u 和 v。最小势能原理要求 $\delta\Pi=0$，对(3.142)式取变分，进行分部积分后，有

$$\begin{aligned}\delta\Pi=\frac{E}{2(1-\mu^2)}\int_A\Bigg\{&2\left(\frac{\partial u}{\partial x}+\mu\frac{\partial v}{\partial y}\right)\delta\left(\frac{\partial u}{\partial x}\right)+2\left(\frac{\partial v}{\partial y}+\mu\frac{\partial u}{\partial x}\right)\delta\left(\frac{\partial v}{\partial y}\right)\\&+(1-\mu)\left(\frac{\partial v}{\partial x}+\frac{\partial u}{\partial y}\right)\left[\delta\left(\frac{\partial v}{\partial x}\right)+\delta\left(\frac{\partial u}{\partial y}\right)\right]\Bigg\}\mathrm{d}x\mathrm{d}y\end{aligned}$$

$$
\begin{aligned}
&-\int_A(\bar{b}_x\delta u+\bar{b}_y\delta v)\mathrm{d}x\mathrm{d}y-\int_{\Gamma_p}(\bar{p}_x\delta u+\bar{p}_y\delta v)\mathrm{d}s\\
&=-\int_A\left[\left\{\frac{E}{1-\mu^2}\left[\left(\frac{\partial^2 u}{\partial x^2}+\mu\frac{\partial^2 v}{\partial x\partial y}\right)+\frac{1-\mu}{2}\left(\frac{\partial^2 v}{\partial x\partial y}+\frac{\partial^2 u}{\partial y^2}\right)\right]+\bar{b}_x\right\}\delta u\right.\\
&\quad\left.+\left\{\frac{E}{1-\mu^2}\left[\left(\frac{\partial^2 v}{\partial y^2}+\mu\frac{\partial^2 u}{\partial x\partial y}\right)+\frac{1-\mu}{2}\left(\frac{\partial^2 u}{\partial x\partial y}+\frac{\partial^2 v}{\partial x^2}\right)\right]+\bar{b}_y\right\}\delta v\right]\mathrm{d}x\mathrm{d}y\\
&\quad+\int_\Gamma\left\{\frac{E}{1-\mu^2}\left[n_x\left(\frac{\partial u}{\partial x}+\mu\frac{\partial v}{\partial y}\right)+n_y\frac{1-\mu}{2}\left(\frac{\partial u}{\partial y}+\frac{\partial v}{\partial x}\right)\right]\delta u\right.\\
&\quad\left.+\frac{E}{1-\mu^2}\left[n_y\left(\frac{\partial v}{\partial y}+v\frac{\partial u}{\partial x}\right)+n_x\frac{1-\mu}{2}\left(\frac{\partial v}{\partial x}+\frac{\partial u}{\partial y}\right)\right]\delta v\right\}\mathrm{d}s\\
&\quad-\int_{\Gamma_p}(\bar{p}_x\delta u+\bar{p}_y\delta v)\mathrm{d}s=0
\end{aligned}
\tag{3.143}
$$

其中 n_x 和 n_y 为边界外法线的方向余弦。由于 δu 和 δv 的任意性，要使(3.143)式恒满足，则对应于它们的系数应分别为零。由面积积分项可得

$$
\left.
\begin{aligned}
&\frac{E}{1-\mu^2}\left(\frac{\partial^2 u}{\partial x^2}+\frac{1-\mu}{2}\frac{\partial^2 u}{\partial y^2}+\frac{1+\mu}{2}\frac{\partial^2 v}{\partial x\partial y}\right)+\bar{b}_x=0\\
&\frac{E}{1-\mu^2}\left(\frac{\partial^2 v}{\partial y^2}+\frac{1-\mu}{2}\frac{\partial^2 v}{\partial x^2}+\frac{1+\mu}{2}\frac{\partial^2 u}{\partial x\partial y}\right)+\bar{b}_y=0
\end{aligned}
\right\}\quad \text{在 } A \text{ 内}
\tag{3.144}
$$

这就是用位移表示的平衡方程，与(3.57)式相同。把(3.143)式中第一个线积分项的积分域 Γ(为侧面)分成力边界 BC(p)上 Γ_p 和位移边界 BC(u)上 Γ_u 两部分。把 Γ_p 部分和第二个线积分项合起来，令 δu 和 δv 的系数分别为零，得到自然边界条件

$$
\left.
\begin{aligned}
&\frac{E}{1-\mu^2}\left[n_x\left(\frac{\partial u}{\partial x}+\mu\frac{\partial v}{\partial y}\right)+n_y\frac{1-\mu}{2}\left(\frac{\partial u}{\partial y}+\frac{\partial v}{\partial x}\right)\right]=\bar{p}_x\\
&\frac{E}{1-\mu^2}\left[n_y\left(\frac{\partial v}{\partial y}+\mu\frac{\partial u}{\partial x}\right)+n_x\frac{1-\mu}{2}\left(\frac{\partial v}{\partial x}+\frac{\partial u}{\partial y}\right)\right]=\bar{p}_y
\end{aligned}
\right\}\quad \text{在 } \Gamma_p \text{ 上}
\tag{3.145}
$$

这就是用位移表示的力边界条件，与(3.58)式相同。在剩下的 Γ_u 上，由于为已给定位移边界条件

$$
u=\bar{u},\quad v=\bar{v}\qquad \text{在 } \Gamma_u \text{ 上}
\tag{3.146}
$$

则它们的 $\delta u|_{\Gamma_u}=0$，$\delta v|_{\Gamma_u}=0$，(3.143)式中相应的积分项也为零。于是泛函 Π 的变分问题等价地化为在边界条件(3.145)和(3.146)下求解偏微分方程组(3.144)的边值问题。

3.6 本章要点及参考内容

3.6.1 本章要点

- 弹性力学问题近似求解的加权残值法(试函数、Galerkin 方法、残值最小二乘法)

- 弹性问题近似求解的虚功原理、最小势能原理
- 加权残值法、虚功原理、最小势能原理以及变分方法之间的关系
- 用于有限元方法的数学求解思路及特点(位移变量、函数连续性要求)

3.6.2 参考内容1:虚余功原理与最小余能原理

对应于虚位移,可以引入**虚应力**(virtual stress)的概念,所谓虚应力是满足力的平衡条件及指定的力的边界条件的、任意的、微小的应力,虚应力记为 $\delta\sigma_{ij}$。

如果将自变量函数不是取为位移(虚位移),而是取为应力(虚应力),则对应于虚功原理存在有**虚余功原理**(principle of complementary virtual work),对应于最小势能原理存在有**最小余能原理**(principle of minimum complementary potential energy),它们在形式上是互补的。

虚余功原理:当物体处于平衡状态时,设有满足力边界条件和应力平衡方程的虚外力 δp_i 和产生的虚应力 $\delta\sigma_{ij}$,即

$$(\delta\sigma_{ij})_{,j}=0 \qquad \text{在 }\Omega\text{ 内} \tag{3.147}$$

$$\delta\sigma_{ij}n_j-\delta\bar{p}_i=0 \qquad \text{在 }S_p\text{ 上} \tag{3.148}$$

则虚外力 δp_i 在真实位移上所做的总虚余功,等于虚应力 $\delta\sigma_{ij}$ 在真实应变上的总虚应变余能,即

$$\delta W_c=\delta U_c \tag{3.149}$$

其中

$$\delta W_c=\int_{S_u}\bar{u}_i\delta p_i\,\mathrm{d}A,\quad \delta U_c=\int_\Omega \varepsilon_{ij}\delta\sigma_{ij}\,\mathrm{d}\Omega \tag{3.150}$$

最小余能原理:在所有满足平衡方程和应力边界条件

$$\sigma_{ij,j}+\bar{b}_i=0 \qquad \text{在 }\Omega\text{ 内} \tag{3.151}$$

$$\sigma_{ij}n_j-\bar{p}_i=0 \qquad \text{在 }S_p\text{ 上} \tag{3.152}$$

的许可应力场($\hat{\sigma}_{ij},\hat{p}_i$)中,真实的应力场使得总余能取极值,即

$$\min_{\hat{\sigma}_{ij}}[\Pi_c=U_c-W_c] \tag{3.153}$$

其中应变余能为

$$U_c=\int_\Omega\left[\int_0^{\sigma_{kl}}D_{ijkl}^{-1}\sigma_{ij}\,\mathrm{d}\sigma_{kl}\,\mathrm{d}\Omega\right]=\frac{1}{2}\int_\Omega\hat{\sigma}_{ij}D_{ijkl}^{-1}\hat{\sigma}_{kl}\,\mathrm{d}\Omega \tag{3.154}$$

外力余功为

$$W_c=\int_{S_u}\bar{u}_i\hat{p}_i\,\mathrm{d}A \tag{3.155}$$

有关余能方面的深入叙述,请参阅文献[11]。

将总势能和总余能相加,可以证明

$$\begin{aligned}\Pi+\Pi_c&=U+U_c-(W+W_c)\\&=\int_\Omega\hat{\sigma}_{ij}\hat{\varepsilon}_{ij}\,\mathrm{d}\Omega-\left(\int_\Omega\bar{b}_i\hat{u}_i\,\mathrm{d}\Omega+\int_{S_p}\bar{p}_i\hat{u}_i\,\mathrm{d}A+\int_{S_u}\hat{p}_i\bar{u}_i\,\mathrm{d}A\right)\end{aligned}$$

$$= \int_{\Omega} \hat{\sigma}_{ij} \hat{\varepsilon}_{ij} \mathrm{d}\Omega - \left(\int_{\Omega} \bar{b}_i \hat{u}_i \mathrm{d}\Omega + \int_S p_i u_i \mathrm{d}A \right)$$

$$= 0 \tag{3.156}$$

其中 p_i 和 u_i 为对应于所有边界 S 上的面力和位移；由(3.156)式有

$$\Pi_c = -\Pi \tag{3.157}$$

由最小势能原理求得的位移近似解在总体上是偏小的，即位移值在总体上越大则越精确。而从上式可知，由最小余能原理求得的应力近似解在总体上是偏大的，即应力值在总体上越小则越精确。

3.6.3 参考内容 2：一般变分方法

考虑一个复合函数

$$I = \int_{x_1}^{x_2} F(x, u, u', u'') \mathrm{d}x \tag{3.158}$$

式中自变函数 u 及其对 x 的一阶及二阶导数 u'，u'' 都是 x 的函数。F 与 I 称为**泛函**(functional)(即为复合函数)，因为它们是自变函数的函数。在实际问题中，泛函通常具有明显的物理意义，例如它可以是变形体的势能。

现在的问题是，如何寻找正确的自变函数 u，它使得泛函 I 取驻值(如取极小值)。在变分法中，一般的作法是对给定问题用一试函数来进行试探，试函数实际上就是可能解，并用此试函数来表示泛函。在所有满足边界条件的这些可能解中，正确解将使泛函 I 取驻值，这就是变分原理。变分法就是从许多试函数中选取正确解时所用的数学方法。

下面讨论变分原理的数学基础。设在精确解邻近有一试探解，即试函数 $\hat{u}$，它可以表示成精确解 u 与一个误差变化 δu(即函数 u 的微小变化)之和(见图 3.8)，即

$$\hat{u} = u + \delta u \tag{3.159}$$

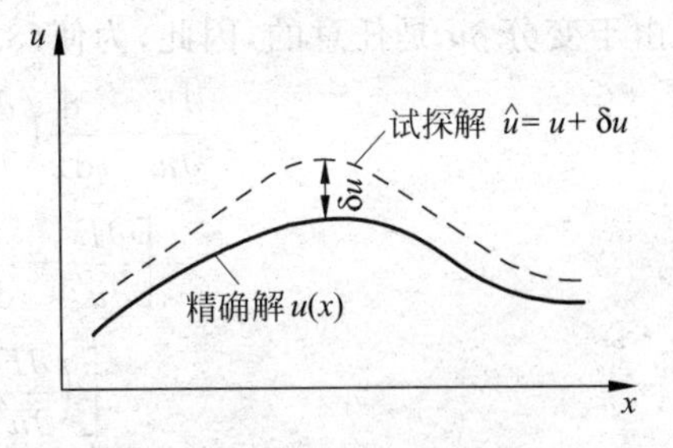

图 3.8　自变函数 u 及其变分 δu

以上的 δu 称为自变函数 u 的变分，它的含义是：对于自变量 x，函数 u 有一个无限小的任意变化，该变化就是这个函数的变分，计为 δu。可以把变分记号里的 δ 当成一个算子，它与微分算子 d 相似(前者是针对坐标轴的微分，后者是针对一个函数的微分，即为复合函数的微分)。变分运算可以与积分及微分运算交换，即

$$\delta\left(\int F \mathrm{d}x\right) = \int (\delta F) \mathrm{d}x \tag{3.160}$$

以及

$$\delta(\mathrm{d}u/\mathrm{d}x) = \mathrm{d}(\delta u)/\mathrm{d}x \tag{3.161}$$

与全微分的定义相似，对于多个变量的泛函 $F(x, u, u', u'')$，定义其变分为

$$\delta F = \frac{\partial F}{\partial u}\delta u + \frac{\partial F}{\partial u'}\delta u' + \frac{\partial F}{\partial u''}\delta u'' \tag{3.162}$$

与普通微分学中求简单函数的极大值或极小值相类似，泛函 I 的一阶变分为零是 I 取驻值的必要条件，即

$$\delta I = \int_{x_1}^{x_2}\left(\frac{\partial F}{\partial u}\delta u + \frac{\partial F}{\partial u'}\delta u' + \frac{\partial F}{\partial u''}\delta u''\right)\mathrm{d}x = 0 \tag{3.163}$$

或

$$\delta I = \int_{x_1}^{x_2}\delta F \cdot \mathrm{d}x = 0 \tag{3.164}$$

分别对(3.163)式中的各项进行分部积分，有

$$\int_{x_1}^{x_2}\frac{\partial F}{\partial u'}\delta u'\mathrm{d}x = \left[\frac{\partial F}{\partial u'}\delta u\right]\Bigg|_{x_1}^{x_2} - \int_{x_1}^{x_2}\frac{\mathrm{d}}{\mathrm{d}x}\left(\frac{\partial F}{\partial u'}\right)\cdot\delta u\cdot\mathrm{d}x \tag{3.165}$$

$$\int_{x_1}^{x_2}\frac{\partial F}{\partial u''}\delta u''\mathrm{d}x = \left[\frac{\partial F}{\partial u''}\delta u'\right]\Bigg|_{x_1}^{x_2} - \left[\frac{\mathrm{d}}{\mathrm{d}x}\left(\frac{\partial F}{\partial u''}\right)\delta u\right]\Bigg|_{x_1}^{x_2} + \int_{x_1}^{x_2}\frac{\mathrm{d}^2}{\mathrm{d}x^2}\left(\frac{\partial F}{\partial u''}\right)\cdot\delta u\cdot\mathrm{d}x \tag{3.166}$$

将(3.165)式和(3.166)式代入(3.163)式中，有

$$\begin{aligned}\delta I = &\int_{x_1}^{x_2}\left[\frac{\partial F}{\partial u} - \frac{\mathrm{d}}{\mathrm{d}x}\left(\frac{\partial F}{\partial u'}\right) + \frac{\mathrm{d}^2}{\mathrm{d}x^2}\left(\frac{\partial F}{\partial u''}\right)\right]\delta u\mathrm{d}x \\ &+ \left[\frac{\partial F}{\partial u'} - \frac{\mathrm{d}}{\mathrm{d}x}\left(\frac{\partial F}{\partial u''}\right)\right]\delta u\Bigg|_{x_1}^{x_2} + \left[\left(\frac{\partial F}{\partial u''}\right)\delta u'\right]\Bigg|_{x_1}^{x_2} = 0\end{aligned} \tag{3.167}$$

由于变分 δu 是任意的，因此，为使(3.167)式恒成立，各项必须分别为零，即

$$\frac{\partial F}{\partial u} - \frac{\mathrm{d}}{\mathrm{d}x}\left(\frac{\partial F}{\partial u'}\right) + \frac{\mathrm{d}^2}{\mathrm{d}x^2}\left(\frac{\partial F}{\partial u''}\right) = 0 \tag{3.168}$$

$$\left[\frac{\partial F}{\partial u'} - \frac{\mathrm{d}}{\mathrm{d}x}\left(\frac{\partial F}{\partial u''}\right)\right]\Bigg|_{x_1}^{x_2} = 0 \tag{3.169}$$

$$\left[\left(\frac{\partial F}{\partial u''}\right)\delta u'\right]\Bigg|_{x_1}^{x_2} = 0 \tag{3.170}$$

方程(3.168)就是该问题的控制微分方程，称为**欧拉方程**(Euler equation)或**欧拉-拉格朗日方程**(Euler-Lagrange equation)。(3.169)式与(3.170)式给出相应的边界条件，其中

$$\left[\frac{\partial F}{\partial u'} - \frac{\mathrm{d}}{\mathrm{d}x}\left(\frac{\partial F}{\partial u''}\right)\right] = 0, \quad 在\ x = x_1\ 及\ x = x_2\ 处 \tag{3.171}$$

$$\frac{\partial F}{\partial u''} = 0, \quad 在\ x = x_1\ 及\ x = x_2\ 处 \tag{3.172}$$

称为自然边界条件，而

$$\delta u(x_1) = 0, \quad \delta u(x_2) = 0 \tag{3.173}$$

$$\delta u'(x_1) = 0, \quad \delta u'(x_2) = 0 \tag{3.174}$$

称为几何边界条件或强迫边界条件。概括地说，对于这类问题，变分运算产生一个控制微分方程和两类边界条件。

显然，对一个泛函的积分进行变分运算，能够完整地描述该问题。它不仅给出该问题的控制微分方程，而且还给出所有的边界条件，该变分方法叫做欧拉-拉格朗日法[12]。

可以看出，以变分原理为基础的最小势能原理，其自然边界条件（即力的 BC（p））已包含在势能泛函中，只有几何边界条件需要专门处理，即在假设试函数时需要事先满足。下面给出一个实例来说明。

简例 3.6(1)　用变分方法推导弹性地基梁的微分方程

考虑弹性地基上的一根悬臂梁，它的一端固定，另一端支承在柔性支座上，如图 3.9 所示，其几何边界条件是

$$u\big|_{x=0}=u'\big|_{x=0}=0 \tag{3.175}$$

该梁的总势能（泛函）是

$$\Pi=\int_0^l \frac{1}{2}EI(u'')^2\mathrm{d}x+\int_0^l \frac{k_f u^2}{2}\mathrm{d}x+\frac{K_s}{2}u^2(l)-\int_0^l \bar{p}u\mathrm{d}x \tag{3.176}$$

式中 k_f 是每单位长度的路基反力弹簧常数，K_s 是梁端处柔性支座的弹簧常数。试用变分方法推导其控制方程。

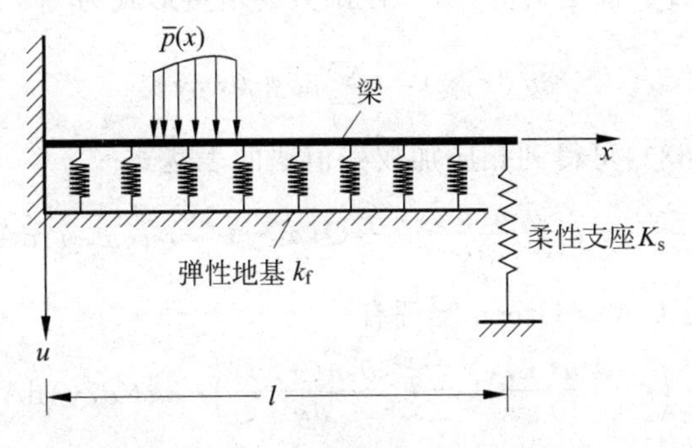

图 3.9　弹性地基上的梁

解答：对泛函 Π 求极值，可以得到

$$\delta\Pi=\int_0^l (EIu'')\delta u''\mathrm{d}x+\int_0^l k_f u\delta u\mathrm{d}x+K_s u(l)\delta u(l)-\int_0^l \bar{p}\delta u\mathrm{d}x=0 \tag{3.177}$$

对上式右端的第一项进行分部积分，并利用几何边界条件

$$\delta u\big|_{x=0}=\delta u'\big|_{x=0}=0 \tag{3.178}$$

（3.177）式可以变为

$$\int_0^l [(EIu'')''-\bar{p}+k_f u]\delta u\mathrm{d}x+(EIu''\delta u')\Big|_{x=l} + [-(EIu'')'+K_s u]\delta u\Big|_{x=l}=0 \tag{3.179}$$

因为 δu 是任意的,上面这个方程中的每一项都应等于零。第一项为零给出控制微分方程

$$(EIu'')'' = \bar{p} - k_{\mathrm{f}} u \tag{3.180}$$

而其他两项为零给出自然边界条件

$$(EIu'')\big|_{x=l} = 0 \tag{3.181}$$

与

$$-(EIu'')'\Big|_{x=l} + K_{\mathrm{s}} u(l) = 0 \tag{3.182}$$

简例 3.6(2)　构造求解二维稳态热传导方程的积分泛函

考虑一个二维稳态热传导问题,其控制方程和边界条件为

$$\left.\begin{aligned} k_x \frac{\partial^2 u(x,y)}{\partial x^2} + k_y \frac{\partial^2 u(x,y)}{\partial y^2} + Q(x,y) = 0 \quad & \text{在 } A \text{ 内} \\ u(x,y) = \bar{u} \quad & \text{在 } \Gamma = \partial A \text{ 上} \end{aligned}\right\} \tag{3.183}$$

推导并构造求解以上微分方程的积分泛函,并给出相应的问题提法。

解答:设该问题近似解的形式为

$$\hat{u}(x,y) = \sum_{i=1}^{n} c_i \phi_i(x,y) \tag{3.184}$$

其中基底函数 $\phi_i(x,y)$满足边界条件,该函数的增量形式为

$$\delta\hat{u}(x,y) = \sum_{i=1}^{n} \delta c_i \phi_i(x,y) \tag{3.185}$$

对于控制方程(3.183),可得到相应加权残值法的表达式

$$\int_A \left[k_x \frac{\partial^2 \hat{u}(x,y)}{\partial x^2} + k_y \frac{\partial^2 \hat{u}(x,y)}{\partial y^2} + Q(x,y) \right] \cdot \delta\hat{u}(x,y)\mathrm{d}A = 0 \tag{3.186}$$

对于前两项积分,由 Gauss-Green 定理有

$$\begin{aligned} &\int_A \left(k_x \frac{\partial^2 \hat{u}(x,y)}{\partial x^2} + k_y \frac{\partial^2 \hat{u}(x,y)}{\partial y^2} \right) \cdot \delta\hat{u}(x,y)\mathrm{d}A \\ &= \int_{\partial A} \left(k_x \frac{\partial \hat{u}}{\partial x} \cdot \delta\hat{u} \cdot n_x + k_y \frac{\partial \hat{u}}{\partial y} \cdot \delta\hat{u} \cdot n_y \right) \mathrm{d}\Gamma \\ &\quad - \int_A \left(k_x \frac{\partial \hat{u}}{\partial x} \frac{\partial \delta\hat{u}}{\partial x} + k_y \frac{\partial \hat{u}}{\partial y} \frac{\partial \delta\hat{u}}{\partial y} \right) \mathrm{d}A \end{aligned} \tag{3.187}$$

由于在边界上∂A 有 $\delta\hat{u}=0$,则上式可以写为

$$\begin{aligned} &\int_A \left(k_x \frac{\partial^2 \hat{u}}{\partial x^2} + k_y \frac{\partial^2 \hat{u}}{\partial y^2} \right) \cdot \delta\hat{u}\mathrm{d}A \\ &= -\int_A \left[\frac{1}{2} k_x \cdot \delta \left(\frac{\partial \hat{u}}{\partial x} \right)^2 + \frac{1}{2} k_y \cdot \delta \left(\frac{\partial \hat{u}}{\partial y} \right)^2 \right] \mathrm{d}A \\ &= -\delta \left\{ \frac{1}{2} \int_A \left[k_x \left(\frac{\partial \hat{u}}{\partial x} \right)^2 + k_y \left(\frac{\partial \hat{u}}{\partial y} \right)^2 \right] \mathrm{d}A \right\} \end{aligned} \tag{3.188}$$

则将(3.188)式代入(3.186)式,有

$$\delta\left\{\frac{1}{2}\int_A\left[k_x\left(\frac{\partial\hat{u}}{\partial x}\right)^2+k_y\left(\frac{\partial\hat{u}}{\partial y}\right)^2-Q\cdot\hat{u}\right]\mathrm{d}A\right\}=0 \tag{3.189}$$

若定义泛函 $I(\hat{u})$ 为

$$I(\hat{u})=\frac{1}{2}\int_A\left[k_x\left(\frac{\partial\hat{u}}{\partial x}\right)^2+k_y\left(\frac{\partial\hat{u}}{\partial y}\right)^2\right]\mathrm{d}A-\int_A Q\cdot\hat{u}\mathrm{d}A \tag{3.190}$$

原问题的求解等价于求泛函 $I(\hat{u})$ 的极值，即

$$\min_{\hat{u}} I(\hat{u}) \tag{3.191}$$

若将(3.184)式的试函数写成

$$\hat{u}(x,y)=\sum_{i=1}^{n}c_i\phi_i(x,y)=\boldsymbol{N}(x,y)\cdot\boldsymbol{q} \tag{3.192}$$

其中 $\boldsymbol{N}(x,y)=[\phi_1\quad\phi_2\quad\cdots\quad\phi_n]$，$\boldsymbol{q}^{\mathrm{T}}=[c_1\quad c_2\quad\cdots\quad c_n]$，则(3.190)式可写为

$$I(\boldsymbol{q})=\frac{1}{2}\boldsymbol{q}^{\mathrm{T}}\boldsymbol{K}\boldsymbol{q}-\boldsymbol{P}^{\mathrm{T}}\boldsymbol{q} \tag{3.193}$$

其中

$$\boldsymbol{K}=\int_A\left[\left(\frac{\partial\boldsymbol{N}^{\mathrm{T}}}{\partial x}\right)k_x\left(\frac{\partial\boldsymbol{N}}{\partial x}\right)+\left(\frac{\partial\boldsymbol{N}^{\mathrm{T}}}{\partial y}\right)k_y\left(\frac{\partial\boldsymbol{N}}{\partial y}\right)\right]\mathrm{d}A$$

$$\boldsymbol{P}^{\mathrm{T}}=\int_A\boldsymbol{N}\cdot Q\mathrm{d}A$$

根据(3.191)式，将 $I(\boldsymbol{q})$ 对 $\boldsymbol{q}$ 求极值，有

$$\boldsymbol{K}\boldsymbol{q}-\boldsymbol{P}=0 \tag{3.194}$$

这就是相应的有限元分析列式。

可以看出，基于加权残值法的求解公式为(3.186)式，而基于泛函极值的公式为(3.190)式和(3.191)式；对于(3.186)式，要求试函数必须存在二阶导数(即一阶导数要连续，才可能存在二阶导数，因此为 C_1 型连续问题)，而对于(3.190)式，只要求存在一阶导数(即要求函数本身连续，这样才能有一阶导数的存在，为 C_0 型连续问题)，两种问题的提法对试函数的连续性要求不同。

3.6.4 参考内容3：弹性问题求解的广义变分原理

弹性问题的基本变量有三类：位移、应力、应变。前面所介绍的变分原理为经典变分原理，因为它只有一类自变量，且只在一定的约束条件下才能独立变分，如：在最小势能原理中将位移作为自变函数，但它必须是变形许可的，即满足位移边界条件。在最小余能原理中将应力作为自变函数，但必须是静力许可的。如果事先需要满足的条件多了，就不容易寻找到合适的试函数。下面分别就基于三类变量(位移、应力、应变)和基于两类变量(位移、应力)推导相应的变分原理，这些原理叫做**广义变分原理**(generalized variational principle)[9,13]，它们在有限元方法中得到了较多的应用，成为杂交有限元、混合有限元、拟协调有限元等方法的理论基础。

1. 基于三类变量的广义变分原理

在最小势能原理中，泛函

$$
\begin{aligned}
\Pi &= U - W \\
&= \int_{\Omega} \frac{1}{2} D_{ijkl} \varepsilon_{ij} \varepsilon_{kl} \, \mathrm{d}\Omega - \left[\int_{\Omega} \bar{b}_i u_i \, \mathrm{d}\Omega + \int_{S_p} \bar{p}_i u_i \, \mathrm{d}A \right] \\
&= \int_{\Omega} [\Psi(\varepsilon_{ij}) - \bar{b}_i u_i] \mathrm{d}\Omega - \int_{S_p} \bar{p}_i u_i \, \mathrm{d}A
\end{aligned}
\tag{3.195}
$$

其中 $\Psi(\varepsilon_{ij})$是应变能密度泛函$\left(即为\int_0^{\varepsilon_{ij}} \sigma_{ij} \, \mathrm{d}\varepsilon_{ij}\right)$，$u_i$ 和 ε_{ij} 为满足位移边界条件的许可位移和许可应变，因此，(3.195)式的极值是一个带有附加条件的极值问题，其附加约束条件就是几何方程和位移边界条件，即

$$
\varepsilon_{ij} - \frac{1}{2}(u_{i,j} + u_{j,i}) = 0 \qquad 在 \Omega 内 \tag{3.196}
$$

$$
u_i - \bar{u}_i = 0 \qquad 在 S_p 上 \tag{3.197}
$$

如果引进拉格朗日乘子，把带有附加条件的泛函极值问题转化为无条件的泛函极值问题，则基于(3.195)式所定义的新泛函为

$$
\begin{aligned}
\Pi_1 = &\int_{\Omega} [\Psi(\varepsilon_{ij}) - \bar{b}_i u_i] \mathrm{d}\Omega - \int_{\Omega} \lambda_{ij} [\varepsilon_{ij} - \frac{1}{2}(u_{i,j} + u_{j,i})] \mathrm{d}\Omega \\
&- \int_{S_p} \bar{p}_i u_i \, \mathrm{d}A - \int_{S_u} \mu_i (u_i - \bar{u}_i) \mathrm{d}A
\end{aligned}
\tag{3.198}
$$

其中 λ_{ij}(6 个量)和 μ_i(3 个量)分别是 Ω 域内和位移边界 BC(u)上的任意函数，称为 **Lagrange 乘子**(Lagrange multiplier)，新泛函的驻值条件是

$$
\begin{aligned}
\delta\Pi_1 = &\int_{\Omega} \left\{ \frac{\partial \Psi}{\partial \varepsilon_{ij}} \delta\varepsilon_{ij} - \bar{b}_i \delta u_i - \delta\lambda_{ij} \left[\varepsilon_{ij} - \frac{1}{2}(u_{i,j} + u_{j,i}) \right] - \lambda_{ij} \delta\varepsilon_{ij} + \frac{1}{2} \lambda_{ij} (\delta u_{i,j} + \delta u_{j,i}) \right\} \mathrm{d}\Omega \\
&- \int_{S_p} \bar{p}_i \delta u_i \, \mathrm{d}A - \int_{S_u} [\delta\mu_i (u_i - \bar{u}_i) + \mu_i \delta u_i] \mathrm{d}A = 0
\end{aligned}
\tag{3.199}
$$

对上式体积分中的$\frac{1}{2}\lambda_{ij}(\delta u_{i,j} + \delta u_{j,i})$项进行分部积分，设 $\lambda_{ij} = \lambda_{ji}$，有

$$
\begin{aligned}
\delta\Pi_1 = &\int_{\Omega} \left\{ \left(\frac{\partial \Psi}{\partial \varepsilon_{ij}} - \lambda_{ij} \right) \delta\varepsilon_{ij} - (\lambda_{ij,j} + \bar{b}_i) \delta u_i - \delta\lambda_{ij} \left[\varepsilon_{ij} - \frac{1}{2}(u_{i,j} + u_{j,i}) \right] \right\} \mathrm{d}\Omega \\
&+ \int_{S_p} (\lambda_{ij} n_j - \bar{p}_i) \delta u_i \, \mathrm{d}A - \int_{S_u} [(\mu_i - \lambda_{ij} n_j) \delta u_i + \delta\mu_i (u_i - \bar{u}_i)] \mathrm{d}A = 0
\end{aligned}
\tag{3.200}
$$

由于变分 δu_i，$\delta\varepsilon_{ij}$，$\delta\lambda_{ij}$，$\delta\mu_i$ 相互独立，并且具有任意性，要使(3.200)式恒满足，只有令它们的系数分别为零，则可导出欧拉方程(控制方程)和自然边界条件，将其结果与弹性力学的基本方程进行对照，如表 3.2 所示。

表 3.2　广义变分原理推导的方程与弹性力学基本方程的对照

广义变分原理推导出的方程	弹性力学基本方程
$\lambda_{ij}=\dfrac{\partial\Psi}{\partial\varepsilon_{ij}}$　在 Ω 内	$\sigma_{ij}=\dfrac{\partial\Psi}{\partial\varepsilon_{ij}}=D_{ijkl}\varepsilon_{kl}$　在 Ω 内
$\lambda_{ij,j}+\bar{b}_i=0$　在 Ω 内	$\sigma_{ij,j}+\bar{b}_i=0$　在 Ω 内
$\varepsilon_{ij}=\dfrac{1}{2}(u_{i,j}+u_{j,i})$　在 Ω 内	$\varepsilon_{ij}=\dfrac{1}{2}(u_{i,j}+u_{j,i})$　在 Ω 内
$\lambda_{ij}n_j=\bar{p}_i$　在 S_p 上	$\sigma_{ij}n_j=\bar{p}_i$　在 S_p 上
$\mu_i=\lambda_{ij}n_j$　在 S_u 上	$p_i=\sigma_{ij}n_j$　在 S_u 上
$u_i=\bar{u}_i$　在 S_u 上	$u_i=\bar{u}_i$　在 S_u 上

从表 3.2 可以看出，拉格朗日乘子 λ_{ij} 和 μ_i 的物理意义就是应力 σ_{ij} 和约束反力 p_i。对(3.198)式中的拉格朗日乘子进行替换，可得含有三类独立自变函数 $(u_i,\varepsilon_{ij},\sigma_{ij})$(15 个)的泛函

$$\Pi_3=\int_\Omega\left\{\Psi(\varepsilon_{ij})-\bar{b}_iu_i-\sigma_{ij}\left[\varepsilon_{ij}-\frac{1}{2}(u_{i,j}+u_{j,i})\right]\right\}\mathrm{d}\Omega-\int_{S_p}\bar{p}_iu_i\mathrm{d}A-\int_{S_u}\sigma_{ij}n_j(u_i-\bar{u}_i)\mathrm{d}A \tag{3.201}$$

该泛函称为三类变量广义势能，其驻值条件为

$$\delta\Pi_3=0 \tag{3.202}$$

它称为三类变量广义变分原理或**胡-鹫原理**(Hu-Washizu principle)，由胡海昌和鹫津久一郎(Washizu, K.)于 1954 年提出[8,11]。该原理可叙述为：在三类变量 $(u_i,\varepsilon_{ij},\sigma_{ij})$ 所组合的一切可能状态中，真实状态使泛函 Π_3 取驻值。可以看到，三类变量广义变分原理的独立变量包括了弹性力学中全部 15 个基本未知量，而且驻值条件(3.202)能导出弹性力学的全部基本方程和边界条件。

若用 Green-Gauss 公式将(3.201)式中的体积积分改写成

$$\int_\Omega\sigma_{ij}\left[\frac{1}{2}(u_{i,j}+u_{j,i})\right]\mathrm{d}\Omega=-\int_\Omega\sigma_{ij,j}u_i\mathrm{d}\Omega+\int_{S_p+S_u}(\sigma_{ij}n_j)u_i\mathrm{d}A \tag{3.203}$$

把 Π_3 冠以负号，再利用应变能的**互补原理**(complementary principle)[13]，可导出另一种等价泛函，即基于三类变量的广义余能

$$\Pi_{c3}=\int_\Omega[\sigma_{ij}\varepsilon_{ij}-\Psi(\varepsilon_{ij})+(\sigma_{ij,j}+\bar{b}_i)u_i]\mathrm{d}\Omega-\int_{S_p}(\sigma_{ij}n_j-\bar{p}_i)u_i\mathrm{d}A-\int_{S_u}(\sigma_{ij}n_j)\bar{u}_i\mathrm{d}A \tag{3.204}$$

显然，可以验证

$$\Pi_3+\Pi_{c3}=0 \tag{3.205}$$

2. 二类变量广义变分原理

在最小余能原理中,余能泛函为

$$\Pi_c = \int_\Omega \Psi_c(\sigma_{ij})\mathrm{d}\Omega - \int_{S_u}(\sigma_{ij}n_j)\bar{u}_i\mathrm{d}A \tag{3.206}$$

其中 Ψ_c 是应变余能密度$\left(\text{即为}\int_0^{\sigma_{ij}}\varepsilon_{ij}\,\mathrm{d}\sigma_{ij}\right)$,上式的自变函数 σ_{ij} 要满足 Ω 域内的平衡方程和力边界条件,因此,上式的极值是一个带有以下附加条件的极值问题

$$\sigma_{ij,j} + \bar{b}_i = 0 \quad \text{在 } \Omega \text{ 内} \tag{3.207}$$

$$\sigma_{ij}n_j = \bar{p}_i \quad \text{在 } S_p \text{ 上} \tag{3.208}$$

如果引进拉格朗日乘子,把带有附加条件的泛函极值问题转化为无条件的泛函极值问题,则基于(3.206)式所定义的新泛函为

$$\Pi_{c2} = \int_\Omega[\Psi_c(\sigma_{ij}) + (\sigma_{ij,j} + \bar{b}_i)u_i]\mathrm{d}\Omega - \int_{S_p}(\sigma_{ij}n_j - \bar{p}_i)u_i\mathrm{d}A - \int_{S_u}(\sigma_{ij}n_j)\bar{u}_i\mathrm{d}A \tag{3.209}$$

其中的拉格朗日乘子的物理意义是位移 u_i,(3.209)式的变量为二类独立自变函数(u_i,σ_{ij})。因此,(3.209)式称为二类变量广义余能,其驻值条件为

$$\delta\Pi_{c2} = 0 \tag{3.210}$$

该原理称为二类变量广义变分原理。该原理可叙述为:在由二类变量(u_i,σ_{ij})所得到的一切可能状态中,真实状态使泛函 Π_{c2} 取驻值。由驻值条件(3.210)式可导出欧拉方程(控制方程)和自然边界条件,将其结果与弹性力学的基本方程进行对照,如表 3.3 所示。

表 3.3 二类变量广义变分原理推导的方程与弹性力学基本方程的对照

广义变分原理推导的方程	弹性力学基本方程
$\frac{1}{2}(u_{i,j}+u_{j,i})=\frac{\partial\Psi_c}{\partial\sigma_{ij}}$ 在 Ω 内	$\varepsilon_{ij}=\frac{\partial\Psi_c}{\partial\sigma_{ij}}=D^{-1}_{ijkl}\sigma_{kl}$ 在 Ω 内 $\varepsilon_{ij}=\frac{1}{2}(u_{i,j}+u_{j,i})$ 在 Ω 内
$\sigma_{ij,j}+\bar{b}_i=0$ 在 Ω 内	$\sigma_{ij,j}+\bar{b}_i=0$ 在 Ω 内
$\sigma_{ij}n_j=\bar{p}_i$ 在 S_p 上	$\sigma_{ij}n_j=\bar{p}_i$ 在 S_p 上
$u_i=\bar{u}_i$ 在 S_u 上	$u_i=\bar{u}_i$ 在 S_u 上

可以看到,表 3.3 中左端第一个欧拉方程等价于物理方程和几何方程的结合,在二类变量广义变分原理中不出现应变 ε_{ij},它可以根据物理方程或几何方程求出。

把 Π_{c2} 冠以负号,将(3.209)式中体积积分中的第二项利用(3.203)式进行变换,利用应变能的互补原理[13],可导出另一种等价泛函

$$\Pi_2 = \int_\Omega\left[-\Psi_c(\sigma_{ij}) - \bar{b}_iu_i + \frac{1}{2}\sigma_{ij}(u_{i,j}+u_{j,i})\right]\mathrm{d}\Omega - \int_{S_p}\bar{p}_iu_i\mathrm{d}A - \int_{S_u}\sigma_{ij}n_j(u_i - \bar{u}_i)\mathrm{d}A \tag{3.211}$$

(3.211)式称为二类变量广义势能，显然

$$\Pi_2 + \Pi_{c2} = 0 \tag{3.212}$$

泛函 Π_2 的驻值条件为

$$\delta \Pi_2 = 0 \tag{3.213}$$

称为赫林格-赖斯纳原理，由赫林格（Hellinger，E.）和赖斯纳（Reissner，E.）提出。

3.6.5　参考内容4：平面梁、平面板、弯曲板的常用许可位移函数一览[37]

表3.4　梁弯曲问题的常用许可位移函数（满足BC(*u*)）

位移边界及约束情况	载荷	梁的许可位移（挠度）函数
O, l, x, y；$v=0$，$\frac{dv}{dx}=0$	任意	$v(x)=\sum_{m=1,3,5,\cdots}^{\infty} c_m\left(1-\cos\frac{m\pi x}{2l}\right)$ $v(x)=c_1x^2+c_2x^3+c_3x^4+\cdots$
O, l, x, y；$v=0$，$\frac{dv}{dx}=0$；$v=0$，$\frac{dv}{dx}\neq 0$	任意	$v(x)=c_1x^2(l-x)+c_2x^3(l-x)+\cdots$ $v(x)=c_1x^2(x-l)+c_2x^2(x^2-l^2)+\cdots$ $v(x)=\sum_{m=1,3,5,\cdots}^{\infty} c_m\left[\cos\frac{m\pi x}{2l}-\cos\frac{(m+2)\pi x}{2l}\right]$
O, l, x, y；$v=0$，$\frac{dv}{dx}=0$	对称	$v(x)=c_1x^2(l-x)^2+c_2x^3(l-x)^2+\cdots$ $v(x)=\sum_{m=1}^{\infty} c_m\left(1-\cos\frac{2m\pi x}{l}\right)$
O, l, x, y；$v=0$，$\frac{d^2v}{dx^2}=0$	任意	$v(x)=\sum_{m=1}^{\infty} c_m\sin\frac{m\pi x}{l}$ $v(x)=\sum_{m=1}^{\infty} c_m\cos\frac{m\pi x}{l}$　（坐标原点设在梁中点）
	对称	$v(x)=c_1x(l-x)+c_2x^2(l-x)^2+\cdots$ $v(x)=\sum_{m=1,3,5,\cdots}^{\infty} c_m\sin\frac{m\pi x}{l}$ $v(x)=\sum_{m=1,3,5,\cdots}^{\infty} c_m\cos\frac{m\pi x}{l}$ （坐标原点设在梁中点）

表 3.5 平面问题(板)的常用许可位移函数(满足 BC(u))

位移边界	约束情况	平面问题的许可位移函数
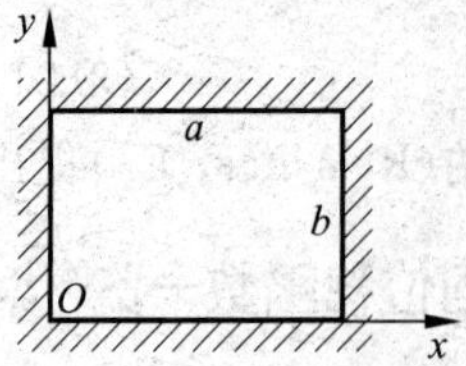 y, a, b, O, x	在四周边界上 $u=v=0$	$u(x,y)=\sum_m\sum_n A_{mn}\sin\frac{m\pi x}{a}\sin\frac{n\pi y}{b}$ $v(x,y)=\sum_m\sum_n B_{mn}\sin\frac{m\pi x}{a}\sin\frac{n\pi y}{b}$
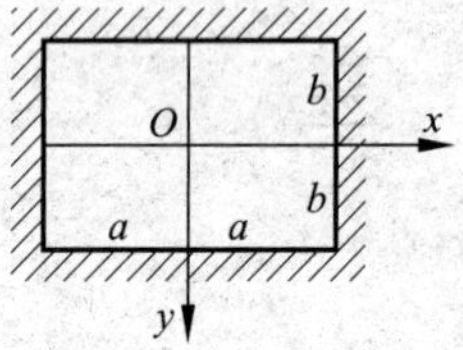 b, O, x, b, a, a, y	在四周边界上 $u=v=0$	$u(x,y)=\left(1-\frac{x^2}{a^2}\right)\left(1-\frac{y^2}{b^2}\right)\frac{x}{a}\frac{y}{b}\times\left(A_1+A_2\frac{x^2}{a^2}+A_3\frac{y^2}{b^2}+\cdots\right)$ $v(x,y)=\left(1-\frac{x^2}{a^2}\right)\left(1-\frac{y^2}{b^2}\right)\times\left(B_1+B_2\frac{x^2}{a^2}+B_3\frac{y^2}{b^2}+\cdots\right)$
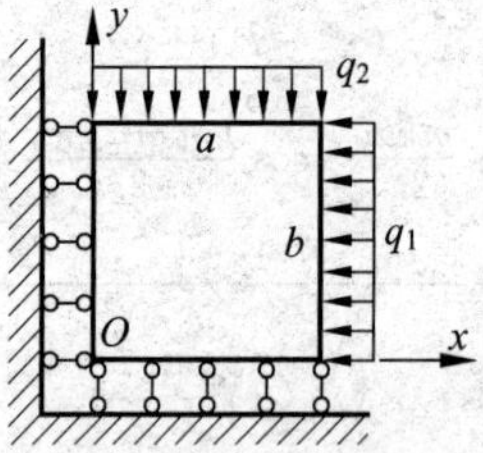 y, q_2, a, b, q_1, O, x	$(u)_{x=0}=0$ $(v)_{y=0}=0$	$u(x,y)=x(A_1+A_2x+A_3y+\cdots)$ $v(x,y)=y(B_1+B_2x+B_3y+\cdots)$
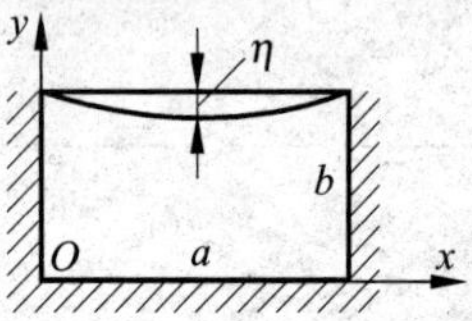 y, η, b, O, a, x	$(u)_{y=b}=0$ $(v)_{y=b}=-\eta\sin\frac{\pi x}{a}$ 其他三条边界上 $u=v=0$	$u(x,y)=\sum_m\sum_n A_{mn}\sin\frac{m\pi x}{a}\sin\frac{n\pi y}{b}$ $v(x,y)=-\eta\frac{y}{b}\sin\frac{\pi x}{a}+\sum_m\sum_n B_{mn}\sin\frac{m\pi x}{a}\sin\frac{n\pi y}{b}$

表 3.6 薄板弯曲问题的常用许可位移(挠度)函数(满足 BC(u))

位移边界	约束情况	薄板弯曲的许可位移(挠度)函数
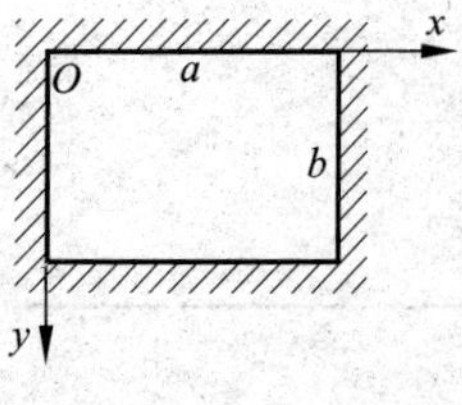 x, O, a, b, y	$(w)_{x=0,a}=0$ $(w)_{y=0,b}=0$ $\left(\frac{\partial w}{\partial x}\right)_{x=0,a}=0$ $\left(\frac{\partial w}{\partial y}\right)_{y=0,b}=0$	$w(x,y)=\sum_{m=1}^{\infty}\sum_{n=1}^{\infty}C_{mn}\left(1-\cos\frac{2m\pi x}{a}\right)\times\left(1-\cos\frac{2n\pi y}{b}\right)$

续表

位移边界	约束情况	薄板弯曲的许可位移(挠度)函数
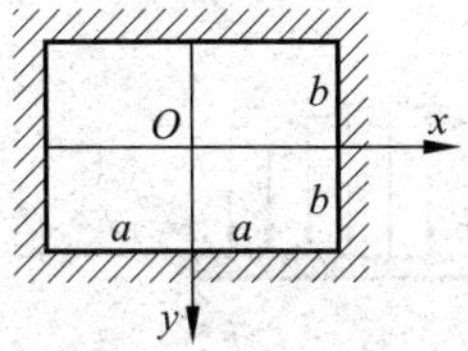	$(w)_{x=-a,a}=0$ $(w)_{y=-b,b}=0$ $\left(\frac{\partial w}{\partial x}\right)_{x=-a,a}=0$ $\left(\frac{\partial w}{\partial y}\right)_{y=-b,b}=0$	$w(x,y)=(x^2-a^2)^2(y^2-b^2)^2 \times(C_1+C_2x^2+C_3y^2+\cdots)$ $w(x,y)=C_1\left(1+\cos\frac{\pi x}{a}\right)\left(1+\cos\frac{\pi y}{b}\right)$
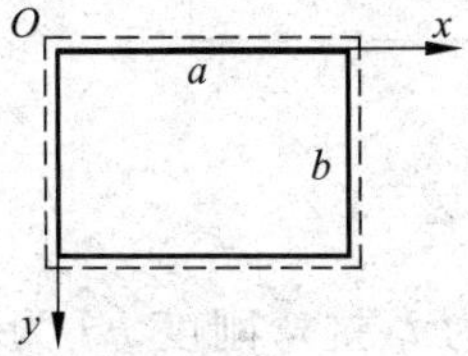	$(w)_{x=0,a}=0$ $(w)_{y=0,b}=0$ $\left(\frac{\partial^2 w}{\partial x^2}\right)_{x=0,a}=0$ $\left(\frac{\partial^2 w}{\partial y^2}\right)_{y=0,b}=0$	$w(x,y)=\sum_{m=1}^{\infty}\sum_{n=1}^{\infty}C_{mn}\sin\frac{m\pi x}{a}\sin\frac{n\pi x}{a}$
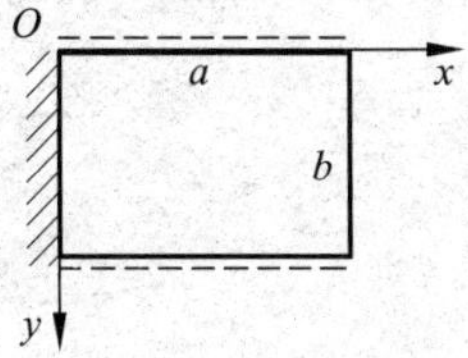	$(w)_{x=0}=0$ $(w)_{y=0,b}=0$ $\left(\frac{\partial w}{\partial x}\right)_{x=0}=0$ $\left(\frac{\partial^2 w}{\partial y^2}\right)_{y=0,b}=0$	$w(x,y)=C_1\left(\frac{x}{a}\right)^2\sin\frac{\pi y}{b}$

表 3.7　轴对称薄板弯曲问题的常用许可位移(挠度)函数(满足 BC(u))

位移边界	约束情况	薄板弯曲的许可位移(挠度)函数
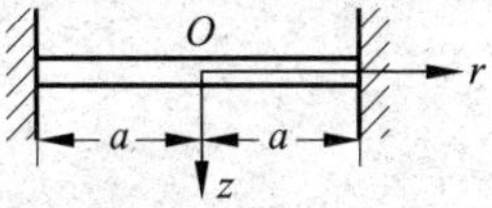	$(w)_{r=a}=0$ $\left(\frac{\mathrm{d}w}{\mathrm{d}r}\right)_{r=a}=0$	$w(r)=\left(1-\frac{r^2}{a^2}\right)^2\left[C_1+C_2\left(1-\frac{r^2}{a^2}\right)+C_3\left(1-\frac{r^2}{a^2}\right)^2+\cdots\right]$
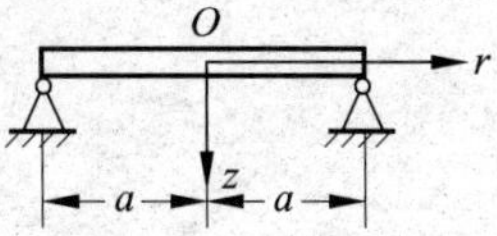	$(w)_{r=a}=0$ $\left(\frac{\mathrm{d}^2 w}{\mathrm{d}r^2}\right)_{r=a}=0$	$w(r)=\left(1-\frac{r^2}{a^2}\right)^3(C_1+C_2r+C_3r^2+\cdots)$

3.7　习题

3.1　如图所示为一受均布载荷的悬臂梁。

(1) 用挠度方程求出精确解。

(2) 写出两种以上的许可位移场(试函数)。

(3) 基于许可位移(至少用一种),分别用以下几种原理求挠度曲线 $w(x)$,并和精确解比较。

- 最小势能原理(即 Rayleigh-Ritz 法)。
- Galerkin 加权残值法。
- 残值最小二乘法。

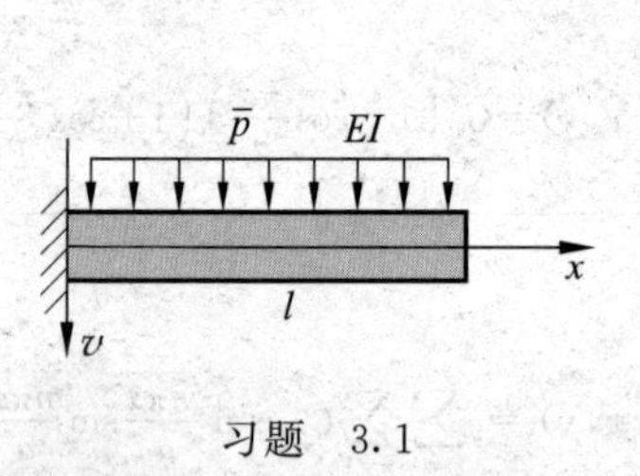

习题 3.1

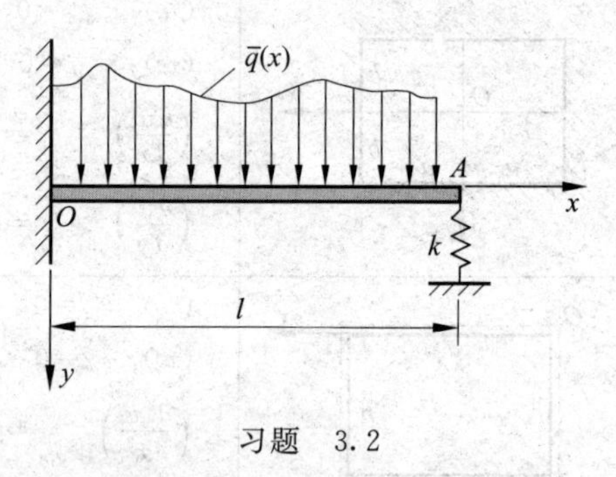

习题 3.2

3.2 如图所示为一端固定,另一端弹性支承的梁,其跨度为 l,抗弯刚度 EI 为常数,弹簧系数为 k,承受分布载荷 $\bar{q}(x)$ 作用。试用最小势能原理推导出以挠度表示的平衡微分方程和静力边界条件。

3.3 设某一类 1D 物理问题的微分方程为

$$\frac{\mathrm{d}^2\varphi}{\mathrm{d}x^2}+\varphi+x=0 \qquad (0\leqslant x\leqslant 1)$$

边界条件为

$$\varphi(0)=\varphi(1)=0$$

若采用下列试函数:

$$\varphi(x)=c_1\varphi_1(x)+c_2\varphi_2(x)$$

其中

$$\varphi_1(x)=x(1-x)$$

$$\varphi_2(x)=x^2(1-x)$$

试应用以下方法求解该问题:

(1) 加权残值法中的 Galerkin 方法,

(2) 加权残值法中的最小二乘方法,

(3) Rayleigh-Ritz 方法(对泛函求极值的方法)。

3.4 对于以下方程:

$$\frac{\mathrm{d}^2\phi}{\mathrm{d}x^2}+\phi=x$$

边界条件为

$$\phi(x=0)=0,\quad \phi(x=1)=1$$

试推导出与它等效的泛函。若采用近似函数 $\phi=a_0+a_1x+a_2x^2$ 求解时,试用泛函极值的方法求解待定参数 a_0,a_1,a_2。

3.5 有一问题的泛函为

$$\Pi[y(x)]=\int_0^{\frac{\pi}{2}}[(y')^2-y^2]\mathrm{d}x$$

边界条件为

$$y(0)=0,\quad y\left(\frac{\pi}{2}\right)=1$$

求该泛函在极值条件下的函数 $y(x)$。

3.6　若函数 $y(x)$二次泛函为

$$\Pi[y]=\int_{x_1}^{x_2}[p(x)y^2+2q(x)yy'+r(x)(y')^2+2f(x)y+2g(x)y']\mathrm{d}x$$

试证明所对应的控制方程(即欧拉方程)为

$$(ry')'+(q'-p)y+g'-f=0$$

3.7　若函数 $y(x)$的二次泛函

$$\Pi[y]=\frac{1}{2}\int_{x_1}^{x_2}[p(x)y^2+2q(x)yy'+r(x)(y')^2]\mathrm{d}x$$

在边界条件

$$y(x_1)=y(x_2)=0$$

和附加条件

$$\frac{1}{2}\int_{x_1}^{x_2}k(x)y^2\mathrm{d}x=1$$

下取极值的变分问题成立,试证所对应的控制方程(即欧拉方程)为

$$(ry')+(q'-p+\lambda k)y=0$$

其中 λ 为标量参数。

3.8　试推导相应于下列泛函极值条件的控制方程(即欧拉方程):

$$\Pi(\varphi)=\frac{1}{2}\int_V\left[\left(\frac{\partial\varphi}{\partial x}\right)^2+\left(\frac{\partial\varphi}{\partial y}\right)^2+\left(\frac{\partial\varphi}{\partial z}\right)^2-2C\varphi\right]\mathrm{d}V,\quad \text{其中 } C \text{ 为常数。}$$

3.9　对于一维热传导问题,如果传热系数取1,则微分方程为

$$\varphi(T)=\frac{\mathrm{d}^2T}{\mathrm{d}x^2}+Q=0\quad(0\leqslant x\leqslant L)$$

其中

$$Q(x)=\begin{cases}1, & \text{当 } 0\leqslant x\leqslant L/2\\ 0, & \text{当 } L/2<x\leqslant L\end{cases}$$

边界条件为在 $x=0$ 和 $x=L$ 时,$T=0$。

若取傅里叶级数作为近似解,即

$$T\approx\sum_{r=1}^{n}a_r\sin\frac{r\pi x}{L}$$

其中 a_r 为待定参数。试用加权残值法求解该问题。

3.10　在基于三类变量的广义变分原理中,试证明:广义势能 Π_3 与广义余能 Π_{c3} 为互补,即

$$\Pi_3+\Pi_{c3}=0$$

第4章 杆梁结构的有限元分析原理

对于弹性变形体的三大类变量和三大类方程，采用试函数的求解方法可以大大降低求解难度，并且具有很好的规范性和可操作性。前面讨论了基于试函数的加权残值法，其试函数既要满足所有边界条件（BC(u)和 BC(p)），又具有较高的连续性要求，但不需要定义新的能量泛函，可直接对原控制方程进行加权残值的处理。而基于试函数的最小势能原理，其试函数只要求满足位移边界条件（BC(u)），对函数连续性要求相对较低，但需要定义一个描述其系统的能量泛函，对于弹性问题，该能量泛函就是已给出表达式的势能。这些原理和方法很早就有学者提出，但都还是局限于比较简单问题的应用，不能处理复杂的实际问题，其原因之一就是寻找定义在整个对象几何域中的试函数往往很困难。

20 世纪 50 年代，随着现代航空事业的发展，对复杂结构进行较精确的设计和分析已是一个必须解决的问题，一些学者和工程师开始就杆梁结构进行离散分解，研究相应的力学表达，如波音公司的 Turner，Clough，Martin 和 Topp 在分析飞机结构时首先研究了离散杆、梁的单元刚度表达式，这种将复杂结构进行离散的作法开创了有限元分析的先河。有限元分析的基本原理实际上就是最小势能原理，不同之处，即技术核心所在就是采用分段离散的方式来组合出全场几何域上的试函数，而不是直接寻找全场上的试函数，往往这种分段表达的试函数很简单，但又带来数值计算量大的麻烦，随着计算机技术的发展，这已不是什么困难，因此，有限元方法的真正发展和广泛应用一定是和现代计算机技术的发展紧密相关的。

有限元分析：finite element analysis (FEA)。

有限元方法：finite element method (FEM)。

下面先从简单的杆梁结构入手全面介绍有限元方法，接着在后几章对连续体问题进行研究。

4.1 有限元分析求解的完整过程

简例 4.1(1) 1D 阶梯杆结构的有限元分析

一个阶梯状的二杆结构如图 4.1 所示，这是一个一维问题，材料的弹性模量和结构尺寸如下。

$$E^{(1)} = E^{(2)} = 2 \times 10^7 \text{ Pa} \qquad A^{(1)} = 2A^{(2)} = 2\text{cm}^2 \qquad l^{(1)} = l^{(2)} = 10\text{cm}$$

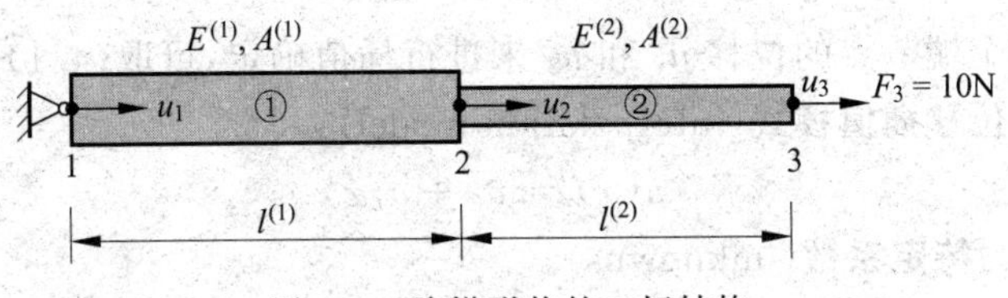

图 4.1　阶梯形状的二杆结构

该结构的右端受有 $F_3=10\text{N}$ 的外载，求该结构的所有力学信息。

解答：该问题的求解思路为

① 用标准化的分段小单元来逼近原结构

② 寻找能够满足位移边界条件 BC(u)的许可位移场

③ 用基于位移场的最小势能原理来求解

基本变量为：节点位移$\xrightarrow{\text{推导}}$位移场$\xrightarrow{\text{推导}}$应变场$\xrightarrow{\text{推导}}$应力场

完整的有限元分析过程如下。

(1) 离散化

该结构由两根杆件组成，作为一种直觉，可**自然离散**(natural discretization)为两个**杆单元**(bar element)(见图 4.2)。

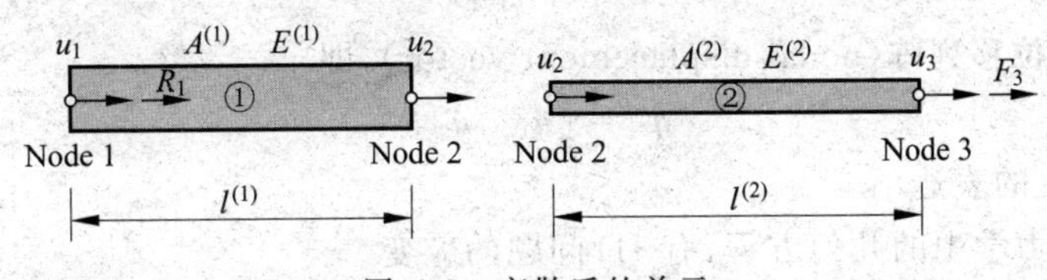

图 4.2　离散后的单元

假定这类单元位移的特征为两个端**节点位移**(nodal displacement)，就这两个离散单元给出节点编号和单元编号，见图 4.2，其中 R_1 为节点 1 的**支反力**(reaction force)，F_3 为节点 3 的外加作用力，在节点 2 处无外力施加。

(2) 单元研究

图 4.2 中的两个离散单元具有相同的特征，都可以抽象为如图 4.3 所示的 1D 杆单元，它具有两个**节点**(node)。

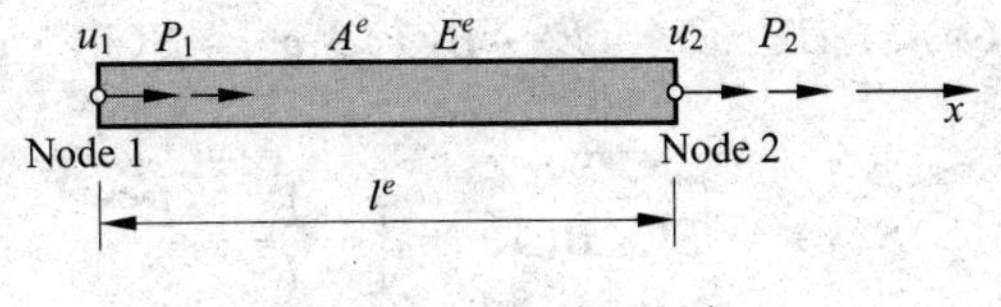

图 4.3　1D 杆单元研究

• 位移模式

设该单元的位移场为 $u(x)$，由泰勒级数，它可以表示为

$$u(x) = a_0 + a_1 x + a_2 x^2 + \cdots \tag{4.1}$$

该函数将由两个端节点的位移 u_1 和 u_2 来进行插值确定，可取(4.1)式的前两项来作为该单元的位移**插值模式**(interpolation model)：

$$u(x) = a_0 + a_1 x \tag{4.2}$$

其中 a_0 和 a_1 为**待定系数**(unknowns)。

• 单元节点条件

$$\left.\begin{aligned} u(x)\big|_{x=0} &= u_1 \\ u(x)\big|_{x=l^e} &= u_2 \end{aligned}\right\} \tag{4.3}$$

将节点条件(4.3)代入(4.2)式，可以求得 a_0 和 a_1 为

$$\left.\begin{aligned} a_0 &= u_1 \\ a_1 &= \frac{u_2 - u_1}{l^e} \end{aligned}\right\} \tag{4.4}$$

将其代入(4.2)式有

$$u(x) = u_1 + \left(\frac{u_2 - u_1}{l^e}\right)x = \left(1 - \frac{x}{l^e}\right)u_1 + \left(\frac{x}{l^e}\right)u_2 = \boldsymbol{N}(x) \cdot \boldsymbol{q}^e \tag{4.5}$$

其中 $\boldsymbol{N}(x)$ 叫做**形状函数矩阵**(shape function matrix)，为

$$\boldsymbol{N}(x) = \begin{bmatrix} \left(1 - \dfrac{x}{l^e}\right) & \dfrac{x}{l^e} \end{bmatrix} \tag{4.6}$$

$\boldsymbol{q}^e$ 叫做**节点位移列阵**(nodal displacement vector)，即

$$\boldsymbol{q}^e = [u_1 \quad u_2]^{\mathrm{T}} \tag{4.7}$$

• 应变的表达

由弹性力学中的几何方程，有 1D 问题的应变

$$\varepsilon(x) = \frac{\mathrm{d}u(x)}{\mathrm{d}x} = \begin{bmatrix} -\dfrac{1}{l^e} & \dfrac{1}{l^e} \end{bmatrix} \begin{bmatrix} u_1 \\ u_2 \end{bmatrix} = \boldsymbol{B}(x) \cdot \boldsymbol{q}^e \tag{4.8}$$

其中

$$\boldsymbol{B}(x) = \frac{\mathrm{d}}{\mathrm{d}x}\boldsymbol{N}(x) = \begin{bmatrix} -\dfrac{1}{l^e} & \dfrac{1}{l^e} \end{bmatrix} \tag{4.9}$$

叫做**几何函数矩阵**(strain-displacement matrix)。

• 应力的表达

由弹性力学中的物理方程，有 1D 问题的应力

$$\sigma(x) = E^e \varepsilon(x) = E^e \cdot \boldsymbol{B}(x) \cdot \boldsymbol{q}^e = \boldsymbol{S}(x) \cdot \boldsymbol{q}^e \tag{4.10}$$

其中

$$\boldsymbol{S}(x) = E^e \cdot \boldsymbol{B}(x) = \begin{bmatrix} -\dfrac{E^e}{l^e} & \dfrac{E^e}{l^e} \end{bmatrix} \tag{4.11}$$

叫做**应力矩阵**(stress-displacement matrix)。

• 势能的表达

基于(4.8)和(4.10)式,有单元势能的表达式

$$\begin{aligned}\Pi^e = U^e - W^e &= \frac{1}{2}\int_{\Omega^e}\sigma(x)\cdot\varepsilon(x)\cdot d\Omega - (P_1\cdot u_1 + P_2\cdot u_2)\\ &= \frac{1}{2}\int_0^{l^e}\boldsymbol{q}^{eT}\cdot\boldsymbol{S}^T(x)\cdot\boldsymbol{B}(x)\cdot\boldsymbol{q}^e\cdot A^e\cdot dx - (P_1\cdot u_1 + P_2\cdot u_2)\\ &= \frac{1}{2}\begin{bmatrix}u_1 & u_2\end{bmatrix}\begin{bmatrix}\frac{E^eA^e}{l^e} & -\frac{E^eA^e}{l^e}\\ -\frac{E^eA^e}{l^e} & \frac{E^eA^e}{l^e}\end{bmatrix}\begin{bmatrix}u_1\\ u_2\end{bmatrix} - \begin{bmatrix}P_1 & P_2\end{bmatrix}\begin{bmatrix}u_1\\ u_2\end{bmatrix}\\ &= \frac{1}{2}\boldsymbol{q}^{eT}\cdot\boldsymbol{K}^e\cdot\boldsymbol{q}^e - \boldsymbol{P}^{eT}\cdot\boldsymbol{q}^e\end{aligned}\tag{4.12}$$

其中 $\boldsymbol{K}^e$ 叫做**单元刚度矩阵**(stiffness matrix of element),即

$$\boldsymbol{K}^e = \frac{E^eA^e}{l^e}\begin{bmatrix}1 & -1\\ -1 & 1\end{bmatrix}\tag{4.13}$$

$\boldsymbol{P}^e$ 叫做**节点力列阵**(nodal force vector),即

$$\boldsymbol{P}^e = \begin{bmatrix}P_1\\ P_2\end{bmatrix}\tag{4.14}$$

由(4.12)式可知,只要写出该单元的 $\boldsymbol{q}^e$、$\boldsymbol{K}^e$ 和 $\boldsymbol{P}^e$,就可以得到该单元的势能表达式,具体就图 4.2 中的单元①和单元②,可分别写出对应的 $\boldsymbol{q}^e$、$\boldsymbol{K}^e$ 和 $\boldsymbol{P}^e$,即

$$\boldsymbol{q}^{(1)} = \begin{bmatrix}u_1 & u_2\end{bmatrix}^T,\quad \boldsymbol{K}^{(1)} = \frac{E^{(1)}A^{(1)}}{l^{(1)}}\begin{bmatrix}1 & -1\\ -1 & 1\end{bmatrix},\quad \boldsymbol{P}^{(1)} = \begin{bmatrix}R_1 & 0\end{bmatrix}^T\tag{4.15}$$

$$\boldsymbol{q}^{(2)} = \begin{bmatrix}u_2 & u_3\end{bmatrix}^T,\quad \boldsymbol{K}^{(2)} = \frac{E^{(2)}A^{(2)}}{l^{(2)}}\begin{bmatrix}1 & -1\\ -1 & 1\end{bmatrix},\quad \boldsymbol{P}^{(2)} = \begin{bmatrix}0 & F_3\end{bmatrix}^T\tag{4.16}$$

(3) 离散单元的装配

在得到各个单元的势能表达式后,需要进行**离散单元的装配**(assembly of discrete elements),以求出整体结构的总势能,就该问题而言,总势能由两个单元的势能相加而成,即

$$\begin{aligned}\Pi &= \Pi^{(1)} + \Pi^{(2)}\\ &= \left[\frac{1}{2}\boldsymbol{q}^{(1)T}\cdot\boldsymbol{K}^{(1)}\cdot\boldsymbol{q}^{(1)} - \boldsymbol{P}^{(1)T}\cdot\boldsymbol{q}^{(1)}\right] + \left[\frac{1}{2}\boldsymbol{q}^{(2)T}\cdot\boldsymbol{K}^{(2)}\cdot\boldsymbol{q}^{(2)} - \boldsymbol{P}^{(2)T}\cdot\boldsymbol{q}^{(2)}\right]\\ &= \frac{1}{2}\begin{bmatrix}u_1 & u_2\end{bmatrix}\begin{bmatrix}\frac{E^{(1)}A^{(1)}}{l^{(1)}} & -\frac{E^{(1)}A^{(1)}}{l^{(1)}}\\ -\frac{E^{(1)}A^{(1)}}{l^{(1)}} & \frac{E^{(1)}A^{(1)}}{l^{(1)}}\end{bmatrix}\begin{bmatrix}u_1\\ u_2\end{bmatrix} - \begin{bmatrix}R_1 & 0\end{bmatrix}\begin{bmatrix}u_1\\ u_2\end{bmatrix}\end{aligned}$$

$$+\frac{1}{2}[u_2\quad u_3]\begin{bmatrix}\frac{E^{(2)}A^{(2)}}{l^{(2)}} & -\frac{E^{(2)}A^{(2)}}{l^{(2)}}\\ -\frac{E^{(2)}A^{(2)}}{l^{(2)}} & \frac{E^{(2)}A^{(2)}}{l^{(2)}}\end{bmatrix}\begin{bmatrix}u_2\\u_3\end{bmatrix}-[0\quad F_3]\begin{bmatrix}u_2\\u_3\end{bmatrix}$$

$$=\frac{1}{2}[u_1\quad u_2\quad u_3]\begin{bmatrix}\frac{E^{(1)}A^{(1)}}{l^{(1)}} & -\frac{E^{(1)}A^{(1)}}{l^{(1)}} & 0\\ -\frac{E^{(1)}A^{(1)}}{l^{(1)}} & \frac{E^{(1)}A^{(1)}}{l^{(1)}}+\frac{E^{(2)}A^{(2)}}{l^{(2)}} & -\frac{E^{(2)}A^{(2)}}{l^{(2)}}\\ 0 & -\frac{E^{(2)}A^{(2)}}{l^{(2)}} & \frac{E^{(2)}A^{(2)}}{l^{(2)}}\end{bmatrix}\begin{bmatrix}u_1\\u_2\\u_3\end{bmatrix}$$

$$-[R_1\quad 0\quad F_3]\begin{bmatrix}u_1\\u_2\\u_3\end{bmatrix}\tag{4.17}$$

(4) 边界条件的处理

处理边界条件(treatment of boundary condition)是获取许可位移场，对于图 4.1 所示的结构，其位移边界条件 BC(u)为 $u_1=0$，将该 BC(u)代入(4.17)式(即划去 u_1 所对应的行和列)，则得到基于许可位移场表达的系统总势能，即

$$\Pi=\frac{1}{2}[u_2\quad u_3]\begin{bmatrix}\frac{E^{(1)}A^{(1)}}{l^{(1)}}+\frac{E^{(2)}A^{(2)}}{l^{(2)}} & -\frac{E^{(2)}A^{(2)}}{l^{(2)}}\\ -\frac{E^{(2)}A^{(2)}}{l^{(2)}} & \frac{E^{(2)}A^{(2)}}{l^{(2)}}\end{bmatrix}\begin{bmatrix}u_2\\u_3\end{bmatrix}-[0\quad F_3]\begin{bmatrix}u_2\\u_3\end{bmatrix}\tag{4.18}$$

(5) 建立刚度方程

由于(4.18)式是基于许可位移场(即满足位移边界条件 BC(u))表达的系统总势能，这时由全部节点位移$[0\quad u_2\quad u_3]$分段所插值出的位移场为全场许可位移场，且基本未知量为节点位移 u_2 和 u_3，由最小势能原理(即针对未知位移 u_2 和 u_3 求一阶导数)，有

$$\min_{u_2,u_3}\Pi\quad\rightarrow\quad\frac{\partial\Pi}{\partial u_2}=0,\quad\frac{\partial\Pi}{\partial u_3}=0\tag{4.19}$$

将(4.18)式代入(4.19)式中，写成矩阵形式，有

$$\begin{bmatrix}\frac{E^{(1)}A^{(1)}}{l^{(1)}}+\frac{E^{(2)}A^{(2)}}{l^{(2)}} & -\frac{E^{(2)}A^{(2)}}{l^{(2)}}\\ -\frac{E^{(2)}A^{(2)}}{l^{(2)}} & \frac{E^{(2)}A^{(2)}}{l^{(2)}}\end{bmatrix}\begin{bmatrix}u_2\\u_3\end{bmatrix}=\begin{bmatrix}0\\F_3\end{bmatrix}\tag{4.20}$$

方程(4.20)叫做**刚度方程**(stiffness equation)。

(6) 求解节点位移

将结构参数和外载代入(4.20)式中，有

$$2\times 10^4\begin{bmatrix}3 & -1\\ -1 & 1\end{bmatrix}\begin{bmatrix}u_2\\ u_3\end{bmatrix}=\begin{bmatrix}0\\ 10\end{bmatrix} \tag{4.21}$$

求解该方程，有 $u_2=2.5\times 10^{-4}\,\mathrm{m}$，$u_3=7.5\times 10^{-4}\,\mathrm{m}$，加上位移边界条件 BC($u$)，$u_1=0$，有各单元的节点位移为

$$\boldsymbol{q}^{(1)}=[u_1\quad u_2]^{\mathrm{T}}=[0\quad 2.5\times 10^{-4}]^{\mathrm{T}}\mathrm{m} \tag{4.22}$$

$$\boldsymbol{q}^{(2)}=[u_2\quad u_3]^{\mathrm{T}}=[2.5\times 10^{-4}\quad 7.5\times 10^{-4}]^{\mathrm{T}}\mathrm{m} \tag{4.23}$$

该系统的总节点位移为

$$\boldsymbol{q}=[u_1\quad u_2\quad u_3]^{\mathrm{T}}=[0\quad 2.5\times 10^{-4}\quad 7.5\times 10^{-4}]^{\mathrm{T}}\mathrm{m} \tag{4.24}$$

(7) 各单元的应变

由(4.8)式，有

$$\varepsilon^{(1)}(x)=\boldsymbol{B}^{(1)}(x)\cdot\boldsymbol{q}^{(1)}=\begin{bmatrix}-\dfrac{1}{l^{(1)}} & \dfrac{1}{l^{(1)}}\end{bmatrix}\begin{bmatrix}u_1\\ u_2\end{bmatrix}=2.5\times 10^{-3} \tag{4.25}$$

$$\varepsilon^{(2)}(x)=\boldsymbol{B}^{(2)}(x)\cdot\boldsymbol{q}^{(2)}=\begin{bmatrix}-\dfrac{1}{l^{(2)}} & \dfrac{1}{l^{(2)}}\end{bmatrix}\begin{bmatrix}u_1\\ u_2\end{bmatrix}=5\times 10^{-3} \tag{4.26}$$

(8) 各单元的应力

由(4.10)式，有

$$\sigma^{(1)}(x)=\boldsymbol{S}^{(1)}(x)\cdot\boldsymbol{q}^{(1)}=\begin{bmatrix}-\dfrac{E^{(1)}}{l^{(1)}} & \dfrac{E^{(1)}}{l^{(1)}}\end{bmatrix}\begin{bmatrix}u_1\\ u_2\end{bmatrix}=0.05\mathrm{MPa} \tag{4.27}$$

$$\sigma^{(2)}(x)=\boldsymbol{S}^{(2)}(x)\cdot\boldsymbol{q}^{(2)}=\begin{bmatrix}-\dfrac{E^{(2)}}{l^{(2)}} & \dfrac{E^{(2)}}{l^{(2)}}\end{bmatrix}\begin{bmatrix}u_2\\ u_3\end{bmatrix}=0.1\mathrm{MPa} \tag{4.28}$$

(9) 求支反力

由单元的势能表达式(4.12)，对其取极值$\dfrac{\partial \Pi^e}{\partial \boldsymbol{q}^e}=0$，有

$$\boldsymbol{K}^e\cdot\boldsymbol{q}^e=\boldsymbol{P}^e \tag{4.29}$$

具体对于单元①，有

$$\frac{E^{(1)}A^{(1)}}{l^{(1)}}\begin{bmatrix}1 & -1\\ -1 & 1\end{bmatrix}\begin{bmatrix}u_1\\ u_2\end{bmatrix}=\begin{bmatrix}R_1\\ P_2\end{bmatrix} \tag{4.30}$$

其中 R_1 为节点 1 的外力，即为支反力，P_2 为单元①的节点 2 所受的力，即单元②对该节点的作用力，将 u_1 和 u_2 的值代入(4.30)式中，有

$$\left.\begin{aligned}R_1&=-10\mathrm{N}\\ P_2&=10\mathrm{N}\end{aligned}\right\} \tag{4.31}$$

比较图 4.3 中单元局部坐标系中的方向可知，节点 1 处的支反力向左，节点 2 所受的反力向右(该力由单元②所传递)。

以上是一个简单结构有限元方法求解的完整过程，对于复杂结构，其求解过程完全相同，由于每一个步骤都具备标准化和规范性的特征，可以在计算机上进行编程而自动实现。

讨论 1：对一个单元的势能取极值，所得到的方程(见公式(4.29))$\boldsymbol{K}^e \cdot \boldsymbol{q}^e = \boldsymbol{P}^e$ 为单元的节点位移与节点力之间的关系，也为单元的平衡关系，由此可求出每一单元所承受的节点力。

讨论 2：由前面的步骤(3)～(5)，我们也可以直接将各个单元的刚度矩阵按**节点编号**(nodal numbering)的对应位置进行装配，即在未处理边界条件 BC(u)之前，先形成**整体刚度方程**(global stiffness equation)，即

$$\boldsymbol{K} \cdot \boldsymbol{q} = \boldsymbol{P} \tag{4.32}$$

其中的装配关系为

$$\boldsymbol{K} = \sum \boldsymbol{K}^e \tag{4.33}$$

$$\boldsymbol{q} = \sum \boldsymbol{q}^e \tag{4.34}$$

$$\boldsymbol{P} = \sum \boldsymbol{P}^e \tag{4.35}$$

注意：$\boldsymbol{q} = \sum \boldsymbol{q}^e$ 为将所有节点位移排列在一个列向量(矩阵)中，$\boldsymbol{P} = \sum \boldsymbol{P}^e$ 为将所有节点外载荷排列在一个列向量(矩阵)中，而不是对一个公共节点上的位移或公共节点上的外载进行重复叠加。(4.32)式的物理含义是：表示在未处理边界条件前的基于节点描述的总体平衡关系。在对该方程进行位移边界条件的处理后就可以求解，这样与先处理位移边界条件 BC(u)再求系统势能的最小值(即前面步骤(3)～(5))所获得的方程完全相同。

4.2 有限元分析的基本步骤及表达式

从上面的简单实例中，可以总结出有限元分析的基本思路(以杆单元为例)，如图 4.4 所示。

基本步骤及相应的表达式如下。

1. 物体几何区域的离散化

$$\Omega = \sum \Omega^e, \quad \Omega^e \text{ 为具有某种特征的单元}$$

2. **单元的研究**(所有力学信息都用节点位移来表达)

- 单元的节点描述

$$\boldsymbol{q}^e = [u_1 \quad u_2 \quad \cdots \quad u_n] \tag{4.36}$$

- 单元的位移(场)模式(依据惟一确定性原则，完备性原则)

若有 n 个节点，可以设定 n 个待定系数，如

$$u(\xi) = a_0 + a_1\xi + \cdots + a_{n-1}\xi^{n-1} \tag{4.37}$$

ξ 为几何坐标。

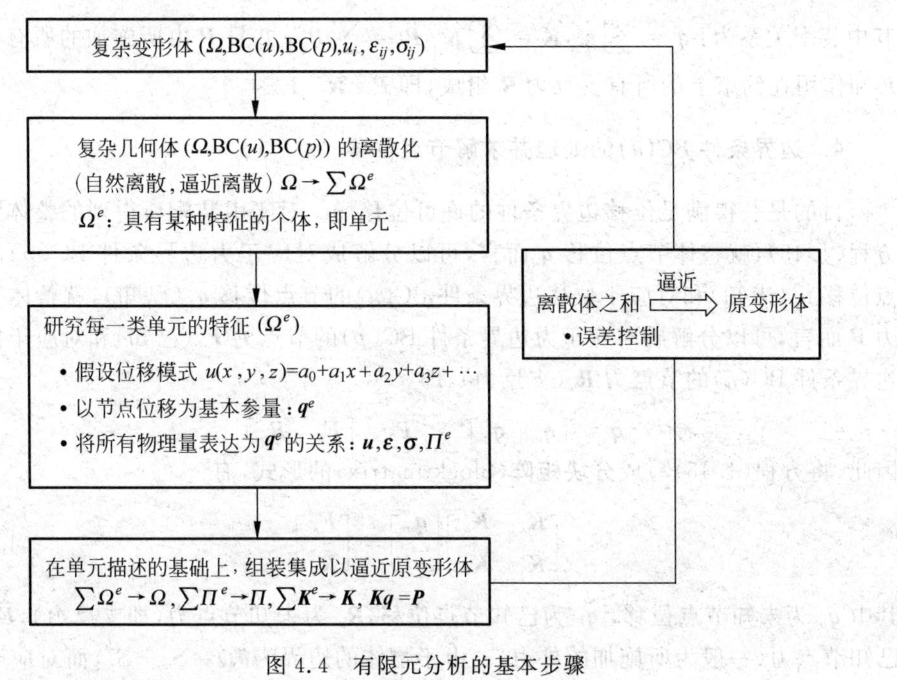

图 4.4 有限元分析的基本步骤

- 物理量的表达（所有力学量都用节点位移来表达）

$$u=\boldsymbol{N}(\xi)\cdot\boldsymbol{q}^e \tag{4.38}$$

$$\varepsilon=\boldsymbol{B}(\xi)\cdot\boldsymbol{q}^e \tag{4.39}$$

$$\sigma=\boldsymbol{D}\cdot\boldsymbol{B}(\xi)\cdot\boldsymbol{q}^e \tag{4.40}$$

$$\Pi^e=\frac{1}{2}\boldsymbol{q}^{e\mathrm{T}}\boldsymbol{K}^e\boldsymbol{q}^e-\boldsymbol{P}^{e\mathrm{T}}\boldsymbol{q}^e \tag{4.41}$$

其中

$$\boldsymbol{K}^e=\int_{\Omega^e}\boldsymbol{B}^{\mathrm{T}}\boldsymbol{DB}\,\mathrm{d}\Omega \tag{4.42}$$

$$\boldsymbol{P}^e=\boldsymbol{R}^e+\boldsymbol{F}^e \tag{4.43}$$

$\boldsymbol{P}^e$ 包括两部分力：施加的节点外力（或等效节点力）$\boldsymbol{F}^e$ 以及作用在约束上的支反力 $\boldsymbol{R}^e$。

- 单元的平衡关系

$$\boldsymbol{K}^e\boldsymbol{q}^e=\boldsymbol{P}^e \tag{4.44}$$

方程(4.44)的实质（物理含义）是单元体内的力平衡和单元节点上的力平衡。

3．装配集成

- 整体平衡关系

$$\boldsymbol{K}\cdot\boldsymbol{q}=\boldsymbol{P} \tag{4.45}$$

其中装配关系为：$\boldsymbol{q}=\sum \boldsymbol{q}^e$，$\boldsymbol{K}=\sum \boldsymbol{K}^e$，$\boldsymbol{P}=\sum \boldsymbol{P}^e$，并且 $\boldsymbol{P}$ 由所施加的所有外力 $\boldsymbol{F}$ 和作用在约束上的所有支反力 $\boldsymbol{R}$ 组成，即 $\boldsymbol{P}=\boldsymbol{R}+\boldsymbol{F}$。

4. 边界条件 BC(u)的处理并求解节点位移

目的是获得满足位移边界条件的许可位移场。对于由装配所得到的整体刚度方程(4.45)，就整体节点位移 $\boldsymbol{q}$ 而言，可以分解成对应于力边界条件 BC(p)的节点位移 $\boldsymbol{q}_u$（未知）和对应于位移边界条件 BC(u)的节点位移 $\bar{\boldsymbol{q}}_k$（已知），就整体节点力 $\boldsymbol{P}$ 而言，可以分解成对应于力边界条件 BC(p)的节点力 $\bar{\boldsymbol{F}}_k$（已知）和对应于位移边界条件 BC(u)的节点力 $\boldsymbol{R}_u$（支反力），即

$$\boldsymbol{q}=[\boldsymbol{q}_u \quad \bar{\boldsymbol{q}}_k]^{\mathrm{T}}, \quad \boldsymbol{P}=[\bar{\boldsymbol{F}}_k \quad \boldsymbol{R}_u]^{\mathrm{T}}$$

因此，将方程(4.45)写成**分块矩阵**(block matrix)的形式，有

$$\begin{bmatrix}\boldsymbol{K}_1 & \boldsymbol{K}_2\\ \boldsymbol{K}_3 & \boldsymbol{K}_4\end{bmatrix}\begin{bmatrix}\boldsymbol{q}_u\\ \bar{\boldsymbol{q}}_k\end{bmatrix}=\begin{bmatrix}\bar{\boldsymbol{F}}_k\\ \boldsymbol{R}_u\end{bmatrix} \tag{4.46}$$

其中 $\boldsymbol{q}_u$ 为未知节点位移，$\bar{\boldsymbol{q}}_k$ 为已知节点位移，$\boldsymbol{R}_u$ 为未知节点力（即支反力），$\bar{\boldsymbol{F}}_k$ 为已知节点力（一般为所施加的外力）。由于物体的边界为$\partial\Omega=S_u+S_p$，而对应于位移边界 S_u 的节点物理量为：$\bar{\boldsymbol{q}}_k$，$\boldsymbol{R}_u$，对应于力边界 S_p 的节点物理量为：$\boldsymbol{q}_u$，$\bar{\boldsymbol{F}}_k$。可以看出，就分块矩阵的节点位移与节点力而言，其已知节点位移与未知节点力相对应，而未知节点位移与已知节点力相对应，成为一种互补的关系。也可将(4.46)式写成以下两个方程：

$$\boldsymbol{K}_1\boldsymbol{q}_u+\boldsymbol{K}_2\bar{\boldsymbol{q}}_k=\bar{\boldsymbol{F}}_k \tag{4.47}$$

$$\boldsymbol{K}_3\boldsymbol{q}_u+\boldsymbol{K}_4\bar{\boldsymbol{q}}_k=\boldsymbol{R}_u \tag{4.48}$$

可以先由(4.47)式直接求出未知节点位移

$$\boldsymbol{q}_u=\boldsymbol{K}_1^{-1}(\bar{\boldsymbol{F}}_k-\boldsymbol{K}_2\bar{\boldsymbol{q}}_k) \tag{4.49}$$

5. 支反力的求取

在求出未知节点位移 $\boldsymbol{q}_u$ 后，由上面的(4.48)式可求出支反力

$$\boldsymbol{R}_u=\boldsymbol{K}_3\boldsymbol{q}_u+\boldsymbol{K}_4\bar{\boldsymbol{q}}_k=\boldsymbol{K}_3\boldsymbol{K}_1^{-1}(\bar{\boldsymbol{F}}_k-\boldsymbol{K}_2\bar{\boldsymbol{q}}_k)+\boldsymbol{K}_4\bar{\boldsymbol{q}}_k \tag{4.50}$$

6. 其他力学量的计算

由以下公式计算单元的应变及应力：

$$\varepsilon=\boldsymbol{B}\cdot\boldsymbol{q}^e \tag{4.51}$$

$$\sigma=\boldsymbol{D}\cdot\boldsymbol{B}\cdot\boldsymbol{q}^e \tag{4.52}$$

4.3 杆单元及其坐标变换

4.3.1 局部坐标系中的单元描述

如图4.3所示的**杆单元**(bar element),由于有两个端节点(Node 1 和 Node 2),则基本变量为节点位移(向量)列阵 $\boldsymbol{q}^e$

$$\boldsymbol{q}^e = [u_1 \quad u_2]^{\mathrm{T}} \tag{4.53}$$

将每一个描述物体位置状态的独立变量叫做一个**自由度 DOF** (degree of freedom),显然,以上的节点位移为两个自由度。节点力(向量)列阵 $\boldsymbol{P}^e$ 为

$$\boldsymbol{P}^e = [P_1 \quad P_2]^{\mathrm{T}} \tag{4.54}$$

若该单元承受有沿轴向的分布外载,可以将其等效到节点上,即表示为如(4.54)式所示的节点力。利用函数插值、几何方程、物理方程以及势能计算公式,可以将单元的所有力学参量(即场变量:$u(x)$,$\varepsilon(x)$,$\sigma(x)$和 Π^e)用节点位移列阵 $\boldsymbol{q}^e$ 及相关的插值函数来表示。

单元的位移模式为线性函数,即(4.2)式,所得到的**单元刚度矩阵**(stiffness matrix of element)与(4.13)式相同,即为

$$\boldsymbol{K}^e = \frac{EA}{l}\begin{bmatrix} 1 & -1 \\ -1 & 1 \end{bmatrix} \tag{4.55}$$

其中 E,A,l 为杆单元的弹性模量、横截面积、长度。所建立的**单元刚度方程**(stiffness equation of element)为

$$\boldsymbol{K}^e \cdot \boldsymbol{q}^e = \boldsymbol{P}^e \tag{4.56}$$

简例 4.3(1) 梯形结构受重力作用下的有限元分析

对于厚度为1m梯形结构,其截面尺寸如图4.5所示。材料参数为 $E=30\times 10^6\,\mathrm{N/m^2}$,$\rho=0.2836\mathrm{kg/m^3}$,在结构的中点受有一个集中力 $F=100\mathrm{N}$。试对该结构进行有限元分析。

具体要求为:

(1) 用两个单元来描述该结构;

(2) 推导各个单元的刚度矩阵及单元重力向量;

(3) 组装整体结构的刚度矩阵和外载向量;

(4) 计算各个节点的位移、应力和支反力。

解答:对该问题进行有限元分析的过程如下。

(1) 结构的离散化与编号

采用两个杆单元来描述该结构,其单元划分和节点编号如图4.5所示,注意:每个单元的截面宽度使用各自的平均宽度。

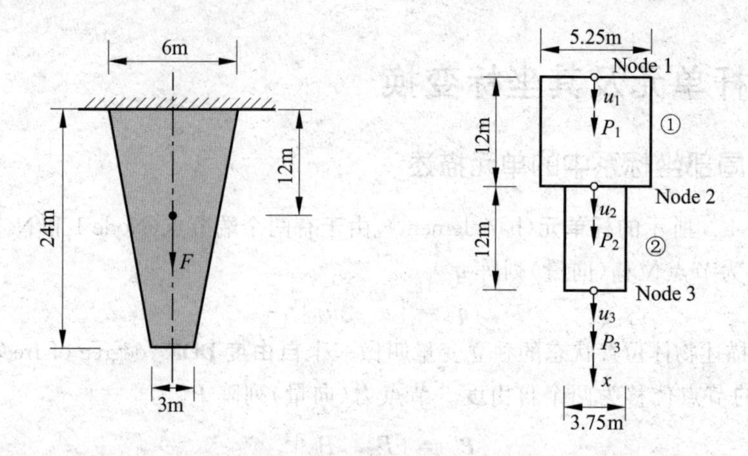

图 4.5　梯形结构及有限元模型

(2) 各个单元的描述

根据(4.55)式，分别计算各个单元的刚度矩阵

$$\boldsymbol{K}^{(1)} = \frac{E^{(1)}A^{(1)}}{l^{(1)}}\begin{bmatrix} 1 & -1 \\ -1 & 1 \end{bmatrix} = \frac{30\times 10^6 \times 5.25 \times 1}{12}\begin{bmatrix} 1 & -1 \\ -1 & 1 \end{bmatrix}\begin{matrix} \leftarrow u_1 \\ \leftarrow u_2 \end{matrix} \quad (\text{columns: } u_1,\ u_2) \tag{4.57}$$

$$\boldsymbol{K}^{(2)} = \frac{E^{(2)}A^{(2)}}{l^{(2)}}\begin{bmatrix} 1 & -1 \\ -1 & 1 \end{bmatrix} = \frac{30\times 10^6 \times 3.75 \times 1}{12}\begin{bmatrix} 1 & -1 \\ -1 & 1 \end{bmatrix}\begin{matrix} \leftarrow u_2 \\ \leftarrow u_3 \end{matrix} \quad (\text{columns: } u_2,\ u_3) \tag{4.58}$$

重力引起的各个单元的等效节点力为

$$\boldsymbol{P}_W^{(1)} = \frac{5.25\times 12\times 1\times 0.2836}{2}\begin{bmatrix} 1 \\ 1 \end{bmatrix}\begin{matrix} \leftarrow u_1 \\ \leftarrow u_2 \end{matrix} \tag{4.59}$$

$$\boldsymbol{P}_W^{(2)} = \frac{3.75\times 12\times 1\times 0.2836}{2}\begin{bmatrix} 1 \\ 1 \end{bmatrix}\begin{matrix} \leftarrow u_2 \\ \leftarrow u_3 \end{matrix} \tag{4.60}$$

其他的节点外力

$$\boldsymbol{P}_F = \begin{bmatrix} R_1 \\ F \\ 0 \end{bmatrix}\begin{matrix} \leftarrow u_1 \\ \leftarrow u_2 \\ \leftarrow u_3 \end{matrix} \tag{4.61}$$

其中 R_1 为作用在节点 1 上的支反力，F 为作用在节点 2 上的外力。

(3) 建立整体刚度方程

整体刚度方程为

$$\boldsymbol{K}\boldsymbol{q}=\boldsymbol{P} \tag{4.62}$$

其中的装配关系为

$$\boldsymbol{K}=\boldsymbol{K}^{(1)}+\boldsymbol{K}^{(2)}=\frac{30\times10^6}{12}\begin{bmatrix}5.25 & -5.25 & 0\\ -5.25 & 5.25+3.75 & -3.75\\ 0 & -3.75 & 3.75\end{bmatrix}\begin{matrix}\leftarrow u_1\\ \leftarrow u_2\\ \leftarrow u_3\end{matrix} \tag{4.63}$$

（列对应 u_1　u_2　u_3）

$$\boldsymbol{P}=\boldsymbol{P}_W^{(1)}+\boldsymbol{P}_W^{(2)}+\boldsymbol{P}_F=\begin{bmatrix}8.9334+R_1\\ 15.3144+100\\ 6.3810\end{bmatrix}\begin{matrix}\leftarrow u_1\\ \leftarrow u_2\\ \leftarrow u_3\end{matrix} \tag{4.64}$$

$$\boldsymbol{q}=[u_1\quad u_2\quad u_3]^{\mathrm{T}} \tag{4.65}$$

(4) 边界条件的处理及刚度方程求解

边界条件为 $u_1=0$,则对方程(4.62)划去相应的行和列,所剩下的方程为

$$\frac{30\times10^6}{12}\begin{bmatrix}9.0 & -3.75\\ -3.75 & 3.75\end{bmatrix}\begin{bmatrix}u_2\\ u_3\end{bmatrix}=\begin{bmatrix}115.3144\\ 6.3810\end{bmatrix} \tag{4.66}$$

求解出

$$\left.\begin{aligned}u_2&=0.9272\times10^{-5}\,\mathrm{m}\\ u_3&=0.9953\times10^{-5}\,\mathrm{m}\end{aligned}\right\} \tag{4.67}$$

因此,所有的节点位移为

$$\boldsymbol{q}=[u_1\quad u_2\quad u_3]^{\mathrm{T}}=[0\quad 0.9272\times10^{-5}\quad 0.9953\times10^{-5}]^{\mathrm{T}}\,\mathrm{m} \tag{4.68}$$

(5) 其他物理量的计算

单元①的应力

$$\sigma^{(1)}=30\times10^6\times\frac{1}{12}[-1\quad 1]\begin{bmatrix}0\\ 0.9272\times10^{-5}\end{bmatrix}=23.18\,\mathrm{N/m^2} \tag{4.69}$$

单元②的应力

$$\sigma^{(2)}=30\times10^6\times\frac{1}{12}[-1\quad 1]\begin{bmatrix}0.9272\times10^{-5}\\ 0.9953\times10^{-5}\end{bmatrix}=1.7\,\mathrm{N/m^2} \tag{4.70}$$

将求得节点位移(4.68)式代入(4.62)中的第一行方程,可得到节点 1 的支反力

$$R_1=\frac{30\times10^6}{12}[5.25\quad -5.25\quad 0]\begin{bmatrix}0\\ 0.9272\times10^{-5}\\ 0.9953\times10^{-5}\end{bmatrix}-8.9334=-130.6\,\mathrm{N}$$

简例 4.3(2)　具有间隙的拉杆结构的有限元分析

如图 4.6(a)所示的结构具有一个 1.2mm 的**间隙**(gap),已知材料常数 $E=20\times10^3\,\mathrm{N/mm^2}$,外力 $F=60\times10^3\,\mathrm{N}$。试求该结构的位移场、应力场以及支反力。

解答:对该问题进行有限元分析的过程如下。

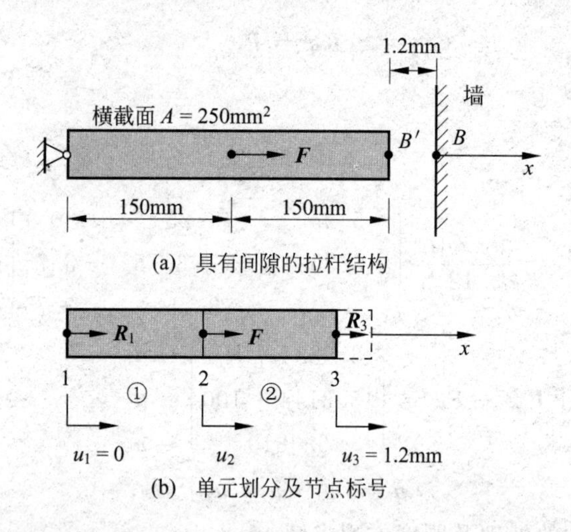

(a) 具有间隙的拉杆结构

(b) 单元划分及节点标号

图 4.6 具有间隙的拉杆结构及单元划分

(1) 结构的离散化与编号

采用两个杆单元来描述该结构,其单元划分和节点编号如图 4.6(b)所示。

(2) 各个单元的矩阵描述

分别计算各个单元的刚度矩阵

$$\boldsymbol{K}^{(1)}=\frac{EA}{l}\begin{bmatrix}1 & -1\\ -1 & 1\end{bmatrix}=\frac{10^5}{3}\begin{bmatrix}1 & -1\\ -1 & 1\end{bmatrix}\begin{matrix}\leftarrow u_1\\ \leftarrow u_2\end{matrix} \quad (\text{列对应 } u_1,\ u_2) \tag{4.71}$$

$$\boldsymbol{K}^{(2)}=\frac{EA}{l}\begin{bmatrix}1 & -1\\ -1 & 1\end{bmatrix}=\frac{10^5}{3}\begin{bmatrix}1 & -1\\ -1 & 1\end{bmatrix}\begin{matrix}\leftarrow u_2\\ \leftarrow u_3\end{matrix} \quad (\text{列对应 } u_2,\ u_3) \tag{4.72}$$

节点力列阵

$$\boldsymbol{P}=[P_1\quad P_2\quad P_3]^{\mathrm{T}}=[R_1\quad 60\times10^3\quad R_3]^{\mathrm{T}} \tag{4.73}$$

其中 R_1 为节点 1 处的支反力,R_3 为节点 3 处的支反力。

(3) 建立整体刚度方程

组装整体刚度矩阵

$$\boldsymbol{K}=\boldsymbol{K}^{(1)}+\boldsymbol{K}^{(2)}=\frac{10^5}{3}\begin{bmatrix}1 & -1 & 0\\ -1 & 2 & -1\\ 0 & -1 & 1\end{bmatrix}\begin{matrix}\leftarrow u_1\\ \leftarrow u_2\\ \leftarrow u_3\end{matrix} \quad (\text{列对应 } u_1,\ u_2,\ u_3) \tag{4.74}$$

整体刚度方程为

$$\frac{10^5}{3}\begin{bmatrix} 1 & -1 & 0 \\ -1 & 2 & -1 \\ 0 & -1 & 1 \end{bmatrix}\begin{bmatrix} u_1 \\ u_2 \\ u_3 \end{bmatrix}=\begin{bmatrix} R_1 \\ 60\times 10^3 \\ R_3 \end{bmatrix} \tag{4.75}$$

(4) 边界条件的处理及刚度方程求解

考虑以下几种情形。

① 判断接触是否发生

假定节点 3 为自由端,所对应的墙体不存在,则对应的条件为

$$u_1=0,\quad R_3=0 \tag{4.76}$$

将该条件代入方程(4.75)中,可求出 $u_3=1.8\text{mm}$,而实际情况为:节点 3 与墙体的距离为 1.2mm,因此,可判定节点 3 将发生与墙体接触。

② 接触发生时的分析

由于接触发生,则相应的位移边界条件为

$$u_1=0,\quad u_3=1.2\text{mm} \tag{4.77}$$

这时也存在 R_3,并且求解出 R_3 应该小于零(这也可以作为判断接触是否发生的依据)。将以上位移边界条件代入方程(4.75)中,可求出

$$u_2=1.5\text{mm},\quad R_1=-50\times 10^3\text{N},\quad R_3=-10\times 10^3\text{N} \tag{4.78}$$

可以验证,其结果满足接触条件。

③ 求发生接触的临界条件

改变外力 F 的数值,使其成为临界外力 F_{cr},此时的**临界条件**(critical condition)应该为

$$u_1=0,\quad u_3=1.2\text{mm},\quad 而\ R_3=0 \tag{4.79}$$

则原方程(4.75)变为

$$\frac{10^5}{3}\begin{bmatrix} 1 & -1 & 0 \\ -1 & 2 & -1 \\ 0 & -1 & 1 \end{bmatrix}\begin{bmatrix} u_1=0 \\ u_2 \\ u_3=1.2 \end{bmatrix}=\begin{bmatrix} R_1 \\ F_{cr} \\ R_3=0 \end{bmatrix} \tag{4.80}$$

可求解出

$$u_2=1.2\text{mm},\quad F_{cr}=40\times 10^3\text{N},\quad R_1=-40\times 10^3\text{N} \tag{4.81}$$

(5) 各单元应力的计算

就以上情形②的结果,可以求出

$$\sigma^{(1)}=\frac{E}{l}[-1\quad 1]\begin{bmatrix} u_1 \\ u_2 \end{bmatrix}=\frac{20\times 10^3}{150}[-1\quad 1]\begin{bmatrix} 0 \\ 1.5 \end{bmatrix}=200\text{N/mm}^2 \tag{4.82}$$

$$\sigma^{(2)}=\frac{E}{l}[-1\quad 1]\begin{bmatrix} u_2 \\ u_3 \end{bmatrix}=\frac{20\times 10^3}{150}[-1\quad 1]\begin{bmatrix} 1.5 \\ 1.2 \end{bmatrix}=-40\text{N/mm}^2 \tag{4.83}$$

4.3.2 杆单元的坐标变换

1. 平面问题中杆单元的坐标变换

在工程实际中，杆单元可能处于**整体坐标系**(global coordinate system)中的任意一个位置，如图 4.7 所示，这需要将原来在**局部坐标系**(local coordinate system)中所得到的单元表达等价地变换到整体坐标系中，这样，不同位置的单元才有公共的坐标基准，以便对各个单元进行集成和装配。图 4.7 中的整体坐标系为$(O\bar{x}\,\bar{y})$，杆单元的局部坐标系为(Ox)。

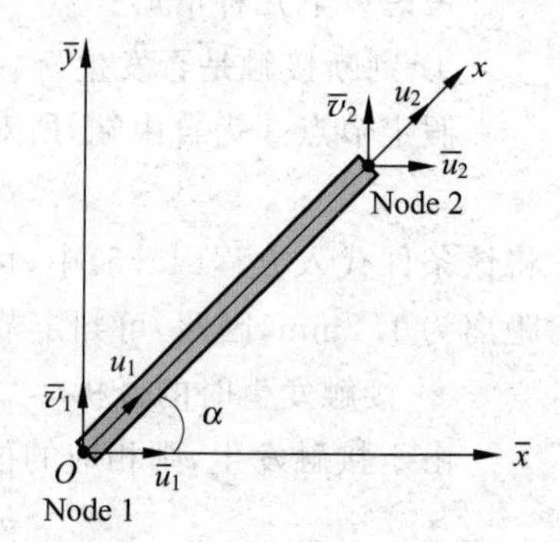

图 4.7 平面问题中的杆单元的坐标变换

局部坐标系中的节点位移为

$$\boldsymbol{q}^e = [u_1 \quad u_2]^{\mathrm{T}} \tag{4.84}$$

整体坐标系中的节点位移为

$$\bar{\boldsymbol{q}}^e = [\bar{u}_1 \quad \bar{v}_1 \quad \bar{u}_2 \quad \bar{v}_2]^{\mathrm{T}} \tag{4.85}$$

如图 4.7 所示，在节点 1，整体坐标系下的节点位移 $\bar{u}_1$ 和 $\bar{v}_1$，其合成的结果应完全等效于局部坐标系中的 u_1。在节点 2，节点位移 $\bar{u}_2$ 和 $\bar{v}_2$ 合成的结果应完全等效于局部坐标系中的 u_2，即存在以下的等价变换关系：

$$\left.\begin{aligned} u_1 &= \bar{u}_1\cos\alpha + \bar{v}_1\sin\alpha \\ u_2 &= \bar{u}_2\cos\alpha + \bar{v}_2\sin\alpha \end{aligned}\right\} \tag{4.86}$$

写成矩阵形式

$$\boldsymbol{q}^e = \begin{bmatrix} u_1 \\ u_2 \end{bmatrix} = \begin{bmatrix} \cos\alpha & \sin\alpha & 0 & 0 \\ 0 & 0 & \cos\alpha & \sin\alpha \end{bmatrix} \begin{bmatrix} \bar{u}_1 \\ \bar{v}_1 \\ \bar{u}_2 \\ \bar{v}_2 \end{bmatrix} = \boldsymbol{T}^e \cdot \bar{\boldsymbol{q}}^e \tag{4.87}$$

其中 $\boldsymbol{T}^e$ 为坐标**变换矩阵**(transformation matrix)，即

$$\boldsymbol{T}^e = \begin{bmatrix} \cos\alpha & \sin\alpha & 0 & 0 \\ 0 & 0 & \cos\alpha & \sin\alpha \end{bmatrix} \tag{4.88}$$

下面推导整体坐标系下的刚度方程。由于单元的势能是一个标量(能量)，不会因坐标系的不同而改变，因此，可将节点位移的坐标变换关系(4.87)式代入原来基于局部坐标系的势能表达式中，有

$$\begin{aligned} \Pi^e &= \frac{1}{2}\boldsymbol{q}^{e\mathrm{T}} \cdot \boldsymbol{K}^e \cdot \boldsymbol{q}^e - \boldsymbol{P}^{e\mathrm{T}} \cdot \boldsymbol{q}^e \\ &= \frac{1}{2}\bar{\boldsymbol{q}}^{e\mathrm{T}}(\boldsymbol{T}^{e\mathrm{T}}\boldsymbol{K}^e\boldsymbol{T}^e)\bar{\boldsymbol{q}}^e - (\boldsymbol{T}^{e\mathrm{T}} \cdot \boldsymbol{P}^e)^{\mathrm{T}} \cdot \bar{\boldsymbol{q}}^e \\ &= \frac{1}{2}\bar{\boldsymbol{q}}^{e\mathrm{T}}\bar{\boldsymbol{K}}^e\bar{\boldsymbol{q}}^e - \bar{\boldsymbol{P}}^{e\mathrm{T}}\bar{\boldsymbol{q}}^e \end{aligned} \tag{4.89}$$

其中 $\bar{\boldsymbol{K}}^e$ 为整体坐标系下的单元刚度矩阵，$\bar{\boldsymbol{P}}^e$ 为整体坐标系下的节点力列阵，即

$$\bar{\boldsymbol{K}}^e = \boldsymbol{T}^{e\mathrm{T}}\boldsymbol{K}^e\boldsymbol{T}^e \tag{4.90}$$

$$\bar{\boldsymbol{P}}^e = \boldsymbol{T}^{e\mathrm{T}}\boldsymbol{P}^e \tag{4.91}$$

由最小势能原理(针对该单元)，将(4.89)式对待定的节点位移列阵 $\bar{\boldsymbol{q}}^e$ 取一阶极小值，可得到整体坐标系中的刚度方程

$$\bar{\boldsymbol{K}}^e \cdot \bar{\boldsymbol{q}}^e = \bar{\boldsymbol{P}}^e \tag{4.92}$$

对于如图 4.7 所示的杆单元，由(4.90)式具体给出

$$\bar{\boldsymbol{K}}^e = \frac{E^e A^e}{l^e}\begin{bmatrix} \cos^2\alpha & \cos\alpha\sin\alpha & -\cos^2\alpha & -\cos\alpha\sin\alpha \\ \cos\alpha\sin\alpha & \sin^2\alpha & -\cos\alpha\sin\alpha & -\sin^2\alpha \\ -\cos^2\alpha & -\cos\alpha\sin\alpha & \cos^2\alpha & \cos\alpha\sin\alpha \\ -\cos\alpha\sin\alpha & -\sin^2\alpha & \cos\alpha\sin\alpha & \sin^2\alpha \end{bmatrix} \tag{4.93}$$

简例 4.3(3)　四杆桁架结构的有限元分析

如图 4.8 所示的结构，各个杆的弹性模量和横截面积都为 $E=29.5\times10^4\,\mathrm{N/mm^2}$，$A=100\mathrm{mm}^2$，试求解该结构的节点位移、单元应力以及支反力。

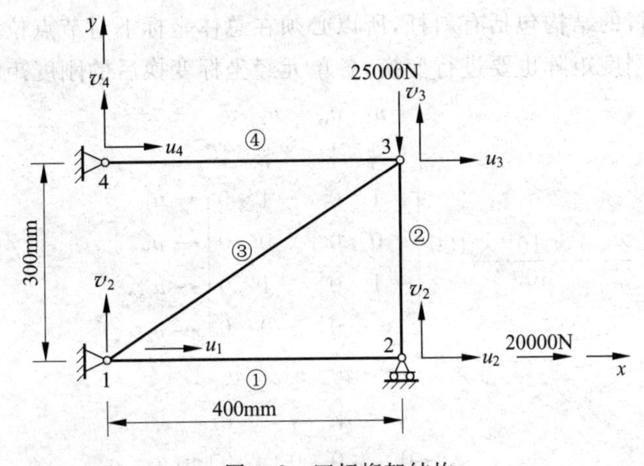

图 4.8　四杆桁架结构

解答：对该问题进行有限元分析的过程如下。

(1) 结构的离散化与编号

对该结构进行自然离散，节点编号和单元编号如图 4.8 所示，有关节点和单元的信息见表 4.1～表 4.3。

表 4.1　节点及坐标

节点	x	y
1	0	0
2	400	0
3	400	300
4	0	300

表 4.2 单元编号及对应节点

单 元	节点编号	
①	1	2
②	3	2
③	1	3
④	4	3

表 4.3 各单元的长度及轴线方向余弦

单 元	l	n_x	n_y
①	400	1	0
②	300	0	−1
③	500	0.8	0.6
④	400	1	0

(2) 各个单元的矩阵描述

由于所分析的结构包括有斜杆，所以必须在总体坐标下对节点位移进行表达，所推导的单元刚度矩阵也要进行变换，各单元经坐标变换后的刚度矩阵如下：

$$\boldsymbol{K}^{(1)} = \frac{29.5 \times 10^4 \times 100}{400} \begin{bmatrix} 1 & 0 & -1 & 0 \\ 0 & 0 & 0 & 0 \\ -1 & 0 & 1 & 0 \\ 0 & 0 & 0 & 0 \end{bmatrix} \begin{matrix} \leftarrow u_1 \\ \leftarrow v_1 \\ \leftarrow u_2 \\ \leftarrow v_2 \end{matrix} \quad \text{(columns: } u_1, v_1, u_2, v_2\text{)} \tag{4.94}$$

$$\boldsymbol{K}^{(2)} = \frac{29.5 \times 10^4 \times 100}{300} \begin{bmatrix} 0 & 0 & 0 & 0 \\ 0 & 1 & 0 & -1 \\ 0 & 0 & 0 & 0 \\ 0 & -1 & 0 & 1 \end{bmatrix} \begin{matrix} \leftarrow u_3 \\ \leftarrow v_3 \\ \leftarrow u_2 \\ \leftarrow v_2 \end{matrix} \quad \text{(columns: } u_3, v_3, u_2, v_2\text{)} \tag{4.95}$$

$$\boldsymbol{K}^{(3)} = \frac{29.5 \times 10^4 \times 100}{500} \begin{bmatrix} 0.64 & 0.48 & -0.64 & -0.48 \\ 0.48 & 0.36 & -0.48 & -0.36 \\ -0.64 & -0.48 & 0.64 & 0.48 \\ -0.48 & -0.36 & 0.48 & 0.36 \end{bmatrix} \begin{matrix} \leftarrow u_1 \\ \leftarrow v_1 \\ \leftarrow u_3 \\ \leftarrow v_3 \end{matrix} \quad \text{(columns: } u_1, v_1, u_3, v_3\text{)} \tag{4.96}$$

$$
\boldsymbol{K}^{(4)}=\frac{29.5\times10^4\times100}{400}\begin{bmatrix}1&0&-1&0\\0&0&0&0\\-1&0&1&0\\0&0&0&0\end{bmatrix}\begin{matrix}\leftarrow u_4\\\leftarrow v_4\\\leftarrow u_3\\\leftarrow v_3\end{matrix}
\tag{4.97}
$$

（列对应 u_4 v_4 u_3 v_3）

(3) 建立整体刚度方程

将所得到的各个单元刚度矩阵按节点编号进行组装，可以形成整体刚度矩阵，同时将所有节点载荷也进行组装。

刚度矩阵：$\boldsymbol{K}=\boldsymbol{K}^{(1)}+\boldsymbol{K}^{(2)}+\boldsymbol{K}^{(3)}+\boldsymbol{K}^{(4)}$

节点位移：$\boldsymbol{q}=[u_1\quad v_1\quad u_2\quad v_2\quad u_3\quad v_3\quad u_4\quad v_4]^{\mathrm{T}}$

节点力：$\boldsymbol{P}=\boldsymbol{R}+\boldsymbol{F}=[R_{x1}\quad R_{y1}\quad 2\times10^4\quad R_{y2}\quad 0\quad -2.5\times10^4\quad R_{x4}\quad R_{y4}]^{\mathrm{T}}$

其中(R_{x1},R_{y1})为节点 1 处沿 x 和 y 方向的支反力，R_{y2}为节点 2 处 y 方向的支反力，(R_{x4},R_{y4})为节点 4 处沿 x 和 y 方向的支反力。

整体刚度方程为

（列对应 u_1 v_1 u_2 v_2 u_3 v_3 u_4 v_4）

$$
\frac{29.5\times10^4\times100}{6000}\begin{bmatrix}22.68&5.76&-15.0&0&-7.68&-5.76&0&0\\5.76&4.32&0&0&-5.76&-4.32&0&0\\-15.0&0&15.0&0&0&0&0&0\\0&0&0&20.0&0&-20.0&0&0\\-7.68&-5.76&0&0&22.68&5.76&-15.0&0\\-5.76&-4.32&0&-20.0&5.76&24.32&0&0\\0&0&0&0&-15.0&0&15.0&0\\0&0&0&0&0&0&0&0\end{bmatrix}\begin{bmatrix}u_1\\v_1\\u_2\\v_2\\u_3\\v_3\\u_4\\v_4\end{bmatrix}
=\begin{bmatrix}R_{x1}\\R_{y1}\\F_{x2}\\R_{y2}\\F_{x3}\\F_{y3}\\R_{x4}\\R_{y4}\end{bmatrix}=\begin{bmatrix}R_{x1}\\R_{y1}\\2\times10^4\\R_{y2}\\0\\-2.5\times10^4\\R_{x4}\\R_{y4}\end{bmatrix}
\tag{4.98}
$$

(4) 边界条件的处理及刚度方程求解

边界条件 BC(u)为：$u_1=v_1=v_2=u_4=v_4=0$，代入方程(4.98)中，经化简后有

$$\frac{29.5\times 10^4\times 100}{6000}\begin{bmatrix}15 & 0 & 0\\ 0 & 22.68 & 5.76\\ 0 & 5.76 & 24.32\end{bmatrix}\begin{bmatrix}u_2\\ u_3\\ v_3\end{bmatrix}=\begin{bmatrix}2\times 10^4\\ 0\\ -2.5\times 10^4\end{bmatrix}\tag{4.99}$$

对该方程进行求解，有

$$\begin{bmatrix}u_2\\ u_3\\ v_3\end{bmatrix}=\begin{bmatrix}0.2712\\ 0.0565\\ -0.2225\end{bmatrix}\text{mm}\tag{4.100}$$

则所有的节点位移为

$$\boldsymbol{q}=[0\quad 0\quad 0.2712\quad 0\quad 0.0565\quad -0.2225\quad 0\quad 0]^{\mathrm{T}}\text{mm}\tag{4.101}$$

(5) 各单元应力的计算

$$\sigma^{(1)}=\boldsymbol{E}\cdot\boldsymbol{B}\cdot\boldsymbol{T}\cdot\boldsymbol{q}=\frac{E}{l}[-1\quad 1]\boldsymbol{T}\cdot\boldsymbol{q}$$

$$=\frac{29.5\times 10^4}{400}[-1\quad 0\quad 1\quad 0]\begin{bmatrix}0\\ 0\\ 0.2712\\ 0\end{bmatrix}=200\text{N/mm}^2$$

其中 $\boldsymbol{T}$ 为坐标转换矩阵。同理，可求出其他单元的应力

$$\sigma^{(2)}=-218.8\text{N/mm}^2$$

$$\sigma^{(3)}=52.08\text{N/mm}^2$$

$$\sigma^{(4)}=41.67\text{N/mm}^2$$

(6) 支反力的计算

将节点位移的结果(4.101)式代入整体刚度方程(4.98)中，可求出

$$\begin{bmatrix}R_{x1}\\ R_{y1}\\ R_{y2}\\ R_{x4}\\ R_{y4}\end{bmatrix}=\frac{29.5\times 10^4\times 100}{6000}\begin{bmatrix}22.68 & 5.76 & -15.0 & 0 & -7.68 & -5.76 & 0 & 0\\ 5.76 & 4.32 & 0 & 0 & -5.76 & -4.32 & 0 & 0\\ 0 & 0 & 0 & 20.0 & 0 & -20.0 & 0 & 0\\ 0 & 0 & 0 & 0 & -15.0 & 0 & 15.0 & 0\\ 0 & 0 & 0 & 0 & 0 & 0 & 0 & 0\end{bmatrix}$$

$$\times\begin{bmatrix}0\\ 0\\ 0.2712\\ 0\\ 0.0565\\ -0.2225\\ 0\\ 0\end{bmatrix}=\begin{bmatrix}-15833.0\\ 3126.0\\ 21879.0\\ -4167.0\\ 0\end{bmatrix}\text{N}$$

2. 空间问题中的杆单元的坐标变换

空间问题中的杆单元如图 4.9 所示。

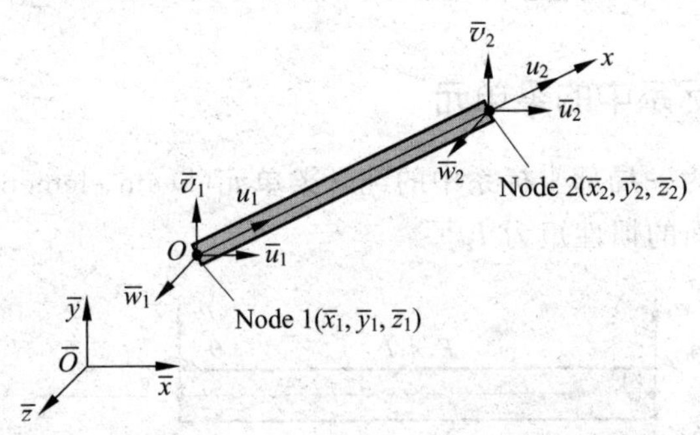

图 4.9　空间问题中杆单元的坐标变换

该杆单元在局部坐标系下(Ox)的节点位移还是

$$\boldsymbol{q}^e = [u_1 \quad u_2]^{\mathrm{T}} \tag{4.102}$$

而整体坐标系中($\overline{O}\overline{x}\overline{y}\overline{z}$)的节点位移列阵为

$$\bar{\boldsymbol{q}}^e = [\bar{u}_1 \quad \bar{v}_1 \quad \bar{w}_1 \quad \bar{u}_2 \quad \bar{v}_2 \quad \bar{w}_2]^{\mathrm{T}} \tag{4.103}$$

杆单元轴线在整体坐标系中的方向余弦为

$$\cos(x,\bar{x}) = \frac{\bar{x}_2 - \bar{x}_1}{l}, \quad \cos(x,\bar{y}) = \frac{\bar{y}_2 - \bar{y}_1}{l}, \quad \cos(x,\bar{z}) = \frac{\bar{z}_2 - \bar{z}_1}{l} \tag{4.104}$$

其中($\bar{x}_1, \bar{y}_1, \bar{z}_1$)和($\bar{x}_2, \bar{y}_2, \bar{z}_2$)分别是节点 1 和节点 2 在整体坐标系中的位置，l 是杆单元的长度。和平面情形类似，$\boldsymbol{q}^e$ 与 $\bar{\boldsymbol{q}}^e$ 之间存在以下转换关系：

$$\boldsymbol{q}^e = \begin{bmatrix} u_1 \\ u_2 \end{bmatrix} = \begin{bmatrix} \cos(x,\bar{x}) & \cos(x,\bar{y}) & \cos(x,\bar{z}) & 0 & 0 & 0 \\ 0 & 0 & 0 & \cos(x,\bar{x}) & \cos(x,\bar{y}) & \cos(x,\bar{z}) \end{bmatrix} \begin{bmatrix} \bar{u}_1 \\ \bar{v}_1 \\ \bar{w}_1 \\ \bar{u}_2 \\ \bar{v}_2 \\ \bar{w}_2 \end{bmatrix}$$

$$= \boldsymbol{T}^e \cdot \bar{\boldsymbol{q}}^e \tag{4.105}$$

其中 $\boldsymbol{T}^e$ 为坐标变换矩阵，即

$$\boldsymbol{T}^e = \begin{bmatrix} \cos(x,\bar{x}) & \cos(x,\bar{y}) & \cos(x,\bar{z}) & 0 & 0 & 0 \\ 0 & 0 & 0 & \cos(x,\bar{x}) & \cos(x,\bar{y}) & \cos(x,\bar{z}) \end{bmatrix} \tag{4.106}$$

刚度矩阵和节点力的变换与平面情形相同，即为

$$\underset{(6\times6)}{\bar{\boldsymbol{K}}^e} = \underset{(6\times2)}{\boldsymbol{T}^{e\mathrm{T}}} \ \underset{(2\times2)}{\boldsymbol{K}^e} \ \underset{(2\times6)}{\boldsymbol{T}^e} \tag{4.107}$$

$$\underset{(6\times1)}{\bar{\boldsymbol{P}}^e} = \underset{(6\times2)}{\boldsymbol{T}^{e\mathrm{T}}} \ \underset{(2\times1)}{\boldsymbol{P}^e} \tag{4.108}$$

注意以上两式中的下标(6×6)、(6×2)、(2×2)等表示各个矩阵的维数(即行和列)。

4.4 梁单元及其坐标变换

4.4.1 局部坐标系中的梁单元

图 4.10 所示为一局部坐标系中的纯弯**梁单元**(beam element),其长度为 l,弹性模量为 E,横截面的惯性矩为 I_z。

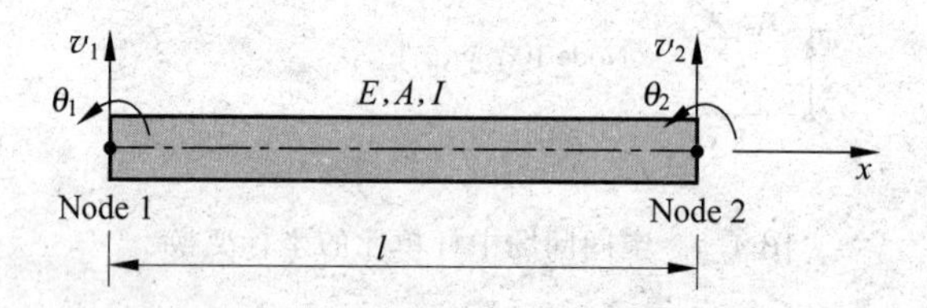

图 4.10 局部坐标系中的梁单元

设有两个端节点(Node 1 和 Node 2),节点位移列阵 $\boldsymbol{q}^e$ 为

$$\boldsymbol{q}^e = [v_1 \quad \theta_1 \quad v_2 \quad \theta_2]^{\mathrm{T}} \tag{4.109}$$

这表明该单元的节点位移有四个自由度(DOF),节点力列阵 $\boldsymbol{P}^e$ 为

$$\boldsymbol{P}^e = [P_{v1} \quad M_1 \quad P_{v2} \quad M_2]^{\mathrm{T}} \tag{4.110}$$

其中 $v_1, \theta_1, v_2, \theta_2$ 分别为各节点的**挠度**(deflection)和**转角**(slope)。若该单元承受有分布外载,可以将其等效到节点上,即也可以表示为如(4.110)所示的节点力。和前面推导杆单元时的情形类似,利用函数插值、几何方程、物理方程以及势能计算公式,可以将单元的所有力学参量用节点位移列阵 $\boldsymbol{q}^e$ 及相关的插值函数来表示。

1. 单元位移场的表达

由于有 4 个节点位移条件,可假设纯弯梁单元的位移场(挠度)为具有 4 个待定系数的函数模式,即

$$v(x) = a_0 + a_1 x + a_2 x^2 + a_3 x^3 \tag{4.111}$$

其中 a_0, a_1, a_2, a_3 为待定系数。由该单元的节点位移条件

$$\left.\begin{aligned} v(0) = v_1, \quad v'(0) = \theta_1 \\ v(l) = v_2, \quad v'(l) = \theta_2 \end{aligned}\right\} \tag{4.112}$$

可求出(4.111)中的 4 个待定系数,即

$$\left.\begin{aligned} a_0 &= v_1 \\ a_1 &= \theta_1 \\ a_2 &= \frac{1}{l^2}(-3v_1 - 2\theta_1 l + 3v_2 - \theta_2 l) \\ a_3 &= \frac{1}{l^3}(2v_1 + \theta_1 l - 2v_2 + \theta_2 l) \end{aligned}\right\} \tag{4.113}$$

将(4.113)式代入(4.111)式中，重写位移函数，有

$$
\begin{aligned}
v(x) &= (1-3\xi^2+2\xi^3)v_1 + l(\xi-2\xi^2+\xi^3)\theta_1 + (3\xi^2-2\xi^3)v_2 + l(\xi^3-\xi^2)\theta_2 \\
&= \boldsymbol{N}(\xi)\cdot\boldsymbol{q}^e
\end{aligned}
\tag{4.114}
$$

其中 $\xi=\dfrac{x}{l}$，$\boldsymbol{N}(\xi)$叫做单元的形状函数矩阵，即

$$
\boldsymbol{N}(\xi) = [(1-3\xi^2+2\xi^3)\quad l(\xi-2\xi^2+\xi^3)\quad (3\xi^2-2\xi^3)\quad l(\xi^3-\xi^2)] \tag{4.115}
$$

2. 单元应变场的表达

由纯弯梁的几何方程，有梁的应变表达式

$$
\begin{aligned}
\varepsilon(x,\hat{y}) &= -\hat{y}\frac{\mathrm{d}^2 v(x)}{\mathrm{d}x^2} \\
&= -\hat{y}\left[\frac{1}{l^2}(12\xi-6)\quad \frac{1}{l}(6\xi-4)\quad -\frac{1}{l^2}(12\xi-6)\quad \frac{1}{l}(6\xi-2)\right]\cdot\boldsymbol{q}^e \\
&= \boldsymbol{B}(\xi)\cdot\boldsymbol{q}^e
\end{aligned}
\tag{4.116}
$$

其中 $\hat{y}$ 是以中性层为起点的 y 方向的坐标，$\boldsymbol{B}(\xi)$叫做单元的几何函数矩阵，即

$$
\boldsymbol{B}(\xi) = -\hat{y}[B_1\quad B_2\quad B_3\quad B_4] \tag{4.117}
$$

其中

$$
B_1 = \frac{1}{l^2}(12\xi-6),\qquad B_2 = \frac{1}{l}(6\xi-4),
$$

$$
B_3 = -\frac{1}{l^2}(12\xi-6),\quad B_4 = \frac{1}{l}(6\xi-2)
$$

3. 单元应力场的表达

由梁的物理方程

$$
\sigma(x,\hat{y}) = E\cdot\varepsilon(x,\hat{y}) = E\cdot\boldsymbol{B}(x,\hat{y})\cdot\boldsymbol{q}^e = \boldsymbol{S}(x,\hat{y})\cdot\boldsymbol{q}^e \tag{4.118}
$$

其中 E 为弹性模量，$\boldsymbol{S}(x)$叫做单元的应力函数矩阵。

4. 单元势能 $\boldsymbol{\Pi}^e$ 的表达

该单元的势能为

$$
\Pi^e = U^e - W^e \tag{4.119}
$$

其中应变能

$$
\begin{aligned}
U^e &= \frac{1}{2}\int_0^l\int_A \sigma(x,\hat{y})\cdot\varepsilon(x,\hat{y})\cdot\mathrm{d}A\cdot\mathrm{d}x \\
&= \frac{1}{2}\boldsymbol{q}^{e\mathrm{T}}\left[\int_0^l\int_A \boldsymbol{B}^{\mathrm{T}}\cdot E\cdot\boldsymbol{B}\cdot\mathrm{d}A\cdot\mathrm{d}x\right]\boldsymbol{q}^e \\
&= \frac{1}{2}\boldsymbol{q}^{e\mathrm{T}}\cdot\boldsymbol{K}^e\cdot\boldsymbol{q}^e
\end{aligned}
\tag{4.120}
$$

其中 $\boldsymbol{K}^e$ 为单元刚度矩阵，具体地有

$$\boldsymbol{K}^e = \int_0^l \int_A (-\hat{y}) \begin{bmatrix} B_1 \\ B_2 \\ B_3 \\ B_4 \end{bmatrix} \cdot E \cdot [B_1 \quad B_2 \quad B_3 \quad B_4](-\hat{y}) \cdot \mathrm{d}A \cdot \mathrm{d}x$$

$$= \int_A (-\hat{y})^2 \mathrm{d}A \cdot E \cdot \int_0^l \begin{bmatrix} B_1^2 & B_1B_2 & B_1B_3 & B_1B_4 \\ B_1B_2 & B_2^2 & B_2B_3 & B_2B_4 \\ B_1B_3 & B_2B_3 & B_3^2 & B_3B_4 \\ B_1B_4 & B_2B_4 & B_3B_4 & B_4^2 \end{bmatrix} \cdot \mathrm{d}x$$

$$= \frac{E \cdot I_z}{l^3} \begin{bmatrix} 12 & 6l & -12 & 6l \\ 6l & 4l^2 & -6l & 2l^2 \\ -12 & -6l & 12 & -6l \\ 6l & 2l^2 & -6l & 4l^2 \end{bmatrix} \tag{4.121}$$

I_z 为惯性矩，(4.119)式中的外力功为

$$W^e = P_{v1} \cdot v_1 + M_1\theta_1 + P_{v2} \cdot v_2 + M_2\theta_2 = \boldsymbol{P}^{e\mathrm{T}} \cdot \boldsymbol{q}^e \tag{4.122}$$

其中

$$\boldsymbol{P}^e = [P_{v1} \quad M_1 \quad P_{v2} \quad M_2]^\mathrm{T} \tag{4.123}$$

5. 单元的刚度方程

同样，由最小势能原理，将(4.119)式中的 Π^e 对 $\boldsymbol{q}^e$ 取一阶极小值，有单元刚度方程

$$\underset{(4\times4)}{\boldsymbol{K}^e} \cdot \underset{(4\times1)}{\boldsymbol{q}^e} = \underset{(4\times1)}{\boldsymbol{P}^e} \tag{4.124}$$

其中刚度矩阵 $\boldsymbol{K}^e$ 和力矩阵 $\boldsymbol{P}^e$ 分别见(4.121)式和(4.123)式。注意(4.124)式中的下标(4×4)、(4×1)、(4×1)表示各个矩阵的维数(即行和列)。

为推导局部坐标系中的一般平面梁单元，在图 4.10 所示的纯弯梁的基础上叠加轴向位移(由于为线弹性问题，满足叠加原理)，这时的节点位移自由度(DOF)共有 6 个，见图 4.11。

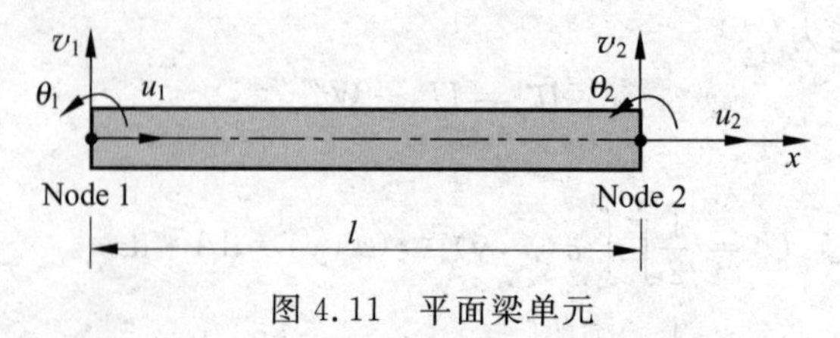

图 4.11 平面梁单元

图 4.11 所示平面梁单元的节点位移列阵 $\boldsymbol{q}^e$ 和节点力列阵 $\boldsymbol{P}^e$ 为

$$\underset{(6\times1)}{\boldsymbol{q}^e} = [u_1 \quad v_1 \quad \theta_1 \quad u_1 \quad v_2 \quad \theta_2]^\mathrm{T} \tag{4.125}$$

$$\underset{(6\times1)}{\boldsymbol{P}^e} = [P_{u1} \quad P_{v1} \quad M_1 \quad P_{u2} \quad P_{v2} \quad M_2]^\mathrm{T} \tag{4.126}$$

相应的刚度方程为

$$\underset{(6\times6)}{\boldsymbol{K}^e}\cdot\underset{(6\times1)}{\boldsymbol{q}^e}=\underset{(6\times1)}{\boldsymbol{P}^e} \tag{4.127}$$

对应于图 4.11 的节点位移和(4.125)式中节点位移列阵的排列次序，将杆单元刚度矩阵与纯弯梁单元刚度矩阵进行组合，可得到(4.127)式中的单元刚度矩阵，即

$$\underset{(6\times6)}{\boldsymbol{K}^e}=\begin{bmatrix}\frac{EA}{l} & 0 & 0 & -\frac{EA}{l} & 0 & 0\\ 0 & \frac{12EI}{l^3} & \frac{6EI}{l^2} & 0 & -\frac{12EI}{l^3} & \frac{6EI}{l^2}\\ 0 & \frac{6EI}{l^2} & \frac{4EI}{l} & 0 & -\frac{6EI}{l^2} & \frac{2EI}{l}\\ -\frac{EA}{l} & 0 & 0 & \frac{EA}{l} & 0 & 0\\ 0 & -\frac{12EI}{l^3} & -\frac{6EI}{l^2} & 0 & \frac{12EI}{l^3} & -\frac{6EI}{l^2}\\ 0 & \frac{6EI}{l^2} & \frac{2EI}{l} & 0 & -\frac{6EI}{l^2} & \frac{4EI}{l}\end{bmatrix} \tag{4.128}$$

简例 4.4(1)　简支悬臂梁的有限元分析

如图 4.12 所示，一简支悬臂梁在右半部分受有均布外载，用有限元方法分析该问题，并求单元②中点位移。梁的参数为：$E=200\text{GPa}$，$I=4\times10^{-6}\text{m}^4$。

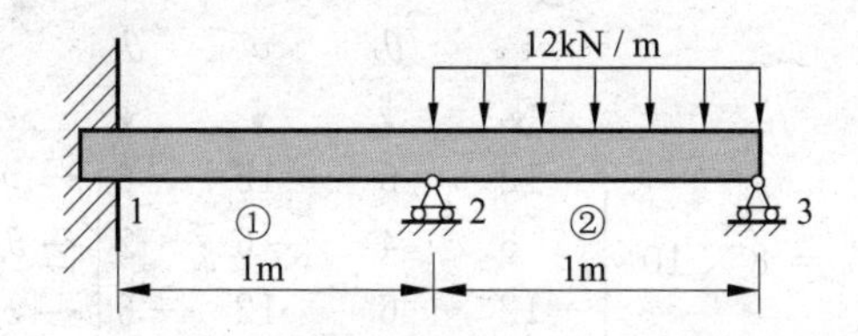

图 4.12　简支悬臂梁受一分布外载

解答：对该问题进行有限元分析的过程如下。

(1) 结构的离散化与编号

将该结构划分为两个单元，节点位移及单元编号如图 4.13(a)所示。

节点位移列阵

$$\boldsymbol{q}=[v_1\quad\theta_1\quad v_2\quad\theta_2\quad v_3\quad\theta_3]^{\mathrm{T}} \tag{4.129}$$

对分布外载进行等效节点载荷计算(见第 4.4.4 节)，有节点载荷列阵

$$\begin{aligned}\boldsymbol{P}&=[R_{y1}\quad R_{\theta1}\quad R_{y2}+F_{y2}\quad M_{\theta2}\quad R_{y3}+F_{y3}\quad M_{\theta3}]^{\mathrm{T}}\\ &=[R_{y1}\quad R_{\theta1}\quad R_{y2}-6000\quad -1000\quad R_{y3}-6000\quad 1000]^{\mathrm{T}}\end{aligned} \tag{4.130}$$

其中 R_{y1}、$R_{\theta1}$ 为节点 1 的垂直支反力和支反力矩，R_{y2} 为节点 2 的垂直支反力，R_{y3} 为节点 3 的垂直支反力。

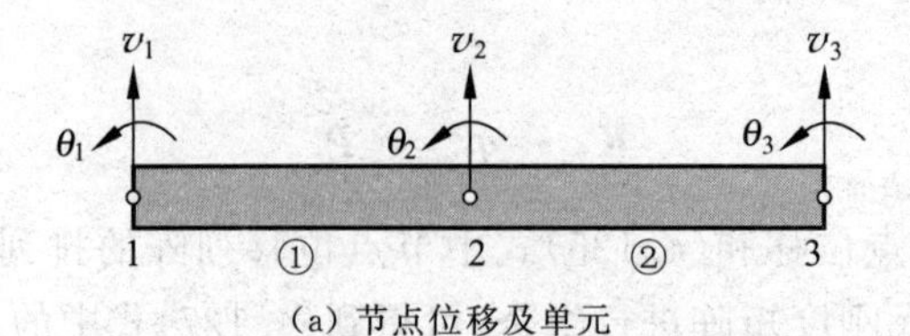

(a) 节点位移及单元

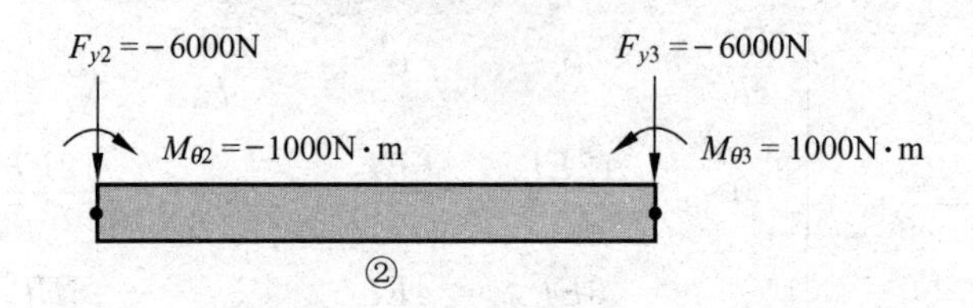

(b) 等效在节点上的外载

图 4.13 节点位移及节点上的外载

(2) 各个单元的描述

计算各个单元的刚度矩阵如下：

$$\boldsymbol{K}^{(1)} = 8\times 10^5 \begin{bmatrix} 12 & 6 & -12 & 6 \\ 6 & 4 & -6 & 2 \\ -12 & -6 & 12 & -6 \\ 6 & 2 & -6 & 4 \end{bmatrix} \begin{matrix} \leftarrow v_1 \\ \leftarrow \theta_1 \\ \leftarrow v_2 \\ \leftarrow \theta_2 \end{matrix} \quad (\text{columns: } v_1,\ \theta_1,\ v_2,\ \theta_2) \tag{4.131}$$

$$\boldsymbol{K}^{(2)} = 8\times 10^5 \begin{bmatrix} 12 & 6 & -12 & 6 \\ 6 & 4 & -6 & 2 \\ -12 & -6 & 12 & -6 \\ 6 & 2 & -6 & 4 \end{bmatrix} \begin{matrix} \leftarrow v_2 \\ \leftarrow \theta_2 \\ \leftarrow v_3 \\ \leftarrow \theta_3 \end{matrix} \quad (\text{columns: } v_2,\ \theta_2,\ v_3,\ \theta_3) \tag{4.132}$$

(3) 建立整体刚度方程

组装整体刚度矩阵并形成整体刚度方程为

$$\boldsymbol{Kq} = \boldsymbol{P} \tag{4.133}$$

其中

$$\boldsymbol{K}=\boldsymbol{K}^{(1)}+\boldsymbol{K}^{(2)} \tag{4.134}$$

具体写出(4.133)方程为

$$8\times 10^5 \begin{bmatrix} 12 & 6 & -12 & 6 & 0 & 0 \\ 6 & 4 & -6 & 2 & 0 & 0 \\ -12 & -6 & 12+12 & -6+6 & -12 & 6 \\ 6 & 2 & -6+6 & 4+4 & -6 & 2 \\ 0 & 0 & -12 & -6 & 12 & -6 \\ 0 & 0 & 6 & 2 & -6 & 4 \end{bmatrix} \begin{bmatrix} v_1 \\ \theta_1 \\ v_2 \\ \theta_2 \\ v_3 \\ \theta_3 \end{bmatrix} = \begin{bmatrix} R_{y1} \\ R_{\theta 1} \\ R_{y2}-6000 \\ -1000 \\ R_{y3}-6000 \\ 1000 \end{bmatrix} \tag{4.135}$$

(4) 边界条件的处理及刚度方程求解

该问题的位移边界条件为

$$v_1 = 0,\quad \theta_1 = 0,\quad v_2 = 0,\quad v_3 = 0 \tag{4.136}$$

将该条件代入到(4.135)式中,化简后有

$$8\times 10^5\begin{bmatrix}8 & 2\\ 2 & 4\end{bmatrix}\begin{bmatrix}\theta_2\\ \theta_3\end{bmatrix}=\begin{bmatrix}-1000\\ 1000\end{bmatrix} \tag{4.137}$$

求解该方程,有

$$\theta_2 = -2.679\times 10^{-4},\quad \theta_3 = 4.464\times 10^{-4} \tag{4.138}$$

(5) 其他物理量的计算

单元②的位移场函数为

$$\begin{aligned} v^{(2)}(x) &= \boldsymbol{N}(x)\cdot \boldsymbol{q}^{(2)} = N_1(x)\cdot v_2 + N_2(x)\cdot\theta_2 + N_3(x)\cdot v_3 + N_4(x)\cdot\theta_3 \\ &= (1-3\xi^2+2\xi^3)v_2 + l(\xi-2\xi^2+\xi^3)\theta_2 + (3\xi^2-2\xi^3)v_3 + l(\xi^3-\xi^2)\theta_3 \end{aligned} \tag{4.139}$$

其中 ξ 为单元②的局部无量纲坐标,则中点的挠度为

$$v^{(2)}\left(\xi=\frac{1}{2}\right) = -8.93\times 10^{-5}\,\mathrm{m}$$

4.4.2 平面梁单元的坐标变换

图 4.14 所示为一整体坐标系中的平面梁单元,它有两个端节点,梁的长度为 l,弹性模量为 E,横截面的面积为 A,惯性矩为 I_z。

设局部坐标系下(Oxy)的节点位移列阵为

$$\underset{(6\times1)}{\boldsymbol{q}^e} = [u_1\quad v_1\quad \theta_1\quad u_2\quad v_2\quad \theta_2]^{\mathrm{T}} \tag{4.140}$$

整体坐标系中($\overline{O}\overline{x}\overline{y}$)的节点位移列阵为

$$\underset{(6\times1)}{\overline{\boldsymbol{q}}^e} = [\overline{u}_1\quad \overline{v}_1\quad \theta_1\quad \overline{u}_2\quad \overline{v}_2\quad \theta_2]^{\mathrm{T}} \tag{4.141}$$

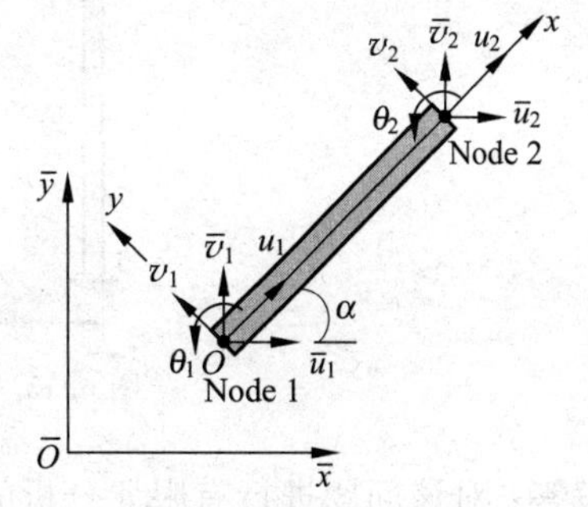

图 4.14　平面问题中梁单元的坐标变换

注意:转角 θ_1 和 θ_2 在两个坐标系中是相同的。按照两个坐标系中的位移向量相等效的原则,可推导出以下变换关系:

$$\left.\begin{aligned} u_1 &= \overline{u}_1\cos\alpha + \overline{v}_1\sin\alpha \\ v_1 &= -\overline{u}_1\sin\alpha + \overline{v}_1\cos\alpha \\ u_2 &= \overline{u}_2\cos\alpha + \overline{v}_2\sin\alpha \\ v_2 &= -\overline{u}_2\sin\alpha + \overline{v}_2\cos\alpha \end{aligned}\right\} \tag{4.142}$$

写成矩阵形式有

$$\underset{(6\times1)}{\boldsymbol{q}^e} = \underset{(6\times6)}{\boldsymbol{T}^e}\cdot\underset{(6\times1)}{\overline{\boldsymbol{q}}^e} \tag{4.143}$$

其中 $\boldsymbol{T}^e$ 为单元的坐标变换矩阵，

$$\underset{(6\times6)}{\boldsymbol{T}^e}=\begin{bmatrix}\cos\alpha & \sin\alpha & 0 & 0 & 0 & 0\\ -\sin\alpha & \cos\alpha & 0 & 0 & 0 & 0\\ 0 & 0 & 1 & 0 & 0 & 0\\ 0 & 0 & 0 & \cos\alpha & \sin\alpha & 0\\ 0 & 0 & 0 & -\sin\alpha & \cos\alpha & 0\\ 0 & 0 & 0 & 0 & 0 & 1\end{bmatrix} \tag{4.144}$$

与平面杆单元的坐标变换类似，则梁单元在整体坐标系中的刚度方程为

$$\underset{(6\times6)}{\overline{\boldsymbol{K}}^e}\cdot\underset{(6\times1)}{\overline{\boldsymbol{q}}^e}=\underset{(6\times1)}{\overline{\boldsymbol{P}}^e} \tag{4.145}$$

其中

$$\underset{(6\times6)}{\overline{\boldsymbol{K}}^e}=\underset{(6\times6)}{\boldsymbol{T}^{e\mathrm{T}}}\cdot\underset{(6\times6)}{\boldsymbol{K}^e}\cdot\underset{(6\times6)}{\boldsymbol{T}^e} \tag{4.146}$$

$$\underset{(6\times1)}{\overline{\boldsymbol{P}}^e}=\underset{(6\times6)}{\boldsymbol{T}^{e\mathrm{T}}}\underset{(6\times1)}{\boldsymbol{P}^e} \tag{4.147}$$

简例 4.4(2)　平面框架结构的有限元分析

如图 4.15 所示的框架结构，其顶端受均布力作用，用有限元方法分析该结构的位移。结构中各个截面的参数都为：$E=3.0\times10^{11}\,\mathrm{Pa}$，$I=6.5\times10^{-7}\,\mathrm{m}^4$，$A=6.8\times10^{-4}\,\mathrm{m}^2$。

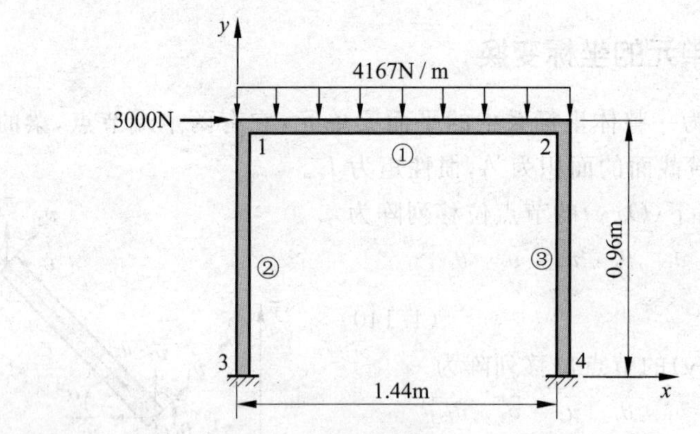

图 4.15　框架结构受一均布力作用

解答：对该问题进行有限元分析的过程如下。

(1) 结构的离散化与编号

将该结构离散为三个单元，节点位移及单元编号如图 4.16 所示，有关节点和单元的信息见表 4.4。

表 4.4　单元编号与节点编号

单元编号	节点编号	
①	1	2
②	3	1
③	4	2

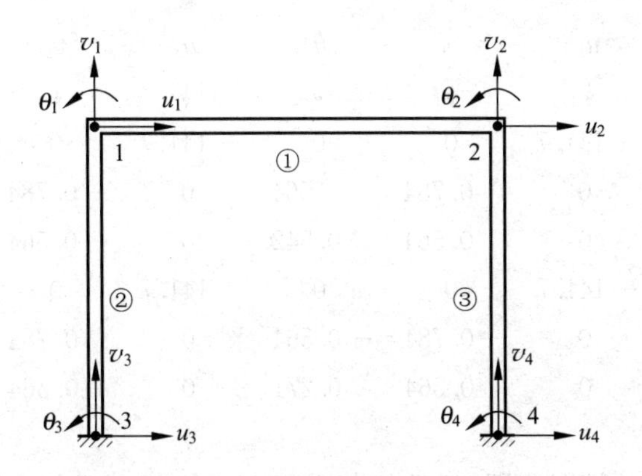

(a) 节点位移及单元编号

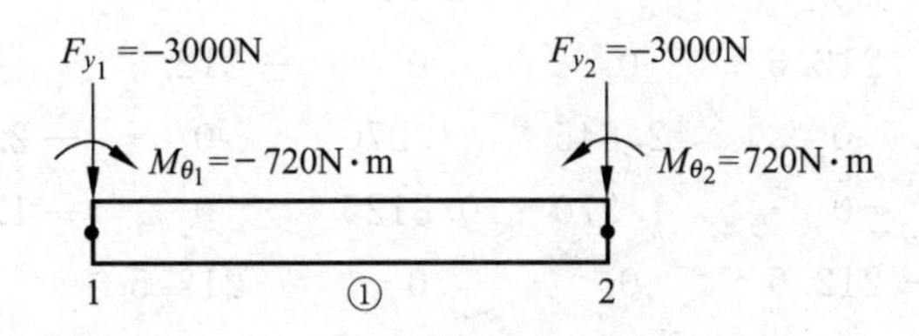

(b) 均布力等效在节点上的外力

图 4.16　节点位移及节点上的外载

节点位移列阵为

$$\boldsymbol{q} = [u_1 \quad v_1 \quad \theta_1 \quad u_2 \quad v_2 \quad \theta_2 \quad u_3 \quad v_3 \quad \theta_3 \quad u_4 \quad v_4 \quad \theta_4]^{\mathrm{T}} \tag{4.148}$$

节点外载列阵为(均布外载的等效计算见表 4.5)

$$\boldsymbol{F} = [F_{x1} \quad F_{y1} \quad M_{\theta 1} \quad 0 \quad F_{y2} \quad M_{\theta 2} \quad 0 \quad 0 \quad 0 \quad 0 \quad 0 \quad 0]^{\mathrm{T}} \tag{4.149}$$

支反力列阵为

$$\boldsymbol{R} = [0 \quad 0 \quad 0 \quad 0 \quad 0 \quad 0 \quad R_{x3} \quad R_{y3} \quad R_{\theta 3} \quad R_{x4} \quad R_{y4} \quad R_{\theta 4}]^{\mathrm{T}} \tag{4.150}$$

其中：R_{x3}、R_{y3}、$R_{\theta 3}$ 为节点 3 的沿 x 方向支反力、沿 y 方向支反力和支反力矩，R_{x4}、R_{y4}、$R_{\theta 4}$ 为节点 4 的沿 x 方向支反力、沿 y 方向支反力和支反力矩，均为待求值。

总的节点载荷列阵为

$$\begin{aligned}\boldsymbol{P} &= \boldsymbol{F} + \boldsymbol{R} \\ &= [3000 \quad -3000 \quad -720 \quad 0 \quad -3000 \quad 720 \quad R_{x3} \quad R_{y3} \quad R_{\theta 3} \quad R_{x4} \quad R_{y4} \quad R_{\theta 4}]^{\mathrm{T}}\end{aligned} \tag{4.151}$$

(2) 各个单元的描述

单元①的局部坐标与整体坐标是一致的，则可以由(4.128)式直接得到

$$\boldsymbol{K}^{(1)} = 10^6 \times \begin{bmatrix} 141.7 & 0 & 0 & -141.7 & 0 & 0 \\ 0 & 0.784 & 0.564 & 0 & -0.784 & 0.564 \\ 0 & 0.564 & 0.542 & 0 & -0.564 & 0.271 \\ -141.7 & 0 & 0 & 141.7 & 0 & 0 \\ 0 & -0.784 & -0.564 & 0 & 0.784 & -0.564 \\ 0 & 0.564 & 0.271 & 0 & -0.564 & 0.542 \end{bmatrix} \begin{matrix} \leftarrow u_1 \\ \leftarrow v_1 \\ \leftarrow \theta_1 \\ \leftarrow u_2 \\ \leftarrow v_2 \\ \leftarrow \theta_2 \end{matrix}$$

(列对应：$u_1 \ v_1 \ \theta_1 \ u_2 \ v_2 \ \theta_2$)

(4.152)

单元②和单元③的情况相同，只是节点编号不同而已，其局部坐标系下的单元刚度矩阵为

$$\hat{\boldsymbol{K}}^{(2)} = 10^6 \times \begin{bmatrix} 212.5 & 0 & 0 & -212.5 & 0 & 0 \\ 0 & 2.645 & 1.270 & 0 & -2.645 & 1.270 \\ 0 & 1.270 & 0.8125 & 0 & -1.270 & 0.4062 \\ -212.5 & 0 & 0 & 212.5 & 0 & 0 \\ 0 & -2.645 & -1.270 & 0 & 2.645 & -1.270 \\ 0 & 1.270 & 0.4062 & 0 & -1.270 & 0.8125 \end{bmatrix}$$

(4.153)

这两个单元轴线的方向余弦为 $\cos(x,\bar{x})=0$，$\cos(x,\bar{y})=1$，有坐标转换矩阵

$$\boldsymbol{T} = \begin{bmatrix} 0 & 1 & 0 & 0 & 0 & 0 \\ -1 & 0 & 0 & 0 & 0 & 0 \\ 0 & 0 & 1 & 0 & 0 & 0 \\ 0 & 0 & 0 & 0 & 1 & 0 \\ 0 & 0 & 0 & -1 & 0 & 0 \\ 0 & 0 & 0 & 0 & 0 & 1 \end{bmatrix} \tag{4.154}$$

则可以计算出整体坐标下的单元刚度矩阵(单元②和单元③)

$$\boldsymbol{K}^{(2)} = \boldsymbol{T}^{\mathrm{T}} \cdot \hat{\boldsymbol{K}}^{(2)} \cdot \boldsymbol{T} = 10^6 \times \begin{bmatrix} 2.645 & 0 & -1.27 & -2.645 & 0 & -1.27 \\ 0 & 212.5 & 0 & 0 & -212.5 & 0 \\ -1.27 & 0 & 0.8125 & 1.27 & 0 & 0.4062 \\ -2.645 & 0 & 1.27 & 2.645 & 0 & 1.27 \\ 0 & -212.5 & 0 & 0 & 212.5 & 0 \\ -1.27 & 0 & 0.4062 & 1.27 & 0 & 0.8125 \end{bmatrix}$$

(4.155)

注意这两个单元所对应的节点位移列阵分别为

对于单元②：$[u_3 \quad v_3 \quad \theta_3 \quad u_1 \quad v_1 \quad \theta_1]^{\mathrm{T}}$ (4.156)

对于单元③：$[u_4 \quad v_4 \quad \theta_4 \quad u_2 \quad v_2 \quad \theta_2]^{\mathrm{T}}$ (4.157)

(3) 建立整体刚度方程

组装整体刚度矩阵并形成整体刚度方程

$$\boldsymbol{K}\cdot\boldsymbol{q}=\boldsymbol{P} \tag{4.158}$$

其中刚度矩阵的装配关系为

$$\boldsymbol{K}=\boldsymbol{K}^{(1)}+\boldsymbol{K}^{(2)}+\boldsymbol{K}^{(3)} \tag{4.159}$$

(4) 边界条件的处理及刚度方程求解

该问题的位移边界条件为

$$u_3=v_3=\theta_3=u_4=v_4=\theta_4=0 \tag{4.160}$$

处理该边界条件后的刚度方程为

$$10^6\times\begin{bmatrix}144.3 & 0 & 1.270 & -141.7 & 0 & 0\\ 0 & 213.3 & 0.564 & 0 & -0.784 & 0.564\\ 1.270 & 0.564 & 1.3545 & 0 & -0.564 & 0.271\\ -141.7 & 0 & 0 & 144.3 & 0 & 1.270\\ 0 & -0.784 & -0.564 & 0 & 213.3 & -0.564\\ 0 & 0.564 & 0.271 & 1.270 & -0.564 & 1.3545\end{bmatrix}\begin{bmatrix}u_1\\ v_1\\ \theta_1\\ u_2\\ v_2\\ \theta_2\end{bmatrix}=\begin{bmatrix}3000\\ -3000\\ -720\\ 0\\ -3000\\ 720\end{bmatrix} \tag{4.161}$$

求解后的结果为

$$\left.\begin{aligned}u_1&=0.92\text{mm}\\ v_1&=-0.0104\text{mm}\\ \theta_1&=-0.00139\text{rad}\\ u_2&=0.901\text{mm}\\ v_2&=-0.018\text{mm}\\ \theta_2&=3.88\times10^{-5}\text{rad}\end{aligned}\right\} \tag{4.162}$$

4.4.3 空间梁单元及坐标变换

空间梁单元除承受轴力和弯矩外，还可能承受扭矩的作用，而且弯矩可能同时在两个坐标面内存在。图 4.17 所示为一局部坐标系中的空间梁单元，其长度为 l，弹性模量为 E，横截面的惯性矩为 I_z(绕并行于 z 轴的中性轴)和 I_y(绕并行于 y 轴的中性轴)，横截面的扭转惯性矩为 J。

对应于图 4.17 中梁单元，设有两个端节点，每一个节点的位移自由度有 6 个，单元共有 12 个自由度(DOF)，其局部坐标系中的节点位移列阵 $\boldsymbol{q}^e$ 和节点力列阵 $\boldsymbol{P}^e$ 为

$$\underset{(12\times1)}{\boldsymbol{q}^e}=[u_1\quad v_1\quad w_1\quad \theta_{x1}\quad \theta_{y1}\quad \theta_{z1}\quad u_2\quad v_2\quad w_2\quad \theta_{x2}\quad \theta_{y2}\quad \theta_{z2}]^{\mathrm{T}} \tag{4.163}$$

$$\underset{(12\times1)}{\boldsymbol{P}^e}=[P_{u1}\quad P_{v1}\quad P_{w1}\quad M_{x1}\quad M_{y1}\quad M_{z1}\quad P_{u2}\quad P_{v2}\quad P_{w2}\quad M_{x2}\quad M_{y2}\quad M_{z2}]^{\mathrm{T}} \tag{4.164}$$

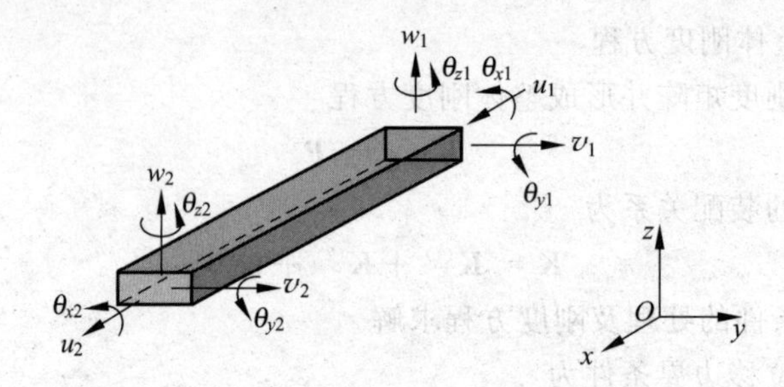

图 4.17 局部坐标系中的空间梁单元

下面,分别基于前面杆单元和平面梁单元的刚度矩阵写出对应于图 4.17 中各对应节点位移的刚度矩阵,然后进行组合以形成完整的刚度矩阵。

1. 对应于图 4.17 中的节点位移(u_1,u_2)

这是轴向位移,由(4.55)式,有对应于杆单元的刚度矩阵为

$$\underset{(2\times 2)}{\boldsymbol{K}^e_{u_1 u_2}}=\frac{EA}{l}\begin{bmatrix}1 & -1\\ -1 & 1\end{bmatrix} \tag{4.165}$$

2. 对应于图 4.17 中的节点位移(θ_{x1},θ_{x2})

这是杆受扭转时的情形,如果将扭转角类似于拉伸杆的轴向位移,则它的分析结果与拉伸杆类似(见材料力学中的扭转问题),所推导出的刚度矩阵和(4.165)式相似,即

$$\underset{(2\times 2)}{\boldsymbol{K}^e_{\theta_{x1}\theta_{x2}}}=\frac{GJ}{l}\begin{bmatrix}1 & -1\\ -1 & 1\end{bmatrix} \tag{4.166}$$

其中 J 为横截面的扭转惯性矩,G 为剪切模量。

3. 对应于图 4.17 中 Oxy 平面内的节点位移($v_1,\theta_{z1},v_2,\theta_{z2}$)

这是梁在 Oxy 平面内的纯弯曲情形,由(4.121)式,有对应的刚度矩阵

$$\underset{(4\times 4)}{\boldsymbol{K}^e_{(Oxy)}}=\frac{EI_z}{l^3}\begin{bmatrix}12 & 6l & -12 & 6l\\ 6l & 4l^2 & -6l & 2l^2\\ -12 & -6l & 12 & -6l\\ 6l & 2l^2 & -6l & 4l^2\end{bmatrix} \tag{4.167}$$

其中 I_z 为绕并行于 z 轴的中性轴的惯性矩。

4. 对应于图 4.17 中 Oxz 平面内的节点位移($w_1,\theta_{y1},w_2,\theta_{y2}$)

这是梁在 Oxz 平面内的纯弯曲情形,可得到与(4.167)式类似的刚度矩阵,但所对应的节点位移是不同的。

5. 将各部分刚度矩阵进行组合以形成完整的单元刚度矩阵

对应于(4.163)式中的节点位移的次序，分别将上面各个部分的刚度矩阵的元素进行组合，可形成局部坐标系中空间梁单元的完整刚度矩阵，即

$$
\begin{matrix} u_1 & v_1 & w_1 & \theta_{x1} & \theta_{y1} & \theta_{z1} & u_2 & v_2 & w_2 & \theta_{x2} & \theta_{y2} & \theta_{z2} \\ \downarrow & \downarrow & \downarrow & \downarrow & \downarrow & \downarrow & \downarrow & \downarrow & \downarrow & \downarrow & \downarrow & \downarrow \end{matrix}
$$

$$
\underset{(12\times12)}{\boldsymbol{K}^e}=\begin{bmatrix}
\frac{EA}{l} & 0 & 0 & 0 & 0 & 0 & -\frac{EA}{l} & 0 & 0 & 0 & 0 & 0 \\
0 & \frac{12EI_z}{l^3} & 0 & 0 & 0 & \frac{6EI_z}{l^2} & 0 & -\frac{12EI_z}{l^3} & 0 & 0 & 0 & \frac{6EI_z}{l^2} \\
0 & 0 & \frac{12EI_y}{l^3} & 0 & -\frac{6EI_y}{l^2} & 0 & 0 & 0 & -\frac{12EI_y}{l^3} & 0 & -\frac{6EI_y}{l^2} & 0 \\
0 & 0 & 0 & \frac{GJ}{l} & 0 & 0 & 0 & 0 & 0 & -\frac{GJ}{l} & 0 & 0 \\
0 & 0 & -\frac{6EI_y}{l^2} & 0 & \frac{4EI_y}{l} & 0 & 0 & 0 & \frac{6EI_y}{l^2} & 0 & \frac{2EI_y}{l} & 0 \\
0 & \frac{6EI_z}{l^2} & 0 & 0 & 0 & \frac{4EI_z}{l} & 0 & -\frac{6EI_z}{l^2} & 0 & 0 & 0 & \frac{2EI_z}{l} \\
-\frac{EA}{l} & 0 & 0 & 0 & 0 & 0 & \frac{EA}{l} & 0 & 0 & 0 & 0 & 0 \\
0 & -\frac{12EI_z}{l^3} & 0 & 0 & 0 & -\frac{6EI_z}{l^2} & 0 & \frac{12EI_z}{l^3} & 0 & 0 & 0 & -\frac{6EI_z}{l^2} \\
0 & 0 & -\frac{12EI_y}{l^3} & 0 & \frac{6EI_y}{l^2} & 0 & 0 & 0 & \frac{12EI_z}{l^3} & 0 & \frac{6EI_y}{l^2} & 0 \\
0 & 0 & 0 & -\frac{GJ}{l} & 0 & 0 & 0 & 0 & 0 & \frac{GJ}{l} & 0 & 0 \\
0 & 0 & -\frac{6EI_y}{l^2} & 0 & \frac{2EI_y}{l} & 0 & 0 & 0 & \frac{6EI_y}{l^2} & 0 & \frac{4EI_y}{l} & 0 \\
0 & \frac{6EI_z}{l^2} & 0 & 0 & 0 & \frac{2EI_z}{l} & 0 & -\frac{6EI_z}{l^2} & 0 & 0 & 0 & \frac{4EI_z}{l}
\end{bmatrix}
\tag{4.168}
$$

6. 空间梁单元坐标变换

空间梁单元坐标变换的原理和方法与平面梁单元的坐标变换相同，只要分别写出两个坐标系中的位移向量的等效关系则可得到坐标变换矩阵，即

局部坐标系中空间梁单元的节点位移列阵为

$$
\underset{(12\times1)}{\boldsymbol{q}^e}=[u_1\quad v_1\quad w_1\quad \theta_{x1}\quad \theta_{y1}\quad \theta_{z1}\quad u_2\quad v_2\quad w_2\quad \theta_{x2}\quad \theta_{y2}\quad \theta_{z2}]^{\mathrm{T}}
\tag{4.169}
$$

整体坐标系中的节点位移列阵为

$$\bar{\boldsymbol{q}}^e_{(12\times1)} = [\bar{u}_1 \quad \bar{v}_1 \quad \bar{w}_1 \quad \bar{\theta}_{x1} \quad \bar{\theta}_{y1} \quad \bar{\theta}_{z1} \quad \bar{u}_2 \quad \bar{v}_2 \quad \bar{w}_2 \quad \bar{\theta}_{x2} \quad \bar{\theta}_{y2} \quad \bar{\theta}_{z2}]^{\mathrm{T}} \tag{4.170}$$

对应于(4.169)式中的各组位移分量,可分别推导相应的转换关系。具体地,对于端节点1,有

$$\begin{bmatrix} u_1 \\ v_1 \\ w_1 \end{bmatrix} = \begin{bmatrix} \bar{u}_1\cos(x,\bar{x}) + \bar{v}_1\cos(x,\bar{y}) + \bar{w}_1\cos(x,\bar{z}) \\ \bar{u}_1\cos(y,\bar{x}) + \bar{v}_1\cos(y,\bar{y}) + \bar{w}_1\cos(y,\bar{z}) \\ \bar{u}_1\cos(z,\bar{x}) + \bar{v}_1\cos(z,\bar{y}) + \bar{w}_1\cos(z,\bar{z}) \end{bmatrix} = \underset{(3\times3)}{\boldsymbol{\lambda}} \cdot \begin{bmatrix} \bar{u}_1 \\ \bar{v}_1 \\ \bar{w}_1 \end{bmatrix} \tag{4.171}$$

$$\begin{bmatrix} \theta_{x1} \\ \theta_{y1} \\ \theta_{z1} \end{bmatrix} = \begin{bmatrix} \bar{\theta}_{x1}\cos(x,\bar{x}) + \bar{\theta}_{y1}\cos(x,\bar{y}) + \bar{\theta}_{z1}\cos(x,\bar{z}) \\ \bar{\theta}_{x1}\cos(y,\bar{x}) + \bar{\theta}_{y1}\cos(y,\bar{y}) + \bar{\theta}_{z1}\cos(y,\bar{z}) \\ \bar{\theta}_{x1}\cos(z,\bar{x}) + \bar{\theta}_{y1}\cos(z,\bar{y}) + \bar{\theta}_{z1}\cos(z,\bar{z}) \end{bmatrix} = \underset{(3\times3)}{\boldsymbol{\lambda}} \cdot \begin{bmatrix} \bar{\theta}_{x1} \\ \bar{\theta}_{y1} \\ \bar{\theta}_{z1} \end{bmatrix} \tag{4.172}$$

同样,对于端节点2,有以下转换关系

$$\begin{bmatrix} u_2 \\ v_2 \\ w_2 \end{bmatrix} = \underset{(3\times3)}{\boldsymbol{\lambda}} \cdot \begin{bmatrix} \bar{u}_2 \\ \bar{v}_2 \\ \bar{w}_2 \end{bmatrix} \tag{4.173}$$

$$\begin{bmatrix} \theta_{x2} \\ \theta_{y2} \\ \theta_{z2} \end{bmatrix} = \underset{(3\times3)}{\boldsymbol{\lambda}} \cdot \begin{bmatrix} \bar{\theta}_{x2} \\ \bar{\theta}_{y2} \\ \bar{\theta}_{z2} \end{bmatrix} \tag{4.174}$$

以上的 $\boldsymbol{\lambda}$ 为节点坐标变换矩阵

$$\underset{(3\times3)}{\boldsymbol{\lambda}} = \begin{bmatrix} \cos(x,\bar{x}) & \cos(x,\bar{y}) & \cos(x,\bar{z}) \\ \cos(y,\bar{x}) & \cos(y,\bar{y}) & \cos(y,\bar{z}) \\ \cos(z,\bar{x}) & \cos(z,\bar{y}) & \cos(z,\bar{z}) \end{bmatrix} \tag{4.175}$$

其中 $\cos(x,\bar{x}),\cdots,\cos(z,\bar{z})$ 分别表示局部坐标轴 (x,y,z) 对整体坐标轴 $(\bar{x},\bar{y},\bar{z})$ 的方向余弦。

将(4.171)～(4.174)写在一起,有

$$\underset{(12\times1)}{\boldsymbol{q}^e} = \underset{(12\times12)}{\boldsymbol{T}^e} \cdot \underset{(12\times1)}{\bar{\boldsymbol{q}}^e} \tag{4.176}$$

其中 $\boldsymbol{T}^e$ 为坐标变换矩阵

$$\underset{(12\times12)}{\boldsymbol{T}^e} = \begin{bmatrix} \underset{(3\times3)}{\boldsymbol{\lambda}} & \underset{(3\times3)}{\boldsymbol{0}} & \underset{(3\times3)}{\boldsymbol{0}} & \underset{(3\times3)}{\boldsymbol{0}} \\ \underset{(3\times3)}{\boldsymbol{0}} & \underset{(3\times3)}{\boldsymbol{\lambda}} & \underset{(3\times3)}{\boldsymbol{0}} & \underset{(3\times3)}{\boldsymbol{0}} \\ \underset{(3\times3)}{\boldsymbol{0}} & \underset{(3\times3)}{\boldsymbol{0}} & \underset{(3\times3)}{\boldsymbol{\lambda}} & \underset{(3\times3)}{\boldsymbol{0}} \\ \underset{(3\times3)}{\boldsymbol{0}} & \underset{(3\times3)}{\boldsymbol{0}} & \underset{(3\times3)}{\boldsymbol{0}} & \underset{(3\times3)}{\boldsymbol{\lambda}} \end{bmatrix} \tag{4.177}$$

有了坐标变换矩阵,就很容易写出整体坐标系下的刚度矩阵和刚度方程。

4.4.4　梁单元的常用节点等效载荷(equivalent nodal load)

表 4.5　梁单元的常用节点等效载荷

支承与外载情况	节点等效载荷
(等效原理 $W^e=\int_l \bar{p}(x)\cdot v(x)\mathrm{d}x = \left[\int_l \bar{p}(x)\cdot \boldsymbol{N}(x)\mathrm{d}x\right]\cdot \boldsymbol{q}^e = [R_A\quad M_A\quad R_B\quad M_B]\boldsymbol{q}^e$)	R_A, R_B, M_A, M_B
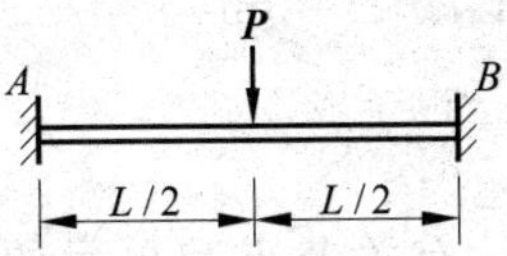 两端固支 A、B,跨中集中力 P,$L/2$,$L/2$	$R_A=-P/2$ $R_B=-P/2$ $M_A=-PL/8$ $M_B=PL/8$
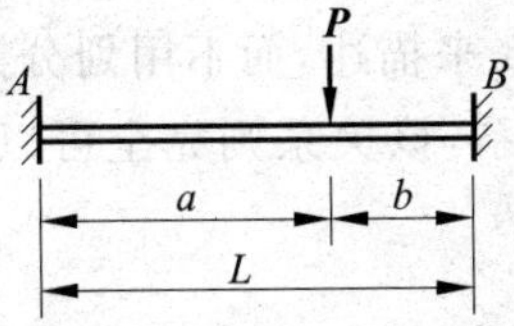 两端固支 A、B,集中力 P,a,b,L	$R_A=-(Pb^2/L^3)(3a+b)$ $R_B=-(Pa^2/L^3)(a+3b)$ $M_A=-Pab^2/L^2$ $M_B=Pa^2b/L^2$
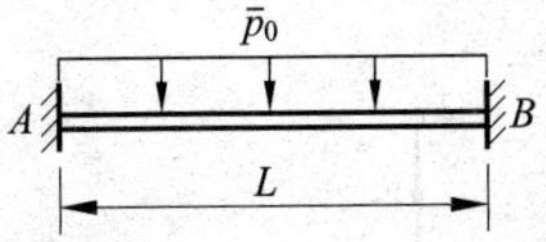 两端固支 A、B,均布载荷 $\bar{p}_0$,L	$R_A=-\bar{p}_0L/2$ $R_B=-\bar{p}_0L/2$ $M_A=-\bar{p}_0L^2/12$ $M_B=\bar{p}_0L^2/12$
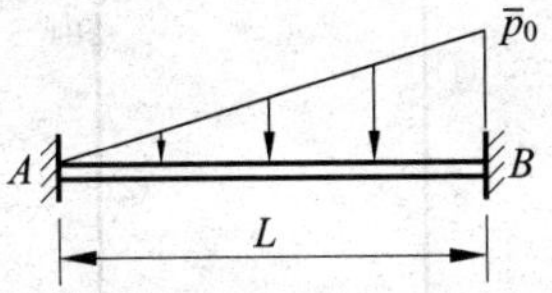 两端固支 A、B,三角形分布载荷(B 端 $\bar{p}_0$),L	$R_A=-3\bar{p}_0L/20$ $R_B=-7\bar{p}_0L/20$ $M_A=-\bar{p}_0L^2/30$ $M_B=\bar{p}_0L^2/20$
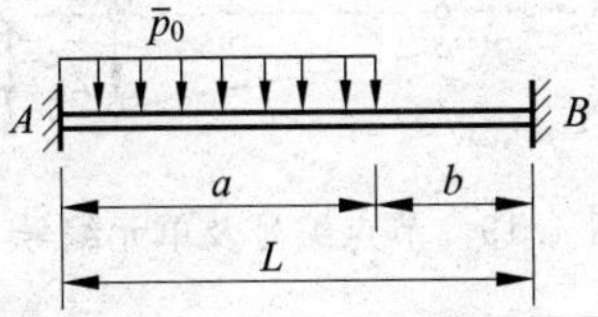 两端固支 A、B,局部均布载荷 $\bar{p}_0$,a,b,L	$R_A=-(\bar{p}_0a/2L^3)(a^3-2a^2L+2L^3)$ $R_B=-(\bar{p}_0a^3/2L^3)(2L-a)$ $M_A=-(\bar{p}_0a^2/12L^2)(3a^2-8aL+6L^2)$ $M_B=(\bar{p}_0a^3/12L^2)(4L-3a)$
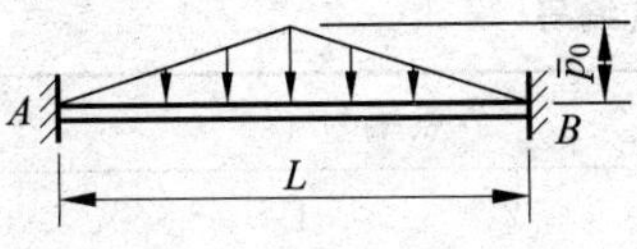 两端固支 A、B,对称三角形分布载荷 $\bar{p}_0$,L	$R_A=-\bar{p}_0L/4$ $R_B=-\bar{p}_0L/4$ $M_A=-5\bar{p}_0L^2/96$ $M_B=5\bar{p}_0L^2/96$
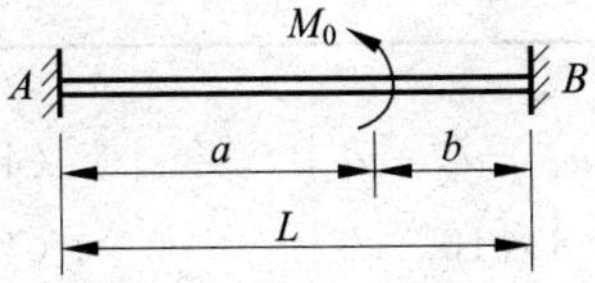 两端固支 A、B,集中力偶 M_0,a,b,L	$R_A=-6M_0ab/L^3$ $R_B=6M_0ab/L^3$ $M_A=-(M_0b/L^2)(3a-L)$ $M_B=-(M_0a/L^2)(3b-L)$

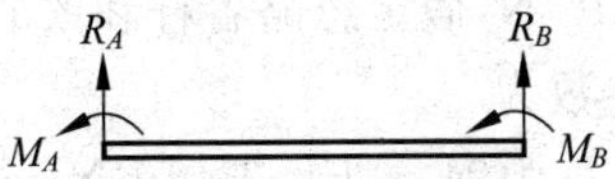

4.5 典型例题及详解

典型例题 4.5(1) 刚性梁连接的拉杆结构分析

如图 4.18 所示的结构，AB 为刚性梁，A 端为铰接，B 端作用一向下的压力 $F=30\times10^3\text{N}$，假定忽略各杆和梁的自重，用有限元方法对该结构进行分析，材料及结构参数为

杆 CD 为钢： $E=2\times10^5\text{N/mm}^2$， $A=1200\text{mm}^2$， $l=4.5\text{m}$

杆 EF 为铝： $E=7\times10^4\text{N/mm}^2$， $A=900\text{mm}^2$， $l=3\text{m}$

解答：该问题的有限元分析过程如下。

(1) 结构的离散化与编号

该结构的单元编号及节点编号如图 4.19 所示，有关节点和单元的信息见表 4.6。由于 AB 为刚性梁，所以只给出节点 6-1-3-5 来描述，而不用划分梁单元，但还必须给出 u_6,u_1,u_3,u_5 之间的刚体位移约束关系，该关系则完全可以用来定义刚性梁。

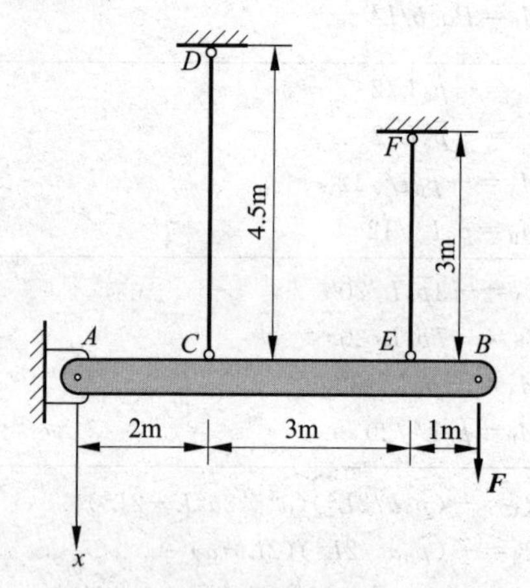

图 4.18 刚性梁连接的拉杆结构

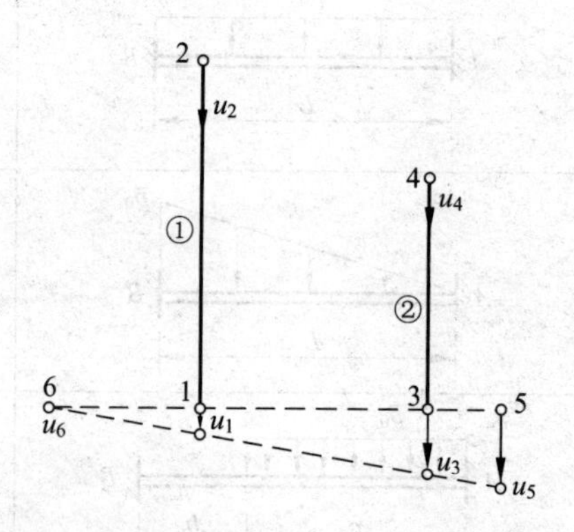

图 4.19 节点编号及单元编号

表 4.6 单元编号及节点编号

单 元	节点编号	
①	2	1
②	4	3

结构总节点位移列阵 $\boldsymbol{q}=[u_1 \quad u_2 \quad u_3 \quad u_4 \quad u_5 \quad u_6]^{\text{T}}$ (4.178)

结构总节点外载列阵 $\boldsymbol{F}=[0 \quad 0 \quad 0 \quad 0 \quad 3\times10^6 \quad 0]^{\text{T}}$ (4.179)

约束的支反力列阵 $\boldsymbol{R}=[0 \quad R_2 \quad 0 \quad R_4 \quad 0 \quad R_6]^{\text{T}}$ (4.180)

总的节点载荷列阵　$\boldsymbol{P}=\boldsymbol{F}+\boldsymbol{R}=[0\quad R_2\quad 0\quad R_4\quad 3\times10^4\quad R_6]^{\mathrm{T}}$　(4.181)

其中：R_2、R_4、R_6 分别为节点 2、4、6 的垂直支反力。

(2) 各个单元的描述

各个单元的刚度矩阵如下：

$$\boldsymbol{K}^{(1)}=\frac{E^{(1)}A^{(1)}}{l^{(1)}}\begin{bmatrix}1&-1\\-1&1\end{bmatrix}=10^3\begin{bmatrix}53.33&-53.33\\-53.33&53.33\end{bmatrix}\begin{matrix}\leftarrow u_2\\\leftarrow u_1\end{matrix}\quad(\text{columns: } u_2,\ u_1)\tag{4.182}$$

$$\boldsymbol{K}^{(2)}=\frac{E^{(2)}A^{(2)}}{l^{(2)}}\begin{bmatrix}1&-1\\-1&1\end{bmatrix}=10^3\begin{bmatrix}21&-21\\-21&21\end{bmatrix}\begin{matrix}\leftarrow u_4\\\leftarrow u_3\end{matrix}\quad(\text{columns: } u_4,\ u_3)\tag{4.183}$$

(3) 建立整体刚度方程

整体刚度方程为

$$\boldsymbol{Kq}=\boldsymbol{P}\tag{4.184}$$

其中刚度矩阵的装配关系为

$$\boldsymbol{K}=\boldsymbol{K}^{(1)}+\boldsymbol{K}^{(2)}\tag{4.185}$$

将方程(4.184)具体写出为

$$10^3\times\begin{bmatrix}53.33&-53.33&0&0&b_{15}&b_{16}\\-53.33&53.33&0&0&0&0\\0&0&21&-21&b_{35}&b_{36}\\0&0&-21&21&0&0\\b_{51}&0&b_{53}&0&b_{55}&b_{56}\\b_{61}&0&b_{63}&0&b_{65}&b_{66}\end{bmatrix}\begin{bmatrix}u_1\\u_2\\u_3\\u_4\\u_5\\u_6\end{bmatrix}=\begin{bmatrix}0\\R_2\\0\\R_4\\3\times10^4\\R_6\end{bmatrix}\tag{4.186}$$

显然上式中的 b_{15},b_{16},…为与刚性梁相关的系数,其关系由刚性约束决定。下面用**罚函数法**(penalty approach)推导这些参数。对于节点 1 的 u_1 与节点 5 的 u_5,存在有刚体位移关系(几何协调)

$$u_1+\alpha_1u_5-\alpha_1u_6=0\tag{4.187}$$

其中 $\alpha_1=-0.333$。同理对于节点 3 与节点 5,有刚体位移关系

$$u_3+\alpha_2u_5-\alpha_2u_6=0\tag{4.188}$$

其中 $\alpha_2=-0.833$。那么,条件(4.187)和(4.188)就成为该结构的**约束方程**(constraint equation)。用罚函数法来处理该约束方程,原来的势能表达式将变为

$$\Pi=\frac{1}{2}\boldsymbol{q}^{\mathrm{T}}\boldsymbol{Kq}+\frac{1}{2}c_1(u_1+\alpha_1u_5-\alpha_1u_6)^2+\frac{1}{2}c_2(u_3+\alpha_2u_5-\alpha_2u_6)^2-\boldsymbol{q}^{\mathrm{T}}\boldsymbol{P}\tag{4.189}$$

其中,c_1,c_2 均为足够大的系数。

由最小势能原理,有

$$\frac{\partial \Pi}{\partial c_1}=0 \quad \to \quad u_1+\alpha_1 u_5-\alpha_1 u_6=0 \tag{4.190}$$

$$\frac{\partial \Pi}{\partial c_2}=0 \quad \to \quad u_3+\alpha_2 u_5-\alpha_2 u_6=0 \tag{4.191}$$

$$\frac{\partial \Pi}{\partial \boldsymbol{q}}=0 \to \boldsymbol{K}\boldsymbol{q}+\begin{bmatrix} c_1 & 0 & 0 & 0 & c_1\alpha_1 & -c_1\alpha_1 \\ 0 & 0 & 0 & 0 & 0 & 0 \\ 0 & 0 & c_2 & 0 & c_2\alpha_2 & -c_2\alpha_2 \\ 0 & 0 & 0 & 0 & 0 & 0 \\ c_1\alpha_1 & 0 & c_2\alpha_2 & 0 & c_1\alpha_1^2+c_2\alpha_2^2 & -c_1\alpha_1^2-c_2\alpha_2^2 \\ -c_1\alpha_1 & 0 & -c_2\alpha_2 & 0 & -c_1\alpha_1^2-c_2\alpha_2^2 & c_1\alpha_1^2+c_2\alpha_2^2 \end{bmatrix}\cdot \boldsymbol{q}-\boldsymbol{P}=0 \tag{4.192}$$

如果取 $c_1=c_2=c=(53.33\times10^3)\times10^4$ 为一个很大的数,则可得到耦合有约束方程的总体刚度方程

$$\begin{matrix} u_1 & u_2 & u_3 & u_4 & u_5 & u_6 \\ \downarrow & \downarrow & \downarrow & \downarrow & \downarrow & \downarrow \end{matrix}$$

$$\begin{bmatrix} 53.33\times10^3+c & -53.33\times10^3 & 0 & 0 & -0.333c & 0.333c \\ -53.33\times10^3 & 53.33\times10^3 & 0 & 0 & 0 & 0 \\ 0 & 0 & 21\times10^3+c & -21\times10^3 & -0.833c & 0.833c \\ 0 & 0 & -21\times10^3 & 21\times10^3 & 0 & 0 \\ -0.333c & 0 & -0.833c & 0 & 0.333^2c+0.833^2c & -0.333^2c-0.833^2c \\ 0.333c & 0 & 0.833c & 0 & -0.333^2c-0.833^2c & 0.333^2c+0.833^2c \end{bmatrix}\begin{bmatrix} u_1 \\ u_2 \\ u_3 \\ u_4 \\ u_5 \\ u_6 \end{bmatrix}$$

$$=\begin{bmatrix} 0 \\ R_2 \\ 0 \\ R_4 \\ 3\times10^4 \\ R_6 \end{bmatrix} \tag{4.193}$$

(4) 边界条件的处理及刚度方程求解

该问题的边界条件为

$$u_2=u_4=u_6=0 \tag{4.194}$$

同样在(4.193)式的基础上采用罚函数法进行处理,最后数值求解的结果为

$$\left.\begin{aligned} u_1&=0.488\text{mm} \\ u_3&=1.220\text{mm} \\ u_5&=1.465\text{mm} \end{aligned}\right\} \tag{4.195}$$

(5) 其他物理量的计算

求各单元的应力

$$\sigma^{(1)}=\boldsymbol{E}^{(1)}\boldsymbol{B}^{(1)}\boldsymbol{q}^{(1)}=\frac{2\times10^5}{4500}[-1\quad 1]\begin{bmatrix}u_2\\u_1\end{bmatrix}=21.7\text{MPa}\tag{4.196}$$

$$\sigma^{(2)}=\boldsymbol{E}^{(2)}\boldsymbol{B}^{(2)}\boldsymbol{q}^{(2)}=\frac{7\times10^4}{3000}[-1\quad 1]\begin{bmatrix}u_4\\u_3\end{bmatrix}=28.5\text{MPa}\tag{4.197}$$

(6) 支反力的计算

将节点位移结果(4.195)式代入刚度方程(4.193)中，有

$$\left.\begin{aligned}R_2&=-2.60\times10^4\text{N}\\R_4&=-2.56\times10^4\text{N}\\R_6&=-3.00\times10^4\text{N}\end{aligned}\right\}\tag{4.198}$$

(7) 讨论

如果在节点5处不是施加外力 F，而是施加一个位移 $\delta_5=2\text{mm}$，求解该结构的各点位移、各单元的应力以及支反力。

显然，此时的位移边界条件为

$$\left.\begin{aligned}u_2=u_4=u_6=0\\u_5=\delta_5=2\text{mm}\end{aligned}\right\}\tag{4.199}$$

总的载荷列阵为

$$\boldsymbol{P}=[0\quad R_2\quad 0\quad R_4\quad F_5\quad R_6]^{\mathrm{T}}\tag{4.200}$$

其中 F_5 为待求的作用在节点5上并引起 δ_5 位移的外力。将(4.199)式和(4.200)式代入(4.193)式中，可求出

$$\left.\begin{aligned}u_1&=0.666\text{mm}\\u_3&=1.666\text{mm}\end{aligned}\right\}\tag{4.201}$$

则各个单元的应力为

$$\sigma^{(1)}=\boldsymbol{E}^{(1)}\boldsymbol{B}^{(1)}\boldsymbol{q}^{(1)}=\frac{2\times10^5}{4500}[-1\quad 1]\begin{bmatrix}u_2\\u_1\end{bmatrix}=29.6\text{MPa}\tag{4.202}$$

$$\sigma^{(2)}=\boldsymbol{E}^{(2)}\boldsymbol{B}^{(2)}\boldsymbol{q}^{(2)}=\frac{7\times10^4}{3000}[-1\quad 1]\begin{bmatrix}u_4\\u_3\end{bmatrix}=38.9\text{MPa}\tag{4.203}$$

将所求出的节点位移(4.201)式再代入总刚度方程(4.193)中，可求出

$$\left.\begin{aligned}R_2&=-3.55\times10^4\text{N}\\R_4&=-3.50\times10^4\text{N}\\F_5&=4.10\times10^4\text{N}\\R_6&=-4.10\times10^4\text{N}\end{aligned}\right\}\tag{4.204}$$

可以看出，约束 A 处的支反力 R_6 是不准确的，这是因为在(4.193)式中，AB 刚性梁不是作为单元来考虑的，而只是引入了几何约束条件，因而不能很好地反映相应的平衡关系。

典型例题4.5(2)　匀速旋转杆件的有限元分析

如图4.20所示的一根杆件，在平面内作匀速旋转运动，其角速度 $\omega=60\text{rad/s}$，

假定只考虑离心力的作用,不考虑杆的弯曲效应,用两个3节点杆单元分析该问题。相关参数:弹性模量 $E=1\text{GPa}$,杆的横截面面积 $A=10^{-3}\text{m}^2$,密度 $\rho=2.836\times 10^3\text{kg/m}^3$。

解答:对该问题进行有限元分析的过程如下。

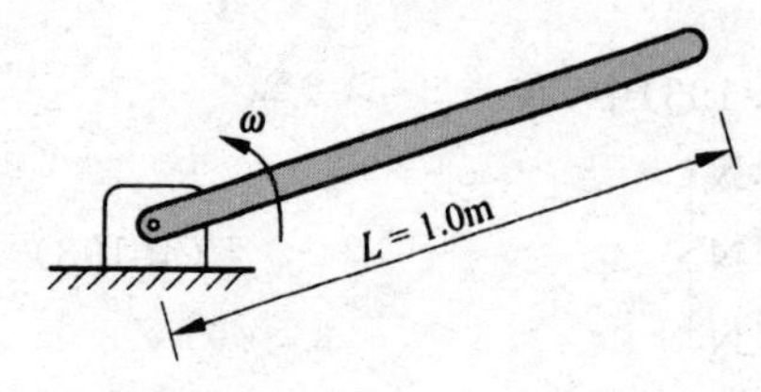

图 4.20 匀速旋转的杆件

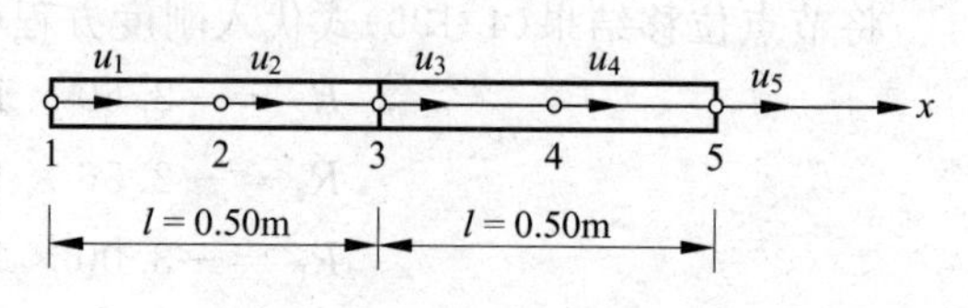

图 4.21 节点编号及单元编号

(1) 结构的离散化与编号

该结构的节点编号和单元编号如图4.21所示,有关节点和单元的信息见表4.7。

表 4.7 单元编号及节点编号

单 元	节 点 编 号		
①	1	2	3
②	3	4	5

节点位移列阵 $\boldsymbol{q}=[u_1 \quad u_2 \quad u_3 \quad u_4 \quad u_5]^{\mathrm{T}}$ (4.205)

节点外载列阵 $\boldsymbol{F}=[F_1 \quad F_2 \quad F_3 \quad F_4 \quad F_5]^{\mathrm{T}}$ (4.206)

约束的支反力列阵 $\boldsymbol{R}=[R_1 \quad 0 \quad 0 \quad 0 \quad 0]^{\mathrm{T}}$ (4.207)

总的节点载荷列阵 $\boldsymbol{P}=\boldsymbol{F}+\boldsymbol{R}=[F_1+R_1 \quad F_2 \quad F_3 \quad F_4 \quad F_5]^{\mathrm{T}}$ (4.208)

其中:$F_1,F_2,\cdots,F_5$ 为离心惯性力(等效在节点上),R_1 为支座反力。

(2) 各个单元的描述

下面首先推导3节点杆单元的刚度矩阵,对于该单元有位移模式

$$u(x)=a_0+a_1x+a_2x^2 \tag{4.209}$$

由节点条件

$$\left.\begin{aligned} u(x=0)&=u_1\\ u\left(x=\frac{l}{2}\right)&=u_2\\ u(x=l)&=u_3\end{aligned}\right\} \tag{4.210}$$

可求出系数 a_0,a_1,a_2,将其代入(4.209)式中,有

$$\begin{aligned} u(x)&=N_1(x)u_1+N_2(x)u_2+N_3(x)u_3\\ &=\left[\left(1-\frac{x}{l}\right)\left(1-\frac{2x}{l}\right)\right]u_1+\left[4\left(1-\frac{x}{l}\right)\frac{x}{l}\right]u_2+\left[\frac{x}{l}\left(\frac{2x}{l}-1\right)\right]u_3\\ &=\boldsymbol{N}(x)\cdot\boldsymbol{q}^e \end{aligned} \tag{4.211}$$

其中单元形状函数矩阵为

$$\begin{aligned}\boldsymbol{N}(x)&=\begin{bmatrix}N_1 & N_2 & N_3\end{bmatrix}\\&=\left[\left(1-\frac{x}{l}\right)\left(1-\frac{2x}{l}\right)\quad 4\left(1-\frac{x}{l}\right)\frac{x}{l}\quad \frac{x}{l}\left(\frac{2x}{l}-1\right)\right]\end{aligned}\tag{4.212}$$

单元的应变为

$$\begin{aligned}\varepsilon^e(x)&=\frac{\mathrm{d}u(x)}{\mathrm{d}x}=\frac{\mathrm{d}}{\mathrm{d}x}\boldsymbol{N}(x)\boldsymbol{q}^e\\&=\left[\left(-\frac{3}{l}+\frac{4x}{l^2}\right)\quad\left(\frac{4}{l}-\frac{8x}{l^2}\right)\quad\left(\frac{4x}{l^2}-\frac{1}{l}\right)\right]\cdot\boldsymbol{q}^e\\&=\boldsymbol{B}(x)\cdot\boldsymbol{q}^e\end{aligned}\tag{4.213}$$

其中单元的几何函数矩阵为

$$\boldsymbol{B}(x)=\left[\left(-\frac{3}{l}+\frac{4x}{l^2}\right)\quad\left(\frac{4}{l}-\frac{8x}{l^2}\right)\quad\left(\frac{4x}{l^2}-\frac{1}{l}\right)\right]\tag{4.214}$$

则单元的刚度矩阵为

$$\begin{aligned}\boldsymbol{K}^e&=\int_0^l\boldsymbol{B}^{\mathrm{T}}\cdot E\cdot\boldsymbol{B}\cdot A\cdot\mathrm{d}x\\&\qquad\quad\;\; u_1\quad\;\; u_2\quad\;\;\; u_3\\&=\frac{EA}{3l}\begin{bmatrix}7&-8&1\\-8&16&-8\\1&-8&7\end{bmatrix}\begin{matrix}\leftarrow u_1\\\leftarrow u_2\\\leftarrow u_3\end{matrix}\end{aligned}\tag{4.215}$$

就该例题,两个单元是完全相同的,因此其单元刚度矩阵也相同,不同之处在于所对应的节点位移列阵。

对于作用于单元的分布外力 $\bar{p}(x)$,相应的外力功为

$$\begin{aligned}W&=\int_0^l\bar{p}(x)\cdot u(x)\mathrm{d}x\\&=\int_0^l\bar{p}(x)\begin{bmatrix}N_1(x) & N_2(x) & N_3(x)\end{bmatrix}\boldsymbol{q}^e\mathrm{d}x\\&=\begin{bmatrix}F_1 & F_2 & F_3\end{bmatrix}\cdot\boldsymbol{q}^e\\&=\boldsymbol{F}^{\mathrm{T}}\cdot\boldsymbol{q}^e\end{aligned}\tag{4.216}$$

其中

$$\left.\begin{aligned}F_1&=\int_0^l\bar{p}(x)\cdot N_1(x)\mathrm{d}x\\F_2&=\int_0^l\bar{p}(x)\cdot N_2(x)\mathrm{d}x\\F_3&=\int_0^l\bar{p}(x)\cdot N_3(x)\mathrm{d}x\end{aligned}\right\}\tag{4.217}$$

为等效在节点上的外载荷。在本例题中,单位长度的离心力可表示为

$$\bar{p}(x)=\rho\cdot A\cdot r\cdot\omega^2\quad\mathrm{N/m}\tag{4.218}$$

这里 r 为距转动中心的距离。

对于单元①,有等效节点力

$$\boldsymbol{F}^{(1)}=\int_0^l \rho\cdot A\cdot x\cdot\omega^2\cdot\boldsymbol{N}^{\mathrm{T}}(x)\mathrm{d}x$$

$$=\rho A\omega^2\left[\int_0^l x\left(1-\frac{x}{l}\right)\left(1-\frac{2x}{l}\right)\mathrm{d}x\quad \int_0^l x\cdot 4\left(1-\frac{x}{l}\right)\frac{x}{l}\mathrm{d}x\quad \int_0^l x\cdot\frac{x}{l}\left(\frac{2x}{l}-1\right)\mathrm{d}x\right]^{\mathrm{T}}$$

$$=\rho A\omega^2 l^2\left[0\quad \frac{1}{3}\quad \frac{1}{6}\right]^{\mathrm{T}}$$

对于单元②,有

$$\boldsymbol{F}^{(2)}=\int_0^l \rho\cdot A\cdot(x+l)\cdot\omega^2\cdot\boldsymbol{N}^{\mathrm{T}}(x)\mathrm{d}x$$

$$=\rho A\omega^2\left[\int_0^l (x+l)\left(1-\frac{x}{l}\right)\left(1-\frac{2x}{l}\right)\mathrm{d}x\quad \int_0^l (x+l)4\left(1-\frac{x}{l}\right)\frac{x}{l}\mathrm{d}x\quad \int_0^l (x+l)\frac{x}{l}\left(\frac{2x}{l}-1\right)\mathrm{d}x\right]^{\mathrm{T}}$$

$$=\rho A\omega^2 l^2\left[\frac{1}{6}\quad 1\quad \frac{1}{3}\right]^{\mathrm{T}}$$

则节点外载列阵为

$$\boldsymbol{F}=\boldsymbol{F}^{(1)}+\boldsymbol{F}^{(2)}=\rho A\omega^2 l^2\left[0\quad \frac{1}{3}\quad \frac{1}{3}\quad 1\quad \frac{1}{3}\right]^{\mathrm{T}} \tag{4.219}$$

(3) 建立整体刚度方程

组装整体刚度矩阵并形成整体刚度方程为

$$\boldsymbol{Kq}=\boldsymbol{P} \tag{4.220}$$

其中整体刚度矩阵的装配关系为

$$\boldsymbol{K}=\boldsymbol{K}^{(1)}+\boldsymbol{K}^{(2)} \tag{4.221}$$

具体可将刚度方程(4.220)写成为

$$\frac{EA}{3l}\begin{bmatrix}7 & -8 & 1 & 0 & 0\\ -8 & 16 & -8 & 0 & 0\\ 0 & -8 & 7+7 & -8 & 1\\ 0 & 0 & -8 & 16 & -8\\ 0 & 0 & 1 & -8 & 7\end{bmatrix}\begin{bmatrix}u_1\\ u_2\\ u_3\\ u_4\\ u_5\end{bmatrix}=\begin{bmatrix}F_1+R_1\\ F_2\\ F_3\\ F_4\\ F_5\end{bmatrix}=\begin{bmatrix}0+R_1\\ \frac{1}{3}\rho A\omega^2 l^2\\ \frac{1}{3}\rho A\omega^2 l^2\\ \rho A\omega^2 l^2\\ \frac{1}{3}\rho A\omega^2 l^2\end{bmatrix} \tag{4.222}$$

(4) 边界条件的处理及刚度方程求解

该问题的边界条件为 $u_1=0$,将其代入方程(4.222)中进行求解,其结果为

$$\left.\begin{aligned}u_2&=1.2496\mathrm{mm}\\ u_3&=2.3397\mathrm{mm}\\ u_4&=3.1107\mathrm{mm}\\ u_5&=3.4032\mathrm{mm}\end{aligned}\right\} \tag{4.223}$$

(5) 其他物理量的计算

下面求各单元的应力。

对于单元①

$$\sigma^{(1)} = E \cdot \boldsymbol{\varepsilon}^{(1)} = E \cdot \boldsymbol{B} \cdot \boldsymbol{q}^{(1)}$$

$$= E \cdot \left[\left(-\frac{3}{l}+\frac{4x}{l^2}\right) \quad \left(\frac{4}{l}-\frac{8x}{l^2}\right) \quad \left(\frac{4x}{l^2}-\frac{1}{l}\right)\right] \cdot \boldsymbol{q}^{(1)}$$

$$= E\left[\left(-\frac{3}{l}+\frac{4x}{l^2}\right)u_1+\left(\frac{4}{l}-\frac{8x}{l^2}\right)u_2+\left(\frac{4x}{l^2}-\frac{1}{l}\right)u_3\right] \tag{4.224}$$

其中 x 应为单元①的局部坐标 $x^{(1)}$，则

节点 1：$\sigma^{(1)}(x^{(1)}=0)=\frac{E}{l}(4u_2-u_3)=5.3174\text{MPa}$

节点 2：$\sigma^{(1)}(x^{(1)}=0.5)=\frac{E}{l}u_3=4.6794\text{MPa}$

节点 3：$\sigma^{(1)}(x^{(1)}=1)=\frac{E}{l}(3u_3-4u_2)=4.0414\text{MPa}$

对于单元②

$$\sigma^{(2)} = E\left[\left(-\frac{3}{l}+\frac{4x}{l^2}\right)u_3+\left(\frac{4}{l}-\frac{8x}{l^2}\right)u_4+\left(\frac{4x}{l^2}-\frac{1}{l}\right)u_5\right] \tag{4.225}$$

其中 x 应为单元②的局部坐标 $x^{(2)}$，则

节点 3：$\sigma^{(2)}(x^{(2)}=0)=\frac{E}{l}(4u_4-3u_3-u_5)=4.0410\text{MPa}$

节点 4：$\sigma^{(2)}(x^{(2)}=0.5)=\frac{E}{l}(u_5-u_3)=2.1270\text{MPa}$

节点 5：$\sigma^{(2)}(x^{(2)}=1)=\frac{E}{l}(u_3-4u_4+3u_5)=0.2130\text{MPa}$

而该问题的精确解为

$$\sigma_{\text{exact}} = \frac{\rho\omega^2}{2}(L^2-x^2) = 5.1048(1-x^2)\text{MPa} \tag{4.226}$$

将有限元分析求得的应力分布与解析解进行比较，如图 4.22 所示。

(6) 支反力的计算

将节点位移的结果代入原整体刚度方程，可求出支反力

$$R_1 = -5104.7\text{N}$$

典型例题 4.5(3)　悬臂梁受压的间隙接触问题

如图 4.23 所示的悬臂梁与一顶杆受压接触，悬臂梁与垂直顶杆有一间隙 Δ，悬臂梁在 b 端作用一集中压力 F_b，分析各节点的位移与支反力，相关参数如下：

悬臂梁：　$E=2\times10^{11}\text{Pa}$，　$I=1\times10^{-5}\text{m}^4$，　$l=1\text{m}$

垂直顶杆：　$E=2\times10^{11}\text{Pa}$，　$A=1\times10^{-3}\text{m}^2$

外力及间隙：$F_b=1\times10^5\text{N}$，　$\Delta=0.01\text{m}$

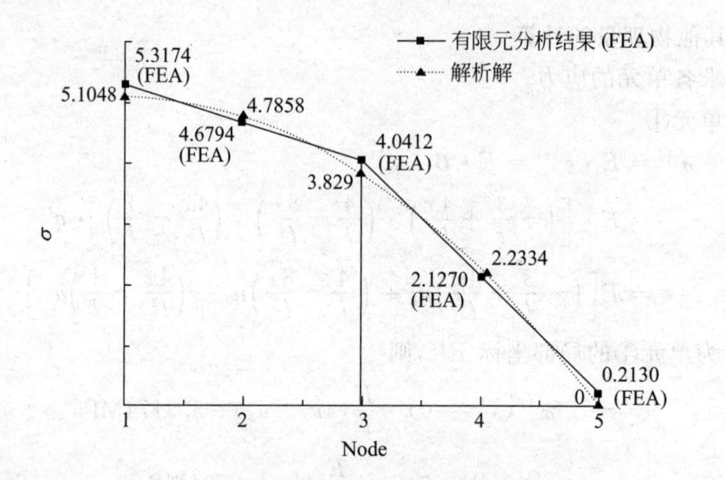

图 4.22 有限元分析的结果与解析解进行比较

解答：对该问题进行有限元分析的过程如下。

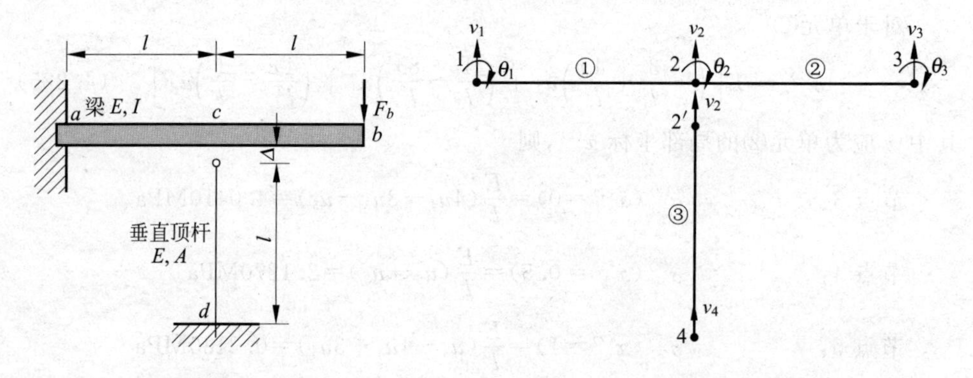

图 4.23 悬臂梁受压接触问题　　　　图 4.24 节点编号及单元编号

(1) 结构的离散化与编号

对该系统进行离散，单元编号及节点编号如图 4.24 所示，有关节点和单元的信息见表 4.8。

表 4.8 单元编号及节点编号

单　元	节 点 编 号
①	1　2
②	2　3
③	4　2

节点位移列阵　　$\boldsymbol{q}=[v_1 \quad \theta_1 \quad v_2 \quad \theta_2 \quad v_3 \quad \theta_3 \quad v_4]^{\mathrm{T}}$　　(4.227)

节点外载列阵　　$\boldsymbol{F}=[0 \quad 0 \quad 0 \quad 0 \quad F_b \quad 0 \quad 0]^{\mathrm{T}}$　　(4.228)

约束的支反力列阵　$\boldsymbol{R}=[R_{v1}\quad R_{\theta1}\quad 0\quad 0\quad 0\quad 0\quad R_{v4}]^{\mathrm{T}}$　(4.229)

其中$(R_{v1},R_{\theta1})$为节点 1 的垂直支反力与力矩，R_{v4}为压杆 d 点的支反力。

(2) 各个单元的描述

各个单元的刚度矩阵为

$$\boldsymbol{K}^{(1)}=\frac{E\cdot I}{l^3}\begin{bmatrix}12 & 6l & -12 & 6l\\ 6l & 4l^2 & -6l & 2l^2\\ -12 & -6l & 12 & -6l\\ 6l & 2l^2 & -6l & 4l^2\end{bmatrix}\begin{matrix}\leftarrow v_1\\ \leftarrow \theta_1\\ \leftarrow v_2\\ \leftarrow \theta_2\end{matrix}\quad \text{(columns: } v_1\ \theta_1\ v_2\ \theta_2\text{)}\tag{4.230}$$

单元②的刚度矩阵为$\boldsymbol{K}^{(2)}$，其数值与$\boldsymbol{K}^{(1)}$完全相同，只是所对应的节点位移列阵不同，为$\boldsymbol{q}^{(2)}=[v_2\quad \theta_2\quad v_3\quad \theta_3]^{\mathrm{T}}$。单元③为杆单元，其刚度矩阵为

$$\boldsymbol{K}^{(3)}=\frac{E\cdot A}{l}\begin{bmatrix}1 & -1\\ -1 & 1\end{bmatrix}\begin{matrix}\leftarrow v_4\\ \leftarrow v_2\end{matrix}\quad \text{(columns: } v_4\ v_2\text{)}\tag{4.231}$$

(3) 建立整体刚度方程并求解

组装整体刚度矩阵并形成整体刚度方程并进行求解。

由于该问题分为接触前和接触后两个阶段，这两个阶段的结构是完全不同的，所以需要分别进行整体刚度矩阵的组装。

第 1 步：接触前的状态

整体刚度矩阵为

$$\boldsymbol{K}'_{\text{step1}}=\boldsymbol{K}^{(1)}+\boldsymbol{K}^{(2)}\tag{4.232}$$

这时的整体刚度方程为

$$\boldsymbol{K}'_{\text{step1}}\cdot\boldsymbol{q}'_{\text{step1}}=\boldsymbol{P}'_{\text{step1}}\tag{4.233}$$

具体地，有

$$\frac{EI}{l^3}\begin{bmatrix}12 & 6l & -12 & 6l & 0 & 0\\ 6l & 4l^2 & -6l & 2l^2 & 0 & 0\\ -12 & -6l & 12+12 & -6l+6l & -12 & 6l\\ 6l & 2l^2 & -6l+6l & 4l^2+4l^2 & -6l & 2l^2\\ 0 & 0 & -12 & -6l & 12 & -6l\\ 0 & 0 & 6l & 2l^2 & -6l & 4l^2\end{bmatrix}\begin{bmatrix}v'_1\\ \theta'_1\\ v'_2\\ \theta'_2\\ v'_3\\ \theta'_3\end{bmatrix}=\begin{bmatrix}R'_{v1}\\ R'_{\theta1}\\ 0\\ 0\\ F'_{b\_\text{cr}}\\ 0\end{bmatrix}\tag{4.234}$$

其中 F'_{b_cr} 为发生接触时在 b 点所需要施加的临界压力，为待求量。显然，发生接触时临界条件为(位移边界条件)$v'_2=-\Delta=-0.01\text{m}$，这时的位移列阵为

$$\boldsymbol{q}'_{\text{step1}}=[v'_1 \quad \theta'_1 \quad v'_2 \quad \theta'_2 \quad v'_3 \quad \theta'_3]^{\mathrm{T}}$$
$$=[0 \quad 0 \quad -\Delta \quad \theta'_2 \quad v'_3 \quad \theta'_3]^{\mathrm{T}} \tag{4.235}$$

将该边界条件代入接触状态前的整体刚度方程(4.234)式，可以求出

$$\left.\begin{aligned}\theta'_2&=-0.018\\v'_3&=-0.032\text{m}\\\theta'_3&=-0.024\end{aligned}\right\} \tag{4.236}$$

再将所求得的节点位移代入接触状态前的整体刚度方程(4.234)式，可求出此时的支反力和临界压力 F'_{b_cr}

$$\left.\begin{aligned}R'_{v1}&=2.40\times10^4\text{N}\\R'_{\theta1}&=4.8\times10^4\text{N}\cdot\text{m}\\F'_{b\_\text{cr}}&=-2.4\times10^4\text{N}\end{aligned}\right\} \tag{4.237}$$

显然，在 b 点的实际外载 $|F_b|>|F'_{b\_\text{cr}}|$，则接触发生，否则接触不会发生。

第 2 步：接触后的状态

此时整体刚度矩阵为

$$\boldsymbol{K}''_{\text{step2}}=\boldsymbol{K}^{(1)}+\boldsymbol{K}^{(2)}+\boldsymbol{K}^{(3)} \tag{4.238}$$

整体刚度方程为

$$\boldsymbol{K}''_{\text{step2}}\cdot\boldsymbol{q}''_{\text{step2}}=\boldsymbol{P}''_{\text{step2}} \tag{4.239}$$

具体地，有

$$\frac{EI}{l^3}\begin{bmatrix}12 & 6l & -12 & 6l & 0 & 0 & 0\\6l & 4l^2 & -6l & 2l^2 & 0 & 0 & 0\\-12 & -6l & 24+\dfrac{A}{I}l^2 & 0 & -12 & 6l & -\dfrac{A}{I}l^2\\6l & 2l^2 & 0 & 8l^2 & -6l & 2l^2 & 0\\0 & 0 & -12 & -6l & 12 & -6l & 0\\0 & 0 & 6l & 2l^2 & -6l & 4l^2 & 0\\0 & 0 & -\dfrac{A}{I}l^2 & 0 & 0 & 0 & \dfrac{A}{I}l^2\end{bmatrix}\begin{bmatrix}v''_1\\\theta''_1\\v''_2\\\theta''_2\\v''_3\\\theta''_3\\v''_4\end{bmatrix}=\begin{bmatrix}R''_{v1}\\R''_{\theta1}\\0\\0\\F''_b\\0\\R''_{v4}\end{bmatrix} \tag{4.240}$$

此时的节点位移 $\boldsymbol{q}''_{\text{step2}}$，既包含梁单元①和②的节点位移，也包含杆单元的节点位移。节点位移边界条件为

$$v''_1=\theta''_1=v''_4=0 \tag{4.241}$$

施加在 b 点的外力为 $F''_b=F_b-F'_{b\_\text{cr}}=-1\times10^5+2.4\times10^4=-7.6\times10^4\text{N}$。

将位移边界条件代入整体刚度方程(4.240)中，可求出

$$\left.\begin{aligned} v_2'' &= -9.223\times10^{-4}\,\text{m} \\ \theta_2'' &= -1.088\times10^{-2} \\ v_3'' &= -2.447\times10^{-2}\,\text{m} \\ \theta_3'' &= -2.988\times10^{-2} \end{aligned}\right\} \tag{4.242}$$

再将所求得的节点位移(4.242)式代入(4.240)式中,可求出支反力

$$\left.\begin{aligned} R_{v1}'' &= -1.085\times10^{5}\,\text{N} \\ R_{\theta1}'' &= -3.247\times10^{4}\,\text{N}\cdot\text{m} \\ R_{v4}'' &= 1.845\times10^{5}\,\text{N} \end{aligned}\right\} \tag{4.243}$$

(4) 两次结果的合成

上面分两次施加外载并进行求解,可以说加载为一个增量过程,最后叠加的外载应达到所施加的总外载。因此,最后的结果应是这两次加载结果的叠加,即最后的位移为

$$\begin{aligned} \boldsymbol{q} &= \boldsymbol{q}_{\text{step1}}' + \boldsymbol{q}_{\text{step2}}'' \\ &= [v_1\quad \theta_1\quad v_2\quad \theta_2\quad v_3\quad \theta_3\quad v_4]^{\text{T}} \\ &= [0\quad 0\quad -\Delta+v_2''\quad \theta_2'+\theta_2''\quad v_3'+v_3''\quad \theta_3'+\theta_3''\quad v_4'']^{\text{T}} \\ &= [0\quad 0\quad -1.092\times10^{-2}\,\text{m}\quad -2.889\times10^{-2}\quad -5.647\times10^{-2}\,\text{m}\quad -5.388\times10^{-2}\quad 0]^{\text{T}} \end{aligned} \tag{4.244}$$

总的节点力列阵(包括支反力)为

$$\begin{aligned} \boldsymbol{P} &= \boldsymbol{F} + \boldsymbol{R} \\ &= [R_{v1}'+R_{v1}''\quad R_{\theta1}'+R_{\theta1}''\quad 0\quad 0\quad F_b\quad 0\quad R_{v4}'']^{\text{T}} \\ &= [-8.450\times10^{4}\,\text{N}\quad 1.553\times10^{4}\,\text{N}\cdot\text{m}\quad 0\quad 0\quad -10^{5}\,\text{N}\quad 0\quad 1.845\times10^{5}\,\text{N}]^{\text{T}} \end{aligned} \tag{4.245}$$

4.6 本章要点及参考内容

4.6.1 本章要点

- 有限元分析的基本步骤及表达式(几何离散化、单元节点及位移场、所有力学变量基于节点位移的表达)
- 有限元分析的基本方程(刚度矩阵、载荷列阵、单元的刚度方程、组装后的刚度方程)
- 杆单元的位移模式、刚度矩阵及坐标变换
- 梁单元的位移模式、刚度矩阵及坐标变换

4.6.2 参考内容 1：考虑剪切应变的一般梁单元

当梁不是细长梁时，梁变形后的横截面垂直于中性层的假定(Kirchhoff 假定)不再成立，这时需要考虑梁的剪切变形，考虑剪切影响的几何描述如图 4.25 所示。

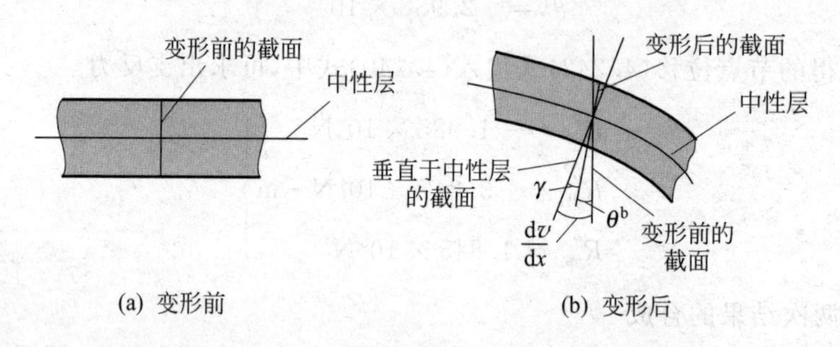

图 4.25 具有剪切影响的梁的变形

设剪切变形为 γ，则

$$\gamma = \frac{dv}{dx} - \theta^b \tag{4.246}$$

其中 v 为梁的挠度，θ^b 为由于弯曲引起的截面转动。显然，如果忽略剪切变形，即 $\gamma=0$，则

$$\theta^b = \frac{dv}{dx} \tag{4.247}$$

这就是细长梁情形，即变形后的横截面仍垂直于中性层。对于变形后转动了 θ^b 的截面，其曲率为

$$\kappa = -\frac{d\theta^b}{dx} \tag{4.248}$$

截面上由于剪切应变引起的应变能密度为

$$U'_\gamma = \frac{1}{2}\tau\gamma = \frac{1}{2}G\gamma^2 \tag{4.249}$$

则剪切变形的应变能为

$$U_\gamma = \int_\Omega U'_\gamma d\Omega = \int_0^l \int_A \frac{1}{2}G\gamma^2 \cdot dA dx \tag{4.250}$$

为处理上的方便，假设 γ 在横截面的微面积 dA 上为均匀分布，需要引入一个不均匀程度的修正因子 λ[14]，则(4.250)式变为

$$U_\gamma = \int_0^l \frac{G\gamma^2 A}{2\lambda} dx \tag{4.251}$$

理论研究表明：对于矩形截面 $\lambda=6/5$，对于圆形截面 $\lambda=10/9$。那么，考虑剪切变形的梁单元的总势能为

$$\Pi = \int_0^l \frac{1}{2}EI(\kappa)^2 dx + \int_0^l \frac{G\gamma^2 A}{2\lambda} dx - \int_0^l \bar{p} v dx \tag{4.252}$$

其中 $\bar{p}$ 为作用在梁上的分布外载。

下面基于第 4.4 节中所得到的梁单元(细长梁)，引入剪切变形的影响，推导相应的有限元分析表达式。

设考虑剪切应变的梁单元的挠度 $v(x)$ 为

$$v(x) = v^{\mathrm{b}}(x) + v^{\mathrm{s}}(x) \tag{4.253}$$

其中 $v^{\mathrm{b}}(x)$ 为弯曲引起的挠度，$v^{\mathrm{s}}(x)$ 为由剪切变形引起的附加挠度。那么截面由于弯曲引起的转动为

$$\theta^{\mathrm{b}} = \frac{\mathrm{d}v^{\mathrm{b}}}{\mathrm{d}x} \tag{4.254}$$

将(4.253)式和(4.254)式代入(4.246)式中，由 $v^{\mathrm{s}}(x)$ 引起的剪切应变为

$$\gamma = \frac{\mathrm{d}v^{\mathrm{s}}(x)}{\mathrm{d}x} \tag{4.255}$$

以两节点梁单元为例，节点位移由两部分组成，即

$$\boldsymbol{q}^{\mathrm{b}} = \begin{bmatrix} v_1^{\mathrm{b}} \\ \theta_1^{\mathrm{b}} \\ v_2^{\mathrm{b}} \\ \theta_2^{\mathrm{b}} \end{bmatrix} \tag{4.256}$$

$$\boldsymbol{q}^{\mathrm{s}} = \begin{bmatrix} v_1^{\mathrm{s}} \\ v_2^{\mathrm{s}} \end{bmatrix} \tag{4.257}$$

其中 $\theta_1^{\mathrm{b}} = \left.\frac{\mathrm{d}v^{\mathrm{b}}}{\mathrm{d}x}\right|_{x=0}$，$\theta_2^{\mathrm{b}} = \left.\frac{\mathrm{d}v^{\mathrm{b}}}{\mathrm{d}x}\right|_{x=l}$。

对于弯曲引起的挠度 $v^{\mathrm{b}}(x)$，使用原来的三次函数插值模式。而对于剪切变形引起的附加挠度 $v^{\mathrm{s}}(x)$，则采用线性函数插值模式，可以推导出各自位移函数的表达式

$$v^{\mathrm{b}}(x) = N_1 v_1^{\mathrm{b}} + N_2 \theta_1^{\mathrm{b}} + N_3 v_2^{\mathrm{b}} + N_4 \theta_2^{\mathrm{b}} = \boldsymbol{N}^{\mathrm{b}}(x) \cdot \boldsymbol{q}^{\mathrm{b}} \tag{4.258}$$

$$v^{\mathrm{s}}(x) = \left(1 - \frac{x}{l}\right) v_1^{\mathrm{s}} + \left(\frac{x}{l}\right) v_2^{\mathrm{s}} = N_5 v_1^{\mathrm{s}} + N_6 v_2^{\mathrm{s}} = \boldsymbol{N}^{\mathrm{s}}(x) \cdot \boldsymbol{q}^{\mathrm{s}} \tag{4.259}$$

将以上两式代入(4.252)式中，并求其极小值，可以分别建立各自独立的单元刚度方程，即

$$\left.\begin{aligned} \boldsymbol{K}^{\mathrm{b}} \boldsymbol{q}^{\mathrm{b}} &= \boldsymbol{P}^{\mathrm{b}} \\ \boldsymbol{K}^{\mathrm{s}} \boldsymbol{q}^{\mathrm{s}} &= \boldsymbol{P}^{\mathrm{s}} \end{aligned}\right\} \tag{4.260}$$

其中 $\boldsymbol{K}^{\mathrm{b}}$ 和 $\boldsymbol{P}^{\mathrm{b}}$ 与前面细长纯弯梁的刚度矩阵和载荷列阵相同，而对应于剪切变形的 $\boldsymbol{K}^{\mathrm{s}}$ 和 $\boldsymbol{P}^{\mathrm{s}}$ 为

$$\boldsymbol{K}^{\mathrm{s}} = \frac{GA}{\lambda l} \begin{bmatrix} 1 & -1 \\ -1 & 1 \end{bmatrix} \tag{4.261}$$

$$\boldsymbol{P}^{\mathrm{s}} = \int_l \boldsymbol{N}^{\mathrm{sT}} \cdot \bar{p}(x) \mathrm{d}x \tag{4.262}$$

(4.260)式中的两组方程为非耦合的,每个节点有 3 个自由度:$v_i^{\mathrm{b}}, v_i^{\mathrm{s}}, \theta_i^{\mathrm{b}}(i=1,2)$,下面通过一定的处理化为 2 个独立自由度:$v_i, \theta_i^{\mathrm{b}}(i=1,2)$。由于梁的弯矩和剪力存在一个耦合关系,即

$$Q=\frac{\mathrm{d}M}{\mathrm{d}x} \tag{4.263}$$

其中 Q, M 为截面上的剪力和弯矩。而截面上的剪力 Q 为

$$Q=\int_A \tau\,\mathrm{d}A=\frac{\tau A}{\lambda}=\frac{G\gamma A}{\lambda} \tag{4.264}$$

将(4.255)式代入上式,并考虑到(4.259)式,有

$$Q=\frac{GA}{\lambda}\frac{\mathrm{d}v^{\mathrm{s}}}{\mathrm{d}x}=\frac{GA}{\lambda}\left(\frac{\mathrm{d}N_5}{\mathrm{d}x}v_1^{\mathrm{s}}-\frac{\mathrm{d}N_6}{\mathrm{d}x}v_2^{\mathrm{s}}\right)=\frac{GA}{\lambda l}(v_2^{\mathrm{s}}-v_1^{\mathrm{s}}) \tag{4.265}$$

而弯矩

$$\begin{aligned} M&=-EI\boldsymbol{\kappa}=-EI\frac{\mathrm{d}^2v^{\mathrm{b}}}{\mathrm{d}x^2} \\ &=-\frac{EI}{l^2}\left[\left(6-12\frac{x}{l}\right)(v_2^{\mathrm{b}}-v_1^{\mathrm{b}})+l\left(6\frac{x}{l}-4\right)\theta_1^{\mathrm{b}}+l\left(6\frac{x}{l}-2\right)\theta_2^{\mathrm{b}}\right] \end{aligned} \tag{4.266}$$

将(4.265)式和(4.266)式代入耦合关系(4.263)式中,加上关系(4.253)式,可以将 v^{b} 和 v^{s} 都用 v 来表示,即

$$\left.\begin{aligned} v_2^{\mathrm{b}}-v_1^{\mathrm{b}}&=\frac{1}{1+c}(v_2-v_1)+\frac{lc}{2(1+c)}(\theta_1^{\mathrm{b}}+\theta_2^{\mathrm{b}}) \\ v_2^{\mathrm{s}}-v_1^{\mathrm{s}}&=\frac{1}{1+c}(v_2-v_1)-\frac{lc}{2(1+c)}(\theta_1^{\mathrm{b}}+\theta_2^{\mathrm{b}}) \end{aligned}\right\} \tag{4.267}$$

式中 $c=\dfrac{12EI\lambda}{GAl^2}$,将(4.267)式代入(4.260)中的第一个方程(即弯曲部分的方程),并对第二个方程进行合并,可得到单元的刚度方程 $\boldsymbol{Kq}=\boldsymbol{P}$,其中

$$\boldsymbol{K}=\frac{EI}{(1+c)l^3}\begin{array}{c} \begin{array}{cccc} v_1 & \theta_1^{\mathrm{b}} & v_2 & \theta_2^{\mathrm{b}} \\ \downarrow & \downarrow & \downarrow & \downarrow \end{array} \\ \left[\begin{array}{cccc} 12 & 6l & -12 & 6l \\ 6l & (4+c)l^2 & -6l & (2-c)l^2 \\ -12 & -6l & 12 & -6l \\ 6l & (2-c)l^2 & -6l & (4+c)l^2 \end{array}\right] \end{array} \begin{array}{l} \\ \\ \leftarrow v_1 \\ \leftarrow \theta_1^{\mathrm{b}} \\ \leftarrow v_2 \\ \leftarrow \theta_2^{\mathrm{b}} \end{array} \tag{4.268}$$

$$\left.\begin{aligned} \boldsymbol{q}&=[v_1 \quad \theta_1^{\mathrm{b}} \quad v_2 \quad \theta_2^{\mathrm{b}}]^{\mathrm{T}} \\ \boldsymbol{P}&=\int_0^l \overline{\boldsymbol{N}}^{\mathrm{T}}\,\overline{p}(x)\,\mathrm{d}x \\ \overline{\boldsymbol{N}}&=\left[\frac{1}{2}(N_1+N_5) \quad N_2 \quad \frac{1}{2}(N_3+N_6) \quad N_4\right] \end{aligned}\right\} \tag{4.269}$$

对照前面无剪切变形影响的梁的刚度矩阵可以看出:剪切变形的影响通过系数 c 反映在刚度矩阵中,使得梁的刚度变小,如对于矩形截面有

$$c = \frac{6Eh^2}{5Gl^2}$$

当 $h \ll l$ 时，即细长梁情形，有 $c \to 0$，则剪切变形的影响可以忽略。

4.6.3 参考内容2：考虑剪切变形的Timoshenko梁单元

前面所构造的考虑剪切变形的梁单元，由于用到了(4.254)式，即 $\theta^b = \frac{dv^b}{dx}$，从函数的连续性来看，在单元之间要求由于弯曲引起的截面转动是连续的，即要求 $v^b(x)$ 的一阶导数连续，这类单元称为 C_1 型单元。如果对挠度函数 $v(x)$ 和 $\theta^b(x)$ 进行独立插值，并且考虑剪切变形的影响，这样所构造出的单元就是 **Timoshenko梁单元**(Timoshenko beam element)。下面就两节点的Timoshenko梁单元给出完整的推导。

设单元的总挠度函数 $v(x)$ 和截面转角函数 $\theta^b(x)$ 的单元插值模式为

$$v(x) = N_1(x)v_1 + N_2(x)v_2 \tag{4.270}$$

$$\theta^b(x) = N_1(x)\theta_1^b + N_2(x)\theta_2^b \tag{4.271}$$

其中 (v_1, v_2) 为梁单元节点1和节点2的挠度位移，(θ_1^b, θ_2^b) 为梁单元节点1和节点2的弯曲转角，形状函数为

$$N_1(x) = \left(1 - \frac{x}{l}\right), \quad N_2(x) = \frac{x}{l} \tag{4.272}$$

由(4.246)式，有剪应变

$$\gamma = \frac{dv(x)}{dx} - \theta^b(x) = \left(-\frac{1}{l}\right)v_1 + \left(\frac{1}{l}\right)v_2 - \left(1 - \frac{x}{l}\right)\theta_1^b - \left(\frac{x}{l}\right)\theta_2^b \tag{4.273}$$

而曲率为

$$\kappa = -\frac{d\theta^b(x)}{dx} = \left[-\frac{dN_1(x)}{dx}\right]\theta_1^b + \left[-\frac{dN_2(x)}{dx}\right]\theta_2^b = \left(\frac{1}{l}\right)\theta_1^b - \left(\frac{1}{l}\right)\theta_2^b \tag{4.274}$$

将节点位移列阵记为

$$\boldsymbol{q}^e = [v_1 \quad \theta_1^b \quad v_2 \quad \theta_2^b]^T \tag{4.275}$$

则(4.273)式可写为

$$\gamma = \boldsymbol{B}^s(x) \cdot \boldsymbol{q}^e \tag{4.276}$$

其中 $\boldsymbol{B}^s$ 为剪切几何函数矩阵

$$\boldsymbol{B}^s = \left[-\frac{1}{l} \quad \left(\frac{x}{l} - 1\right) \quad \frac{1}{l} \quad \left(-\frac{x}{l}\right)\right] \tag{4.277}$$

同样弯曲曲率(4.274)可以写为

$$\kappa = \boldsymbol{B}^b(x) \cdot \boldsymbol{q}^e \tag{4.278}$$

其中 $\boldsymbol{B}^b$ 为曲率几何矩阵

$$\boldsymbol{B}^b = \left[0 \quad \frac{1}{l} \quad 0 \quad -\frac{1}{l}\right] \tag{4.279}$$

将(4.276)式和(4.278)式代入考虑剪切变形的势能泛函(4.252)式，则可以得到

$$\begin{aligned}\Pi^e &= \frac{1}{2}\boldsymbol{q}^{e\mathrm{T}}\boldsymbol{K}^{\mathrm{b}}\boldsymbol{q}^e + \frac{1}{2}\boldsymbol{q}^{e\mathrm{T}}\boldsymbol{K}^{\mathrm{s}}\boldsymbol{q}^e - \boldsymbol{P}^{e\mathrm{T}}\boldsymbol{q}^e \\ &= \frac{1}{2}\boldsymbol{q}^{e\mathrm{T}}\boldsymbol{K}^e\boldsymbol{q}^e - \boldsymbol{P}^{e\mathrm{T}}\boldsymbol{q}^e\end{aligned} \tag{4.280}$$

其中单元刚度矩阵由两部分组成

$$\boldsymbol{K}^e = \boldsymbol{K}^{\mathrm{b}} + \boldsymbol{K}^{\mathrm{s}} \tag{4.281}$$

$\boldsymbol{K}^{\mathrm{b}}$ 为弯曲刚度矩阵

$$\boldsymbol{K}^{\mathrm{b}} = \int_0^l (\boldsymbol{B}^{\mathrm{b}})^{\mathrm{T}} \cdot EI \cdot \boldsymbol{B}^{\mathrm{b}} \mathrm{d}x = \frac{EI}{l}\begin{bmatrix} 0 & 0 & 0 & 0 \\ 0 & 1 & 0 & -1 \\ 0 & 0 & 0 & 0 \\ 0 & -1 & 0 & 1 \end{bmatrix} \begin{matrix} \leftarrow v_1 \\ \leftarrow \theta_1^{\mathrm{b}} \\ \leftarrow v_2 \\ \leftarrow \theta_2^{\mathrm{b}} \end{matrix} \tag{4.282}$$

（列依次对应 v_1、θ_1^{b}、v_2、θ_2^{b}）

而 $\boldsymbol{K}^{\mathrm{s}}$ 为剪切变形刚度矩阵

$$\boldsymbol{K}^{\mathrm{s}} = \int_0^l (\boldsymbol{B}^{\mathrm{s}})^{\mathrm{T}} \cdot \frac{GA}{\lambda} \cdot \boldsymbol{B}^{\mathrm{s}} \mathrm{d}x = \frac{GA}{\lambda l}\begin{bmatrix} 1 & \frac{l}{2} & -1 & \frac{l}{2} \\ \frac{l}{2} & \frac{l^2}{3} & -\frac{l}{2} & \frac{l^2}{6} \\ -1 & -\frac{l}{2} & 1 & -\frac{l}{2} \\ \frac{l}{2} & \frac{l^2}{6} & -\frac{l}{2} & \frac{l^2}{3} \end{bmatrix} \begin{matrix} \leftarrow v_1 \\ \leftarrow \theta_1^{\mathrm{b}} \\ \leftarrow v_2 \\ \leftarrow \theta_2^{\mathrm{b}} \end{matrix} \tag{4.283}$$

（列依次对应 v_1、θ_1^{b}、v_2、θ_2^{b}）

讨论1：当为薄梁时，即$\frac{l}{h}\to\infty$，希望此时的剪切应变 γ 为零，则由(4.273)式，若强行令其为零，有

$$\gamma(x) = \frac{1}{l}(v_2 - v_1) - \theta_1^{\mathrm{b}} + (\theta_1^{\mathrm{b}} - \theta_2^{\mathrm{b}}) \cdot \frac{x}{l} = 0 \tag{4.284}$$

这是一个一次函数，要使该式在梁中处处恒满足，除常数项之和为零外，还必须有 x 的一次项为零，即要求

$$\theta_1^{\mathrm{b}} = \theta_2^{\mathrm{b}} \tag{4.285}$$

由于 $\theta^{\mathrm{b}}(x)$为线性函数，要满足条件(4.285)，则必然有 $\theta^{\mathrm{b}}(x)=\theta_1^{\mathrm{b}}=\theta_2^{\mathrm{b}}$，即 $\theta^{\mathrm{b}}(x)$为一个常数，这意味着梁不能发生弯曲，这与真实情况相违背的，这种现象称为**剪切自锁**(shear locking)。其原因为在剪切应变 γ 的表达式中，$\frac{\mathrm{d}v}{\mathrm{d}x}$和 $\theta^{\mathrm{b}}(x)$的函数表达

不是相同的阶次，因而不能恒满足 $\gamma=\frac{dv}{dx}-\theta^b=0$ 这一细长梁的约束条件，也就是在梁（板）很薄时，导致不适当地夸大了剪切应变能的量级所造成的。

讨论2：从剪切应变能的表达式

$$U_\gamma = \frac{1}{2}\boldsymbol{q}^{eT}\boldsymbol{K}^s\boldsymbol{q}^e \tag{4.286}$$

可以看出，在细长梁（薄板）的情况下，希望能得到 $U_\gamma=0$。如果 $\boldsymbol{q}^e$ 不恒为零，则一定要求矩阵 $\boldsymbol{K}^s$ 为奇异，使得当 $\theta_1^b\neq\theta_2^b$ 情况下，也能使 $U_\gamma=0$。一种办法是在计算 $\boldsymbol{K}^s$ 的积分时（见(4.283)式），不采用精确积分，而用一点积分（取单元的中心）来计算[14]，这样相当于将原来的 $\theta^b(x)$ 的线性变化关系改为常数（中点平均值），使得 $\frac{dv}{dx}$ 和 $\theta^b(x)$ 保持同阶，就有可能做到 $U_\gamma=0$。具体地，一点积分方法得到的 $\boldsymbol{K}^s$ 为

$$\begin{matrix} & v_1 & \theta_1^b & v_2 & \theta_2^b & \\ & \downarrow & \downarrow & \downarrow & \downarrow & \end{matrix}$$

$$\boldsymbol{K}^s = \frac{GA}{\lambda l}\begin{bmatrix} 1 & \frac{l}{2} & -1 & \frac{l}{2} \\ \frac{l}{2} & \frac{l^2}{4} & -\frac{l}{2} & \frac{l^2}{4} \\ -1 & -\frac{l}{2} & 1 & -\frac{l}{2} \\ \frac{l}{2} & \frac{l^2}{4} & -\frac{l}{2} & \frac{l^2}{4} \end{bmatrix}\begin{matrix} \leftarrow v_1 \\ \leftarrow \theta_1^b \\ \leftarrow v_2 \\ \leftarrow \theta_2^b \end{matrix} \tag{4.287}$$

可以做一个验证，对于(4.287)式中的第一行 $\boldsymbol{K}_1^s$，将其乘上 $\boldsymbol{q}^e$ 有

$$\begin{aligned} \boldsymbol{K}_1^s\boldsymbol{q}^e &= v_1+\frac{l}{2}\theta_1^b - v_2 + \frac{l}{2}\theta_2^b \\ &= (v_1-v_2)+\frac{l}{2}(\theta_1^b+\theta_2^b) \end{aligned} \tag{4.288}$$

在 $\frac{l}{h}\to 0$ 情形下，有 $\frac{dv_1}{dx}=\theta_1^b$，$\frac{dv_2}{dx}=\theta_2^b$，则

$$v_2-v_1=\theta_m\cdot l=\frac{(\theta_1^b+\theta_2^b)}{2}\cdot l \tag{4.289}$$

其中 θ_m 为梁两端节点转角的平均值，见图4.26。

将(4.289)式代入(4.288)式中，有

$$\boldsymbol{K}_1^s\boldsymbol{q}^e = 0 \tag{4.290}$$

对于(4.287)式中的其他几行，也可以得到同样的结果，这就验证了 $\boldsymbol{K}^s$ 为奇异的。

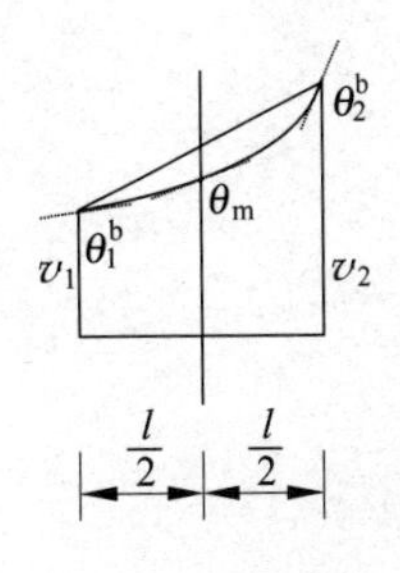

图4.26　将 θ_m 取为梁两端节点转角的平均值

4.7 习题

4.1 如图所示,为一个由两根杆组成的结构(二杆分别沿 x,y 方向)。结构参数为:$E^{①}=E^{②}=2\times10^6\text{kg/cm}^2$,$A^{①}=2A^{②}=2\text{cm}^2$,试完成下列有限元分析。

(1) 写出各单元的刚度矩阵。

(2) 写出总刚度矩阵。

(3) 求节点 2 的位移 u_{x2},v_{y2}。

(4) 求各单元的应力。

(5) 求支反力。

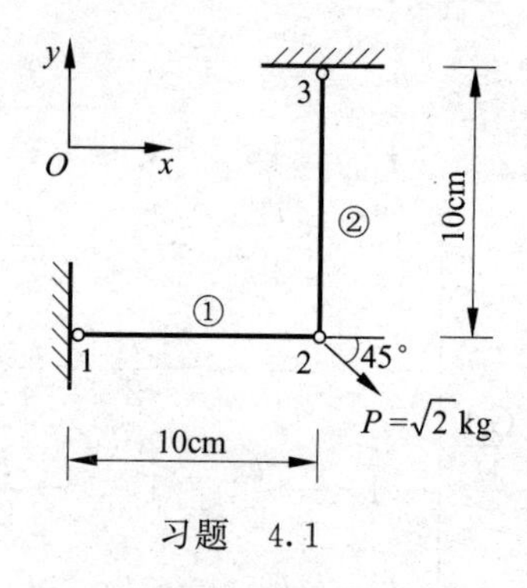

习题 4.1

4.2 上端为铰支的垂直悬挂的等截面直杆受自重作用,截面积为 A,长度 l,质量密度为 ρ。如用一个 1D 杆单元来求解杆内的应力分布,问应采用多少节点的单元?在什么位置有限元分析结果可以达到解析解的精度?并给出它们的数值。

4.3 求如图所示平面桁架的节点位移和单元内力。设 $E=2.0\times10^5\text{MPa}$,$A=1.0\text{cm}^2$。

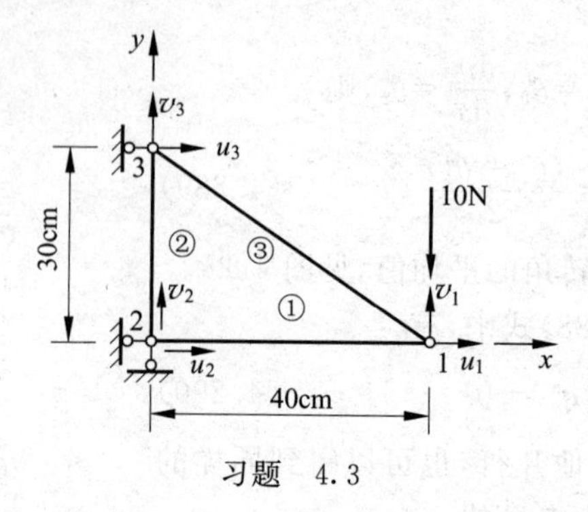

习题 4.3

4.4 试求图所示平面桁架的节点位移和内应力。垂直向下的 1000kg 载荷作用于节点 4 上,其他有关数据见表 1。

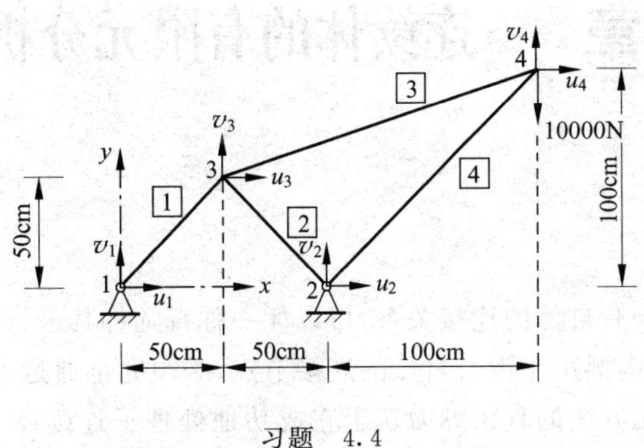

习题 4.4

表 1

杆件号	截面积 A/cm^2	长度 l/cm	弹性模量 $E/\text{kg}\cdot\text{cm}^{-2}$
1	2.0	$\sqrt{2}\times 50$	2×10^6
2	2.0	$\sqrt{2}\times 50$	2×10^6
3	1.0	$\sqrt{2.5}\times 100$	2×10^6
4	1.0	$\sqrt{2}\times 100$	2×10^6

4.5 对于如图所示的变截面轴向构件,若用一个 1D 2 节点的等效杆单元进行建模,试利用线性位移场

$$u(x)=\left(1-\frac{x}{L}\right)u_1+\frac{x}{L}u_2$$

和最小势能原理,推导相应的刚度阵,此构件的厚度为均匀厚度 b。

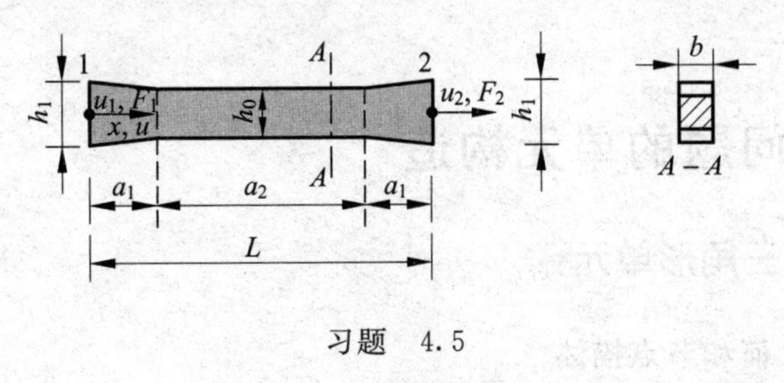

习题 4.5

4.6 节点上的集中载荷可以直接加入载荷列阵中?如集中载荷不作用在节点上又应如何处理?试以 2 节点杆单元和梁单元为例分别进行讨论。

第5章　连续体的有限元分析原理

杆梁结构由于有自然的连接关系，可以凭一种直觉将其进行自然的离散，而连续体则不同，它的内部由于没有自然的连接节点，必须完全通过人工的方法进行离散。有人说有限元方法的真正魅力在于它成功地处理了连续体(场)问题，人们公认的有限元方法的鼻祖之一 Courant，就是在 1943 年使用三角形区域的分片连续函数和最小势能原理处理了连续体问题。而“有限单元”的名称，是 Clough 于 1960 年在处理平面连续体问题时正式提出的。

本章将对连续体问题的有限元方法进行全面的研究和讨论。

5.1　连续体的离散过程及特征

杆梁结构由于本身存在有自然的连接关系即自然节点，所以它们的离散化叫做自然离散，这样的计算模型对原始结构具有很好的描述。而连续体则不同，它本身内部不存在自然的连接关系，而是以连续介质的形式给出物质间的相互关联，所以，必须人为地在连续体内部和边界上划分节点，以分片(单元)连续的形式来逼近原来复杂的几何形状，这种离散过程叫做**逼近性离散**(approximated discretization)，如图 5.1 所示。

5.2　平面问题的单元构造

5.2.1　3 节点三角形单元

1. 单元的几何和节点描述

3 节点三角形单元(3-node triangular element)如图 5.2 所示。3 个节点的编号为 1、2、3，各自的位置坐标为(x_i，y_i)，$i=1,2,3$，各个节点的位移(分别沿 x 方向和 y 方向)为(u_i，v_i)，$i=1,2,3$。

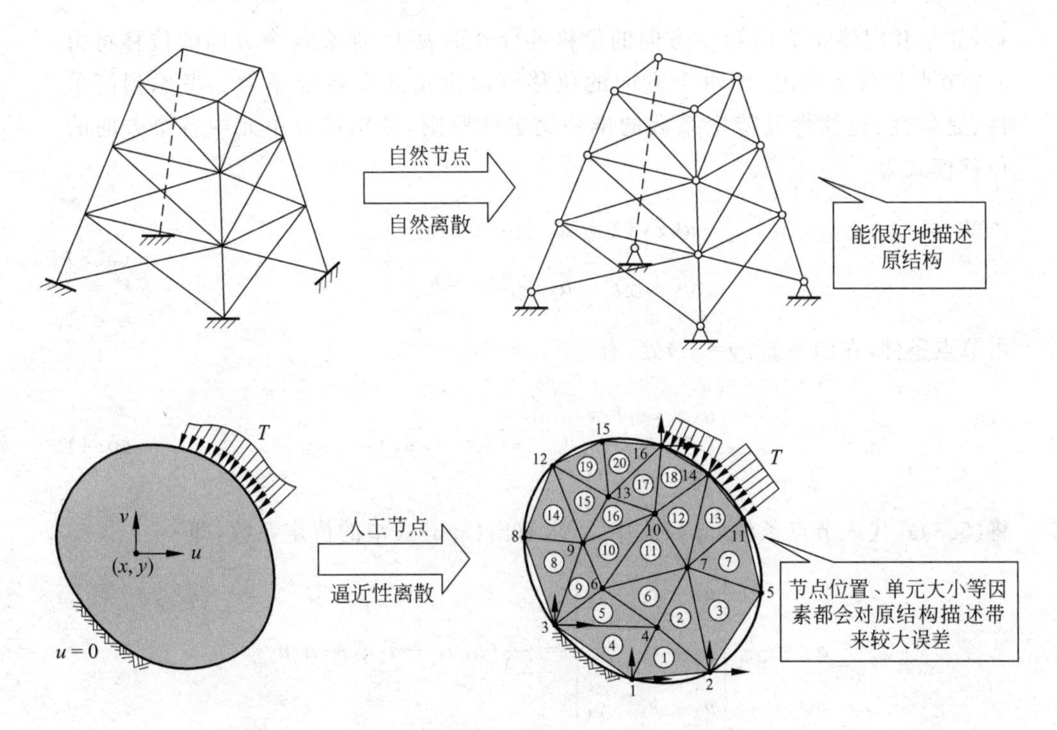

图 5.1　结构的两种几何离散过程

如图 5.2 所示，该单元共有 6 个节点位移自由度(DOF)。将所有节点上的位移组成一个列阵，记作 $\boldsymbol{q}^e$；同样，将所有节点上的各个力也组成一个列阵，记作 $\boldsymbol{P}^e$，那么

$$\underset{(6\times1)}{\boldsymbol{q}^e}=[u_1\ \ v_1\ \ u_2\ \ v_2\ \ u_3\ \ v_3]^{\mathrm{T}} \tag{5.1}$$

$$\underset{(6\times1)}{\boldsymbol{P}^e}=[P_{x1}\ \ P_{y1}\ \ P_{x2}\ \ P_{y2}\ \ P_{x3}\ \ P_{y3}]^{\mathrm{T}} \tag{5.2}$$

若该单元承受分布外载，可以将其等效到节点上，即也可以表示为如(5.2)式所示的节点力。利用函数插值、几何方程、物理方程以及势能计算公式，可以将单元的所有力学参量(即场变量：$u(x,y)$，$\varepsilon(x,y)$，$\sigma(x,y)$和 Π^e)用节点位移列阵 $\boldsymbol{q}^e$ 及相关的插值函数来表示。下面进行具体的推导。

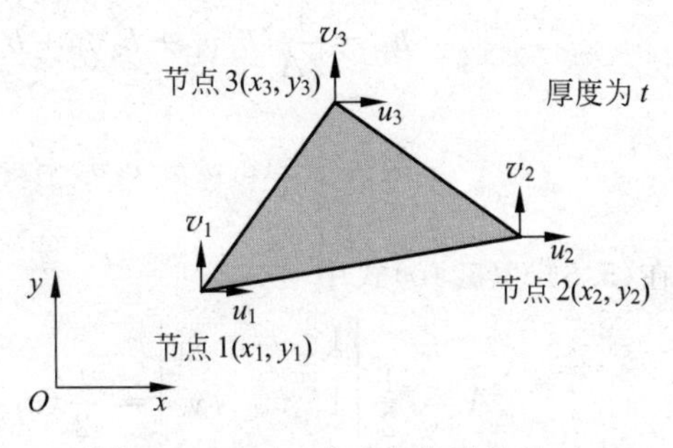

图 5.2　平面 3 节点三角形单元

2. 单元位移场的表达

对于如图 5.2 所示的平面 3 节点三角形单元，由于有 3 个节点，每一个节点有两个位移，因此共有 6 个节点位

移，如果我们将 x 方向和 y 方向的位移进行分别表达，那么每个方向的位移将由3个节点位移来确定，即每个方向的位移可以设定3个待定系数。考虑到简单性、完备性、连续性及待定系数的惟一确定性原则，分别选取单元中各个方向的位移模式为

$$\left.\begin{aligned} u(x,y) &= \bar{a}_0 + \bar{a}_1 x + \bar{a}_2 y \\ v(x,y) &= \bar{b}_0 + \bar{b}_1 x + \bar{b}_2 y \end{aligned}\right\} \tag{5.3}$$

由节点条件，在 $(x=x_i, y=y_i)$ 处，有

$$\left.\begin{aligned} u(x_i,y_i) &= u_i \\ v(x_i,y_i) &= v_i \end{aligned}\right\} \quad (i=1,2,3) \tag{5.4}$$

将(5.3)式代入节点条件(5.4)式中，可求解出(5.3)式中的待定系数，即

$$\bar{a}_0 = \frac{1}{2A}\begin{vmatrix} u_1 & x_1 & y_1 \\ u_2 & x_2 & y_2 \\ u_3 & x_3 & y_3 \end{vmatrix} = \frac{1}{2A}(a_1 u_1 + a_2 u_2 + a_3 u_3) \tag{5.5}$$

$$\bar{a}_1 = \frac{1}{2A}\begin{vmatrix} 1 & u_1 & y_1 \\ 1 & u_2 & y_2 \\ 1 & u_3 & y_3 \end{vmatrix} = \frac{1}{2A}(b_1 u_1 + b_2 u_2 + b_3 u_3) \tag{5.6}$$

$$\bar{a}_2 = \frac{1}{2A}\begin{vmatrix} 1 & x_1 & u_1 \\ 1 & x_2 & u_2 \\ 1 & x_3 & u_3 \end{vmatrix} = \frac{1}{2A}(c_1 u_1 + c_2 u_2 + c_3 u_3) \tag{5.7}$$

$$\bar{b}_0 = \frac{1}{2A}(a_1 v_1 + a_2 v_2 + a_3 v_3) \tag{5.8}$$

$$\bar{b}_1 = \frac{1}{2A}(b_1 v_1 + b_2 v_2 + b_3 v_3) \tag{5.9}$$

$$\bar{b}_2 = \frac{1}{2A}(c_1 v_1 + c_2 v_2 + c_3 v_3) \tag{5.10}$$

在(5.5)～(5.10)式中

$$A = \frac{1}{2}\begin{vmatrix} 1 & x_1 & y_1 \\ 1 & x_2 & y_2 \\ 1 & x_3 & y_3 \end{vmatrix} = \frac{1}{2}(a_1 + a_2 + a_3) = \frac{1}{2}(b_1 c_2 - b_2 c_1) \tag{5.11}$$

$$\left.\begin{aligned} a_1 &= \begin{vmatrix} x_2 & y_2 \\ x_3 & y_3 \end{vmatrix} = x_2 y_3 - x_3 y_2 \\ b_1 &= -\begin{vmatrix} 1 & y_2 \\ 1 & y_3 \end{vmatrix} = y_2 - y_3 \\ c_1 &= \begin{vmatrix} 1 & x_2 \\ 1 & x_3 \end{vmatrix} = -x_2 + x_3 \end{aligned}\right\} \quad (1,2,3) \tag{5.12}$$

上式中的符号(1,2,3)表示下标轮换,如 1→2,2→3,3→1。

将(5.5)～(5.10)式代入(5.3)式中,重写位移函数,并以节点位移的形式进行表示,有

$$u(x,y) = N_1(x,y)u_1 + N_2(x,y)u_2 + N_3(x,y)u_3 \tag{5.13}$$

$$v(x,y) = N_1(x,y)v_1 + N_2(x,y)v_2 + N_3(x,y)v_3 \tag{5.14}$$

写成矩阵形式,有

$$\underset{(2\times1)}{\boldsymbol{u}}(x,y) = \begin{bmatrix} u(x,y) \\ v(x,y) \end{bmatrix} = \begin{bmatrix} N_1 & 0 & N_2 & 0 & N_3 & 0 \\ 0 & N_1 & 0 & N_2 & 0 & N_3 \end{bmatrix} \begin{bmatrix} u_1 \\ v_1 \\ u_2 \\ v_2 \\ u_3 \\ v_3 \end{bmatrix} = \underset{(2\times6)}{\boldsymbol{N}}(x,y) \cdot \underset{(6\times1)}{\boldsymbol{q}^e} \tag{5.15}$$

其中 $\boldsymbol{N}(x,y)$为形状函数矩阵,即

$$\underset{(2\times6)}{\boldsymbol{N}}(x,y) = \begin{bmatrix} N_1 & 0 & N_2 & 0 & N_3 & 0 \\ 0 & N_1 & 0 & N_2 & 0 & N_3 \end{bmatrix} \tag{5.16}$$

而

$$N_i = \frac{1}{2A}(a_i + b_i x + c_i y) \quad (i = 1,2,3) \tag{5.17}$$

其中的系数 a_i, b_i, c_i 见公式(5.12)。

3. 单元应变场的表达

由弹性力学平面问题的几何方程(矩阵形式)

$$\underset{(3\times1)}{\boldsymbol{\varepsilon}}(x,y) = \begin{bmatrix} \varepsilon_{xx} \\ \varepsilon_{yy} \\ \gamma_{xy} \end{bmatrix} = \begin{bmatrix} \dfrac{\partial u}{\partial x} \\ \dfrac{\partial v}{\partial y} \\ \dfrac{\partial u}{\partial y} + \dfrac{\partial v}{\partial x} \end{bmatrix} = \begin{bmatrix} \dfrac{\partial}{\partial x} & 0 \\ 0 & \dfrac{\partial}{\partial y} \\ \dfrac{\partial}{\partial y} & \dfrac{\partial}{\partial x} \end{bmatrix} \begin{bmatrix} u(x,y) \\ v(x,y) \end{bmatrix} = \underset{(3\times2)}{[\partial]} \underset{(2\times1)}{\boldsymbol{u}} \tag{5.18}$$

其中$[\partial]$为几何方程的**算子矩阵**(operator matrix),即

$$[\partial]=\begin{bmatrix}\dfrac{\partial}{\partial x} & 0\\ 0 & \dfrac{\partial}{\partial y}\\ \dfrac{\partial}{\partial y} & \dfrac{\partial}{\partial x}\end{bmatrix} \tag{5.19}$$

将(5.15)式代入(5.18)式中，有

$$\underset{(3\times1)}{\boldsymbol{\varepsilon}}(x,y)=\underset{(3\times2)}{[\partial]}\underset{(2\times6)}{\boldsymbol{N}}(x,y)\cdot\underset{(6\times1)}{\boldsymbol{q}^e}=\underset{(3\times6)}{\boldsymbol{B}}(x,y)\cdot\underset{(6\times1)}{\boldsymbol{q}^e} \tag{5.20}$$

其中几何函数矩阵 $\boldsymbol{B}(x,y)$ 为

$$\underset{(3\times6)}{\boldsymbol{B}}(x,y)=\underset{(3\times2)}{[\partial]}\underset{(2\times6)}{\boldsymbol{N}}=\begin{bmatrix}\dfrac{\partial}{\partial x} & 0\\ 0 & \dfrac{\partial}{\partial y}\\ \dfrac{\partial}{\partial y} & \dfrac{\partial}{\partial x}\end{bmatrix}\begin{bmatrix}N_1 & 0 & N_2 & 0 & N_3 & 0\\ 0 & N_1 & 0 & N_2 & 0 & N_3\end{bmatrix} \tag{5.21}$$

将(5.17)式代入上式，有

$$\underset{(3\times6)}{\boldsymbol{B}}(x,y)=\frac{1}{2A}\begin{bmatrix}b_1 & 0 & b_2 & 0 & b_3 & 0\\ 0 & c_1 & 0 & c_2 & 0 & c_3\\ c_1 & b_1 & c_2 & b_2 & c_3 & b_3\end{bmatrix}=\begin{bmatrix}\underset{(3\times2)}{\boldsymbol{B}_1} & \underset{(3\times2)}{\boldsymbol{B}_2} & \underset{(3\times2)}{\boldsymbol{B}_3}\end{bmatrix} \tag{5.22}$$

其中

$$\underset{(3\times2)}{\boldsymbol{B}_i}=\frac{1}{2A}\begin{bmatrix}b_i & 0\\ 0 & c_i\\ c_i & b_i\end{bmatrix}\quad(i=1,2,3) \tag{5.23}$$

4. 单元应力场的表达

由弹性力学中平面问题的物理方程，将其写成矩阵形式为

$$\underset{(3\times1)}{\boldsymbol{\sigma}}(x,y,z)=\begin{bmatrix}\sigma_{xx}\\ \sigma_{yy}\\ \tau_{xy}\end{bmatrix}=\frac{E}{1-\mu^2}\begin{bmatrix}1 & \mu & 0\\ \mu & 1 & 0\\ 0 & 0 & \dfrac{1-\mu}{2}\end{bmatrix}\begin{bmatrix}\varepsilon_{xx}\\ \varepsilon_{yy}\\ \gamma_{xy}\end{bmatrix}=\underset{(3\times3)}{\boldsymbol{D}}\cdot\underset{(3\times1)}{\boldsymbol{\varepsilon}} \tag{5.24}$$

其中平面应力问题的弹性系数矩阵 $\boldsymbol{D}$ 为

$$\underset{(3\times3)}{\boldsymbol{D}}=\frac{E}{1-\mu^2}\begin{bmatrix}1 & \mu & 0\\ \mu & 1 & 0\\ 0 & 0 & \dfrac{1-\mu}{2}\end{bmatrix} \tag{5.25}$$

若为平面应变问题，则将上式中的系数(E,μ)换成平面应变问题的系数$\left(\frac{E}{1-\mu^2},\frac{\mu}{1-\mu}\right)$即可。将(5.20)式代入(5.24)式中，有

$$\underset{(3\times1)}{\boldsymbol{\sigma}} = \underset{(3\times3)}{\boldsymbol{D}} \cdot \underset{(3\times6)}{\boldsymbol{B}} \cdot \underset{(6\times1)}{\boldsymbol{q}^e} = \underset{(3\times6)}{\boldsymbol{S}} \cdot \underset{(6\times1)}{\boldsymbol{q}^e} \tag{5.26}$$

其中应力函数矩阵为

$$\underset{(3\times6)}{\boldsymbol{S}} = \underset{(3\times3)}{\boldsymbol{D}} \cdot \underset{(3\times6)}{\boldsymbol{B}}$$

5. 单元势能的表达

以上已将单元的三大基本变量$(\boldsymbol{u},\boldsymbol{\varepsilon},\boldsymbol{\sigma})$用基于节点位移列阵$\boldsymbol{q}^e$来进行表达，见(5.15)式、(5.20)式及(5.26)式，将其代入单元的势能表达式中，有

$$\begin{aligned}
\Pi^e &= \frac{1}{2}\int_{\Omega^e} \boldsymbol{\sigma}^{\mathrm{T}} \cdot \boldsymbol{\varepsilon}\mathrm{d}\Omega - \left[\int_{\Omega^e} \bar{\boldsymbol{b}}^{\mathrm{T}} \cdot \boldsymbol{u}\mathrm{d}\Omega + \int_{S_p^e} \bar{\boldsymbol{p}}^{\mathrm{T}} \cdot \boldsymbol{u}\mathrm{d}A\right] \\
&= \frac{1}{2}\boldsymbol{q}^{e\mathrm{T}}\left(\int_{\Omega^e} \boldsymbol{B}^{\mathrm{T}}\boldsymbol{D}\boldsymbol{B}\mathrm{d}\Omega\right)\boldsymbol{q}^e - \left(\int_{\Omega^e} \boldsymbol{N}^{\mathrm{T}}\bar{\boldsymbol{b}}\mathrm{d}\Omega + \int_{S_p^e} \boldsymbol{N}^{\mathrm{T}}\bar{\boldsymbol{p}}\mathrm{d}A\right)^{\mathrm{T}}\boldsymbol{q}^e \\
&= \frac{1}{2}\boldsymbol{q}^{e\mathrm{T}}\boldsymbol{K}^e\boldsymbol{q}^e - \boldsymbol{P}^{e\mathrm{T}}\boldsymbol{q}^e
\end{aligned} \tag{5.27}$$

其中$\boldsymbol{K}^e$是单元刚度矩阵，即

$$\underset{(6\times6)}{\boldsymbol{K}^e} = \int_{\Omega^e} \underset{(6\times3)}{\boldsymbol{B}^{\mathrm{T}}} \underset{(3\times3)}{\boldsymbol{D}} \underset{(3\times6)}{\boldsymbol{B}} \mathrm{d}\Omega = \int_{A^e} \boldsymbol{B}^{\mathrm{T}}\boldsymbol{D}\boldsymbol{B} \cdot \mathrm{d}A \cdot t \tag{5.28}$$

t为平面问题的厚度。由(5.22)式可知，$\boldsymbol{B}$矩阵为常系数矩阵，因此上式可以写成

$$\underset{(6\times6)}{\boldsymbol{K}^e} = \underset{(6\times3)}{\boldsymbol{B}^{\mathrm{T}}} \underset{(3\times3)}{\boldsymbol{D}} \underset{(3\times6)}{\boldsymbol{B}} tA = \begin{bmatrix} \boldsymbol{k}_{11} & \boldsymbol{k}_{12} & \boldsymbol{k}_{13} \\ \boldsymbol{k}_{21} & \boldsymbol{k}_{22} & \boldsymbol{k}_{23} \\ \boldsymbol{k}_{31} & \boldsymbol{k}_{32} & \boldsymbol{k}_{33} \end{bmatrix} \tag{5.29}$$

其中各个子块矩阵为

$$\underset{(2\times2)}{\boldsymbol{k}_{rs}} = \boldsymbol{B}_r^{\mathrm{T}}\boldsymbol{D}\boldsymbol{B}_s tA = \frac{Et}{4(1-\mu^2)A}\begin{bmatrix} k_1 & k_3 \\ k_2 & k_4 \end{bmatrix} \quad (r,s=1,2,3) \tag{5.30}$$

其中

$$k_1 = b_r b_s + \frac{1-\mu}{2}c_r c_s$$

$$k_2 = \mu c_r b_s + \frac{1-\mu}{2}b_r c_s$$

$$k_3 = \mu b_r c_s + \frac{1-\mu}{2}c_r b_s$$

$$k_4 = c_r c_s + \frac{1-\mu}{2}b_r b_s$$

而(5.27)式中的$\boldsymbol{P}^e$为单元节点等效载荷，即

$$\underset{(6\times1)}{\boldsymbol{P}^e}=\int_{\Omega^e}\boldsymbol{N}^{\mathrm{T}}\bar{\boldsymbol{b}}\mathrm{d}\Omega+\int_{S_p^e}\boldsymbol{N}^{\mathrm{T}}\bar{\boldsymbol{p}}\mathrm{d}A$$

$$=\int_{A^e}\underset{(6\times2)}{\boldsymbol{N}^{\mathrm{T}}}\underset{(2\times1)}{\bar{\boldsymbol{b}}}\,t\mathrm{d}A+\int_{l_p^e}\underset{(6\times2)}{\boldsymbol{N}^{\mathrm{T}}}\underset{(2\times1)}{\bar{\boldsymbol{p}}}\,t\mathrm{d}l \tag{5.31}$$

其中 l_p^e 为单元上作用有外载荷的边，$\int\mathrm{d}l$ 为线积分。

常用的平面问题 3 节点三角形单元的节点等效外载荷列阵如表 5.1 所示。

表 5.1 常用的节点等效外载列阵(平面 3 节点三角形单元)

外载状况	图示	节点等效外载列阵
单元自重	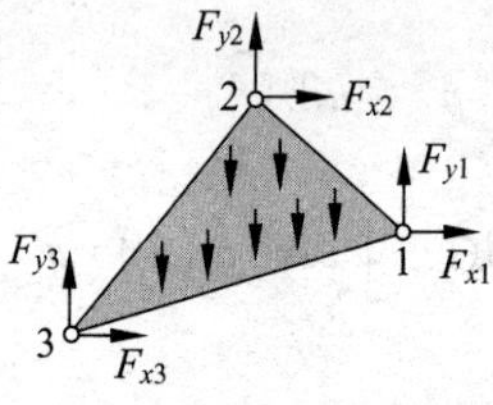	$\boldsymbol{F}^e=[F_{x1}\ \ F_{y1}\ \ F_{x2}\ \ F_{y2}\ \ F_{x3}\ \ F_{y3}]^{\mathrm{T}}$ $=-\frac{1}{3}\rho_0A^et[0\ \ 1\ \ 0\ \ 1\ \ 0\ \ 1]^{\mathrm{T}}$ (ρ_0 为密度，A^e 为单元面积，t 为厚度)
均布侧压	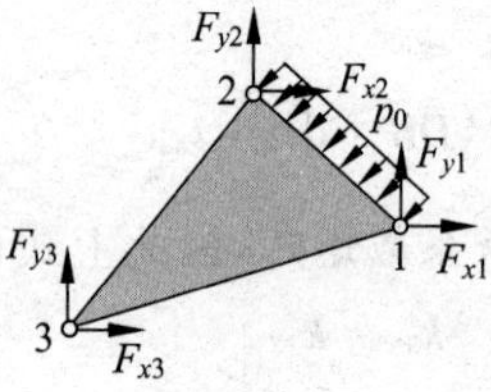	$\boldsymbol{F}^e=[F_{x1}\ \ F_{y1}\ \ F_{x2}\ \ F_{y2}\ \ F_{x3}\ \ F_{y3}]^{\mathrm{T}}$ $=\frac{1}{2}p_0t[(y_1-y_2)\ \ (x_2-x_1)\ \ (y_1-y_2)$ $(x_2-x_1)\ \ 0\ \ 0]^{\mathrm{T}}$ (t 为厚度)
x方向受均布侧压	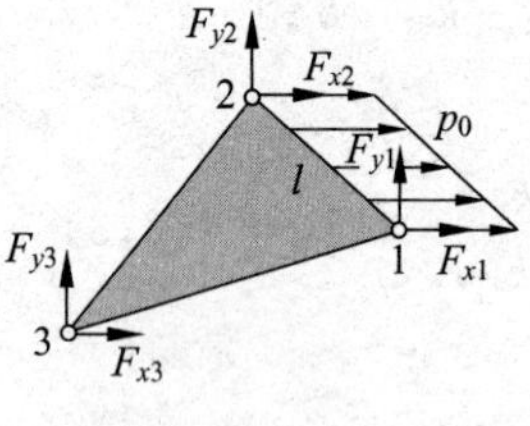	$\boldsymbol{F}^e=[F_{x1}\ \ F_{y1}\ \ F_{x2}\ \ F_{y2}\ \ F_{x3}\ \ F_{y3}]^{\mathrm{T}}$ $=\frac{1}{2}p_0lt[1\ \ 0\ \ 1\ \ 0\ \ 0\ \ 0]^{\mathrm{T}}$ (t 为厚度)
x方向受三角形分布载荷	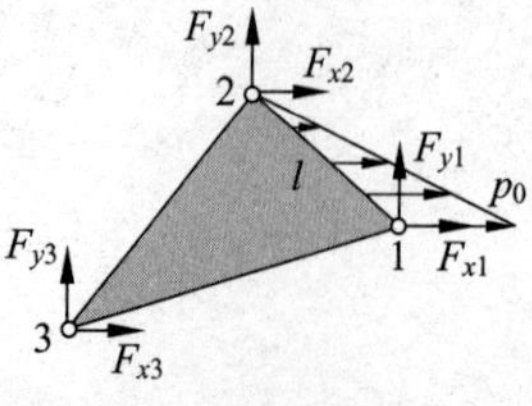	$\boldsymbol{F}^e=[F_{x1}\ \ F_{y1}\ \ F_{x2}\ \ F_{y2}\ \ F_{x3}\ \ F_{y3}]^{\mathrm{T}}$ $=\frac{1}{2}p_0lt\left[\frac{2}{3}\ \ 0\ \ \frac{1}{3}\ \ 0\ \ 0\ \ 0\right]^{\mathrm{T}}$ (t 为厚度)

6. 单元的刚度方程

将单元的势能(5.27)式对节点位移$\boldsymbol{q}^e$取一阶极值,可得到单元的刚度方程

$$\underset{(6\times6)}{\boldsymbol{K}^e}\ \underset{(6\times1)}{\boldsymbol{q}^e} = \underset{(6\times1)}{\boldsymbol{P}^e} \tag{5.32}$$

讨论1：平面3节点三角形单元的坐标变换问题

由于该单元的节点位移是以整体坐标系中的x方向位移u和y方向位移v来定义的,所以没有坐标变换问题。

讨论2：平面3节点三角形单元的应变矩阵和应力矩阵为常系数矩阵

由于该单元的位移场为线性关系(5.3)式,由公式(5.12)可知,系数a_i,b_i,c_i只与三个节点的坐标位置(x_i,y_i)相关,是常系数,因而求出的单元的$\boldsymbol{B}(x,y)$和$\boldsymbol{S}(x,y)$都为常系数矩阵,不随x,y变化。由(5.20)式和(5.26)式可知,单元内任意一点的应变和应力都为常数,因此,3节点三角形单元称为**常应变(应力)CST单元**(constant strain triangle)。在实际使用过程中,对于应变梯度较大(也即应力梯度比较大)的区域,单元划分应适当密集,否则将不能反映应变(应力)的真实变化情况,从而导致较大的误差。

简例5.2(1)　高深悬臂梁平面问题的有限元分析

图5.3所示为一高深悬臂梁,在右端部受集中力F作用,材料弹性模量为E、泊松比$\mu=1/3$,悬臂梁的厚度(板厚)为t,试按平面应力问题计算各个节点位移及支座反力。

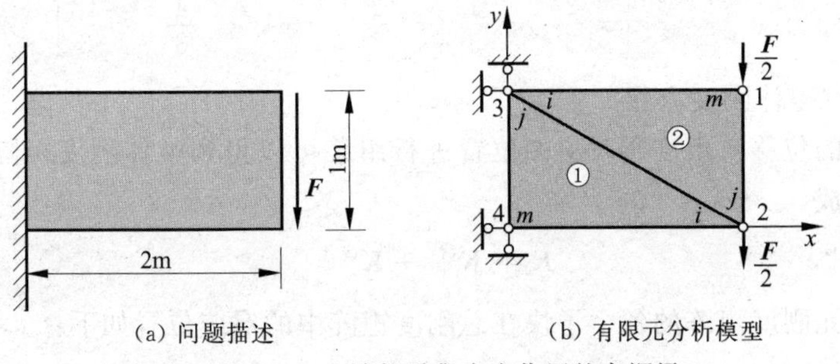

(a) 问题描述　　(b) 有限元分析模型

图5.3　右端部受集中力作用的高深梁

解答：对该问题进行有限元分析的过程如下。

(1) 结构的离散化与编号

对该结构进行离散,单元编号及节点编号如图5.3(b)所示,即有两个3节点三角形单元。载荷F按静力等效原则向节点1、节点2移置。

$$\text{节点位移列阵}\quad \boldsymbol{q} = [u_1\quad v_1\quad u_2\quad v_2\quad u_3\quad v_3\quad u_4\quad v_4]^{\mathrm{T}} \tag{5.33}$$

$$\text{节点外载列阵}\quad \overline{\boldsymbol{F}} = \left[0\quad -\frac{F}{2}\quad 0\quad -\frac{F}{2}\quad 0\quad 0\quad 0\quad 0\right]^{\mathrm{T}} \tag{5.34}$$

约束的支反力列阵 $\boldsymbol{R}=[0\ \ 0\ \ 0\ \ 0\ \ R_{x3}\ \ R_{y3}\ \ R_{x4}\ R_{y4}]^{\mathrm{T}}$ (5.35)

总的节点载荷列阵

$$\boldsymbol{P}=\overline{\boldsymbol{F}}+\boldsymbol{R}=\boldsymbol{R}=\left[0\ \ -\frac{F}{2}\ \ 0\ \ -\frac{F}{2}\ \ R_{x3}\ \ R_{y3}\ \ R_{x4}\ \ R_{y4}\right]^{\mathrm{T}} \tag{5.36}$$

其中(R_{x3},R_{y3})和(R_{x4},R_{y4})分别为节点3和节点4的两个方向的支反力。

(2) 各个单元的描述

当两个单元取图示中的局部编码时,其单元刚度矩阵完全相同,即

$$\boldsymbol{K}^{(1),(2)}=\begin{bmatrix}\boldsymbol{k}_{ii} & \boldsymbol{k}_{ij} & \boldsymbol{k}_{im}\\ \boldsymbol{k}_{ji} & \boldsymbol{k}_{jj} & \boldsymbol{k}_{jm}\\ \boldsymbol{k}_{mi} & \boldsymbol{k}_{mj} & \boldsymbol{k}_{mm}\end{bmatrix}$$

$$=\frac{9Et}{32}\left[\begin{array}{cc:cc:cc}1 & 0 & 0 & \frac{2}{3} & -1 & -\frac{2}{3}\\ 0 & \frac{1}{3} & \frac{2}{3} & 0 & -\frac{2}{3} & -\frac{1}{3}\\ \hdashline 0 & \frac{2}{3} & \frac{4}{3} & 0 & -\frac{4}{3} & -\frac{2}{3}\\ \frac{2}{3} & 0 & 0 & 4 & -\frac{2}{3} & -4\\ \hdashline -1 & -\frac{2}{3} & -\frac{4}{3} & -\frac{2}{3} & \frac{7}{3} & \frac{4}{3}\\ -\frac{2}{3} & -\frac{1}{3} & -\frac{2}{3} & -4 & \frac{4}{3} & \frac{13}{3}\end{array}\right] \tag{5.37}$$

(3) 建立整体刚度方程

按单元的位移自由度所对应的位置进行组装可以得到整体刚度矩阵,该组装过程可以写成

$$\boldsymbol{K}=\boldsymbol{K}^{(1)}+\boldsymbol{K}^{(2)} \tag{5.38}$$

具体写出单元刚度矩阵的各个子块在总刚度矩阵中的对应位置如下:

$$\underset{(8\times 8)}{\boldsymbol{K}}=\begin{array}{c}\begin{matrix}u_1 v_1 & u_2\ v_2 & u_3\ v_3 & u_4\ v_4\\ \downarrow\downarrow & \downarrow\ \downarrow & \downarrow\ \downarrow & \downarrow\ \downarrow\end{matrix}\\ \left[\begin{array}{c:c:c:c}\boldsymbol{k}_{mm}^{(2)} & \boldsymbol{k}_{mj}^{(2)} & \boldsymbol{k}_{mi}^{(2)} & \\ \hdashline \boldsymbol{k}_{jm}^{(2)} & \boldsymbol{k}_{jj}^{(2)}+\boldsymbol{k}_{ii}^{(1)} & \boldsymbol{k}_{ji}^{(2)}+\boldsymbol{k}_{ij}^{(1)} & \boldsymbol{k}_{im}^{(1)}\\ \hdashline \boldsymbol{k}_{im}^{(2)} & \boldsymbol{k}_{ij}^{(2)}+\boldsymbol{k}_{ji}^{(1)} & \boldsymbol{k}_{ii}^{(2)}+\boldsymbol{k}_{jj}^{(1)} & \boldsymbol{k}_{jm}^{(1)}\\ \hdashline & \boldsymbol{k}_{mi}^{(1)} & \boldsymbol{k}_{mj}^{(1)} & \boldsymbol{k}_{mm}^{(1)}\end{array}\right]\begin{matrix}\leftarrow u_1\\ \leftarrow v_1\\ \leftarrow u_2\\ \leftarrow v_2\\ \leftarrow u_3\\ \leftarrow v_3\\ \leftarrow u_4\\ \leftarrow v_4\end{matrix}\end{array} \tag{5.39}$$

由所得到的总刚度矩阵(5.39)式、节点位移列阵(5.33)式以及节点载荷列阵(5.36)式,代入整体刚度方程 $\boldsymbol{Kq}=\boldsymbol{P}$ 中,有

$$\frac{9Et}{32}\begin{bmatrix} \frac{7}{3} & \frac{4}{3} & -\frac{4}{3} & -\frac{2}{3} & -1 & -\frac{2}{3} & 0 & 0 \\ \frac{4}{3} & \frac{13}{3} & -\frac{2}{3} & -4 & -\frac{2}{3} & -\frac{1}{3} & 0 & 0 \\ -\frac{4}{3} & -\frac{2}{3} & \frac{7}{3} & 0 & 0 & \frac{4}{3} & -1 & -\frac{2}{3} \\ -\frac{2}{3} & -4 & 0 & \frac{13}{3} & \frac{4}{3} & 0 & -\frac{2}{3} & -\frac{1}{3} \\ -1 & -\frac{2}{3} & 0 & \frac{4}{3} & \frac{7}{3} & 0 & -\frac{4}{3} & -\frac{2}{3} \\ -\frac{2}{3} & -\frac{1}{3} & \frac{4}{3} & 0 & 0 & \frac{13}{3} & -\frac{2}{3} & -4 \\ 0 & 0 & -1 & -\frac{2}{3} & -\frac{4}{3} & -\frac{2}{3} & \frac{7}{3} & \frac{4}{3} \\ 0 & 0 & -\frac{2}{3} & -\frac{1}{3} & -\frac{2}{3} & -4 & \frac{4}{3} & \frac{13}{3} \end{bmatrix}\begin{bmatrix} u_1 \\ v_1 \\ u_2 \\ v_2 \\ u_3 \\ v_3 \\ u_4 \\ v_4 \end{bmatrix}=\begin{bmatrix} 0 \\ -\frac{F}{2} \\ 0 \\ -\frac{F}{2} \\ R_{x3} \\ R_{y3} \\ R_{x4} \\ R_{y4} \end{bmatrix} \tag{5.40}$$

(4) 边界条件的处理及刚度方程求解

该问题的位移边界条件为 $u_3=0, v_3=0, u_4=0, v_4=0$,将其代入(5.40)式中,划去已知节点位移对应的第5行至第8行(列),有

$$\frac{9Et}{32}\begin{bmatrix} \frac{7}{3} & \frac{4}{3} & -\frac{4}{3} & -\frac{2}{3} \\ \frac{4}{3} & \frac{13}{3} & -\frac{2}{3} & -4 \\ -\frac{4}{3} & -\frac{2}{3} & \frac{7}{3} & 0 \\ -\frac{2}{3} & -4 & 0 & \frac{13}{3} \end{bmatrix}\begin{bmatrix} u_1 \\ v_1 \\ u_2 \\ v_2 \end{bmatrix}=\begin{bmatrix} 0 \\ -\frac{F}{2} \\ 0 \\ -\frac{F}{2} \end{bmatrix} \tag{5.41}$$

由(5.41)式可求出节点位移如下:

$$[u_1 \quad v_1 \quad u_2 \quad v_2]^{\mathrm{T}}=\frac{F}{Et}[1.88 \quad -8.99 \quad -1.50 \quad -8.42]^{\mathrm{T}} \tag{5.42}$$

(5) 支反力的计算

将所求得的节点位移(5.42)式代入总刚度方程(5.40)中,可求得支反力如下:

$$R_{x3}=\frac{9Et}{32}\left(-u_1-\frac{2}{3}v_1+\frac{4}{3}v_2\right)=-2F$$

$$R_{y3}=\frac{9Et}{32}\left(-\frac{2}{3}u_1-\frac{1}{3}v_1+\frac{4}{3}u_2\right)=-0.07F$$

$$R_{x4}=\frac{9Et}{32}\left(-u_2-\frac{2}{3}v_2\right)=2F$$

$$R_{y4}=\frac{9Et}{32}\left(-\frac{2}{3}u_2-\frac{1}{3}v_2\right)=1.07F$$

由图 5.3(b)可知,上述支反力与外载荷构成一个平衡力系。

5.2.2 4节点矩形单元

矩形单元(rectangular element)由于形状简单和规范将作为"**基准**"**单元**(parent element)进行研究,在实际的应用中,可以根据真实情况将矩形单元"**映射**"(mapping)为所需要的任意四边形单元,请参见后面第 5.5 节的参数单元及变换。

1. 单元的几何和节点描述

平面 4 节点矩形单元如图 5.4 所示,单元的节点位移共有 8 个自由度(DOF)。节点的编号为 1,2,3,4,各自的位置坐标为$(x_i,\ y_i)$,$i=1,2,3,4$,各个节点的位移(分别沿 x 方向和 y 方向)为$(u_i,\ v_i)$,$i=1,2,3,4$。

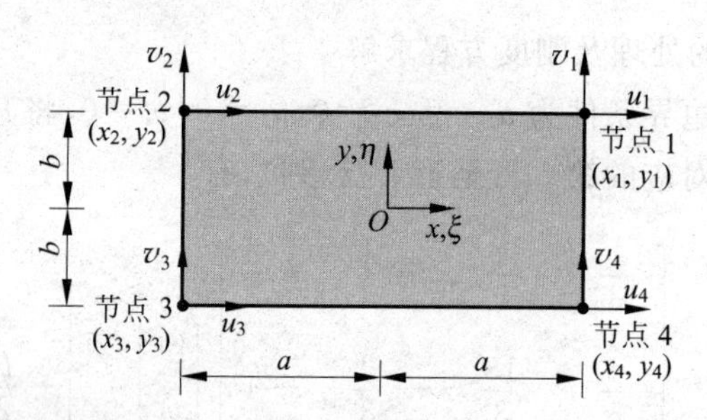

图 5.4 平面 4 节点矩形单元

若采用无量纲坐标

$$\xi=\frac{x}{a},\quad \eta=\frac{y}{b} \tag{5.43}$$

则单元 4 个节点的几何位置为

$$\left.\begin{aligned}\xi_1&=1,\quad &\eta_1&=1\\ \xi_2&=-1,\quad &\eta_2&=1\\ \xi_3&=-1,\quad &\eta_3&=-1\\ \xi_4&=1,\quad &\eta_4&=-1\end{aligned}\right\} \tag{5.44}$$

如图 5.4 所示，将所有节点上的位移组成一个列阵，记作$\boldsymbol{q}^e$。同样，将所有节点上的各个力也组成一个列阵，记作$\boldsymbol{P}^e$，那么

$$\underset{(8\times1)}{\boldsymbol{q}^e}=[u_1\quad v_1\quad u_2\quad v_2\quad u_3\quad v_3\quad u_4\quad v_4]^{\mathrm{T}} \tag{5.45}$$

$$\underset{(8\times1)}{\boldsymbol{P}^e}=[P_{x1}\quad P_{y1}\quad P_{x2}\quad P_{y2}\quad P_{x3}\quad P_{y3}\quad P_{x4}\quad P_{y4}]^{\mathrm{T}} \tag{5.46}$$

若该单元承受分布外载，可以将其等效到节点上，即也可以表示为如(5.46)式所示的节点力。利用函数插值、几何方程、物理方程以及势能计算公式，可以将单元的所有力学参量用节点位移列阵$\boldsymbol{q}^e$及相关的插值函数来表示。下面进行具体的推导。

2. 单元位移场的表达

从图 5.4 可以看出，节点条件共有 8 个，即 x 方向 4 个(u_1,u_2,u_3,u_4)，y 方向 4 个(v_1,v_2,v_3,v_4)，因此，x 和 y 方向的位移场可以各有 4 个待定系数，取以下多项式作为单元的位移场模式：

$$\left.\begin{aligned}u(x,y)&=a_0+a_1x+a_2y+a_3xy\\v(x,y)&=b_0+b_1x+b_2y+b_3xy\end{aligned}\right\} \tag{5.47}$$

它们是具有完全一次项的非完全二次项，其中以上两式中右端的第四项是考虑到 x 方向和 y 方向的对称性而取的，而未选 x^2 或 y^2 项。

由节点条件，在 $x=x_i,y=y_i$ 处，有

$$\left.\begin{aligned}u(x_i,y_i)&=u_i\\v(x_i,y_i)&=v_i\end{aligned}\right\}\quad(i=1,2,3,4) \tag{5.48}$$

将(5.47)式代入(5.48)式中，可以求解出待定系数 $a_0,\cdots,a_3$ 和 $b_0,\cdots,b_3$，然后再代回(5.47)式中，经整理后有

$$\left.\begin{aligned}u(x,y)&=N_1(x,y)u_1+N_2(x,y)u_2+N_3(x,y)u_3+N_4(x,y)u_4\\v(x,y)&=N_1(x,y)v_1+N_2(x,y)v_2+N_3(x,y)v_3+N_4(x,y)v_4\end{aligned}\right\} \tag{5.49}$$

其中

$$\left.\begin{aligned}N_1(x,y)&=\frac{1}{4}\left(1+\frac{x}{a}\right)\left(1+\frac{y}{b}\right)\\N_2(x,y)&=\frac{1}{4}\left(1-\frac{x}{a}\right)\left(1+\frac{y}{b}\right)\\N_3(x,y)&=\frac{1}{4}\left(1-\frac{x}{a}\right)\left(1-\frac{y}{b}\right)\\N_4(x,y)&=\frac{1}{4}\left(1+\frac{x}{a}\right)\left(1-\frac{y}{b}\right)\end{aligned}\right\} \tag{5.50}$$

如以无量纲坐标系(5.43)来表达,(5.50)式可以写成

$$N_i = \frac{1}{4}(1+\xi_i\xi)(1+\eta_i\eta) \quad (i=1,2,3,4) \tag{5.51}$$

将(5.49)式写成矩阵形式,有

$$\underset{(2\times1)}{\boldsymbol{u}}(x,y)=\begin{bmatrix}u(x,y)\\v(x,y)\end{bmatrix}=\begin{bmatrix}N_1 & 0 & N_2 & 0 & N_3 & 0 & N_4 & 0\\0 & N_1 & 0 & N_2 & 0 & N_3 & 0 & N_4\end{bmatrix}\begin{bmatrix}u_1\\v_1\\u_2\\v_2\\u_3\\v_3\\u_4\\v_4\end{bmatrix}=\underset{(2\times8)}{\boldsymbol{N}}\cdot\underset{(8\times1)}{\boldsymbol{q}^e} \tag{5.52}$$

其中 $\boldsymbol{N}(x,y)$为该单元的形状函数矩阵。

3. 单元应变场的表达

由弹性力学平面问题的几何方程(矩阵形式),有单元应变的表达

$$\underset{(3\times1)}{\boldsymbol{\varepsilon}}(x,y)=\begin{bmatrix}\varepsilon_{xx}\\\varepsilon_{yy}\\\gamma_{xy}\end{bmatrix}=\underset{(3\times2)}{[\partial]}\underset{(2\times1)}{\boldsymbol{u}}=\underset{(3\times2)}{[\partial]}\underset{(2\times8)}{\boldsymbol{N}}\cdot\underset{(8\times1)}{\boldsymbol{q}^e}=\underset{(3\times8)}{\boldsymbol{B}}\cdot\underset{(8\times1)}{\boldsymbol{q}^e} \tag{5.53}$$

其中几何函数矩阵 $\boldsymbol{B}(x,y)$为

$$\underset{(3\times8)}{\boldsymbol{B}}(x,y)=\underset{(3\times2)}{[\partial]}\underset{(2\times8)}{\boldsymbol{N}}=\begin{bmatrix}\dfrac{\partial}{\partial x} & 0\\0 & \dfrac{\partial}{\partial y}\\\dfrac{\partial}{\partial y} & \dfrac{\partial}{\partial x}\end{bmatrix}\begin{bmatrix}N_1 & 0 & N_2 & 0 & N_3 & 0 & N_4 & 0\\0 & N_1 & 0 & N_2 & 0 & N_3 & 0 & N_4\end{bmatrix}$$

$$=\begin{bmatrix}\underset{(3\times2)}{\boldsymbol{B}_1} & \underset{(3\times2)}{\boldsymbol{B}_2} & \underset{(3\times2)}{\boldsymbol{B}_3} & \underset{(3\times2)}{\boldsymbol{B}_4}\end{bmatrix} \tag{5.54}$$

(5.54)式中的子矩阵$\boldsymbol{B}_i$为

$$\underset{(3\times2)}{\boldsymbol{B}_i}=\begin{bmatrix}\dfrac{\partial N_i}{\partial x} & 0\\0 & \dfrac{\partial N_i}{\partial y}\\\dfrac{\partial N_i}{\partial y} & \dfrac{\partial N_i}{\partial x}\end{bmatrix} \quad (i=1,2,3,4) \tag{5.55}$$

4. 单元应力场的表达

由弹性力学中平面问题的物理方程,可得到单元的应力表达如下:

$$\underset{(3\times1)}{\boldsymbol{\sigma}} = \underset{(3\times3)}{\boldsymbol{D}}\ \underset{(3\times1)}{\boldsymbol{\varepsilon}} = \underset{(3\times3)}{\boldsymbol{D}}\ \underset{(3\times8)}{\boldsymbol{B}}\ \underset{(8\times1)}{\boldsymbol{q}^e} = \underset{(3\times8)}{\boldsymbol{S}}\ \underset{(8\times1)}{\boldsymbol{q}^e} \tag{5.56}$$

其中应力函数矩阵为$\boldsymbol{S}=\boldsymbol{D}\cdot\boldsymbol{B}$。

5. 单元势能的表达

以上已将单元的三大基本变量($\boldsymbol{u},\boldsymbol{\varepsilon},\boldsymbol{\sigma}$)用基于节点位移列阵$\boldsymbol{q}^e$来进行表达,见(5.52)式、(5.53)式及(5.56)式。将其代入单元的势能表达式中,有 $\Pi^e = \frac{1}{2}\boldsymbol{q}^{eT}\boldsymbol{K}^e\boldsymbol{q}^e - \boldsymbol{P}^{eT}\boldsymbol{q}^e$,其中 $\boldsymbol{K}^e$ 是 4 节点矩形单元的刚度矩阵,即

$$\underset{(8\times8)}{\boldsymbol{K}^e} = \int_{A^e} \underset{(8\times3)}{\boldsymbol{B}^{\mathrm{T}}}\ \underset{(3\times3)}{\boldsymbol{D}}\ \underset{(3\times8)}{\boldsymbol{B}}\,\mathrm{d}A\cdot t = \begin{bmatrix} \boldsymbol{k}_{11} & & & \\ \boldsymbol{k}_{21} & \boldsymbol{k}_{22} & \text{对称} & \\ \boldsymbol{k}_{31} & \boldsymbol{k}_{32} & \boldsymbol{k}_{33} & \\ \boldsymbol{k}_{41} & \boldsymbol{k}_{42} & \boldsymbol{k}_{43} & \boldsymbol{k}_{44} \end{bmatrix} \tag{5.57}$$

其中 t 为平面问题的厚度,(5.57)式中的各个子块矩阵为

$$\underset{(2\times2)}{\boldsymbol{k}_{rs}} = \int_{A^e} \underset{(2\times3)}{\boldsymbol{B}_r^{\mathrm{T}}}\ \underset{(3\times3)}{\boldsymbol{D}}\ \underset{(3\times2)}{\boldsymbol{B}_s}\cdot t\cdot \mathrm{d}x\mathrm{d}y \quad (r,s=1,2,3,4) \tag{5.58}$$

基于(5.55)式,则可得到(5.58)式的具体表达为

$$\underset{(2\times2)}{\boldsymbol{k}_{rs}} = \frac{Et}{4(1-\mu^2)ab}\begin{bmatrix} k_1 & k_3 \\ k_2 & k_4 \end{bmatrix} \tag{5.59}$$

其中

$$k_1 = b^2\xi_r\xi_s\left(1+\frac{1}{3}\eta_r\eta_s\right)+\frac{1-\mu}{2}a^2\eta_r\eta_s\left(1+\frac{1}{3}\xi_r\xi_s\right)$$

$$k_2 = ab\left(\mu\eta_r\xi_s+\frac{1-\mu}{2}\xi_r\eta_s\right)$$

$$k_3 = ab\left(\mu\xi_r\eta_s+\frac{1-\mu}{2}\eta_r\xi_s\right)$$

$$k_4 = a^2\eta_r\eta_s\left(1+\frac{1}{3}\xi_r\xi_s\right)+\frac{1-\mu}{2}b^2\xi_r\xi_s\left(1+\frac{1}{3}\eta_r\eta_s\right) \quad (r,s=1,2,3,4)$$

则单元刚度矩阵显式为

$$
\underset{(8\times 8)}{\mathbf{K}^e}=\frac{Et}{ab(1-\mu^2)}
\begin{array}{c}
\begin{array}{cccccccc}
u_1 & v_1 & u_2 & v_2 & u_3 & v_3 & u_4 & v_4 \\
\downarrow & \downarrow & \downarrow & \downarrow & \downarrow & \downarrow & \downarrow & \downarrow
\end{array}\\
\begin{bmatrix}
\frac{1}{3}\left(b^2+\frac{1-\mu}{2}a^2\right) & \frac{ab}{8}(1+\mu) & -\frac{1}{3}\left(b^2-\frac{1-\mu}{4}a^2\right) & -\frac{ab}{8}(1-3\mu) & -\frac{1}{6}\left[b^2+\frac{1-\mu}{2}a^2\right] & -\frac{ab}{8}(1+\mu) & \frac{1}{6}[b^2-(1-\mu)a^2] & \frac{ab}{8}(1-3\mu) \\
 & \frac{1}{3}\left(a^2+\frac{1-\mu}{2}b^2\right) & \frac{ab}{8}(1-3\mu) & \frac{1}{6}[a^2-(1-\mu)b^2] & -\frac{ab}{8}(1+\mu) & -\frac{1}{6}\left[a^2+\frac{1-\mu}{2}b^2\right] & -\frac{ab}{8}(1-3\mu) & \frac{1}{3}\left(-a^2+\frac{1-\mu}{4}b^2\right) \\
 & & \frac{1}{3}\left(b^2+\frac{1-\mu}{2}a^2\right) & -\frac{ab}{8}(1+\mu) & \frac{1}{6}[b^2-(1-\mu)a^2] & -\frac{ab}{8}(1-3\mu) & -\frac{1}{6}\left[b^2+\frac{1-\mu}{2}a^2\right] & \frac{ab}{8}(1+\mu) \\
 & & & \frac{1}{3}\left(a^2+\frac{1-\mu}{2}b^2\right) & \frac{ab}{8}(1-3\mu) & \frac{1}{3}\left(-a^2+\frac{1-\mu}{4}b^2\right) & \frac{ab}{8}(1+\mu) & -\frac{1}{6}\left[a^2+\frac{1-\mu}{2}b^2\right] \\
 & & & & \frac{1}{3}\left(b^2+\frac{1-\mu}{2}a^2\right) & \frac{ab}{8}(1+\mu) & \frac{1}{3}\left(-b^2+\frac{1-\mu}{4}a^2\right) & -\frac{ab}{8}(1-3\mu) \\
 & & \text{对 称} & & & \frac{1}{3}\left(a^2+\frac{1-\mu}{2}b^2\right) & \frac{ab}{8}(1-3\mu) & \frac{1}{6}[a^2-(1-\mu)b^2] \\
 & & & & & & \frac{1}{3}\left(b^2+\frac{1-\mu}{2}a^2\right) & -\frac{ab}{8}(1+\mu) \\
 & & & & & & & \frac{1}{3}\left(a^2+\frac{1-\mu}{2}b^2\right)
\end{bmatrix}
\end{array}
\tag{5.60}
$$

6. **单元的刚度方程**

将单元的势能对节点位移$\boldsymbol{q}^e$取一阶极值,可得到单元的刚度方程

$$\underset{(8\times8)}{\boldsymbol{K}^e}\ \underset{(8\times1)}{\boldsymbol{q}^e} = \underset{(8\times1)}{\boldsymbol{P}^e} \tag{5.61}$$

讨论1:4节点矩形单元的几何形状坐标变换

就变换而言,有两种类型:节点位移的坐标变换和几何形状上的坐标变换。由于上面所讨论的4节点矩形单元,节点位移是定义在整体坐标系的x方向和y方向上的,因此该单元没有节点位移的坐标变换。由于实际问题往往很难都用4节点矩形单元来划分网格,很多情况下要采用任意四边形单元,这需要将矩形单元映射到任意四边形单元中去,这就是单元几何形状的坐标变换,也叫参数单元变换,见第5.5节的讨论。

讨论2:4节点矩形单元的应变和应力为一次线性变化

由单元的位移表达式(5.47)可知,4节点矩形单元的位移在x,y方向呈线性变化,所以称为双线性位移模式,正因为在单元的边界$x=\pm a$和$y=\pm b$上,位移是按线性变化的,且相邻单元公共节点上有共同的节点位移值,可保证两个相邻单元在其公共边界上的位移是连续的,这种单元的位移模式是**完备**(completeness)和**协调**(compatibility)的,它的应变和应力为一次线性变化,因而比3节点常应变单元精度高。

5.3 轴对称问题及其单元构造

5.3.1 轴对称问题

1. **柱坐标系**

有许多实际工程问题,其几何形状、约束条件以及载荷都对称于某一固定轴,这类问题为轴对称问题。对于这类问题,采用柱坐标(r,θ,z)则比较方便,如图5.5所示,请参见第2.8.4节。

2. **基本变量**

对于轴对称问题,在柱坐标中的三大类力学变量为

位移 $u_i = [u_r \quad w]^{\mathrm{T}}$, $u_\theta = 0$

应变 $\varepsilon_{ij} = [\varepsilon_{rr} \quad \varepsilon_{\theta\theta} \quad \varepsilon_{zz} \quad \gamma_{rz}]^{\mathrm{T}}$, $\gamma_{r\theta} = \gamma_{\theta z} = 0$

应力 $\sigma_{ij} = [\sigma_{rr} \quad \sigma_{\theta\theta} \quad \sigma_{zz} \quad \tau_{rz}]^{\mathrm{T}}$, $\tau_{r\theta} = \tau_{\theta z} = 0$

以上u_r为沿r方向的位移分量,w为沿z方向的位移分量,也称为轴向位移,由于对称,环向位移

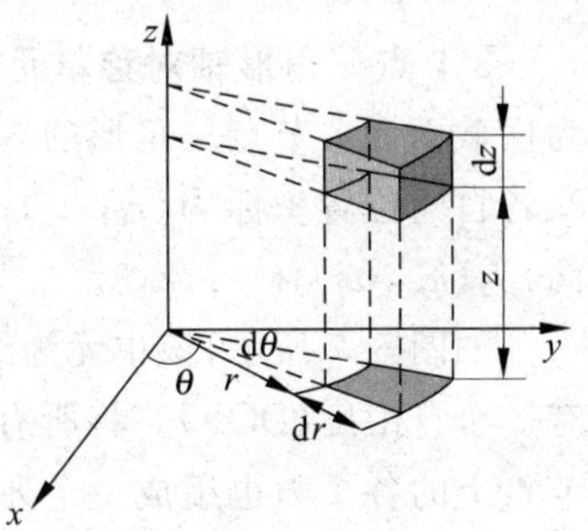

图5.5 轴对称问题中的微小体元 $r\mathrm{d}r\theta\mathrm{d}z$

$u_\theta=0$；ε_{rr}为径向正应变，$\varepsilon_{\theta\theta}$为环向正应变，$\varepsilon_{zz}$为轴向正应变，$\gamma_{rz}$为$r$方向与$z$方向之间的剪应变；$\sigma_{rr}$为径向正应力，$\sigma_{\theta\theta}$为环向正应力，$\sigma_{zz}$为轴向正应力，$\tau_{rz}$为圆柱面上的剪应力。由于是轴对称问题，所以以上力学参量只是r和z的函数，与θ无关，其中非零的三大基本力学变量有10个。

3. 基本方程

请参见第2.8.4节参考内容3：空间柱坐标下的轴对称问题。

4. 有限元离散

轴对称问题的有限元离散过程如图5.6所示，在每一个截面，它的单元情况与一般平面问题相同，但这些单元都为环形单元。

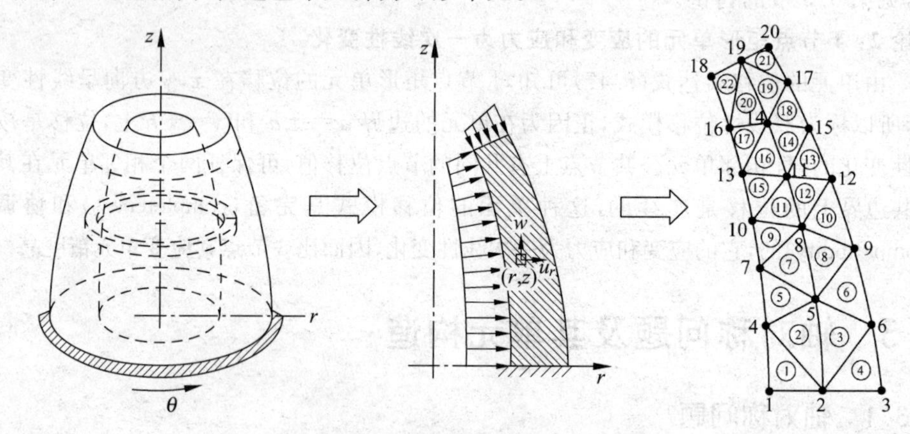

图5.6 轴对称问题的有限元离散(环形单元)

5.3.2 3节点三角形轴对称单元(环形单元)

1. 单元的几何和节点描述

3节点三角形**轴对称单元**(axisymmetric ring element)如图5.7所示，该单元为横截面为3节点三角形的360°环形单元。其横截面上三个节点的编号为1，2，3，各自的位置坐标为$(r_i,\ z_i)$，$i=1,2,3$，各个节点的位移(分别沿r方向和z方向)为(u_{ri},w_i)，$i=1,2,3$。

如图5.7所示，该单元为绕z轴的环状单元，在Orz平面内，单元的节点位移有6个自由度(DOF)。将所有节点上的位移组成一个列阵，记作$\boldsymbol{q}^e$，同样，将所有节点上的各个力也组成一个列阵，记作$\boldsymbol{P}^e$，那么

$$\underset{(6\times1)}{\boldsymbol{q}^e}=[u_{r1}\quad w_1\quad u_{r2}\quad w_2\quad u_{r3}\quad w_3]^{\mathrm{T}} \tag{5.62}$$

$$\underset{(6\times1)}{\boldsymbol{P}^e}=[P_{r1}\quad P_{z1}\quad P_{r2}\quad P_{z2}\quad P_{r3}\quad P_{z3}]^{\mathrm{T}} \tag{5.63}$$

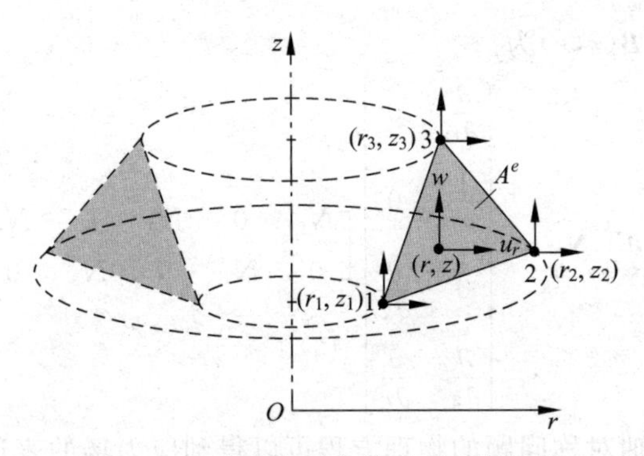

图 5.7 3 节点轴对称单元(环形单元)

2. 单元位移场的表达

由于有 3 个节点,在 r 方向和 z 方向上各有 3 个节点条件,因此设它的单元位移模式为

$$\left.\begin{aligned} u_r(r,z) &= \bar{a}_0 + \bar{a}_1 r + \bar{a}_2 z \\ w(r,z) &= \bar{b}_0 + \bar{b}_1 r + \bar{b}_2 z \end{aligned}\right\} \tag{5.64}$$

该模式与平面问题 3 节点三角形单元完全相同,由节点条件可以推出相同的形状函数矩阵,即

$$\underset{(2\times1)}{\boldsymbol{u}}(r,z) = \begin{bmatrix} u_r(r,z) \\ w(r,z) \end{bmatrix} = \begin{bmatrix} N_1 & 0 & N_2 & 0 & N_3 & 0 \\ 0 & N_1 & 0 & N_2 & 0 & N_3 \end{bmatrix} \begin{bmatrix} u_{r1} \\ w_1 \\ u_{r2} \\ w_2 \\ u_{r3} \\ w_3 \end{bmatrix} = \underset{(2\times6)}{\boldsymbol{N}}(r,z) \cdot \underset{(6\times1)}{\boldsymbol{q}^e} \tag{5.65}$$

其中形状函数矩阵 $\boldsymbol{N}(r,z)$ 及其 N_1、N_2、N_3 的表达与平面问题 3 节点单元相同。

3. 单元应变场及应力场的表达

由轴对称问题的几何方程可以推出相应的几何函数矩阵,即

$$\underset{(4\times1)}{\boldsymbol{\varepsilon}}(r,z) = \begin{bmatrix} \varepsilon_{rr} \\ \varepsilon_{\theta\theta} \\ \varepsilon_{zz} \\ \gamma_{rz} \end{bmatrix} = \begin{bmatrix} \dfrac{\partial}{\partial r} & 0 \\ \dfrac{1}{r} & 0 \\ 0 & \dfrac{\partial}{\partial z} \\ \dfrac{\partial}{\partial z} & \dfrac{\partial}{\partial r} \end{bmatrix} \begin{bmatrix} u_r(r,z) \\ w(r,z) \end{bmatrix} = \underset{(4\times2)}{[\partial]}\,\underset{(2\times1)}{\boldsymbol{u}} = \underset{(4\times1)}{[\partial]}\,\underset{(2\times6)}{\boldsymbol{N}}\,\underset{(6\times1)}{\boldsymbol{q}^e} = \underset{(4\times6)}{\boldsymbol{B}}\,\underset{(6\times1)}{\boldsymbol{q}^e} \tag{5.66}$$

其中几何函数矩阵 $\boldsymbol{B}(r,z)$ 为

$$\underset{(4\times6)}{\boldsymbol{B}}=\underset{(4\times2)}{[\partial]}\underset{(2\times6)}{\boldsymbol{N}}=\begin{bmatrix}\dfrac{\partial}{\partial r} & 0\\ \dfrac{1}{r} & 0\\ 0 & \dfrac{\partial}{\partial z}\\ \dfrac{\partial}{\partial z} & \dfrac{\partial}{\partial r}\end{bmatrix}\begin{bmatrix}N_1 & 0 & N_2 & 0 & N_3 & 0\\ 0 & N_1 & 0 & N_2 & 0 & N_3\end{bmatrix} \tag{5.67}$$

由弹性力学中轴对称问题的物理方程可以得到应力场的表达

$$\underset{(4\times1)}{\boldsymbol{\sigma}}=\underset{(4\times4)}{\boldsymbol{D}}\underset{(4\times1)}{\boldsymbol{\varepsilon}}=\underset{(4\times4)}{\boldsymbol{D}}\underset{(4\times6)}{\boldsymbol{B}}\underset{(6\times1)}{\boldsymbol{q}^e}=\underset{(4\times6)}{\boldsymbol{S}}\underset{(6\times1)}{\boldsymbol{q}^e} \tag{5.68}$$

其中应力函数矩阵 $\boldsymbol{S}=\boldsymbol{D}\cdot\boldsymbol{B}$，$\boldsymbol{D}$ 为轴对称问题的弹性系数矩阵，即

$$\underset{(4\times4)}{\boldsymbol{D}}=\frac{E(1-\mu)}{(1+\mu)(1-2\mu)}\begin{bmatrix}1 & \dfrac{\mu}{1-\mu} & \dfrac{\mu}{1-\mu} & 0\\ \dfrac{\mu}{1-\mu} & 1 & \dfrac{\mu}{1-\mu} & 0\\ \dfrac{\mu}{1-\mu} & \dfrac{\mu}{1-\mu} & 1 & 0\\ 0 & 0 & 0 & \dfrac{1-2\mu}{2(1-\mu)}\end{bmatrix} \tag{5.69}$$

4. 单元的势能、刚度矩阵及等效节点载荷矩阵

由单元的势能计算表达式，有 $\Pi^e=\dfrac{1}{2}\boldsymbol{q}^{e\mathrm{T}}\boldsymbol{K}^e\boldsymbol{q}^e-\boldsymbol{P}^{e\mathrm{T}}\boldsymbol{q}^e$，其中单元刚度矩阵为

$$\underset{(6\times6)}{\boldsymbol{K}^e}=\int_{\Omega^e}\underset{(6\times4)}{\boldsymbol{B}^{\mathrm{T}}}\underset{(4\times4)}{\boldsymbol{D}}\underset{(4\times6)}{\boldsymbol{B}}\,\mathrm{d}\Omega=\int_{A^e}\int_0^{2\pi}\boldsymbol{B}^{\mathrm{T}}\boldsymbol{D}\boldsymbol{B}r\,\mathrm{d}\theta\mathrm{d}r\mathrm{d}z=\int_{A^e}\boldsymbol{B}^{\mathrm{T}}\boldsymbol{D}\boldsymbol{B}2\pi r\mathrm{d}r\mathrm{d}z \tag{5.70}$$

相应的单元等效节点载荷矩阵为

$$\begin{aligned}\underset{(6\times1)}{\boldsymbol{P}^e}&=\int_{\Omega^e}\boldsymbol{N}^{\mathrm{T}}\bar{\boldsymbol{b}}\mathrm{d}\Omega+\int_{S_p^e}\boldsymbol{N}^{\mathrm{T}}\bar{\boldsymbol{p}}\mathrm{d}A\\&=\int_{\Omega^e}\underset{(6\times2)}{\boldsymbol{N}^{\mathrm{T}}}\underset{(2\times1)}{\bar{\boldsymbol{b}}}\,2\pi r\mathrm{d}r\mathrm{d}z+\int_{l_p^e}\underset{(6\times2)}{\boldsymbol{N}^{\mathrm{T}}}\underset{(2\times1)}{\bar{\boldsymbol{p}}}\,2\pi r\mathrm{d}l\end{aligned} \tag{5.71}$$

5. 单元的刚度方程

将单元的势能对节点位移 $\boldsymbol{q}^e$ 取一阶极值，可得到单元的刚度方程

$$\underset{(6\times6)}{\boldsymbol{K}^e}\underset{(6\times1)}{\boldsymbol{q}^e}=\underset{(6\times1)}{\boldsymbol{P}^e} \tag{5.72}$$

5.3.3 4节点矩形轴对称单元(环形单元)

4 节点矩形轴对称单元如图 5.8 所示。该单元为横截面为 4 节点矩形的 360° 环形单元，其横截面上 4 个节点的编号为 1,2,3,4，各自的位置坐标为$(r_i,\ w_i)$，

$i=1,2,3,4$，各个节点的位移（分别沿 r 方向和 z 方向）为(u_{ri}, w_i)，$i=1,2,3,4$。

如图 5.8 所示，该单元为绕 z 轴的环状单元，在 Orz 平面内，单元的节点位移有 8 个自由度(DOF)。将所有节点上的位移组成一个列阵，记作$\boldsymbol{q}^e$。同样，将所有节点上的各个力也组成一个列阵，记作$\boldsymbol{P}^e$，那么

$$\underset{(8\times1)}{\boldsymbol{q}^e} = [u_{r1} \quad w_1 \quad u_{r2} \quad w_2 \quad u_{r3} \quad w_3 \quad u_{r4} \quad w_4]^{\mathrm{T}} \tag{5.73}$$

$$\underset{(8\times1)}{\boldsymbol{P}^e} = [P_{r1} \quad P_{z1} \quad P_{r2} \quad P_{z2} \quad P_{r3} \quad P_{z3} \quad P_{r4} \quad P_{z4}]^{\mathrm{T}} \tag{5.74}$$

若该单元承受分布外载，可以将其等效到节点上，即也可以表示为如(5.74)式所示的节点力。利用函数插值、几何方程、物理方程以及势能计算公式，可以将单元的所有力学参量用节点位移列阵$\boldsymbol{q}^e$及相关的插值函数来表示。下面进行具体的推导。

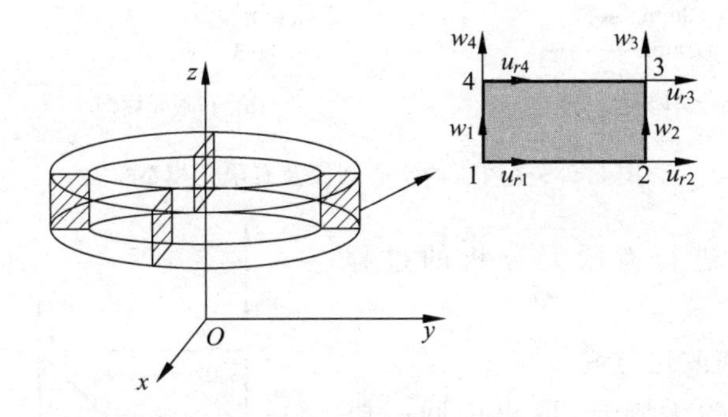

图 5.8　4 节点矩形轴对称单元（环形单元）

由于该单元有 4 节点，在 x 方向和 y 方向上各有 4 个节点条件，类似于平面 4 节点矩形单元，设它的单元位移模式为

$$\left.\begin{aligned} u_r(r,z) &= a_0 + a_1 r + a_2 z + a_3 rz \\ w(r,z) &= b_0 + b_1 r + b_2 z + b_3 rz \end{aligned}\right\} \tag{5.75}$$

同样，参见平面 4 节点矩形单元，可推出它的形状函数矩阵$\boldsymbol{N}(r,z)$，由轴对称问题的几何方程可以推出相应的几何矩阵$\boldsymbol{B}(r,z)$，最后也可导出单元的刚度方程

$$\underset{(8\times8)}{\boldsymbol{K}^e}\ \underset{(8\times1)}{\boldsymbol{q}^e} = \underset{(8\times1)}{\boldsymbol{P}^e} \tag{5.76}$$

其中单元刚度矩阵为

$$\underset{(8\times8)}{\boldsymbol{K}^e} = \int_{\Omega^e} \underset{(8\times4)}{\boldsymbol{B}^{\mathrm{T}}}\ \underset{(4\times4)}{\boldsymbol{D}}\ \underset{(4\times8)}{\boldsymbol{B}}\,\mathrm{d}\Omega = \int_{A^e}\int_0^{2\pi} \boldsymbol{B}^{\mathrm{T}}\boldsymbol{D}\boldsymbol{B} r\,\mathrm{d}\theta\mathrm{d}r\mathrm{d}z = \int_{A^e} \boldsymbol{B}^{\mathrm{T}}\boldsymbol{D}\boldsymbol{B}\, 2\pi r\mathrm{d}r\mathrm{d}z \tag{5.77}$$

相应的单元等效节点载荷矩阵为

$$\begin{aligned} \underset{(8\times1)}{\boldsymbol{P}^e} &= \int_{\Omega^e} \underset{(8\times2)}{\boldsymbol{N}^{\mathrm{T}}}\ \underset{(2\times1)}{\bar{\boldsymbol{b}}}\,\mathrm{d}\Omega + \int_{S_p^e} \underset{(8\times2)}{\boldsymbol{N}^{\mathrm{T}}}\ \underset{(2\times1)}{\bar{\boldsymbol{p}}}\,\mathrm{d}A \\ &= \int_{\Omega^e} \underset{(8\times2)}{\boldsymbol{N}^{\mathrm{T}}}\ \underset{(2\times1)}{\bar{\boldsymbol{b}}}\, 2\pi r\mathrm{d}r\mathrm{d}z + \int_{l_p^e} \underset{(8\times2)}{\boldsymbol{N}^{\mathrm{T}}}\ \underset{(2\times1)}{\bar{\boldsymbol{p}}}\, 2\pi r\mathrm{d}l \end{aligned} \tag{5.78}$$

简例 5.3(1) 受内压空心圆筒的轴对称有限元分析

图 5.9 所示为一无限长的受内压的轴对称圆筒，该圆筒置于内径为 120mm 的刚性圆孔中，试求圆筒内径处的位移。结构的材料参数为：$E=200\text{GPa}$，$\mu=0.3$。

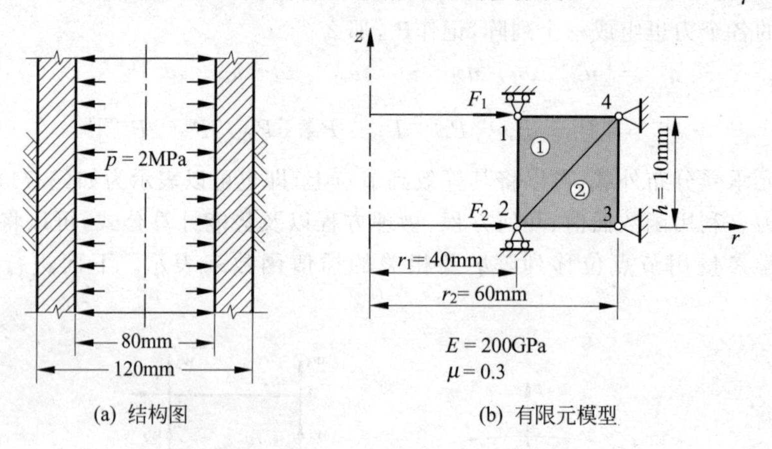

图 5.9 受内压的空心圆筒及有限元模型

解答：对该问题进行有限元分析的过程如下。

(1) 结构的离散化与编号

由于该圆筒为无限长，取出中间一段(10mm 高)，采用两个三角形轴对称单元，如图 5.9(b)所示。对该系统进行离散，单元编号及节点编号如图 5.10 所示，有关节点和单元的信息见表 5.2。

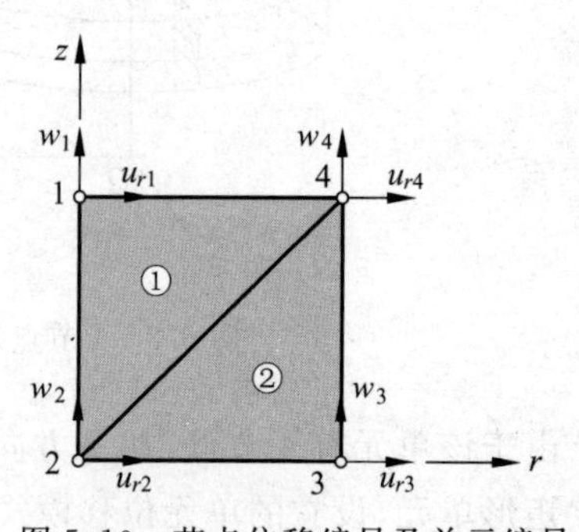

图 5.10 节点位移编号及单元编号

表 5.2 单元编号及节点编号

单元编号	节点编号		
①	1	2	4
②	2	3	4

结构的节点位移列阵

$$\boldsymbol{q}=[u_{r1}\quad w_1\quad u_{r2}\quad w_2\quad u_{r3}\quad w_3\quad u_{r4}\quad w_4]^{\mathrm{T}} \tag{5.79}$$

结构的节点外载列阵

$$\boldsymbol{F}=[F_{r1}\quad 0\quad F_{r2}\quad 0\quad 0\quad 0\quad 0\quad 0]^{\mathrm{T}} \tag{5.80}$$

F_{r1} 和 F_{r2} 为由内压作用而等效在节点 1 和节点 2 上的载荷，其大小为

$$F_{r1}=F_{r2}=\frac{2\pi r_1 h\bar{p}}{2}=\frac{2\pi\times 40\times 10\times 2}{2}=2513\text{N}$$

约束的支反力列阵

$$\boldsymbol{R} = [0 \quad R_{z1} \quad 0 \quad R_{z2} \quad R_{r3} \quad R_{z3} \quad R_{r4} \quad R_{z4}]^{\mathrm{T}} \tag{5.81}$$

其中 R_{z1} 和 R_{z2} 为节点 1 和节点 2 在 z 方向的约束支反力，(R_{r3}, R_{z3}) 和 (R_{r4}, R_{z4}) 为节点 3 和节点 4 在 r 方向和 z 方向的约束支反力。

总的节点载荷列阵

$$\boldsymbol{P} = \boldsymbol{F} + \boldsymbol{R} = [F_{r1} \quad R_{z1} \quad F_{r2} \quad R_{z2} \quad R_{r3} \quad R_{z3} \quad R_{r4} \quad R_{z4}]^{\mathrm{T}} \tag{5.82}$$

(2) 各个单元的描述

单元的弹性矩阵为

$$\boldsymbol{D} = 10^5 \times \begin{bmatrix} 2.69 & 1.15 & 1.15 & 0 \\ 1.15 & 2.69 & 1.15 & 0 \\ 1.15 & 1.15 & 2.69 & 0 \\ 0 & 0 & 0 & 0.77 \end{bmatrix} \tag{5.83}$$

计算各个单元的刚度矩阵 $\boldsymbol{K}^e = \int_{A^e} \boldsymbol{B}^{\mathrm{T}} \boldsymbol{D} \boldsymbol{B} 2\pi r \mathrm{d}r \mathrm{d}z$，即

$$\boldsymbol{K}^{(1)} = 10^7 \times \begin{bmatrix} 4.03 & -2.58 & -2.34 & 1.45 & -1.93 & 1.13 \\ & 8.46 & 1.37 & -7.89 & 1.93 & -0.565 \\ & & 2.30 & -0.24 & 0.16 & -1.13 \\ & & & 7.89 & -1.93 & 0 \\ & \text{对称} & & & 2.26 & 0 \\ & & & & & 0.565 \end{bmatrix} \begin{matrix} \leftarrow u_{r1} \\ \leftarrow w_1 \\ \leftarrow u_{r2} \\ \leftarrow w_2 \\ \leftarrow u_{r4} \\ \leftarrow w_4 \end{matrix} \tag{5.84}$$

（列对应：u_{r1}, w_1, u_{r2}, w_2, u_{r4}, w_4）

$$\boldsymbol{K}^{(2)} = 10^7 \times \begin{bmatrix} 2.05 & 0 & -2.22 & 1.69 & -0.085 & -1.69 \\ & 0.64 & 1.29 & -0.645 & -1.29 & 0 \\ & & 5.11 & -3.46 & -2.42 & 2.17 \\ & & & 9.66 & 1.05 & -9.02 \\ & \text{对称} & & & 2.61 & 0.24 \\ & & & & & 9.02 \end{bmatrix} \begin{matrix} \leftarrow u_{r2} \\ \leftarrow w_2 \\ \leftarrow u_{r3} \\ \leftarrow w_3 \\ \leftarrow u_{r4} \\ \leftarrow w_4 \end{matrix} \tag{5.85}$$

（列对应：u_{r2}, w_2, u_{r3}, w_3, u_{r4}, w_4）

(3) 建立整体刚度方程

组装整体刚度矩阵并形成整体刚度方程

$$\underset{(8\times8)}{\boldsymbol{K}} \cdot \underset{(8\times1)}{\boldsymbol{q}} = \underset{(8\times1)}{\boldsymbol{P}} \tag{5.86}$$

其中

$$\boldsymbol{K} = \boldsymbol{K}^{(1)} + \boldsymbol{K}^{(2)} \tag{5.87}$$

(4) 边界条件的处理及刚度方程求解

边界条件为 $w_1=0, w_2=0, u_{r3}=0, w_3=0, u_{r4}=0, w_4=0$，将其代入方程(5.86)中，有

$$10^7\times\begin{bmatrix}4.03 & -2.34\\ -2.34 & 4.35\end{bmatrix}\begin{bmatrix}u_{r1}\\ u_{r2}\end{bmatrix}=\begin{bmatrix}2513\\ 2513\end{bmatrix} \tag{5.88}$$

对该方程进行求解，有

$$\left.\begin{aligned}u_{r1}&=1.39\times10^{-4}\,\text{mm}\\ u_{r2}&=1.32\times10^{-4}\,\text{mm}\end{aligned}\right\} \tag{5.89}$$

5.4 空间问题的单元构造

5.4.1 4节点四面体单元

该单元为由4节点组成的**四面体单元**(tetrahedron element)，每个节点有三个位移(即三个自由度)，单元的节点及节点位移如图5.11所示。

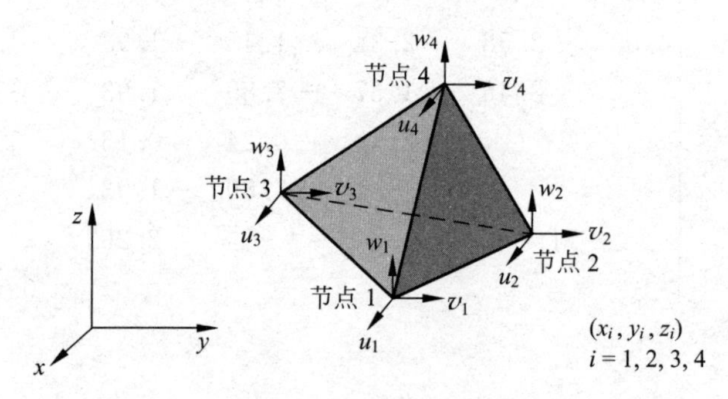

图5.11 4节点四面体单元

1. 单元的几何和节点描述

如图5.11所示的4节点四面体单元，单元的节点位移列阵$\boldsymbol{q}^e$和节点力列阵$\boldsymbol{P}^e$为

$$\underset{(12\times1)}{\boldsymbol{q}^e}=[u_1\quad v_1\quad w_1\quad u_2\quad v_2\quad w_2\quad u_3\quad v_3\quad w_3\quad u_4\quad v_4\quad w_4]^{\mathrm{T}} \tag{5.90}$$

$$\underset{(12\times1)}{\boldsymbol{P}^e}=[P_{x1}\quad P_{y1}\quad P_{z1}\quad P_{x2}\quad P_{y2}\quad P_{z2}\quad P_{x3}\quad P_{y3}\quad P_{z3}\quad P_{x4}\quad P_{y4}\quad P_{z4}]^{\mathrm{T}} \tag{5.91}$$

2. 单元位移场的表达

该单元有4个节点，单元的节点位移有12个自由度(DOF)。因此每个方向的位移场可以设定4个待定系数，根据节点个数以及确定位移模式的基本原则(从低

阶到高阶的完备性、惟一确定性），选取该单元的位移模式为

$$\left.\begin{aligned} u(x,y,z) &= \bar{a}_0 + \bar{a}_1 x + \bar{a}_2 y + \bar{a}_3 z \\ v(x,y,z) &= \bar{b}_0 + \bar{b}_1 x + \bar{b}_2 y + \bar{b}_3 z \\ w(x,y,z) &= \bar{c}_0 + \bar{c}_1 x + \bar{c}_2 y + \bar{c}_3 z \end{aligned}\right\} \tag{5.92}$$

由节点条件，在 $x=x_i, y=y_i, z=z_i$ 处，有

$$\left.\begin{aligned} u(x_i,y_i,z_i) &= u_i \\ v(x_i,y_i,z_i) &= v_i \\ w(x_i,y_i,z_i) &= w_i \end{aligned}\right\} \quad (i=1,2,3,4) \tag{5.93}$$

将(5.92)代入节点条件(5.93)式中，可求取待定系数$(\bar{a}_i, \bar{b}_i, \bar{c}_i)$，$i=0,1,2,3$。在求得待定系数后，可重写(5.92)式为

$$\underset{(3\times1)}{\boldsymbol{u}}(x,y,z) = \begin{bmatrix} u \\ v \\ w \end{bmatrix} = \begin{bmatrix} N_1 & 0 & 0 & N_2 & 0 & 0 & N_3 & 0 & 0 & N_4 & 0 & 0 \\ 0 & N_1 & 0 & 0 & N_2 & 0 & 0 & N_3 & 0 & 0 & N_4 & 0 \\ 0 & 0 & N_1 & 0 & 0 & N_2 & 0 & 0 & N_3 & 0 & 0 & N_4 \end{bmatrix} \cdot \boldsymbol{q}^e$$

$$= \underset{(3\times12)}{\boldsymbol{N}} \cdot \underset{(12\times1)}{\boldsymbol{q}^e} \tag{5.94}$$

其中

$$N_i = \frac{1}{6V}(a_i + b_i x + c_i y + d_i z) \quad (i=1,2,3,4) \tag{5.95}$$

V 为四面体的体积，a_i, b_i, c_i, d_i 为与节点几何位置相关的系数，具体的计算公式见文献[16]。

3. 单元应变场及应力场的表达

由弹性力学空间问题的几何方程，并将单元位移场的表达(5.94)式代入，有

$$\underset{(6\times1)}{\boldsymbol{\varepsilon}}(x,y,z) = \begin{bmatrix} \varepsilon_{xx} \\ \varepsilon_{yy} \\ \varepsilon_{zz} \\ \gamma_{xy} \\ \gamma_{yz} \\ \gamma_{zx} \end{bmatrix} = \begin{bmatrix} \frac{\partial}{\partial x} & 0 & 0 \\ 0 & \frac{\partial}{\partial y} & 0 \\ 0 & 0 & \frac{\partial}{\partial z} \\ \frac{\partial}{\partial y} & \frac{\partial}{\partial x} & 0 \\ 0 & \frac{\partial}{\partial z} & \frac{\partial}{\partial y} \\ \frac{\partial}{\partial z} & 0 & \frac{\partial}{\partial x} \end{bmatrix} \begin{bmatrix} u \\ v \\ w \end{bmatrix} = \underset{(6\times3)}{[\partial]} \underset{(3\times1)}{\boldsymbol{u}}$$

$$= \underset{(6\times3)}{[\partial]} \underset{(3\times12)}{\boldsymbol{N}} \cdot \underset{(12\times1)}{\boldsymbol{q}^e} = \underset{(6\times12)}{\boldsymbol{B}} \cdot \underset{(12\times1)}{\boldsymbol{q}^e} \tag{5.96}$$

其中几何函数矩阵 $\boldsymbol{B}(x,y,z)$ 为

$$\underset{(6\times12)}{\boldsymbol{B}} = \underset{(6\times3)}{[\partial]}\ \underset{(3\times12)}{\boldsymbol{N}} = \begin{bmatrix} \underset{(6\times3)}{\boldsymbol{B}_1} & \underset{(6\times3)}{\boldsymbol{B}_2} & \underset{(6\times3)}{\boldsymbol{B}_3} & \underset{(6\times3)}{\boldsymbol{B}_4} \end{bmatrix} \tag{5.97}$$

(5.97)式中的 $\boldsymbol{B}_i$ 为

$$\underset{(6\times3)}{\boldsymbol{B}_i} = \underset{(6\times3)}{[\partial]} \begin{bmatrix} N_i & 0 & 0 \\ 0 & N_i & 0 \\ 0 & 0 & N_i \end{bmatrix} = \frac{1}{6V} \begin{bmatrix} b_i & 0 & 0 \\ 0 & c_i & 0 \\ 0 & 0 & d_i \\ c_i & b_i & 0 \\ 0 & d_i & c_i \\ d_i & 0 & b_i \end{bmatrix} \quad (i=1,2,3,4) \tag{5.98}$$

再由弹性力学中空间问题的物理方程可以得到应力场的表达

$$\underset{(6\times1)}{\boldsymbol{\sigma}} = \underset{(6\times6)}{\boldsymbol{D}}\ \underset{(6\times1)}{\boldsymbol{\varepsilon}} = \underset{(6\times6)}{\boldsymbol{D}}\ \underset{(6\times12)}{\boldsymbol{B}}\ \underset{(12\times1)}{\boldsymbol{q}^e} = \underset{(6\times12)}{\boldsymbol{S}}\ \underset{(12\times1)}{\boldsymbol{q}^e} \tag{5.99}$$

其中 $\boldsymbol{D}$ 为空间问题的弹性系数矩阵。

4. 单元的刚度矩阵及节点等效载荷矩阵

在获得几何函数矩阵 $\boldsymbol{B}(x,y,z)$ 后，由刚度矩阵的计算公式，可计算单元的刚度矩阵为

$$\underset{(12\times12)}{\boldsymbol{K}^e} = \int_{\Omega^e} \underset{(12\times6)}{\boldsymbol{B}^{\mathrm{T}}}\ \underset{(6\times6)}{\boldsymbol{D}}\ \underset{(6\times12)}{\boldsymbol{B}}\ \mathrm{d}\Omega \tag{5.100}$$

等效节点载荷矩阵为

$$\underset{(12\times1)}{\boldsymbol{P}^e} = \int_{\Omega^e} \underset{(12\times3)}{\boldsymbol{N}^{\mathrm{T}}}\ \underset{(3\times1)}{\bar{\boldsymbol{b}}}\ \mathrm{d}\Omega + \int_{S_p^e} \underset{(12\times3)}{\boldsymbol{N}^{\mathrm{T}}}\ \underset{(3\times1)}{\bar{\boldsymbol{p}}}\ \mathrm{d}A \tag{5.101}$$

5. 单元的刚度方程

$$\underset{(12\times12)}{\boldsymbol{K}^e}\ \underset{(12\times1)}{\boldsymbol{q}^e} = \underset{(12\times1)}{\boldsymbol{P}^e} \tag{5.102}$$

5.4.2 8 节点正六面体单元

该单元为由 8 节点组成的正六面体单元(hexahedron element)，每个节点有三个位移(即三个自由度)，单元的节点及节点位移如图 5.12 所示。

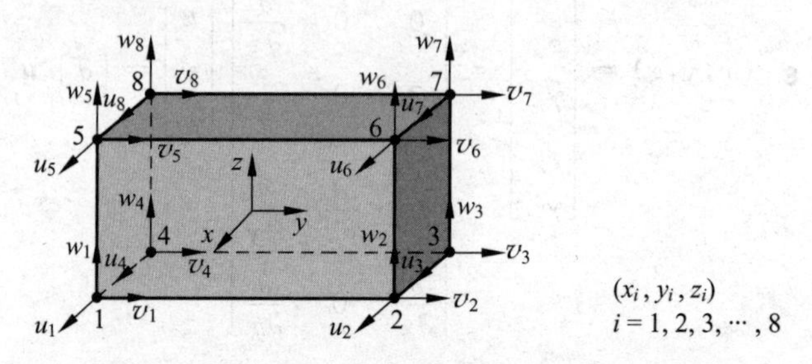

图 5.12 8 节点正六面体单元

1. 单元的几何和节点描述

如图5.12所示的8节点正六面体单元，单元的节点位移有24个自由度(DOF)。单元的节点位移列阵$\boldsymbol{q}^e$和节点力列阵$\boldsymbol{P}^e$为

$$\underset{(24\times1)}{\boldsymbol{q}^e}=[u_1\quad v_1\quad w_1\ \vdots\ u_2\quad v_2\quad w_2\ \vdots\ \cdots\ \vdots\ u_8\quad v_8\quad w_8]^{\mathrm{T}}\tag{5.103}$$

$$\underset{(24\times1)}{\boldsymbol{P}^e}=[P_{x1}\quad P_{y1}\quad P_{z1}\ \vdots\ P_{x2}\quad P_{y2}\quad P_{z2}\ \vdots\ \cdots\ \vdots\ P_{x8}\quad P_{y8}\quad P_{z8}]^{\mathrm{T}}\tag{5.104}$$

2. 单元位移场的表达

该单元有8个节点，因此每个方向的位移场可以设定8个待定系数，根据确定位移模式的基本原则(从低阶到高阶、惟一确定性)，选取该单元的位移模式为

$$\left.\begin{aligned}u(x,y,z)&=a_0+a_1x+a_2y+a_3z+a_4xy+a_5yz+a_6zx+a_7xyz\\v(x,y,z)&=b_0+b_1x+b_2y+b_3z+b_4xy+b_5yz+b_6zx+b_7xyz\\w(x,y,z)&=c_0+c_1x+c_2y+c_3z+c_4xy+c_5yz+c_6zx+c_7xyz\end{aligned}\right\}\tag{5.105}$$

可由节点条件确定出待定系数(a_i,b_i,c_i)，$i=0,1,2,\cdots,8$，再代回(5.105)式中可整理出该单元的形状函数矩阵，即

$$\underset{(3\times1)}{\boldsymbol{u}}=\begin{bmatrix}u\\v\\w\end{bmatrix}=\begin{bmatrix}N_1&0&0&N_2&0&0&\cdots&N_8&0&0\\0&N_1&0&0&N_2&0&\cdots&0&N_8&0\\0&0&N_1&0&0&N_2&\cdots&0&0&N_8\end{bmatrix}\cdot\boldsymbol{q}^e=\underset{(3\times24)}{\boldsymbol{N}}\cdot\underset{(24\times1)}{\boldsymbol{q}^e}\tag{5.106}$$

由于节点位移多达24个，由节点条件直接确定位移模式中的待定系数和形状函数矩阵的方法显得非常麻烦，可利用单元的自然坐标直接应用**Lagrange插值**(Lagrange interpolation)公式写出形状函数矩阵(有关讨论见第7.3.2节)。

在得到该单元的形状函数矩阵后，就可以按照有限元分析的标准过程推导相应的几何矩阵、刚度矩阵、节点等效载荷矩阵以及刚度方程，相关情况如下。

3. 单元应变场的表达

$$\underset{(6\times1)}{\boldsymbol{\varepsilon}}=\underset{(6\times3)}{[\partial]}\underset{(3\times1)}{\boldsymbol{u}}=\underset{(6\times3)}{[\partial]}\underset{(3\times24)}{\boldsymbol{N}}\underset{(24\times1)}{\boldsymbol{q}^e}=\underset{(6\times24)}{\boldsymbol{B}}\underset{(24\times1)}{\boldsymbol{q}^e}\tag{5.107}$$

4. 单元的刚度矩阵及等效节点载荷矩阵

$$\underset{(24\times24)}{\boldsymbol{K}^e}=\int_{\Omega^e}\underset{(24\times6)}{\boldsymbol{B}^{\mathrm{T}}}\underset{(6\times6)}{\boldsymbol{D}}\underset{(6\times24)}{\boldsymbol{B}}\,\mathrm{d}\Omega\tag{5.108}$$

$$\underset{(24\times1)}{\boldsymbol{P}^e}=\int_{\Omega^e}\underset{(24\times3)}{\boldsymbol{N}^{\mathrm{T}}}\underset{(3\times1)}{\bar{\boldsymbol{b}}}\,\mathrm{d}\Omega+\int_{S_p^e}\underset{(24\times3)}{\boldsymbol{N}^{\mathrm{T}}}\underset{(3\times1)}{\bar{\boldsymbol{p}}}\,\mathrm{d}A\tag{5.109}$$

5. 单元的刚度方程

$$\underset{(24\times24)}{\boldsymbol{K}^e}\underset{(24\times1)}{\boldsymbol{q}^e}=\underset{(24\times1)}{\boldsymbol{P}^e}\tag{5.110}$$

5.5 参数单元的一般原理和数值积分

由于实际问题的复杂性，需要使用一些几何形状不太规整的单元来逼近原问题，特别是在一些复杂的边界上，有时只能采用不规整单元。但直接研究这些不规整单元则比较困难，如何利用几何规整单元（如三角形单元、矩形单元、正六面体单元）的结果来研究（推导）所对应的几何不规整单元（叫做**参数单元**(parametric element)）的表达式？这将涉及到几何形状映射、坐标系变换（等参变换、非等参变换）等问题。

由前面的单元构造过程可以看出，一个单元的关键就是计算它的刚度矩阵，以平面问题为例，对于两个坐标系(x,y)和(ξ,η)，单元刚度矩阵的计算公式如下。

- **在坐标系$(\boldsymbol{x},\boldsymbol{y})$中**

$$\boldsymbol{K}^e_{(xy)}=\int_{A^e}\boldsymbol{B}^{\mathrm{T}}\left(x,y,\frac{\partial}{\partial x},\frac{\partial}{\partial y}\right)\cdot\boldsymbol{D}\cdot\boldsymbol{B}\left(x,y,\frac{\partial}{\partial x},\frac{\partial}{\partial y}\right)\mathrm{d}x\mathrm{d}y\cdot t \tag{5.111}$$

其中$\boldsymbol{B}\left((x,y,\frac{\partial}{\partial x},\frac{\partial}{\partial y}\right)$为$(x,y)$坐标系中的单元几何函数矩阵，它是$\left(x,y,\frac{\partial}{\partial x},\frac{\partial}{\partial y}\right)$的函数。

- **在坐标系$(\boldsymbol{\xi},\boldsymbol{\eta})$中**

$$\boldsymbol{K}^e_{(\xi\eta)}=\int_{A^e}\boldsymbol{B}^{*\mathrm{T}}\left(\xi,\eta,\frac{\partial}{\partial \xi},\frac{\partial}{\partial \eta}\right)\cdot\boldsymbol{D}\cdot\boldsymbol{B}^{*}\left(\xi,\eta,\frac{\partial}{\partial \xi},\frac{\partial}{\partial \eta}\right)\mathrm{d}\xi\mathrm{d}\eta\cdot t \tag{5.112}$$

其中$\boldsymbol{B}^*\left(\xi,\eta,\frac{\partial}{\partial \xi},\frac{\partial}{\partial \eta}\right)$为$(\xi,\eta)$坐标系中的单元几何函数矩阵，它是$\left(\xi,\eta,\frac{\partial}{\partial \xi},\frac{\partial}{\partial \eta}\right)$的函数。

可以看出，要实现两个坐标系中单元刚度矩阵的**转换**(transformation)或**映射**(mapping)，必须计算两个坐标系之间的三种映射关系，即

坐标函数映射(mapping of coordinate) $\quad (x,y)\Rightarrow(\xi,\eta) \quad$ (5.113)

偏导数映射(mapping of partial differential) $\quad \left(\frac{\partial}{\partial x},\frac{\partial}{\partial y}\right)\Rightarrow\left(\frac{\partial}{\partial \xi},\frac{\partial}{\partial \eta}\right) \quad$ (5.114)

面积(体积)映射(mapping of area) $\quad \int_{A^e}\mathrm{d}x\mathrm{d}y\Rightarrow\int_{A^e}\mathrm{d}\xi\mathrm{d}\eta \quad$ (5.115)

下面就两个坐标系之间的这三种映射关系进行具体的推导，在获得映射关系后，就可以实现不同坐标系下单元刚度矩阵之间的变换。

5.5.1 坐标系的映射与变换

1. 坐标映射

就如图 5.13 所示的平面问题情形，设有两个坐标系：**基准坐标系**(ξ,η)(reference coordinate)和**物理坐标系**(x,y)(physical coordinate)，其中基准坐标系(ξ,η)用于描述几何形状非常规整的**基准单元**(parent element)（如矩形单元，正六

面体单元),而工程问题中**曲边单元**(curved element)(往往其几何形状不太规整,但可以映射为规整的几何形状)是在物理坐标系(x,y)中。可以看出,前面所讨论的几种单元都是在基准坐标系(ξ,η)中进行研究的,现在我们希望利用在基准坐标系(ξ,η)中所得到的单元表达来推导在物理坐标系(x,y)中的单元表达,由此,可将已有单元的应用范围大大地扩大。

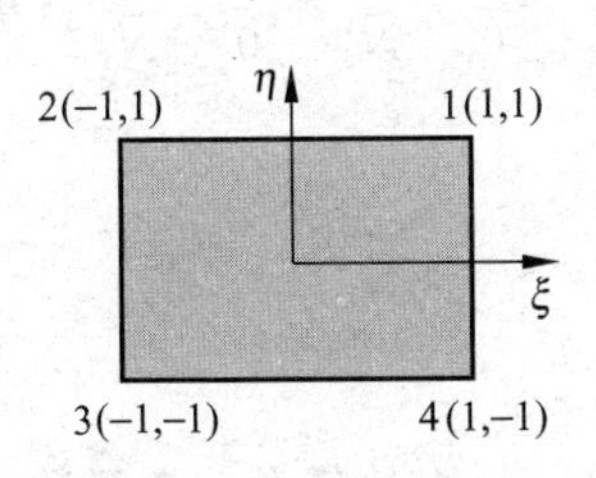

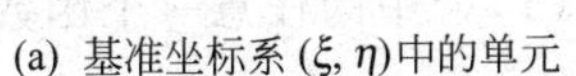

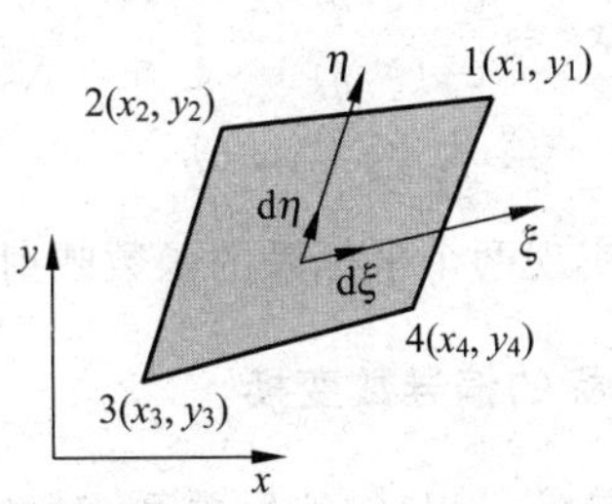

(b) 物理坐标系 (x, y)中的单元

图 5.13 矩形单元映射为任意四边形单元

设如图 5.13 所示的两个坐标系的坐标映射关系为

$$\left.\begin{aligned} x &= x(\xi,\eta) \\ y &= y(\xi,\eta) \end{aligned}\right\} \tag{5.116}$$

下面,针对图中所示的 4 节点四边形的坐标映射,给出(5.116)的具体表达式。由于基准坐标系(ξ,η)中的一点对应于物理坐标系(x,y)中的一个相应点,对图中的 4 个角点,有节点映射条件

$$\left.\begin{aligned} x_i &= x(\xi_i,\eta_i) \\ y_i &= y(\xi_i,\eta_i) \end{aligned}\right\} \quad (i=1,2,3,4) \tag{5.117}$$

这表明x方向和y方向各有 4 个节点条件,如果用多项式来写出(5.117)式中的映射函数关系,则x和y方向上可以分别写出各包含有 4 个待定系数的多项式,即

$$\left.\begin{aligned} x &= a_0 + a_1\xi + a_2\eta + a_3\xi\eta \\ y &= b_0 + b_1\xi + b_2\eta + b_3\xi\eta \end{aligned}\right\} \tag{5.118}$$

其中待定系数$a_0,\cdots,a_3$和$b_0,\cdots,b_3$可由节点映射条件(5.117)来惟一确定。

对照前面 4 节点矩形单元的单元位移函数(5.47)式,映射函数(5.118)式具有完全相同的形式,同样,将求出的待定系数再代回(5.118)式中,重写该式为

$$\left.\begin{aligned} x(\xi,\eta) &= \widetilde{N}_1(\xi,\eta)x_1 + \widetilde{N}_2(\xi,\eta)x_2 + \widetilde{N}_3(\xi,\eta)x_3 + \widetilde{N}_4(\xi,\eta)x_4 \\ y(\xi,\eta) &= \widetilde{N}_1(\xi,\eta)y_1 + \widetilde{N}_2(\xi,\eta)y_2 + \widetilde{N}_3(\xi,\eta)y_3 + \widetilde{N}_4(\xi,\eta)y_4 \end{aligned}\right\} \tag{5.119}$$

其中

$$\widetilde{N}_i = \frac{1}{4}(1+\xi_i\xi)(1+\eta_i\eta) \quad (i=1,2,3,4) \tag{5.120}$$

比较后发现(5.120)式与(5.51)式完全相同。

如果将物理坐标系(x,y)中的每一个节点坐标值进行排列，并写成一个列阵，有

$$\underset{(8\times1)}{\tilde{\boldsymbol{q}}} = [x_1 \quad y_1 \quad x_2 \quad y_2 \quad x_3 \quad y_3 \quad x_4 \quad y_4]^{\mathrm{T}} \tag{5.121}$$

进一步可将(5.119)写成

$$\begin{aligned}\underset{(2\times1)}{\boldsymbol{x}} &= \begin{bmatrix} x(\xi,\eta) \\ y(\xi,\eta) \end{bmatrix} = \begin{bmatrix} \widetilde{N}_1 & 0 & \widetilde{N}_2 & 0 & \widetilde{N}_3 & 0 & \widetilde{N}_4 & 0 \\ 0 & \widetilde{N}_1 & 0 & \widetilde{N}_2 & 0 & \widetilde{N}_3 & 0 & \widetilde{N}_4 \end{bmatrix} \cdot \tilde{\boldsymbol{q}} \\ &= \underset{(2\times8)}{\widetilde{\boldsymbol{N}}}(\xi,\eta) \cdot \underset{(8\times1)}{\tilde{\boldsymbol{q}}}\end{aligned} \tag{5.122}$$

这就可以实现两个坐标系的函数映射。

2. 坐标的偏导数变换

为推导(5.114)的映射关系，对物理坐标系(x,y)中的任意一个函数$\Phi(x,y)$，求它的偏导数，有

$$\left.\begin{aligned}\frac{\partial\Phi}{\partial\xi} &= \frac{\partial\Phi}{\partial x}\frac{\partial x}{\partial\xi} + \frac{\partial\Phi}{\partial y}\frac{\partial y}{\partial\xi} \\ \frac{\partial\Phi}{\partial\eta} &= \frac{\partial\Phi}{\partial x}\frac{\partial x}{\partial\eta} + \frac{\partial\Phi}{\partial y}\frac{\partial y}{\partial\eta}\end{aligned}\right\} \tag{5.123}$$

则偏导数的变换关系为

$$\left.\begin{aligned}\frac{\partial}{\partial\xi} &= \frac{\partial x}{\partial\xi}\frac{\partial}{\partial x} + \frac{\partial y}{\partial\xi}\frac{\partial}{\partial y} \\ \frac{\partial}{\partial\eta} &= \frac{\partial x}{\partial\eta}\frac{\partial}{\partial x} + \frac{\partial y}{\partial\eta}\frac{\partial}{\partial y}\end{aligned}\right\} \tag{5.124}$$

写成矩阵形式，有

$$\begin{bmatrix} \dfrac{\partial}{\partial\xi} \\ \dfrac{\partial}{\partial\eta} \end{bmatrix} = \boldsymbol{J} \begin{bmatrix} \dfrac{\partial}{\partial x} \\ \dfrac{\partial}{\partial y} \end{bmatrix} \tag{5.125}$$

其中

$$\boldsymbol{J} = \begin{bmatrix} \dfrac{\partial x}{\partial\xi} & \dfrac{\partial y}{\partial\xi} \\ \dfrac{\partial x}{\partial\eta} & \dfrac{\partial y}{\partial\eta} \end{bmatrix} \tag{5.126}$$

称为**Jacobian 矩阵**(Jacobian matrix)。也可将(5.124)式写成以下逆形式：

$$\begin{bmatrix} \dfrac{\partial}{\partial x} \\ \dfrac{\partial}{\partial y} \end{bmatrix} = \boldsymbol{J}^{-1} \begin{bmatrix} \dfrac{\partial}{\partial\xi} \\ \dfrac{\partial}{\partial\eta} \end{bmatrix} = \frac{1}{|\boldsymbol{J}|} \begin{bmatrix} \dfrac{\partial y}{\partial\eta} & -\dfrac{\partial y}{\partial\xi} \\ -\dfrac{\partial x}{\partial\eta} & \dfrac{\partial x}{\partial\xi} \end{bmatrix} \begin{bmatrix} \dfrac{\partial}{\partial\xi} \\ \dfrac{\partial}{\partial\eta} \end{bmatrix} \tag{5.127}$$

其中$|\boldsymbol{J}|$是矩阵$\boldsymbol{J}$的行列式(determinant)，即

$$|\boldsymbol{J}| = \frac{\partial x}{\partial\xi}\frac{\partial y}{\partial\eta} - \frac{\partial y}{\partial\xi}\frac{\partial x}{\partial\eta} \tag{5.128}$$

将(5.127)式写成显式

$$\left.\begin{aligned}\frac{\partial}{\partial x}&=\frac{1}{|\boldsymbol{J}|}\left(\frac{\partial y}{\partial \eta}\frac{\partial}{\partial \xi}-\frac{\partial y}{\partial \xi}\frac{\partial}{\partial \eta}\right)\\\frac{\partial}{\partial y}&=\frac{1}{|\boldsymbol{J}|}\left(-\frac{\partial x}{\partial \eta}\frac{\partial}{\partial \xi}+\frac{\partial x}{\partial \xi}\frac{\partial}{\partial \eta}\right)\end{aligned}\right\}\tag{5.129}$$

这就是两个坐标系的偏导数映射关系。

3. 面积及体积的变换

如图 5.13(b)所示,在物理坐标系(x,y)中,由 $\mathrm{d}\boldsymbol{\xi}$ 和 $\mathrm{d}\boldsymbol{\eta}$ 所围成的微小平行四边形,其面积为

$$\mathrm{d}A=|\,\mathrm{d}\boldsymbol{\xi}\times\mathrm{d}\boldsymbol{\eta}\,|\tag{5.130}$$

由于 $\mathrm{d}\boldsymbol{\xi}$ 和 $\mathrm{d}\boldsymbol{\eta}$ 在物理坐标系(x,y)中的分量为

$$\left.\begin{aligned}\mathrm{d}\boldsymbol{\xi}&=\frac{\partial x}{\partial \xi}\mathrm{d}\xi\cdot\boldsymbol{i}+\frac{\partial y}{\partial \xi}\mathrm{d}\xi\cdot\boldsymbol{j}\\\mathrm{d}\boldsymbol{\eta}&=\frac{\partial x}{\partial \eta}\mathrm{d}\eta\cdot\boldsymbol{i}+\frac{\partial y}{\partial \eta}\mathrm{d}\eta\cdot\boldsymbol{j}\end{aligned}\right\}\tag{5.131}$$

其中 $\boldsymbol{i}$ 和 $\boldsymbol{j}$ 分别为物理坐标系(x,y)中的 x 方向和 y 方向的单位向量。由(5.130)式,则有面积积分的变换计算

$$\mathrm{d}A=\begin{vmatrix}\dfrac{\partial x}{\partial \xi}\mathrm{d}\xi & \dfrac{\partial y}{\partial \xi}\mathrm{d}\xi\\[2ex]\dfrac{\partial x}{\partial \eta}\mathrm{d}\eta & \dfrac{\partial y}{\partial \eta}\mathrm{d}\eta\end{vmatrix}=|\boldsymbol{J}|\,\mathrm{d}\xi\mathrm{d}\eta\tag{5.132}$$

(5.132)式给出了(x,y)坐标系中面积 $\mathrm{d}A$ 的变换计算公式。同样,就三维问题,在(x,y,z)坐标系中,由 $\mathrm{d}\boldsymbol{\xi}$ 、$\mathrm{d}\boldsymbol{\eta}$ 和 $\mathrm{d}\boldsymbol{\zeta}$ 所围成的微小六面体的体积为 $\mathrm{d}\Omega=\mathrm{d}\boldsymbol{\xi}\cdot(\mathrm{d}\boldsymbol{\eta}\times\mathrm{d}\boldsymbol{\zeta})$,则有体积积分的变换

$$\mathrm{d}\Omega=\begin{vmatrix}\dfrac{\partial x}{\partial \xi}\mathrm{d}\xi & \dfrac{\partial y}{\partial \xi}\mathrm{d}\xi & \dfrac{\partial z}{\partial \xi}\mathrm{d}\xi\\[2ex]\dfrac{\partial x}{\partial \eta}\mathrm{d}\eta & \dfrac{\partial y}{\partial \eta}\mathrm{d}\eta & \dfrac{\partial z}{\partial \eta}\mathrm{d}\eta\\[2ex]\dfrac{\partial x}{\partial \zeta}\mathrm{d}\zeta & \dfrac{\partial y}{\partial \zeta}\mathrm{d}\zeta & \dfrac{\partial z}{\partial \zeta}\mathrm{d}\zeta\end{vmatrix}=|\boldsymbol{J}|\,\mathrm{d}\xi\mathrm{d}\eta\mathrm{d}\zeta\tag{5.133}$$

该式给出了(x,y,z)坐标系中体积 $\mathrm{d}\Omega$ 的变换计算公式。

5.5.2 单元的映射

对基准坐标系(ξ,η)中的平面 4 节点单元而言(见图 5.4),其节点位移列阵为

$$\underset{(8\times1)}{\boldsymbol{q}^{e}}=[u_1\quad v_1\quad u_2\quad v_2\quad u_3\quad v_3\quad u_4\quad v_4]^{\mathrm{T}}\tag{5.134}$$

它的位移场描述为

$$\begin{bmatrix} u(\xi,\eta) \\ v(\xi,\eta) \end{bmatrix} = \begin{bmatrix} N_1 & 0 & N_2 & 0 & N_3 & 0 & N_4 & 0 \\ 0 & N_1 & 0 & N_2 & 0 & N_3 & 0 & N_4 \end{bmatrix} \cdot \boldsymbol{q}^e = \underset{(2\times8)}{\boldsymbol{N}}(\xi,\eta) \cdot \underset{(8\times1)}{\boldsymbol{q}^e} \tag{5.135}$$

对照物理坐标系(x,y)中的任意四边形单元与基准坐标系(ξ,η)中的矩形单元之间的坐标函数映射(5.122)式，基于两个形状函数矩阵$\widetilde{\boldsymbol{N}}(\xi,\eta)$和$\boldsymbol{N}(\xi,\eta)$中插值函数的阶次，我们有单元变换的如下定义：

等参元(iso-parametric element)：

几何形状函数矩阵$\widetilde{\boldsymbol{N}}$中的插值阶次＝位移形状函数矩阵$\boldsymbol{N}$中的插值阶次

超参元(super-parametric element)：

几何形状函数矩阵$\widetilde{\boldsymbol{N}}$中的插值阶次＞位移形状函数矩阵$\boldsymbol{N}$中的插值阶次

亚参元(sub-parametric element)：

几何形状函数矩阵$\widetilde{\boldsymbol{N}}$中的插值阶次＜位移形状函数矩阵$\boldsymbol{N}$中的插值阶次

由于插值阶次是由节点数量决定的，所以，可由几何形状变换的节点数和位移插值函数的节点数直接判断参数单元的性质。小结前面所讨论的三个层次的变换，有

坐标变换
$$\begin{bmatrix} x \\ y \end{bmatrix} = \widetilde{\boldsymbol{N}}(\xi,\eta)\,\tilde{\boldsymbol{q}} \tag{5.136}$$

偏导数变换
$$\begin{bmatrix} \dfrac{\partial}{\partial x} \\ \dfrac{\partial}{\partial y} \end{bmatrix} = \boldsymbol{J}^{-1} \begin{bmatrix} \dfrac{\partial}{\partial \xi} \\ \dfrac{\partial}{\partial \eta} \end{bmatrix} \tag{5.137}$$

面积(体积) 变换
$$\mathrm{d}A = |\boldsymbol{J}|\,\mathrm{d}\xi\mathrm{d}\eta \tag{5.138}$$

若要将物理坐标系(x,y)中的单元刚度矩阵变换到基准坐标系(ξ,η)中进行计算。由(5.111)式知，首先需要进行单元几何矩阵的变换计算，即

$$\boldsymbol{B}\left(x,y,\frac{\partial}{\partial x},\frac{\partial}{\partial y}\right) = \begin{bmatrix} \dfrac{\partial}{\partial x} & 0 \\ 0 & \dfrac{\partial}{\partial y} \\ \dfrac{\partial}{\partial y} & \dfrac{\partial}{\partial x} \end{bmatrix} \boldsymbol{N}(x,y) = \boldsymbol{B}^*\left(\xi,\eta,\frac{\partial}{\partial \xi},\frac{\partial}{\partial \eta}\right) \tag{5.139}$$

然后，再进行整个单元刚度矩阵的变换计算，即

$$\begin{aligned} \boldsymbol{K}^e_{(xy)} &= \int_{A^e} \boldsymbol{B}^{\mathrm{T}}\left(x,y,\frac{\partial}{\partial x},\frac{\partial}{\partial y}\right)\cdot\boldsymbol{D}\cdot\boldsymbol{B}\left(x,y,\frac{\partial}{\partial x},\frac{\partial}{\partial y}\right)\mathrm{d}A\cdot t \\ &= \int_{-1}^{1}\int_{-1}^{1} \boldsymbol{B}^{*\mathrm{T}}\left(\xi,\eta,\frac{\partial}{\partial \xi},\frac{\partial}{\partial \eta}\right)\cdot\boldsymbol{D}\cdot\boldsymbol{B}^*\left(\xi,\eta,\frac{\partial}{\partial \xi},\frac{\partial}{\partial \eta}\right)|\boldsymbol{J}|\,\mathrm{d}\xi\mathrm{d}\eta\cdot t \end{aligned} \tag{5.140}$$

对平面 4 节点等参元，(5.140)式将变换成以下形式的积分，其刚度矩阵的元素为

$$k^e_{(xy)ij} = \int_{-1}^{1}\int_{-1}^{1} \frac{1}{A_0 + B_0\xi + C_0\eta}\left[(A_{\alpha i} + B_{\alpha i}\xi + C_{\alpha i}\eta)(A_{\beta j} + B_{\beta j}\xi + C_{\beta j}\eta)\right]\mathrm{d}\xi\mathrm{d}\eta\cdot t$$
$$(i,j = 1,2,\cdots,8) \tag{5.141}$$

其中 $A_0, B_0, C_0, A_{\alpha i}, B_{\alpha i}, C_{\alpha i}, A_{\beta j}, B_{\beta j}, C_{\beta j}$ 为系数。这个积分很难以解析的形式给出，一般都采用近似的数值积分法，常用的是 Gauss 积分公式，它是一种高精度和高效率的数值积分方法。

5.5.3　数值积分

在计算刚度矩阵系数时，往往要计算复杂函数的定积分，下面介绍在有限元分析中广泛使用的**数值积分**(numerical integration)方法。

一个函数的定积分，可以通过 n 个点的函数值以及它们的加权组合来计算，即

$$\int_{-1}^{1} f(\xi)\mathrm{d}\xi \approx \sum_{k=1}^{n} A_k f(\xi_k) \tag{5.142}$$

其中 $f(\xi)$为被积函数，n 为积分点数，A_k 为积分权系数，ξ_i 为积分点位置。当 n 确定时，A_k 和 ξ_k 也为对应的确定值。下面给出(5.142)式的计算原理及确定 A_k 和 ξ_k 的方法。

1. 数值积分的基本思想

对于一个定积分

$$I = \int_{-1}^{1} f(\xi)\mathrm{d}\xi \tag{5.143}$$

构造一个多项式 $\varphi(\xi_i)$，使得它在 n 个点上($\xi_i, i=1,2,\cdots,n$)与 $f(\xi)$相同，即

$$\varphi(\xi_i) = f(\xi_i) \quad (i = 1,2,\cdots,n) \tag{5.144}$$

则用多项式函数 $\varphi(\xi)$来近似代替 $f(\xi)$，积分(5.143)式变为

$$I = \int_{-1}^{1} f(\xi)\mathrm{d}\xi \approx \int_{-1}^{1} \varphi(\xi)\mathrm{d}\xi \tag{5.145}$$

现在的问题是：如何构造这一多项式 $\varphi(\xi)$使其对 $f(\xi)$有最好的逼近？下面介绍两种方法。

2. Newton-Cotes 数值积分

基于 n 个点($\xi_i, i=1,2,\cdots,n$)，将多项式 $\varphi(\xi)$取为 Lagrange 插值多项式，即

$$\varphi(\xi) = a_0 + a_1\xi + \cdots + a_{n-1}\xi^{n-1} = \sum_{i=1}^{n} l_i^{n-1}(\xi) f(\xi_i) \tag{5.146}$$

其中 $a_0, a_1, \cdots, a_{n-1}$ 为常数，$l_i^{(n-1)}(\xi)$为$(n-1)$阶 Lagrange 插值函数，即

$$l_i^{(n-1)}(\xi) = \frac{(\xi-\xi_1)(\xi-\xi_2)\cdots(\xi-\xi_{i-1})(\xi-\xi_{i+1})\cdots(\xi-\xi_n)}{(\xi_i-\xi_1)(\xi_i-\xi_2)\cdots(\xi_i-\xi_{i-1})(\xi_i-\xi_{i+1})\cdots(\xi_i-\xi_n)} = \prod_{\substack{j=1 \\ j\neq i}}^{n} \frac{(\xi-\xi_j)}{(\xi_i-\xi_j)} \tag{5.147}$$

显然

$$l_i^{n-1}(\xi_j) = \delta_{ij}$$
$$\varphi(\xi_i) = f(\xi_i)$$

其中 δ_{ij} 为 **Kronecker 记号**(Kronecker delta symbol),

$$\delta_{ij}=\begin{cases}1 & i=j\\0 & i\neq j\end{cases}$$

由(5.146)式,$\varphi(\xi)$为$(n-1)$次多项式,其积分

$$\begin{aligned}I&=\int_{-1}^{1}f(\xi)\mathrm{d}\xi\approx\int_{-1}^{1}\varphi(\xi)\mathrm{d}\xi=\int_{-1}^{1}\sum_{i=1}^{n}l_i^{(n-1)}(\xi)f(\xi_i)\mathrm{d}\xi\\&=\sum_{i=1}^{n}\left[\left(\int_{-1}^{1}l_i^{(n-1)}(\xi)\mathrm{d}\xi\right)f(\xi_i)\right]\\&=\sum_{i=1}^{n}A_if(\xi_i)\end{aligned}\tag{5.148}$$

其中

$$A_i=\int_{-1}^{1}l_i^{(n-1)}(\xi)\mathrm{d}\xi$$

称为积分权系数。

3. Gauss 积分

如果调整 n 个插值点($\xi_i,i=1,2,\cdots,n$)的位置,使 $\varphi(\xi)$具有$(2n-1)$次多项式对 $f(\xi)$进行逼近,则可以大大提高积分精度,也就是调整插值点 ξ_i 的位置,使其达到一个最优的组合,这种最优的位置点叫做 Gauss 积分点。

由函数逼近理论,可构造$(2n-1)$次多项式 $\varphi(\xi)$为

$$\varphi(\xi)=\sum_{i=1}^{n}l_i^{(n-1)}(\xi)f(\xi_i)+\sum_{i=0}^{n-1}\beta_i\xi^iP(\xi)\tag{5.149}$$

其中 $l_i^{(n-1)}(\xi)$是$(n-1)$次 Lagrange 插值函数,β_i 为系数,$P(\xi)$为 n 次多项式,即

$$P(\xi)=(\xi-\xi_1)(\xi-\xi_2)\cdots(\xi-\xi_n)=\prod_{i=1}^{n}(\xi-\xi_i)\tag{5.150}$$

($\xi_i,i=1,2,\cdots,n$)积分点由以下条件确定

$$\int_{-1}^{1}\xi^iP(\xi)\mathrm{d}\xi=0\quad(i=0,1,\cdots,n-1)\tag{5.151}$$

可以看出 $P(\xi)$有以下性质:

(1) 在积分点上,有　$P(\xi_i)=0$

(2) 多项式 $P(\xi)$与 $\xi^0,\xi^1,\xi^2,\cdots,\xi^{(n-1)}$在$(-1,1)$域内正交。

则积分(5.145)式为

$$\begin{aligned}I&=\int_{-1}^{1}f(\xi)\mathrm{d}\xi\approx\int_{-1}^{1}\varphi(\xi)\mathrm{d}\xi\\&=\sum_{i=1}^{n}\left[\left(\int_{-1}^{1}l_i^{(n-1)}(\xi)\mathrm{d}\xi\right)f(\xi_i)\right]+\sum_{i=0}^{n-1}\int_{-1}^{1}\beta_i\xi^iP(\xi)\mathrm{d}\xi=\sum_{i=1}^{n}A_if(\xi_i)\end{aligned}\tag{5.152}$$

其中

$$A_i = \int_{-1}^{1} l_i^{(n-1)}(\xi)\mathrm{d}\xi \tag{5.153}$$

注意这时 $\varphi(\xi)$ 为 $(2n-1)$ 次多项式，ξ_i 的位置由(5.151)式确定，因而整个积分的精度具有 $(2n-1)$ 阶。

下面具体给出几种情况的 Gauss 积分点及权系数。

(1) 1 点 Gauss 积分公式

即(5.152)式中的 $n=1$，这时

$$I = \int_{-1}^{1} f(\xi)\mathrm{d}\xi \approx 2f(0) \tag{5.154}$$

显然，$A_1=2$，$\xi_1=0$，这也是梯形积分公式。

(2) 2 点 Gauss 积分

即(5.152)式中的 $n=2$，这时

$$I = \int_{-1}^{1} f(\xi)\mathrm{d}\xi \approx A_1 f(\xi_1) + A_2 f(\xi_2) \tag{5.155}$$

可以通过上述函数构造的方法来确定 A_1，A_2，ξ_1 和 ξ_2，即采用公式(5.153)和(5.151)。

除用构造正交多项式的方法来进行推导和确定 Gauss 积分点和权函数外，也可以直接进行推导来求取，为更好地理解 Gauss 积分的性质，下面给出直接方法。

基于这样一个思想：让公式(5.155)对于当 $f(\xi)$ 分别取为 $1,\xi,\xi^2,\xi^3$ 时精确成立，并由此来确定出 4 个系数 A_1，A_2，ξ_1 和 ξ_2。

令 $f(\xi)$ 分别为 $1,\xi,\xi^2,\xi^3$ 时，将其代入(5.155)式中，可得到以下 4 个方程：

$$\left.\begin{aligned} 2 &= A_1 + A_2 \\ 0 &= A_1\xi_1 + A_2\xi_2 \\ \frac{2}{3} &= A_1\xi_1^2 + A_2\xi_2^2 \\ 0 &= A_1\xi_1^3 + A_2\xi_2^3 \end{aligned}\right\} \tag{5.156}$$

解出

$$\xi_1 = -\frac{1}{\sqrt{3}},\quad \xi_2 = \frac{1}{\sqrt{3}},\quad A_1 = A_2 = 1 \tag{5.157}$$

则 2 点 Gauss 积分公式为

$$I = \int_{-1}^{1} f(\xi)\mathrm{d}\xi \approx f\left(-\frac{1}{\sqrt{3}}\right) + f\left(\frac{1}{\sqrt{3}}\right) \tag{5.158}$$

(3) 高次多点 Gauss 积分

对于 n 点 Gauss 积分

$$I = \int_{-1}^{1} f(\xi)\mathrm{d}\xi \approx A_1 f(\xi_1) + A_2 f(\xi_2) + \cdots + A_n f(\xi_n) \tag{5.159}$$

如果按照上面的方法来确定 $\xi_1,\xi_2,\cdots,\xi_n,A_1,A_2,\cdots,A_n$，则要求解多元高次方程

组，难度较大，实际中，一般都采用 Legendre 多项式来构造和求取相应的积分点 ξ_i 和积分权系数 A_i。

常用 Gauss 数值积分的有关数据可在手册中查到（见表 5.3）[23]。

表 5.3　常用 Gauss 积分点位置及积分权系数

积分点 n	积分点 ξ_i	对应的积分权系数 A_i
1	0.000000000000000	2.000000000000000
2	±0.577350269189626	1.000000000000000
3	±0.774596669241483	0.555555555555556
	0.000000000000000	0.888888888888889
4	±0.861136311594053	0.347854845137454
	±0.339981043584856	0.652145154862546

(4) 2D 和 3D 问题的 Gauss 积分

可将 1D 的 Gauss 积分直接推广到 2D 和 3D 情形的积分。

2D 情形

$$
\begin{aligned}
I &= \int_{-1}^{1}\int_{-1}^{1} f(\xi,\eta)\,\mathrm{d}\xi\mathrm{d}\eta = \int_{-1}^{1}\sum_{j=1}^{n} A_j f(\xi_j,\eta)\,\mathrm{d}\eta \\
&= \sum_{i=1}^{n}\Big[A_i \sum_{j=1}^{n}(A_j f(\xi_j,\eta_i))\Big] = \sum_{i=1}^{n}\sum_{j=1}^{n} A_i A_j f(\xi_j,\eta_i) \\
&= \sum_{i,j=1}^{n} A_{ij} f(\xi_j,\eta_i)
\end{aligned} \tag{5.160}
$$

其中 $A_{ij}=A_iA_j$，且 ξ_i,η_j,A_i,A_j 都是一维 Gauss 积分的积分点和权系数。

3D 情形

$$
\begin{aligned}
I &= \int_{-1}^{1}\int_{-1}^{1}\int_{-1}^{1} f(\xi,\eta,\zeta)\,\mathrm{d}\xi\mathrm{d}\eta\mathrm{d}\zeta \\
&= \sum_{m=1}^{n}\sum_{j=1}^{n}\sum_{i=1}^{n} A_m A_j A_i f(\xi_i,\eta_j,\zeta_m) \\
&= \sum_{i,j,m=1}^{n} A_{mji} f(\xi_i,\eta_j,\zeta_m)
\end{aligned} \tag{5.161}
$$

其中 $A_{mji}=A_mA_jA_i$，且 $\xi_i,\eta_j,\zeta_m,A_i,A_j,A_m$ 都是一维 Gauss 积分的积分点和权系数。

5.6　典型例题及详解

典型例题 5.6(1)　平面 4 节点矩形单元位移模式的讨论

最常用的平面 4 节点矩形单元沿 x 方向和沿 y 方向的位移模式为

$$
\left.\begin{aligned}
u^e(x,y) &= a_0 + a_1 x + a_2 y + a_3 xy \\
v^e(x,y) &= b_0 + b_1 x + b_2 y + b_3 xy
\end{aligned}\right\} \tag{5.162}
$$

试分析该单元的描述能力。

解答：所谓单元的描述能力包括两个方面含义：一是在单元内部，二是单元与单元之间。下面基于该单元的位移表达(5.162)式，分析它与相邻单元之间的位移连续性问题以及在单元内部对基本力学变量的描述能力。

设有两个相邻的 4 节点单元如图 5.14 所示，单元①的节点编号为 1、4、5、2，单元②的节点编号为 2、5、6、3，其中$\overline{25}$边为两个单元的公共边，节点的位移值为(u_i, v_i)，$i=1,2,3,4,5,6$。为分析方便，我们设定一个整体坐标系(xy)，原点在节点 5 处，水平方向为 x 轴，垂直方向为 y 轴，$\overline{25}$边的长度为 h。

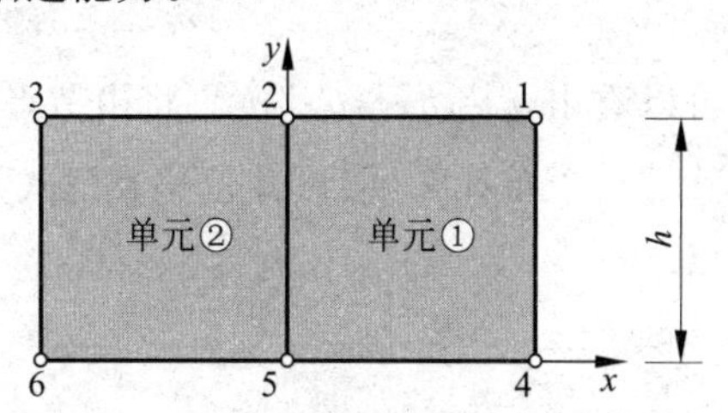

图 5.14　两个 4 节点矩形单元的连接

(1) 在单元内部

其位移场为(5.162)式，可以看出其位移 $u^e(x,y)$，$v^e(x,y)$都为完全的一次项，但为非完全的二次项，它们沿着 x 方向和 y 方向的变化都为线性函数，并且关于 x 方向和 y 方向的描述能力是对称的。

由平面问题的几何方程，可求出单元的应变场为

$$\left.\begin{aligned}\varepsilon_{xx}^e &= a_1 + a_3 y\\ \varepsilon_{yy}^e &= b_2 + b_3 x\\ \gamma_{xy}^e &= a_2 + a_3 x + b_1 + b_3 y = \tilde{a}_0 + a_3 x + b_3 y\end{aligned}\right\} \tag{5.163}$$

其中$\tilde{a}_0 = a_2 + b_1$，而应力场与应变场是对应的，可以通过物理方程将应变场转换为应力场。

应变场的描述也为线性函数，但不是一个完全的一次项，由(5.163)式可以看出，ε_{xx}^e沿 x 方向无变化，为一个常值，而沿 y 方向的变化为线性函数。ε_{yy}^e沿 x 方向的变化为线性函数，而沿 y 方向是无变化的，为常值。剪切应变 γ_{xy}^e 的变化为完全的一次项，它沿 x 方向和沿 y 方向的变化都为线性函数。

(2) 在单元之间公共边界上

如图 5.14 所示的两个单元，对于单元①，假设其位移表达式为

$$\left.\begin{aligned}u^{(1)}(x,y) &= a_0^{(1)} + a_1^{(1)} x + a_2^{(1)} y + a_3^{(1)} xy\\ v^{(1)}(x,y) &= b_0^{(1)} + b_1^{(1)} x + b_2^{(1)} y + b_3^{(1)} xy\end{aligned}\right\} \tag{5.164}$$

则在公共边$\overline{25}$上的变化为

$$\left.\begin{aligned}u_{(x=0,y)}^{(1)} &= a_0^{(1)} + a_2^{(1)} y\\ v_{(x=0,y)}^{(1)} &= b_0^{(1)} + b_2^{(1)} y\end{aligned}\right\} \tag{5.165}$$

其中的系数 $a_0^{(1)}$，$a_2^{(1)}$，$b_0^{(1)}$，$b_2^{(1)}$ 将由节点 2 和节点 5 的节点位移值来确定，即

$$\left.\begin{aligned}u^{(1)}_{(x=0,y=0)} &= a^{(1)}_0 = u_5\\ u^{(1)}_{(x=0,y=h)} &= a^{(1)}_0 + a^{(1)}_2 h = u_2\\ v^{(1)}_{(x=0,y=0)} &= b^{(1)}_0 = v_5\\ v^{(1)}_{(x=0,y=h)} &= b^{(1)}_0 + b^{(1)}_2 h = v_2\end{aligned}\right\} \tag{5.166}$$

可以看出 $a_0^{(1)}$，$a_2^{(1)}$，$b_0^{(1)}$，$b_2^{(1)}$ 将由节点位移值 u_2，v_2，u_5，v_5 来惟一确定。

对于单元②，假设其位移表达式为（同样基于图 5.14 中的 xy 坐标）

$$\left.\begin{aligned}u^{(2)}(x,y) &= a^{(2)}_0 + a^{(2)}_1 x + a^{(2)}_2 y + a^{(2)}_3 xy\\ v^{(2)}(x,y) &= b^{(2)}_0 + b^{(2)}_1 x + b^{(2)}_2 y + b^{(2)}_3 xy\end{aligned}\right\} \tag{5.167}$$

它在公共边$\overline{25}$上的变化为

$$\left.\begin{aligned}u^{(2)}_{(x=0,y)} &= a^{(2)}_0 + a^{(2)}_2 y\\ v^{(2)}_{(x=0,y)} &= b^{(2)}_0 + b^{(2)}_2 y\end{aligned}\right\} \tag{5.168}$$

其中的系数 $a_0^{(2)}$，$a_2^{(2)}$，$b_0^{(2)}$，$b_2^{(2)}$ 也由节点 2 和节点 5 的节点位移值来确定，即

$$\left.\begin{aligned}u^{(2)}_{(x=0,y=0)} &= a^{(2)}_0 = u_5\\ u^{(2)}_{(x=0,y=h)} &= a^{(2)}_0 + a^{(2)}_2 h = u_2\\ v^{(2)}_{(x=0,y=0)} &= b^{(2)}_0 = v_5\\ v^{(2)}_{(x=0,y=h)} &= b^{(2)}_0 + b^{(2)}_2 h = v_2\end{aligned}\right\} \tag{5.169}$$

可以看出 $a_0^{(2)}$，$a_2^{(2)}$，$b_0^{(2)}$，$b_2^{(2)}$ 也将由节点位移值 u_2，v_2，u_5，v_5 来惟一确定。

比较(5.166)式和(5.169)式，有

$$\left.\begin{aligned}a^{(1)}_0 = a^{(2)}_0, \quad a^{(1)}_2 = a^{(2)}_2\\ b^{(1)}_0 = b^{(2)}_0, \quad b^{(1)}_2 = b^{(2)}_2\end{aligned}\right\} \tag{5.170}$$

则由(5.165)式和(5.168)式，考虑到关系(5.170)式，可以知道，两个单元在公共边界$\overline{25}$上的位移完全相等，即

$$\left.\begin{aligned}u^{(1)}_{(x=0,y)} &= u^{(2)}_{(x=0,y)}\\ v^{(1)}_{(x=0,y)} &= v^{(2)}_{(x=0,y)}\end{aligned}\right\} \tag{5.171}$$

同样，可以分析两个单元在公共边界$\overline{25}$上的应变状态。单元①的表达式为

$$\left.\begin{aligned}\varepsilon^{(1)}_{xx(x=0,y)} &= a^{(1)}_1 + a^{(1)}_3 y\\ \varepsilon^{(1)}_{yy(x=0,y)} &= b^{(1)}_2\\ \gamma^{(1)}_{xy(x=0,y)} &= a^{(1)}_2 + b^{(1)}_1 + b^{(1)}_3 y\end{aligned}\right\} \tag{5.172}$$

单元②的表达式为

$$\left.\begin{aligned}\varepsilon^{(2)}_{xx(x=0,y)} &= a^{(2)}_1 + a^{(2)}_3 y\\ \varepsilon^{(2)}_{yy(x=0,y)} &= b^{(2)}_2\\ \gamma^{(2)}_{xy(x=0,y)} &= a^{(2)}_2 + b^{(2)}_1 + b^{(2)}_3 y\end{aligned}\right\} \tag{5.173}$$

考虑到已有的关系式(5.170)，对比(5.172)式和(5.173)式，则可知

$$\varepsilon_{yy(x=0,y)}^{(1)} = \varepsilon_{yy(x=0,y)}^{(2)} \tag{5.174}$$

即在沿 y 轴的公共边界上，相邻单元的 ε_{yy} 是完全相等的，也就是说是连续的。同样可以推论，在沿 x 轴的公共边界上，相邻单元的 ε_{xx} 是连续的。而两个相邻单元的其他应变分量则无对应相等的关系，也就是说不连续，对于应力而言，由物理方程可知，两个相邻单元的所有应力分量在公共边界上无对应相等的关系，都不连续。

典型例题 5.6(2)　平面矩形结构的应变能和应变余能计算

如图 5.15 所示的平面矩形结构，其 $E=1$ 个单位，$t=1$ 个单位，$\mu=0.25$，假设有两种约束和外载情形。

情形 1：左端给定约束，右端施加外力，如图 5.15(a)所示。

$$\left.\begin{array}{l} \text{位移边界条件 BC}(u):\quad u_1=0,\quad v_1=0,\quad u_4=0 \\ \text{力边界条件 BC}(p):P_{x2}=-1,\quad P_{y2}=0,\quad P_{x3}=1,\quad P_{y3}=0,\quad P_{y4}=0 \end{array}\right\} \tag{5.175}$$

情形 2：给定所有节点的位移值，如图 5.15(b)所示。

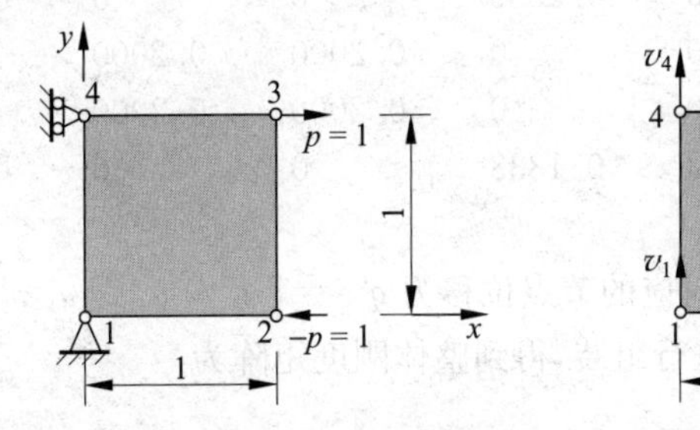

(a) 情形1: 左端给定约束，右端施加外力　(b) 情形2: 给定所有节点的位移值

图 5.15　平面矩形结构的有限元分析

已知 4 个节点的位移值：

$$\left.\begin{array}{llll} u_1=0.1, & u_2=0.2, & u_3=0.4, & u_4=0.3 \\ v_1=0.1, & v_2=0.1, & v_3=0.2, & v_4=0.3 \end{array}\right\} \tag{5.176}$$

试在以下两种建模情形下求该系统的位移场、应变场、应力场、各个节点上的支反力、系统的应变能、外力功、总势能(或总余能)，并比较这种建模方案的计算精度。

建模方案①：使用两个 CST 单元；

建模方案②：使用一个 4 节点矩形单元。

解答：建模方案①和建模方案②的单元划分及节点情况如图 5.16 所示。

整体的节点位移列阵为

$$\boldsymbol{q}=[u_1\quad v_1\quad u_2\quad v_2\quad u_3\quad v_3\quad u_4\quad v_4]^{\mathrm{T}} \tag{5.177}$$

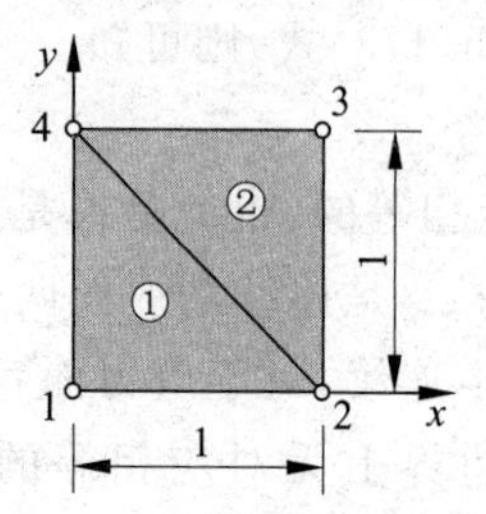

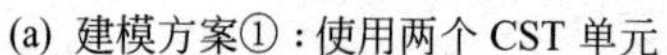

(a) 建模方案①：使用两个 CST 单元

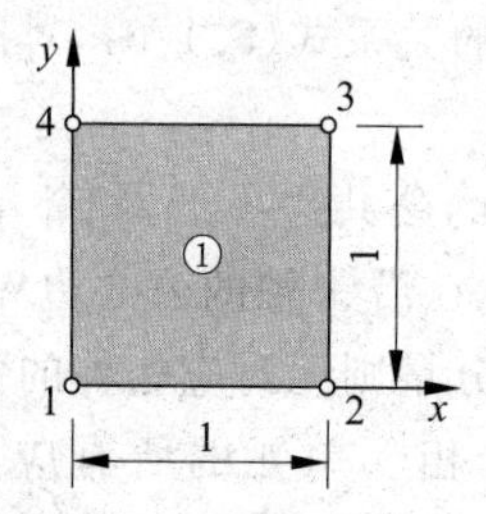

(b) 建模方案②：使用一个 4 节点矩形单元

图 5.16 平面矩形结构的单元划分及节点编号

(1) 建模方案①的有限元分析列式

根据(5.29)式，分别计算出单元 1 和单元 2 的刚度矩阵为

$$
\begin{array}{c}
\begin{matrix} u_1 & \quad v_1 & \quad u_2 & \quad v_2 & \quad u_4 & \quad v_4 \\ \downarrow & \quad\downarrow & \quad\downarrow & \quad\downarrow & \quad\downarrow & \quad\downarrow \end{matrix} \\
\boldsymbol{K}^{(1)}=\begin{bmatrix}
0.7333 & 0.3333 & -0.5333 & -0.2000 & -0.2000 & -0.1333 \\
0.3333 & 0.7333 & -0.1333 & -0.2000 & -0.2000 & -0.5333 \\
-0.5333 & -0.1333 & 0.5333 & 0 & 0 & 0.1333 \\
-0.2000 & -0.2000 & 0 & 0.2000 & 0.2000 & 0 \\
-0.2000 & -0.2000 & 0 & 0.2000 & 0.2000 & 0 \\
-0.1333 & -0.5333 & 0.1333 & 0 & 0 & 0.5333
\end{bmatrix}
\begin{matrix} \leftarrow u_1 \\ \leftarrow v_1 \\ \leftarrow u_2 \\ \leftarrow v_2 \\ \leftarrow u_4 \\ \leftarrow v_4 \end{matrix}
\end{array}
\tag{5.178}
$$

$\boldsymbol{K}^{(2)}$ 的数值与 $\boldsymbol{K}^{(1)}$ 相同，但所对应的节点位移为 $\boldsymbol{q}^{(2)}=[u_3\ v_3\ u_4\ v_4\ u_1\ v_1]^{\mathrm{T}}$，将两个单元按节点位移所对应的位置进行组装，得到整体刚度矩阵为

$$
\begin{aligned}
\boldsymbol{K}&=\boldsymbol{K}^{(1)}+\boldsymbol{K}^{(2)}\\
&=\begin{bmatrix}
0.7333 & 0.3333 & -0.5333 & -0.2 & 0 & 0 & -0.2 & -0.1333 \\
0.3333 & 0.7333 & -0.1333 & -0.2 & 0 & 0 & -0.2 & -0.5333 \\
-0.5333 & -0.1333 & 0.7333 & 0 & -0.2 & -0.2 & 0 & 0.3333 \\
-0.2 & -0.2 & 0 & 0.7333 & -0.1333 & -0.5333 & 0.3333 & 0 \\
0 & 0 & -0.2 & -0.1333 & 0.7333 & 0.3333 & -0.5333 & -0.2 \\
0 & 0 & -0.2 & -0.5333 & 0.3333 & 0.7333 & -0.1333 & -0.2 \\
-0.2 & -0.2 & 0 & 0.3333 & -0.5333 & -0.1333 & 0.7333 & 0 \\
-0.1333 & -0.5333 & 0.3333 & 0 & -0.2 & -0.2 & 0 & 0.7333
\end{bmatrix}
\end{aligned}
\tag{5.179}
$$

该系统的刚度方程为

$$
\underset{(8\times8)}{\boldsymbol{K}}\cdot\underset{(8\times1)}{\boldsymbol{q}}=\underset{(8\times1)}{\boldsymbol{P}}
\tag{5.180}
$$

其中 $\boldsymbol{q}$ 为节点位移，$\boldsymbol{P}$ 为节点力。

各个单元的位移场、应变场、应力场都可以由以下公式计算：

$$
\left.\begin{aligned}
\boldsymbol{u}^{(i)} &= \begin{bmatrix} u^{(i)} \\ v^{(i)} \end{bmatrix} = \boldsymbol{N}^{(i)}(x,y)\cdot\boldsymbol{q}^{(i)} \\
\boldsymbol{\varepsilon}^{(i)} &= \begin{bmatrix} \varepsilon_{xx}^{(i)} \\ \varepsilon_{yy}^{(i)} \\ \gamma_{xy}^{(i)} \end{bmatrix} = \boldsymbol{B}^{(i)}(x,y)\cdot\boldsymbol{q}^{(i)} \\
\boldsymbol{\sigma}^{(i)} &= \begin{bmatrix} \sigma_{xx}^{(i)} \\ \sigma_{yy}^{(i)} \\ \tau_{xy}^{(i)} \end{bmatrix} = \boldsymbol{D}^{(i)}\cdot\boldsymbol{B}^{(i)}(x,y)\cdot\boldsymbol{q}^{(i)}
\end{aligned}\right\} \tag{5.181}
$$

(2) 建模方案②的有限元分析列式

根据(5.60)式,计算出该单元的刚度矩阵为

$$
\boldsymbol{K} = \begin{bmatrix}
0.4889 & 0.1667 & -0.2889 & -0.03333 & -0.2444 & -0.1667 & 0.04444 & 0.03333 \\
0.1667 & 0.4889 & 0.03333 & 0.04444 & -0.1667 & -0.2444 & -0.03333 & -0.2889 \\
-0.2889 & 0.03333 & 0.4889 & -0.1667 & 0.04444 & -0.03333 & -0.2444 & 0.1667 \\
-0.03333 & 0.04444 & -0.1667 & 0.4889 & 0.03333 & -0.2889 & 0.1667 & -0.2444 \\
-0.2444 & -0.1667 & 0.04444 & 0.03333 & 0.4889 & 0.1667 & -0.2889 & -0.03333 \\
-0.1667 & -0.2444 & -0.03333 & -0.2889 & 0.1667 & 0.4889 & 0.0333 & 0.04444 \\
0.04444 & -0.03333 & -0.2444 & 0.1667 & -0.2889 & 0.03333 & 0.4889 & -0.1667 \\
0.03333 & -0.2889 & 0.1667 & -0.2444 & -0.03333 & 0.04444 & -0.1667 & 0.4889
\end{bmatrix} \tag{5.182}
$$

由于该结构只有一个单元,因此,整体刚度矩阵就是该矩阵,该系统的刚度方程为

$$
\underset{(8\times8)}{\boldsymbol{K}}\cdot\underset{(8\times1)}{\boldsymbol{q}} = \underset{(8\times1)}{\boldsymbol{P}} \tag{5.183}
$$

单元的位移场、应变场、应力场同样可由(5.181)式计算。

(3) 情形 1 外载状况下的有限元分析

• 采用建模方案①: 使用两个 CST 单元

根据(5.175)式中的力边界条件,则该系统的节点力列阵为

$$
\boldsymbol{P} = [R_{x1}\quad R_{y1}\quad P_{x2}\quad P_{y2}\quad P_{x3}\quad P_{y3}\quad R_{x4}\quad P_{y4}]^{\mathrm{T}} \tag{5.184}
$$

其中 R_{x1},R_{y1},R_{x4} 分别为节点 1 和节点 4 处的支反力。将情形 1 的条件(5.175)式和节点力列阵(5.184)式代入方程(5.180)式中,可求出节点位移和支反力为

$$
\left.\begin{aligned}
&u_2 = -1.71875,\ v_2 = -0.9375,\ u_3 = 1.71875,\ v_3 = -1.71875,\ v_4 = 0.78125 \\
&R_{x1} = 1,\ R_{y1} = 0,\ R_{x4} = -1
\end{aligned}\right\} \tag{5.185}
$$

则系统的节点位移列阵为

$$
\begin{aligned}
\boldsymbol{q} &= [u_1\quad v_1\quad u_2\quad v_2\quad u_3\quad v_3\quad u_4\quad v_4]^{\mathrm{T}} \\
&= [0\quad 0\quad -1.71875\quad -0.9375\quad 1.71875\quad -1.71875\quad 0\quad 0.78125]^{\mathrm{T}}
\end{aligned} \tag{5.186}
$$

由(5.181)式,计算各个单元的位移场、应变场、应力场。

$$\boldsymbol{u}^{(1)}=\begin{bmatrix}u^{(1)}\\v^{(1)}\end{bmatrix}=\begin{bmatrix}-1.71875x\\-0.9375x+0.78125y\end{bmatrix}$$

$$\boldsymbol{u}^{(2)}=\begin{bmatrix}u^{(2)}\\v^{(2)}\end{bmatrix}=\begin{bmatrix}1.71875(x+2y-2)\\1.56425-2.5x-0.783y\end{bmatrix}$$

$$\boldsymbol{\varepsilon}^{(1)}=[\varepsilon_{xx}\quad\varepsilon_{yy}\quad\gamma_{xy}]^{\mathrm{T}}=[-1.71875\quad 0.78125\quad -0.9375]^{\mathrm{T}}$$

$$\boldsymbol{\varepsilon}^{(2)}=[\varepsilon_{xx}\quad\varepsilon_{yy}\quad\gamma_{xy}]^{\mathrm{T}}=[1.71875\quad -0.783\quad 0.9375]^{\mathrm{T}}$$

$$\boldsymbol{\sigma}^{(1)}=[\sigma_{xx}\quad\sigma_{yy}\quad\tau_{xy}]^{\mathrm{T}}=[-1.625\quad 0.375\quad -0.375]^{\mathrm{T}}$$

$$\boldsymbol{\sigma}^{(2)}=[\sigma_{xx}\quad\sigma_{yy}\quad\tau_{xy}]^{\mathrm{T}}=[1.62453\quad -0.37687\quad 0.375]^{\mathrm{T}}$$

位移场、应变场及应力场的分布如图5.17所示。

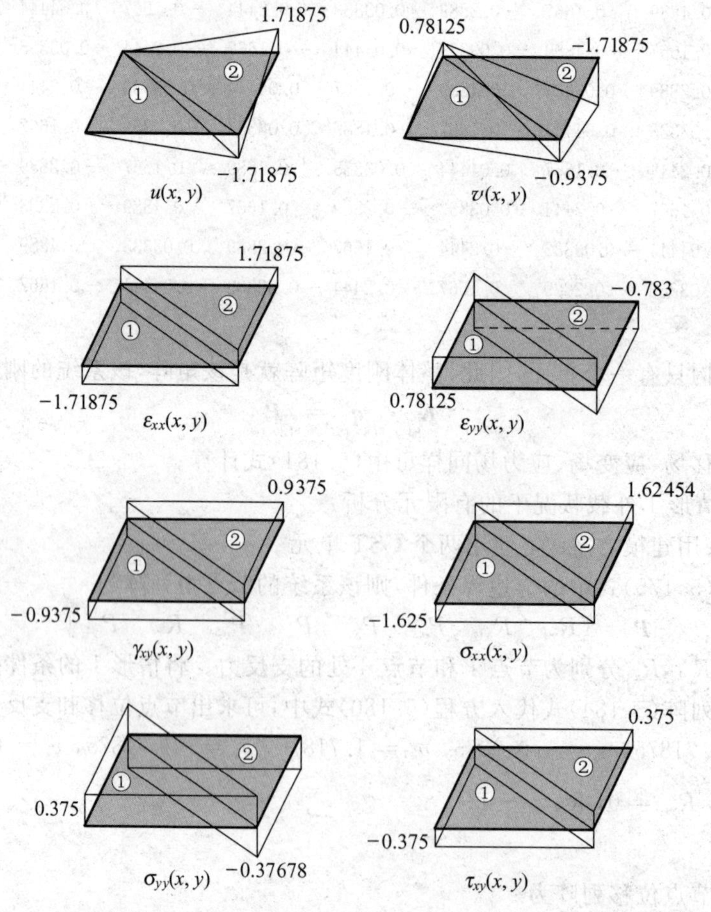

图5.17 在情形1外载状况下由建模方案①所得到的位移场、应变场及应力场分布

该系统的应变能

$$U=\frac{1}{2}\boldsymbol{q}^{\mathrm{T}}\boldsymbol{K}\boldsymbol{q}=1.71875$$

外力功

$$W = \boldsymbol{P}^{\mathrm{T}} \cdot \boldsymbol{q} = 3.4375$$

系统的总势能

$$\Pi = U - W = -1.71875 \tag{5.187}$$

• 采用建模方案②：使用一个4节点矩形单元

同样，将情形1的条件(5.175)式和节点力列阵(5.184)式代入方程(5.183)中，可求出节点位移和支反力为

$$\left.\begin{aligned} &u_2 = -4.09091,\ v_2 = -4.09091,\ u_3 = 4.09091,\ v_3 = -4.09091,\ v_4 = 0 \\ &R_{x1} = 1,\ R_{y1} = 0,\ R_{x4} = -1 \end{aligned}\right\} \tag{5.188}$$

则系统的节点位移列阵为

$$\begin{aligned} \boldsymbol{q} &= [u_1 \quad v_1 \quad u_2 \quad v_2 \quad u_3 \quad v_3 \quad u_4 \quad v_4]^{\mathrm{T}} \\ &= [0 \quad 0 \quad -4.09091 \quad -4.09091 \quad 4.09091 \quad -4.09091 \quad 0 \quad 0]^{\mathrm{T}} \end{aligned} \tag{5.189}$$

单元位移场为

$$\boldsymbol{u} = \begin{bmatrix} u \\ v \end{bmatrix} = \begin{bmatrix} -4.09091(x - 2xy) \\ -4.09091x \end{bmatrix}$$

应变场为

$$\boldsymbol{\varepsilon} = \begin{bmatrix} \varepsilon_{xx} \\ \varepsilon_{yy} \\ \gamma_{xy} \end{bmatrix} = \begin{bmatrix} -4.09091(1 - 2y) \\ 0 \\ -4.09091(1 - 2x) \end{bmatrix}$$

应力场为

$$\boldsymbol{\sigma} = \begin{bmatrix} \sigma_{xx} \\ \sigma_{yy} \\ \tau_{xy} \end{bmatrix} = \begin{bmatrix} -4.36363(1 - 2y) \\ -1.09091(1 - 2y) \\ -1.63636(1 - 2x) \end{bmatrix}$$

位移场、应变场及应力场的分布如图5.18所示。

该系统的应变能

$$U = \frac{1}{2}\boldsymbol{q}^{\mathrm{T}}\boldsymbol{K}\boldsymbol{q} = 4.09091$$

外力功

$$W = \boldsymbol{P}^{\mathrm{T}}\boldsymbol{q} = 8.18182$$

系统的总势能

$$\Pi = U - W = -4.09091 \tag{5.190}$$

(4) 情形2给定节点位移状况下的有限元分析

由于情形2的条件为给定所有节点的位移值(5.176)式，需要求解节点力，这

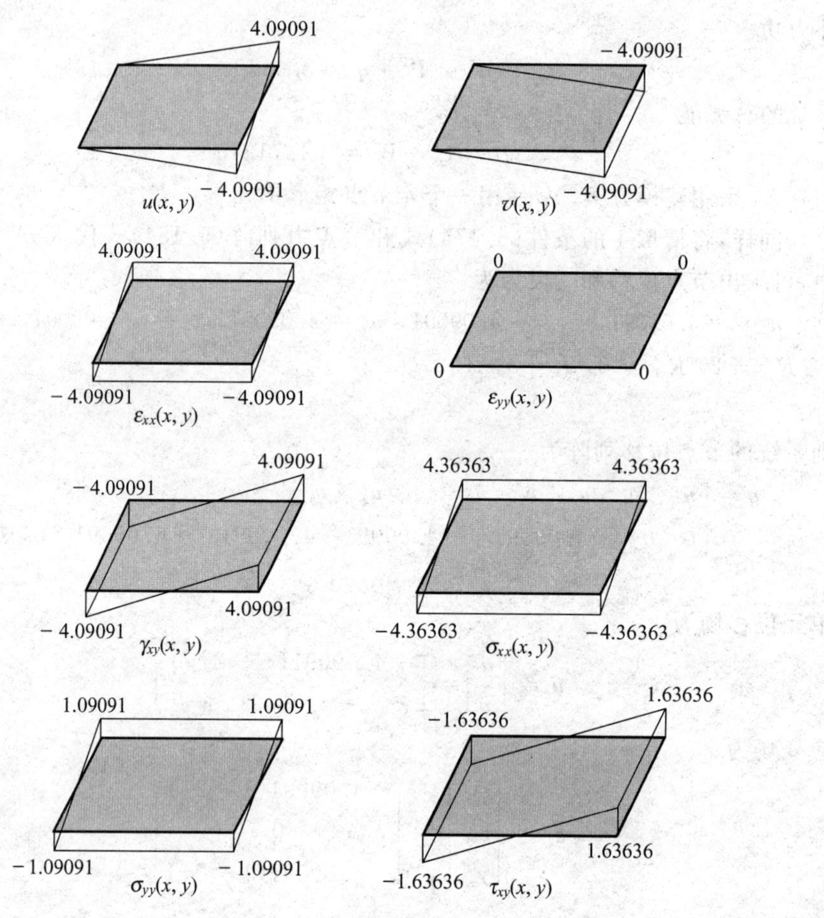

图 5.18 在情形 1 外载状况下由建模方案②得到的位移场、应变场及应力场分布

时应根据最小余能原理来建立有限元方程，建立的方程还是 $\underset{(8\times8)}{\boldsymbol{K}}\ \underset{(8\times1)}{\boldsymbol{q}} = \underset{(8\times1)}{\boldsymbol{P}}$，但这里的 $\boldsymbol{P}$ 就是节点支反力 $\boldsymbol{R}$。

• 采用建模方案①：使用两个 CST 单元

将节点的位移值(5.176)式和节点力列阵 $\boldsymbol{P}=\boldsymbol{R}$ 代入方程(5.180)中，可求出支反力，则整个问题的结果为

$$\left.\begin{aligned}\boldsymbol{q} &= [u_1\ \ v_1\ \ u_2\ \ v_2\ \ u_3\ \ v_3\ \ u_4\ \ v_4]^{\mathrm{T}}\\ &= [0.1\ 0.1\ 0.2\ 0.1\ 0.4\ 0.2\ 0.3\ 0.3]^{\mathrm{T}}\\ \boldsymbol{R} &= [R_{x1}\ \ R_{y1}\ \ R_{x2}\ \ R_{y2}\ \ R_{x3}\ \ R_{y3}\ \ R_{x4}\ \ R_{y4}]^{\mathrm{T}}\\ &= [-0.12\ -0.16\ 0.06\ -0.02667\ 0.08667\ 0.08667\ -0.02667\ 0.1]^{\mathrm{T}}\end{aligned}\right\} \tag{5.191}$$

各个单元的位移场、应变场、应力场为

$$\boldsymbol{u}^{(1)} = \begin{bmatrix} u^{(1)} \\ v^{(1)} \end{bmatrix} = \begin{bmatrix} 0.1 + 0.1x + 0.2y \\ 0.1 + 0.2y \end{bmatrix}$$

$$\boldsymbol{u}^{(2)}=\begin{bmatrix}u^{(2)}\\v^{(2)}\end{bmatrix}=\begin{bmatrix}0.1+0.1x+0.2y\\0.2-0.1x+0.1y\end{bmatrix}$$

$$\boldsymbol{\varepsilon}^{(1)}=[\varepsilon_{xx}\quad\varepsilon_{yy}\quad\gamma_{xy}]^{\mathrm{T}}=[0.1\quad0.2\quad0.2]^{\mathrm{T}}$$

$$\boldsymbol{\varepsilon}^{(2)}=[\varepsilon_{xx}\quad\varepsilon_{yy}\quad\gamma_{xy}]^{\mathrm{T}}=[0.1\quad0.1\quad0.1]^{\mathrm{T}}$$

$$\boldsymbol{\sigma}^{(1)}=[\sigma_{xx}\quad\sigma_{yy}\quad\tau_{xy}]^{\mathrm{T}}=[0.16\quad0.24\quad0.08]^{\mathrm{T}}$$

$$\boldsymbol{\sigma}^{(2)}=[\sigma_{xx}\quad\sigma_{yy}\quad\tau_{xy}]^{\mathrm{T}}=[0.1333\quad0.1333\quad0.04]^{\mathrm{T}}$$

位移场、应变场及应力场的分布如图5.19所示。

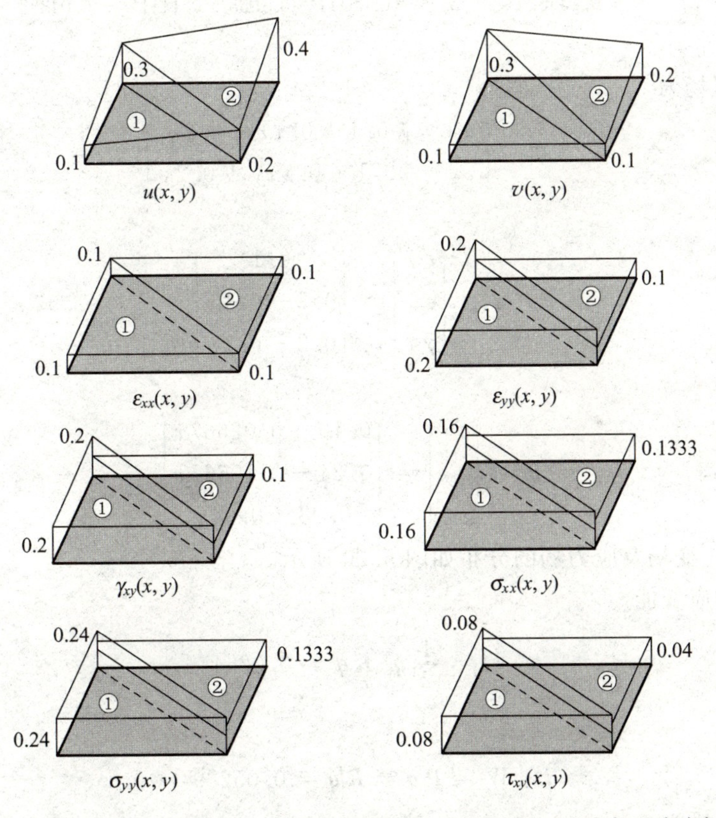

图5.19　在情形2外载状况下由建模方案①所得到的位移场、应变场及应力场分布

系统的应变能为

$$U=\frac{1}{2}\boldsymbol{q}^{\mathrm{T}}\boldsymbol{K}\boldsymbol{q}=0.02767$$

外力功

$$W=\boldsymbol{P}^{\mathrm{T}}\boldsymbol{q}=\boldsymbol{R}^{\mathrm{T}}\boldsymbol{q}=0.05533$$

系统的总势能

$$\Pi=U-W=-0.02767$$

由(3.157)式，则该系统的总余能为

$$\Pi_c = -\Pi = 0.02767 \tag{5.192}$$

• 采用建模方案②：使用一个 4 节点矩形单元

同样，将节点的位移值(5.176)式和节点力列阵 $\boldsymbol{P}=\boldsymbol{R}$ 代入方程(5.183)中，可求出支反力，则整个问题的结果为

$$\left.\begin{aligned}
\boldsymbol{q} &= [u_1 \quad v_1 \quad u_2 \quad v_2 \quad u_3 \quad v_3 \quad u_4 \quad v_4]^{\mathrm{T}} \\
&= [0.1 \quad 0.1 \quad 0.2 \quad 0.1 \quad 0.4 \quad 0.2 \quad 0.3 \quad 0.3]^{\mathrm{T}} \\
\boldsymbol{R} &= [R_{x1} \quad R_{y1} \quad R_{x2} \quad R_{y2} \quad R_{x3} \quad R_{y3} \quad R_{x4} \quad R_{y4}]^{\mathrm{T}} \\
&= [-0.1033 \quad -0.1356 \quad 0.04333 \quad -0.05111 \quad 0.1033 \quad 0.1111 \quad -0.04333 \quad 0.07556]^{\mathrm{T}}
\end{aligned}\right\} \tag{5.193}$$

单元位移场为

$$\boldsymbol{u} = \begin{bmatrix} u \\ v \end{bmatrix} = \begin{bmatrix} 0.1 + 0.1x + 0.2y \\ 0.1 - 0.1xy + 0.2y \end{bmatrix}$$

应变场为

$$\boldsymbol{\varepsilon} = \begin{bmatrix} \varepsilon_{xx} \\ \varepsilon_{yy} \\ \gamma_{xy} \end{bmatrix} = \begin{bmatrix} 0.1 \\ 0.2 - 0.1x \\ 0.2 - 0.1y \end{bmatrix}$$

应力场为

$$\boldsymbol{\sigma} = \begin{bmatrix} \sigma_{xx} \\ \sigma_{yy} \\ \tau_{xy} \end{bmatrix} = \begin{bmatrix} 0.16 - 0.02667x \\ 0.24 - 0.10667x \\ 0.08 - 0.04y \end{bmatrix}$$

位移场、应变场及应力场的分布如图 5.20 所示。

该系统的应变能

$$U = \frac{1}{2}\boldsymbol{q}^{\mathrm{T}}\boldsymbol{K}\boldsymbol{q} = 0.02644$$

外力功

$$W = \boldsymbol{P}^{\mathrm{T}}\boldsymbol{q} = \boldsymbol{R}^{\mathrm{T}}\boldsymbol{q} = 0.05289$$

系统的总势能

$$\Pi = U - W = -0.02644$$

由(3.157)式，该系统的总余能为

$$\Pi_c = -\Pi = 0.02644 \tag{5.194}$$

从以上计算可以看出，用三角形单元计算时，由于形状函数是完全一次式，因而其应变场和应力场在单元内均为常数，而四边形单元其形状函数带有二次式，计算得到的应变场和应力场都是坐标的一次函数，但不是完全的一次函数，但对提高计算精度有一定作用。进一步的讨论见习题 5.17。

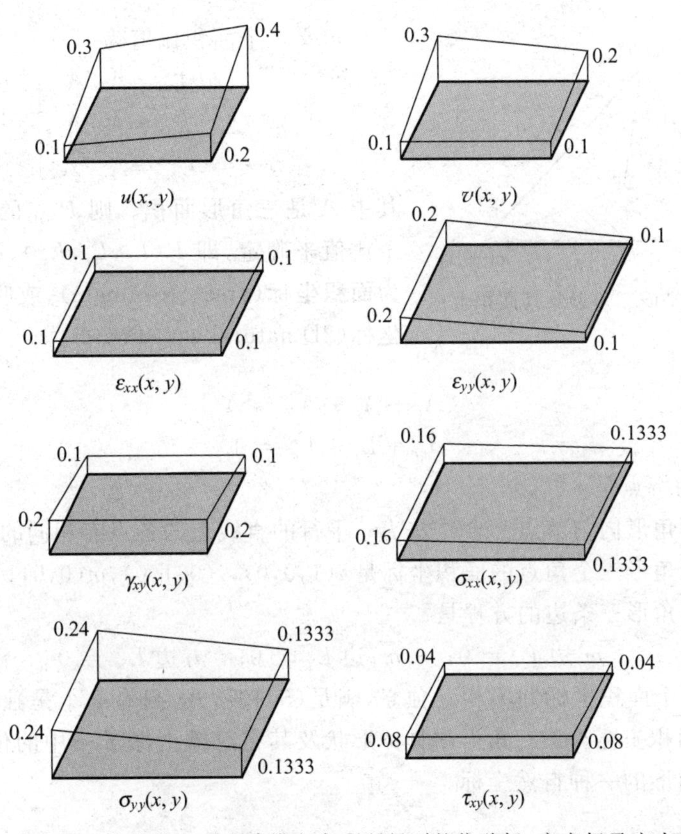

图 5.20　在情形 2 外载状况下由建模方案②所得到的位移场、应变场及应力场分布

5.7　本章要点及参考内容

5.7.1　本章要点

- 连续体的离散过程及特征(人工节点、逼近性离散、离散误差)
- 平面问题的单元构造(3 节点三角形单元、4 节点矩形单元)
- 轴对称问题的单元构造(3 节点三角形环形单元、4 节点矩形环形单元)
- 空间问题的单元构造(4 节点四面体单元、8 节点正六面体单元)
- 参数单元的原理和数值积分(坐标系的映射与变换、单元的映射、Gauss 积分)

5.7.2　参考内容 1: 面积坐标及三角形单元的推导

1. 面积坐标

就图 5.21 所示的平面三角形 ijm,三角形中任一点 P 与其三个角点相连形成三个子三角形,即$\triangle Pjm$、$\triangle Pmi$ 和$\triangle Pij$,它们的面积分别为 A_i、A_j 和 A_m。

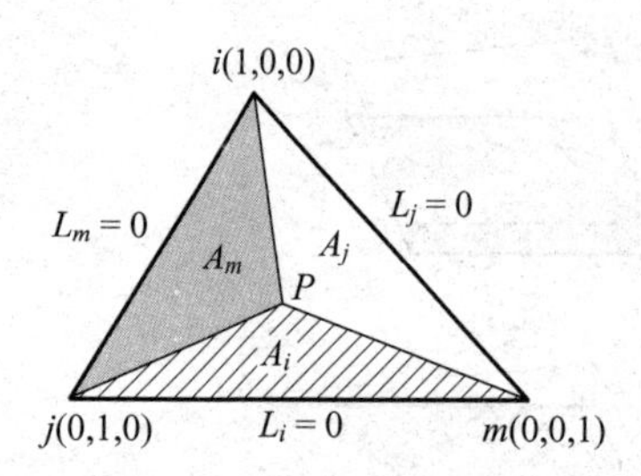

图 5.21 平面三角形及其面积坐标

定义三个面积比值为

$$\left.\begin{aligned} L_i &= A_i/A \\ L_j &= A_j/A \\ L_m &= A_m/A \end{aligned}\right\} \tag{5.195}$$

其中 A 是三角形面积。则 P 点的位置可由三个比值来确定,即 $P(L_i, L_j, L_m)$,称 L_i, L_j, L_m 为**面积坐标**(area coordinate),或叫做 **2D 自然坐标**(2D natural coordinate)。

由于

$$A_i + A_j + A_m = A \tag{5.196}$$

则

$$L_i + L_j + L_m = 1 \tag{5.197}$$

面积坐标的特点是:

(1) 三角形内与节点 i 的对边 $\overline{jm}$ 平行的直线上的各点有相同的 L_i 坐标。

(2) 三角形三个角点的面积坐标是 $i(1,0,0)$, $j(0,1,0)$, $m(0,0,1)$。

(3) 三角形三条边的方程是

$$\overline{jm}\text{ 边 } L_i = 0; \quad \overline{mi}\text{ 边 } L_j = 0; \quad \overline{ij}\text{ 边 } L_m = 0$$

(4) 三个面积坐标并不相互独立,满足(5.197)式,只有 2 个是独立的。由于三角形的面积坐标与该三角形的具体形状及其在总体坐标 x, y 中的位置无关,因此它是三角形的一种自然坐标。

2. 面积坐标与直角坐标的转换关系

设三角形的 3 个角点位置是 $i(x_i, y_i)$, $j(x_j, y_j)$, $m(x_m, y_m)$,其中任一点 P 在直角坐标中的位置为 $P(x, y)$,见图 5.22。

由于

$$A_i = \frac{1}{2}\begin{vmatrix} 1 & x & y \\ 1 & x_j & y_j \\ 1 & x_m & y_m \end{vmatrix} \tag{5.198}$$

则建立的面积坐标和直角坐标的转换关系如下:

$$L_i = \frac{A_i}{A} = \frac{1}{2A}(a_i + b_i x + c_i y) \quad (i, j, m) \tag{5.199}$$

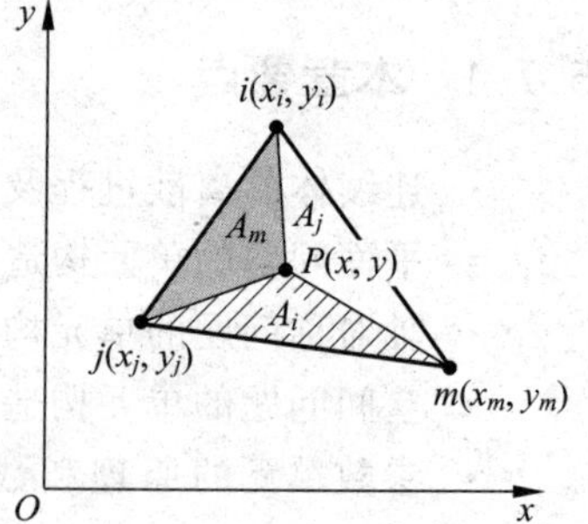

图 5.22 三角形中的面积坐标与直角坐标

式中 a_i, b_i, c_i 见(5.12)式。比较(5.199)式与(5.17)式可见,面积坐标 L_i, L_j, L_m 与 3 节点三角形单元的形函数 N_i, N_j, N_m 完全相同。将变换关系(5.199)式写成矩阵形式,有

$$\begin{bmatrix} L_i \\ L_j \\ L_m \end{bmatrix} = \frac{1}{2A}\begin{bmatrix} a_i & b_i & c_i \\ a_j & b_j & c_j \\ a_m & b_m & c_m \end{bmatrix}\begin{bmatrix} 1 \\ x \\ y \end{bmatrix} \tag{5.200}$$

它的逆形式为

$$\begin{bmatrix}1\\x\\y\end{bmatrix}=\begin{bmatrix}1&1&1\\x_i&x_j&x_m\\y_i&y_j&y_m\end{bmatrix}\begin{bmatrix}L_i\\L_j\\L_m\end{bmatrix}\tag{5.201}$$

3. 面积坐标的微积分运算

在面积坐标所表示的函数对直角坐标求导时，采用复合函数求导法则

$$\left.\begin{aligned}\frac{\partial}{\partial x}&=\frac{\partial}{\partial L_i}\frac{\partial L_i}{\partial x}+\frac{\partial}{\partial L_j}\frac{\partial L_j}{\partial x}+\frac{\partial}{\partial L_m}\frac{\partial L_m}{\partial x}\\&=\frac{1}{2A}\left(b_i\frac{\partial}{\partial L_i}+b_j\frac{\partial}{\partial L_j}+b_m\frac{\partial}{\partial L_m}\right)\\\frac{\partial}{\partial y}&=\frac{1}{2A}\left(c_i\frac{\partial}{\partial L_i}+c_j\frac{\partial}{\partial L_j}+c_m\frac{\partial}{\partial L_m}\right)\end{aligned}\right\}\tag{5.202}$$

其中

$$\left.\begin{aligned}\frac{\partial L_i}{\partial x}&=\frac{\partial N_i}{\partial x}=\frac{1}{2A}b_i\\\frac{\partial L_i}{\partial y}&=\frac{\partial N_i}{\partial y}=\frac{1}{2A}c_i\end{aligned}\right\}\quad(i,j,m)\tag{5.203}$$

基于面积坐标的幂函数在三角形面积上的积分公式为

$$\int_A L_i^a L_j^b L_m^c\,\mathrm{d}x\mathrm{d}y=\frac{a!b!c!}{(a+b+c+2)!}2A\tag{5.204}$$

基于面积坐标的幂函数在三角形某一条边(例如 ij 边)上的积分公式是

$$\int_l L_i^a L_j^b\,\mathrm{d}l=\frac{a!b!}{(a+b+1)!}l\tag{5.205}$$

式中 l 为$\overline{ij}$边的边长，在该边上 $L_m=0$，因此式中只出现两个面积坐标。

利用上述积分公式可得到以下常用的积分结果：

$$\int_A L_i\,\mathrm{d}x\mathrm{d}y=\frac{1!0!0!}{(1+0+0+2)!}2A=\frac{A}{3}\quad(i,j,m)\tag{5.206}$$

$$\int_A L_i^2\,\mathrm{d}x\mathrm{d}y=\frac{2!0!0!}{(2+0+0+2)!}2A=\frac{A}{6}\quad(i,j,m)\tag{5.207}$$

$$\int_A L_iL_j\,\mathrm{d}x\mathrm{d}y=\frac{1!1!0!}{(1+1+0+2)!}2A=\frac{A}{12}\quad(i,j,m)\tag{5.208}$$

4. 基于面积坐标的三角形单元的插值函数

用面积坐标作为三角形单元的自然坐标时，只要利用单元形状函数的性质就可以直接写出相应的插值函数，即针对某一节点的形状函数，有在该节点的函数值为 1，而在其他节点为零这一性质，用数学符号来表达，则为

$$\left.\begin{aligned}N_i(L_j=1)&=\delta_{ij}\\\sum N_i&=1\end{aligned}\right\}\tag{5.209}$$

其中 δ_{ij} 为 Kronecker 记号。有关形状函数性质的讨论见第 6.2.1 节。

下面基于面积坐标具体给出线性函数和二次函数三角形单元的插值函数[14]。

• 线性单元：3 节点三角形单元

见图 5.17(a) 所示的 3 节点三角形单元，形状插值函数由一个线性函数构成。由形状函数的性质(5.209)式，对于每个角点，可用通过其他两个角点的直线方程的线性函数来构成。例如对于节点 1，可用$\overline{23}$边的边方程来构成它的插值函数，即 $N_1=L_1$，其他两个角点也类似，该单元的形状函数为

$$N_i = L_i \quad (i=1,2,3) \tag{5.210}$$

即线性函数单元的三个形状插值函数就是三角形单元的三个面积坐标。

• 二次单元：6 节点三角形单元

见图 5.23(b)所示的 6 节点三角形单元。由形状函数的性质(5.209)式，对于每个节点 i，可以选择二条直线，这二条直线通过除节点 i 以外的所有节点，利用直线方程的左部作为线性函数来构造插值函数。如角点 1，可以利用$\overline{23}$边的边方程以及过$\overline{46}$边中点的直线方程，并使在节点 1 上 $N_1=1$，即 $N_1=(2L_1-1)L_1$。对于三个边中点，可选择非此边中点所在的其他两条边作为直线方程，则该单元的形状插值函数为

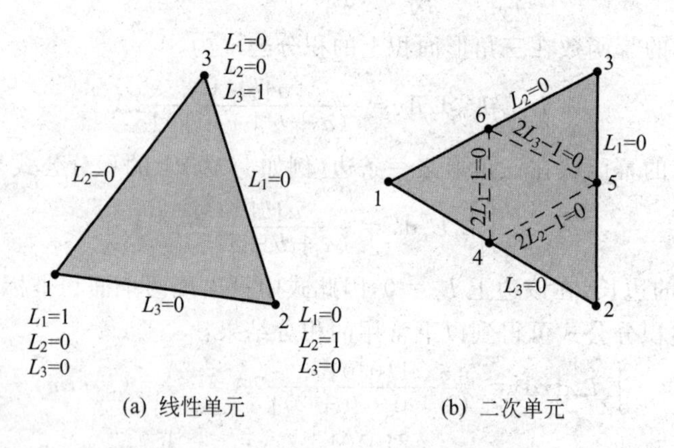

图 5.23 基于面积坐标的三角形单元

$$\left.\begin{aligned} N_i &= (2L_i-1)L_i \quad (i=1,2,3) \\ N_4 &= 4L_1L_2 \\ N_5 &= 4L_2L_3 \\ N_6 &= 4L_3L_1 \end{aligned}\right\} \tag{5.211}$$

这样直接写出单元插值函数的方法十分简便，但必须校核性质(5.209)式。

5. 基于面积坐标的节点等效外载列阵计算

以 3 节点三角形单元为例，考察几种分布外载的计算。

• 对于 y 方向自重产生的节点等效载荷

有每个节点上的等效载荷

$$\boldsymbol{P}_i^e=\int_{\Omega^e}\boldsymbol{N}_i\begin{bmatrix}0\\-\rho\end{bmatrix}t\,\mathrm{d}x\mathrm{d}y$$

$$=\int_A\begin{bmatrix}N_i & 0\\0 & N_i\end{bmatrix}\begin{bmatrix}0\\-\rho\end{bmatrix}t\,\mathrm{d}x\mathrm{d}y=\begin{bmatrix}0\\\int_A -N_i\rho t\,\mathrm{d}x\mathrm{d}y\end{bmatrix}$$

由(5.206)式,上式积分为

$$\int_A -N_i\rho t\,\mathrm{d}x\mathrm{d}y=(-\rho t)\frac{1!0!0!}{(1+0+0+2)!}\cdot 2A=-\frac{1}{3}\rho tA$$

其中 A 为三角形的面积,最后得到整个单元的节点等效载荷为

$$\boldsymbol{P}^e=-\frac{1}{3}\rho tA\begin{bmatrix}0 & 1 & 0 & 1 & 0 & 1\end{bmatrix}^{\mathrm{T}}\tag{5.212}$$

- 对于在 ij 边作用有均布侧压 $\bar{p}$

有两个方向的等效载荷

$$\left.\begin{aligned}P_{xi}&=\int_l N_i\bar{p}_x t\,\mathrm{d}l=\int_l N_i\frac{\bar{p}}{l}(y_i-y_j)t\mathrm{d}l=\frac{\bar{p}}{l}(y_i-y_j)t\int_l N_i\mathrm{d}l\\P_{yi}&=\int_l N_i\bar{p}_y t\,\mathrm{d}l=\int_l N_i\frac{\bar{p}}{l}(x_j-x_i)t\mathrm{d}l=\frac{\bar{p}}{l}(x_j-x_i)t\int_l N_i\mathrm{d}l\end{aligned}\right\}\tag{5.213}$$

根据(5.205)式,有

$$\int_l N_i\mathrm{d}l=\frac{1!0!}{(1+0+1)!}l=\frac{l}{2}\tag{5.214}$$

所以(5.213)式的积分为

$$\left.\begin{aligned}P_{xi}&=\frac{\bar{p}}{l}(y_i-y_j)t\cdot\frac{l}{2}=\frac{1}{2}\bar{p}t(y_i-y_j)\\P_{yi}&=\frac{\bar{p}}{l}(x_j-x_i)t\cdot\frac{l}{2}=\frac{1}{2}\bar{p}t(x_j-x_i)\end{aligned}\right\}\tag{5.215}$$

对于 j 点也可得到类似的结果,对于 m 点所得到等效外载为零,最后得到整个单元的节点等效载荷为

$$\boldsymbol{P}^e=\frac{1}{2}\bar{p}t\begin{bmatrix}y_i-y_j & x_j-x_i & y_i-y_j & x_j-x_i & 0 & 0\end{bmatrix}^{\mathrm{T}}\tag{5.216}$$

5.7.3 参考内容2:体积坐标及四面体单元的推导

根据空间四面体单元的几何特点,引入的自然坐标是**体积坐标**(volume coordinate),也叫做 **3D 自然坐标**(3D natural coordinate),如图5.24所示。

空间体内任一点 P 的体积坐标是

$$\left.\begin{aligned}L_1=\frac{\mathrm{vol}(P234)}{\mathrm{vol}(1234)},\quad L_2=\frac{\mathrm{vol}(P341)}{\mathrm{vol}(1234)}\\L_3=\frac{\mathrm{vol}(P412)}{\mathrm{vol}(1234)},\quad L_4=\frac{\mathrm{vol}(P123)}{\mathrm{vol}(1234)}\end{aligned}\right\}\tag{5.217}$$

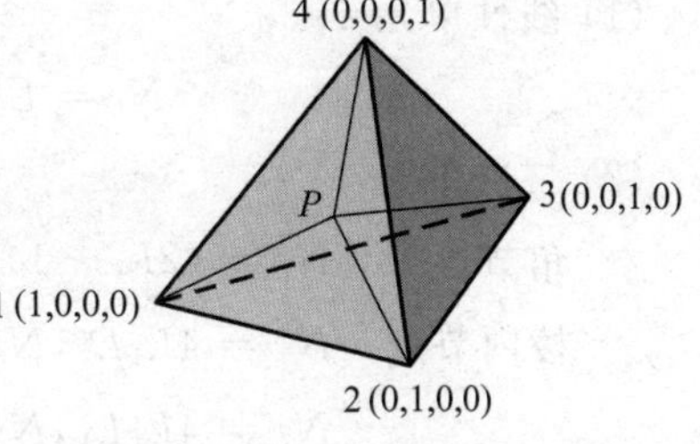

图5.24　体积坐标

其中 vol($P234$)表示由点 P、点 2、点 3、点 4 所连成的四面体的体积，其他类推。L_1, L_2, L_3, L_4 之间存在关系

$$L_1 + L_2 + L_3 + L_4 = 1 \tag{5.218}$$

体积坐标与直角坐标的转换关系以及其他常用的计算公式如下：

$$L_i = \frac{1}{6V}(a_i + b_i x + c_i y + d_i z) \tag{5.219}$$

其中 V 为单元的体积，(a_i, b_i, c_i, d_i) 为与单元 4 个角点几何坐标相关的常数。

$$x = \sum_{i=1}^{4} L_i x_i, \quad y = \sum_{i=1}^{4} L_i y_i, \quad z = \sum_{i=1}^{4} L_i z_i \tag{5.220}$$

$$\frac{\partial}{\partial x} = \frac{1}{6V}\sum_{i=1}^{4} b_i \frac{\partial}{\partial L_i}, \quad \frac{\partial}{\partial y} = \frac{1}{6V}\sum_{i=1}^{4} c_i \frac{\partial}{\partial L_i}, \quad \frac{\partial}{\partial z} = \frac{1}{6V}\sum_{i=1}^{4} d_i \frac{\partial}{\partial L_i} \tag{5.221}$$

$$\mathrm{d}\Omega = |\boldsymbol{J}|\,\mathrm{d}L_1\,\mathrm{d}L_2\,\mathrm{d}L_3 \tag{5.222}$$

$$\int_l L_i^a L_j^b \mathrm{d}l = \frac{a!b!}{(a+b+1)!} l \qquad (l\ \text{为对应的边长}) \tag{5.223}$$

$$\int_A L_i^a L_j^b L_k^c \mathrm{d}A = \frac{2a!b!c!}{(a+b+c+2)!} A \qquad (A\ \text{为对应的面积}) \tag{5.224}$$

$$\int_V L_i^a L_j^b L_k^c L_m^d \mathrm{d}V = \frac{6a!b!c!d!}{(a+b+c+d+3)!} V \quad (V\ \text{为对应的体积}) \tag{5.225}$$

空间单元刚度矩阵的计算列式为

$$\boldsymbol{K}^e = \int_0^1 \int_0^{1-L_3} \int_0^{1-L_2-L_3} \boldsymbol{B}^{\mathrm{T}} \boldsymbol{D} \boldsymbol{B} |\boldsymbol{J}|\,\mathrm{d}L_1\,\mathrm{d}L_2\,\mathrm{d}L_3 \tag{5.226}$$

$$\boldsymbol{P}^e = \int_0^1 \int_0^{1-L_3} \int_0^{1-L_2-L_3} \boldsymbol{N}^{\mathrm{T}} \bar{\boldsymbol{b}} |\boldsymbol{J}|\,\mathrm{d}L_1\,\mathrm{d}L_2\,\mathrm{d}L_3 + \int_0^1 \int_0^{1-L_3} \boldsymbol{N}^{\mathrm{T}} \bar{\boldsymbol{p}} A\,\mathrm{d}L_2\,\mathrm{d}L_3$$

$$(\bar{\boldsymbol{p}}\ \text{作用在}\ L_1 = 0\ \text{的面}) \tag{5.227}$$

图 5.25 表示出各种四面体单元，这些单元和二维情况的三角形单元类似，当引入体积坐标以后，各阶次四面体单元的插值函数可以仿照平面三角形单元的构造方法得到。

下面列出各次单元的形状插值函数。

(1) 线性单元

$$N_i = L_i \quad (i = 1,2,3,4) \tag{5.228}$$

(2) 二次单元

$$\left.\begin{aligned} &\text{角节点} \quad N_i = (2L_i - 1)L_i \quad (i = 1,2,3,4) \\ &\text{棱内节点} \quad N_5 = 4L_1L_2, N_6 = 4L_1L_3 \\ &\qquad\qquad N_7 = 4L_1L_4, N_8 = 4L_2L_3 \\ &\qquad\qquad N_9 = 4L_3L_4, N_{10} = 4L_2L_4 \end{aligned}\right\} \tag{5.229}$$

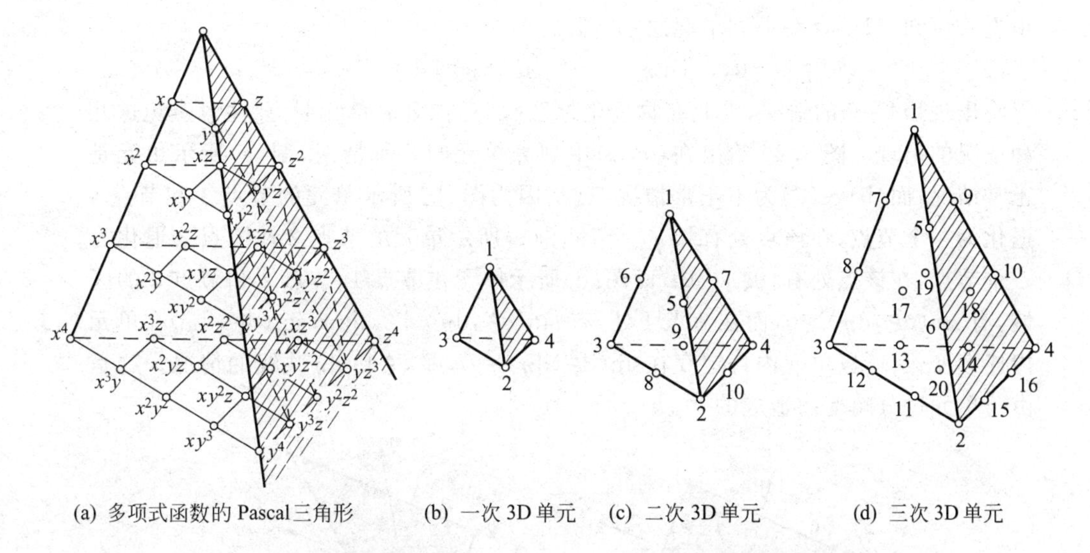

图 5.25　各种阶次的四面体单元(单元的节点数与函数阶次具有对应性)

(3) 三次单元

$$
\left.\begin{aligned}
&\text{角节点} \quad N_i = \frac{1}{2}(3L_i-1)(3L_i-2)L_i \quad (i=1,2,3,4)\\
&\text{棱内节点} \quad N_5 = \frac{9}{2}L_1L_2(3L_1-1)\\
&\text{面心节点} \quad N_{17} = 27L_1L_2L_3
\end{aligned}\right\} \tag{5.230}
$$

5.7.4　参考内容 3：等参元变换的条件及收敛性

1. 等参单元坐标变换的存在条件

对于两个坐标系，即物理坐标系(x,y)和基准坐标系(ξ,η)，若要进行一对一的变换，其条件是它们的 Jacobi 行列式$|\boldsymbol{J}|$不为零，等参单元的变换作为一种坐标变换也必须服从此条件[14]。因为如果$|\boldsymbol{J}|=0$，由 $\mathrm{d}x\mathrm{d}y=|\boldsymbol{J}|\mathrm{d}\xi\mathrm{d}\eta$ 可知，$\mathrm{d}x\mathrm{d}y=0$，即在基准坐标系(ξ,η)中的面积微元 $\mathrm{d}\xi\mathrm{d}\eta$ 将对应于物理坐标系(x,y)的一个点，显然这种变换不是一一对应的。另外因为$|\boldsymbol{J}|=0$，$\boldsymbol{J}^{-1}$将不成立，所以两个坐标之间偏导数的变换(5.137)式就不可能实现。

下面以平面情况为例进行具体的讨论，微元面积的计算公式为 $\mathrm{d}A=|\boldsymbol{J}|\mathrm{d}\xi\mathrm{d}\eta$，另一方面在物理坐标系$(x,y)$中它也可以直接表示成

$$
\mathrm{d}A = |\mathrm{d}\boldsymbol{\xi}\times\mathrm{d}\boldsymbol{\eta}| = |\mathrm{d}\boldsymbol{\xi}|\,|\mathrm{d}\boldsymbol{\eta}|\sin(\mathrm{d}\boldsymbol{\xi},\mathrm{d}\boldsymbol{\eta}) \tag{5.231}
$$

其中$|\mathrm{d}\boldsymbol{\xi}\times\mathrm{d}\boldsymbol{\eta}|$表示 $\mathrm{d}\boldsymbol{\xi}\times\mathrm{d}\boldsymbol{\eta}$ 的模；$|\mathrm{d}\boldsymbol{\xi}|$，$|\mathrm{d}\boldsymbol{\eta}|$表示 $\mathrm{d}\boldsymbol{\xi}$，$\mathrm{d}\boldsymbol{\eta}$ 的长度。因此有

$$
|\boldsymbol{J}| = \frac{|\mathrm{d}\boldsymbol{\xi}|\,|\mathrm{d}\boldsymbol{\eta}|\sin(\mathrm{d}\boldsymbol{\xi},\mathrm{d}\boldsymbol{\eta})}{\mathrm{d}\xi\mathrm{d}\eta} \tag{5.232}
$$

由上式可知，只要存在下列情况之一，即

$$|\mathrm{d}\boldsymbol{\xi}|=0,\quad |\mathrm{d}\boldsymbol{\eta}|=0\quad 或\quad \sin(\mathrm{d}\boldsymbol{\xi},\mathrm{d}\boldsymbol{\eta})=0 \tag{5.233}$$

就将出现$|\boldsymbol{J}|=0$的情况，因此在物理坐标系(x,y)内划分单元时，要注意避免这几种情况的出现。图5.26给出在(x,y)中划分单元的几种情况，图(a)所示单元是正常情况，而(b)～(d)为不正常情况，这是因为图(b)所示单元的节点3和节点4退化为一个节点，在该点处有$|\mathrm{d}\boldsymbol{\eta}|=0$；图(c)所示单元的节点2和节点3退化为一个节点，在该点处有$|\mathrm{d}\boldsymbol{\xi}|=0$；而图(d)所示单元在节点1、节点2和节点3的区域，有$\sin(\mathrm{d}\boldsymbol{\xi},\mathrm{d}\boldsymbol{\eta})>0$，而在节点4处，有$\sin(\mathrm{d}\boldsymbol{\xi},\mathrm{d}\boldsymbol{\eta})<0$，由于$\sin(\mathrm{d}\boldsymbol{\xi},\mathrm{d}\boldsymbol{\eta})$在单元内连续变化，所以单元内肯定存在$\sin(\mathrm{d}\boldsymbol{\xi},\mathrm{d}\boldsymbol{\eta})=0$，即$\mathrm{d}\boldsymbol{\xi}$和$\mathrm{d}\boldsymbol{\eta}$共线的情况。这是由于单元过分畸变而造成的[14]。

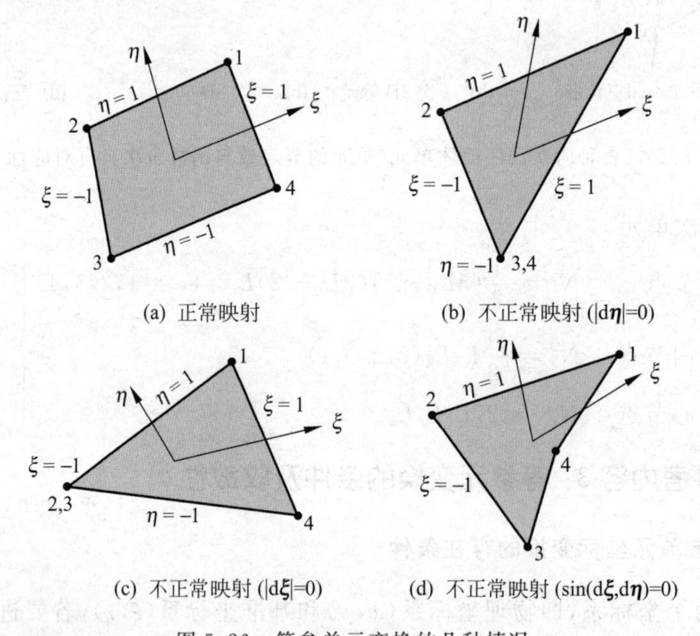

图5.26 等参单元变换的几种情况

可以将以上讨论推广到空间情况，即应防止因任意的两个节点退化为一个节点而导致$|\mathrm{d}\boldsymbol{\xi}|$，$|\mathrm{d}\boldsymbol{\eta}|$，$|\mathrm{d}\boldsymbol{\zeta}|$中的任一个为零，还应避免因单元过分畸变而导致$\mathrm{d}\boldsymbol{\xi}$、$\mathrm{d}\boldsymbol{\eta}$、$\mathrm{d}\boldsymbol{\zeta}$中的任何两个发生共线的情况。

2. 等参单元的收敛性

收敛条件为单元的函数构造所必须满足(有关讨论见第6.5节)的，即

- 单元之间是协调的(公共节点和公共边)；
- 单元内部的插值函数是完备的(至少应包含常数项和一次项)。

为了保证单元的协调，相邻单元在这些公共边(或面)上应有完全相同的节点，同时每一单元沿这些边(或面)的坐标和未知函数应采用相同的插值函数加以确

定。显然,等参元在划分网格和选择单元时是可以做到这些的,因而能满足协调性条件。如图5.27(a)所示的单元在公共边上由于使用了相同的节点(包括节点数量和位置是相同的),因而是协调的。而图5.27(b)所示的单元,由于在公共边上使用了不同数量的节点,因而不满足协调性条件。

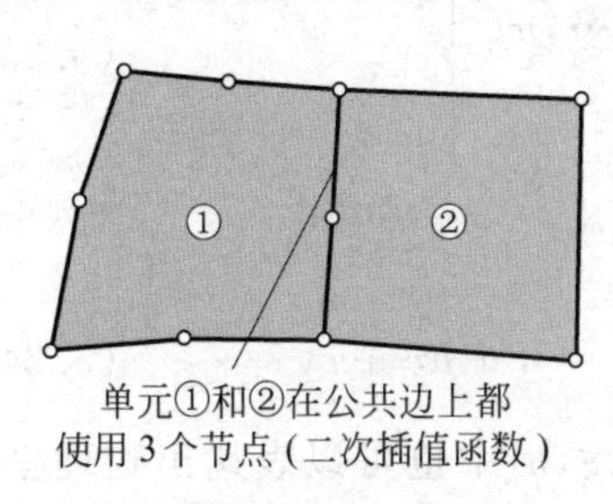

(a) 在相邻边界上具有相同数量节点

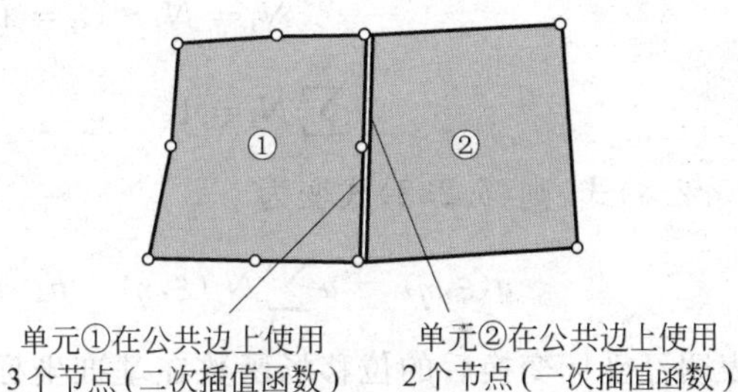

(b) 在相邻边界上节点数量不同

图5.27　相邻单元之间的协调性

对于C_0型单元来说,其单元的完备性就是要求插值函数中至少包含完全的线性项(即完全一次多项式)。显然,前面在基准坐标系中所讨论的常用单元,如平面3节点三角形单元,平面4节点矩形单元,空间4节点四面体单元,空间8节点正六面体单元等,其单元的位移模式都包含有完全的一次多项式,是满足此要求的。现在需要考察的问题是,在经过等参变换后,在物理坐标系中是否仍满足此要求。

下面以平面等参单元为例进行讨论,设某一种单元的几何形状变换插值关系为

$$x = \sum_{i=1}^{m} \widetilde{N}_i(\xi,\eta)x_i, \quad y = \sum_{i=1}^{m} \widetilde{N}_i(\xi,\eta)y_i \tag{5.234}$$

其中m为几何形状的节点数;同时设在物理坐标系(x,y)中单元的位移插值模式为完全的一次多项式,即

$$u(x,y) = a + bx + cy \tag{5.235}$$

其中a,b,c为系数,那么,在基准坐标系(ξ,η)中的节点位移插值关系为

$$u(\xi,\eta) = \sum_{i=1}^{n} N_i(\xi,\eta)u_i \tag{5.236}$$

其中n为位移的节点数,u_i取自于物理坐标系中的节点位移,由(5.235)式有

$$u_i = a + bx_i + cy_i \quad (i = 1,2,\cdots,n) \tag{5.237}$$

则将(5.237)式代入(5.236)式中,有

$$\begin{aligned} u(\xi,\eta) &= \sum_{i=1}^{n} N_i(\xi,\eta)(a + bx_i + cy_i) \\ &= a\sum_{i=1}^{n} N_i(\xi,\eta) + b\sum_{i=1}^{n}(N_i(\xi,\eta)x_i) + c\sum_{i=1}^{n}(N_i(\xi,\eta)y_i) \end{aligned} \tag{5.238}$$

考虑以下几种情况。

(1) 当单元为等参元时

这时

$$\left.\begin{aligned} m &= n \\ N_i &= \widetilde{N}_i \quad (i = 1,2,\cdots,n) \\ \sum_{i=1}^{n} N_i &= 1 \end{aligned}\right\} \tag{5.239}$$

由(5.234)式,则(5.238)式变为

$$u(\xi,\eta) = a\sum_{i=1}^{n} N_i(\xi,\eta) + bx + cy = a + bx + cy \tag{5.240}$$

这表明经坐标变换后的位移场函数在基准坐标系(ξ,η)中也可以表达出物理坐标系(x,y)中的完全一次多项式。

(2) 当单元为亚参元时

即 $m<n$,几何形状变换的插值函数 $\widetilde{N}_i$ 的阶次将比单元位移的插值函数 N_i 的阶次低,因此$\{\widetilde{N}_{i,i=1,2,\cdots,m}\}$可以由$\{N_{i,i=1,2,\cdots,n}\}$的线性组合来表达,也就是说,可以用基准坐标系$(\xi,\eta)$中位移形状函数$\{N_{i,i=1,2,\cdots,n}\}$映射出几何形状变换的形状函数$\{\widetilde{N}_{i,i=1,2,\cdots,m}\}$,即

$$\widetilde{N}_i = \sum_{j=1}^{n} \alpha_{ij} N_j \quad (i = 1,2,3,\cdots,m) \tag{5.241}$$

其中 α_{ij} 为映射系数,对于几何形状的位置也做同样的映射,即将物理坐标系(x,y)中的几何位置$\{x_i,i=1,2,3,\cdots,m\}$映射到基准坐标系(ξ,η)中的节点位置$\{x_j,j=1,2,3,\cdots,n\}$,有

$$x_j(\xi,\eta) = \sum_{i=1}^{m} \alpha_{ij} x_i \quad (j = 1,2,3,\cdots,n) \tag{5.242}$$

应用公式(5.242),(5.241)和(5.234),(5.238)式可以写成

$$\begin{aligned} u(\xi,\eta) &= a\sum_{i=1}^{n} N_i(\xi,\eta) + b\sum_{j=1}^{n}(N_j(\xi,\eta)x_j) + c\sum_{j=1}^{n}(N_j(\xi,\eta)y_j) \\ &= a\sum_{i=1}^{n} N_i(\xi,\eta) + b\sum_{j=1}^{n}\left(N_j\sum_{i=1}^{m}\alpha_{ij}x_i\right) + c\sum_{j=1}^{n}\left(N_j\sum_{i=1}^{m}\alpha_{ij}y_i\right) \\ &= a\sum_{i=1}^{n} N_i(\xi,\eta) + b\sum_{i=1}^{m}\left(\left(\sum_{j=1}^{n}\alpha_{ij}N_j\right)x_i\right) + c\sum_{i=1}^{m}\left(\left(\sum_{j=1}^{n}\alpha_{ij}N_j\right)y_i\right) \\ &= a\sum_{i=1}^{n} N_i(\xi,\eta) + b\sum_{i=1}^{m}(\widetilde{N}_i x_i) + c\sum_{i=1}^{m}(\widetilde{N}_i y_i) \\ &= a\sum_{i=1}^{n} N_i(\xi,\eta) + bx + cy \end{aligned} \tag{5.243}$$

从上式可以看到,如果插值函数满足条件

$$\sum_{i=1}^{n} N_i = 1 \tag{5.244}$$

则(5.243)式和(5.240)式完全一致，说明经坐标变换后的位移场函数在基准坐标系(ξ,η)中也可以表达出物理坐标系(x,y)中的完全一次多项式，亦即满足完备性要求。而在基准坐标系(ξ,η)中进行位移插值函数构造时，(5.244)式是能够满足的。

(3) 当单元为超参元时

这时 $m>n$，关系(5.241)式不能成立，单元完备性要求通常是不满足的。

5.7.5　参考内容 4：3 节点三角形单元与 4 节点矩形单元求解精度的比较

实际的工程结构在受到外力的作用下，有的结构由于刚性较差，因而变形量比较大；有的结构由于刚性较好，因而变形量比较小。作为一种定性分类，可简单地将结构分为**柔性结构**(flexible structure)和**非柔性结构**(compact structure)，针对这两类结构，下面以平面问题为例，考察最常用的两种单元(3 节点三角形单元与 4 节点矩形单元)的计算效果。

1. 柔性结构的静力和振动分析

考虑一个悬臂梁柔性平面结构，在悬臂端分别作用有集中载荷和力偶载荷，如图 5.28 和图 5.29 所示，在进行分析时采用相同的节点，但为不同类型的单元，一种为 3 节点三角形单元，而另一种为 4 节点矩形单元，其总自由度(DOF)都为 16 个。

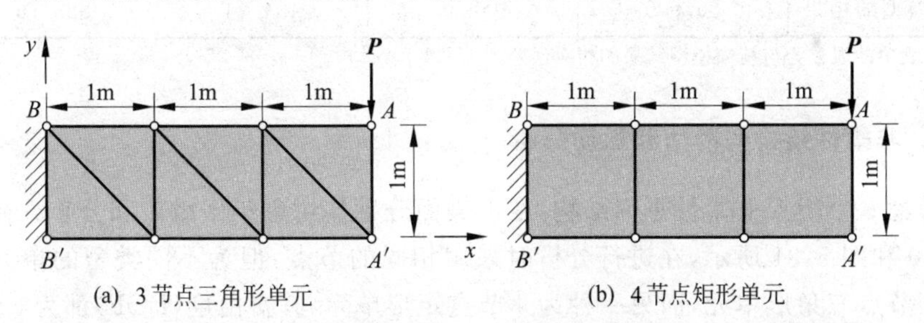

图 5.28　悬臂梁结构在 A 处作用集中力

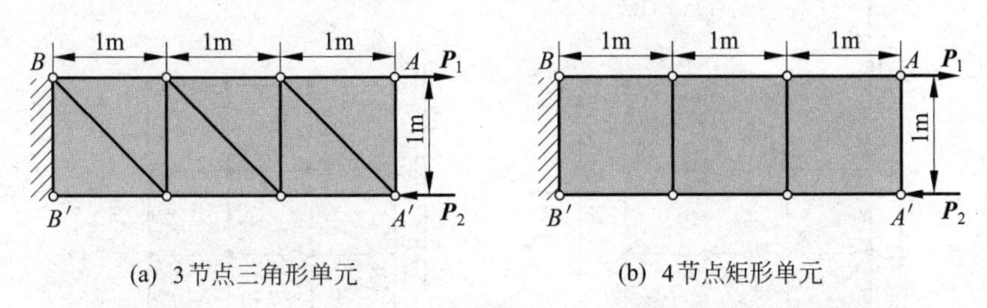

图 5.29　悬臂梁结构在 AA' 处作用力偶

结构及材料参数为

$$E=2.1\times10^{11}\text{Pa},\quad \mu=0.3,\quad t=0.1\text{m}$$

$$P=10^4\text{N},\quad P_1=P_2=10^3\text{N}\quad \rho=7800\text{kg/m}^3$$

分析结果见表 5.4 和表 5.5。为便于比较，我们采用更精细的模型(4 节点矩形单元,DOF=80)来进行分析,给出比较精确的结果也列于表中。

表 5.4 3 节点三角形单元与 4 节点矩形单元的计算精度比较(柔性结构静力分析)*

单元类型	A 处作用垂直载荷		AA′处作用力偶	
	A′处 y 方向位移	B 处拉应力 σ_x	A′处 y 方向位移	B 处拉应力 σ_x
三角形单元(DOF=16)	−1.50e−5m(误差：−72.74%)	0.375MPa(误差：−82%)	−5.67e−7m(误差：−79%)	0.0148MPa(误差：−77%)
矩形单元(DOF=16)	−5.33e−5m(误差：−3.1%)	1.50MPa(误差：−27%)	−2.70e−6m(误差：−0.75%)	0.06MPa(误差：−8.49%)
精细模型的结果	−5.50e−5m	2.065MPa	−2.68e−6m	0.0656MPa

* 表中的误差为与精细模型结果的相对误差

表 5.5 3 节点三角形单元与 4 节点矩形单元的计算精度比较(柔性结构振动分析)*

单元类型	1 阶自然频率(Hz)	2 阶自然频率(Hz)	3 阶自然频率(Hz)	4 阶自然频率(Hz)
三角形单元(DOF=16)	161.07(误差：86%)	446.36	705.36	1545.9
矩形单元(DOF=16)	87.757(误差：1%)	441.20	478.15	1208.7
精细模型的结果	86.609	400.50	434.24	888.76

* 表中的误差为与精细模型结果的相对误差

2. 非柔性结构的静力和振动分析

考虑一个矩形非柔性平面结构,在上表面分别作用有集中载荷和分布载荷,如图 5.30 和图 5.31 所示,在进行分析时采用相同的节点,但为不同类型的单元,一种为 3 节点三角形单元,而另一种为 4 节点矩形单元,其自由度(DOF)都为 32 个。

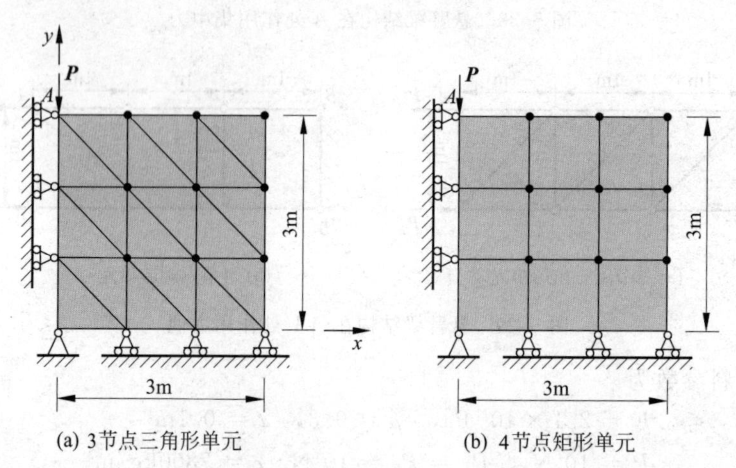

图 5.30 矩形结构受集中力作用

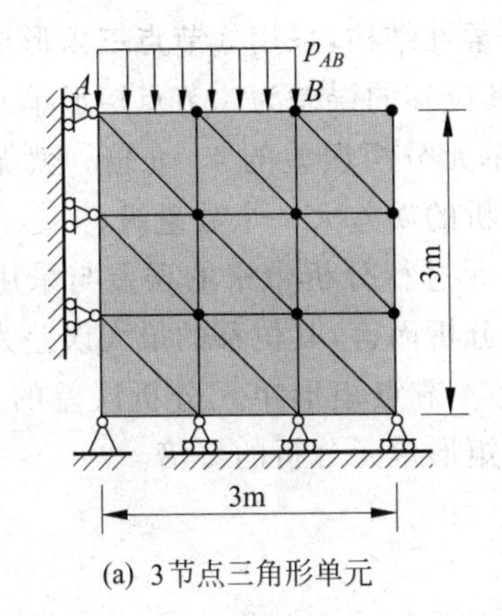

(a) 3节点三角形单元

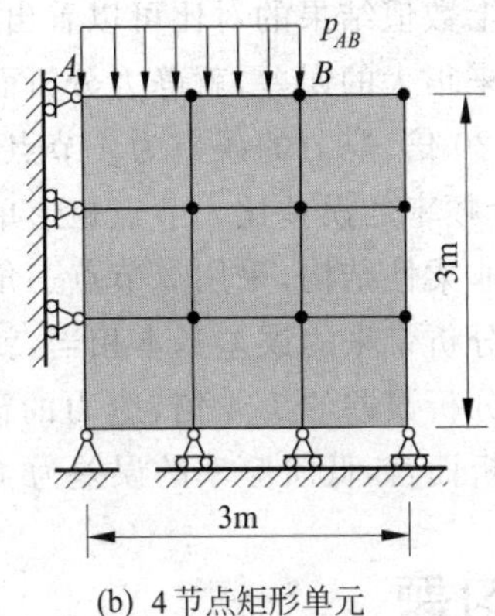

(b) 4节点矩形单元

图5.31　矩形结构受局部分布力作用

结构及材料参数为

$$E = 2.1\times10^{11}\,\text{Pa},\quad \mu = 0.3,\quad t = 0.1\,\text{m}$$
$$P = 10^4\,\text{N},\quad p_{AB} = 10^3\,\text{N/m},\quad \rho = 7800\,\text{kg/m}^3$$

分析结果见表5.6和表5.7。为便于比较，我们采用更精细的模型(4节点矩形单元，DOF＝338)来进行分析，给出比较精确的结果也列于表中。

表5.6　3节点三角形单元与4节点矩形单元的计算精度比较(非柔性结构静力分析)*

单元类型	A处作用垂直载荷		AB处作用分布力	
	A处y方向位移	A处压应力σ_y	A处y方向位移	A处压应力σ_y
三角形单元(DOF＝32)	－1.50e－6m (误差：－47%)	－0.147MPa (误差：－87%)	－1.37e－8m (误差：－1.4%)	－1.008kPa (误差：－2.5%)
矩形单元(DOF＝32)	－1.85e－6m (误差：－34%)	－0.228MPa (误差：－80%)	－1.41e－8m (误差：1.4%)	－1.033kPa (误差：－0.1%)
精细模型的结果	－2.81e－6m	－1.13MPa	－1.39e－8m	－1.034kPa

＊表中的误差为与精细模型结果的相对误差

表5.7　3节点三角形单元与4节点矩形单元的计算精度比较(非柔性结构振动分析)*

单元类型	1阶自然频率(Hz)	2阶自然频率(Hz)	3阶自然频率(Hz)	4阶自然频率(Hz)
三角形单元(DOF＝32)	390.61 (误差：3%)	506.58	512.59	919.85
矩形单元(DOF＝32)	384.78 (误差：1.4%)	436.33	506.46	788.69
精细模型的结果	379.46	431.24	498.43	730.50

＊表中的误差为与精细模型结果的相对误差

由以上数值结果的对比可以看出，对于柔性结构，采用3节点三角形单元进行分析将带来很大的误差，就静力分析而言，其位移的误差为4节点矩形单元分析误差的14～20倍，应力的误差为4节点矩形单元分析误差的4～9倍。就振动分析而言，低阶频率的误差比4节点矩形单元分析的误差大一个数量级。

对于非柔性结构，采用3节点三角形单元进行分析带来的误差与采用4节点矩形单元分析带来的误差基本相当，就静力分析而言，其位移的最大误差为4节点矩形单元分析误差的1.4倍，应力的误差为4节点矩形单元分析误差的1.1倍。就振动分析而言，低阶频率的误差为4节点矩形单元分析的2倍。

5.8 习题

5.1 如图所示，三角形单元绕 i 节点有一个小的刚体转动，其转角为 θ，证明单元内所有的应变均为零。

5.2 一个三角形构件如图所示，若采用一个3节点三角形单元来进行计算，由于节点3为位移约束，经处理该位移约束后的刚度矩阵如下：

$$10^4\begin{bmatrix} 10 & -2.5 & 1.83 & 2.5 \\ -2.5 & 4.5 & 2.5 & -2.5 \\ 1.83 & 2.5 & 5.0 & -2.5 \\ 2.5 & -2.5 & -2.5 & 2.5 \end{bmatrix}\begin{bmatrix} u_1 \\ u_2 \\ v_1 \\ v_2 \end{bmatrix}=\begin{bmatrix} P_{u1} \\ P_{u2} \\ P_{v1} \\ P_{v2} \end{bmatrix}$$

节点2为一个斜支座，试建立以 $u_1, v_1, \tilde{u}_2$ 及 $P_{u1}, P_{v1}, P_{\tilde{u}2}$ 来表示的刚度方程。

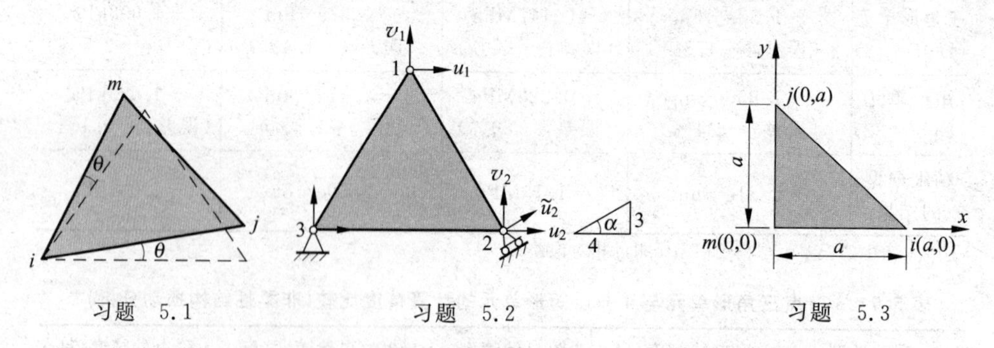

习题 5.1　　习题 5.2　　习题 5.3

5.3 设有一平面问题，厚度为 t，弹性模量为 E，泊松比 $\mu=0$，对于如图所示的3节点单元。

已知：几何矩阵 $\boldsymbol{B}$ 为

$$\boldsymbol{B}=\frac{1}{2A}\begin{bmatrix} b_i & 0 & b_j & 0 & b_m & 0 \\ 0 & c_i & 0 & c_j & 0 & c_m \\ c_i & b_i & c_j & b_j & c_m & b_m \end{bmatrix}=\frac{1}{a^2}\begin{bmatrix} 1 & 0 & 0 & 0 & -1 & 0 \\ 0 & 0 & 0 & 1 & 0 & -1 \\ 0 & 1 & 1 & 0 & -1 & -1 \end{bmatrix}$$

其中 A 为三角形面积。物理（弹性）矩阵 $\boldsymbol{D}$ 为

$$\boldsymbol{D}=E\begin{bmatrix}1 & 0 & 0\\0 & 1 & 0\\0 & 0 & 0.5\end{bmatrix}$$

试求出(推导)该3节点单元的刚度矩阵。

5.4 如图所示为一矩形平板,试用有限元方法中的三角形单元对该结构进行分析,结构的材料参数为:$E=30\times10^4\text{N/mm}^2$,$t=5\text{mm}$,$\mu=0.25$。试求出节点位移、单元应力和支反力。

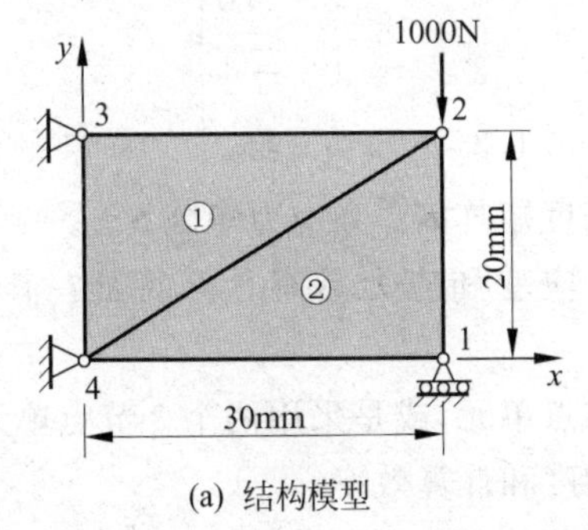

(a) 结构模型

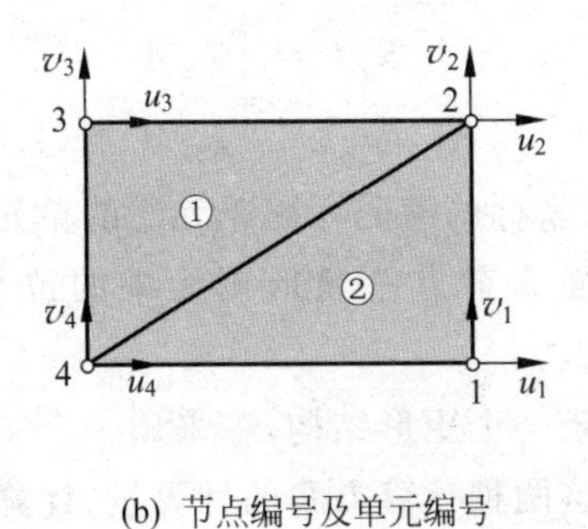

(b) 节点编号及单元编号

习题　5.4

5.5 对3节点三角形单元的线性位移模式,讨论该位移模式对单元的位移场、应力场、应变场的描述能力。

5.6 一具有弹性支承的平面结构如图所示,其势能泛函为

$$\Pi=\int_A\frac{1}{2}(\sigma_{xx}\varepsilon_{xx}+\sigma_{yy}\varepsilon_{yy}+\tau_{xy}\gamma_{xy})t\mathrm{d}A$$

$$+\int_{S_1}\frac{1}{2}kv^2\mathrm{d}s-\int_{S_2}\overline{p}(x)v\mathrm{d}s$$

其中A为平面结构的面积域,t为板厚,k为弹性系数,v为沿y方向的位移,试推导求解该问题的有限元分析方程,此时位移边界条件如何处理?

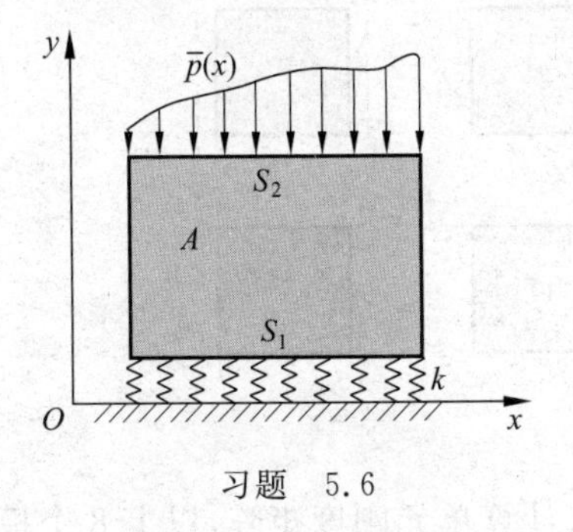

习题　5.6

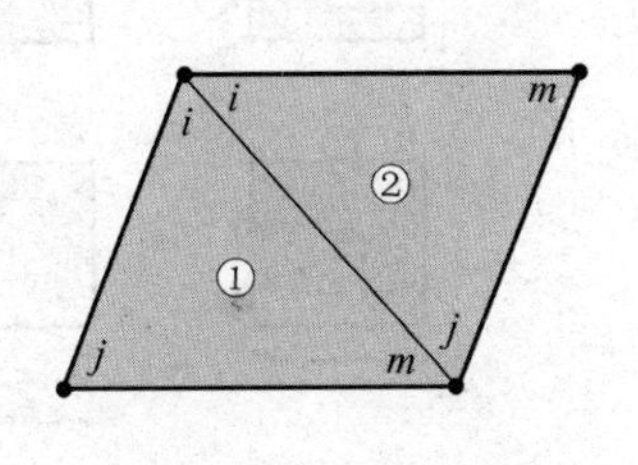

习题　5.7

5.7 如图所示,由两个三角形单元组成平行四边形,已知单元①按局部编码i,j,m的单元刚度矩阵$\boldsymbol{K}^{(1)}$和应力矩阵$\boldsymbol{S}^{(1)}$是

$$
\boldsymbol{K}^{(1)} = \begin{bmatrix} 8 & 0 & -6 & -6 & -2 & 6 \\ & 16 & 0 & -12 & 0 & -4 \\ & & 13.5 & 4.5 & -7.5 & -4.5 \\ & & & 13.5 & 1.5 & -1.5 \\ & \text{对} & \text{称} & & 9.5 & -1.5 \\ & & & & & 5.5 \end{bmatrix}
$$

$$
\boldsymbol{S}^{(1)} = \begin{bmatrix} 0 & 0 & -3 & 0 & 3 & 0 \\ 0 & 4 & 0 & -3 & 0 & -1 \\ 2 & 0 & -1.5 & -1.5 & -0.5 & 1.5 \end{bmatrix}
$$

试按局部坐标的编码写出单元②的单元刚度矩阵 $\boldsymbol{K}^{(2)}$ 和应力矩阵 $\boldsymbol{S}^{(2)}$。

5.8 平面 3 节点三角形单元中的位移、应变和应力具有什么特征？其原因是什么？

5.9 对于一个矩形结构，若采用一个 4 节点单元，或是采用两个 3 节点单元，试分析这两种计算方案的计算量、计算精度和计算效率。

5.10 证明二维平行四边形单元的 Jacobi 矩阵是常数矩阵。

5.11 证明三维平行六面体单元的 Jacobi 矩阵是常数矩阵。

5.12 试推导一维三阶高斯积分点的位置及权系数。

5.13 试证明面积坐标与直角坐标满足下列转换关系。

$$x = x_i L_i + x_j L_j + x_m L_m$$

$$y = y_i L_i + y_j L_j + y_m L_m$$

5.14 设有如图所示 4 节点矩形轴对称单元，对称轴位于每个单元的左边，若变形前的形状为正方形(实线)，其载荷和位移是轴对称的，试考虑单元在下列不同的位移形式时，是否有刚体位移或变形能为零情况。

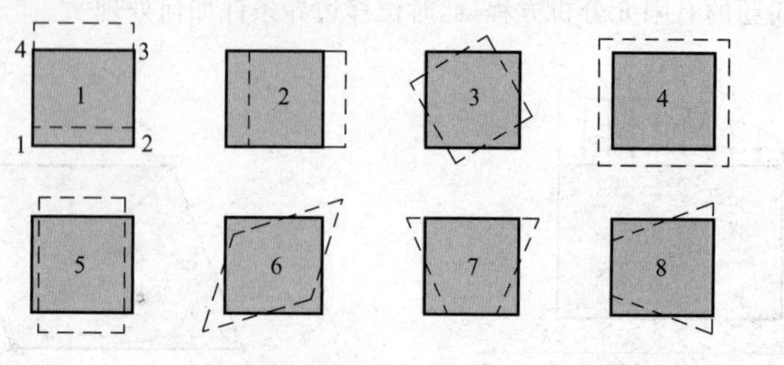

习题 5.14

(1) 如果采用一个 Gauss 积分点形式来计算单元刚度矩阵，以上 8 个模式中哪一个是刚体位移模式？哪一个是变形能为零的变形模式？

(2) 设采用 2×2 个 Gauss 积分点，情况如何？

(3) 设单元是平面应力单元，而不是轴对称单元，重作(1)和(2)。

5.15 对于轴对称问题的有限元分析模型，其刚体位移分量有几个？在什么方向？如何限制刚体运动？

5.16 对于承受轴对称载荷的回转体，若取 3 节点三角形环形单元，试求：

(1) 以转速 ω 旋转时节点的等效载荷。

(2) 若回转轴方向有 a_z 的加速度时，如何计算节点的等效载荷。

5.17 基于最小势能原理和最小余能原理的基本思想，分析和讨论第 5.6 节典型例题 5.6(2)中两种建模方案对两种外载情形计算结果的合理性及计算精度，进一步比较 3 节点三角形单元和 4 节点矩形单元在力学参量(u_i，ε_{ij}，σ_{ij})方面的描述能力。

5.18 基于第 5.7.5 节对 3 节点三角形单元与 4 节点矩形单元求解精度的比较，从位移插值函数模式方面来分析和讨论空间问题中 4 节点四面体单元与 8 节点正六面体单元的求解精度问题。

第 2 篇

有限元分析的误差、复杂单元及应用领域

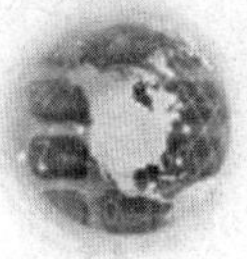

第6章 有限元分析中的单元性质特征与误差处理

有限元方法的一个突出特点就是它的许多变量和矩阵表达式都具有确切的物理含义，这对于我们更好地理解和掌握有限元分析的实质提供了条件，本章将全面讨论这方面的内容。另一方面，我们求解复杂问题的目的就是希望获取最高精度的结果，但有限元方法是一种数值方法，高精度的追求必然带来计算量的急剧增加，因此必须综合考虑求解精度和计算量这两方面因素，以达到最佳的效率，即以较合理的计算量来获得满意的精度，这就涉及误差控制这一专题，本章也将就这一部分内容进行讨论。

6.1 单元节点编号与存储带宽

计算机在进行有限元分析时，需要存储所有的单元和节点信息，即将所有单元和节点进行编号，按顺序存储在数据库中，然后再按单元和节点编号所对应的位置，对所形成的单元刚度矩阵装配在整体刚度矩阵中，随着所求解问题**自由度**(DOF)(degree of freedom)数目的增大，即计算规模的增大，整体刚度矩阵的规模非常巨大。由于整体刚度矩阵中显现出相邻单元之间的关联性，因此矩阵中的大部分数据都为零，为节省存储空间，一般只需存储非零数据，那么单元和节点的编号将直接影响到非零数据在整体刚度矩阵中的位置，我们希望非零数据越集中越好，反映非零数据集中程度的一个指标就是**带宽**(bandwidth)。下面具体讨论单元**节点编号**(nodal numbering)与带宽之间的关系。

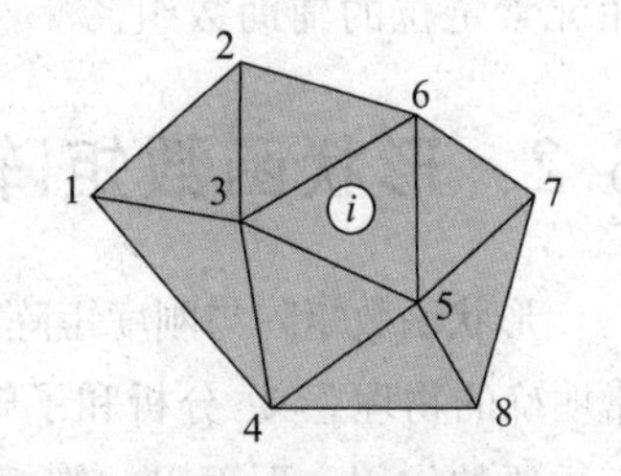

图 6.1 2D 问题的节点编号

如图 6.1 所示 2D 连续体的单元和节点编号，第 i 个单元的节点位移列阵为

$$\boldsymbol{q}^{(i)} = [u_3 \quad v_3 \quad u_5 \quad v_5 \quad u_6 \quad v_6]^{\mathrm{T}} \tag{6.1}$$

该单元装配时在整体刚度矩阵中对应于(6.1)式的位置，具体地见(6.2)式。

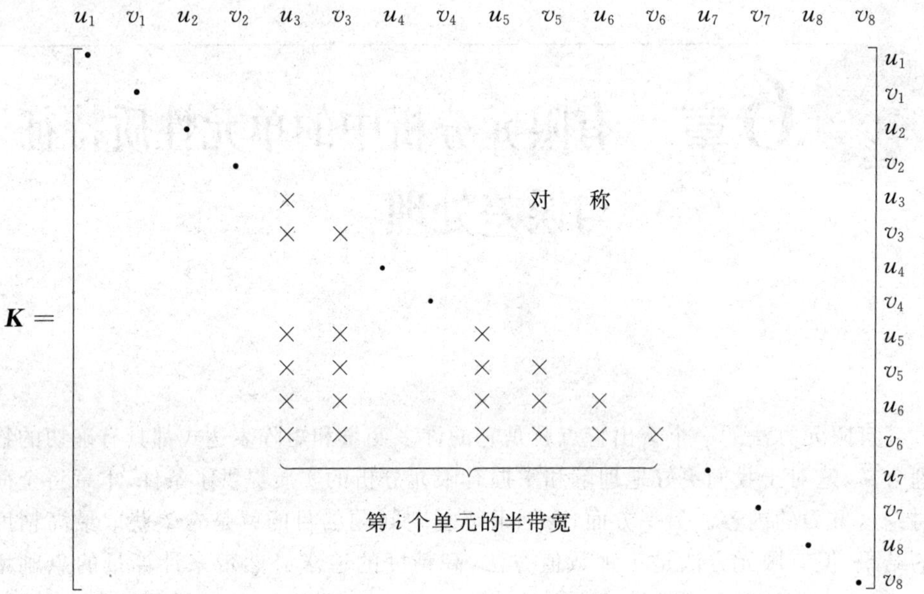

$$
\boldsymbol{K}=\begin{array}{c}
\begin{array}{cccccccccccccccc}
u_1 & v_1 & u_2 & v_2 & u_3 & v_3 & u_4 & v_4 & u_5 & v_5 & u_6 & v_6 & u_7 & v_7 & u_8 & v_8
\end{array}\\
\left[\begin{array}{cccccccccccccccc}
\bullet & & & & & & & & & & & & & & & \\
 & \bullet & & & & & & & & & & & & & & \\
 & & \bullet & & & & & & & & & & & & & \\
 & & & \bullet & & & & & & & & & & & & \\
 & & & & \times & & & & \text{对} & & \text{称} & & & & & \\
 & & & & \times & \times & & & & & & & & & & \\
 & & & & & & \bullet & & & & & & & & & \\
 & & & & & & & \bullet & & & & & & & & \\
 & & & & \times & \times & & & \times & & & & & & & \\
 & & & & \times & \times & & & \times & \times & & & & & & \\
 & & & & \times & \times & & & \times & \times & \times & & & & & \\
 & & & & \times & \times & & & \times & \times & \times & \times & & & & \\
 & & & & & & & & & & & & \bullet & & & \\
 & & & & & & & & & & & & & \bullet & & \\
 & & & & & & & & & & & & & & \bullet & \\
 & & & & & & & & & & & & & & & \bullet
\end{array}\right]
\end{array}
\begin{array}{c}
u_1\\ v_1\\ u_2\\ v_2\\ u_3\\ v_3\\ u_4\\ v_4\\ u_5\\ v_5\\ u_6\\ v_6\\ u_7\\ v_7\\ u_8\\ v_8
\end{array}
\tag{6.2}
$$

第 i 个单元的半带宽

由于刚度矩阵是对称的，可以看出，若节点 DOF 数为 λ，则每一个单元在整体刚度矩阵的**半带宽**(semi-bandwidth)为

$$d_i=(\text{第 } i \text{ 个单元中节点编号的最大差值}+1)\times\lambda \tag{6.3}$$

则整体刚度矩阵的最大半带宽为

$$d=\max_i\{d_i\}\quad(i=1,2,3,\cdots,n) \tag{6.4}$$

其中 n 为整个结构系统的单元数。显然，对于 2D 问题，有 $\lambda=2$，对于 3D 问题，有 $\lambda=3$。

因此在计算机中，一般都采用二维半带宽存储刚度矩阵的系数，为等带宽存储，也可以采用一维变带宽存储，这虽然更能节省存储空间，但必须定义用于主对角元素定位的辅助数组。

6.2 形状函数矩阵与刚度矩阵的性质

形状函数矩阵与刚度矩阵在有限元方法中占有最重要的位置，同时它们也具有非常明确的物理意义，分析和了解它们的性质对于我们更深层次地掌握有限元方法具有重要的作用。下面以一维杆单元为例进行讨论，其结论完全可以推广到一般单元。

6.2.1 形状函数矩阵的性质

以一维杆单元为例来讨论一般情况下形状函数矩阵的性质，由第 4.3 节可知，杆单元的位移场为

$$u(x) = N_1(x)u_1 + N_2(x)u_2 = \boldsymbol{N}(x)\boldsymbol{q}^e \tag{6.5}$$

其中 u_1、u_2 为节点位移，$N_1(x)$，$N_2(x)$为对应于节点 1 和节点 2 的形状函数，$\boldsymbol{N}(x)$为形状函数矩阵，即 $\boldsymbol{N}(x)=[N_1(x) \quad N_2(x)]$。下面分三种情况具体讨论。

1. 考虑单元左端发生单位位移，而右端固定时的情形

此时，令 $u_1=1$，$u_2=0$，由(6.5)式，有

$$u(x) = N_1(x) \tag{6.6}$$

(6.6)式说明对应于节点 1 的形状函数 $N_1(x)$的意义为：当节点 1 的位移为 1，而其他节点位移为零时的单元位移场。

2. 考虑单元左端固定，而右端发生单位位移时的情形

此时，令 $u_1=0$，$u_2=1$，由(6.5)式，有

$$u(x) = N_2(x) \tag{6.7}$$

由此，可以总结出形状函数的以下性质。

形状函数性质 1：N_i 表示在 i 点的节点位移为 1，其他节点位移为 0 时的单元位移场函数，如图 6.2 所示。

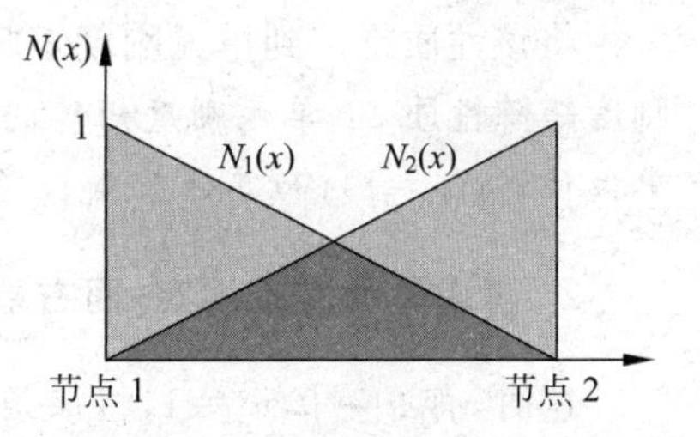

图 6.2 1D 杆单元的形状函数

3. 考虑单元发生刚体位移的情形

设单元有刚体位移 $\bar{u}_0$，由于是刚体位移，则单元的位移场函数及节点位移都为 $\bar{u}_0$，即

$$\left.\begin{aligned} u(x) &= \bar{u}_0 \\ u_1 = u_2 &= \bar{u}_0 \end{aligned}\right\} \tag{6.8}$$

代入位移场的表达式(6.5)，有

$$\bar{u}_0 = N_1(x)\bar{u}_0 + N_2(x)\bar{u}_0 \tag{6.9}$$

消去 $\bar{u}_0$ 后，有

$$N_1(x) + N_2(x) = 1 \tag{6.10}$$

由此，可以总结出形状函数的另一性质。

形状函数性质 2：单元的形状函数满足

$$\sum_{i=1}^{n} N_i(x) = 1 \tag{6.11}$$

其中 n 为单元的节点数，它表明形状函数能够描述单元的刚体位移。

6.2.2 刚度矩阵的性质

仍然以一维 2 节点杆单元为例，它的刚度方程为

$$\begin{bmatrix} k_{11} & k_{12} \\ k_{21} & k_{22} \end{bmatrix}\begin{bmatrix} u_1 \\ u_2 \end{bmatrix} = \begin{bmatrix} p_1 \\ p_2 \end{bmatrix} \tag{6.12}$$

下面分两种情况进行具体讨论。

1. **考虑单元左端发生单位位移,而右端固定时的情形**

这时,有 $u_1=1, u_2=0$,将该条件代入(6.12)式中,有

$$k_{11} = p_1 \tag{6.13}$$

这表明,k_{11}为保持这样一种状态(即使节点 2 的位移为零,使节点 1 产生单位位移)而需要在节点 1 上所施加的力,如图 6.3 所示。

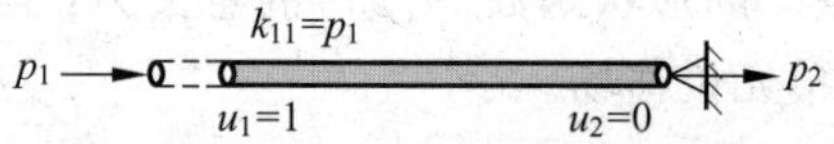

图 6.3 k_{11}的物理含义

将该性质推广到单元刚度矩阵中的对角线元素,有以下描述。

刚度矩阵性质 1:单元刚度矩阵的对角线元素 k_{ii}表示要使单元的第 i 个节点产生单位位移($u_i=1$),而其他节点位移为 0 时,需在节点 i 所施加的力。

2. **考虑单元左端固定,而右端发生单位位移时的情形**

这时,有 $u_1=0, u_2=1$,将该条件代入(6.12)式中,有

$$k_{12} = p_1 \tag{6.14}$$

这表明,k_{12}为保持这样一种状态(即使节点 1 的位移为零,使节点 2 产生单位位移)而需要在节点 1 上所作用的力,如图 6.4 所示。

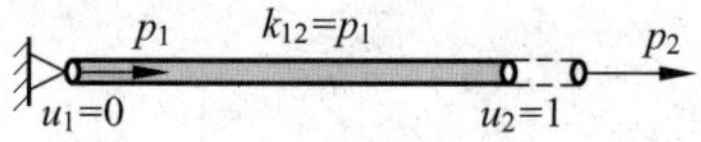

图 6.4 k_{12}的物理含义

将该性质推广到单元刚度矩阵中的非对角线元素,有以下描述。

刚度矩阵性质 2:单元刚度矩阵的非对角线元素 k_{ij} $(i\neq j)$表示要使单元的第 j 个节点产生单位位移($u_j=1$),而其他节点位移为 0 时,需要在第 i 个节点所施加的力。

刚度矩阵性质 3:单元刚度矩阵是**对称**(symmetric)的,即

$$\boldsymbol{K}^{e\mathrm{T}} = \left[\int_{\Omega^e} \boldsymbol{B}^{\mathrm{T}} \boldsymbol{D} \boldsymbol{B} \,\mathrm{d}\Omega\right]^{\mathrm{T}} = \int_{\Omega^e} \boldsymbol{B}^{\mathrm{T}} \boldsymbol{D} \boldsymbol{B} \,\mathrm{d}\Omega = \boldsymbol{K}^e \tag{6.15}$$

这一性质也可由**功的互等定理**(reciprocal theorem of work)来推论,该定理又称 Batti-Maxwell 定理,即对于线性弹性体,第一种加载状态下的外力在第二种加载状态下移动相应位移时所做的功,等于第二种加载状态下的外力在第一种加载状态下移动相应位移时所做的功。根据前面所述刚度系数的性质,系数 k_{ij} 和 k_{ji} 分别包含在这样两种加载状态的外力中,其对应的外力功是 $1\times k_{ij}=1\times k_{ji}$,故 $k_{ij}=k_{ji}$。

刚度矩阵性质 4:单元刚度矩阵是**半正定**(positive semi-definite)的。

为说明这种性质，将基于节点表达的应变能写成展开的形式

$$
\begin{aligned}
U &= \frac{1}{2}\boldsymbol{q}^{e\mathrm{T}}\boldsymbol{K}^{e}\boldsymbol{q}^{e} \\
&= \frac{1}{2}(k_{11}u_1^2 + \cdots + k_{1i}u_1u_i + \cdots + k_{1n}u_1u_n + \cdots \\
&\quad + k_{j1}u_ju_1 + \cdots + k_{ji}u_ju_i + \cdots + k_{jn}u_ju_n + \cdots \\
&\quad + k_{n1}u_nu_1 + \cdots + k_{ni}u_nu_i + \cdots + k_{nn}u_nu_n) \\
&= \frac{1}{2}\sum_{i=1}^{n}\sum_{j=1}^{n}k_{ij}u_iu_j
\end{aligned}
\tag{6.16}
$$

其中节点位移为 $\boldsymbol{q}^e=[u_1 u_2 \cdots u_n]^{\mathrm{T}}$，也就是说，$U$ 是关于变量 $\boldsymbol{q}^e$ 的二次齐次多项式。在线性代数里，(6.16)式称为“二次型”。而对应系数所组成的方阵 $\boldsymbol{K}^e$ 称为二次型矩阵。在去除刚体位移的情况下，不论位移列阵 $\boldsymbol{q}^e$ 取何值，除非 $\boldsymbol{q}^e=0$，应变能 U 总是正值。这样的二次型在数学上称为是“**正定**(positive definite)的”，表达这二次型的矩阵也就称为“正定矩阵”。但单元在刚体位移情形下，有 $\boldsymbol{q}^e\neq 0$（刚体位移），而此时的应变能 $U=0$，则一定有 $|\boldsymbol{K}^e|=0$，因此，单元刚度矩阵是半正定的。单元刚度矩阵的系数还有性质 $k_{ii}>0$。

3. 考察刚体位移

假设一个单元在受相同外载情形下存在有两种状态位移（即该单元可以任意移动，但所受的力是保持平衡的），仍以方程(6.12)所描述的一维杆单元为例来说明该问题。

在节点载荷 p_1,p_2 作用下，该单元有位移

$$
\left.\begin{aligned} u_1 &= c_1^{(1)} \\ u_2 &= c_2^{(1)} \end{aligned}\right\} \tag{6.17}
$$

假设该单元此时在保持 p_1,p_2 作用状态下有一刚体位移，则节点位移为

$$
\left.\begin{aligned} u_1 &= c_1^{(1)} + u_0 = c_1^{(2)} \\ u_2 &= c_2^{(1)} + u_0 = c_2^{(2)} \end{aligned}\right\} \tag{6.18}
$$

其中 u_0 为刚体位移的平移量，则对应于这两种情形的单元刚度方程为

$$
\begin{bmatrix} k_{11} & k_{12} \\ k_{21} & k_{22} \end{bmatrix}\begin{bmatrix} c_1^{(1)} \\ c_2^{(1)} \end{bmatrix} = \begin{bmatrix} p_1 \\ p_2 \end{bmatrix} \tag{6.19}
$$

$$
\begin{bmatrix} k_{11} & k_{12} \\ k_{21} & k_{22} \end{bmatrix}\begin{bmatrix} c_1^{(2)} \\ c_2^{(2)} \end{bmatrix} = \begin{bmatrix} p_1 \\ p_2 \end{bmatrix} \tag{6.20}
$$

将(6.20)式减去(6.19)式，得到

$$
\begin{bmatrix} k_{11} & k_{12} \\ k_{21} & k_{22} \end{bmatrix}\begin{bmatrix} c_1^{(2)} - c_1^{(1)} \\ c_2^{(2)} - c_2^{(1)} \end{bmatrix} = \begin{bmatrix} 0 \\ 0 \end{bmatrix} \tag{6.21}
$$

由于 $c_1^{(2)}\neq c_1^{(1)}$，$c_2^{(2)}\neq c_2^{(1)}$，使(6.21)式成立（有非零解）的条件是

$$
\begin{vmatrix} k_{11} & k_{12} \\ k_{21} & k_{22} \end{vmatrix} = 0 \tag{6.22}
$$

同时,利用(6.18)式,也可将(6.21)式写成

$$\left.\begin{aligned} k_{11}\cdot u_0+k_{12}\cdot u_0=0\\ k_{21}\cdot u_0+k_{22}\cdot u_0=0 \end{aligned}\right\} \tag{6.23}$$

进一步,有

$$\left.\begin{aligned} k_{11}+k_{12}=0\\ k_{21}+k_{22}=0 \end{aligned}\right\} \tag{6.24}$$

由刚度矩阵系数的性质1和性质2可知,(6.24)式代表节点的平衡力系。根据以上讨论,总结出以下性质。

刚度矩阵性质5:单元刚度矩阵是**奇异**(singularity)的,即$|\boldsymbol{K}^e|=0$。

刚度矩阵性质6:刚度矩阵的任一行(或列)代表一个平衡力系,当节点位移全部为线位移时(即为C_0型问题),任一行(或列)的代数和应为零。

刚度矩阵的任一行在数值上等于某种特定位移状态下的全部外力和支反力,它们当然构成一个平衡力系。而由对称性可知,任一列也就具有同样性质。在具体计算过程中,可以利用这一性质检查计算结果的正误。

同样,由单元刚度矩阵所组装出的整体刚度矩阵也具有以下性质:(a)对称性;(b)奇异性;(c)半正定性;(d)**稀疏矩阵**(spars matrix);(e)非零元素显现**带状性**(banded)。

以上有关形状函数矩阵与刚度矩阵的性质对于梁单元(C_1型单元)有所不同,见典型例题6.11(3)。

6.3 边界条件的处理与支反力的计算

位移边界条件BC(u)在大多数情形下有两种类型。

(1) 零位移边界条件

即

$$\bar{\boldsymbol{q}}_a=\boldsymbol{0} \tag{6.25}$$

(2) 给定具体数值的位移边界条件

即

$$\bar{\boldsymbol{q}}_a=\bar{\boldsymbol{u}} \tag{6.26}$$

设所建立的整体刚度方程(将其进行分块)为

$$\begin{bmatrix}\boldsymbol{K}_{aa} & \boldsymbol{K}_{ab}\\ \boldsymbol{K}_{ba} & \boldsymbol{K}_{bb}\end{bmatrix}\begin{bmatrix}\bar{\boldsymbol{q}}_a\\ \boldsymbol{q}_b\end{bmatrix}=\begin{bmatrix}\boldsymbol{P}_a\\ \bar{\boldsymbol{P}}_b\end{bmatrix} \tag{6.27}$$

其中$\boldsymbol{K}_{ij}$、$\bar{\boldsymbol{q}}_a$、$\bar{\boldsymbol{P}}_b$为已知,$\boldsymbol{q}_b$(未知节点位移)和$\boldsymbol{P}_a$(支反力)为未知(待求)。

下面就上述两类边界条件,讨论直接法、置“1”法、乘大数法、罚函数法这几种处理方法。

6.3.1 直接法

1. 对于 $\bar{\boldsymbol{q}}_a=\mathbf{0}$ 的边界条件

由于 $\bar{\boldsymbol{q}}_a=\mathbf{0}$，则对方程(6.27)中的对应位置划行划列后，得到

$$\boldsymbol{K}_{bb}\boldsymbol{q}_b=\bar{\boldsymbol{P}}_b \tag{6.28}$$

可求出未知节点位移 $\boldsymbol{q}_b$ 为

$$\boldsymbol{q}_b=\boldsymbol{K}_{bb}^{-1}\bar{\boldsymbol{P}}_b \tag{6.29}$$

2. 对于 $\bar{\boldsymbol{q}}_a=\bar{\boldsymbol{u}}$ 的边界条件

将方程(6.27)写成两组方程

$$\boldsymbol{K}_{aa}\bar{\boldsymbol{q}}_a+\boldsymbol{K}_{ab}\boldsymbol{q}_b=\boldsymbol{P}_a \tag{6.30}$$

$$\boldsymbol{K}_{ba}\bar{\boldsymbol{q}}_a+\boldsymbol{K}_{bb}\boldsymbol{q}_b=\bar{\boldsymbol{P}}_b \tag{6.31}$$

将 $\bar{\boldsymbol{q}}_a=\bar{\boldsymbol{u}}$ 代入方程(6.31)中，可得到

$$\boldsymbol{K}_{bb}\boldsymbol{q}_b=\bar{\boldsymbol{P}}_b-\boldsymbol{K}_{ba}\bar{\boldsymbol{u}} \tag{6.32}$$

则可求出未知节点位移 $\boldsymbol{q}_b$ 为

$$\boldsymbol{q}_b=\boldsymbol{K}_{bb}^{-1}(\bar{\boldsymbol{P}}_b-\boldsymbol{K}_{ba}\bar{\boldsymbol{u}}) \tag{6.33}$$

3. “直接法”的特点

(a) 既可处理 $\bar{\boldsymbol{q}}_a=\mathbf{0}$ 的情形，又可处理 $\bar{\boldsymbol{q}}_a=\bar{\boldsymbol{u}}$ 的情形；

(b) 处理过程直观；

(c) 待求解矩阵的规模变小(维数变小)，适合于手工处理；

(d) 矩阵的节点编号及排序改变，不利于计算机的规范化处理。

6.3.2 置“1”法

设边界条件为第 r 个自由度的位移为零，即 $\bar{q}_r=0$，可置整体刚度矩阵中所对应对角元素位置的 $k_{rr}=1$，而该行和该列的其他元素为零，即 $k_{rs}=k_{sr}=0(r\neq s)$，同时也置对应的载荷元素 $p_r=0$，则

$$\begin{array}{c} \\ 1\\2\\ \vdots\\ \vdots\\ r\\ \vdots\\ \vdots\\ \vdots\\ \vdots \end{array}
\begin{array}{c}
\begin{array}{ccccccccc} 1 & 2 & \cdots & \cdots & r & \cdots & \cdots & \cdots & \cdots \end{array}\\
\left[\begin{array}{ccccccccc}
 & & & & 0 & & & & \\
 & & & & 0 & & & & \\
 & & & & \vdots & & & & \\
 & & & & 0 & & & & \\
0 & 0 & \cdots & 0 & k_{rr}=1 & 0 & \cdots & 0 & 0\\
 & & & & 0 & & & & \\
 & & & & \vdots & & & & \\
 & & & & 0 & & & & \\
 & & & & 0 & & & &
\end{array}\right]
\end{array}
\begin{array}{c} \\ \left[\begin{array}{c} q_1\\ q_2\\ \vdots\\ \vdots\\ \bar{q}_r\\ \vdots\\ \vdots\\ \vdots\\ \vdots \end{array}\right]\end{array}
=
\begin{array}{c} \\ \left[\begin{array}{c} p_1\\ p_2\\ \vdots\\ \vdots\\ p_r=0\\ \vdots\\ \vdots\\ \vdots\\ \vdots \end{array}\right]\end{array}
\tag{6.34}$$

进行以上设置后，这时方程(6.34)应等价于原方程加上了边界条件 $\bar{q}_r=0$，下面考察这种等价性，就(6.34)式中的第 r 行，有

$$k_{rr}\cdot\bar{q}_r=p_r \tag{6.35}$$

由于置 $k_{rr}=1$，$p_r=0$，则有

$$\bar{q}_r=0 \tag{6.36}$$

即为所要求的位移边界条件。而(6.34)式中除第 r 行外，其他各行都考虑了 $\bar{q}_r=0$ 的影响，除此之外其余各项的影响不变。这恰好就是原方程加上了边界条件 $\bar{q}_r=0$ 的影响。

对角元素置"1"法的特点：

(a) 只能处理 $\bar{q}_r=0$ 的情形；

(b) 保持待求解矩阵的规模不变，不需重新排序；

(c) 保持整体刚度阵的对称性，利于计算机的规范化处理。

6.3.3 乘大数法

设边界条件为第 r 个自由度的位移为指定位移，即对应于边界条件 $\bar{q}_r=\bar{u}$ 的情形，可将整体刚度矩阵中所对应对角元素位置的 k_{rr} 乘一个大数 α，将对应的载荷元素 p_r 置为 $\alpha k_{rr}\bar{u}$，即

$$\begin{array}{c} \\ 1\\ 2\\ \vdots\\ \vdots\\ r\\ \vdots\\ \vdots\\ \vdots\\ \vdots \end{array}\begin{array}{c}\begin{array}{cccccccccc}1 & 2 & \cdots & \cdots & r & \cdots & \cdots & \cdots & \cdots\end{array}\\ \begin{bmatrix} & & & & & & & & \\ & \cdots & & & & \cdots & & & \\ & & & & & & & & \\ & & & & & & & & \\ k_{r1} & k_{r2} & \cdots & \cdots & \alpha k_{rr} & \cdots & \cdots & \cdots & \cdots \\ & & & & & & & & \\ & & & & & & & & \\ & \cdots & & & & \cdots & & & \\ & & & & & & & & \end{bmatrix}\end{array}\begin{bmatrix} q_1\\ q_2\\ \vdots\\ \vdots\\ \bar{q}_r\\ \vdots\\ \vdots\\ \vdots\\ \vdots \end{bmatrix}=\begin{bmatrix} p_1\\ p_2\\ \vdots\\ \vdots\\ \alpha k_{rr}\bar{u}\\ \vdots\\ \vdots\\ \vdots\\ \vdots \end{bmatrix} \tag{6.37}$$

进行以上设置后，这时方程(6.37)应等价于原方程加上边界条件 $\bar{q}_r=\bar{u}$，下面考察这种等价性。由(6.37)式中的第 r 行，有

$$k_{r1}q_1+k_{r2}q_2+\cdots+\alpha k_{rr}\bar{q}_r+\cdots+k_{rn}q_n=\alpha k_{rr}\bar{u} \tag{6.38}$$

由于 $\alpha k_{rr}\gg k_{ri}(i=1,2,3,\cdots,r-1,r+1,\cdots,n)$，则上式变为

$$\alpha k_{rr}\bar{q}_r\approx\alpha k_{rr}\bar{u} \tag{6.39}$$

则

$$\bar{q}_r\approx\bar{u} \tag{6.40}$$

即为所要求的位移边界条件。而(6.37)式中除第 r 行外，其他各行都考虑了 $\bar{q}_r \approx \bar{u}$ 的影响，除此之外其余各项的影响不变。这恰好就是原方程加上边界条件 $\bar{q}_r \approx \bar{u}$ 的影响。

对角元素乘大数法的特点：

(a) 既可处理 $\bar{q}_r = 0$ 的情形，又可处理 $\bar{q}_r = \bar{u}$ 的情形；

(b) 待求解矩阵的规模不变，不需要重新排序；

(c) 保持整体刚度阵的对称性。

6.3.4　罚函数法

罚函数法(penalty approach)的最大好处就是可以直接求出位移边界上的支反力。考虑一个边界条件 $u_1 = \bar{u}_1$，其中 $\bar{u}_1$ 是指定的位移，下面介绍如何用罚函数法处理这一边界条件。

1. 约束关系的处理

如图 6.5 所示，沿 u_1 方向可以用具有大刚度 C 的弹簧来模拟支撑。在该弹簧的一端施加 $\bar{u}_1$ 的位移，则弹簧的净伸长量等于$(u_1 - \bar{u}_1)$，弹簧的应变能为

$$U_s = \frac{1}{2}C(u_1 - \bar{u}_1)^2 \tag{6.41}$$

如果考虑这一应变能的贡献，总势能可写为

$$\Pi = \frac{1}{2}\boldsymbol{q}^{\mathrm{T}}\boldsymbol{K}\boldsymbol{q} + \frac{1}{2}C(u_1 - \bar{u}_1)^2 - \boldsymbol{P}^{\mathrm{T}}\boldsymbol{q} \tag{6.42}$$

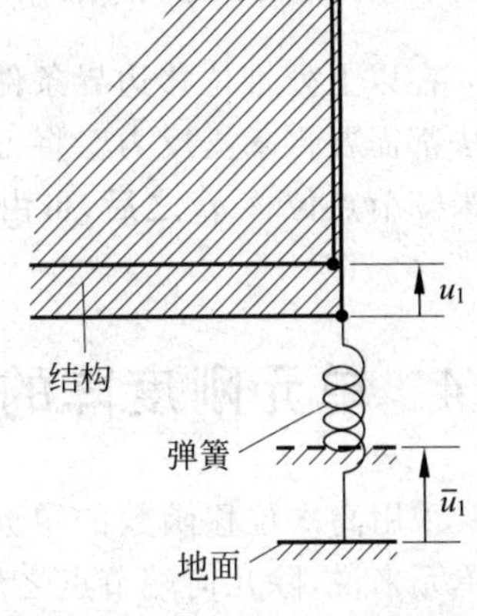

图 6.5　用一个弹簧来模拟约束

其中节点位移列阵 $\boldsymbol{q} = [u_1 \quad u_2 \quad \cdots \quad u_n]^{\mathrm{T}}$。

由 $\partial\Pi/\partial u_i = 0\ (i = 1, 2, \cdots, n)$ 得到的刚度方程为

$$\begin{bmatrix} (k_{11} + C) & k_{12} & \cdots & k_{1n} \\ k_{21} & k_{22} & \cdots & k_{2n} \\ \vdots & \vdots & & \vdots \\ k_{n1} & k_{n2} & \cdots & k_{nn} \end{bmatrix} \begin{bmatrix} u_1 \\ u_2 \\ \vdots \\ u_n \end{bmatrix} = \begin{bmatrix} P_1 + C\bar{u}_1 \\ P_2 \\ \vdots \\ P_n \end{bmatrix} \tag{6.43}$$

这里在处理 $u_1 = \bar{u}_1$ 时，将一个很大的数 C 加到矩阵 $\boldsymbol{K}$ 的第一个对角元素上，$C\bar{u}_1$ 加到 P_1 上。求解方程(6.43)可得到位移列阵 $\boldsymbol{q}$。

节点 1 上的支反力等于弹簧施加在结构上的力。因为弹簧的净伸长量是 $(u_1 - \bar{u}_1)$，并且弹簧的刚度为 C，故支反力为

$$R_1 = -C(u_1 - \bar{u}_1) \tag{6.44}$$

这里所用的罚函数法是一种近似法，精确的求解特别是对支反力的求解依赖于对 C 的选取。

2. C 的选取

展开方程(6.43)的第一行,有

$$(k_{11}+C)u_1+k_{12}u_2+\cdots+k_{1n}u_n=P_1+C\bar{u}_1 \tag{6.45}$$

用 C 除以上述方程的各项可得

$$\left(\frac{k_{11}}{C}+1\right)u_1+\frac{k_{12}}{C}u_2+\cdots+\frac{k_{1n}}{C}u_n=\frac{P_1}{C}+\bar{u}_1 \tag{6.46}$$

从上述方程我们可以看出,如果 C 和刚度系数 $k_{11},k_{12},\cdots,k_{1n}$ 相比足够大的话,则$u_1\approx\bar{u}_1$。

一般将 C 选为

$$C=\max|k_{ij}|\times 10^4\quad(1\leqslant i\leqslant n,1\leqslant j\leqslant n) \tag{6.47}$$

这里选取 10^4 是因为对大多数计算机而言它是较适合的。读者可以选取一个简单问题并把 10^4 换成 10^5 或 10^6 来检验支反力会不会有较大的差异。

6.3.5 支反力的计算

在以上处理位移边界条件的方法中,除罚函数法可以直接求出支反力外,其他方法都需要再求支反力。将方程(6.27)写成两组方程,见(6.30)和(6.31)式,在求得未知节点位移 $\boldsymbol{q}_b$ 之后,可由(6.30)式求出支反力 $\boldsymbol{P}_a$,即

$$\boldsymbol{P}_a=\boldsymbol{K}_{aa}\bar{\boldsymbol{q}}_a+\boldsymbol{K}_{ab}\boldsymbol{q}_b \tag{6.48}$$

6.4 单元刚度阵的缩聚

采用高次位移函数的单元也常被称为**高阶单元**(high-order element)。对高次单元来说,除几何端节点之外,其余的那些节点可能与其他单元不发生关系,当中间的节点与其他单元无关时,我们称作是**内部节点**(inner node),而其余的节点可称为**外部节点**(connective node)。既然内部节点与其他单元无关,那么在组成整体刚度矩阵之前,可以把它们消去,也就是把内部节点位移用外部节点位移来表示。这一过程推导如下。

设某单元的刚度矩阵方程是

$$\left[\begin{array}{cccc:cccc}
k_{11} & k_{12} & \cdots & k_{1m} & k_{1,m+1} & k_{1,m+2} & \cdots & k_{1n}\\
k_{21} & k_{22} & \cdots & k_{2m} & k_{2,m+1} & k_{2,m+2} & \cdots & k_{2n}\\
\vdots & \vdots & \ddots & \vdots & \vdots & \vdots & \ddots & \vdots\\
k_{m1} & k_{m2} & \cdots & k_{mm} & k_{m,m+1} & k_{m,m+2} & \cdots & k_{mn}\\
\hdashline
k_{m+1,1} & k_{m+1,2} & \cdots & k_{m+1,m} & k_{m+1,m+1} & k_{m+1,m+2} & \cdots & k_{m+1,m}\\
\vdots & \vdots & \ddots & \vdots & \vdots & \vdots & \ddots & \vdots\\
k_{n1} & k_{n2} & \cdots & k_{nm} & k_{n,m+1} & k_{n,m+2} & \cdots & k_{nn}
\end{array}\right]
\left[\begin{array}{c}
u_1\\ u_2\\ \vdots\\ u_m\\ \hdashline u_{m+1}\\ \vdots\\ u_n
\end{array}\right]
=
\left[\begin{array}{c}
P_1\\ P_2\\ \vdots\\ P_m\\ \hdashline P_{m+1}\\ \vdots\\ P_n
\end{array}\right] \tag{6.49}$$

设在全部 n 个节点位移中，前 m 个是外部节点位移，其余的是内部节点位移。为了推导方便，将上式改写成为

$$\begin{bmatrix} \boldsymbol{K}_{aa} & \boldsymbol{K}_{ab} \\ \boldsymbol{K}_{ba} & \boldsymbol{K}_{bb} \end{bmatrix} \begin{bmatrix} \boldsymbol{q}_{\text{out}} \\ \boldsymbol{q}_{\text{inn}} \end{bmatrix} = \begin{bmatrix} \boldsymbol{P}_{\text{out}} \\ \boldsymbol{P}_{\text{inn}} \end{bmatrix} \tag{6.50}$$

其中 $\boldsymbol{q}_{\text{out}} = [u_1 \quad u_2 \quad \cdots \quad u_m]^{\mathrm{T}}$ 为单元中与其他单元发生连接关系的节点位移，$\boldsymbol{q}_{\text{inn}} = [u_{m+1} \quad u_{m+2} \quad \cdots \quad u_n]^{\mathrm{T}}$ 为单元的内部节点位移。

通过(6.50)中的第二式可将 $\boldsymbol{q}_{\text{inn}}$ 代换掉，即

$$\boldsymbol{q}_{\text{inn}} = \boldsymbol{K}_{bb}^{-1} [\boldsymbol{P}_{\text{inn}} - \boldsymbol{K}_{ba} \boldsymbol{q}_{\text{out}}] \tag{6.51}$$

再将(6.51)代回(6.50)中的第一式，则可以等价地变为

$$\boldsymbol{K}^R \boldsymbol{q}_{\text{out}} = \boldsymbol{P}^R \tag{6.52}$$

其中

$$\boldsymbol{K}^R = \boldsymbol{K}_{aa} - \boldsymbol{K}_{ab} \boldsymbol{K}_{bb}^{-1} \boldsymbol{K}_{ba} \tag{6.53}$$

$$\boldsymbol{P}^R = \boldsymbol{P}_{\text{out}} - \boldsymbol{K}_{ab} \boldsymbol{K}_{bb}^{-1} \boldsymbol{P}_{\text{inn}} \tag{6.54}$$

式(6.52)就是**缩聚**(condensation, reduction)后的单元刚度方程。

6.5 位移函数构造与收敛性要求

6.5.1 选择单元位移函数的一般原则

单元中的位移模式一般采用设有待定系数的有限多项式作为近似函数，有限多项式选取的原则应考虑以下几点：

(1) 待定系数是由节点位移条件确定的，因此它的个数应与节点位移 DOF 数相等。如平面 3 节点三角形单元共有 6 个节点位移 DOF，待定系数的总个数应取 6 个，则两个方向的位移 u 和 v 应各取三项多项式。对于平面 4 节点的矩形单元，待定系数为 8，位移函数可取四项多项式作为位移模式。

(2) 在选取多项式时，必须要选择常数项和完备的一次项。位移模式中的常数项和一次项可以反映单元刚体位移和常应变的特性。这是因为当划分的单元数趋于无穷时，即单元缩小趋于一点，此时单元应变应趋于常数。有关这方面的内容请参见下面第 6.5.2 节的讨论。3 节点三角形单元的位移模式正好满足这个基本要求。

(3) 选择多项式应由低阶到高阶，尽量选取完全多项式以提高单元的精度。一般情况下对于每边具有 2 个端节点的单元应选取一次完全多项式的位移模式，每边有 3 个节点时应取二次完全多项式。若由于项数限制不能选取完全多项式时，选择的多项式应具有坐标的对称性。并且一个坐标方向的次数不应超过完全多项式的次数[14]。

在构造一个单元的位移函数时，应参考由多项式函数构成的 Pascal 三角形（见图 6.6 和图 6.7）和上述原则进行函数项次的选取与构造。

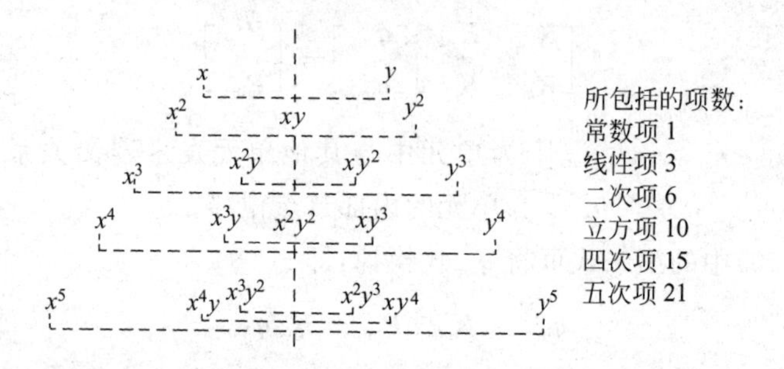

图 6.6 二维问题多项式函数构成的 Pascal 三角形

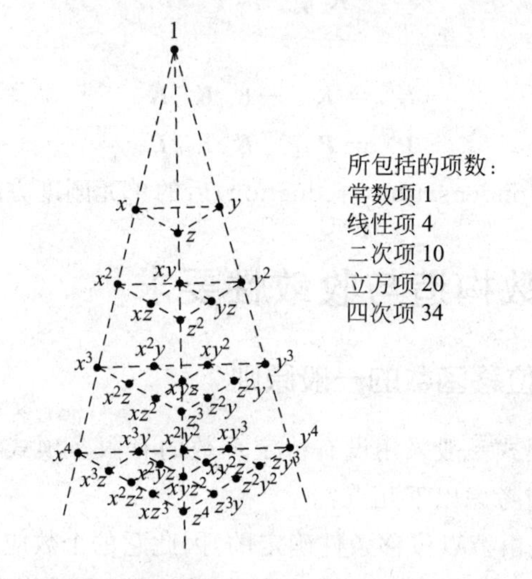

图 6.7 三维问题多项式函数构成的 Pascal 四面体

常用的二维单元和三维单元见图 6.8。

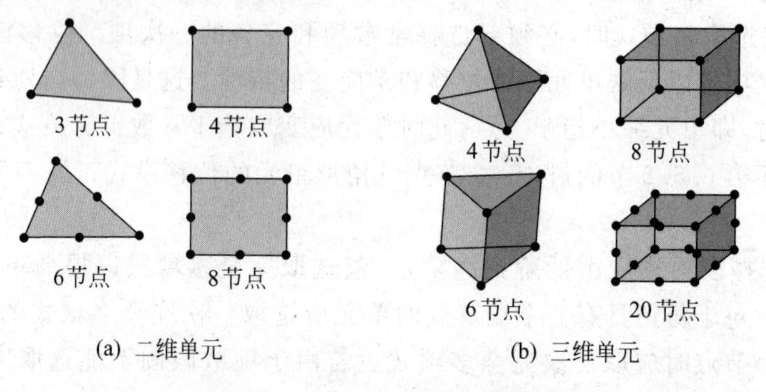

图 6.8 常用的二维和三维单元

6.5.2　关于收敛性问题

在有限元分析中，当节点数目或单元插值位移的项数趋于无穷大时，即当单元尺寸趋近于零时，最后的解答如果能够无限地逼近准确解，那么这样的位移函数（或形状函数）是逼近于真解的，这就称为**收敛**（convergence）。图 6.9 表示出几种可能的收敛情况。其中曲线 1 和 2 都是收敛的，但曲线 1 比曲线 2 收敛更快。曲线 3 虽然趋向于某一确定值，但该值不是问题的**准确解**（correct solution），所以也不能算是收敛的。曲线 4 虽然收敛，但不是**单调收敛**（monotonic convergence），所以也不是收敛的，它不能构成准确解的**上界**（upper bound）或**下界**（lower bound），即近似解并不总是大于或小于准确解。至于曲线 5，它是**发散**（divergence）的，所以完全不符合要求。

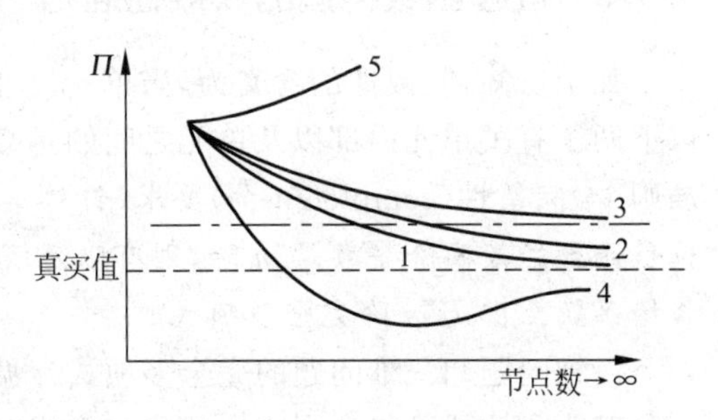

图 6.9　几种可能的收敛情况

为使有限元分析的解答收敛，位移函数必须满足一些**收敛准则**（convergence criterion）。关于这些准则的严密论证，可以参阅文献[14,16,18,19]。

就势能泛函 Π 而言，它取决于弹性体的位移和应变，而应变也就是位移的某种导数。所以，研究它的收敛性，就是要研究所选择的位移函数及对应于应变的导数能够“无限地接近”真实的位移及其导数（应变）。所谓“无限地接近”就是指：任意给定一个误差界限，相应地，我们总可以把单元尺寸缩小到这样一种程度，使得假设的位移函数（及其导数）同真正的位移（及其导数）之间的差，限定在上述给定的界限之内。也就是说，当单元尺寸趋于零时，其位移函数及其应变总是趋向于某一常数，否则，单元的势能将不存在。由此可见，对位移函数的基本要求应当是：函数本身应在单元上连续，还要包括使得位移函数及对应于应变的导数都为常数的项，即常位移项和常应变项。

对于常用单元，能够保证常位移项和常应变项的多项式为

轴力杆单元	$1, x$
平面单元	$1, x, y$
空间单元	$1, x, y, z$
平面梁单元	$1, x, x^2$
平板弯曲单元	$1, x, y, x^2, xy, y^2$

要保证单元的收敛性，还要考虑单元之间的位移协调。不仅节点处的位移应协调，沿整个单元边界上的位移都应当是协调的（或相容的），这也是最小势能原理所要求的基本前提。下面再进一步说明位移函数中应当包括刚体位移。因为每一

个单元的真实位移通常总可以分解成刚体位移和变形位移两部分，在单元位移函数中包含了刚体位移，就使之能更好地反映实际情况，因而收敛较快。或者，也可以从满足平衡方程来理解，在有限元方法中，静力平衡方程并不精确满足，而只满足等效节点力的平衡。如果在假设的位移函数中含有刚体位移，则按照虚功原理，等效节点力的平衡代表物体的载荷在刚体虚位移上所做的虚功为零，从而说明假定的位移函数应包含刚体位移部分[16]。

根据以上的讨论，给出具体的收敛性准则如下。

6.5.3 位移函数构造的收敛性准则

如上所知，收敛性的含义为，当单元尺寸趋于零时，有限元的解趋近于真实解。以下两个有关单元内部以及单元之间的函数构造准则可以保证单元的收敛性。

准则 1：完备性(completeness)要求(针对单元内部)：如果在(势能)泛函中所出现位移函数的最高阶导数是 m 阶，则有限元解答收敛的条件之一是选取单元内的位移场函数至少是 m 阶完全多项式。

二维问题和三维问题的完全多项式参见图 6.7 和图 6.8。可以看出所要求的 m 阶完全多项式已包含了刚体位移和常应变项。

准则 2：协调性(compatibility)要求(针对单元之间)：如果在(势能)泛函中位移函数出现的最高阶导数是 m 阶，则位移函数在单元交界面上必须具有直至($m-1$)阶的连续导数，即 C_{m-1} 连续性。

下面就一般的平面问题和梁的弯曲问题进行讨论。

讨论 1：在平面问题中，势能函数为

$$\Pi = U - W = \frac{1}{2}\int_{\Omega} \sigma_{ij}\varepsilon_{ij}\,\mathrm{d}\Omega - \left[\int_{\Omega} \bar{b}_i u_i \,\mathrm{d}x + \int_{S_p} \bar{p}_i u_i \,\mathrm{d}A\right] \tag{6.55}$$

其中 $\bar{b}_i$，$\bar{p}_i$ 为作用在物体上的体积力和面力。由于 $\varepsilon_{ij}=\frac{1}{2}(u_{i,j}+u_{j,i})$，可以看出所出现的物理量关于位移 u，v 的最高阶导数是 1，因此 $m=1$。由准则 1，形状函数至少应包含完整的一次多项式，即

$$u(x,y) = a_0 + a_1 x + a_2 y \tag{6.56}$$

$$v(x,y) = b_0 + b_1 x + b_2 y \tag{6.57}$$

这代表刚体位移和常应变的位移模式。在平面 3 节点单元和平面 4 节点单元中，其位移模式都包含了(6.56)和(6.57)的多项式。

由准则 2，位移函数为 C_0 连续，即在单元之间的位移函数要求零阶导数连续，即函数的本身连续，但其一阶导数可以不连续。

讨论 2：在平面梁的弯曲问题中，势能泛函为

$$\Pi = U - W = \frac{1}{2}\int_{l} EI_z \left(\frac{\mathrm{d}^2 v}{\mathrm{d}x^2}\right)^2 \mathrm{d}x - \int_{l} \bar{p}(x)\cdot v(x)\,\mathrm{d}x \tag{6.58}$$

可以看出所出现的物理量关于位移 v 的最高阶导数是 2，因此 $m=2$。

由准则 1,形状函数至少应包含完整的二次多项式,即

$$v(x)=a_0+a_1x+a_2x^2 \tag{6.59}$$

而 2 节点梁单元的实际位移模式为

$$v(x)=a_0+a_1x+a_2x^2+a_3x^3 \tag{6.60}$$

它已包含了完整的二次多项式,满足准则 1。

由准则 2,位移函数为 C_1 连续,即在单元之间的位移函数至少要求一阶导数连续。

6.5.4 协调元与非协调元

当单元的位移函数满足完备性要求时,称单元是完备的(一般都较容易满足),当单元的位移函数满足协调性要求时,称单元是协调的(在单元与单元之间的公共边界上对于高阶连续性要求较难满足)。

当单元的位移函数既完备又协调时,则有限元分析的解答是收敛的,即当单元尺寸趋于零时,有限元分析的解答趋于真实解。我们称这种单元为**协调单元**(conforming element, compatible element)。

一般情况下,当泛函中出现的导数高于一阶(例如板壳问题,泛函中出现的导数是 2 阶)时,则要求许可函数在单元交界面上具有 C_1 或更高的连续性,这时构造单元的插值函数往往比较困难。如果在单元之间交界面上位移或导数不连续,将在交界面上引起无限大的应变,这时必须产生附加应变能,而我们在建立泛函 Π 时,并没有考虑这种情况。因此,基于最小势能原理得到的有限元分析解答就不可能收敛于正确解。

在某些情况下,可以放松对协调性的要求,只要这种单元能通过**拼片试验**(patch test),有限元分析的解答仍然可以收敛于正确的解答。这种单元称为**非协调元**(nonconforming element, incompatible element),我们将在第 6.7 节、第 6.12.3 节以及第 7.4 节板单元中分别加以讨论。

6.6 C_0 型单元与 C_1 型单元

1. C_0 型单元的连续性

由收敛性准则 2,**C_0 型单元**(C_0 element)是指在泛函(势能)中位移函数出现的最高阶导数是 1 阶,在单元交界面上具有 0 阶的连续导数,即节点上只要求位移连续,如图 6.10 所示。一般的杆单元、平面问题单元、空间问题单元都是 C_0 型单元。

2. C_1 型单元的连续性

由收敛性准则 2,**C_1 型单元**(C_1 element)是指在泛函(势能)中位移函数出现的最高阶导数是 2 阶,在单元交界面上具有 1 阶的连续导数,即节点上除要求位移连续

外,还要求1阶导数连续,如图6.11所示。梁单元、板单元、壳单元都是C_1型单元。

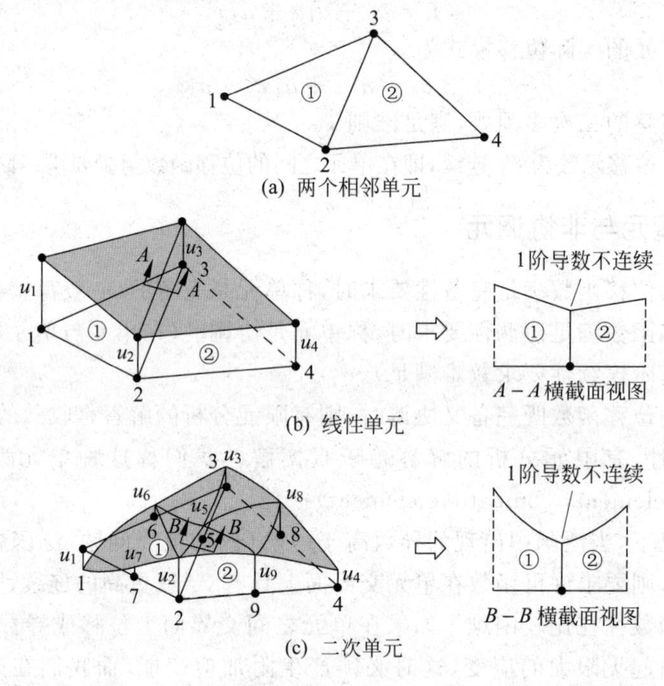

图6.10 C_0型连续性问题中相邻单元公共边界上的协调性

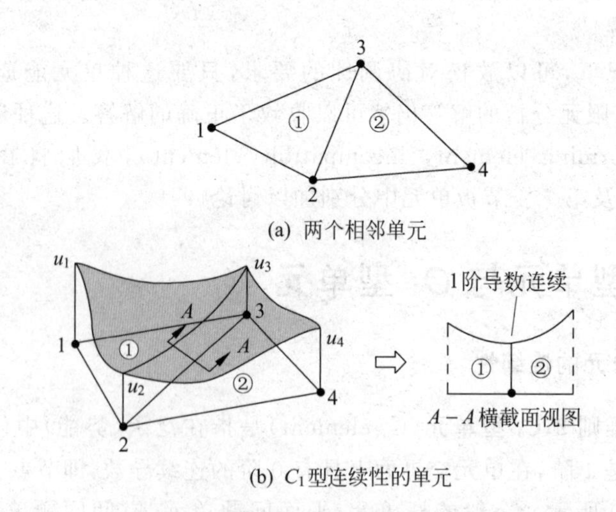

图6.11 C_1型连续性问题中相邻单元公共边界上的协调性

6.7 单元的拼片试验

由于非协调单元不能保证单元之间的位移协调性,可以通过拼片数值试验来考证其是否能描述常应变和刚体位移,若能通过拼片试验,则解的收敛性就能得到保证[14]。

考虑如图6.12所示的单元状况，其中至少有一个节点是被单元所完全包围，若节点 i 完全被单元所包围，节点 i 的平衡方程为

$$\sum_{e=1}^{m}(K_{ij}^{e}u_{j}-P_{i}^{e})=0 \tag{6.61}$$

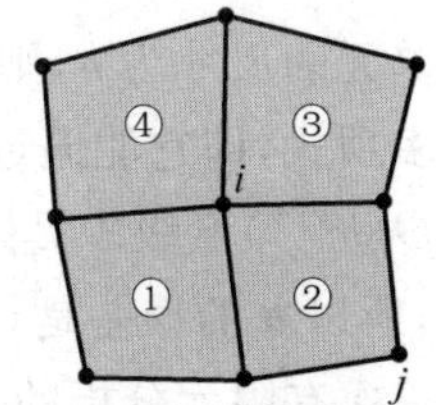

图6.12　用于拼片试验的单元片

其中节点 j 代表单元片内除 i 节点以外的其他节点，m 是单元片中的单元数。

对于非协调单元，需要考察它的收敛性，即考察它是否具有常应变的能力，因此，我们设计这样一种数值试验，当对单元片中各个节点赋予对应于常应变状态的位移和载荷值时，核对关系(6.61)的正确性，如能够满足，也就是单元能满足常应变要求，因此当单元尺寸不断缩小时，有限元解能够收敛于真正解[14]。这种数值试验就叫做单元的**拼片试验**(patch test)。

以平面问题中的单元为例，由于对应于常应变的位移是线性位移，令节点位移为

$$\left.\begin{aligned}u_{j}&=a_{0}+a_{1}x_{j}+a_{2}y_{j}\\v_{j}&=b_{0}+b_{1}x_{j}+b_{2}y_{j}\end{aligned}\right\} \tag{6.62}$$

由平面问题的平衡方程可知，当单元内的应变或应力都为常数时，则对应的体积力应为零，由于图6.12中的节点 i 为内部节点，它的边界力也为零，因此 P_i^e 为零。所以此时，通过拼片试验的前提是，当赋予各节点以(6.62)式的位移时，下式应该成立：

$$\sum_{e=1}^{m}K_{ij}^{e}u_{j}=0 \tag{6.63}$$

若上式不能成立，说明 i 点的平衡不能满足，也不能满足常应变的要求；必须在节点 i 施加附加的约束，平衡才能维持，该约束力所做的功等于单元交界面上位移不协调而引起的附加应变能。

拼片试验的另一种方法是：当对单元片中除 i 以外的其他节点赋予对应于常应变状态的位移值时，求解方程(6.63)式，以得到单元片中内部节点 i 的位移值 u_i，如果 u_i 和常应变状态下的位移相一致，则认为通过拼片试验。否则认为不能通过拼片试验。对于以上两种拼片数值试验，前一种方法的应用更为普遍，而后一种方法由于需要对矩阵求逆，计算比较复杂，因而使用较少。

6.8　有限元分析数值解的精度与性质

1. 求解精度的估计

下面考察单元的求解精度和收敛速度，以平面问题为例，单元的位移场 $\boldsymbol{u}$ 可以展开为以下级数[14]：

$$u = u_i + \left(\frac{\partial u}{\partial x}\right)_i \Delta x + \left(\frac{\partial u}{\partial y}\right)_i \Delta y + \cdots \tag{6.64}$$

如果单元的尺寸为 h，则上式中的 Δx，Δy 是 h 量级，若单元的位移函数采用 p 阶完全多项式，即它能逼近上述 Taylor 级数的前 p 阶多项式，那么位移解 $\boldsymbol{u}$ 的误差将是 $O(h^{p+1})$ 量级。具体就平面 3 节点三角形单元而言，由于为线性插值函数，即 $p=1$，所以 $\boldsymbol{u}$ 的误差是 $O(h^2)$ 量级，并可预计收敛速度也是 $O(h^2)$ 量级，也就是说在第一次有限元分析的基础上，若再将有限单元的网格进一步细分，使所有单元尺寸减半，则 $\boldsymbol{u}$ 的误差是前一次有限元分析误差的 $(1/2)^2=1/4$。

同样的推论也可以用于应变、应力以及应变能等误差和收敛速度的估计。例如应变是由位移的 m 阶导数给出的，则它的误差是 $O(h^{p-m+1})$ 量级，当采用平面 3 节点三角形单元时，有 $p=m=1$，则应变的误差估计是 $O(h)$ 量级。至于应变能，因为它是由应变的平方项来表示的，所以误差为 $O(h^{2(p-m+1)})$ 量级，具体就平面 3 节点三角形单元，应变能的误差是 $O(h^2)$ 量级。

对于满足完备性和协调性要求的协调单元，由于当单元尺寸 $h \to 0$ 时，有限元分析的结果是单调收敛的。所以还可以就两次网格划分所计算的结果进行外推，以估计结果的准确值。如第一次网格划分的结果是 $u_i^{(1)}$，然后进一步将各单元尺寸减半进行网格划分，得到解答为 $u_i^{(2)}$。如果该单元的收敛速度是 $O(h^s)$，则可由下式来对准确解 u_i 进行估计：

$$\frac{u_i^{(1)} - u_i}{u_i^{(2)} - u_i} = \frac{O(h^s)}{O((h/2)^s)} \tag{6.65}$$

具体对平面 3 节点三角形单元，有 $s=2$，上式可写为

$$\frac{u_i^{(1)} - u_i}{u_i^{(2)} - u_i} = \frac{O(h^2)}{O((h/2)^2)} = 4 \tag{6.66}$$

即可估计出准确解为

$$u_i = \frac{1}{3}(4u_i^{(2)} - u_i^{(1)}) \tag{6.67}$$

以上所讨论的误差仅局限于网格的离散误差，即当一个连续的求解域被离散成有限个子域(单元)，由单元的试函数来逼近整体域的场函数所引起的误差。另外，实际误差还应包括计算机的数值运算误差。

2. 有限元分析结果的下限性质

由前面的推导可知，所分析对象系统的总势能为

$$\Pi = U - W = \frac{1}{2}\boldsymbol{q}^{\mathrm{T}}\boldsymbol{K}\boldsymbol{q} - \boldsymbol{P}^{\mathrm{T}}\boldsymbol{q} \tag{6.68}$$

由最小势能原理 $\delta\Pi=0$，可得到有限元分析求解的刚度方程

$$\boldsymbol{K}\boldsymbol{q} = \boldsymbol{P} \tag{6.69}$$

再将(6.69)式代入(6.68)式得到

$$\Pi = \frac{1}{2}\boldsymbol{q}^{\mathrm{T}}\boldsymbol{K}\boldsymbol{q} - \boldsymbol{P}^{\mathrm{T}}\boldsymbol{q} = -\frac{1}{2}\boldsymbol{q}^{\mathrm{T}}\boldsymbol{K}\boldsymbol{q} = -U = -\frac{W}{2} \tag{6.70}$$

即在平衡情况下，系统总势能等于负的应变能。

只有真正的精确解才能得到真正最小的总势能 Π_{exact}，而在实际问题中，由于采用了离散方法而得到的总势能 Π_{appr}，一定是 $\Pi_{\mathrm{appr}} \geqslant \Pi_{\mathrm{exact}}$ 的，由(6.70)式可知，则有

$$U_{\mathrm{appr}} \leqslant U_{\mathrm{exact}} \tag{6.71}$$

设对应于近似解的节点位移列阵为 $\boldsymbol{q}_{\mathrm{appr}}$，刚度矩阵为 $\boldsymbol{K}_{\mathrm{appr}}$，则对应的刚度方程为

$$\boldsymbol{K}_{\mathrm{appr}}\boldsymbol{q}_{\mathrm{appr}} = \boldsymbol{P} \tag{6.72}$$

设对应于精确解的节点位移列阵为 $\boldsymbol{q}_{\mathrm{exact}}$，刚度矩阵为 $\boldsymbol{K}_{\mathrm{exact}}$，则对应的刚度方程为

$$\boldsymbol{K}_{\mathrm{exact}}\boldsymbol{q}_{\mathrm{exact}} = \boldsymbol{P} \tag{6.73}$$

那么，这两种解答所对应的应变能为

$$\left.\begin{aligned} U_{\mathrm{appr}} &= \frac{1}{2}\boldsymbol{q}_{\mathrm{appr}}^{\mathrm{T}}\boldsymbol{K}_{\mathrm{appr}}\boldsymbol{q}_{\mathrm{appr}} \\ U_{\mathrm{exact}} &= \frac{1}{2}\boldsymbol{q}_{\mathrm{exact}}^{\mathrm{T}}\boldsymbol{K}_{\mathrm{exact}}\boldsymbol{q}_{\mathrm{exact}} \end{aligned}\right\} \tag{6.74}$$

将上式代入(6.71)式中，有

$$\frac{1}{2}\boldsymbol{q}_{\mathrm{appr}}^{\mathrm{T}}\boldsymbol{K}_{\mathrm{appr}}\boldsymbol{q}_{\mathrm{appr}} \leqslant \frac{1}{2}\boldsymbol{q}_{\mathrm{exact}}^{\mathrm{T}}\boldsymbol{K}_{\mathrm{exact}}\boldsymbol{q}_{\mathrm{exact}} \tag{6.75}$$

考虑到(6.72)式和(6.73)式，(6.75)式可以写成

$$\boldsymbol{q}_{\mathrm{appr}}^{\mathrm{T}}\boldsymbol{P} \leqslant \boldsymbol{q}_{\mathrm{exact}}^{\mathrm{T}}\boldsymbol{P} \tag{6.76}$$

由此可以看出，基于近似解的应变能比精确的应变能要小，即近似解的位移 $\boldsymbol{q}_{\mathrm{appr}}$ 总体上比精确的位移 $\boldsymbol{q}_{\mathrm{exact}}$ 要小，也就是说近似解具有下限性质。

位移解的下限性质可以进行如下解释：原连续体从理论上来说具有无穷多个自由度，而采用有限单元的方法对原连续体进行离散，即使用了有限个自由度来近似描述原具有无穷多个自由度的系统，那么必然使得原系统的刚度增加，变得更加刚硬，即刚度矩阵的总体数值变大，由刚度方程可知，在外力相同的情况下，所求得的位移值在总体上将变小。

由于位移函数的收敛性准则包含完备性和协调性这两个方面的要求，而完备性要求(刚体位移及常应变)比较容易得到满足，而协调性要求(位移的连续性)则较难满足，因此，人们研究单元的收敛性问题时，往往只集中讨论单元的协调性问题。以上有关位移解的下限性质是基于协调单元单调收敛的前提得到的，在有些情况下，使用非协调单元也可以得到工程上满意的解答，甚至有时比协调单元具有更好的计算精度，这是由于位移不协调所造成的误差与来自其他方面的误差相互进行抵消的缘故。有一点是可以肯定的，由于非协调单元违反了最小势能原理的基本前提之一(即位移的连续性要求)，则它的解失去了下限性质，其收敛趋势有可能如图 6.9 中的曲线 4 那样，相反，使用协调单元却总是得到真实势能的下界。这

也可以从势能的角度进行解释：使用最小势能原理，就是在各种许可的变形状态中选出使势能最小的一种变形状态。许可的变形状态本来应当是从无穷多个自由度中挑选出来的，但在有限元方法中，许可的变形状态只能从有限多个自由度中进行选择，这样得到的最小势能显然并不是真正的"最小"，它只会比真正的最小值(精确解)要大。

6.9 单元应力计算结果的误差与平均处理

6.9.1 应力结果的误差性质

对于弹性问题，如果三大类变量的精确解是 $\boldsymbol{u}_{\text{true}}$，$\boldsymbol{\varepsilon}_{\text{true}}$ 和 $\boldsymbol{\sigma}_{\text{true}}$，对应的近似解为 $\hat{\boldsymbol{u}}$，$\hat{\boldsymbol{\varepsilon}}$ 和 $\hat{\boldsymbol{\sigma}}$，相应的误差为 $\delta\boldsymbol{u}$，$\delta\boldsymbol{\varepsilon}$ 和 $\delta\boldsymbol{\sigma}$，则近似解可写作

$$\left.\begin{aligned}\hat{\boldsymbol{u}} &= \boldsymbol{u}_{\text{true}} + \delta\boldsymbol{u}\\ \hat{\boldsymbol{\varepsilon}} &= \boldsymbol{\varepsilon}_{\text{true}} + \delta\,\boldsymbol{\varepsilon}\\ \hat{\boldsymbol{\sigma}} &= \boldsymbol{\sigma}_{\text{true}} + \delta\,\boldsymbol{\sigma}\end{aligned}\right\} \tag{6.77}$$

则基于近似解的总势能为

$$\Pi(\hat{\boldsymbol{u}}) = \frac{1}{2}\int_{\Omega}\hat{\boldsymbol{\varepsilon}}^{\mathrm{T}}\boldsymbol{D}\hat{\boldsymbol{\varepsilon}}\,\mathrm{d}\Omega - \int_{\Omega}\bar{\boldsymbol{b}}^{\mathrm{T}}\hat{\boldsymbol{u}}\mathrm{d}\Omega - \int_{S_p}\bar{\boldsymbol{p}}^{\mathrm{T}}\hat{\boldsymbol{u}}\mathrm{d}A \tag{6.78}$$

将(6.77)式代入(6.78)式中，有

$$\begin{aligned}\Pi(\hat{\boldsymbol{u}}) &= \frac{1}{2}\int_{\Omega}(\boldsymbol{\varepsilon}_{\text{true}} + \delta\boldsymbol{\varepsilon})^{\mathrm{T}}\boldsymbol{D}(\boldsymbol{\varepsilon}_{\text{true}} + \delta\boldsymbol{\varepsilon})\mathrm{d}\Omega - \int_{\Omega}\bar{\boldsymbol{b}}^{\mathrm{T}}(\boldsymbol{u}_{\text{true}} + \delta\boldsymbol{u})\mathrm{d}\Omega\\ &\quad - \int_{S_p}\bar{\boldsymbol{p}}^{\mathrm{T}}(\boldsymbol{u}_{\text{true}} + \delta\boldsymbol{u})\mathrm{d}A\\ &= \frac{1}{2}\int_{\Omega}\boldsymbol{\varepsilon}_{\text{true}}^{\mathrm{T}}\boldsymbol{D}\boldsymbol{\varepsilon}_{\text{true}}\mathrm{d}\Omega - \int_{\Omega}\bar{\boldsymbol{b}}^{\mathrm{T}}\boldsymbol{u}_{\text{true}}\mathrm{d}\Omega - \int_{S_p}\bar{\boldsymbol{p}}^{\mathrm{T}}\boldsymbol{u}_{\text{true}}\mathrm{d}A + \int_{\Omega}\boldsymbol{\varepsilon}_{\text{true}}^{\mathrm{T}}\boldsymbol{D}\delta\boldsymbol{\varepsilon}\mathrm{d}\Omega\\ &\quad - \int_{\Omega}\bar{\boldsymbol{b}}^{\mathrm{T}}\cdot\delta\boldsymbol{u}\mathrm{d}\Omega - \int_{S_p}\bar{\boldsymbol{p}}^{\mathrm{T}}\cdot\delta\boldsymbol{u}\mathrm{d}S + \frac{1}{2}\int_{\Omega}\delta\boldsymbol{\varepsilon}^{\mathrm{T}}\cdot\boldsymbol{D}\cdot\delta\boldsymbol{\varepsilon}\cdot\mathrm{d}\Omega\\ &= \Pi(\boldsymbol{u}_{\text{true}}) + \delta\Pi + \delta^2\Pi\end{aligned} \tag{6.79}$$

其中

$$\left.\begin{aligned}\Pi(\boldsymbol{u}_{\text{true}}) &= \frac{1}{2}\int_{\Omega}\boldsymbol{\varepsilon}_{\text{true}}^{\mathrm{T}}\boldsymbol{D}\boldsymbol{\varepsilon}_{\text{true}}\mathrm{d}\Omega - \int_{\Omega}\bar{\boldsymbol{b}}^{\mathrm{T}}\boldsymbol{u}_{\text{true}}\mathrm{d}\Omega - \int_{S_p}\bar{\boldsymbol{p}}^{\mathrm{T}}\boldsymbol{u}_{\text{true}}\mathrm{d}A\\ \delta\Pi &= \int_{\Omega}\boldsymbol{\varepsilon}_{\text{true}}^{\mathrm{T}}\cdot\boldsymbol{D}\cdot\delta\boldsymbol{\varepsilon}\mathrm{d}\Omega - \int_{\Omega}\bar{\boldsymbol{b}}^{\mathrm{T}}\cdot\delta\boldsymbol{u}\cdot\mathrm{d}\Omega - \int_{S_p}\bar{\boldsymbol{p}}^{\mathrm{T}}\cdot\delta\boldsymbol{u}\cdot\mathrm{d}S\\ \delta^2\Pi &= \frac{1}{2}\int_{\Omega}\delta\boldsymbol{\varepsilon}^{\mathrm{T}}\cdot\boldsymbol{D}\cdot\delta\boldsymbol{\varepsilon}\cdot\mathrm{d}\Omega = \frac{1}{2}\int_{\Omega}(\hat{\boldsymbol{\varepsilon}} - \boldsymbol{\varepsilon}_{\text{true}})^{\mathrm{T}}\cdot\boldsymbol{D}\cdot(\hat{\boldsymbol{\varepsilon}} - \boldsymbol{\varepsilon}_{\text{true}})\mathrm{d}\Omega\end{aligned}\right\} \tag{6.80}$$

将最小势能原理的条件 $\delta\Pi=0$ 代入(6.79)式中，则有

$$\Pi(\hat{\boldsymbol{u}}) = \Pi(\boldsymbol{u}_{\text{true}}) + \delta^2\Pi$$

$$=\Pi(\boldsymbol{u}_{\text{true}})+\frac{1}{2}\int_{\Omega}(\delta\boldsymbol{\varepsilon})^{\mathrm{T}}\cdot\boldsymbol{D}\cdot\delta\boldsymbol{\varepsilon}\cdot\mathrm{d}\Omega$$

$$=\Pi(\boldsymbol{u}_{\text{true}})+\frac{1}{2}\int_{\Omega}(\hat{\boldsymbol{\varepsilon}}-\boldsymbol{\varepsilon}_{\text{true}})^{\mathrm{T}}\cdot\boldsymbol{D}\cdot(\hat{\boldsymbol{\varepsilon}}-\boldsymbol{\varepsilon}_{\text{true}})\cdot\mathrm{d}\Omega \tag{6.81}$$

对于一个具体给定问题，(6.81)式中的$\Pi(\boldsymbol{u}_{\text{true}})$是个不变量，所以$\Pi(\hat{\boldsymbol{u}})$的极小值问题归结为求$\delta^2\Pi$极小值的问题。由(6.80)中的第三式可知，对于由离散单元组成的系统，$\delta^2\Pi$实际上是一个误差泛函$\Pi_{\text{error}}(\hat{\boldsymbol{\varepsilon}},\boldsymbol{\varepsilon}_{\text{true}})$

$$\Pi_{\text{error}}(\hat{\boldsymbol{\varepsilon}},\boldsymbol{\varepsilon}_{\text{true}})=\delta^2\Pi(\hat{\boldsymbol{\varepsilon}},\boldsymbol{\varepsilon}_{\text{true}})$$

$$=\frac{1}{2}\int_{\Omega}(\hat{\boldsymbol{\varepsilon}}-\boldsymbol{\varepsilon}_{\text{true}})^{\mathrm{T}}\cdot\boldsymbol{D}\cdot(\hat{\boldsymbol{\varepsilon}}-\boldsymbol{\varepsilon}_{\text{true}})\cdot\mathrm{d}\Omega$$

$$=\sum_{e=1}^{n}\int_{\Omega^e}\frac{1}{2}(\hat{\boldsymbol{\varepsilon}}-\boldsymbol{\varepsilon}_{\text{true}})^{\mathrm{T}}\cdot\boldsymbol{D}\cdot(\hat{\boldsymbol{\varepsilon}}-\boldsymbol{\varepsilon}_{\text{true}})\cdot\mathrm{d}\Omega \tag{6.82}$$

式中n是系统离散的单元总数。对于线弹性问题，上式还可以表示为应力的关系，即

$$\Pi_{\text{error}}(\hat{\boldsymbol{\sigma}},\boldsymbol{\sigma}_{\text{true}})=\sum_{e=1}^{n}\int_{\Omega^e}\frac{1}{2}(\hat{\boldsymbol{\sigma}}-\boldsymbol{\sigma}_{\text{true}})^{\mathrm{T}}\cdot\boldsymbol{D}^{-1}\cdot(\hat{\boldsymbol{\sigma}}-\boldsymbol{\sigma}_{\text{true}})\cdot\mathrm{d}\Omega \tag{6.83}$$

由上面的推导可见，求$\Pi(\hat{\boldsymbol{u}})$极小值的问题，从力学上来看是求位移变分$\delta\boldsymbol{u}$所引起的总势能为极小值的问题，从数学上来看是求解应变差$(\hat{\boldsymbol{\varepsilon}}-\boldsymbol{\varepsilon}_{\text{true}})$或应力差$(\hat{\boldsymbol{\sigma}}-\boldsymbol{\sigma}_{\text{true}})$在弹性矩阵$\boldsymbol{D}$(或$\boldsymbol{D}^{-1}$)加权意义上的最小二乘问题。由此可以得到应变和应力近似解$\hat{\boldsymbol{\varepsilon}}$和$\hat{\boldsymbol{\sigma}}$的性质，即它们是在加权残值最小二乘意义上对真实应变$\boldsymbol{\varepsilon}_{\text{true}}$和真实应力$\boldsymbol{\sigma}_{\text{true}}$的逼近。

6.9.2 Gauss积分点上的应力精度

由(6.83)式可知，有限元应力分析归结为求泛函$\Pi_{\text{error}}(\hat{\sigma},\sigma_{\text{true}})$的极小值问题，即求解下式

$$\delta\Pi_{\text{error}}(\hat{\boldsymbol{\sigma}},\boldsymbol{\sigma}_{\text{true}})=\sum_{e=1}^{n}\int_{\Omega^e}\frac{1}{2}(\hat{\boldsymbol{\sigma}}-\boldsymbol{\sigma}_{\text{true}})^{\mathrm{T}}\cdot\boldsymbol{D}^{-1}\cdot\delta\hat{\boldsymbol{\sigma}}\cdot\mathrm{d}\Omega=0 \tag{6.84}$$

或由几何方程，将(6.82)式写成位移的形式

$$\delta\Pi(\hat{\boldsymbol{u}},\boldsymbol{u}_{\text{true}})=\sum_{e=1}^{n}\int_{\Omega^e}([\partial]\hat{\boldsymbol{u}}-[\partial]\boldsymbol{u}_{\text{true}})^{\mathrm{T}}\cdot\boldsymbol{D}\cdot\delta([\partial]\hat{\boldsymbol{u}})\cdot\mathrm{d}\Omega=0 \tag{6.85}$$

其中$[\partial]$是几何方程中偏导数为m阶的微分算子，假如近似解$\hat{\boldsymbol{u}}$是p次多项式，令$r=p-m$，则$\hat{\boldsymbol{\varepsilon}}$或$\hat{\boldsymbol{\sigma}}$将是$r$次多项式。为得到(6.84)和(6.85)式的精确积分，可采用$(r+1)$个的Gauss积分点，这样积分精度可达$2(r+1)-1=(2r+1)$次多项式(见第5.5.3节)，如果Jacobi行列式是常数，即使(6.84)式中的真实应力$\boldsymbol{\sigma}_{\text{true}}$是$(2r+1)$次多项式，数值积分仍是精确的，即数值积分式

$$\sum_{e=1}^{n}\int_{\Omega^e}(\hat{\boldsymbol{\sigma}}-\boldsymbol{\sigma}_{\text{true}})^{\mathrm{T}}\cdot\boldsymbol{D}^{-1}\cdot\delta\hat{\boldsymbol{\sigma}}\cdot\mathrm{d}\Omega=\sum_{e=1}^{n}\sum_{i=1}^{r+1}H_i(\hat{\boldsymbol{\sigma}}_i-(\sigma_{\text{true}})_i)^{\mathrm{T}}\cdot\boldsymbol{D}^{-1}\cdot\delta\hat{\boldsymbol{\sigma}}_i=0 \tag{6.86}$$

是精确成立的。

在 Gauss 积分点上，应力(应变)的近似解将具有比其他位置高得多的精度。具体对于一个等参元，若采用$(r+1)$阶$(r=p-m)$Gauss 积分点，则 Gauss 积分点上的应变或应力近似解比其他位置的结果具有更高的精度，因此称该$(r+1)$个 Gauss 积分点是等参元中的最佳应力点。

例如有一种单元的精确解$\boldsymbol{\varepsilon}_{\text{true}}$为二次变化曲线，当采用二次单元进行求解时，可以得到它的分段线性近似解$\hat{\boldsymbol{\varepsilon}}$，而在$r+1=2$ Gauss 积分点上，近似解$\hat{\boldsymbol{\varepsilon}}$将完全与精确解$\boldsymbol{\varepsilon}_{\text{true}}$相等[14]，如图 6.13 所示。

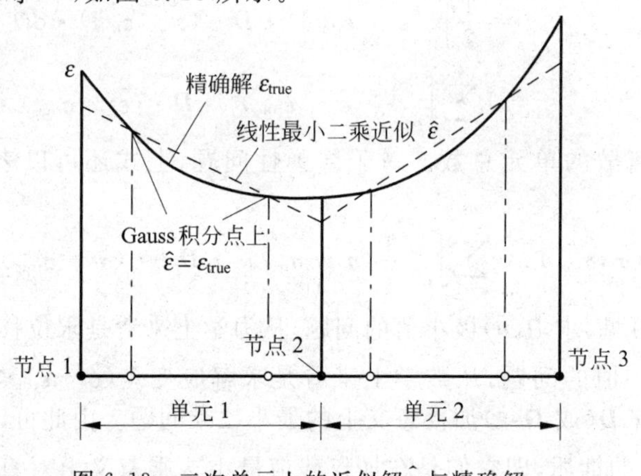

图 6.13 二次单元上的近似解$\hat{\boldsymbol{\varepsilon}}$与精确解$\boldsymbol{\varepsilon}_{\text{true}}$

6.9.3 共用节点上应力的平均处理

在多个单元共用的节点上，由于单元离散和位移函数近似方面的原因，由各个单元计算所得到的共用节点上的应力是不相同的，作为一种后处理，可以将各个单元在共用节点上的不同应力值进行一定的平均或加权平均处理，即进行磨平，以得到较好的结果。

1. 共用节点上应力的直接平均

设各个单元计算所得到的在共用节点 i 上的应力为 $\sigma_{kl}^{e}(i)$，对其进行平均处理有

$$\hat{\boldsymbol{\sigma}}_{kl}(i)=\frac{1}{r}\sum_{e=1}^{r}\sigma_{kl}^{e}(i) \tag{6.87}$$

式中 $\bar{\sigma}_{kl}(i)$为共用节点 i 上的平均应力，$1\sim r$ 为围绕该共用节点周围的全部单元。

2. 共用节点应力的加权平均

由于围绕共用节点周围的各个单元的形状和大小都不一定相同，一种更合理的处理方法是进行加权平均，如果按单元的面积或体积进行加权，则有以下计算

公式：

$$\bar{\sigma}_{kl}(i) = \frac{1}{r}\sum_{e=1}^{r}\eta^{e}\sigma_{kl}^{e}(i) \tag{6.88}$$

$$\left.\begin{aligned} \eta^{e} &= \frac{A^{e}}{\sum_{e=1}^{r}A^{e}}, \quad \text{2D 情形} \\ \eta^{e} &= \frac{\Omega^{e}}{\sum_{e=1}^{r}\Omega^{e}}, \quad \text{3D 情形} \end{aligned}\right\} \tag{6.89}$$

以上的处理只是计算结果后处理的一种局部改善，并不能从根本上解决节点应力（应变）精度差的问题。

6.10　控制误差和提高精度的 h 方法和 p 方法

基于以应力形式所表达的误差估计式(6.83)，主要有以下一些提高精度的方法。

(1) **h 方法**(h-version 或 h-method)：不改变各单元上基底函数的配置情况，只通过逐步加密有限元网格来使结果向正确解逼近。这种方法在有限元分析的应用中最为常见，并且往往采用较为简单的单元构造形式。h 方法可以达到一般工程的精度(即要求以能量范数度量的误差控制在 5%～10%以内)，其收敛性比 p 方法差，但由于不用高阶多项式作基底函数，因而数值稳定性和可靠性都较好。图 6.14 所示为基于 ANSYS 平台对一个复杂零件采用 h 方法所进行的网格划分，为表征网格大小的程度，ANSYS 定义了一个尺度指标：size level，该指标越大表明网格越粗，最大数为 10，最小为 1，图 6.14(a)为粗网格划分(ANSYS 中的 size level＝10)，图 6.14(b)和(c)为两种精细网格划分(ANSYS 中的 size level＝6，size level＝2)。

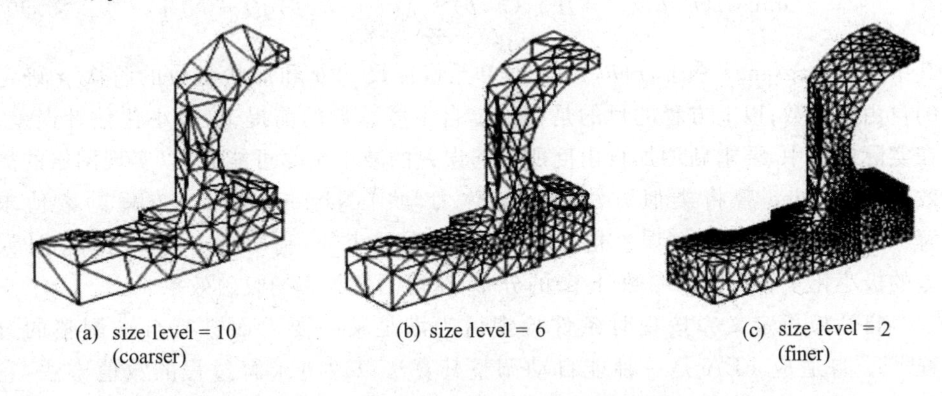

图 6.14　基于 h 方法对一个复杂零件所进行的网格划分

(2) **p 方法**(p-version 或 p-method):保持有限元的网格剖分固定不变,增加各单元上基底函数的阶次,从而改善计算精度[30,31]。图 6.15 所示为采用 h 方法进行的网格划分与采用 p 方法进行网格划分的比较。

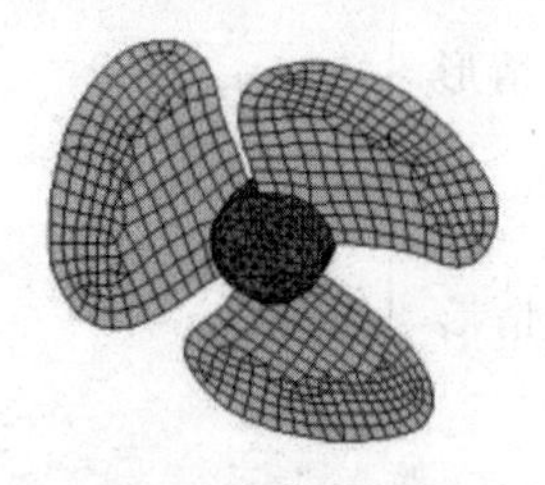

(a) 基于h方法的网格划分

(b) 基于p方法的网格划分(取三次单元)

图 6.15 基于 h 方法的网格划分与基于 p 方法的网格划分

大量的实践表明:p 方法的收敛性大大优于 h 方法。p 方法的收敛性可根据 Weierstrass 定理来论证。由于 p 方法使用高阶多项式作为基底函数,会出现数值稳定性问题,另外,由于计算机容量和速度的限制,多项式的阶次不能太高(一般情况下多项式函数的最高阶次 $p<9$),尤其在振动和稳定问题求解高阶特征值时,无论 h 方法还是 p 方法都不能令人满意,这是多项式插值本身的局限性造成的。

(3) **r 方法**(r-version):不改变单元类型和单元数目,通过移动节点来减小离散误差,因而,单元的总自由度保持不变。

(4) **自适应方法**(adaptive method):它运用反馈原理,利用上一步的计算结果来修改有限元模型,其计算量较小,计算精度却得到显著提高[32]。自适应方法是一种需要多次计算的方法(即多进程),可以分别和 h 方法、p 方法及 h-p 方法结合,称为 h 自适应方法、p 自适应方法和 h-p 自适应方法。自适应方法由**误差指示算子**(error indicator)来监控,而收敛程度则由误差估计算子来表征。

对固定的自由度总数 $N=N_0$,最优网格(h-p)的确定可化为以下优化问题[33]:

$$\min_{h,p}\left\{L(h,p,\lambda)=\Pi_{\text{error}}(h,p)-\lambda\left(\int_{\Omega}n(h,p)\mathrm{d}\Omega-N_0\right)\right\} \tag{6.90}$$

其中 λ 为 Lagrange 乘子,$n(h,p)$为由单元特征尺寸 h 和形状函数的阶次 p 确定的自由度函数;以上方程的目的是在给定自由度总数的前提下,极小化估计误差;在实际应用中,要求新增加自由度所引起误差的减小量尽可能大,以实现网格的高效改进。Oden 曾将类似方法用于流体力学中 Navier-Stockes 方程的数值求解[34],将单元的"广义熵误差指标"作为局部误差表征,利用给定 h-p 网格估计误差的极小化来确定网格参数(h-p)的分布,获得了指数率的收敛效果。

自适应可定义为按现时条件检查后为满足某一要求而进行自动调整的过程[12]。自适应 FEA 是一种能自动调整其算法以改进求解过程的数值方法,它包括多种技术,其中主要有:误差估计、自适应网格改进、非线性问题中载荷增量的自适应选取及瞬态问题中时间步长的自适应调整等。从更高层次上来看，高精度数值分析及自适应方法应进行一体化的组合，其自动调整过程为多进程循环过程，有关框架见图 6.16。图 6.17 所示为采用自适应方法所进行的网格划分情况。

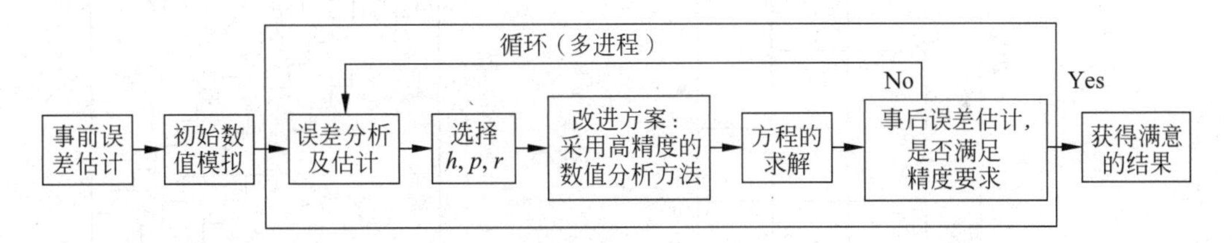

图 6.16 高精度数值分析及自适应方法的一体化实施过程

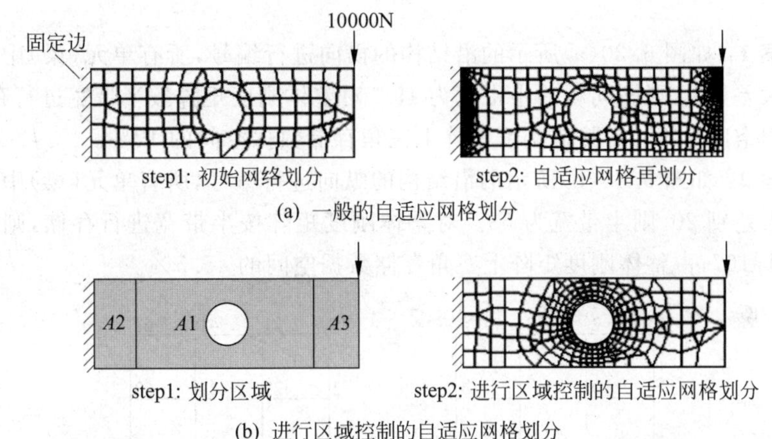

图 6.17 一个结构的自适应分析过程

6.11 典型例题及详解

典型例题 6.11(1) 框架结构的节点编号与刚度矩阵的带宽

考虑一个平面高层框架结构，如图 6.18 所示，共 20 层高，3 排框架宽，采用梁单元进行计算，每个节点有 3 个自由度(u,v,θ)，因此，共有 $20\times4\times3=240$ 个节点位移(未知量)，试讨论该问题的节点编号与刚度矩阵的带宽。

解答：如果将整体刚度矩阵放在一个大数组中，则该数组行数为 240，列数为 240，刚度矩阵空间大小为 $240^2=57600$，由于是对称矩阵，可以只存储上三角矩阵，则需要数据空间 $240^2/2+240/2=28920$，但由于该刚度矩阵中存在有大量的零元素，并且非零元素呈现出带状的特征(见图 6.19)，因此考虑以下两种节点**编号方案**(numbering scheme)。

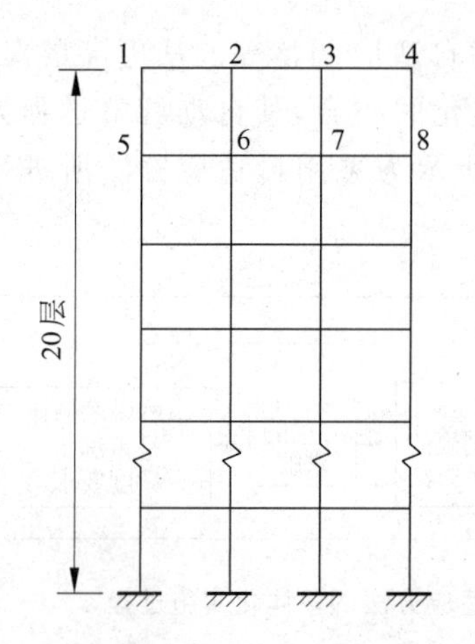

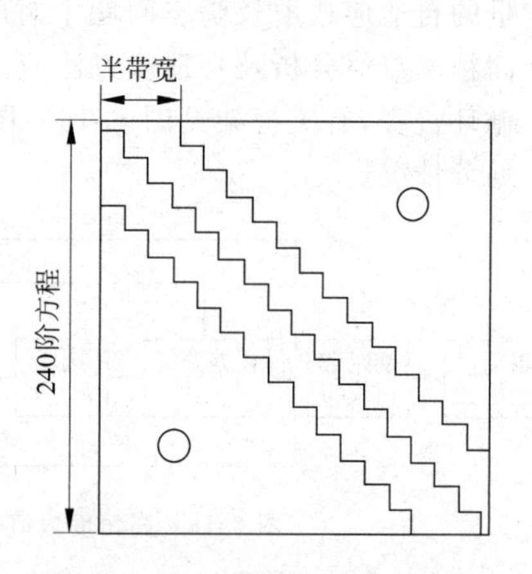

图 6.18 3 排框架宽 20 层高的高层框架结构　　图 6.19 刚度矩阵及其带状的特征

编号方案 1：如图 6.20(a)所示的沿结构的横向进行编号，所有单元(梁)中节点编号的最大差别 4，则该问题的半带宽为 15。对整体刚度矩阵按半带宽进行存储，则需要数据空间 3495，占整体刚度矩阵上三角存储数据空间的 12%。

编号方案 2：如图 6.20(b)所示的沿结构的纵向进行编号，所有单元(梁)中节点编号的最大差别 20，则半带宽为 63。对整体刚度矩阵按半带宽进行存储，则需要数据空间 13167，占整体刚度矩阵上三角存储数据空间的 45.5%。

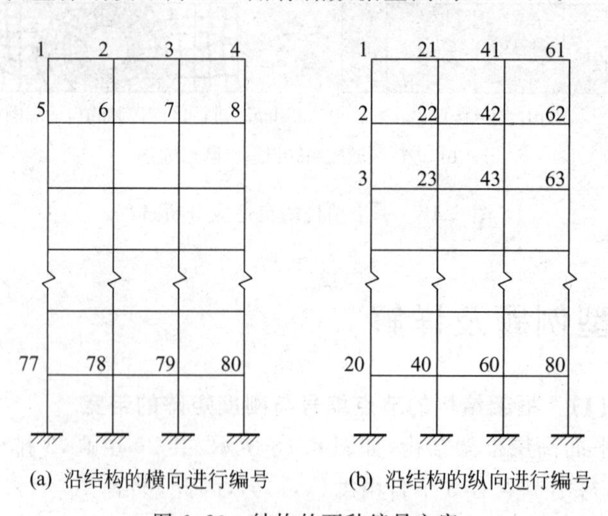

(a) 沿结构的横向进行编号　　(b) 沿结构的纵向进行编号

图 6.20 结构的两种编号方案

典型例题 6.11(2) 耦合边界条件的 Lagrange 乘子法处理

约束关系的一般数学表达式可以写成

$$
\left.\begin{aligned}
C_{11}u_1 + C_{12}u_2 + C_{13}u_3 + \cdots &= d_1 \\
C_{21}u_1 + C_{22}u_2 + C_{23}u_3 + \cdots &= d_2 \\
&\vdots
\end{aligned}\right\} \tag{6.91}
$$

或写成矩阵形式

$$\boldsymbol{C}\boldsymbol{q}=\boldsymbol{d} \tag{6.92}$$

其中 $\boldsymbol{C}$ 和 $\boldsymbol{d}$ 是由约束的具体情况来确定的系数矩阵，$\boldsymbol{q}=[u_1 \quad u_2 \quad u_3 \quad \cdots]^{\mathrm{T}}$ 为节点位移列阵。试用 Lagrange 乘子法处理该约束方程。

解答：对于带有约束的泛函极值问题，可以通过 Lagrange 乘子法，转化为无约束的极值问题。

原问题的势能泛函 Π 为

$$\Pi=\frac{1}{2}\boldsymbol{q}^{\mathrm{T}}\boldsymbol{K}\boldsymbol{q}-\boldsymbol{P}^{\mathrm{T}}\boldsymbol{q} \tag{6.93}$$

其中 $\boldsymbol{K}$ 为系统的总刚度矩阵，$\boldsymbol{P}$ 为节点载荷列阵。考虑到约束条件(6.92)，定义新的泛函 Π^* 为

$$\begin{aligned}\Pi^* &=\Pi+\boldsymbol{\Lambda}^{\mathrm{T}}(\boldsymbol{C}\boldsymbol{q}-\boldsymbol{d})\\ &=\frac{1}{2}\boldsymbol{q}^{\mathrm{T}}\boldsymbol{K}\boldsymbol{q}-\boldsymbol{P}^{\mathrm{T}}\boldsymbol{q}+\boldsymbol{\Lambda}^{\mathrm{T}}(\boldsymbol{C}\boldsymbol{q}-\boldsymbol{d})\end{aligned} \tag{6.94}$$

其中 $\boldsymbol{\Lambda}$ 是一个列阵，它的元素就是全部 Lagrange 乘子。将(6.94)式取极值，有

$$\delta\Pi^*=\frac{\partial\Pi^*}{\partial\boldsymbol{q}}\cdot\delta\boldsymbol{q}+\frac{\partial\Pi^*}{\partial\boldsymbol{\Lambda}}\cdot\delta\boldsymbol{\Lambda}=0 \tag{6.95}$$

由于 $\delta\boldsymbol{q}$ 和 $\delta\boldsymbol{\Lambda}$ 的独立性，则有

$$\left.\begin{aligned}\frac{\partial\Pi^*}{\partial\boldsymbol{q}}&=0\\ \frac{\partial\Pi^*}{\partial\boldsymbol{\Lambda}}&=0\end{aligned}\right\} \tag{6.96}$$

将(6.94)式代入(6.96)式中，有

$$\left.\begin{aligned}\boldsymbol{K}\boldsymbol{q}+\boldsymbol{C}^{\mathrm{T}}\boldsymbol{\Lambda}&=\boldsymbol{P}\\ \boldsymbol{C}\boldsymbol{q}&=\boldsymbol{d}\end{aligned}\right\} \tag{6.97}$$

写成矩阵形式，则为

$$\begin{bmatrix}\boldsymbol{K} & \boldsymbol{C}^{\mathrm{T}}\\ \boldsymbol{C} & \boldsymbol{0}\end{bmatrix}\begin{bmatrix}\boldsymbol{q}\\ \boldsymbol{\Lambda}\end{bmatrix}=\begin{bmatrix}\boldsymbol{P}\\ \boldsymbol{d}\end{bmatrix} \tag{6.98}$$

求解该方程组将给出节点位移，同时也可算出 Lagrange 列阵 $\boldsymbol{\Lambda}$。

该方程有两种解法：首先，可由(6.97)中的第一式将 $\boldsymbol{q}$ 用 $\boldsymbol{\Lambda}$ 来表示，然后代入到(6.97)中的第二式，有

$$-\boldsymbol{C}\boldsymbol{K}^{-1}\boldsymbol{C}^{\mathrm{T}}\boldsymbol{\Lambda}=\boldsymbol{d}-\boldsymbol{C}\boldsymbol{K}^{-1}\boldsymbol{P} \tag{6.99}$$

可求得 $\boldsymbol{\Lambda}$，然后再代入(6.97)中的第一式，则可求得 $\boldsymbol{q}$。

但是，由于(6.99)式中的方阵求逆以及有关矩阵运算，破坏了方程组系数矩阵的稀疏带状特性，这种算法要求很大的计算机存储量，对于大规模计算，该方法是不可取的。为克服这一缺点，可以直接求解(6.98)式。虽然系数矩阵的带状特性常常被矩阵 $\boldsymbol{C}$ 所破坏，但若采用波前法来进行处理仍然是可行的，此时节点位移 u_i 同

Lagrange 乘子 Λ_j 进行交错消去。在消去 Λ_j 时，应考虑到与它对应的那一行中，一切有关的 u_i（即 $\boldsymbol{C}$ 中元素 $C_{ji}\neq 0$ 的那些）均已消去后，才消去 Λ_j。

典型例题 6.11(3) 平面梁形状函数矩阵和刚度矩阵的性质

解答：平面纯弯梁单元如图 6.21 所示。

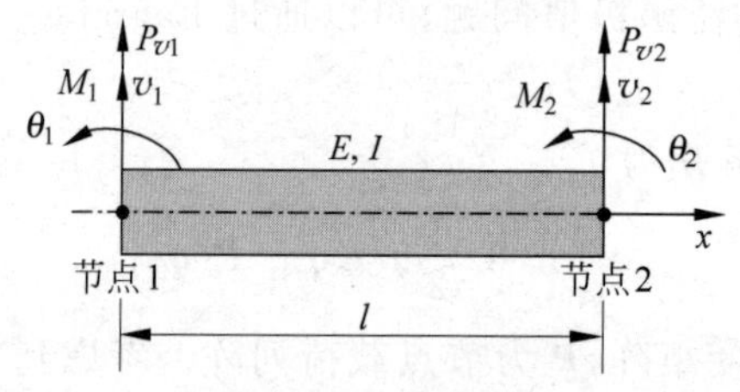

图 6.21 平面纯弯梁单元的节点位移及节点力

该单元的位移函数为

$$\begin{aligned} v(x) &= N_1 v_1 + N_2\theta_1 + N_3 v_2 + N_4\theta_2 \\ &= \boldsymbol{Nq} \end{aligned} \tag{6.100}$$

其中 $\boldsymbol{N}=[N_1 \quad N_2 \quad N_3 \quad N_4]$ 为形状函数矩阵，$\boldsymbol{q}=[v_1 \quad \theta_1 \quad v_2 \quad \theta_2]^{\mathrm{T}}$ 为节点位移列阵。

单元的刚度方程为

$$\frac{EI}{l^3}\begin{bmatrix} 12 & 6l & -12 & 6l \\ 6l & 4l^2 & -6l & 2l^2 \\ -12 & -6l & 12 & -6l \\ 6l & 2l^2 & -6l & 4l^2 \end{bmatrix}\begin{bmatrix} v_1 \\ \theta_1 \\ v_2 \\ \theta_2 \end{bmatrix} = \begin{bmatrix} P_{v1} \\ M_1 \\ P_{v2} \\ M_2 \end{bmatrix} \tag{6.101}$$

试讨论该单元的形状函数矩阵和刚度矩阵的性质。

解答：梁单元的节点位移列阵中既包含有对应于 C_0 型连续性的位移（即线位移 $[v_1 \quad v_2]$）又包含有对应于 C_1 型连续性的位移（即转角 $[\theta_1 \quad \theta_2]$），因而使得该单元的形状函数和刚度矩阵系数的性质和一般 C_0 型连续性单元不一样，变得更为复杂。下面通过考察梁单元作刚体运动的过程，从中归纳出相应的性质。

由于该单元是只有挠度和转角的纯弯梁，所以只考虑三种情形下的刚体位移：沿垂直方向的刚体平动、绕左端点的刚体转动、一般性刚体运动，分别在这三种情形下，讨论形状函数矩阵和刚度矩阵的性质。

(1) 形状函数矩阵的性质

情形 1：沿垂直方向的刚体平动

如图 6.22 所示，设梁单元在垂直方向的刚体平动量为 $\bar{v}_0$，此时梁单元的位移函数为

$$v(x) = \bar{v}_0 \tag{6.102}$$

则节点位移为

$$v_1 = v_2 = \bar{v}_0, \quad \theta_1 = \theta_2 = 0 \tag{6.103}$$

将(6.102)式和(6.103)式代入以形状函数表达的位移函数(6.100)中，有

$$v(x) = N_1 \cdot \bar{v}_0 + N_3 \cdot \bar{v}_0 = \bar{v}_0 \tag{6.104}$$

消去 $\bar{v}_0$ 后，有

$$N_1 + N_3 = 1 \tag{6.105}$$

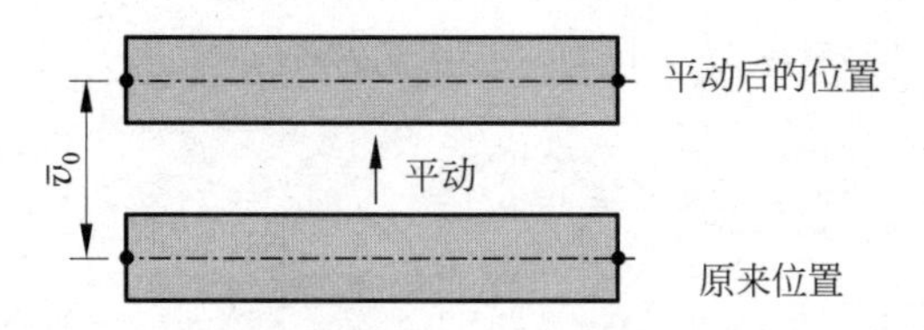

图 6.22　梁单元在垂直方向的刚体平动

由第 4.4 节的推导可知，平面梁单元的

$$\left.\begin{aligned} N_1 &= 1 - 3\left(\frac{x}{l}\right)^2 + 2\left(\frac{x}{l}\right)^3 \\ N_3 &= 3\left(\frac{x}{l}\right)^2 - 2\left(\frac{x}{l}\right)^3 \end{aligned}\right\} \tag{6.106}$$

将其代入(6.105)式中，则(6.105)式恒满足，即验证了性质(6.105)。

情形 2：刚体转动

如图 6.23 所示的刚体转动状态，如果绕节点 1 有刚体转动 $\bar{\theta}_0$，此时的梁单元的位移函数为

$$v(x) = \bar{\theta}_0 \cdot x \tag{6.107}$$

则节点位移为

$$\left.\begin{aligned} v_1 &= 0 \\ v_2 &= \bar{\theta}_0 \cdot l \\ \theta_1 &= \bar{\theta}_0 \\ \theta_2 &= \bar{\theta}_0 \end{aligned}\right\} \tag{6.108}$$

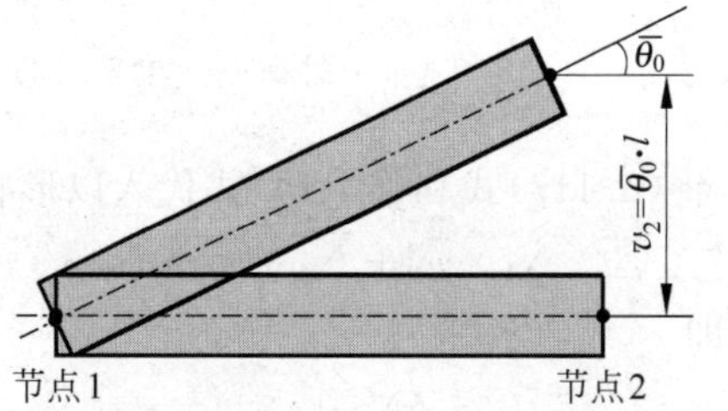

图 6.23　梁单元绕节点 1 的刚体转动

将(6.107)式和(6.108)式代入以形状函数表达的位移函数(6.100)式中，有

$$v(x) = N_1 \cdot 0 + N_2 \cdot \bar{\theta}_0 + N_3 \cdot \bar{\theta}_0 \cdot l + N_4 \cdot \bar{\theta}_0 = \bar{\theta}_0 \cdot x \tag{6.109}$$

消去 $\bar{\theta}_0$ 后，有

$$N_2 + N_4 + N_3 \cdot l = x \tag{6.110}$$

进一步

$$N_2 + N_4 = x - N_3 \cdot l = l\left(\frac{x}{l} - N_3\right) \tag{6.111}$$

如将性质(6.105)式代入上式，有

$$N_2 + N_4 = l\left(\frac{x}{l} + N_1 - 1\right) \tag{6.112}$$

显然，由(6.105)式和(6.112)式可知，此时不满足 C_0 型连续性问题中关于 $\sum N_i = 1$ 的性质。

情形 3：一般性刚体运动(平动和转动)

如图 6.24 所示的一般性刚体运动状态，如果绕节点 1 有刚体转动 $\bar{\theta}_0$，并且在垂直方向的刚体平动量为 $\bar{v}_0$，此时的梁单元的位移函数为

$$v(x) = \bar{v}_0 + \bar{\theta}_0 x \tag{6.113}$$

则节点位移为

$$\left.\begin{aligned} v_1 &= v_0 \\ v_2 &= v_0 + \bar{\theta}_0 \cdot l \\ \theta_1 &= \bar{\theta}_0 \\ \theta_2 &= \bar{\theta}_0 \end{aligned}\right\} \tag{6.114}$$

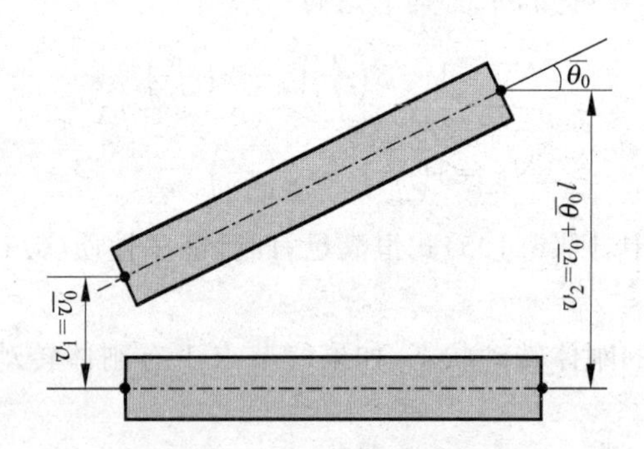

图 6.24 梁单元的一般性刚体运动(平动和转动)

将(6.113)式和(6.114)式代入以形状函数表达的位移函数(6.100)式中，有

$$N_1 \cdot \bar{v}_0 + N_2 \cdot \bar{\theta}_0 + N_3 \cdot (\bar{v}_0 + \bar{\theta}_0 \cdot l) + N_4 \cdot \bar{\theta}_0 = \bar{v}_0 + \bar{\theta}_0 \cdot x \tag{6.115}$$

即

$$(N_1 + N_3)\bar{v}_0 + (N_2 + N_4)\bar{\theta}_0 + N_3 \cdot \bar{\theta}_0 l = \bar{v}_0 + \bar{\theta}_0 x \tag{6.116}$$

应用(6.105)式，上式变为

$$N_2 + N_4 = x - N_3 l \tag{6.117}$$

此时，得到与情形 2 相同的结果。

总结以上的讨论，梁单元的形状函数具有以下性质。

梁单元性质 1(形状函数)：在梁单元中，对应于 C_0 型位移的形状函数有关系

$$N_1 + N_3 = 1 \tag{6.118}$$

梁单元性质 2(形状函数)：在梁单元中，对应于 C_1 型位移的形状函数有关系

$$N_2 + N_4 = x - N_3 l \tag{6.119}$$

(2) 刚度矩阵的性质

梁单元的刚度矩阵除具有一般性质(对称性、正定性、奇异性)外，其刚度系数

的每一行(列)的系数之和不为零,其原因见下面的讨论。

梁单元在没有外载的作用下,虽不会产生变形位移,但它可以存在刚体位移,即刚体位移状态下的单元方程为

$$\boldsymbol{K}^e \cdot \bar{\boldsymbol{q}}^e = 0 \tag{6.120}$$

其中 $\bar{\boldsymbol{q}}^e = [\bar{v}_1 \quad \bar{\theta}_1 \quad \bar{v}_2 \quad \bar{\theta}_2]^{\mathrm{T}}$ 为单元产生刚体位移时的节点位移,具体地将以上方程写为

$$\begin{bmatrix} k_{11} & k_{12} & k_{13} & k_{14} \\ k_{21} & k_{22} & k_{23} & k_{24} \\ k_{31} & k_{32} & k_{33} & k_{34} \\ k_{41} & k_{42} & k_{43} & k_{44} \end{bmatrix} \begin{bmatrix} \bar{v}_1 \\ \bar{\theta}_1 \\ \bar{v}_2 \\ \bar{\theta}_2 \end{bmatrix} = \begin{bmatrix} 0 \\ 0 \\ 0 \\ 0 \end{bmatrix} \tag{6.121}$$

将前面情形1(垂直方向的刚体平动)的位移值(6.103)式代入上式,有

$$k_{i1} + k_{i3} = 0 \qquad (i = 1,2,3,4) \tag{6.122}$$

同样将前面情形2(刚体转动)的位移值(6.108)式代入(6.121)式,有

$$k_{i2} + k_{i3} \cdot l + k_{i4} = 0 \qquad (i = 1,2,3,4) \tag{6.123}$$

考虑到(6.122)式,上式也可以写成

$$k_{i2} + k_{i4} = k_{i1} l \qquad (i = 1,2,3,4) \tag{6.124}$$

总结以上的讨论,梁单元的刚度矩阵具有以下性质。

梁单元性质3(刚度矩阵系数)：在梁单元中,对应于 C_0 型位移的刚度系数有关系：

$$k_{i1} + k_{i3} = 0 \qquad (i = 1,2,3,4)$$

梁单元性质4(刚度矩阵系数)：在梁单元中,对应于 C_1 型位移的刚度系数有如下关系：

$$k_{i2} + k_{i4} = k_{i1} l \qquad (i = 1,2,3,4)$$

6.12　本章要点及参考内容

6.12.1　本章要点

- 形状函数矩阵的性质 $\left(N_i(x_j) = \delta_{ij}\,(\text{Kronecker 记号}),\ \sum_{i=1}^{n} N_i = 1\right)$
- 刚度矩阵的性质(对称性、奇异性、正定性、稀疏性、非零元素呈显带状性)
- 边界条件的处理(直接法、置“1”法、乘大数法、罚函数法)
- 位移函数构造(待定系数惟一确定性、完备性、从低阶到高阶)
- 收敛性准则(单元内：常数项、常应变项；单元之间：连续性要求)
- 有限元分析数值解的精度与性质(有限元解的位移在总体上比精确的位移要小,即下限性质)
- 单元应力计算结果的误差与平均处理(高斯积分点上应力应变的精度高、共用节点上应力的直接平均与加权平均)

6.12.2 参考内容1：应力(应变)计算结果的重构与改善

1. 基于全场应力结果的重构与改善

在第6.9.3节中介绍了对共用节点上的应力进行平均处理的简单方法，从严格意义上讲，该方法并未真正改善计算结果，下面讨论一种通过对全场应力分布的**重构**(re-building)来获得更好结果的方法。

由第6.9.1节的讨论可知，有限元分析所得到的应变和应力近似解$\hat{\boldsymbol{\varepsilon}}$和$\hat{\boldsymbol{\sigma}}$，其性质是在加权残值最小二乘意义上对真实应变$\boldsymbol{\varepsilon}_{\text{true}}$和真实应力$\boldsymbol{\sigma}_{\text{true}}$的一种近似。以应力为例，寻找$\hat{\boldsymbol{\sigma}}$，使得

$$\min_{\hat{\sigma}}\left\{\Pi_{\text{error}}(\hat{\boldsymbol{\sigma}},\boldsymbol{\sigma}_{\text{true}})=\sum_{e=1}^{n}\int_{\Omega^e}\frac{1}{2}(\hat{\boldsymbol{\sigma}}-\boldsymbol{\sigma}_{\text{true}})^{\mathrm{T}}\cdot\boldsymbol{D}^{-1}\cdot(\hat{\boldsymbol{\sigma}}-\boldsymbol{\sigma}_{\text{true}})\cdot\mathrm{d}\Omega\right\} \tag{6.125}$$

假定通过有限元分析已经获得应力的结果$\boldsymbol{\sigma}^*$，我们希望在此基础上再获得一组更好的改进结果$\boldsymbol{\sigma}^{\text{new}}$，其方法就是应用(6.125)中的加权残值最小二乘原理，寻找$\boldsymbol{\sigma}^{\text{new}}$，使得

$$\min_{\sigma^{\text{new}}}\left\{F(\boldsymbol{\sigma}^{\text{new}},\boldsymbol{\sigma}^*)=\sum_{e=1}^{n}\int_{\Omega^e}\frac{1}{2}(\boldsymbol{\sigma}^*-\boldsymbol{\sigma}^{\text{new}})^{\mathrm{T}}\cdot\boldsymbol{D}^{-1}\cdot(\boldsymbol{\sigma}^*-\boldsymbol{\sigma}^{\text{new}})\cdot\mathrm{d}\Omega\right\} \tag{6.126}$$

其中$F(\boldsymbol{\sigma}^{\text{new}},\boldsymbol{\sigma}^*)$为新定义的一个泛函，$n$为单元总数。

设待求的$\boldsymbol{\sigma}^{\text{new}}$在单元内的分布也取为基于节点的插值形式，即

$$\boldsymbol{\sigma}^{\text{new}}=\sum_{i=1}^{n_e}\breve{N}_i\boldsymbol{\sigma}_i^{\text{new}}=\breve{\boldsymbol{N}}\boldsymbol{q}^{\text{new}} \tag{6.127}$$

其中$\boldsymbol{\sigma}_i^{\text{new}}$是待求改进后的节点应力值(每一点上有6个应力分量)，n_e是单元的节点数，$\breve{\boldsymbol{N}}$是形状函数矩阵，$\boldsymbol{q}^{\text{new}}$为由待求的各个节点应力$\boldsymbol{\sigma}_i^{\text{new}}$所组成的待求节点应力列阵。用于应力插值的单元节点可以相同于求解位移时的节点，这时用于应力插值的形状函数矩阵$\breve{\boldsymbol{N}}$与用于位移插值的形状函数矩阵$\boldsymbol{N}$相同。也可采用与位移插值不同的节点数，例如求解位移时采用二次单元，求解应力改进值时可用一次单元。

将(6.127)式代入(6.126)式中并进行变分，有

$$\delta F=\frac{\partial F}{\partial\boldsymbol{\sigma}_i^{\text{new}}}\cdot\delta\boldsymbol{\sigma}_i^{\text{new}}=0\quad(i=1,2,\cdots,N) \tag{6.128}$$

式中N是进行应力重构时全部单元的节点总数。考虑到$\delta\boldsymbol{\sigma}_i^{\text{new}}$的任意性，可得

$$\frac{\partial F}{\partial\boldsymbol{\sigma}_i^{\text{new}}}=0\quad(i=1,2,\cdots,N) \tag{6.129}$$

将(6.126)式中的函数具体代入，有

$$\sum_{e=1}^{n}\int_{\Omega^e}(\boldsymbol{\sigma}^*-\breve{\boldsymbol{N}}\boldsymbol{q}^{\text{new}})^{\mathrm{T}}\cdot\boldsymbol{D}^{-1}\cdot\breve{N}_i\cdot\mathrm{d}\Omega=0\quad(i=1,2,\cdots,N) \tag{6.130}$$

上式是$(N\times S)$阶的线性代数方程组，S 是应力分量的个数（对于 3D 问题 $S=6$，对于 2D 问题 $S=3$），对(6.130)式进行求解可以得到各个节点的应力改进值 $\boldsymbol{q}^{\text{new}}$，再将求得的节点应力改进值代入(6.127)式就可以得到各单元的应力场改进值。

如果所选取的插值函数$\breve{N}_i$ 是协调的，则所得到的应力解在全场内是连续的，如果在求解方程组(6.130)式时处理好应力边界 BC(p)，则此时应力的重构解答也将满足力的边界条件。虽然经总体重构改进后的应力解$\boldsymbol{\sigma}^{\text{new}}$在单元内部一般不能精确满足平衡方程，但对原来的应力解$\boldsymbol{\sigma}^*$ 有较大的改善[14]，如图 6.25 所示。

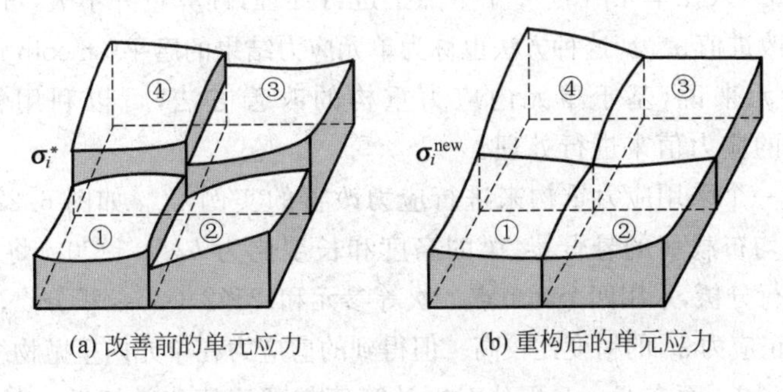

(a) 改善前的单元应力　(b) 重构后的单元应力

图 6.25 对全场应力进行重构改善

就计算量而言，以上方法的计算工作量非常庞大。这是由于计算的总阶数将达到$(N\times S)$，大大超过原来求解节点位移时的方程阶数，其原因是应力分量的个数 S 总是大于节点位移的自由度数，实际上采用这种方案进行应力改进，可以理解为相当于进行二次有限元分析[14]，一次求位移场，一次求改进的应力场。

2. 基于局部单元应力结果的磨平

为了减少计算量，可以采用单元应力的局部重构的方法，即当单元尺寸足够小时，应力的处理可以在各个单元内进行，对应于(6.126)式中泛函只取一个单元，并令权函数为单位矩阵 $\boldsymbol{D}^{-1}=\boldsymbol{I}$，可以表达为

$$\min_{\sigma^{\text{new}}}\left\{F^e(\boldsymbol{\sigma}^{\text{new}},\boldsymbol{\sigma}^*)=\int_{\Omega^e}\frac{1}{2}(\boldsymbol{\sigma}^*-\boldsymbol{\sigma}^{\text{new}})^{\text{T}}\cdot(\boldsymbol{\sigma}^*-\boldsymbol{\sigma}^{\text{new}})\cdot\mathrm{d}\Omega\right\}\quad(6.131)$$

待求的$\boldsymbol{\sigma}^{\text{new}}$在单元内的分布仍然取为基于节点的插值形式，即(6.127)式。将(6.127)式代入(6.131)式中并进行变分，有

$$\frac{\partial F^e}{\partial\boldsymbol{\sigma}_i^{\text{new}}}=0\quad(i=1,2,\cdots,n_e)\quad(6.132)$$

将(6.131)式中的函数具体代入，有

$$\int_{\Omega^e}(\boldsymbol{\sigma}^*-\breve{\boldsymbol{N}}\boldsymbol{q}^{\text{new}})^{\text{T}}\cdot\breve{N}_i\cdot\mathrm{d}\Omega=0\quad(i=1,2,\cdots,n_e)\quad(6.133)$$

对(6.133)式进行求解可以得到各个节点的应力改进值 $\boldsymbol{q}^{\text{new}}$，再将求得的节点应力改进值代入(6.127)式就可以得到各单元的应力场改进值。

由于在(6.131)式中采用了不加权的最小二乘处理，则各应力分量不再耦合，因此按(6.133)式对应力进行重构处理相当于将各个应力分量分别进行重构处理。基于该方法，可以选择一些重要的单元和重要的应力分量进行重构处理，而不必对所有的分量进行同时处理。如某一问题中 σ_{xx} 为主要应力，我们可以对 σ_{xx} 进行重构处理，这时的方程为

$$\int_{\Omega^e}(\sigma_{xx}^* - \sigma_{xx}^{\text{new}}) \cdot \breve{N}_i \cdot \mathrm{d}\Omega = 0 \quad (i = 1,2,\cdots,n_e) \tag{6.134}$$

显然方程(6.134)只在单元内的 n_e 个节点上进行处理，计算量并不大，可以很方便地求得在节点的改进值 $\sigma_{xxi}^{\text{new}}$。这种方法也称为单元应力结果的**磨平**(smooth improving)。

对于等参元来说，基于单元内应力重构的改善方法，可以利用精度较高的 Gauss 积分点的应力值来进行处理。

下面给出一个采用应力重构来进行应力改善的实例[14]。如图 6.22 所示，为一左端固定的受均布载荷的悬臂梁，梁的高度和长度比为 $h/l=1/20$。将该问题作为平面应力来进行分析，采用四个 8 节点二次等参元和(2×2)Gauss 积分点进行分析，求解出的位移和正应力 σ_{xx} 的精度比较高。但得到的剪应力在单元内呈抛物线分布，与理论解有很大的误差，而在 Gauss 积分点上计算值与理论值非常接近。对该应力分量进行重构处理后，剪应力的改进值和理论值符合得很好，如图 6.26 所示。

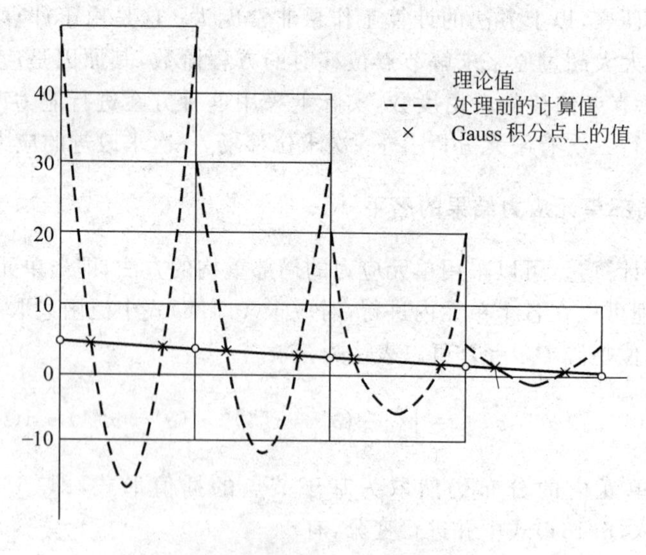

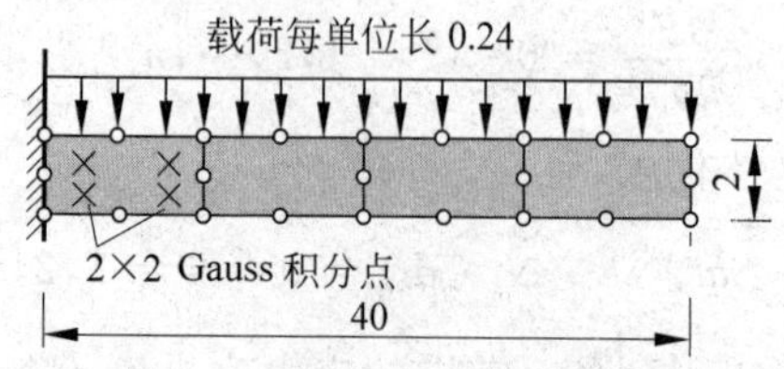

图 6.26 受均布载荷悬臂梁的平面应力分析

6.12.3　参考内容 2：C_0 型问题 Wilson 非协调单元及拼片试验

1. Wilson 非协调元

一般的平面 4 节点四边形单元的位移函数都为线性关系，求解的精度不高，为了改善这类单元的性质，Wilson 提出在该单元的位移插值函数中增加无内部节点的附加项[17]，即取单元的位移模式为

$$\left.\begin{aligned} u(\xi,\eta) &= \sum_{i=1}^{4} N_i u_i + \alpha_1(1-\xi^2) + \alpha_2(1-\eta^2) \\ v(\xi,\eta) &= \sum_{i=1}^{4} N_i v_i + \alpha_3(1-\xi^2) + \alpha_4(1-\eta^2) \end{aligned}\right\} \tag{6.135}$$

其中

$$N_i = \frac{1}{4}(1+\xi_i\xi)(1+\eta_i\eta) \quad (i=1,2,3,4) \tag{6.136}$$

而 $\alpha_1,\alpha_2,\alpha_3,\alpha_4$ 为内部自由度，即为待求的系数。可以看到位移附加项 $\alpha_1(1-\xi^2)$ 和 $\alpha_2(1-\eta^2)$ 在二维线性单元的 4 个节点上都为零，即它对单元节点的位移没有贡献，而只对单元内部的位移产生作用。这种仅在单元内部产生作用的待定参数为内部自由度。$\alpha_1(1-\xi^2)$ 和 $\alpha_3(1-\xi^2)$ 项在单元 $\eta=\pm1$ 的边界上为二次抛物线，而 $\alpha_2(1-\eta^2)$ 和 $\alpha_4(1-\eta^2)$ 项则在单元 $\xi=\pm1$ 的边界上呈二次抛物线变化，可以看出这些**位移附加项**(additional items of displacement)在单元与单元的交界面上是不保证协调的，这些附加位移项称之为非协调项，它们的函数形式如图 6.27 所示。

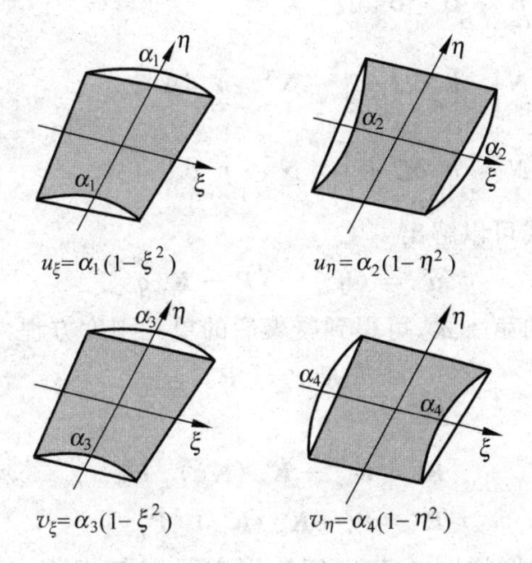

图 6.27　Wilson 非协调元中附加位移项的函数形式

下面推导该单元的有限元列式，将(6.135)式表示为矩阵形式，有

$$\underset{(2\times1)}{\boldsymbol{u}} = \underset{(2\times8)}{\boldsymbol{N}}\ \underset{(8\times1)}{\boldsymbol{q}^e} + \underset{(2\times4)}{\overline{\boldsymbol{N}}}\ \underset{(4\times1)}{\boldsymbol{\alpha}^e} \tag{6.137}$$

其中

$$\underset{(2\times1)}{\boldsymbol{u}}=\begin{bmatrix}u(\xi,\eta)\\v(\xi,\eta)\end{bmatrix}$$

$$\underset{(8\times1)}{\boldsymbol{q}^e}=\begin{bmatrix}u_1 & v_1 & \cdots & u_4 & v_4\end{bmatrix}^{\mathrm{T}}$$

$$\underset{(4\times1)}{\boldsymbol{\alpha}^e}=\begin{bmatrix}\alpha_1 & \alpha_2 & \alpha_3 & \alpha_4\end{bmatrix}^{\mathrm{T}}$$

$$\underset{(2\times8)}{\boldsymbol{N}}=\begin{bmatrix}N_1\boldsymbol{I} & N_2\boldsymbol{I} & N_3\boldsymbol{I} & N_4\boldsymbol{I}\end{bmatrix},\quad \boldsymbol{I}=\begin{bmatrix}1 & 0\\0 & 1\end{bmatrix}$$

$$\underset{(2\times4)}{\overline{\boldsymbol{N}}}=\begin{bmatrix}1-\xi^2 & 1-\eta^2 & 0 & 0\\0 & 0 & 1-\xi^2 & 1-\eta^2\end{bmatrix}$$

由几何方程可以得到

$$\underset{(3\times1)}{\boldsymbol{\varepsilon}}=\underset{(3\times8)}{\boldsymbol{B}}\ \underset{(8\times1)}{\boldsymbol{q}^e}+\underset{(3\times4)}{\overline{\boldsymbol{B}}}\ \underset{(4\times1)}{\boldsymbol{\alpha}^e}\tag{6.138}$$

按照单元推导的一般过程，由最小势能原理可以得到以下单元刚度方程：

$$\begin{bmatrix}\boldsymbol{K}_{uu}^e & \boldsymbol{K}_{u\alpha}^e\\\boldsymbol{K}_{\alpha u}^e & \boldsymbol{K}_{\alpha\alpha}^e\end{bmatrix}\begin{bmatrix}\boldsymbol{q}^e\\\boldsymbol{\alpha}^e\end{bmatrix}=\begin{bmatrix}\boldsymbol{P}_u^e\\\boldsymbol{P}_\alpha^e\end{bmatrix}\tag{6.139}$$

其中

$$\left.\begin{aligned}
\underset{(8\times8)}{\boldsymbol{K}_{uu}^e}&=\int_{\Omega^e}\underset{(8\times3)}{\boldsymbol{B}^{\mathrm{T}}}\ \underset{(3\times3)}{\boldsymbol{D}}\ \underset{(3\times8)}{\boldsymbol{B}}\,\mathrm{d}\Omega\text{（原 4 节点线性单元的刚度矩阵）}\\
\underset{(8\times4)}{\boldsymbol{K}_{u\alpha}^e}&=(\boldsymbol{K}_{\alpha u}^e)^{\mathrm{T}}=\int_{\Omega^e}\underset{(8\times3)}{\boldsymbol{B}^{\mathrm{T}}}\ \underset{(3\times3)}{\boldsymbol{D}}\ \underset{(3\times4)}{\overline{\boldsymbol{B}}}\,\mathrm{d}\Omega\\
\underset{(4\times4)}{\boldsymbol{K}_{\alpha\alpha}^e}&=\int_{\Omega^e}\underset{(4\times3)}{\overline{\boldsymbol{B}}^{\mathrm{T}}}\ \underset{(3\times3)}{\boldsymbol{D}}\ \underset{(3\times4)}{\overline{\boldsymbol{B}}}\,\mathrm{d}\Omega\\
\underset{(8\times1)}{\boldsymbol{P}_u^e}&=\int_{\Omega^e}\underset{(8\times2)}{\boldsymbol{N}^{\mathrm{T}}}\ \underset{(2\times1)}{\bar{\boldsymbol{b}}}\,\mathrm{d}\Omega+\int_{S_p^e}\underset{(8\times2)}{\boldsymbol{N}^{\mathrm{T}}}\ \underset{(2\times1)}{\bar{\boldsymbol{p}}}\,\mathrm{d}A\\
\underset{(4\times1)}{\boldsymbol{P}_\alpha^e}&=\int_{\Omega^e}\underset{(4\times2)}{\overline{\boldsymbol{N}}^{\mathrm{T}}}\ \underset{(2\times1)}{\bar{\boldsymbol{b}}}\,\mathrm{d}\Omega+\int_{S_p^e}\underset{(4\times2)}{\overline{\boldsymbol{N}}^{\mathrm{T}}}\ \underset{(2\times1)}{\bar{\boldsymbol{p}}}\,\mathrm{d}A
\end{aligned}\right\}\tag{6.140}$$

从(6.139)式的第二式可以解出

$$\boldsymbol{\alpha}^e=(\boldsymbol{K}_{\alpha\alpha}^e)^{-1}\left[\boldsymbol{P}_\alpha^e-\boldsymbol{K}_{\alpha u}^e\boldsymbol{q}^e\right]\tag{6.141}$$

将其代入(6.139)中的第一式，可得到凝聚后的单元刚度方程

$$\boldsymbol{K}^e\boldsymbol{q}^e=\boldsymbol{P}^e\tag{6.142}$$

其中

$$\boldsymbol{K}^e=\boldsymbol{K}_{uu}^e-\boldsymbol{K}_{u\alpha}^e(\boldsymbol{K}_{\alpha\alpha}^e)^{-1}\boldsymbol{K}_{\alpha u}^e$$

$$\boldsymbol{P}^e=\boldsymbol{P}_u^e-\boldsymbol{K}_{u\alpha}^e(\boldsymbol{K}_{\alpha\alpha}^e)^{-1}\boldsymbol{P}_\alpha^e$$

下面给出一个实例说明 4 节点四边形单元增加内部自由度后对精度的改进[14]。如图 6.28 所示为一平面悬臂梁，考虑两种不同载荷和网格划分，采用两种单元的计算结果列于表 6.1。通过比较可以看出，采用 Wilson 非协调元增加内部自由度后对精度的改进其效果是相当好的。

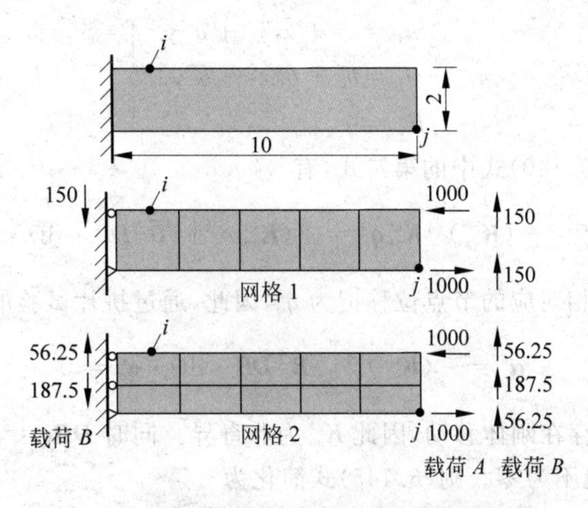

图 6.28 平面悬臂梁的网格划分及载荷情况

表 6.1 平面悬臂梁计算结果

不同计算方案	j 点位移		i 点弯曲应力	
	载荷 A	载荷 B	载荷 A	载荷 B
理论解	10.00	103.0	300.0	4050
普通 4 节点单元（网格 1）	6.81	70.1	218.2	2945
普通 4 节点单元（网格 2）	7.06	72.3	218.8	2954
Wilson 4 节点非协调单元（网格 1）	10.00	101.5	300.0	4050
Wilson 4 节点非协调单元（网格 2）	10.00	101.3	300.0	4050

2. Wilson 非协调单元的拼片试验

现在来讨论 Wilson 4 节点平面非协调元通过拼片试验的条件[14]。有该单元的位移表达式(6.135)，当不包括非协调项时（即 $\alpha_1=\alpha_2=\alpha_3=\alpha_4=0$），该单元是满足收敛条件的，当然也必定能通过拼片试验。因此，当单元各节点赋予与常应变相应的位移值时，如果有 $\alpha_1=\alpha_2=\alpha_3=\alpha_4=0$，则该单元通过拼片试验。下面来讨论实现这一目标所需要满足的条件。

由第 6.7 节的讨论，进行平面问题拼片试验所施加的节点位移和节点力为

$$\left.\begin{aligned}u_j &= a_0 + a_1 x_j + a_2 y_j \\ v_j &= b_0 + b_1 x_j + b_2 y_j \\ P_i^e &= 0\end{aligned}\right\} \tag{6.143}$$

由(6.141)式及(6.140)式中的第二式,有

$$\boldsymbol{\alpha}^e = -(\boldsymbol{K}_{\alpha\alpha}^e)^{-1}\boldsymbol{K}_{\alpha u}^e\boldsymbol{q}^e = -(\boldsymbol{K}_{\alpha\alpha}^e)^{-1}\int_{\Omega^e}\overline{\boldsymbol{B}}^{\mathrm{T}}\boldsymbol{DB}\cdot\mathrm{d}\Omega\cdot\boldsymbol{q}^e \tag{6.144}$$

将与常应变状态相对应的节点位移记为 $\boldsymbol{q}_c^e$,因此,通过拼片试验的条件是

$$\boldsymbol{\alpha}^e = -(\boldsymbol{K}_{\alpha\alpha}^e)^{-1}\int_{\Omega^e}\overline{\boldsymbol{B}}^{\mathrm{T}}\boldsymbol{DB}\cdot\mathrm{d}\Omega\cdot\boldsymbol{q}_c^e = 0 \tag{6.145}$$

由于附加位移不存在刚体移动,因此 $\boldsymbol{K}_{\alpha\alpha}^e$ 为非奇异。同时 $\boldsymbol{DBq}_c^e = \boldsymbol{\sigma}_c$ 为常应力,它与常应变相对应,也不为零。则(6.145)式简化为

$$\int_{\Omega^e}\overline{\boldsymbol{B}}^{\mathrm{T}}\mathrm{d}\Omega \equiv \int_{-1}^{1}\int_{-1}^{1}\overline{\boldsymbol{B}}^{\mathrm{T}}|\boldsymbol{J}|\,\mathrm{d}\xi\mathrm{d}\eta = 0 \tag{6.146}$$

其中 $|\boldsymbol{J}|$ 是对应于单元等参变换的雅可比矩阵的行列式。这就是 Wilson 4 节点平面非协调元要通过拼片试验所应满足的条件。(6.146)式的显式展开项将包含:

$\xi(\partial x/\partial\xi)$, $\xi(\partial x/\partial\eta)$, $\xi(\partial y/\partial\xi)$, $\xi(\partial y/\partial\eta)$, $\eta(\partial x/\partial\xi)$, $\eta(\partial x/\partial\eta)$, $\eta(\partial y/\partial\xi)$, $\eta(\partial y/\partial\eta)$;

其中 4 节点等参元的坐标变换为 $x = \sum_{i=1}^{4} N_i x_i$, $y = \sum_{i=1}^{4} N_i y_i$,插值函数为(6.136)式。可以验证,当单元是平行四边形(包括矩形)时,$\partial x/\partial\xi$,$\partial x/\partial\eta$,$\partial y/\partial\xi$,$\partial y/\partial\eta$,都为常数,因此 $|\boldsymbol{J}|$ 也是常数。因此(6.146)式中的积分为零。也就是说当网格划分是矩形或平行四边形时,Wilson 非协调元可以通过拼片试验。当单元尺寸不断减小,该非协调元的解答将收敛于准确解。

为了使上述非协调元在任意四边形的单元中也能通过拼片试验,Wilson 建议在计算 $\boldsymbol{K}_{\alpha u}^e$ 时,$\partial x/\partial\xi$,$\partial x/\partial\eta$,$\partial y/\partial\xi$,$\partial y/\partial\eta$ 取为单元中心($\xi=\eta=0$)处的数值来代替单元中各点不同的各个偏导数值[14],因此单元中 $|\boldsymbol{J}|$ 仍是常数。这样(6.146)式也将被满足,也可以近似通过拼片试验。一些数值计算表明采用这种近似的方法也能取得较好的效果。

6.13 习题

6.1 对于如图所示的平面刚架,(1)对该结构的单元和节点进行编号,并使整体刚度矩阵 $\boldsymbol{K}$ 的带宽最小。(2)在节点编号确定后,对节点自由度进行编号,指出 A 节点水平位移对应的主对角线项在 $\boldsymbol{K}$ 中的行与列位置是多少?(3)哪些单元对该项的数值有影响?

6.2 对于一个平面结构,采用 3 节点三角形单元的网格划分如图所示,试问其节

点应如何编号才能使半带宽最小？若对应于同样的节点而采用 4 节点矩形单元，其半带宽是否可变小？

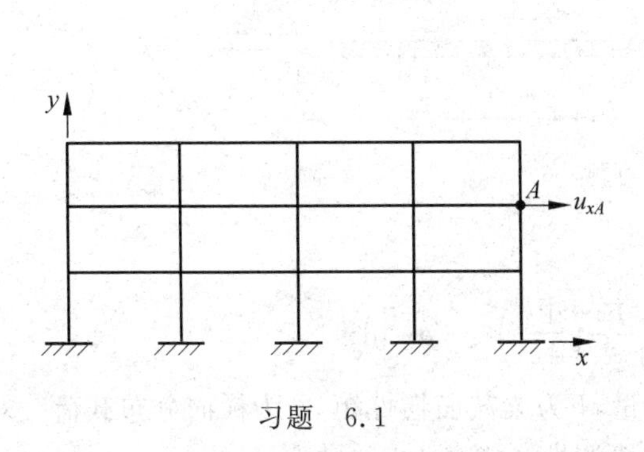

习题　6.1

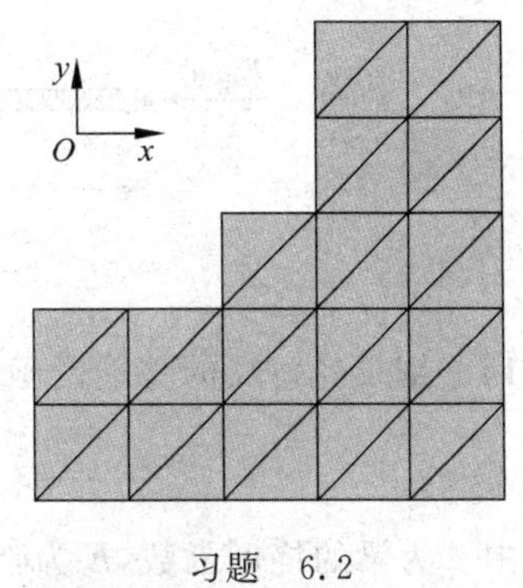

习题　6.2

6.3　什么是单元的协调性和完备性要求？为什么要满足这些要求？平面问题三角形单元如何满足这种要求？矩形 4 节点平面单元呢？

6.4　对于平面 3 节点三角形单元，如果在单元内假定位移模式为

$$u = a_1 x^2 + a_2 xy + a_3 y^2$$

$$v = a_4 x^2 + a_5 xy + a_6 y^2$$

试讨论此时单元的形状函数矩阵、单元刚度矩阵以及这种单元的特征。

6.5　就平面梁单元，在刚体位移的状态下，讨论刚度矩阵的性质。

6.6　一般情况下，有限元方法总是过高计算了结构的刚度，因而求得的位移小于真实解，为什么？如单元不满足协调性要求，情况如何？为什么？

6.7　当同时采用双线性矩形单元和常应变三角形单元进行有限元分析时，三角形单元和矩形单元之间边界上能否满足位移协调。

6.8　试证明：单元的常应力项或常应变项是保证收敛性的前提条件。

6.9　对于弹性结构，若给定的载荷列阵为 $\boldsymbol{P}$，对应的位移为 $\boldsymbol{q}$，则势能泛函中的外力功为 $\boldsymbol{P}^{\mathrm{T}}\boldsymbol{q}$，但静力加载过程中做的功为 $\frac{1}{2}\boldsymbol{P}^{\mathrm{T}}\boldsymbol{q}$，这其中有什么问题？

6.10　若需要对下列单元进行精确积分，试讨论所需的 Gauss 积分的阶次（假定 $|\boldsymbol{J}|$ 为常数）。单元是：①二维三次 Serendipity 单元；②三维 8 节点线性单元；③三维 20 节点二次单元。

6.11　若单元的位移函数采用 p 次多项式，泛函中的微分阶数是 m，在形成单元刚度矩阵时采用 $r+1$ 阶 Gauss 积分（其中 $r=p-m$）。试问，对于节点等间距分布的一维杆单元其应力的近似解在 Gauss 积分点上能够具有比自身高一次的精度，而对于二维、三维单元情况，这一结论只能是近似的？

6.12　举例说明有限元分析中的“拼片试验”。它的作用是什么？

6.13　对于如图所示的 3 节点 1D 轴向单元，推导相应的刚度矩阵，若中间节点无

外载荷，试缩减该刚度矩阵，即只以 u_1 及 u_3 来表示。并与该情况的 2 节点杆单元的刚度矩阵进行对照，解释其相同之处或差别。

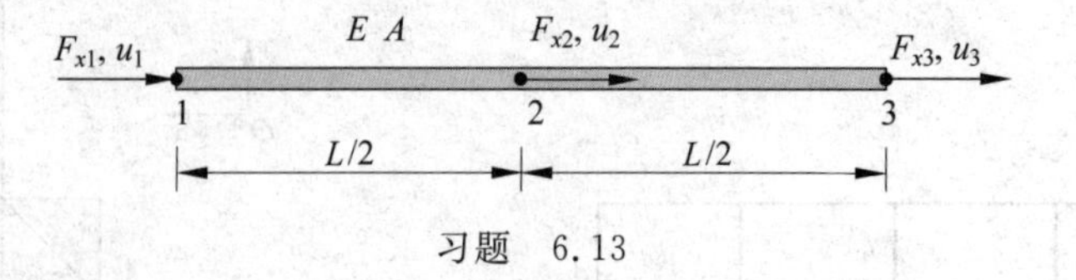

习题 6.13

6.14 细长纯弯梁的势能泛函为

$$\Pi(v)=\int_l\left[\frac{EI}{2}\left(\frac{\mathrm{d}^2 v}{\mathrm{d}x^2}\right)^2-\bar{p}v\right]\mathrm{d}x$$

其中 v 为梁的挠度函数，E 为弹性模量，I 为梁截面惯性矩，$\bar{p}$ 为横向分布载荷。对于一般的 2 节点梁单元，试分析它的协调性和完备性。

6.15 如图所示为一平行四边形的 4 节点 Wilson 非协调元，验证它可以通过拼片试验。

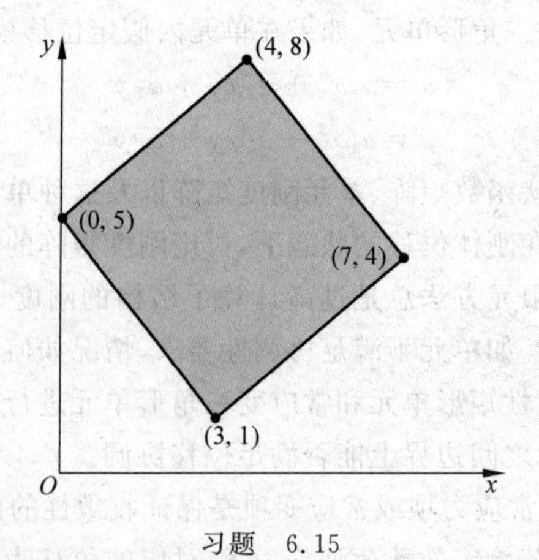

习题 6.15

6.16 试讨论最小余能原理解的上限性质。

第7章 有限元分析中的复杂单元及实现

有限元方法中的一个技术核心就是如何对单元的场变量(如位移场)进行函数表达,目前所使用的大多数单元的节点都是单元角节点,并且都采用多项式函数对单元进行插值,这种单元的计算精度一般较差。比较好的一种作法就是在单元中再引入内部节点,采用较高阶的多项式来进行插值,这种单元叫做简单的**高阶单元**(high-order element),随着计算数学特别是数值技术的发展,一些新型函数或解析函数被用来进行单元的描述,也取得了较好的效果。在板的弯曲问题中由于要传递弯矩,要求挠度的一阶导数要连续,这在板单元的函数构造中是一个难点,因此板单元是一种较复杂的单元。本章将就这几个方面进行讨论和研究。

7.1 1D 高阶单元

对于具有两个端节点的杆件,如果在其内部增加若干个节点,就可以选用**高次多项式**(high-order polynomial)进行位移函数的插值,得到高阶单元,如图 7.1 所示,1D 自然坐标见图 7.1(a),2 节点线性单元见图 7.1(b),而图 7.1(c)和(d)所示为高阶单元。

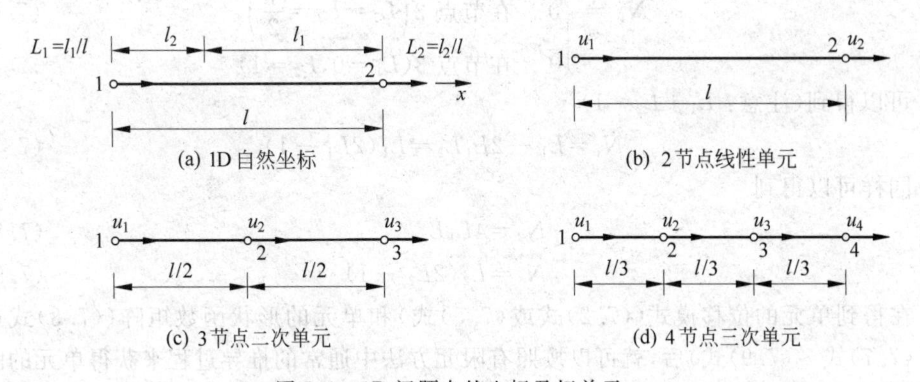

图 7.1 1D 问题自然坐标及杆单元

7.1.1 二次杆单元

在具有两个端节点的单元中增加一个内部节点,则得到二次函数的杆单元,如图 7.1(c)所示。

1D 二次杆单元的节点位移共有 3 个自由度(DOF),其节点位移列阵为

$$\underset{(3\times1)}{\boldsymbol{q}^e} = [u_1 \quad u_2 \quad u_3]^{\mathrm{T}} \tag{7.1}$$

单元的位移函数模式为

$$\begin{aligned} u(x) &= a_1 + a_2 x + a_3 x^2 \\ &= \underset{(1\times3)}{\boldsymbol{N}} \cdot \underset{(3\times1)}{\boldsymbol{q}^e} \end{aligned} \tag{7.2}$$

其中

$$\boldsymbol{N} = [N_1 \quad N_2 \quad N_3] \tag{7.3}$$

$$\left.\begin{aligned} N_1 &= \left(1 - 2\,\frac{x}{l}\right)\left(1 - \frac{x}{l}\right) = 2\left(\frac{1}{2} - \xi\right)(1 - \xi) \\ N_2 &= 4\,\frac{x}{l}\left(1 - \frac{x}{l}\right) = 4\xi(1 - \xi) \\ N_3 &= -\frac{x}{l}\left(1 - 2\,\frac{x}{l}\right) = -2\xi\left(\frac{1}{2} - \xi\right) \\ \xi &= \frac{x}{l} \end{aligned}\right\} \tag{7.4}$$

1D 问题的自然坐标如图 7.1(a)所示,为

$$L_1 = \frac{l_1}{l},\quad L_2 = \frac{l_2}{l}$$

以自然坐标来表达,则有

$$\begin{aligned} u(x) &= a'_1 L_1 + a'_2 L_2 + a'_3 L_1 L_2 \\ &= N_1 u_1 + N_2 u_2 + N_3 u_3 \\ &= \boldsymbol{N}(L_1, L_2)\boldsymbol{q}^e \end{aligned} \tag{7.5}$$

由形状函数的性质(见第 6.2.1 节)

$$N_1 = \begin{cases} 1 & \text{在节点 } 1(L_1 = 1, L_2 = 0) \\ 0 & \text{在节点 } 2\left(L_1 = L_2 = \dfrac{1}{2}\right) \\ 0 & \text{在节点 } 3(L_1 = 0, L_2 = 1) \end{cases} \tag{7.6}$$

可以得到(注意: $L_1 + L_2 = 1$)

$$N_1 = L_1 - 2L_1L_2 = L_1(2L_1 - 1) \tag{7.7}$$

同样可以得到

$$N_2 = 4L_1L_2 \tag{7.8}$$

$$N_3 = L_2(2L_2 - 1) \tag{7.9}$$

在得到单元的位移模式((7.2)式或(7.5)式)和单元的形状函数矩阵((7.3)式或(7.7)式～(7.9)式)后,就可以按照有限元方法中通常的推导过程来获得单元的刚度矩阵和刚度方程。

7.1.2 三次杆单元

在具有两个端节点的单元中增加两个内部节点,则单元中共有 4 个节点,可以得到三次函数杆单元,如图 7.1(d)所示。

1D 三次杆单元的节点位移共有4个自由度(DOF)，其节点位移列阵为

$$\underset{(4\times1)}{\boldsymbol{q}^e}=[u_1\quad u_2\quad u_3\quad u_4]^{\mathrm{T}} \tag{7.10}$$

单元的位移模式

$$\begin{aligned}u(x)&=a_1+a_2x+a_3x^2+a_4x^3\\&=\underset{(1\times4)}{\boldsymbol{N}}\cdot\underset{(4\times1)}{\boldsymbol{q}^e}\end{aligned} \tag{7.11}$$

其中

$$\left.\begin{aligned}\boldsymbol{N}&=[N_1\quad N_2\quad N_3\quad N_4]\\N_1&=\left(1-\frac{3x}{l}\right)\left(1-\frac{3x}{2l}\right)\left(1-\frac{x}{l}\right)\\N_2&=9\,\frac{x}{l}\left(1-\frac{3x}{2l}\right)\left(1-\frac{x}{l}\right)\\N_3&=-\frac{9}{2}\,\frac{x}{l}\left(1-\frac{3x}{l}\right)\left(1-\frac{x}{l}\right)\\N_4&=\frac{x}{l}\left(1-\frac{3x}{l}\right)\left(1-\frac{3x}{2l}\right)\end{aligned}\right\} \tag{7.12}$$

基于自然坐标来构造位移函数，则有

$$\begin{aligned}u(x)&=a'_1L_1+a'_2L_2+a'_3L_1L_2+a'_4L_1^2L_2\\&=\boldsymbol{N}\boldsymbol{q}^e\end{aligned} \tag{7.13}$$

其中

$$\left.\begin{aligned}\boldsymbol{N}&=[N_1\quad N_2\quad N_3\quad N_4]\\N_1&=L_1\left(1-\frac{9}{2}L_1L_2\right)\\N_2&=-\frac{9}{2}L_1L_2(1-3L_1)\\N_3&=9L_1L_2\left(1-\frac{3}{2}L_1\right)\\N_4&=-\frac{9}{2}L_1L_2(1-L_1)\end{aligned}\right\} \tag{7.14}$$

同样，在得到单元的位移模式和单元的形状函数矩阵后，就可以按照有限元方法中通常的推导过程来获得单元的刚度矩阵和刚度方程。

更一般化，对于具有n个节点的1D杆单元，其单元位移场可表示为

$$u(x)=\sum_{i=1}^{n}N_iu_i \tag{7.15}$$

其中 u_i 为第 i 节点位移，N_i 为第 i 节点的形状函数，根据形状函数的性质

$$\left.\begin{aligned}N_i(x_j)&=\delta_{ij}\\\sum_{i=1}^{n}N_i&=1\end{aligned}\right\} \tag{7.16}$$

上式中的 δ_{ij} 为 Kronecker 记号。因此，可由 Lagrange 插值公式来直接写出

$$N_i = l_i^{(n-1)}(\xi) = \prod_{\substack{j=1 \\ (j \neq i)}}^{n} \frac{(\xi - \xi_j)}{(\xi_i - \xi_j)} \tag{7.17}$$

其中 $l_i^{(n-1)}$ 的上标表示插值多项式的阶次，Π 表示多项式的乘积，$\xi = \dfrac{x - x_i}{l}$ 为无量纲相对坐标。

以 3 节点杆单元为例，$n=3$，所构造的形状函数为

$$\left.\begin{aligned}
N_1 = l_1^{(2)} &= \frac{(\xi - \xi_2)(\xi - \xi_3)}{(\xi_1 - \xi_2)(\xi_1 - \xi_3)} = \frac{\left(\xi - \frac{1}{2}\right)(\xi - 1)}{\left(0 - \frac{1}{2}\right)(0 - 1)} = 2\left(\xi - \frac{1}{2}\right)(\xi - 1) \\
N_2 = l_2^{(2)} &= \frac{(\xi - \xi_1)(\xi - \xi_3)}{(\xi_2 - \xi_1)(\xi_2 - \xi_3)} = \frac{(\xi - 0)(\xi - 1)}{\left(\frac{1}{2} - 0\right)\left(\frac{1}{2} - 1\right)} = 4\xi(1 - \xi) \\
N_3 = l_3^{(2)} &= \frac{(\xi - \xi_1)(\xi - \xi_2)}{(\xi_3 - \xi_1)(\xi_3 - \xi_2)} = \frac{(\xi - 0)\left(\xi - \frac{1}{2}\right)}{(1 - 0)\left(1 - \frac{1}{2}\right)} = 2\xi\left(\xi - \frac{1}{2}\right)
\end{aligned}\right\} \tag{7.18}$$

与前面直接构造的 3 节点杆单元的形状函数(7.4)完全相同。

7.1.3 Hermite 单元

对于要求在节点上保持导数连续的单元位移函数，可以采用 Hermite 多项式进行函数插值，以 2 节点单元要求 C_1 型连续（即要求一阶导数连续）的问题为例，则有

$$\begin{aligned}
u(x) &= N_1 \cdot u_1 + N_2 \cdot \left.\frac{\mathrm{d}u}{\mathrm{d}x}\right|_{x=x_1} + N_1 \cdot u_2 + N_4 \cdot \left.\frac{\mathrm{d}u}{\mathrm{d}x}\right|_{x=x_2} \\
&= \sum_{i=1}^{2} \left[H_{0i}^{(1)} u_i + H_{1i}^{(1)} \left.\frac{\mathrm{d}u}{\mathrm{d}x}\right|_{x_i} \right] \\
&= \sum_{i=1}^{2} \sum_{k=0}^{1} \left[H_{ki}^{(1)} u_i^{(k)} \right] \\
&= \sum_{i=1}^{n} \sum_{k=0}^{p} \left[H_{ki}^{(p)} u_i^{(k)} \right] \quad (\text{对于 } C_1 \text{ 问题：} p = 1)
\end{aligned} \tag{7.19}$$

其中 $H_{ki}^{(p)}$ 为 **Hermite 插值函数**(Hermite interpolation)，(p) 为 Hermite 插值多项式的阶次，n 为节点数，k 为导数变化的指标数，可以看出该单元有 4 个节点自由度，实际上是 2 节点梁单元。

具体地，对于 2 节点梁单元，要求转角连续，即为挠度的一阶导数连续，则所构造的位移函数即采用一阶 Hermite 插值函数，即($p=1$)，具体的位移函数为

$$v(x) = N_1 v_1 + N_2 \theta_1 + N_3 v_2 + N_4 \theta_2$$

$$= \sum_{i=1}^{2}\sum_{k=0}^{1}[H_{ki}^{(1)} v_i^{(k)}]$$

$$= H_{01}^{(1)} v_1^{(0)} + H_{11}^{(1)} v_1^{(1)} + H_{02}^{(1)} v_2^{(0)} + H_{12}^{(1)} v_2^{(1)} \tag{7.20}$$

可以看出 $H_{01}^{(1)}$，$H_{11}^{(1)}$，$H_{02}^{(1)}$，$H_{12}^{(1)}$ 为一阶 Hermite 插值函数，可以通过数学手册查出，即

$$\left.\begin{aligned} N_1 &= H_{01}^{(1)} = 1 - 3\xi^2 + 2\xi^3 \\ N_2 &= H_{11}^{(1)} = \xi - 2\xi^2 + \xi^3 \\ N_3 &= H_{02}^{(1)} = 3\xi^2 - 2\xi^3 \\ N_4 &= H_{12}^{(1)} = \xi^3 - \xi^2 \end{aligned}\right\} \tag{7.21}$$

实际上，以上所构造的形状函数与直接推导出的表达式(4.115)完全相同(当梁单元的长度 $l=1$ 时)，其函数形式如图 7.2 所示。

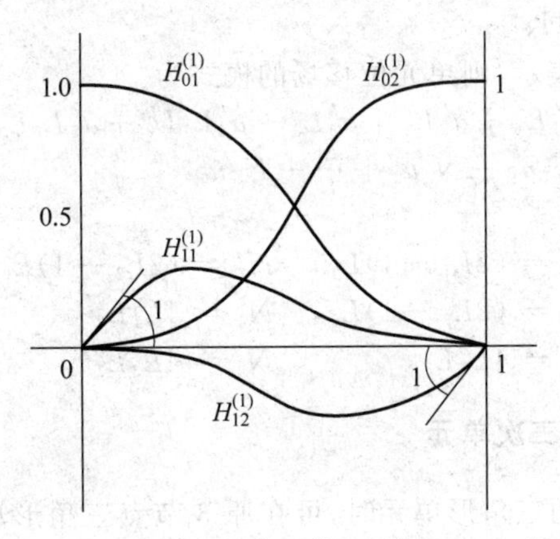

图 7.2　2 节点梁单元的形状函数(一阶 Hermite 插值函数)

7.2　2D 高阶单元

对于 2D 问题，如果在其内部增加若干个节点(主要在单元的棱边上)，就可以选用 2D 高次多项式进行位移函数的插值，也可得到高阶单元。下面分别就三角形单元和矩形单元进行讨论。

7.2.1　三角形高阶单元

1. 6 节点三角形二次单元

在原 3 节点三角形单元的每一条边的中点再增加一个内部节点，则可以得到二次函数 6 节点三角形单元，如图 7.3 所示。

6 节点三角形单元共有 12 个节点位移自由度(DOF)，其节点位移列阵为

$$\underset{(12\times1)}{\boldsymbol{q}^e} = [u_1\ v_1 \,\vdots\, \cdots \,\vdots\, u_6\ v_6]^{\mathrm{T}} \tag{7.22}$$

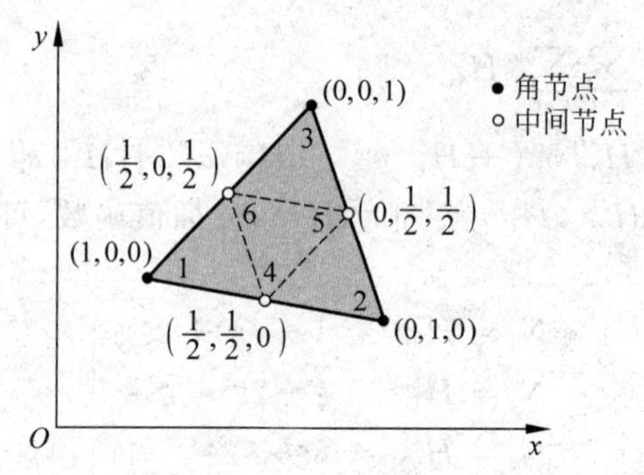

图 7.3 自然(面积)坐标下的 6 节点三角形单元

单元位移场的模式为(完整的二次多项式)

$$u(x,y) = a_1 + a_2 x + a_3 y + a_4 x^2 + a_5 xy + a_6 y^2 \tag{7.23}$$

$v(x,y)$的位移模式相同。

若以自然坐标来表示,则单元位移场的模式为

$$\begin{aligned} u(x,y) &= a'_1 L_1 + a'_2 L_2 + a'_3 L_3 + a'_4 L_1 L_2 + a'_5 L_2 L_3 + a'_6 L_3 L_1 \\ &= N_1 u_1 + N_2 u_2 + \cdots + N_6 u_6 \end{aligned} \tag{7.24}$$

其中

$$\left.\begin{aligned} N_1 &= (2L_1 - 1)L_1, \quad & N_2 &= (2L_2 - 1)L_2 \\ N_3 &= (2L_3 - 1)L_3, \quad & N_4 &= 4L_1 L_2 \\ N_5 &= 4L_2 L_3, \quad & N_6 &= 4L_3 L_1 \end{aligned}\right\} \tag{7.25}$$

2. 10 节点三角形三次单元

在构造三次函数的三角形单元时,可在原 3 节点三角形单元的每一条边上均匀地再增加两个节点,这样就有 9 个节点,由函数构造的 Pascal 三角形(见图 6.6),完备的三次多项式应有 10 项,因此在 9 节点三角形单元的中心再增加一个节点,如图 7.4 所示。

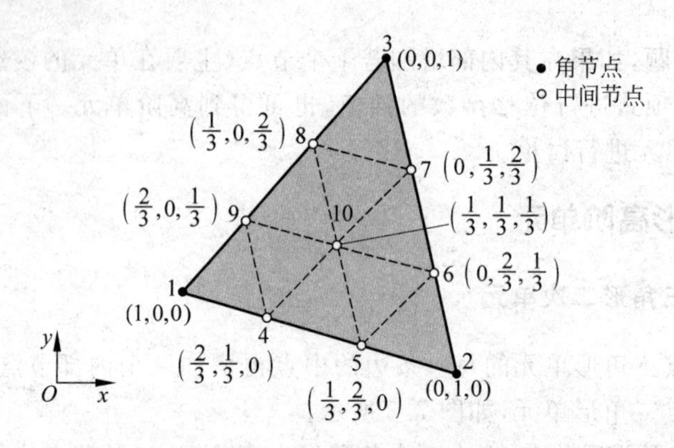

图 7.4 自然(面积)坐标下的 10 节点三角形单元(完全三次变化)

该单元共有 20 个节点位移自由度(DOF)，其节点位移列阵为

$$\underset{(20\times1)}{\boldsymbol{q}^e} = [u_1 \quad v_1 \vdots u_2 \quad v_2 \vdots \cdots \vdots u_{10} \quad v_{10}]^{\mathrm{T}} \tag{7.26}$$

单元位移场的模式为完全三次多项式函数，即

$$\begin{aligned} u(x,y) = & a_1 + a_2 x + a_3 y + a_4 x^2 + a_5 xy + a_6 y^2 \\ & + a_7 x^3 + a_8 x^2 y + a_9 xy^2 + a_{10} y^3 \end{aligned} \tag{7.27}$$

$v(x,y)$的位移模式相同。

若以自然坐标来表示，则有

$$\begin{aligned} u(x,y) = & a'_1 L_1 + a'_2 L_2 + a'_3 L_3 + a'_4 L_1 L_2 + a'_5 L_2 L_3 + a'_6 L_3 L_1 \\ & + a'_7 L_1^2 L_2 + a'_8 L_2^2 L_3 + a'_9 L_3^2 L_1 + a'_{10} L_1 L_2 L_3 \\ = & N_1 u_1 + N_2 u_2 + \cdots + N_{10} u_{10} \end{aligned} \tag{7.28}$$

其中，对应于角节点的形状函数为

$$N_i = \frac{L_i - \frac{2}{3}}{\frac{1}{3}} \frac{L_i - \frac{1}{3}}{\frac{2}{3}} \frac{L_i}{1} = \frac{1}{2}(3L_i - 1)(3L_i - 2)L_i \quad (i = 1,2,3) \tag{7.29}$$

对应于各边内节点的形状函数为

$$\left.\begin{aligned} N_4 &= \frac{3}{2}L_1 \cdot 3L_2 \cdot 3\left(L_1 - \frac{1}{3}\right) = \frac{9}{2}L_1 L_2 (3L_1 - 1) \\ N_5 &= 3L_1 \cdot \frac{3}{2}L_2 \cdot 3\left(L_2 - \frac{1}{3}\right) = \frac{9}{2}L_1 L_2 (3L_2 - 1) \\ N_6 &= \frac{3}{2}L_2 \cdot 3L_3 \cdot 3\left(L_2 - \frac{1}{3}\right) = \frac{9}{2}L_2 L_3 (3L_2 - 1) \\ N_7 &= 3L_2 \cdot \frac{3}{2}L_3 \cdot 3\left(L_3 - \frac{1}{3}\right) = \frac{9}{2}L_2 L_3 (3L_3 - 1) \\ N_8 &= 3L_1 \cdot \frac{3}{2}L_3 \cdot 3\left(L_3 - \frac{1}{3}\right) = \frac{9}{2}L_1 L_3 (3L_3 - 1) \\ N_9 &= \frac{3}{2}L_1 \cdot \frac{1}{3}L_2 \cdot 3\left(L_1 - \frac{1}{3}\right) = \frac{9}{2}L_1 L_3 (3L_1 - 1) \end{aligned}\right\} \tag{7.30}$$

对应于中心节点的形状函数为

$$N_{10} = 3L_1 \cdot 3L_2 \cdot 3L_3 = 27L_1 L_2 L_3 \tag{7.31}$$

7.2.2　矩形高阶单元

1. 基于 Lagrange 插值的矩形单元

对于矩形单元的两个正交的坐标方向(ξ,η)，可以根据节点数采用适当阶次 Lagrange 多项式的乘积来构造任意 Lagrange 矩形单元的插值函数。如图 7.5 所

示的矩形单元，其中在 ξ 方向上划分有 $(r+1)$ 列节点，在 η 方向上划分有 $(p+1)$ 行节点，所以节点布置在单元中的 $(r+1)$ **列**(column)和 $(p+1)$ **行**(row)的规则网格上。

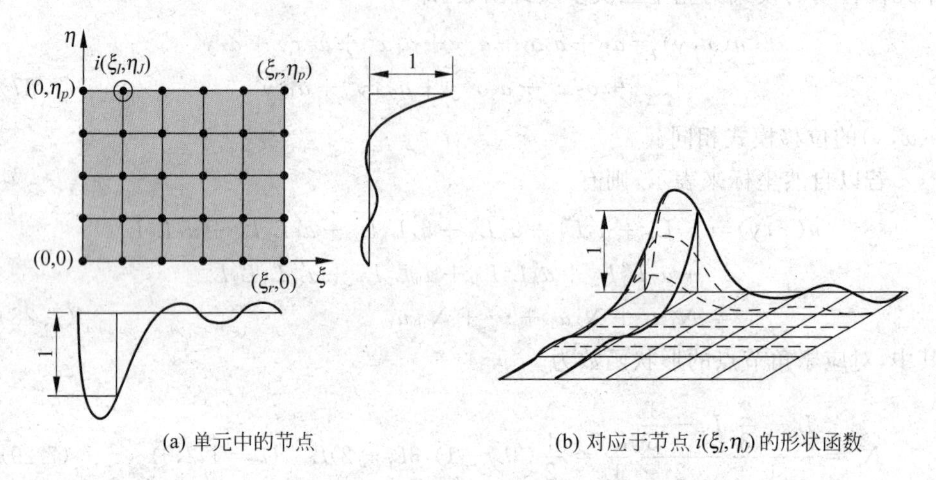

(a) 单元中的节点　　(b) 对应于节点 $i(\xi_I,\eta_J)$ 的形状函数

图 7.5　具有 $(r+1)$ 列和 $(p+1)$ 行节点的矩形单元

下面构造位于在 I 列 J 行上的节点 i 的插值函数 N_i。在 ξ 方向的 $(r+1)$ 列节点中，如果希望构造出一个插值函数在第 I 列节点上等于 1，而在其他列节点上等于 0，则由 Lagrange 多项式可以得到该函数为

$$l_I^{(r)}(\xi)=\frac{(\xi-\xi_0)(\xi-\xi_1)\cdots(\xi-\xi_{I-1})(\xi-\xi_{I+1})\cdots(\xi-\xi_r)}{(\xi_I-\xi_0)(\xi_I-\xi_1)\cdots(\xi_I-\xi_{I-1})(\xi_I-\xi_{I+1})\cdots(\xi_I-\xi_r)}\tag{7.32}$$

同理，在 η 方向上，也可以得到插值函数为

$$l_J^{(p)}(\eta)=\frac{(\eta-\eta_0)(\eta-\eta_1)\cdots(\eta-\eta_{J-1})(\eta-\eta_{J+1})\cdots(\eta-\eta_p)}{(\eta_J-\eta_0)(\eta_J-\eta_1)\cdots(\eta_J-\eta_{J-1})(\eta_J-\eta_{J+1})\cdots(\eta_J-\eta_p)}\tag{7.33}$$

对以上两个方向的 Lagrange 多项式进行乘积运算可得到节点 i 的插值函数 N_i 为

$$N_i=l_I^{(r)}(\xi)l_J^{(p)}(\eta)\tag{7.34}$$

可以看出 N_i 在节点 i 上等于 1，而在其余所有节点上等于 0。这种单元在其每一边界上的节点数和插值函数是协调的，可以保证单元之间函数的协调性。

图 7.6 所示分别为线性、二次和三次函数变化的 Lagrange 矩形单元。虽然可以按上述方法方便地构造出它们的形状插值函数，但是这种类型的单元存在明显缺陷，随着插值函数阶次的增高必然需要增加内部节点，但这些节点自由度的增加一般并不能显著提高单元的精度。例如需要构造一种单元(考虑 $r=p$ 情形)，如图 7.7 所示为多项式函数构造的 Pascal 三角形，可以看出，按上述的函数构造方法，单元中增加了许多非 r 阶完全多项式所必要的高次项，由于单元的精度通常取决于完全的多项式，因此这些非完全的高次项对提高单元的精度不起多少作用。下面讨论使用较广泛的 Serendipity 单元可以弥补这一不足。

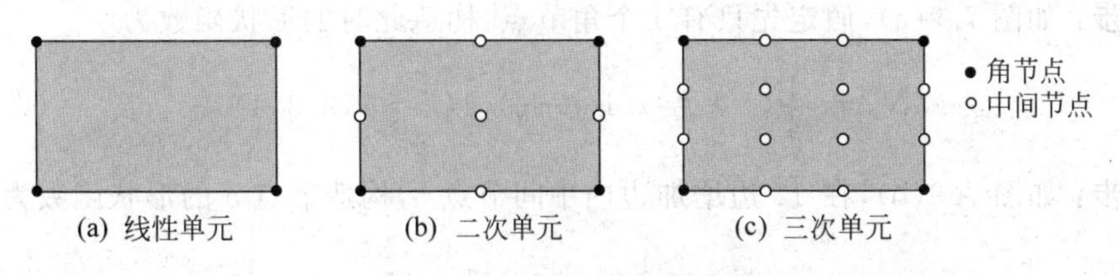

图 7.6　Lagrange 矩形单元

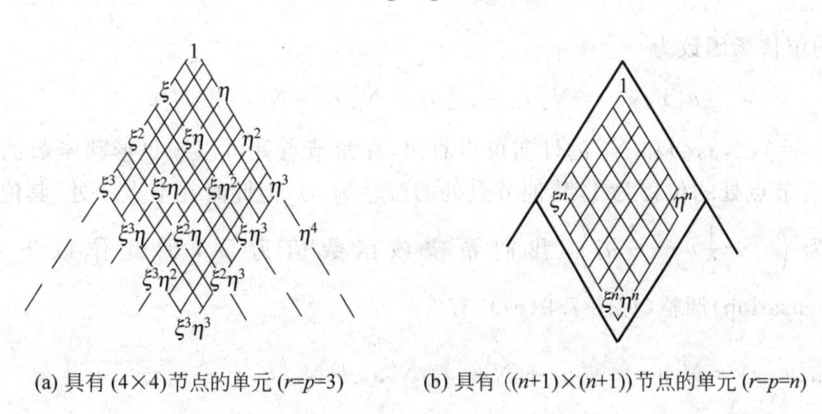

图 7.7　构造 Lagrange 矩形单元所需要的多项式

2. Serendipity 矩形单元

一般情况下，我们希望单元在其边界上的描述能力要强一些，可以主要将节点布置在单元的边上，使插值函数在边上出现高次函数的变化，并且各条边的节点数也可以不相同，以实现不同阶次单元之间的过渡，这种尽量在边界上增加节点的单元叫做 **Serendipity 单元**(Serendipity element)。

下面给出构造如图 7.8 所示的 8 节点 Serendipity 矩形单元的全过程，该单元有 16 个节点位移自由度。

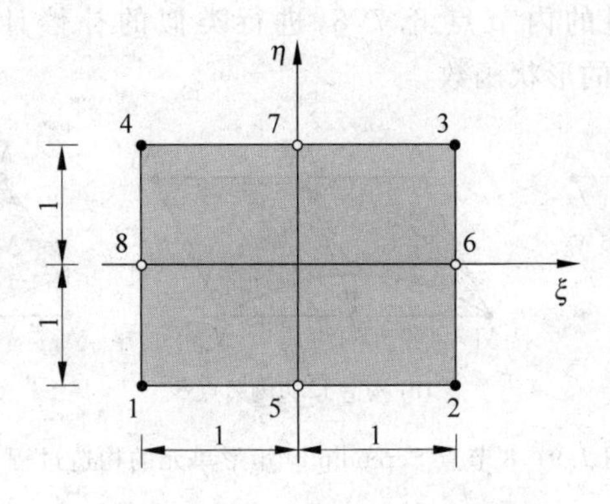

图 7.8　8 节点 Serendipity 矩形单元

第 1 步：如图 7.9(a)，假定先只有 4 个角节点，构造此时的形状函数为

$$N'_i = \frac{1}{4}(1+\xi_i\xi)(1+\eta_i\eta) \quad (i=1,2,3,4) \tag{7.35}$$

第 2 步：如图 7.9(b)，在 $\overline{12}$ 边增加边内中间节点 5，构造节点 5 的形状函数为

$$N_5 = \frac{1}{2}(1-\xi^2)(1-\eta) \tag{7.36}$$

这时的位移场函数为

$$u(x,y) = N'_1u_1 + N'_2u_2 + N'_3u_3 + N'_4u_4 + N_5u_5 \tag{7.37}$$

由 $N'_i(i=1,2,3,4)$ 和 N_5 的性质可以看出，在角节点处可以满足形状函数的要求(即所有节点处的位移为 1，其他节点处的位移为 0)，但此时在节点 5 处，其位移函数值为 $\left(u_5+\frac{1}{2}u_1+\frac{1}{2}u_2\right)$，我们希望该函数值为 u_5，因此作以下补偿(compensation)调整(见图 7.9(c))，有

$$\begin{aligned} u(x,y) &= N'_1u_1 + N'_2u_2 + N'_3u_3 + N'_4u_4 + N_5\left(u_5-\frac{1}{2}u_1-\frac{1}{2}u_2\right) \\ &= \left(N'_1-\frac{1}{2}N_5\right)u_1 + \left(N'_2-\frac{1}{2}N_5\right)u_2 + N'_3u_3 + N'_4u_4 + N_5u_5 \\ &= N''_1u_1 + N''_2u_2 + N'_3u_3 + N'_4u_4 + N_5 \end{aligned} \tag{7.38}$$

其中

$$\left.\begin{aligned} N''_1 &= N'_1 - \frac{1}{2}N_5 \\ N''_2 &= N'_2 - \frac{1}{2}N_5 \end{aligned}\right\} \tag{7.39}$$

此时，在节点 5 的位移函数值 $u(x_5,y_5)=u_5$。

第 3 步：增加其他边的内节点 6，7，8，进行类似的补偿计算，最后有 8 节点 Serendipity 矩形单元的形状函数。

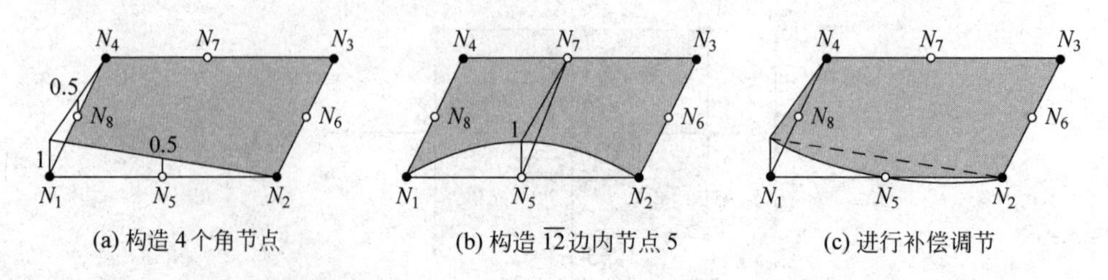

图 7.9　8 节点 Serendipity 矩形单元的构造过程

$$\left.\begin{aligned}
N_1 &= N_1' - \frac{1}{2}N_5 - \frac{1}{2}N_8 \\
N_2 &= N_2' - \frac{1}{2}N_5 - \frac{1}{2}N_6 \\
N_3 &= N_3' - \frac{1}{2}N_6 - \frac{1}{2}N_7 \\
N_4 &= N_4' - \frac{1}{2}N_7 - \frac{1}{2}N_8 \\
N_5 &= \frac{1}{2}(1-\xi^2)(1-\eta) \\
N_6 &= \frac{1}{2}(1-\eta^2)(1+\xi) \\
N_7 &= \frac{1}{2}(1-\xi^2)(1+\eta) \\
N_8 &= \frac{1}{2}(1-\eta^2)(1-\xi)
\end{aligned}\right\} \tag{7.40}$$

其中，N_i' $(i=1,2,3,4)$见公式(7.35)。

可以证明，以上的 N_i' 满足 $N_i(x_j,y_j)=\delta_{ij}$，$\sum_{i=1}^{n} N_i = 1$ 的条件。

从 Serendipity 单元插值函数构造的方法可以看到，由于只增加了单元棱边上的节点，对应的插值函数的项次如图 7.10(a)所示(图中以三次函数单元为例)，而相应的 Lagrange 矩形单元的插值函数的项次如图 7.10(b)所示。显然，Serendipity 单元中对于完全多项式以外的高次项使用得较少。但应该指出的是，对于四次或四次以上的 Serendipity 单元必须增加一定数量单元内部的节点，才能得到比较完全的多项式，以保证单元的良好性能。

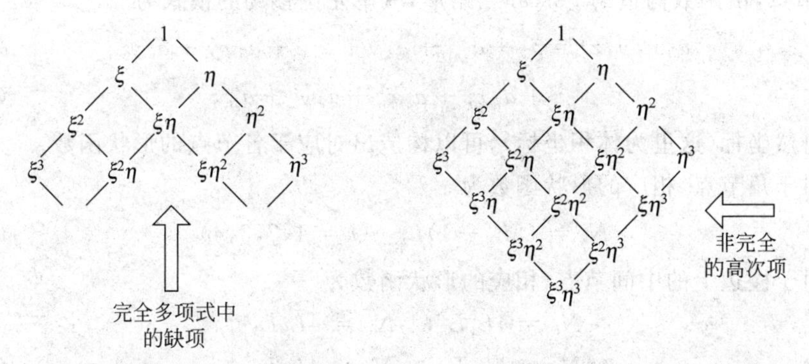

(a) 三次 Serendipity 单元插值函数的项次　　(b) 三次 Lagrange 矩形单元的插值函数项次

图 7.10　三次 Serendipity 单元与三次 Lagrange 矩形单元的函数项次比较

7.3　3D 高阶单元

与 1D 和 2D 问题类似，对于 3D 问题，同样在其内部增加若干个节点，就可以选用 3D 高次多项式进行位移函数的插值，以得到高阶单元。下面分别就四面体单元和正六面体单元进行讨论。

7.3.1 四面体高阶单元

1. 10节点四面体二次单元

在原4节点四面体单元的每一条棱边上再增加一个位于中点位置的内部节点,则可以得到二次函数四面体单元,如图7.11所示。

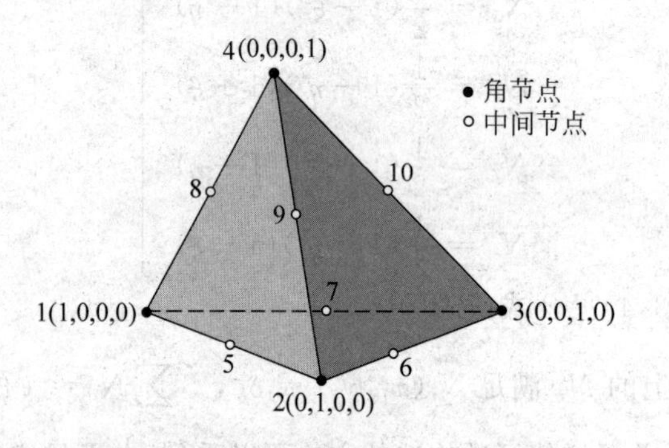

图7.11 10节点四面体二次单元

10节点四面体单元共有30个节点位移自由度(DOF),其节点位移列阵为

$$\underset{(30\times1)}{\boldsymbol{q}^e} = [u_1 \quad v_1 \quad w_1 \vdots \cdots \vdots u_{10} \quad v_{10} \quad w_{10}]^{\mathrm{T}} \tag{7.41}$$

由于该单元有4个角节点,在每一个棱边上的中点有一个中间节点(共6个),总共10个节点,由函数构造的Pascal三角形,取单元位移场的模式为

$$\begin{aligned} u(x,y,z) = & a_1 + a_2 x + a_3 y + a_4 z + a_5 xy + a_6 yz \\ & + a_7 xz + a_8 x^2 + a_9 y^2 + a_{10} z^2 \end{aligned} \tag{7.42}$$

基于自然坐标(这里为体积坐标),可以构造出对应于各节点的形状函数。

对于角节点,相应的形状函数为

$$N_i = (2L_i - 1)L_i \quad (i = 1,2,3,4) \tag{7.43}$$

对于棱边上的中间节点,相应的形状函数为

$$\left.\begin{aligned} N_5 &= 4L_1 L_2, \quad N_6 = 4L_2 L_3 \\ N_7 &= 4L_1 L_3, \quad N_8 = 4L_1 L_4 \\ N_9 &= 4L_2 L_4, \quad N_{10} = 4L_3 L_4 \end{aligned}\right\} \tag{7.44}$$

2. 20节点四面体三次单元

对于3D问题,由函数构造的Pascal三角形,一个完备的三次函数有20项。因此我们构造一个具有20个节点的四面体单元,将包含4个角节点、12个分布在6条棱边上的三等分节点、4个面心节点,如图7.12所示。

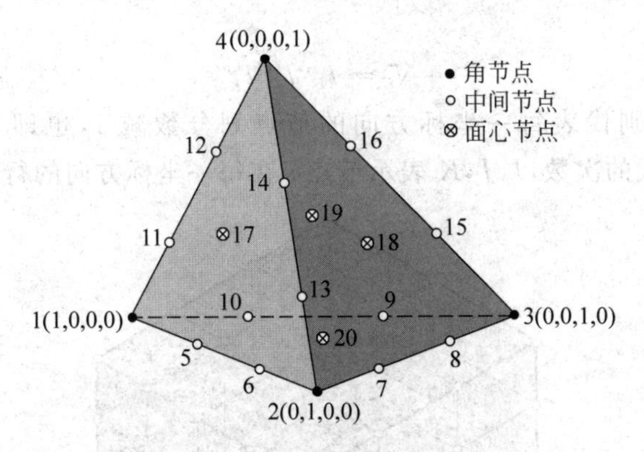

图 7.12　20 节点四面体三次单元

20 节点四面体单元共有 60 个节点位移自由度(DOF),其节点位移为

$$\underset{(60\times1)}{\boldsymbol{q}^e} = [u_1 \quad v_1 \quad w_1 \vdots \cdots \vdots u_{20} \quad v_{20} \quad w_{20}]^{\mathrm{T}} \tag{7.45}$$

单元位移场的模式为

$$\begin{aligned} u(x,y,z) = & a_1 + a_2 x + a_3 y + a_4 z + a_5 xy + a_6 yz + a_7 xz + a_8 x^2 + a_9 y^2 \\ & + a_{10} z^2 + a_{11} x^3 + a_{12} y^3 + a_{13} z^3 + a_{14} x^2 y + a_{15} xy^2 \\ & + a_{16} y^2 z + a_{17} yz^2 + a_{18} x^2 z + a_{19} xz^2 + a_{20} xyz \end{aligned} \tag{7.46}$$

基于自然坐标,可以构造出对应于各节点的形状函数。

对于角节点,相应的形状函数为

$$N_i = \frac{1}{2} L_i (3L_i - 1)(3L_i - 2) \quad (i = 1,2,3,4) \tag{7.47}$$

对于棱边上的 1/3 处节点,相应的形状函数为

$$\left.\begin{aligned} N_5 &= \frac{9}{2} L_1 L_2 (3L_1 - 1) \\ N_6 &= \frac{9}{2} L_1 L_2 (3L_2 - 1) \\ N_7 &= \frac{9}{2} L_2 L_3 (3L_2 - 1) \\ &\vdots \end{aligned}\right\} \tag{7.48}$$

对于面心节点,相应的形状函数为

$$\left.\begin{aligned} N_{17} &= 27 L_1 L_2 L_4 \\ N_{18} &= 27 L_2 L_3 L_4 \\ N_{19} &= 27 L_1 L_3 L_4 \\ N_{20} &= 27 L_1 L_2 L_3 \end{aligned}\right\} \tag{7.49}$$

7.3.2　正六面体高阶单元

1. 基于 Lagrange 插值的正六面体高阶单元

图 7.13 所示是三维 Lagrange 单元,与构造 2D 问题 Lagrange 矩形单元的插值函数类似,该单元的插值函数直接由三个坐标方向的 Lagrange 插值多项式的乘

积来获得，即

$$N_i = l_I^{(m)} l_J^{(n)} l_K^{(p)} \tag{7.50}$$

其中 m,n,p 分别代表每一坐标方向的节点划分数减 1，也即为每一坐标方向 Lagrange 多项式的次数，I,J,K 表示节点 i 在每一坐标方向的行列式号。

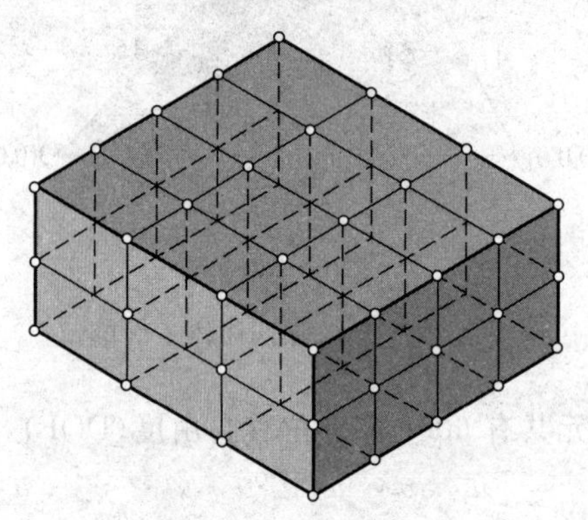

图 7.13 Lagrange 正六面体高阶单元

2. Serendipity 正六面体单元

与构造 Serendipity 矩形单元的形状函数类似，同样可以构造出各种节点的 Serendipity 正六面体单元，如图 7.14 所示。下面给出二次单元和三次单元的形状函数。

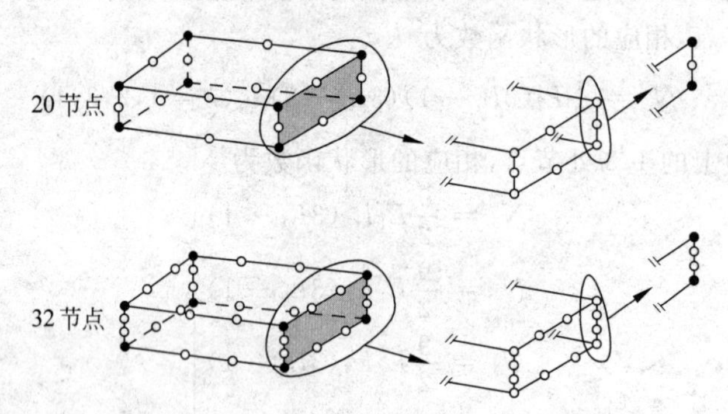

图 7.14 Serendipity 正六面体单元及相应的二维和一维节点状况

- Serendipity 二次单元(20 节点)

对应于角节点的形状函数

$$N_i = \frac{1}{8}(1+\xi_i\xi)(1+\eta_i\eta)(1+\zeta_i\zeta)(\xi_i\xi+\eta_i\eta+\zeta_i\zeta-2) \tag{7.51}$$

对于棱边上的内节点(如点：$\xi_i=0,\eta_i=\pm1,\zeta_i=\pm1$)，其相应的形状函数为

$$N_i = \frac{1}{4}(1-\xi^2)(1+\eta_i\eta)(1+\zeta_i\zeta) \tag{7.52}$$

- Serendipity 三次单元(32 节点)

对应于角节点的形状函数

$$N_i = \frac{1}{64}(1+\xi_i\xi)(1+\eta_i\eta)(1+\zeta_i\zeta)[9(\xi^2+\eta^2+\zeta^2)-19] \quad (7.53)$$

对于棱边上的内节点(如点：$\xi_i = \pm\frac{1}{3}, \eta_i = \pm 1, \zeta_i = \pm 1$)，其相应的形状函数为

$$N_i = \frac{9}{64}(1-\xi^2)(1+9\xi_i\xi)(1+\eta_i\eta)(1+\zeta_i\zeta) \quad (7.54)$$

7.4　基于薄板理论的弯曲板单元

在工程实际中，存在着大量的**板壳构件**(plate and shell)，它的几何特点是其厚度远小于其他两个方向的尺寸，如图 7.15 所示。因此，可以引入一定的假设来对厚度方向的受力特点进行简化，以充分显现**薄板**(thin plate)的力学特征，并且还可以减少力学变量的使用。类似于**细长梁**(long beam)的简化情形，**小挠度薄板理论**(small deflection theory of thin plate)中的简化假设叫做 Kirchhoff 假定。由于薄板中要保持**转角**(slope)的连续，可以承受弯矩，因而薄板问题是 C_1 型问题。

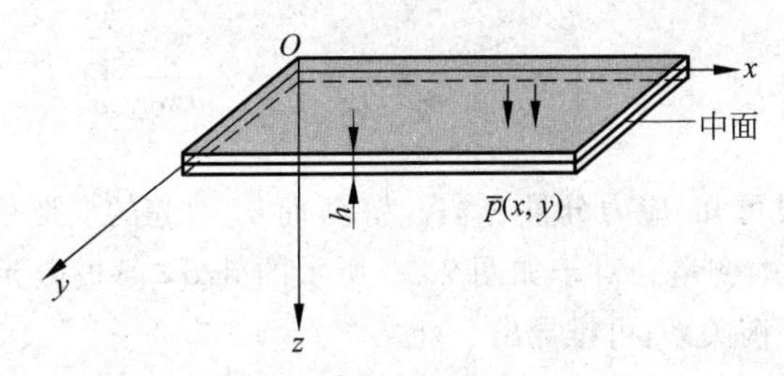

图 7.15　直角坐标系中的薄板

7.4.1　基本变量与方程

三个基本假设(即 **Kirchhoff 假定**(Kirchhoff hypothesis))为[10]：

(1) 假设薄板中面的法线在变形后仍为直法线(与细长梁类似)，并且厚度方向的正应变很小，对于如图 7.15 所示的薄板，则认为

$$\gamma_{zx} = 0, \quad \gamma_{zy} = 0, \quad \varepsilon_{zz} = 0 \quad (7.55)$$

(2) 假设在薄板的中面内，无横向位移，则会导出

$$u(x,y,z=0) = 0, \quad v(x,y,z=0) = 0 \quad (7.56)$$

进一步结合直法线假设，可以推论出

$$\left.\begin{aligned} u(x,y,z) &= -z\frac{\partial w}{\partial x} \\ v(x,y,z) &= -z\frac{\partial w}{\partial y} \end{aligned}\right\} \quad (7.57)$$

(3) 应力 σ_{zz} 引起的形变很小，可以忽略。

基于以上的基本假设，可以给出或推导出三大类基本变量。

• 位移

可采用**薄板中面**(middle plane of plate)的挠度作为基本位移变量

$$w(x,y)=w(x,y,z=0) \tag{7.58}$$

而 $u(x,y,z)$,$v(x,y,z)$可以由(7.57)式通过 $w(x,y)$导出。

• 应变

考虑到(7.55)式,所以使用以下应变分量:

$$\left.\begin{aligned}\varepsilon_{xx}&=-z\frac{\partial^2 w}{\partial x^2}\\ \varepsilon_{yy}&=-z\frac{\partial^2 w}{\partial y^2}\\ \gamma_{xy}&=-2z\frac{\partial^2 w}{\partial x\partial y}\end{aligned}\right\} \tag{7.59}$$

也可以用**广义应变**(generalized strain)$\boldsymbol{\kappa}$来表示,即

$$\boldsymbol{\kappa}=\left[-\frac{\partial^2 w}{\partial y^2}\quad-\frac{\partial^2 w}{\partial x^2}\quad-2\frac{\partial^2 w}{\partial x\partial y}\right]^{\mathrm{T}}=[\partial]w \tag{7.60}$$

其中算子矩阵

$$[\partial]=\left[-\frac{\partial^2}{\partial y^2}\quad-\frac{\partial^2}{\partial x^2}\quad-2\frac{\partial^2}{\partial x\partial y}\right]^{\mathrm{T}} \tag{7.61}$$

• 应力

由前面的假设可知,应力分量 τ_{zx},τ_{zy}为零,而 σ_{zz}引起的变形很小,所以采用 σ_{xx},σ_{yy},τ_{xy}作为应力基本变量。对于如图 7.16 所示的 dxdy 薄板微元,根据(7.59)式和薄板横截面上的平衡关系,可推导出

$$\left.\begin{aligned}\sigma_{xx}&=\frac{12M_x}{h^3}z\\ \sigma_{yy}&=\frac{12M_y}{h^3}z\\ \tau_{xy}&=\frac{12M_{xy}}{h^3}z\end{aligned}\right\} \tag{7.62}$$

其中 M_x,M_y 分别是垂直于 x 轴和 y 轴截面上单位长度的弯矩,M_{xy}是垂直于 y 轴截面上单位长度的扭矩。

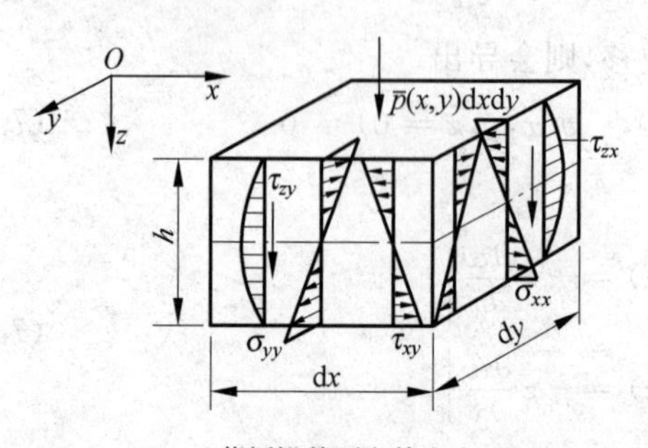

(a) 薄板横截面上的应力

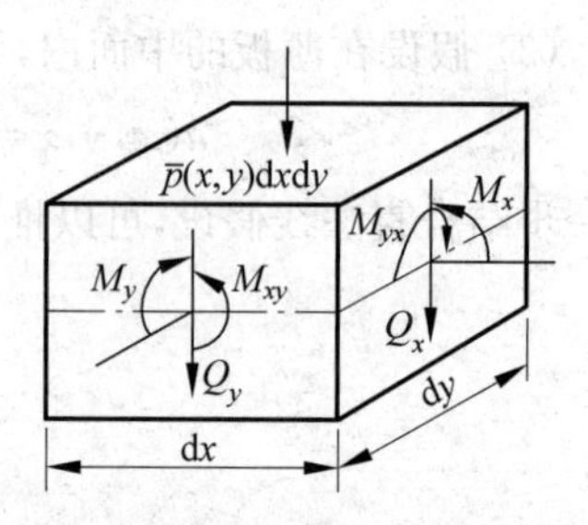

(b) 薄板横截面上的弯矩

图 7.16 薄板横截面上的应力和弯矩

基于上面给出的薄板问题三大基本变量,可以推导出三大类基本方程如下。

- 平衡方程

$$D_0\left(\frac{\partial^4 w}{\partial x^4}+2\frac{\partial^4 w}{\partial x^2 y^2}+\frac{\partial^4 w}{\partial y^4}\right)=\bar{p}(x,y) \tag{7.63}$$

或写成

$$\frac{\partial^2 M_x}{\partial x^2}+2\frac{\partial^2 M_{xy}}{\partial xy}+\frac{\partial^2 M_y}{\partial y^2}+\bar{p}(x,y)=0 \tag{7.64}$$

其中 $D_0=\dfrac{Eh^3}{12(1-\mu^2)}$ 是板的弯曲刚度,$\bar{p}(x,y)$ 为在薄板表面上所作用的垂直分布外载。

- 几何方程

见(7.59)式的表达。

- 物理方程

$$\left.\begin{aligned}\sigma_{xx}&=\frac{E}{1-\mu^2}(\varepsilon_{xx}+\mu\varepsilon_{yy})\\\sigma_{yy}&=\frac{E}{1-\mu^2}(\varepsilon_{yy}+\mu\varepsilon_{xx})\\\tau_{xy}&=\frac{E}{2(1+\mu)}\gamma_{xy}\end{aligned}\right\} \tag{7.65}$$

或写成

$$\boldsymbol{M}=\tilde{\boldsymbol{D}}\boldsymbol{\kappa} \tag{7.66}$$

其中 $\boldsymbol{M}=[M_y \quad M_x \quad M_{xy}]^{\mathrm{T}}$ 叫做**广义力**(generalized force),而薄板问题的弹性系数矩阵 $\tilde{\boldsymbol{D}}$ 为

$$\tilde{\boldsymbol{D}}=\frac{Eh^3}{12(1-\mu^2)}\begin{bmatrix}1&\mu&0\\\mu&1&0\\0&0&\dfrac{1-\mu}{2}\end{bmatrix}=D_0\begin{bmatrix}1&\mu&0\\\mu&1&0\\0&0&\dfrac{1-\mu}{2}\end{bmatrix} \tag{7.67}$$

- 边界条件

由于边界上涉及位移、挠度、集中剪力、力矩,可分为以下三种情况给出边界条件。

(1) 位移和转角边界条件

$$\left.\begin{aligned}w&=\bar{w}\\\frac{\partial w}{\partial n}&=\bar{\theta}\end{aligned}\right\}\quad 在\ S_1\ 上 \tag{7.68}$$

其中 $\bar{w}$,$\bar{\theta}$ 为给定的挠度和转角,n 为边界的法线方向。

(2) 位移和力矩边界条件

$$\left.\begin{aligned}w&=\bar{w}\\M_n&=\bar{M}_n\end{aligned}\right\}\quad 在\ S_2\ 上 \tag{7.69}$$

其中 $\bar{w}$,$\bar{M}_n$ 为给定的挠度和力矩,n 为边界的法线方向。

(3) 力矩和集中剪力边界条件

$$\left.\begin{aligned} M_n &= \overline{M}_n \\ Q_n + \frac{\partial M_{nm}}{\partial m} &= \overline{Q}_n \end{aligned}\right\} \quad \text{在 } S_3 \text{ 上} \tag{7.70}$$

其中 $\overline{M}_n, \overline{Q}_n$ 为给定的力矩和横向载荷(剪力),n 为边界的法线方向,m 为边界的切线方向,Q_n 是边界截面上单位长度的横向剪力。

• 系统的总势能

计算主要应力分量和应变分量所产生应变能以及外力功,可得到系统的总势能为

$$\Pi = \int_A \left(\frac{1}{2} \boldsymbol{\kappa}^{\mathrm{T}} \widetilde{\boldsymbol{D}} \boldsymbol{\kappa} - \overline{p} w \right) \mathrm{d}x\mathrm{d}y - \int_{S_3} \overline{Q}_n w \,\mathrm{d}s - \int_{S_2+S_3} \overline{M}_n \frac{\partial w}{\partial n} \mathrm{d}s \tag{7.71}$$

其中的基本变量为薄板中面的挠度 $w(x,y)$。

7.4.2 4节点矩形非协调薄板单元

如图 7.17 所示为 4 节点**矩形薄板单元**(rectangular plate bending element)。

该单元共有 12 个节点位移自由度(DOF),其节点位移列阵为

$$\underset{(12\times1)}{\boldsymbol{q}^e} = [\boldsymbol{q}_1^{\mathrm{T}} \quad \boldsymbol{q}_2^{\mathrm{T}} \quad \boldsymbol{q}_3^{\mathrm{T}} \quad \boldsymbol{q}_4^{\mathrm{T}}]^{\mathrm{T}} \tag{7.72}$$

其中 $\boldsymbol{q}_i$ 为每个节点的自由度(节点位移),即

$$\boldsymbol{q}_i = \left[w_i \quad \frac{\partial w_i}{\partial y} \quad -\frac{\partial w_i}{\partial x} \right]^{\mathrm{T}} \qquad (i=1,2,3,4) \tag{7.73}$$

也可以写成

$$\boldsymbol{q}_i = [w_i \quad \theta_{xi} \quad \theta_{yi}]^{\mathrm{T}} \qquad (i=1,2,3,4) \tag{7.74}$$

其中 $\theta_{xi} = \dfrac{\partial w_i}{\partial y}$, $\theta_{yi} = -\dfrac{\partial w_i}{\partial x}$ 为绕 x 轴和 y 轴的转角。

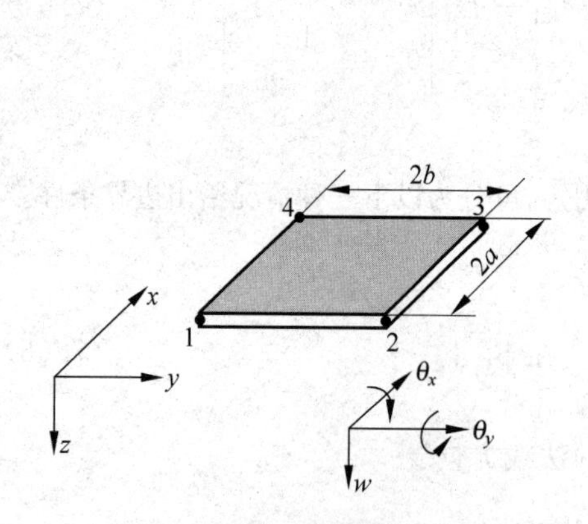

图 7.17 4 节点矩形薄板单元

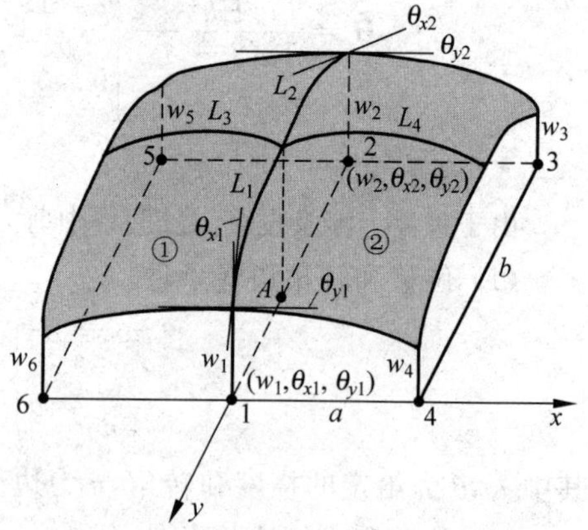

图 7.18 矩形板单元之间的连续性

由于有 4 个节点,每个节点有三个自由度,在取单元的位移模式时可以有 12 个待定系数,则薄板挠度的位移模式为完全的三次多项式加上两项具有对称性的

四次项,即

$$w(x,y)=a_1+a_2x+a_3y+a_4x^2+a_5xy+a_6y^2+a_7x^3+a_8x^2y+a_9xy^2+a_{10}y^3+a_{11}x^3y+a_{12}xy^3 \tag{7.75}$$

可以验证,$w(x,y)$的前三项代表薄板的刚体位移,其中 a_1 为 z 方向的刚体位移,a_2 和 a_3 分别代表板单元绕 y 轴及 x 轴的刚体转动,$(a_4x^2+a_5xy+a_6y^2)$项代表薄板弯曲的常应变。因此(7.75)式的位移函数满足完备性要求(即包含刚体位移和常应变)。

下面考察薄板挠度函数的连续性问题,设有两个相邻的矩形板单元,即单元①和单元②,如图7.18所示,L_1 线和 L_2 线为这两个单元公共邻线沿 y 方向的连线,L_3 线和 L_4 线为这两个单元中沿 x 方向的连线。下面分别分析沿 L_1 和 L_2 连线,以及沿 L_3 和 L_4 连线的挠度函数的连续性。

首先考虑沿 L_1 和 L_2 连线,如图7.18所示,这时 $x=0$,由(7.75)式,有

$$\left.\begin{aligned} w(x,y)\big|_{x=0} &= a_1+a_3y+a_6y^2+a_{10}y^3 \\ \left.\frac{\partial w(x,y)}{\partial y}\right|_{x=0} &= a_3+2a_6y+3a_{10}y^2 \end{aligned}\right\} \tag{7.76}$$

其中4个待定常数 a_1,a_3,a_6,a_{10},可以由节点1的函数值(w_1,θ_{x1})和节点2的函数值(w_2,θ_{x2})来进行插值而惟一确定。由于节点1和节点2是单元①和单元②的公共节点,因此所确定出的函数(7.76)式对于两个单元是相同的。

另一方面,就单元之间沿 x 方向的过渡连续性问题,即讨论图7.18中的 L_3 和 L_4 连线的连续性问题,同样将涉及相应的挠度和关于 x 的一阶导数。对于交点 A 处的挠度 w 和偏导数$\frac{\partial w}{\partial y}$(当 $x=0$ 时),可由(7.76)式的插值关系来确定,而对于交点 A 处的$\frac{\partial w}{\partial x}$,有

$$\left.\frac{\partial w(x,y)}{\partial x}\right|_{x=0}=a_2+a_5y+a_9y^2+a_{12}y^3 \tag{7.77}$$

其中4个待定常数 a_2,a_5,a_9,a_{12} 同样需要由公共节点1和节点2的函数值来插值确定,对于节点1和节点2的自由度($w_1,\theta_{x1},\theta_{y1}$)和($w_2,\theta_{x2},\theta_{y2}$),由于在(7.76)式的插值中已用了($w_1,\theta_{x1}$)和($w_2,\theta_{x2}$),这时节点1和2的自由度还剩下 $\theta_{y1}=-\left.\frac{\partial w}{\partial x}\right|_1$ 和 $\theta_{y2}=-\left.\frac{\partial w}{\partial x}\right|_2$,因此不能惟一确定(7.77)式中的4个待定系数 a_2,a_5,a_9,a_{12}。因此,可以看出,单元交界面上的 w 是连续的,但单元之间的法向导数的连续性一般不能满足,所以这种单元是非协调的,即表现出单元之间的 L_3 和 L_4 的过渡不是一阶导数连续。但由于这种单元能够通过拼片试验,所以当单元网格不断缩小时,计算结果还是可以收敛于精确解的。

当取位移模式为(7.75)式时,可以推导出形状函数矩阵为

$$\underset{(1\times12)}{\boldsymbol{N}}=\begin{bmatrix}\underset{(1\times3)}{\boldsymbol{N}_1} & \underset{(1\times3)}{\boldsymbol{N}_2} & \underset{(1\times3)}{\boldsymbol{N}_3} & \underset{(1\times3)}{\boldsymbol{N}_4}\end{bmatrix} \tag{7.78}$$

其中

$$\underset{(1\times3)}{\boldsymbol{N}_i}=\frac{1}{8}\begin{bmatrix}(\xi_0+1)(\eta_0+1)(2+\xi_0+\eta_0-\xi^2-\eta^2)\\ b\eta_i(\xi_0+1)(\eta_0+1)^2(\eta_0-1)\\ -a\xi_i(\xi_0+1)^2(\xi_0-1)(\eta_0+1)\end{bmatrix}^{\mathrm{T}}\quad(i=1,2,3,4)\tag{7.79}$$

其中 $\xi=(x-x_c)/a$，$\eta=(y-y_c)/b$，$\xi_0=\xi\xi_i$，$\eta_0=\eta\eta_i$，x_c 和 y_c 是单元中心的坐标。

7.4.3 3节点三角形非协调薄板单元

3节点**三角形薄板单元**(triangular plate bending element)共有9个节点位移自由度(DOF)，其节点位移列阵为

$$\underset{(9\times1)}{\boldsymbol{q}^e}=\begin{bmatrix}\boldsymbol{q}_1^{\mathrm{T}} & \boldsymbol{q}_2^{\mathrm{T}} & \boldsymbol{q}_3^{\mathrm{T}}\end{bmatrix}^{\mathrm{T}}\tag{7.80}$$

其中 $\boldsymbol{q}_i$ 为每个节点的自由度(节点位移)，即为(7.73)式或(7.74)式，这时的 $i=1,2,3$。

一个完全的三次多项式包含有10项，即

$$a_1+a_2x+a_3y+a_4x^2+a_5xy+a_6y^2+a_7x^3+a_8x^2y+a_9xy^2+a_{10}y^3\tag{7.81}$$

由于3节点三角形薄板单元每个节点的自由度为3个，共有9个节点位移自由度，可以惟一确定9个待定系数。为去掉(7.81)式中的一项，考虑到对称性，可以将 a_8 和 a_9 项合并为一项，而令 $a_8=a_9$，这样薄板挠度的位移模式中的待定系数为9个，则将(7.81)式写成

$$w(x,y)=\begin{bmatrix}1 & x & y & x^2 & xy & y^2 & x^3 & (xy^2+x^2y) & y^3\end{bmatrix}\cdot\underset{(9\times1)}{\boldsymbol{a}}\tag{7.82}$$

其中 $\boldsymbol{a}=\begin{bmatrix}a_1 & a_2 & \cdots & a_9\end{bmatrix}^{\mathrm{T}}$。将节点条件代入(7.82)式中，可以得到

$$\underset{(9\times1)}{\boldsymbol{q}^e}=\underset{(9\times9)}{\boldsymbol{H}}\cdot\underset{(9\times1)}{\boldsymbol{a}}\tag{7.83}$$

其中 $\underset{(9\times9)}{\boldsymbol{H}}$ 为由单元3个节点几何位置所确定的系数矩阵。由(7.83)式求出 $\boldsymbol{a}$ 后，再代入(7.82)式，可获得单元的形状函数矩阵。在求解 $\boldsymbol{a}$ 的过程中，需要对 $\boldsymbol{H}$ 求逆，但 $\boldsymbol{H}$ 的行列式值为

$$|\boldsymbol{H}|=(x_2-x_1)^5y_3^5(y_3-x_2-x_1)\tag{7.84}$$

则当三角形的高为 $y_3=x_1+x_2$ 时(包括等腰直角三角形)，$\boldsymbol{H}$ 的行列式为零，即它不能求逆。这意味着该三角形单元将具有一个"**零函数**(zero function)"或"**气泡状函数**(bulb function)"，即在边界上的9个节点参数都等于零的情况下，仍然可能存在一个非零的位移函数，具有"零函数"的单元称为"亏损的"单元，表明该类型单元有缺陷，其原因是强令 x^2y 和 xy^2 的系数相同所致。

上述困难可以通过引入面积坐标的方法加以克服[14]，在讨论 $w=L_2$，$w=L_2^2L_3$，$w=L_1L_2L_3$ 这几种函数性质的基础上，可以将薄板挠度 $w(L_1,L_2,L_3)$ 的位移模式取为

$$\begin{aligned}w(L_1,L_2,L_3)=&a_1L_1+a_2L_2+a_3L_3+a_4(L_2^2L_1+cL_1L_2L_3)+a_5(L_2^2L_3+cL_1L_2L_3)\\&+a_6(L_3^2L_1+cL_1L_2L_3)+a_7(L_3^2L_2+cL_1L_2L_3)\\&+a_8(L_1^2L_2+cL_1L_2L_3)+a_9(L_1^2L_3+cL_1L_2L_3)\end{aligned}\tag{7.85}$$

由于该函数不是完全三次式，所以不能保证 w 满足常应变的要求，但当取 $c=1/2$ 时[14]，(7.85)式的函数正好满足常应变的要求。分析表明该单元为非协调单元。

经过推导，可得到3节点三角形薄板单元的形状函数矩阵为

$$\underset{(1\times9)}{\boldsymbol{N}}=\begin{bmatrix}\underset{(1\times3)}{\boldsymbol{N}_1} & \underset{(1\times3)}{\boldsymbol{N}_2} & \underset{(1\times3)}{\boldsymbol{N}_3}\end{bmatrix} \tag{7.86}$$

其中

$$\underset{(1\times3)}{\boldsymbol{N}_1}=\begin{bmatrix}(L_1+L_1^2L_2+L_1^2L_3-L_1L_2^2-L_1L_3^2)\\ b_2\left(L_3L_1^2+\frac{1}{2}L_1L_2L_3\right)-b_3\left(L_1^2L_2+\frac{1}{2}L_1L_2L_3\right)\\ c_2\left(L_3L_1^2+\frac{1}{2}L_1L_2L_3\right)-c_3\left(L_1^2L_2+\frac{1}{2}L_1L_2L_3\right)\end{bmatrix}^{\mathrm{T}} \tag{7.87}$$

而 $\boldsymbol{N}_2,\boldsymbol{N}_3$ 可以通过下标 1→2→3→1 的轮换来得到。(7.87)式中的 b_i,c_i 为面积坐标变换中的常数，参见公式(5.12)。

7.4.4 常用弯曲薄板单元一览

4节点矩形薄板单元

(1) Adini-Clough-Melosh (ACM) 非协调单元

$$\begin{aligned}w(x,y)=&a_1+a_2x+a_3y+a_4x^2+a_5xy+a_6y^2+a_7x^3\\&+a_8x^2y+a_9xy^2+a_{10}y^3+a_{11}x^3y+a_{12}xy^3\end{aligned}$$

每个节点的自由度：$w,\partial w/\partial x,\partial w/\partial y$。

(2) Bogner-Fox-Schmit (BFS-16) 协调单元

$$\begin{aligned}w(x,y)=\sum_{i=1}^{2}\sum_{j=1}^{2}\Big[&H_{0i}^{(1)}(x)H_{0j}^{(1)}(y)w_{ij}+H_{1i}^{(1)}(x)H_{0j}^{(1)}(y)\left(\frac{\partial w}{\partial x}\right)_{ij}\\&+H_{0i}^{(1)}(x)H_{1j}^{(1)}(y)\left(\frac{\partial w}{\partial y}\right)_{ij}+H_{1i}^{(1)}(x)H_{1j}^{(1)}(y)\left(\frac{\partial^2 w}{\partial x\partial y}\right)_{ij}\Big]\end{aligned}$$

每个节点(x 方向的编号为 i，y 方向的编号为 j)的自由度：$w,\left(\frac{\partial w}{\partial x}\right),\left(\frac{\partial w}{\partial y}\right),\left(\frac{\partial^2 w}{\partial x\partial y}\right)$，$H_{kl}^{(p)}$ 为 Hermite 插值函数，(p) 为 Hermite 插值多项式的阶次，k 为导数变化的指标数，l 为节点号，下同。

(3) Bogner-Fox-Schmit (BFS-24) 高精度协调单元

$$\begin{aligned}w(x,y)=\sum_{i=1}^{2}\sum_{j=1}^{2}\Big[&H_{0i}^{(2)}(x)H_{0j}^{(2)}(y)w_{ij}+H_{1i}^{(2)}(x)H_{0j}^{(2)}(y)\left(\frac{\partial w}{\partial x}\right)_{ij}\\&+H_{0i}^{(2)}(x)H_{1j}^{(2)}(y)\left(\frac{\partial w}{\partial y}\right)_{ij}+H_{2i}^{(2)}(x)H_{0j}^{(2)}(y)\left(\frac{\partial^2 w}{\partial x^2}\right)_{ij}\\&+H_{0i}^{(2)}(x)H_{2j}^{(2)}(y)\left(\frac{\partial^2 w}{\partial y^2}\right)_{ij}+H_{1i}^{(2)}(x)H_{1j}^{(2)}(y)\left(\frac{\partial^2 w}{\partial x\partial y}\right)_{ij}\Big]\end{aligned}$$

每个节点的自由度：$w,\left(\frac{\partial w}{\partial x}\right),\left(\frac{\partial w}{\partial y}\right),\left(\frac{\partial^2 w}{\partial x^2}\right),\left(\frac{\partial^2 w}{\partial x\partial y}\right),\left(\frac{\partial^2 w}{\partial y^2}\right)$。

3 节点三角形薄板单元

(1) Tocher (T-9) 非协调单元

$$w(x,y)=a_1+a_2x+a_3y+a_4x^2+a_5xy+a_6y^2+a_7x^3+a_8(x^2y+xy^2)+a_9y^3$$

每个节点的自由度：$w,\partial w/\partial x,\partial w/\partial y$。

(2) Tocher (T-10) 非协调单元

$$w(x,y)=a_1+a_2x+a_3y+a_4x^2+a_5xy+a_6y^2+a_7x^3+a_8x^2y+a_9xy^2+a_{10}y^3$$

每个节点的自由度：$w,\partial w/\partial x,\partial w/\partial y$。

(利用里兹法将系数 a_9 压缩掉。)

(3) Adini (A-9) 非协调单元

$$w(x,y)=a_1+a_2x+a_3y+a_4x^2+a_5y^2+a_6x^3+a_7y^3+a_8x^2y+a_9xy^2$$

每个节点的自由度：$w,\partial w/\partial x,\partial w/\partial y$。

(位移模式中忽略了交叉项 xy)

(4) Cowper (C-18) 协调单元

$$w(x,y)=a_1+a_2x+a_3y+a_4x^2+a_5y^2+a_6xy+a_7x^3+a_8y^3+a_9x^2y+a_{10}xy^2+a_{11}x^4+a_{12}y^4+a_{13}x^3y+a_{14}xy^3+a_{15}x^2y^2+a_{16}x^5+a_{17}y^5+a_{18}x^4y+a_{19}xy^4+a_{20}x^3y^2+a_{21}x^2y^3$$

(需施加三个约束方程，可将 21 个待定系数变为 18 个，这三个约束方程使得单元每一边上的法向梯度$\partial w/\partial n$ 为一个三次函数。)

每个节点的自由度：$w,\partial w/\partial x,\partial w/\partial y,\partial^2 w/\partial x^2,\partial^2 w/\partial y^2,\partial^2 w/\partial x\partial y$。

7.5 子结构与超级单元

结构的重复性表现在“几何空间上”和“计算时间上”，所谓“几何空间上”的重复意味着结构形式在几何上是重复的；所谓“计算时间上”的重复意味着结构的某一部分在多次计算中是重复的，多次计算一般在优化分析、非线性分析、动态分析中经常出现，因需要进行反复的迭代。

对于“几何空间上”的重复性，我们可以采用**子结构**(sub-structure)分析方法进行处理；而对于“计算时间上”的重复性，我们采用**超级单元**(super-element)的分析方法进行处理，从实质上讲超级单元也是一种子结构。

7.5.1 子结构

系统中具有相同特征和性质的局部结构称为子结构，如图 7.19 所示，由于该结构具有几何上的多种重复性，可以将其划分为多级子结构。

子结构方法的实施步骤：

(1) 取具有重复性的结构作为子结构(可以有多级子结构)。

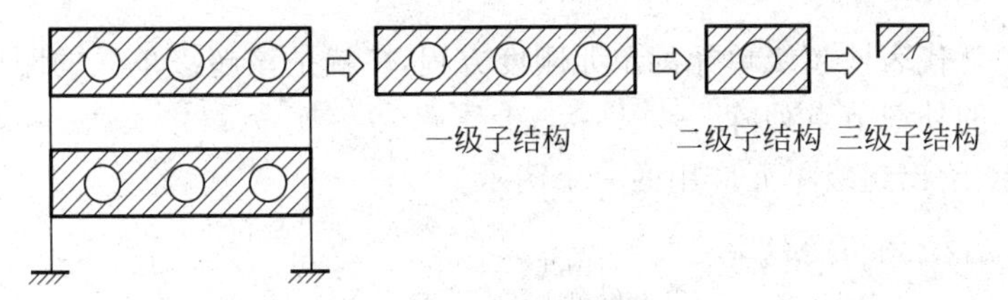

图7.19　子结构的划分

(2) 对最底层子结构进行分析,形成刚度方程并缩聚。

设第 k 级子结构的刚度方程为

$$\begin{bmatrix} \boldsymbol{K}_{aa}^{(k)} & \boldsymbol{K}_{ab}^{(k)} \\ \boldsymbol{K}_{ba}^{(k)} & \boldsymbol{K}_{bb}^{(k)} \end{bmatrix} \begin{bmatrix} \boldsymbol{q}_{\text{out}}^{(k)} \\ \boldsymbol{q}_{\text{inn}}^{(k)} \end{bmatrix} = \begin{bmatrix} \boldsymbol{P}_{\text{out}}^{(k)} \\ \boldsymbol{P}_{\text{inn}}^{(k)} \end{bmatrix} \tag{7.88}$$

其中 $\boldsymbol{q}_{\text{out}}^{(k)}$ 为第 k 级子结构中与外部单元发生连接关系的节点位移,$\boldsymbol{q}_{\text{inn}}^{(k)}$ 为第 k 级子结构中的内部节点位移。

按照第6.4节的缩聚方法对该方程进行缩聚处理,可得到新的刚度方程为

$$\widetilde{\boldsymbol{K}}^{(k)} \boldsymbol{q}_{\text{out}}^{(k)} = \widetilde{\boldsymbol{P}}^{(k)} \tag{7.89}$$

其中

$$\left.\begin{aligned} \widetilde{\boldsymbol{K}}^{(k)} &= \boldsymbol{K}_{aa}^{(k)} - \boldsymbol{K}_{ab}^{(k)} (\boldsymbol{K}_{bb}^{(k)})^{-1} \boldsymbol{K}_{ba}^{(k)} \\ \widetilde{\boldsymbol{P}}^{(k)} &= \boldsymbol{P}_{\text{out}}^{(k)} - \boldsymbol{K}_{ab}^{(k)} (\boldsymbol{K}_{bb}^{(k)})^{-1} \boldsymbol{P}_{\text{inn}}^{(k)} \end{aligned}\right\} \tag{7.90}$$

(3) 将子结构进行装配形成上一级子结构(采用坐标变换并进行再缩聚)。

(4) 对多级子结构全部处理完后,形成最后的整体刚度方程,并进行求解。

(5) 将结果进行回代,再求各级子结构内部的节点位移和其他物理量。

7.5.2　超级单元

超级单元(super-element)为一种广义的特定单元,它在实际应用中可根据需要具体产生,产生后的超级单元实际上为一个经缩聚内部节点自由度后的子结构,它表现为只有与外部有连接关系的节点位移自由度,构建超级单元的目的是减小计算量,特别是在需要多次迭代的复杂计算过程中(如接触问题,非线性分析等)可以充分体现出它的优越性。由于超级单元的使用,既可以大大减小每次生成刚度矩阵的计算量,同时也减小了计算规模,从而获得较高的计算效率。

对于一个实际结构,如果有以下刚度方程:

$$\begin{bmatrix} \boldsymbol{K}_{mm} & \boldsymbol{K}_{ms} \\ \boldsymbol{K}_{sm} & \boldsymbol{K}_{ss} \end{bmatrix} \begin{bmatrix} \boldsymbol{q}_{\text{m}} \\ \boldsymbol{q}_{\text{s}} \end{bmatrix} = \begin{bmatrix} \boldsymbol{P}_{\text{m}} \\ \boldsymbol{P}_{\text{s}} \end{bmatrix} \tag{7.91}$$

其中 $\boldsymbol{q}_{\text{m}}$ 为"**主节点**"(master node)的节点位移,也叫做"**主自由度**"(master DOF),$\boldsymbol{q}_{\text{s}}$ 为"**从节点**"(slave node)的节点位移。一般来说,将"从节点"看作为内部节点,可以对"从节点"的节点位移 $\boldsymbol{q}_{\text{s}}$ 进行缩聚,得到以下方程:

$$\widetilde{\boldsymbol{K}} \boldsymbol{q}_{\text{m}} = \widetilde{\boldsymbol{P}} \tag{7.92}$$

其中

$$\widetilde{\boldsymbol{K}} = \boldsymbol{K}_{mm} - \boldsymbol{K}_{ms} \boldsymbol{K}_{ss}^{-1} \boldsymbol{K}_{sm} \tag{7.93}$$

$$\widetilde{\boldsymbol{P}} = \boldsymbol{P}_{\text{m}} - \boldsymbol{K}_{ms} \boldsymbol{K}_{ss}^{-1} \boldsymbol{P}_{\text{s}} \tag{7.94}$$

方程(7.92)就代表该超级单元的单元刚度方程，$\widetilde{\boldsymbol{K}}$ 就是该超级单元的刚度矩阵，$\widetilde{\boldsymbol{P}}$ 为超级单元的外载节点列阵。

图 7.20 给出超级单元应用的一个图示。

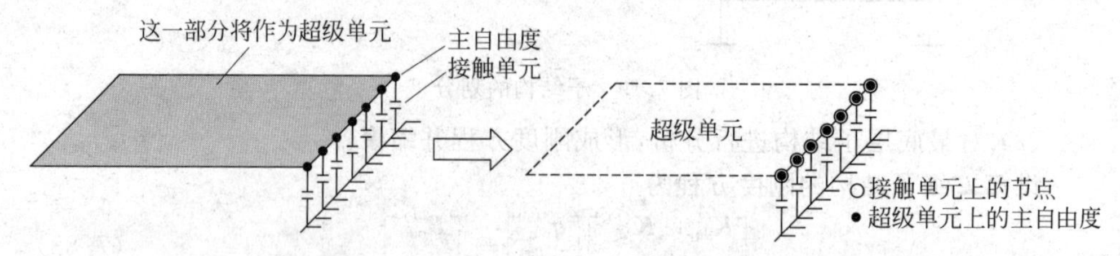

图 7.20 接触问题中超级单元的应用

7.6 特殊高精度单元

7.6.1 升阶谱单元

1. 基本原理

如果构造一个级数来逼近单元的位移函数，则

$$u(\xi)=\sum_{i=1}^{n}h_i f_i(\xi)=\underset{(1\times n)}{\boldsymbol{N}(\xi)}\cdot\underset{(n\times 1)}{\boldsymbol{q}^e}\tag{7.95}$$

其中 $\boldsymbol{N}(\xi)$ 为升阶谱形状函数矩阵，$\boldsymbol{q}^e$ 为升阶谱广义节点位移，$f_i(\xi)$ 为升阶谱级数的**基底函数**(base function)，h_i 为升阶谱的自由度，为待定系数。以这种方式来构造单元的场函数，其单元就叫做**升阶谱单元**(hierarchical finite element)。

显然，这里

$$\boldsymbol{q}^e=[h_1\quad h_2\quad h_3\quad\cdots\quad h_n]^{\mathrm{T}}\tag{7.96}$$

$$\boldsymbol{N}(\xi)=[f_1(\xi)\quad f_2(\xi)\quad\cdots\quad f_n(\xi)]\tag{7.97}$$

由方程(7.95)可知，升阶谱函数的项数 n 是可以根据具体情况来确定的，当对精度的要求不高时，n 可以取得较小，而对精度的要求很高时，n 可以取得很大，因此可以根据需要来调节 n。下面以一维问题为例来讨论刚度矩阵的推导。

对于一维问题，如果将单元的位移函数取为(7.95)式，则它的应变为

$$\varepsilon(\xi)=[\partial]u(\xi)=\underset{(1\times n)}{\boldsymbol{B}(\xi)}\cdot\underset{(n\times 1)}{\boldsymbol{q}^e}=[f_1'(\xi)\quad f_2'(\xi)\quad\cdots\quad f_n'(\xi)]\cdot\boldsymbol{q}^e\tag{7.98}$$

那么其单元刚度矩阵为

$$\begin{aligned}\underset{(n\times n)}{\boldsymbol{K}^e}&=\int_\Omega\boldsymbol{B}^{\mathrm{T}}\boldsymbol{D}\boldsymbol{B}\,\mathrm{d}\Omega\\&=EA\begin{bmatrix}\int_l f_1'(\xi)f_1'(\xi)\mathrm{d}\xi & \int_l f_1'(\xi)f_2'(\xi)\mathrm{d}\xi & \cdots & \int_l f_1'(\xi)f_n'(\xi)\mathrm{d}\xi\\ \int_l f_2'(\xi)f_1'(\xi)\mathrm{d}\xi & \int_l f_2'(\xi)f_2'(\xi)\mathrm{d}\xi & \cdots & \int_l f_2'(\xi)f_n'(\xi)\mathrm{d}\xi\\ \vdots & \vdots & \ddots & \vdots\\ \int_l f_n'(\xi)f_1'(\xi)\mathrm{d}\xi & \int_l f_n'(\xi)f_2'(\xi)\mathrm{d}\xi & \cdots & \int_l f_n'(\xi)f_n'(\xi)\mathrm{d}\xi\end{bmatrix}\end{aligned}\tag{7.99}$$

其中 E 为单元的弹性模量，A 为单元的横截面积，l 为单元的长度。从(7.99)式单元刚度矩阵的构成可以看出，高阶单元对低阶单元具有"**包容性**(inclusive property)"，即，如果 $n>m$，设 $p=n-m$，则位移函数取有 n 项的单元的刚度矩阵为

$$\underset{(n\times n)}{\boldsymbol{K}^e} = \left[\begin{array}{c:c} \underset{(m\times m)}{\boldsymbol{K}^e} & \underset{(m\times p)}{\boldsymbol{K}^e} \\ \hdashline \underset{(p\times m)}{\boldsymbol{K}^e} & \underset{(p\times p)}{\boldsymbol{K}^e} \end{array}\right] \tag{7.100}$$

其中 $\underset{(m\times m)}{\boldsymbol{K}^e}$ 为位移函数取前 m 项的单元的刚度矩阵，显然，有 $\underset{(m\times m)}{\boldsymbol{K}^e} \in \underset{(n\times n)}{\boldsymbol{K}^e}$，即低阶单元的刚度矩阵是高阶单元刚度矩阵的一个子集。那么在形成高阶刚度矩阵时，可以充分利用已有的低阶刚度矩阵，只需要进行少量的扩充即可。这在自适应分析中十分有用，因为，自适应分析一般都是多进程分析，即根据误差的状况需要进行多次计算，在升阶计算中，对于刚度矩阵而言，可以在前一次的基础上进行扩充，而不必完全重新计算[20]。

2. C_0 型升阶谱杆单元

如图 7.21 所示的 2 节点升阶谱杆单元，其升阶谱级数的基底函数为 Legendre 正交多项式的 Rodrigue 形式(C_0 型问题)，即

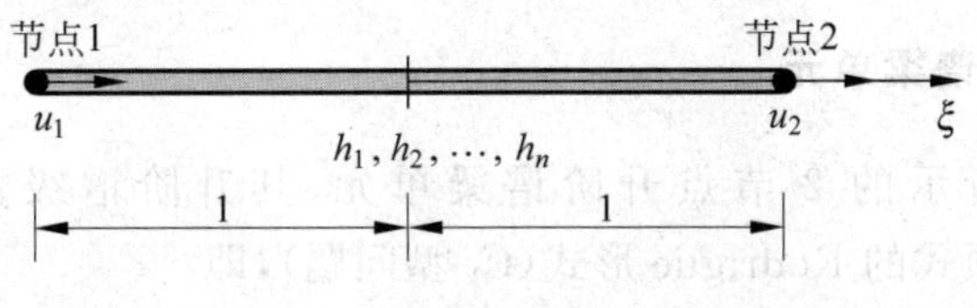

图 7.21　2 节点升阶谱杆单元

$$\left.\begin{aligned} f_1(\xi) &= \frac{1}{2}-\frac{1}{2}\xi \\ f_2(\xi) &= \frac{1}{2}+\frac{1}{2}\xi \\ f_3(\xi) &= -\frac{1}{2}+\frac{1}{2}\xi^2 \\ f_4(\xi) &= -\frac{1}{2}\xi+\frac{1}{2}\xi^3 \\ f_5(\xi) &= \frac{1}{8}-\frac{3}{4}\xi^2+\frac{5}{8}\xi^4 \\ &\vdots \end{aligned}\right\} \tag{7.101}$$

$$f_r(\xi) = \sum_{n=0}^{\mathrm{int}\left(\frac{r}{2}\right)} \frac{(-1)^n(2r-2n-5)!!}{2^n n!(r-2n-1)!}\xi^{r-2n-1} \qquad r>2 \tag{7.102}$$

其中 $k!!=k(k-2)(k-4)\cdots$，　$0!!=(-1)!!=1$，　$\mathrm{int}(r/2)$表示取其整数部分。

可以验证以上函数在单元的两个端节点上有性质

$$\left.\begin{aligned} f_r(\xi=-1) &= 0 \\ f_r(\xi=1) &= 0 \end{aligned}\right\} \quad (r>2) \tag{7.103}$$

该单元的位移函数可以写成

$$u(\xi)=\sum_{i=1}^{n}h_i f_i(\xi)=h_1 f_1(\xi)+h_2 f_2(\xi)+\sum_{i=3}^{n}h_i f_i(\xi) \tag{7.104}$$

对于图 7.21 所示的 2 节点单元，由于有节点条件

$$\left.\begin{aligned}u(\xi=-1)&=u_1\\u(\xi=1)&=u_2\end{aligned}\right\} \tag{7.105}$$

将(7.104)式代入(7.105)式中，并考虑到(7.103)式，则有

$$\left.\begin{aligned}h_1&=u_1\\h_2&=u_2\end{aligned}\right\} \tag{7.106}$$

和原普通的 2 节点杆单元进行比较，(7.104)式中的前两项就是普通杆单元的表达式，即

$$u(\xi)=N_1u_1+N_2u_2+\sum_{i=3}^{n}h_i f_i(\xi) \tag{7.107}$$

其中 N_1、N_2 为普通 2 节点杆单元的形状函数，u_1、u_2 为节点位移。由于刚度矩阵的计算是积分运算，见公式(7.99)，而由(7.101)式所表达的函数为多项式，在积分计算中将带来一定的数值误差，特别是在高阶时($n>10$)，其误差将是较大的，一般情况下，升阶谱有限元的最高阶次不超过 9 次。

3. C_1 型升阶谱梁单元

如图 7.22 所示的 2 节点升阶谱梁单元，其升阶谱级数的基底函数为 Legendre 正交多项式的 Rodrigue 形式(C_1 型问题)，即

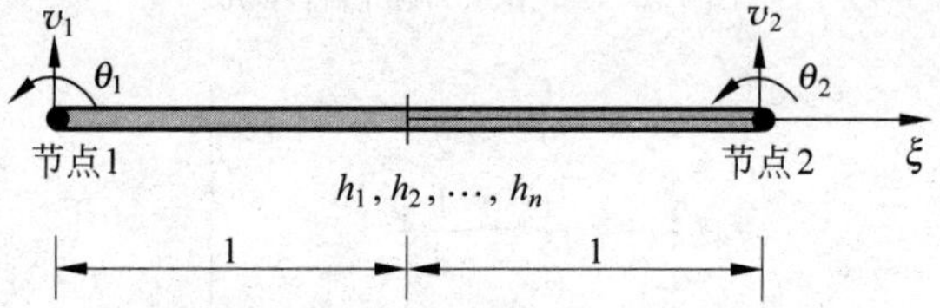

图 7.22　2 节点升阶谱梁单元

$$\left.\begin{aligned}f_1(\xi)&=\frac{1}{2}-\frac{3}{4}\xi+\frac{1}{4}\xi^3\\f_2(\xi)&=\frac{1}{8}-\frac{1}{8}\xi-\frac{1}{8}\xi^2+\frac{1}{8}\xi^3\\f_3(\xi)&=\frac{1}{2}+\frac{3}{4}\xi-\frac{1}{4}\xi^3\\f_4(\xi)&=-\frac{1}{8}-\frac{1}{8}\xi+\frac{1}{8}\xi^2+\frac{1}{8}\xi^3\\f_5(\xi)&=\frac{1}{8}-\frac{1}{4}\xi^2+\frac{1}{8}\xi^4\\&\ \vdots\end{aligned}\right\} \tag{7.108}$$

$$f_r(\xi) = \sum_{n=0}^{\mathrm{int}\left(\frac{r}{2}\right)} \frac{(-1)^n (2r-2n-7)!!}{2^n n!(r-2n-1)!} \xi^{r-2n-1} \quad (r > 4) \tag{7.109}$$

可以验证以上函数在单元的两个端节点上有性质

$$\left.\begin{array}{ll} f_r(\xi=-1)=0, & f'_r(\xi=-1)=0 \\ f_r(\xi=1)=0, & f'_r(\xi=1)=0 \end{array}\right\} \quad (r>4) \tag{7.110}$$

该单元的位移函数可以写成

$$\begin{aligned} v(\xi) &= \sum_{i=1}^{n} h_i f_i(\xi) \\ &= h_1 f_1(\xi) + h_2 f_2(\xi) + h_3 f_3(\xi) + h_4 f_4(\xi) + \sum_{i=5}^{n} h_i f_i(\xi) \end{aligned} \tag{7.111}$$

对于图 7.22 所示的 2 节点梁单元，有节点条件

$$\left.\begin{array}{ll} v(\xi=-1)=v_1, & v'(\xi=-1)=\theta_1 \\ v(\xi=1)=v_2, & v'(\xi=1)=\theta_2 \end{array}\right\} \tag{7.112}$$

将(7.111)式代入(7.112)式中，并考虑到(7.110)式，则可得到

$$\left.\begin{array}{ll} h_1=v_1, & h_2=\theta_1 \\ h_3=v_2, & h_4=\theta_2 \end{array}\right\} \tag{7.113}$$

和原普通的 2 节点梁单元进行比较，(7.111)式中的前 4 项就是普通梁单元的表达式，即

$$v(\xi) = N_1 v_1 + N_2 \theta_1 + N_3 v_2 + N_4 \theta_2 + \sum_{i=5}^{n} h_i f_i(\xi) \tag{7.114}$$

同样，由于基底函数 $f_i(\xi)$ 为多项式，在进行数值积分时会带来较大的误差[21]，所以在一般情况下，对梁单元而言，升阶谱有限元的最高阶次不超过 9 次。

7.6.2 复合单元方法

复合单元法 (composite element method，简称 CEM)是一种新的数值分析方法，它将有限元方法与经典解析方法相结合来构造新的单元[35]，已在杆、扭转轴、梁、平面 C_0 型问题、C_1 型弯曲问题的静动力学分析中得到了成功的应用，其基本思路是在常规有限元位移场的插值多项式的基础上，耦合进经典的解析解[36]，从而能够更精确地描述单元内部的位移场，只需划分少量的单元就可以得到高精度的解。

1. 基本原理

对于一个离散单元，不失一般性，可以选择以下多项式函数和解析函数来共同描述位移场，即

$$u(\xi) = u_{\mathrm{fem}}(\xi) + u_{\mathrm{ct}}(\xi) \tag{7.115}$$

其中 $u_{\mathrm{fem}}(\xi)$ 为多项式函数，$u_{\mathrm{ct}}(\xi)$ 为解析函数。将 $u_{\mathrm{fem}}(\xi)$ 取为常规有限元方法中

的插值函数，即

$$u_{\text{fem}}(\xi)=\boldsymbol{N}_{\text{fem}}(\xi)\cdot\boldsymbol{q}_{\text{fem}}^{e}\tag{7.116}$$

其中 $\boldsymbol{N}_{\text{fem}}(\xi)$是一个基于节点插值关系的形状函数矩阵，$\boldsymbol{q}_{\text{fem}}^{e}$为节点位移列阵。如果将 $u_{\text{ct}}(\xi)$表达为

$$\begin{aligned}u_{\text{ct}}(\xi)&=c_1\phi_1(\xi)+c_2\phi_2(\xi)+\cdots+c_n\phi_n(\xi)\\&=\boldsymbol{\phi}(\xi)\cdot\boldsymbol{c}\end{aligned}\tag{7.117}$$

其中 $\boldsymbol{\phi}(\xi)=[\phi_1(\xi)\quad\phi_2(\xi)\quad\cdots\quad\phi_n(\xi)]$是由经典解析理论所获得的解析函数，$\boldsymbol{c}=[c_1\quad c_2\quad\cdots\quad c_n]^{\mathrm{T}}$ 是待定系数，也叫 $\boldsymbol{c}$ 自由度或者 $\boldsymbol{c}$ 坐标。则基底函数$\boldsymbol{\phi}(\xi)$必须满足某些要求，以使所构成的函数(7.115)式具有整体的连续性和协调性。可以看出，(7.115)式所表达的位移函数是由两部分复合而成的，第一部分(也就是有限元的插值函数)$\boldsymbol{N}_{\text{fem}}(\xi)\cdot\boldsymbol{q}_{\text{fem}}^{e}$已经满足了节点条件；很明显，第二部分$\boldsymbol{\phi}(\xi)\boldsymbol{c}$必须在单元的节点处取零值，即零边界条件(即位移和各阶导数为零)。

具体地，对 C_0 型问题(以 2 节点单元为例)，节点零边界条件是

$$\phi_r(\xi)\big|_{\xi=0}=0,\quad\phi_r(\xi)\big|_{\xi=l}=0\qquad(r=1,2,\cdots,n)\tag{7.118}$$

对 C_1 型问题(以 2 节点单元为例)，节点零边界条件是

$$\left.\begin{aligned}&\phi_r(\xi)\big|_{\xi=0}=0,\quad\phi_r(\xi)\big|_{\xi=l}=0\\&\left.\frac{\mathrm{d}\phi_r(\xi)}{\mathrm{d}\xi}\right|_{\xi=0}=0,\quad\left.\frac{\mathrm{d}\phi_r(\xi)}{\mathrm{d}\xi}\right|_{\xi=l}=0\end{aligned}\right\}\quad(r=1,2,\cdots,n)\tag{7.119}$$

对 C_k 型问题(以 2 节点单元为例)，零边界条件是

$$\left.\begin{aligned}&\phi_r(\xi)\big|_{\xi=0}=0,\quad\phi_r(\xi)\big|_{\xi=l}=0\\&\left.\frac{\mathrm{d}\phi_r(\xi)}{\mathrm{d}\xi}\right|_{\xi=0}=0,\quad\left.\frac{\mathrm{d}\phi_r(\xi)}{\mathrm{d}\xi}\right|_{\xi=l}=0\\&\qquad\vdots\\&\left.\frac{\mathrm{d}^k\phi_r(\xi)}{\mathrm{d}\xi^k}\right|_{\xi=0}=0,\quad\left.\frac{\mathrm{d}^k\phi_r(\xi)}{\mathrm{d}\xi^k}\right|_{\xi=l}=0\end{aligned}\right\}\tag{7.120}$$

零边界条件是非常重要的，因为将在该条件下由经典力学理论来求取(7.115)式中第二部分 $\phi_r(\xi)$的表达式。对于一个具体的单元，可在上述零边界条件下，对单元的自然振动问题进行解析求解，可得到一系列振型函数：$\phi_1(\xi),\phi_1(\xi),\cdots,\phi_n(\xi)$，它们的线性组合可以组成位移场函数的第二部分 $u_{\text{ct}}(\xi)$，即

$$u_{\text{ct}}(\xi)=\sum_{r=1}^{n}c_r\phi_r(\xi)\tag{7.121}$$

2. C_0 型杆单元

对于 2 节点杆单元，设节点的位移为 u_1 和 u_2，长度为 l，横截面积为 A，基于原理(7.115)，可以构造出单元的复合位移场函数为

$$u(x)=u_{\text{fem}}(x)+u_{\text{ct}}(x)\tag{7.122}$$

即

$$
\begin{aligned}
u(x) &= \left(1-\frac{x}{l}\right)u_1+\frac{x}{l}u_2+c_1\sin\left(\pi\frac{x}{l}\right)+c_2\sin\left(2\pi\frac{x}{l}\right)+\cdots+c_n\sin\left(n\pi\frac{x}{l}\right)\\
&= \boldsymbol{N}_{\text{fem}}(x)\cdot\boldsymbol{q}^{e}_{\text{fem}}+\boldsymbol{\phi}(x)\boldsymbol{c}\\
&= \boldsymbol{N}_{\text{cem}}(x)\cdot\boldsymbol{q}^{e}_{\text{cem}}
\end{aligned}
\tag{7.123}
$$

其中

$$
\begin{aligned}
\boldsymbol{N}_{\text{cem}}(x) &= \left[\boldsymbol{N}_{\text{fem}}(x)\quad\boldsymbol{\phi}(x)\right]\\
&= \left[\left(1-\frac{x}{l}\right)\quad\frac{x}{l}\quad\sin\pi\frac{x}{l}\quad\sin2\pi\frac{x}{l}\quad\cdots\quad\sin n\pi\frac{x}{l}\right]
\end{aligned}
\tag{7.124}
$$

$$
\begin{aligned}
\boldsymbol{q}^{e}_{\text{cem}} &= \left[\boldsymbol{q}^{e\mathrm{T}}_{\text{fem}}\quad\boldsymbol{c}^{\mathrm{T}}\right]^{\mathrm{T}}\\
&= \left[u_1\quad u_2\quad c_1\quad c_2\quad\cdots\quad c_n\right]^{\mathrm{T}}
\end{aligned}
\tag{7.125}
$$

以上公式中的基底函数矩阵$\boldsymbol{\phi}(x)=\left[\sin\pi\frac{x}{l}\quad\sin2\pi\frac{x}{l}\quad\cdots\quad\sin n\pi\frac{x}{l}\right]$是杆单元在零边界条件下求解自然振动问题所得到的解析解，有了复合单元的形状函数矩阵，就可以按有限元方法的一般推导过程来计算单元的刚度矩阵和质量矩阵，即有

$$
\begin{aligned}
\boldsymbol{K}^{e} &= \int_{l}\boldsymbol{B}^{\mathrm{T}}_{\text{cem}}E\boldsymbol{B}_{\text{cem}}\cdot A\cdot\mathrm{d}x\\
&= \frac{EA}{l}
\begin{array}{c}
\begin{array}{cccccc}
u_1 & u_2 & c_1 & c_2 & \cdots & c_n\\
\downarrow & \downarrow & \downarrow & \downarrow & & \downarrow
\end{array}\\
\left[\begin{array}{cc:cccc}
1 & -1 & & & & \\
-1 & 1 & & 0 & & \\
\hdashline
 & & \frac{\pi^2}{2} & & & \\
 & & & \frac{4\pi^2}{2} & & \\
 & 0 & & & \ddots & \\
 & & & & & \frac{n^2\pi^2}{2}
\end{array}\right]
\begin{array}{l}
\leftarrow u_1\\
\leftarrow u_2\\
\leftarrow c_1\\
\leftarrow c_2\\
\vdots\\
\leftarrow c_n
\end{array}
\end{array}
\end{aligned}
\tag{7.126}
$$

$$
\begin{aligned}
\boldsymbol{M}^{e} &= \int_{l}\boldsymbol{N}^{\mathrm{T}}_{\text{cem}}\boldsymbol{N}_{\text{cem}}\cdot\rho A\cdot\mathrm{d}x\\
&= \rho Al
\begin{array}{c}
\begin{array}{cccccc}
u_1 & u_2 & c_1 & c_2 & \cdots & c_n\\
\downarrow & \downarrow & \downarrow & \downarrow & & \downarrow
\end{array}\\
\left[\begin{array}{cc:cccc}
\frac{1}{3} & \frac{1}{6} & & \text{对} & & \\
\frac{1}{6} & -\frac{1}{3} & & & \text{称} & \\
\hdashline
\frac{1}{\pi} & \frac{1}{\pi} & \frac{1}{2} & & & \\
\frac{1}{2\pi} & -\frac{1}{2\pi} & & \frac{1}{2} & & \\
\vdots & \vdots & & & \ddots & \\
\frac{1}{n\pi} & \frac{(-1)^{n+1}}{n\pi} & & & & \frac{1}{2}
\end{array}\right]
\begin{array}{l}
\leftarrow u_1\\
\leftarrow u_2\\
\leftarrow c_1\\
\leftarrow c_2\\
\vdots\\
\leftarrow c_n
\end{array}
\end{array}
\end{aligned}
\tag{7.127}
$$

3. C_1 型梁单元

对于 2 节点梁单元，设节点的横向位移为 v_1 和 v_2，节点的转动为 θ_1 和 θ_2，长度为 l，基于原理(7.115)，同样可以构造出单元的复合位移场函数为

$$v(x)=v_{\mathrm{fem}}(x)+v_{\mathrm{ct}}(x) \tag{7.128}$$

即

$$\begin{aligned} v_{\mathrm{fem}}(x)&=(1-3\xi^2+2\xi^3)v_1+l(\xi-2\xi^2+\xi^3)\theta_1+(3\xi^2-2\xi^3)v_2+l(\xi^3-\xi^2)\theta_2 \\ &=\boldsymbol{N}_{\mathrm{fem}}(\xi)\boldsymbol{q}_{\mathrm{fem}}^e \end{aligned} \tag{7.129}$$

其中

$$\xi=\frac{x}{l}$$

$$\boldsymbol{N}_{\mathrm{fem}}(\xi)=\begin{bmatrix}(1-3\xi^2+2\xi^3) & l(\xi-2\xi^2+\xi^3) & (3\xi^2-2\xi^3) & l(\xi^3-\xi^2)\end{bmatrix}$$

$$\boldsymbol{q}_{\mathrm{fem}}^e=\begin{bmatrix}v_1 & \theta_1 & v_2 & \theta_2\end{bmatrix}^{\mathrm{T}}$$

对于 $v_{\mathrm{ct}}(x)$，可以在单元的零边界条件下通过求解纯弯梁的自然振动问题方程，由解析方法得到，所得到的结果为

$$v_{\mathrm{ct}}(x)=\sum_{r=1}^{n}c_rF_r(\lambda_r^*,x)=\boldsymbol{\phi}(x)\boldsymbol{c} \tag{7.130}$$

其中

$$\boldsymbol{\phi}(x)=\begin{bmatrix}F_1(\lambda_1^*,x) & F_2(\lambda_2^*,x) & \cdots & F_n(\lambda_n^*,x)\end{bmatrix}$$

$$\boldsymbol{c}=\begin{bmatrix}c_1 & c_2 & \cdots & c_r\end{bmatrix}^{\mathrm{T}}$$

$$\begin{aligned} F_i(\lambda_i^*,x)=&\sin\left(\lambda_i^*\cdot\frac{x}{l}\right)-\sinh\left(\lambda_i^*\cdot\frac{x}{l}\right)-\left(\frac{\sin\lambda_i^*-\sinh\lambda_i^*}{\cos\lambda_i^*-\cosh\lambda_i^*}\right) \\ &\cdot\left[\cos\left(\lambda_i^*\cdot\frac{x}{l}\right)-\cosh\left(\lambda_i^*\cdot\frac{x}{l}\right)\right] \end{aligned}$$

其中 λ_r^* 满足

$$\cos\lambda_i^*\cdot\cosh\lambda_i^*=1 \qquad (r=1,2,3,\cdots) \tag{7.131}$$

方程(7.131)的解为

$$\begin{aligned} \lambda_1^*&=4.730041 \\ \lambda_2^*&=7.853205 \\ \lambda_3^*&=10.995608 \\ \lambda_4^*&=14.137165 \\ &\vdots \\ \lambda_r^*&=(r+0.5)\pi \qquad (r\geqslant 4) \end{aligned}$$

由(7.128)式，将 $v_{\mathrm{fem}}(x)$ 和 $v_{\mathrm{ct}}(x)$ 进行耦合，有

$$\begin{aligned} v(\xi) &= v_{\text{fem}}(\xi) + v_{\text{ct}}(\xi) \\ &= \boldsymbol{N}_{\text{fem}}(\xi) \cdot \boldsymbol{q}^e_{\text{fem}} + \boldsymbol{\phi}(\xi)\boldsymbol{c} \\ &= \boldsymbol{N}_{\text{cem}}(x) \cdot \boldsymbol{q}^e_{\text{cem}} \end{aligned} \tag{7.132}$$

其中复合单元的形状函数矩阵为

$$\begin{aligned} \boldsymbol{N}_{\text{cem}}(\xi) &= [\boldsymbol{N}_{\text{fem}}(\xi) \quad \boldsymbol{\phi}(\xi)] \\ &= [(1-3\xi^2+2\xi^3) \quad l(\xi-2\xi^2+\xi^3) \quad (3\xi^2-2\xi^3) \quad l(\xi^3-\xi^2) \\ &\quad F_1(\lambda_1^*, x) \quad F_2(\lambda_2^*, x) \quad \cdots \quad F_n(\lambda_n^*, x)] \end{aligned} \tag{7.133}$$

(7.132)式中的 $\boldsymbol{q}_{\text{cem}}$ 为复合单元的自由度列阵，即

$$\boldsymbol{q}^e_{\text{cem}} = \begin{bmatrix} \boldsymbol{q}^e_{\text{fem}} \\ \boldsymbol{c} \end{bmatrix} = [v_1 \quad \theta_1 \quad v_2 \quad \theta_2 \quad c_1 \quad c_2 \quad \cdots \quad c_n]^{\text{T}} \tag{7.134}$$

有了复合单元的形状函数矩阵，就可以按有限元方法的一般推导过程来计算单元的刚度矩阵和质量矩阵，即有

$$\boldsymbol{K}^e = \int_l \int_A \boldsymbol{B}^{\text{T}}_{\text{cem}} E \boldsymbol{B}_{\text{cem}} \cdot \mathrm{d}A\mathrm{d}x$$

$$= \frac{EI}{l^3} \left[\begin{array}{cccc|c} 12 & & \text{对称} & & \\ 6l & 4l^2 & & & \boldsymbol{0} \\ -12 & -6l & 12 & & \\ 6l & 2l^2 & -6l & 4l^2 & \\ \hline & \boldsymbol{0} & & & \boldsymbol{k}_{cc} \end{array}\right] \begin{matrix} \leftarrow v_1 \\ \leftarrow \theta_1 \\ \leftarrow v_2 \\ \leftarrow \theta_2 \\ \boldsymbol{c} \end{matrix} \tag{7.135}$$

（列对应：v_1，θ_1，v_2，θ_2，$\boldsymbol{c}$）

其中

$$\boldsymbol{k}_{cc} = \begin{bmatrix} 1.035936\lambda_1^{*4} & & & & & & \\ & 0.998447\lambda_2^{*4} & & & & & \\ & & 1.000067\lambda_3^{*4} & & & & \\ & & & 0.9999971\lambda_4^{*4} & & & \\ & & & & 1.0\lambda_5^{*4} & & \\ & & & & & \ddots & \\ & & & & & & 1.0\lambda_n^{*4} \end{bmatrix} \begin{matrix} \leftarrow c_1 \\ \leftarrow c_2 \\ \leftarrow c_3 \\ \leftarrow c_4 \\ \leftarrow c_5 \\ \vdots \\ \leftarrow c_n \end{matrix}$$

（列对应：c_1，c_2，c_3，c_4，c_5，…，c_n）

$$\boldsymbol{M}^e = \int_l \boldsymbol{N}^{\text{T}}_{\text{cem}} \boldsymbol{N}_{\text{cem}} \cdot \rho A \cdot \mathrm{d}x$$

$$
=\rho A l\begin{bmatrix}
\frac{13}{35} & & \text{对称} & & \vdots & \\
\frac{11}{210}l & \frac{1}{105}l^2 & & & \vdots \text{对} \\
\frac{9}{70} & \frac{13}{420}l & \frac{13}{35} & & \vdots \text{称} \\
-\frac{13}{420}l & -\frac{1}{140}l^2 & -\frac{11}{210}l & \frac{1}{105}l^2 & \vdots \\
\cdots & \cdots & \boldsymbol{M}_{qc} & \cdots & \vdots\ \boldsymbol{M}_{cc}
\end{bmatrix}
\begin{matrix} \leftarrow v_1 \\ \leftarrow \theta_1 \\ \leftarrow v_2 \\ \leftarrow \theta_2 \\ \leftarrow \boldsymbol{c} \end{matrix}
\tag{7.136}
$$

（列标：v_1，θ_1，v_2，θ_2，$\boldsymbol{c}$）

其中

$$
\boldsymbol{M}_{cc}=\begin{bmatrix}
1.035936 & & & & & & \\
& 0.998447 & & & & & \\
& & 1.000067 & & & & \\
& & & 0.9999971 & & & \\
& & & & 1.0 & & \\
& & & & & \ddots & \\
& & & & & & 1.0
\end{bmatrix}
\begin{matrix} \leftarrow c_1 \\ \leftarrow c_2 \\ \leftarrow c_3 \\ \leftarrow c_4 \\ \leftarrow c_5 \\ \vdots \\ \leftarrow c_n \end{matrix}
$$

（列标：c_1，c_2，c_3，c_4，c_5 … c_n）

$$
\boldsymbol{M}_{qc}=\begin{bmatrix}
0.42282936 & 0.09098435l & 0.42282930 & -0.09098435l \\
0.25467310 & 0.03240400l & -0.25467310 & 0.03240400l \\
0.18189080 & 0.01654269l & 0.18189080 & -0.01654269l \\
0.14147110 & 0.01000702l & -0.14147110 & 0.01000702l \\
0.11574900 & 0.00669892l & 0.11574900 & -0.00669892l \\
\vdots & \vdots & \vdots & \vdots
\end{bmatrix}
\begin{matrix} \leftarrow c_1 \\ \leftarrow c_2 \\ \leftarrow c_3 \\ \leftarrow c_4 \\ \leftarrow c_5 \\ \vdots \end{matrix}
$$

（列标：v_1，θ_1，v_2，θ_2）

4. C_0型平面 4 节点矩形单元

按照前面的思路，对于如图 5.4 所示的 4 节点矩形单元，同样可以构造出复合位移场函数为

$$
\begin{aligned}
u(\xi,\eta)=&\sum_{i=1}^{4}\frac{1}{4}(1+\xi_i\xi)(1+\eta_i\eta)u_i+c_{un1}\phi_{n1}(\xi,\eta)+c_{un2}\phi_{n2}(\xi,\eta)\\
&+c_{un3}\phi_{n3}(\xi,\eta)+c_{un4}\phi_{n4}(\xi,\eta)+\cdots+c_{uij}\phi_{ij}(\xi,\eta)
\end{aligned}
\tag{7.137}
$$

$$v(\xi,\eta)=\sum_{i=1}^{4}\frac{1}{4}(1+\xi_i\xi)(1+\eta_i\eta)v_i+c_{vn1}\phi_{n1}(\xi,\eta)+c_{vn2}\phi_{n2}(\xi,\eta)$$
$$+c_{vn3}\phi_{n3}(\xi,\eta)+c_{vn4}\phi_{n4}(\xi,\eta)+\cdots+c_{vij}\phi_{ij}(\xi,\eta) \tag{7.138}$$

将以上两式写成矩阵形式

$$\boldsymbol{u}(\xi,\eta)=\begin{bmatrix}u(\xi,\eta)\\v(\xi,\eta)\end{bmatrix}=\boldsymbol{N}_{\text{fem}}(\xi,\eta)\boldsymbol{q}^e_{\text{fem}}+\boldsymbol{\phi}(\xi,\eta)\boldsymbol{c}$$
$$=\boldsymbol{N}_{\text{cem}}(\xi,\eta)\cdot\boldsymbol{q}^e_{\text{cem}} \tag{7.139}$$

其中

$$\boldsymbol{N}_{\text{fem}}(\xi,\eta)=\begin{bmatrix}N_1&0&N_2&0&N_3&0&N_4&0\\0&N_1&0&N_2&0&N_3&0&N_4\end{bmatrix} \tag{7.140}$$

$$N_i=\frac{1}{4}(1+\xi_i\xi)(1+\eta_i\eta)\qquad(i=1,2,3,4) \tag{7.141}$$

$$\boldsymbol{\phi}(\xi,\eta)=\begin{bmatrix}\phi_{n1}&0&\phi_{n2}&0&\phi_{n3}&0&\phi_{n4}&0&\cdots&\phi_{ij}&0\\0&\phi_{n1}&0&\phi_{n2}&0&\phi_{n3}&0&\phi_{n4}&\cdots&0&\phi_{ij}\end{bmatrix} \tag{7.142}$$

$$\boldsymbol{N}_{\text{cem}}(\xi,\eta)=[\boldsymbol{N}_{\text{fem}}(\xi,\eta)\quad\boldsymbol{\phi}(\xi,\eta)] \tag{7.143}$$

$$\begin{aligned}\boldsymbol{q}^e_{\text{cem}}&=[\boldsymbol{q}^{e\text{T}}_{\text{fem}}\quad\boldsymbol{c}^{\text{T}}]^{\text{T}}\\&=[u_1\quad v_1\quad u_2\quad v_2\quad u_3\quad v_3\quad u_4\quad v_4\\&\qquad c_{un1}\quad c_{vn1}\quad c_{un2}\quad c_{vn2}\quad c_{un3}\quad c_{vn3}\quad c_{un4}\quad c_{vn4}\quad\cdots\quad c_{uij}\quad c_{vij}]\end{aligned} \tag{7.144}$$

在得到离散单元的位移场函数的表达式之后，所有的复合单元的实现过程完全可以仿照常规有限元方法进行，例如单元刚度矩阵的集成，边界条件的处理，总体方程的求解等。

7.7　典型例题及详解

典型例题 7.7(1)　比较梁单元与板单元的特性

如图 7.23 所示情况，板宽 b 与板长 l 相比较小，外载 $\bar{p}(x,y)$ 只沿 x 方向变化，沿 y 方向是均匀的。试就该问题，分别用梁和板的特征进行建模，并比较梁单元与板单元的特性。

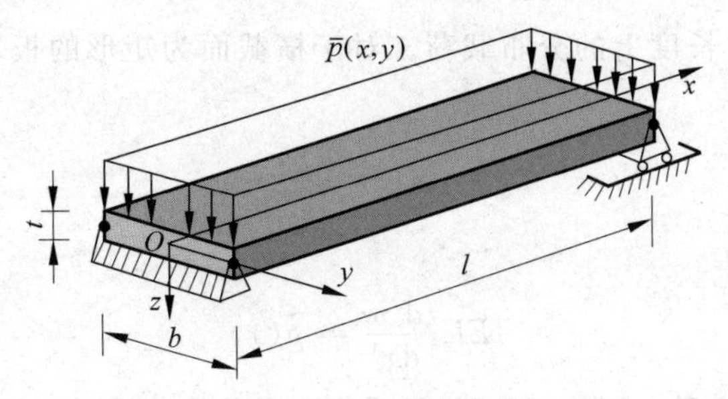

图 7.23　沿宽度方向均匀变化的长板

解答：首先从基本变量和基本方程来考虑两种问题(板与梁)的特性。

如图7.23所示，我们考察宽度为b的窄长板，给出基本变量和方程。

(1) 基本变量

由于板的宽度b与长度l相比较小，所有的变形随y变化很小，可以忽略。因此，有$\frac{\partial w}{\partial y}=0$，$\frac{\partial w}{\partial x\partial y}=0$，这时板的基本变量为

$$\text{位移：}\quad w(x)$$

$$\text{广义应变：}\boldsymbol{\kappa}=\left[-\frac{\partial^2 w}{\partial x^2}\quad 0\quad 0\right]^{\mathrm{T}}$$

$$\text{广义内力：}\boldsymbol{M}=[M_x\quad 0\quad 0]^{\mathrm{T}}$$

由截面弯矩与应力的关系，有$\sigma_{xx}=\frac{12M_x}{t^3}z$。

(2) 基本方程

由于b与l相比较小，认为$\bar{p}(x,y)$只沿x方向变化，即为$\bar{p}(x)$，则由板的平衡方程(7.64)式，有

$$\frac{\partial^2 M_x}{\partial x^2}+\bar{p}(x)=0 \tag{7.145}$$

板的物理方程为

$$\boldsymbol{M}=\widetilde{\boldsymbol{D}}\boldsymbol{\kappa} \tag{7.146}$$

几何方程就是上述广义应变的表达式，以上就是该问题的三大方程。

将物理方程具体写成

$$M_x=\frac{Et^3}{12(1-\mu^2)}\left(-\frac{\partial^2 w}{\partial x^2}\right) \tag{7.147}$$

由于不考虑y方向的变化，又是窄板，则令$\mu=0$，将(7.147)式代入(7.145)式中，有

$$\frac{Et^3}{12}\frac{\partial^4 w}{\partial x^4}=\bar{p}(x) \tag{7.148}$$

由于$w(x)$只沿x方向变化，再将(7.148)式两端乘上板宽b，则有

$$\frac{Et^3 b}{12}\frac{\mathrm{d}^4 w}{\mathrm{d}x^4}=\bar{p}(x)b=\tilde{p}(x) \tag{7.149}$$

其中$\tilde{p}(x)$为单位长度上的分布载荷。对于横截面为矩形的板，它绕y轴的惯性矩为

$$I_y=\frac{t^3 b}{12} \tag{7.150}$$

所以(7.149)式为

$$EI_y\frac{\mathrm{d}^4 w}{\mathrm{d}x^4}=\tilde{p}(x) \tag{7.151}$$

这就是梁的平衡方程。因此，可以将梁看作为一种特殊情形下的板，该特殊情况就

是如图7.23所示的沿着 y 方向无变形$\left(\dfrac{\partial w}{\partial y}=0,\dfrac{\partial w}{\partial x\partial y}=0\right)$。

图7.23所示板的边界条件为

$$\left.\begin{array}{ll} w(x=0)=0, & M_x(x=0)=0 \\ w(x=l)=0, & M_x(x=l)=0 \end{array}\right\} \tag{7.152}$$

相应的板问题的势能泛函为

$$\Pi=\int_A\left(\frac{1}{2}\boldsymbol{\kappa}^{\mathrm{T}}\widetilde{\boldsymbol{D}}\boldsymbol{\kappa}-\bar{p}w\right)\mathrm{d}x\mathrm{d}y-\int_{S_1}w\bar{Q}\mathrm{d}s-\int_{S_2}\bar{M}_n\frac{\partial w}{\partial n}\mathrm{d}s \tag{7.153}$$

其中 $\bar{Q}$ 为在 S_1 边界上给定的横向载荷，$\bar{M}_n$ 为在边界 S_2 上给定的力矩。对图7.23所示的情况，有 $\bar{Q}=0,\bar{M}_n=0$，则

$$\begin{aligned}\Pi&=\int_l\left[\frac{1}{2}\left(-\frac{\partial^2 w}{\partial x^2}\right)\frac{Et^3}{12(1-\mu^2)}\left(-\frac{\partial^2 w}{\partial x^2}\right)-\bar{p}w\right]b\,\mathrm{d}x\\&=\int_l\frac{1}{2}\left(\frac{\partial^2 w}{\partial x^2}\right)^2 EI_y\mathrm{d}x-\int_l\tilde{p}w\mathrm{d}x\end{aligned} \tag{7.154}$$

其中 $I_y=\dfrac{Et^3b}{12}$，$\tilde{p}(x)=\bar{p}(x)b$，注意这里取 $\mu=0$。

(3) 有限元分析列式

由第7.4.2节可知，采用矩形板单元，对于如图7.23所示的特殊情形，即 $\dfrac{\mathrm{d}w_i}{\mathrm{d}y}=0$，则节点位移由三个变为两个，有

$$\boldsymbol{q}_i=\begin{bmatrix}w_i\\ \theta_i\end{bmatrix}=\begin{bmatrix}w_i\\ \dfrac{\mathrm{d}w_i}{\mathrm{d}x}\end{bmatrix}\qquad(i=1,2) \tag{7.155}$$

对于板单元的位移模式(7.75)，由于 w 不随 y 变化，令 $y=0$ 或 $y=\text{const}$，则该式退化为

$$w(x)=a_1'+a_2'x+a_3'x^2+a_4'x^3 \tag{7.156}$$

由(7.155)式和(7.156)式可以看出，这时的矩形板单元完全退化为梁单元了，再由前面有关基本变量、基本方程以及势能泛函的讨论，对图7.23所示的板所推导出的板单元一定是梁单元的表达式(见第4.4节有关梁单元的表达式)。

典型例题7.7(2) 比较高阶单元的求解精度

如图7.24所示为悬臂梁的平面问题，试用高阶单元进行求解并比较结果。

解答：计算模型的网格为三个单元，采用四种类型的单元[22]：3节点三角形单元(共采用6个)，4节点矩形单元，8节点矩形单元，12节点矩形单元，同样在两种外载作用下，分别给出各种单元的计算结果，并与精确结果进行比较，如图7.25和表7.1所示。

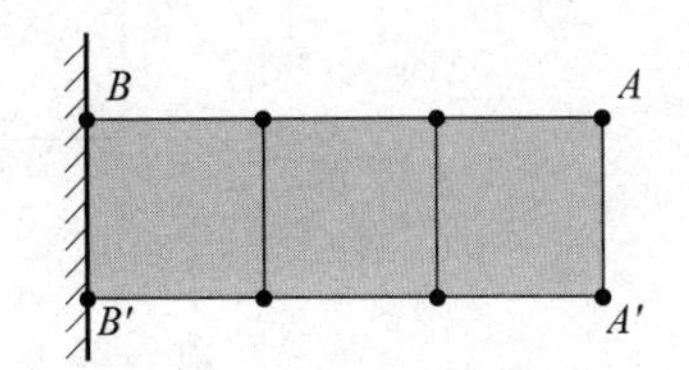

图7.24 悬臂梁的平面问题求解

表 7.1　采用各种单元的计算结果及比较

单元类型	单元 DOF	A 处作用垂直载荷		AA′处作用力偶	
		AA′处的最大挠度	BB′处的最大应力	AA′处的最大挠度	BB′处的最大应力
解析解*		$1.00u_{yp}$	$1.00\sigma_p$	$1.00u_{yM}$	$1.00\sigma_M$
	8	$0.26u_{yp}$	$0.19\sigma_p$	$0.22u_{yM}$	$0.22\sigma_M$
	8	$0.65u_{yp}$	$0.56\sigma_p$	$0.67u_{yM}$	$0.67\sigma_M$
	16	$0.99u_{yp}$	$0.99\sigma_p$	$1.00u_{yM}$	$1.00\sigma_M$
	24	$1.00u_{yp}$	$1.00\sigma_p$	$1.00u_{yM}$	$1.00\sigma_M$

* 表中的 u_{yp}，σ_p 为 A 处作用有垂直载荷 p 时由解析方法得到的 AA' 处的最大挠度和 BB' 处的最大应力；u_{yM}，σ_M 为 AA' 处作用力偶 M 时由解析方法得到的 AA' 处的最大挠度和 BB' 处的最大应力。

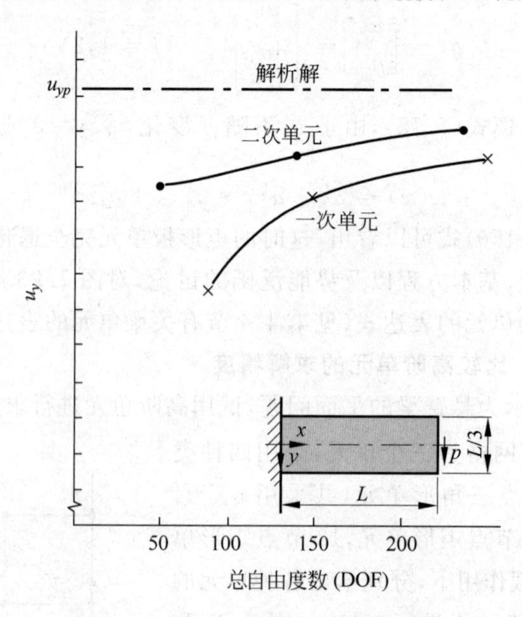

图 7.25　一次单元与二次单元计算精度的比较

以上结果清楚地表明，在总自由度相同的情况下，高次单元的计算结果比低次单元的结果好，但高次单元所形成的刚度矩阵带宽都比较大，因此，在进行计算效率的比较时应考虑这一影响。

7.8　本章要点及参考内容

7.8.1　本章要点

- 1D 高阶单元的位移函数模式（C_0 型二次杆单元、C_0 型三次杆单元、C_1 型 Hermite 单元）
- 2D 高阶单元的位移函数模式（三角形高阶单元、矩形高阶单元、Serendipity 单元）
- 3D 高阶单元的位移函数模式（四面体高阶单元、正六面体高阶单元、Serendipity 单元）
- 弯曲薄板单元的位移函数模式（4 节点矩形非协调薄板单元、3 节点三角形非协调薄板单元）
- 特殊单元（子结构、超级单元、升阶谱单元）

7.8.2　参考内容 1：基于薄板理论的协调板单元

在第 7.4 节中所介绍的薄板单元在单元之间的公共边界上是不满足函数的一阶导数连续的，所以是非协调单元，若要构造协调的板单元，则需要增加节点的参数，如在节点参数中包含有二阶导数项，参见第 7.4.4 节；或者采用补偿函数进行修正使其在公共边界上满足连续性要求。另一类方法是在保持每个节点有三个参数的前提下采取其他一些措施，如附加校正函数法、再分割法等。下面介绍三角形和矩形协调元的构造。

1. 3 节点三角形协调板单元

第 7.4.3 节所讨论的三角形板单元，由于在相邻单元的公共边界上其法向导数$\partial w/\partial n$ 是二次变化的，而两端节点的两个$\partial w/\partial n$ 值不能惟一地确定它，因而该单元是非协调的。若能在单元的每边上引入一个补偿函数对二次变化$\partial w/\partial n$ 的平均值进行补偿修正，就可以满足某种平均意义下的连续性。

若三角形板单元三条边为$\overline{23}$，$\overline{31}$和$\overline{12}$，这三条边的中点位置分别为 4 点、5 点和 6 点；原三角形非协调单元在这三个中点的法向导数为$\left[\left.\frac{\partial w}{\partial n}\right|_{(4)} \quad \left.\frac{\partial w}{\partial n}\right|_{(5)} \quad \left.\frac{\partial w}{\partial n}\right|_{(6)}\right]^{\mathrm{T}}$，它是基于节点位移列阵，$\underset{(9\times1)}{\boldsymbol{q}^e}=\left[\boldsymbol{q}_1^{\mathrm{T}} \quad \boldsymbol{q}_2^{\mathrm{T}} \quad \boldsymbol{q}_3^{\mathrm{T}}\right]^{\mathrm{T}}$，其中$\boldsymbol{q}_i=\left[w_i \quad \frac{\partial w_i}{\partial y} \quad -\frac{\partial w_i}{\partial x}\right]^{\mathrm{T}}$（$i=1,2,3$），经过位移模式的函数插值而得到的，即由原位移模式直接求出

$$\left[\left.\frac{\partial w}{\partial n}\right|_{(4)} \quad \left.\frac{\partial w}{\partial n}\right|_{(5)} \quad \left.\frac{\partial w}{\partial n}\right|_{(6)}\right]^{\mathrm{T}} = \underset{(3\times9)}{\boldsymbol{Z}''} \underset{(9\times1)}{\boldsymbol{q}^e} \tag{7.157}$$

其中 $\underset{(3\times9)}{\boldsymbol{Z}''}$ 由位移函数 w 的函数模式求得,可以看出它为二次变化插值关系在 4 点、5 点和 6 点的值。

如果直接由每条边两个节点的法向导数值 $\partial w/\partial n$ 来对边的中点进行线性插值,则有

$$\left[\left.\frac{\partial w}{\partial n}\right|_{(4)} \quad \left.\frac{\partial w}{\partial n}\right|_{(5)} \quad \left.\frac{\partial w}{\partial n}\right|_{(6)}\right]^{\mathrm{T}}$$

将它表达为单元节点位移列阵 $\boldsymbol{q}^e$ 的插值关系,则有

$$\left[\left.\frac{\partial w}{\partial n}\right|_{(4)} \quad \left.\frac{\partial w}{\partial n}\right|_{(5)} \quad \left.\frac{\partial w}{\partial n}\right|_{(6)}\right]^{\mathrm{T}} = \underset{(3\times9)}{\boldsymbol{Z}'} \underset{(9\times1)}{\boldsymbol{q}^e} \tag{7.158}$$

其中 $\underset{(3\times9)}{\boldsymbol{Z}'}$ 可直接由每边两个端节点的节点偏导数值 $(\partial w/\partial x, \partial w/\partial y)_i$ 进行线性插值获得,可以看出,正是由于(7.157)式与(7.158)式不相等,造成了单元函数的法向导数不连续,如果对每一条边引入各自的函数来补偿这些差别,就可以使得它们在各边的中点上保持法向导数的连续,这些补偿函数只是用来补偿节点连线上的法向导数差别,除此之外,应无其他贡献。例如对于 $\overline{23}$ 边,引入一个补偿函数 ϕ_{23},它应该具有如下性质:

(1) 在全部边界上 $\phi_{23}=0$;

(2) 在边界 $\overline{12}$ 和 $\overline{13}$ 上法向导数 $\partial\phi_{23}/\partial n=0$;

(3) 在边界 $\overline{23}$ 上 $\partial\phi_{23}/\partial n\neq0$,按二次变化;并在边界 $\overline{23}$ 的中点 4 取单位值。

对于 $\overline{31}$ 边和 $\overline{12}$ 边,也可以引入补偿函数 ϕ_{31} 和 ϕ_{12},将所引入的三个补偿函数叠加到原来非协调的位移函数中,则有新的位移函数

$$w_{\text{new}} = w + c_1\phi_{23} + c_2\phi_{31} + c_3\phi_{12} \tag{7.159}$$

其中 w 是非协调元的位移函数,c_1, c_2, c_3 是待定常数,通过调整(7.157)式与(7.158)式的差别来确定它们的值,即

$$[c_1 \quad c_2 \quad c_3]^{\mathrm{T}} = [\underset{(3\times9)}{\boldsymbol{Z}'} - \underset{(3\times9)}{\boldsymbol{Z}''}] \underset{(9\times1)}{\boldsymbol{q}^e} \tag{7.160}$$

将(7.160)式代入(7.159)式中,就得到经补偿后的位移函数表达式

$$\begin{aligned} w_{\text{new}} &= w + c_1\phi_{23} + c_2\phi_{31} + c_3\phi_{12} \\ &= \underset{(1\times9)}{\boldsymbol{N}} \underset{(9\times1)}{\boldsymbol{q}^e} + [\phi_{23} \quad \phi_{31} \quad \phi_{12}][\underset{(3\times9)}{\boldsymbol{Z}'} - \underset{(3\times9)}{\boldsymbol{Z}''}] \underset{(9\times1)}{\boldsymbol{q}^e} \\ &= (\underset{(1\times9)}{\boldsymbol{N}} + [\phi_{23} \quad \phi_{31} \quad \phi_{12}][\underset{(3\times9)}{\boldsymbol{Z}'} - \underset{(3\times9)}{\boldsymbol{Z}''}]) \underset{(9\times1)}{\boldsymbol{q}^e} \\ &= \underset{(1\times9)}{\boldsymbol{N}_{\text{new}}} \underset{(9\times1)}{\boldsymbol{q}^e} \end{aligned} \tag{7.161}$$

上式所表示的位移函数是完全满足协调性要求的,并且对原位移函数 w 的完整性无任何影响。

经过推导,补偿函数 ϕ_{23} 由以下函数给出[14],即

$$\phi_{23}=\frac{\overline{\phi}_{23}}{(\partial\overline{\phi}_{23}/\partial n)\big|_4} \tag{7.162}$$

其中

$$\overline{\phi}_{23}=\frac{L_1L_2^2L_3^2}{(L_1+L_2)(L_1+L_3)} \tag{7.163}$$

或取

$$\overline{\phi}_{23}=\frac{L_1L_2^2L_3^2(1+L_1)}{(L_1+L_2)(L_1+L_3)} \tag{7.164}$$

(7.162)式中的$(\partial\overline{\phi}_{23}/\partial n)\big|_4$是$\overline{\phi}_{23}$在$\overline{23}$边中点4的法向导数值。可以验证，函数(7.162)式完全满足补偿函数的要求；同样也可以得到ϕ_{31}和ϕ_{12}。

这里给出一个算例用来比较各种三角形板单元的计算性能，对于一个简支方板其中心承受有一个集中载荷，分别采用不同的三角形单元进行计算[14]，图7.26给出中心挠度的计算误差与网格单元数的关系。图中所标注的误差是计算结果与解析解的差，N是1/2边长的单元数。从计算结果可见，对于同是9个DOF的三角形单元，非协调元②，③比协调元⑤，⑥有更好的精度和收敛性，这是由于非协调单元在单元边界上其偏导函数不连续，使得结构的性能在总体上相对更柔性一些，这一差别恰恰使得计算结果在总体上要偏大一些，这一偏大反而更接近精确解。

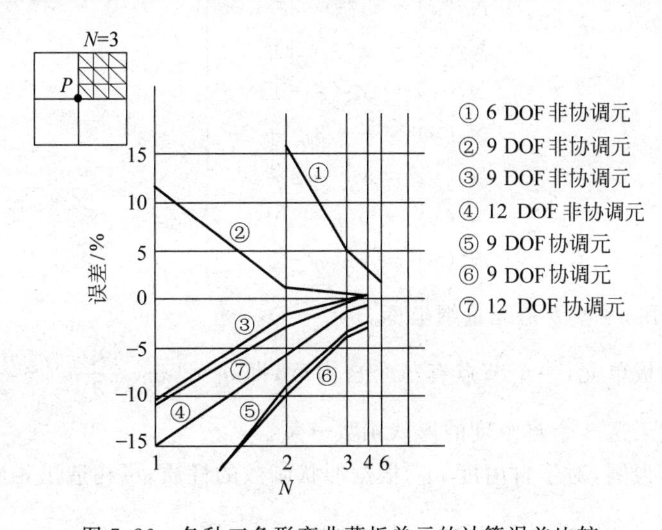

图7.26　各种三角形弯曲薄板单元的计算误差比较

2. 矩形协调板单元

由于矩形单元在几何上非常规整，可以采用两个方向上的形状函数进行相乘来构造新的形状函数，如果两个方向的一维形状函数$N(x)$与$N(y)$都满足位移及其法向导数在边界上的协调要求，则所构造的函数将是协调的。采用这种方法所构造的单元叫做**乘积单元**(product element)[16]。

图 7.27 给出了沿 x 方向和 y 方向的关于挠度和转角的基本形状函数(C_1 型梁单元的形状函数),其数学表达式见公式(7.165)。

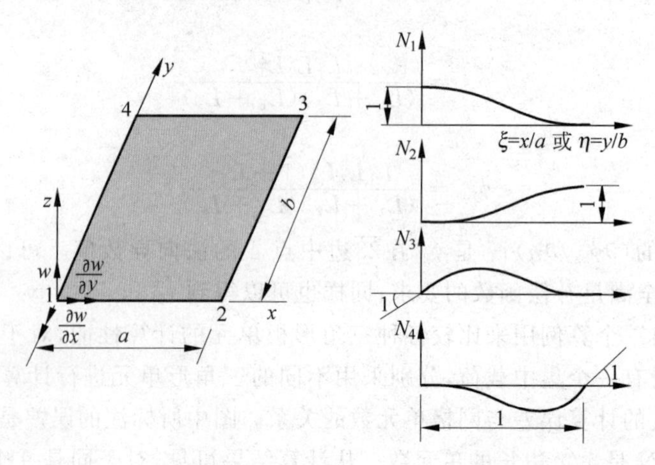

图 7.27 由两个方向的梁单元形状函数来构造矩形板单元

$$\left.\begin{aligned}
N_1(x) &= 1-3\xi^2+2\xi^3 \\
N_2(x) &= 3\xi^2-2\xi^3 \\
N_3(x) &= x(\xi-1)^2 \\
N_4(x) &= x\xi(\xi-1) \\
N_1(y) &= 1-3\eta^2+2\eta^3 \\
N_2(y) &= 3\eta^2-2\eta^3 \\
N_3(y) &= y(\eta-1)^2 \\
N_4(y) &= y\eta(\eta-1)
\end{aligned}\right\} \tag{7.165}$$

其中,$\xi=x/a$ 和 $\eta=y/b$ 是无量纲坐标。

对普通的板单元,一个节点有三个自由度,即 $\boldsymbol{q}_i=\left[w_i \quad \frac{\partial w_i}{\partial y} \quad -\frac{\partial w_i}{\partial x}\right]^{\mathrm{T}}$,下面具体构造对应于这 3 个自由度的形状函数分量。

以节点 1 为例,对于自由度 w_1,根据形状函数的性质,可构造出相应的形状函数为

$$N_{w1}(x,y)=N_1(x)N_1(y) \tag{7.166}$$

对于自由度 $\frac{\partial w_1}{\partial y}$,即 θ_{x1},可构造出相应的形状函数为

$$N_{\theta x1}(x,y)=N_1(x)N_3(y) \tag{7.167}$$

对于自由度 $\frac{\partial w_1}{\partial x}$,即 θ_{y1},可构造出相应的形状函数为

$$N_{\theta y1}(x,y)=-N_3(x)N_1(y) \tag{7.168}$$

对于其余的 3 个节点,也可以写出类似的表达式。综合以上结果,最后可以得

到如下的位移表达式：

$$w(x,y)=\underset{(1\times12)}{\boldsymbol{N}}\ \underset{(12\times1)}{\boldsymbol{q}^e} \tag{7.169}$$

其中

$$\underset{(1\times12)}{\boldsymbol{N}}=\left[\underset{(1\times3)}{\boldsymbol{N}_1}\quad\underset{(1\times3)}{\boldsymbol{N}_2}\quad\underset{(1\times3)}{\boldsymbol{N}_3}\quad\underset{(1\times3)}{\boldsymbol{N}_4}\right]$$

$$\underset{(1\times3)}{\boldsymbol{N}_1}=[N_1(x)N_1(y)\quad N_1(x)N_3(y)\quad -N_3(x)N_1(y)]$$

$$\underset{(1\times3)}{\boldsymbol{N}_2}=[N_2(x)N_1(y)\quad N_2(x)N_3(y)\quad -N_4(x)N_1(y)]$$

$$\underset{(1\times3)}{\boldsymbol{N}_3}=[N_2(x)N_2(y)\quad N_2(x)N_4(y)\quad -N_4(x)N_2(y)]$$

$$\underset{(1\times3)}{\boldsymbol{N}_4}=[N_1(x)N_2(y)\quad N_1(x)N_4(y)\quad -N_3(x)N_2(y)]$$

$$\underset{(12\times1)}{\boldsymbol{q}^e}=[\boldsymbol{q}_1^{\mathrm{T}}\quad\boldsymbol{q}_2^{\mathrm{T}}\quad\boldsymbol{q}_3^{\mathrm{T}}\quad\boldsymbol{q}_4^{\mathrm{T}}]^{\mathrm{T}}$$

$$\boldsymbol{q}_i=\left[w_i\quad\frac{\partial w_i}{\partial y}\quad-\frac{\partial w_i}{\partial x}\right]^{\mathrm{T}}\quad(i=1,2,3,4)$$

(7.169)式所构造的板单元位移函数称为**交叉梁**(crossed-beam)位移函数。

可以验证，在相邻单元之间的公共边界上，单元的位移 w 和导数$\frac{\partial w}{\partial x}$，$\frac{\partial w}{\partial y}$都是连续的。但如果把形状函数 $\boldsymbol{N}$ 逐项展开，可以发现缺少了 xy 项，也就是说缺少了代表扭转变形状态的对应项。因此，位移函数(7.169)不能保证单元的结果向正确解收敛。

一种改善的办法是对每一个节点增加代表扭转变形状态的节点参数$\frac{\partial^2 w}{\partial x\partial y}$，并且采用完全的 Hermite 三次多项式的乘积函数来作为挠度位移函数，即

$$w(x,y)=\underset{(1\times16)}{\boldsymbol{N}}\ \underset{(16\times1)}{\boldsymbol{q}^e} \tag{7.170}$$

其中

$$\underset{(1\times16)}{\boldsymbol{N}}=\left[\underset{(1\times4)}{\boldsymbol{N}_1}\quad\underset{(1\times4)}{\boldsymbol{N}_2}\quad\underset{(1\times4)}{\boldsymbol{N}_3}\quad\underset{(1\times4)}{\boldsymbol{N}_4}\right]$$

$$\underset{(1\times4)}{\boldsymbol{N}_1}=[N_1(x)N_1(y)\quad N_1(x)N_3(y)\quad -N_3(x)N_1(y)\quad N_3(x)N_3(y)]$$

$$\underset{(1\times4)}{\boldsymbol{N}_2}=[N_2(x)N_1(y)\quad N_2(x)N_3(y)\quad -N_4(x)N_1(y)\quad N_4(x)N_3(y)]$$

$$\underset{(1\times4)}{\boldsymbol{N}_3}=[N_2(x)N_2(y)\quad N_2(x)N_4(y)\quad -N_4(x)N_2(y)\quad N_4(x)N_4(y)]$$

$$\underset{(1\times4)}{\boldsymbol{N}_4}=[N_1(x)N_2(y)\quad N_1(x)N_4(y)\quad -N_3(x)N_2(y)\quad N_3(x)N_4(y)]$$

$$\underset{(16\times1)}{\boldsymbol{q}^e}=[\boldsymbol{q}_1^{\mathrm{T}}\quad\boldsymbol{q}_2^{\mathrm{T}}\quad\boldsymbol{q}_3^{\mathrm{T}}\quad\boldsymbol{q}_4^{\mathrm{T}}]^{\mathrm{T}}$$

$$\boldsymbol{q}_i=\left[w_i\quad\frac{\partial w_i}{\partial y}\quad-\frac{\partial w_i}{\partial x}\quad\frac{\partial^2 w_i}{\partial x\partial y}\right]^{\mathrm{T}}\quad(i=1,2,3,4)$$

这样，由(7.170)式所构造的函数是由一个完全的三次多项式函数再加上若干个高次项而组成的，所构造的单元是一个具有 16 个节点参数的矩形协调单元。

7.8.3 参考内容2：考虑剪切的Mindlin板单元

1. Mindlin板单元的有限元分析列式

基于第4.6.3节中所讨论的位移和转动各自独立插值的Timoshenko梁单元，下面类似地讨论考虑剪切变形的**Mindlin板单元**(Mindlin plate element)。

设平板的挠度为w，由于弯曲所引起板的截面绕x轴的转动为θ_x，绕y轴的转动为θ_y，所产生的剪切变形为$\left(\frac{\partial w}{\partial x}-\theta_y\right)$和$\left(\frac{\partial w}{\partial y}-\theta_x\right)$，参照计算剪切应变能的公式(4.251)，则总势能泛函可以写为

$$\begin{aligned}\Pi=&\frac{1}{2}\int_A \boldsymbol{\kappa}^{\mathrm{T}}\widetilde{\boldsymbol{D}}\boldsymbol{\kappa}\mathrm{d}x\mathrm{d}y-\int_A \bar{p}w\mathrm{d}x\mathrm{d}y\\&+\int_A\frac{Gt}{2\lambda}\left(\frac{\partial w}{\partial x}-\theta_y\right)^2\mathrm{d}x\mathrm{d}y+\int_A\frac{Gt}{2\lambda}\left(\frac{\partial w}{\partial y}-\theta_x\right)^2\mathrm{d}x\mathrm{d}y\end{aligned}\tag{7.171}$$

式中G是材料剪切模量，t是板厚，$\widetilde{\boldsymbol{D}}$为板弯曲问题的弹性系数矩阵(见(7.67)式)，$\bar{p}$为在薄板表面上所作用的垂直分布外载，$\lambda$是考虑实际的剪切应变沿厚度方向非均匀分布而引入的校正系数，可取$\lambda=6/5$；$\boldsymbol{\kappa}$为广义应变，即

$$\boldsymbol{\kappa}=\left[-\frac{\partial\theta_x}{\partial y}\quad -\frac{\partial\theta_y}{\partial x}\quad -\left(\frac{\partial\theta_y}{\partial y}+\frac{\partial\theta_x}{\partial x}\right)\right]^{\mathrm{T}}\tag{7.172}$$

这样，(7.171)式就是考虑剪切变形的Mindlin平板弯曲理论的泛函，可以根据它来构造相应的有限元分析列式，以分析厚板的弯曲问题。

定义板的剪切应变为

$$\boldsymbol{\gamma}=\begin{bmatrix}\dfrac{\partial w}{\partial y}-\theta_x\\[2mm]\dfrac{\partial w}{\partial x}-\theta_y\end{bmatrix}\tag{7.173}$$

显然，对于薄板，有$\boldsymbol{\gamma}=\boldsymbol{0}$，则总势能泛函(7.171)式中的后两项将为零。

下面对三个基本变量w及θ_x，θ_y进行独立插值，这样相关的插值函数只要求C_0型连续。设基于节点的单元插值关系为

$$\begin{bmatrix}w\\\theta_x\\\theta_y\end{bmatrix}=\boldsymbol{N}\boldsymbol{q}^e\tag{7.174}$$

其中

$$\boldsymbol{q}^e=\left[\underset{(1\times3)}{\boldsymbol{q}_1^{\mathrm{T}}}\quad\underset{(1\times3)}{\boldsymbol{q}_2^{\mathrm{T}}}\quad\cdots\quad\underset{(1\times3)}{\boldsymbol{q}_n^{\mathrm{T}}}\right]^{\mathrm{T}}$$

$$\underset{(3\times1)}{\boldsymbol{q}_i}=[w_i\quad\theta_{xi}\quad\theta_{yi}]^{\mathrm{T}}\quad(i=1,2,\cdots,n)$$

$$\boldsymbol{N}=[N_1\boldsymbol{I}\quad N_2\boldsymbol{I}\quad\cdots\quad N_n\boldsymbol{I}]$$

$\boldsymbol{I}$ 是 3×3 单位矩阵，n 是单元的节点数。将(7.174)式代入(7.172)和(7.173)式，可得

$$\left.\begin{aligned}\boldsymbol{\kappa} &= \boldsymbol{B}_{\mathrm{b}}\,\boldsymbol{q}^{e}\\ \boldsymbol{\gamma} &= \boldsymbol{B}_{\mathrm{s}}\,\boldsymbol{q}^{e}\end{aligned}\right\} \tag{7.175}$$

其中

$$\left.\begin{aligned}\boldsymbol{B}_{\mathrm{b}} &= [\boldsymbol{B}_{\mathrm{b1}}\quad \boldsymbol{B}_{\mathrm{b2}}\quad \cdots\quad \boldsymbol{B}_{\mathrm{b}n}]\\ \boldsymbol{B}_{\mathrm{s}} &= [\boldsymbol{B}_{\mathrm{s1}}\quad \boldsymbol{B}_{\mathrm{s2}}\quad \cdots\quad \boldsymbol{B}_{\mathrm{s}n}]\end{aligned}\right\} \tag{7.176}$$

$$\underset{(3\times3)}{\boldsymbol{B}_{\mathrm{b}i}} = \begin{bmatrix} 0 & -\dfrac{\partial N_i}{\partial y} & 0 \\ 0 & 0 & -\dfrac{\partial N_i}{\partial x} \\ 0 & -\dfrac{\partial N_i}{\partial x} & -\dfrac{\partial N_i}{\partial y} \end{bmatrix}$$

$$\underset{(2\times3)}{\boldsymbol{B}_{\mathrm{s}i}} = \begin{bmatrix} -\dfrac{\partial N_i}{\partial y} & -N_i & 0 \\ -\dfrac{\partial N_i}{\partial x} & 0 & -N_i \end{bmatrix}$$

将(7.175)式代入泛函(7.171)式，然后取变分极值，有

$$\boldsymbol{K}^{e}\,\boldsymbol{q}^{e} = \left(\boldsymbol{K}_{\mathrm{b}}^{e} + \frac{Gt}{\lambda}\boldsymbol{K}_{\mathrm{s}}^{e}\right)\boldsymbol{q}^{e} = \boldsymbol{P}^{e} \tag{7.177}$$

其中

$$\boldsymbol{K}_{\mathrm{b}}^{e} = \int_{A^e} \boldsymbol{B}_{\mathrm{b}}^{\mathrm{T}}\,\widetilde{\boldsymbol{D}}\,\boldsymbol{B}_{\mathrm{b}}\,\mathrm{d}x\mathrm{d}y$$

$$\boldsymbol{K}_{\mathrm{s}}^{e} = \int_{A^e} \boldsymbol{B}_{\mathrm{s}}^{\mathrm{T}}\,\boldsymbol{B}_{\mathrm{s}}\,\mathrm{d}x\mathrm{d}y$$

$$\boldsymbol{P}^{e} = \int_{A^e} \boldsymbol{N}^{\mathrm{T}} \begin{bmatrix} \bar{p} \\ 0 \\ 0 \end{bmatrix} \mathrm{d}x\mathrm{d}y$$

由于 Mindlin 板单元对三个基本变量 w 和转动 θ_y，θ_x 进行独立插值，为 C_0 型的场函数，因此在板边界的每一节点上应有 3 个边界条件，而在 C_1 型场函数的薄板单元中只需要 2 个。

2. 剪切自锁和零能模式问题

考察 Mindlin 板的泛函，可以认为是基于罚函数法将位移和转动之间的约束条件引入到薄板理论的泛函中去的[14]，它表现为剪切应变能的形式。与 Timoshenko 梁单元的情况类似，为避免在板很薄(即 $t/l \ll 1$)的情况下发生剪切自锁，则要求刚度矩阵中与罚函数相关的部分 $\boldsymbol{K}_{\mathrm{s}}^{e}$ 具有奇异性，要做到这一点，就不能对单元刚度矩阵采用精确积分；但若采用减缩积分有可能导致整体刚度矩阵 $\boldsymbol{K}$ 具有奇异性(即使处

理 BC 后)，这意味着即使在完全零位移状态下也存在有附加变形能，即零能模式。因此，既要使得 $\boldsymbol{K}_s^e$ 具有奇异性，以解决剪切自锁问题，又要保证整体刚度矩阵 $\boldsymbol{K}$ 是非奇异的，以避免出现零能模式；处理好这两个问题是使用 Mindlin 板单元的关键。

7.8.4 参考内容 3：常用 C_0 型高阶单元一览[23]

表 7.2 一维(线性)等参元

序号	单元名称	单元形态	自由度	形状函数	优点	缺点
1	2 节点杆单元	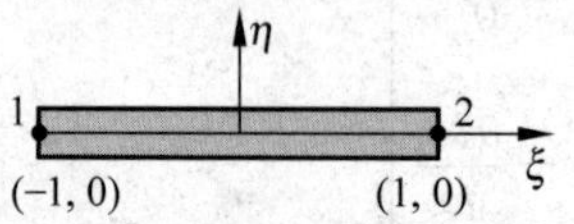 η, ξ; 1 (-1, 0); 2 (1, 0)	u	$N_i=\frac{1}{2}(1+\xi_i\xi)\quad(i=1,2)$	几何形状简单	只限于常应变
2	3 节点二次杆单元	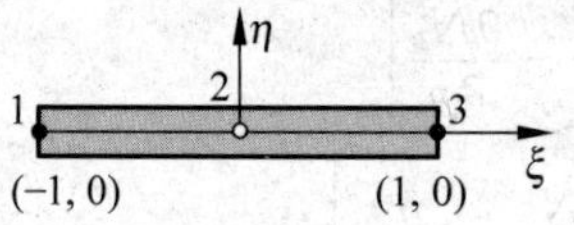 η, ξ; 1 (-1, 0); 2; 3 (1, 0)	u	$N_i=\frac{1}{2}\xi_i\xi(1+\xi_i\xi)\quad(i=1,3)$ $N_i=(1-\xi^2)\quad(i=2)$	可处理曲线形状	
3	4 节点三次杆单元	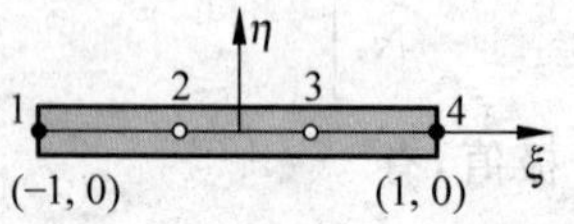 η, ξ; 1 (-1, 0); 2; 3; 4 (1, 0)	u	$N_i=\frac{1}{16}(1+\xi_i\xi)(9\xi^2-1)$ $(i=1,4)$ $N_i=\frac{9}{16}(1+9\xi_i\xi)(1-\xi^2)$ $(i=2,3)$	可处理曲线形状	

表 7.3 二维(平面)等参元(对于节点 $i,\xi_0=\xi_i\xi,\eta_0=\eta_i\eta$)

序号	单元名称	单元形态	自由度	形状函数	优点	缺点
1	4 节点平面四边形单元	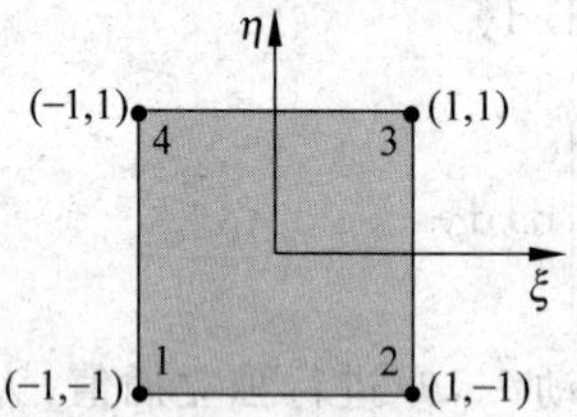 η, ξ; 1 (-1,-1); 2 (1,-1); 3 (1,1); 4 (-1,1)	u,v	$N_i=\frac{1}{4}(1+\xi_0)(1+\eta_0)$ $(i=1,2,3,4)$	几何形状简单	近似性差，形状扭曲后精度降低
2	8 节点平面四边形单元	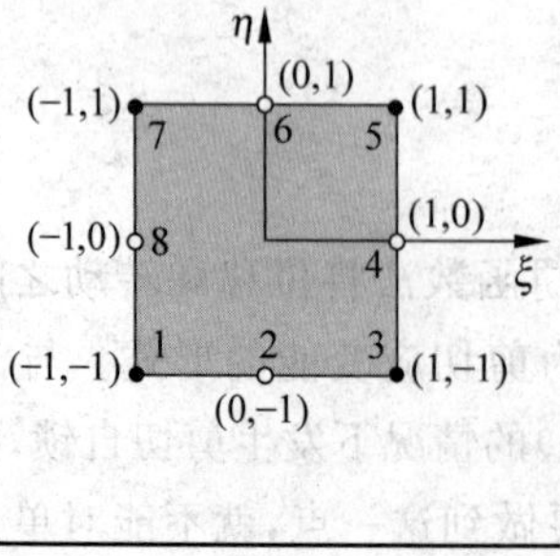 η, ξ; 1 (-1,-1); 2 (0,-1); 3 (1,-1); 4 (1,0); 5 (1,1); 6 (0,1); 7 (-1,1); 8 (-1,0)	u,v	$N_i=\frac{1}{4}(1+\xi_0)(1+\eta_0)$ $\cdot(\xi_0+\eta_0-1)$ $(i=1,3,5,7)$ $N_i=\frac{1}{2}(1-\xi^2)(1+\eta_0)$ $(i=2,6)$ $N_i=\frac{1}{2}(1-\eta^2)(1+\xi_0)$ $(i=4,8)$	可处理曲边形状；移动边中节点很容易适应裂纹尖端；很适合于非线性列式	过大的形状扭曲将降低精度

续表

序号	单元名称	单元形态	自由度	形状函数	优点	缺点
3	12 节点平面四边形单元	η, ξ; (−1,1) 10; (−1/3,1) 9; (1/3,1) 8; (1,1) 7; (−1,1/3) 11; (1,1/3) 6; (−1,−1/3) 12; (1,−1/3) 5; (−1,−1) 1; (−1/3,−1) 2; (1/3,−1) 3; (1,−1) 4	u,v	$N_i=\frac{1}{32}(1+\xi_0)(1+\eta_0)\cdot(-10+9(\xi^2+\eta^2))$ $(i=1,4,7,10)$ $N_i=\frac{9}{32}(1+\xi_0)(1+\eta^2)\cdot(1+9\eta_0)$ $(i=5,6,11,12)$ $N_i=\frac{9}{32}(1+\eta_0)(1-\xi^2)(1+9\xi_0)$ $(i=2,3,8,9)$	可处理曲边形状；在断裂力学中应用较容易；适合于非线性列式	过大的形状扭曲将降低精度
4	6 节点平面四边形单元	η, ξ; (−1,1) 6; (0,1) 5; (1,1) 4; (−1,−1) 1; (0,−1) 2; (1,−1) 3	u,v	$N_i=\frac{\xi_0}{4}(1+\xi_0)(1+\eta_0)$ $(i=1,3,4,6)$ $N_i=\frac{1}{2}(1-\xi^2)(1+\eta_0)$ $(i=2,5)$	可处理曲边形状；很适合于非线性列式；可用于二次单元与线单元间的过渡，反之亦可	过大的形状扭曲将降低精度
5	7 节点平面四边形单元	η, ξ; (−1,1) 6; (0,1) 5; (1,1) 4; (−1,0) 7; (−1,−1) 1; (0,−1) 2; (1,−1) 3	u,v	$N_1=-\frac{1}{4}(1-\xi)(1-\eta)(1+\xi+\eta)$ $N_2=\frac{1}{2}(1-\eta)(1-\xi^2)$ $N_3=\frac{\xi}{4}(1+\xi)(1-\eta)$ $N_4=\frac{\xi}{4}(1+\xi)(1+\eta)$ $N_5=\frac{1}{2}(1+\eta)(1-\xi^2)$ $N_6=-\frac{1}{4}(1-\xi)(1+\eta)(1+\xi-\eta)$ $N_7=\frac{1}{2}(1-\xi)(1-\eta^2)$	可处理曲边形状；很适合于非线性列式；可用于二次单元与线性单元间的过渡，反之亦可	过大的形状扭曲可降低精度
6	3 节点平面三角形单元	(1,0,0) 1; (0,1,0) 2; (0,0,1) 3	u,v	$N_1=L_1$ $N_2=L_2$ $N_3=L_3$	几何形状简单；能很好地模拟具有尖角点的复杂形状	仅限用于常应变

续表

序号	单元名称	单元形态	自由度	形状函数	优点	缺点
7	6节点平面三角形单元	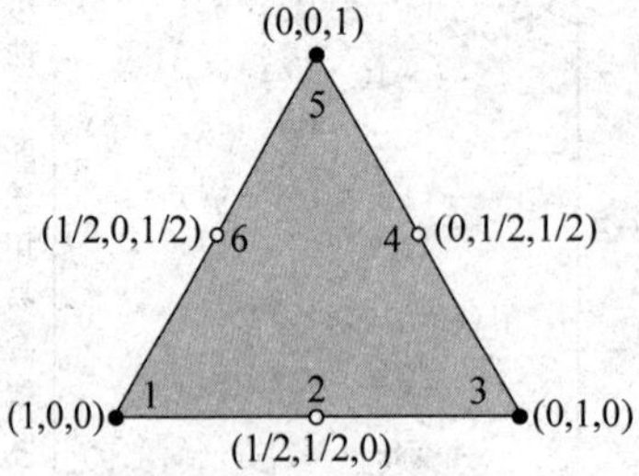 (0,0,1) 5 (1/2,0,1/2) 6　4 (0,1/2,1/2) (1,0,0) 1　2　3 (0,1,0) (1/2,1/2,0)	u,v	$N_1=L_1(2L_1-1)$ $N_2=4L_1L_2$ $N_3=L_2(2L_2-1)$ $N_4=4L_2L_3$ $N_5=L_3(2L_3-1)$ $N_6=4L_3L_1$	可处理曲边形状;很适合于非线性列式;能很好地模拟具有尖角点的复杂形状	过大的形状扭曲将降低精度
8	10节点平面三角形单元	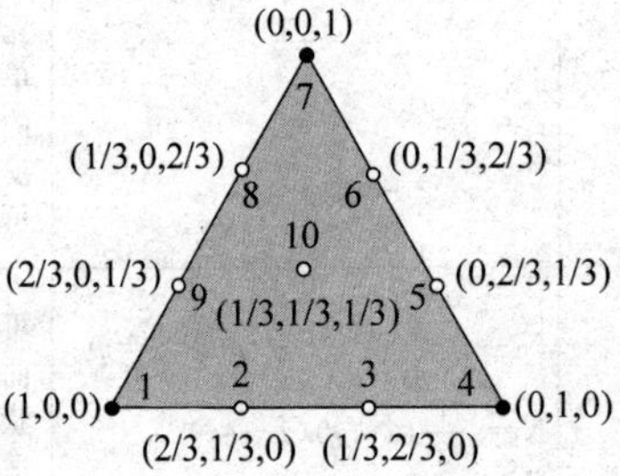 (0,0,1) 7 (1/3,0,2/3) 8　6 (0,1/3,2/3) 10 (2/3,0,1/3) 9　(1/3,1/3,1/3)　5 (0,2/3,1/3) (1,0,0) 1　2　3　4 (0,1,0) (2/3,1/3,0)　(1/3,2/3,0)	u,v	$N_1=\frac{1}{2}(3L_1-1)(3L_1-2)L_1$ $N_2=\frac{9}{2}L_1L_2(3L_1-1)$ $N_3=\frac{9}{2}L_1L_2(3L_2-1)$ $N_4=\frac{1}{2}(3L_2-1)(3L_2-2)L_2$ $N_5=\frac{9}{2}L_2L_3(3L_2-1)$ $N_6=\frac{9}{2}L_3L_2(3L_3-1)$ $N_7=\frac{1}{2}(3L_3-1)(3L_3-2)L_3$ $N_8=\frac{9}{2}L_1L_3(3L_3-1)$ $N_9=\frac{9}{2}L_3L_1(3L_1-1)$ $N_{10}=27L_1L_2L_3$	可处理曲边形状;很适合于非线性列式;能很好地模拟具有尖角点的复杂形状	过大的形状扭曲将降低精度

表 7.4　三维(实体)等参元(对于节点 $i,\xi_0=\xi_i\xi,\eta_0=\eta_i\eta,\zeta_0=\zeta_i\zeta$)

序号	单元名称	单元形态	自由度	形状函数	优点	缺点
1	8节点六面体单元	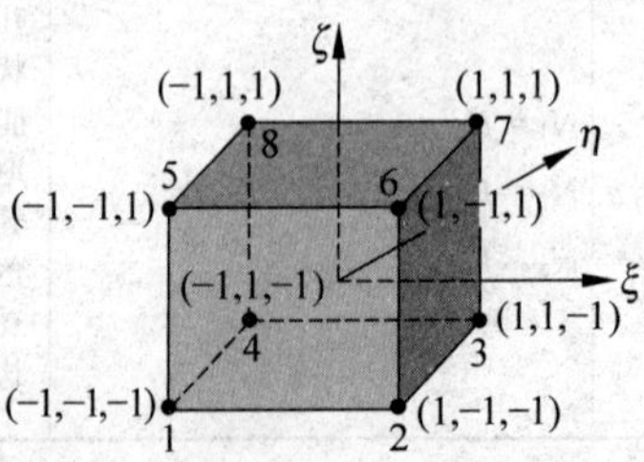 ζ η ξ (-1,1,1) 8　(1,1,1) 7 5 (-1,-1,1)　6 (1,-1,1) (-1,1,-1) 4　(1,1,-1) 3 (-1,-1,-1) 1　2 (1,-1,-1)	u,v,w	$N_i=\frac{1}{8}(1+\xi_0)(1+\eta_0)(1+\zeta_0)$ $(i=1,2,\cdots,8)$	几何形状简单	近似性差;过大的形状扭曲将降低精度

续表

序号	单元名称	单元形态	自由度	形状函数	优点	缺点
2	20节点六面体单元		u, v, w	$N_i=\frac{1}{8}(1+\xi_0)(1+\eta_0)$ $\cdot(1+\zeta_0)(\xi_0+\eta_0+\zeta_0-2)$ $(i=1,3,5,7,13,15,17,19)$ $N_i=\frac{1}{4}(1-\xi^2)(1+\eta_0)$ $\cdot(1+\zeta_0)\ (i=2,6,14,18)$ $N_i=\frac{1}{4}(1-\eta^2)(1+\xi_0)$ $\cdot(1+\zeta_0)\ (i=4,8,16,20)$ $N_i=\frac{1}{4}(1-\zeta^2)(1+\xi_0)$ $\cdot(1+\eta_0)\ (i=9,10,11,12)$	可处理曲边和曲面形状；容易适用于断裂力学问题；很适合于非线性列式	过大的形状扭曲将降低精度
3	4节点线性四面体单元		u, v, w	$N_1=L_1$ $N_2=L_2$ $N_3=L_3$ $N_4=L_4$	几何形状简单；能很好地模拟具有尖角点的复杂实体	仅限于场应变问题
4	10节点二次四面体单元		u, v, w	$N_1=L_1(2L_1-1)$；$N_2=4L_1L_2$ $N_3=L_2(2L_2-1)$；$N_4=4L_2L_3$ $N_5=L_3(2L_3-1)$；$N_6=4L_3L_1$ $N_7=4L_1L_4$；$N_8=4L_2L_4$ $N_9=4L_3L_4$；$N_{10}=L_4(2L_4-1)$	可处理曲边和曲面形状；很适合于非线性列式；能很好地模拟具有尖角点的复杂实体	过大的形状扭曲将降低精度
5	6节点线性楔形单元		u, v, w	$N_i=\frac{1}{2}L_1(1+\zeta_0)(i=1,4)$ $N_i=\frac{1}{2}L_2(1+\zeta_0)(i=2,5)$ $N_i=\frac{1}{2}L_3(1+\zeta_0)(i=3,6)$	能很好地模拟具有尖角点的复杂实体	近似性差

续表

序号	单元名称	单元形态	自由度	形状函数	优点	缺点
6	9节点楔形单元	ζ; 7 (1,0,0,1); 8 (0,1,0,1); 9 (0,0,1,1); 4; 5; 6; (1,0,0,−1) 1; (0,1,0,−1) 2; (0,0,1,−1) 3	u, v, w	$N_i=\frac{L_1}{2}\zeta_0(1+\zeta_0)\quad(i=1,7)$ $N_i=\frac{L_2}{2}\zeta_0(1+\zeta_0)\quad(i=2,8)$ $N_i=\frac{L_3}{2}\zeta_0(1+\zeta_0)\quad(i=3,9)$ $N_4=L_1(1-\zeta^2)$ $N_5=L_2(1-\zeta^2)$ $N_6=L_3(1-\zeta^2)$	可处理曲边形状;能很好地模拟具有尖角点的复杂实体;可用于过渡单元	近似性差
7	12节点楔形单元	ζ; 7 (1,0,0,1); 8; 12; 9 (0,1,0,1); 10; 11 (0,0,1,1); (1,0,0,−1) 1; 2; 6; (0,1,0,−1) 3; 4; (0,0,1,−1) 5	u, v, w	$N_i=\frac{1}{2}L_1(2L_1-1)(1+\zeta_0)$ $(i=1,7)$ $N_i=\frac{1}{2}L_2(2L_2-1)(1+\zeta_0)$ $(i=3,9)$ $N_i=\frac{1}{2}L_3(2L_3-1)(1+\zeta_0)$ $(i=5,11)$ $N_i=2L_1L_2(1+\zeta_0)(i=2,8)$ $N_i=2L_2L_3(1+\zeta_0)(i=4,10)$ $N_i=2L_3L_1(1+\zeta_0)(i=6,12)$	可处理曲边和曲面形状;用于过渡单元	过大的形状扭曲将降低精度

7.9 习题

7.1 对于如图所示的平面问题6节点矩形单元,试写出该单元的位移模式和对应于各个节点的形状函数,并检验是否满足收敛性条件。

7.2 试写出如图所示两种单元的位移模式。

7.3 当有限元分析中单元的尺寸逐步缩小时,试分析单元中的位移、应变、应力的特征?

7.4 对于线性位移模式的3节点三角形单元,分析相邻单元的应力会产生突变现象?为了提高应力精度,应如何处理三角形单元的应力结果?

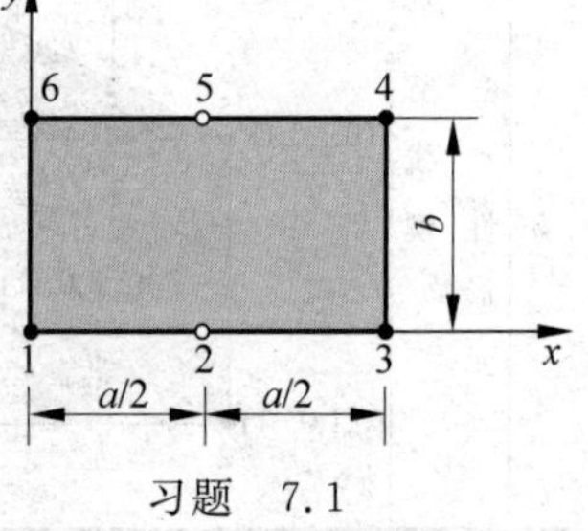

习题 7.1

7.5 有一个1D物理问题的方程是

$$\frac{d^2\phi}{dx^2}-\phi=0$$

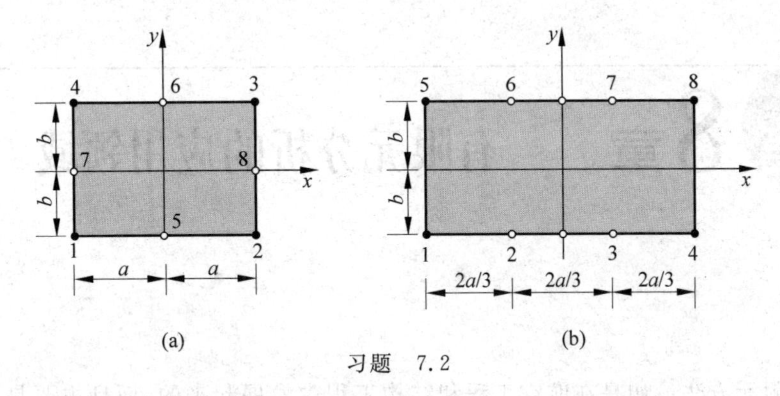

习题　7.2

其端点条件是

$$\begin{cases} \phi|_{x=0} = 0 \\ \phi|_{x=1} = 1 \end{cases}$$

试用一般的多项式函数和升阶谱的二次函数分别构造物理量 ϕ 的插值模式，导出它们的单元刚度矩阵，并比较这二类单元的特点。

7.6 对于升阶谱单元，试分别就 C_0 和 C_1 型问题的1D单元，讨论其形状函数矩阵的性质。

7.7 在构造弯曲薄板单元时，满足协调性的困难在哪里？解决此困难有哪些途径？又会出现什么新问题？

7.8 对于分析圆板轴对称弯曲变形的环形板单元，如以内圆、外圆为节点，试推导形状函数、单元刚度矩阵和单元节点载荷。

7.9 对于厚度不均匀的薄板，应如何按薄板进行有限元分析？

7.10 在矩形4节点板单元中，其位移模式常取四次多项式的 x^3y，y^3x 两项，而不采用 x^4，y^4 和 x^2y^2 项，即

$$w(x,y) = a_1 + a_2x + a_3y + a_4x^2 + a_5y^2 + a_6xy + a_7xy^2 + a_8x^2y + a_9x^3 + a_{10}y^3 + a_{11}x^3y + a_{12}xy^3$$

试分析其中的原因。

7.11 对于弯曲薄板单元，若选取以下位移函数模式，试分析其完备性：

(1) $w(x,y) = \alpha_1 + \alpha_2x + \alpha_3y + \alpha_4x^2 + \alpha_5xy + \alpha_6y^2 + \alpha_7x^3 + \alpha_8x^2y + \alpha_9y^3$

(2) $w(x,y) = (\alpha_1 + \alpha_2x + \alpha_3x^2 + \alpha_4x^3)\cdot(\beta_1 + \beta_2y + \beta_3y^2 + \beta_4y^4)$

(3) $w(x,y) = \alpha_1 + \alpha_2x + \alpha_3y + \alpha_4x^2 + \alpha_5xy + \alpha_6y^2 + \alpha_7x^3 + \alpha_8x^2y + \alpha_9y^3$

第8章 有限元分析的应用领域

有限元方法最初是在航空工程和结构工程中发展起来的，而且主要是处理结构的静力问题，但很快有限元方法就在更广泛的领域中得到充分的应用，并发挥越来越重要的作用。

从分析的领域来说，有限元方法已从固体力学扩展到了传热学、流体力学、电磁学、声学等连续介质领域；从分析的对象来说，已从弹性问题扩展到了大变形、高速冲击、波动、弹塑性、粘弹性、粘塑性、复合材料等非线性问题；从行业来说，已从一般机械工程和土木工程扩展到了航天工程、核工业、石油化工、国防军事、生物医学、地质矿产、电子信息等产业部门。

本章将就结构振动、弹塑性、热传导与热应力这几个重要专题进行介绍。

8.1 结构振动的有限元分析

结构振动(structural vibration)是研究机械设备运动和力学问题的重要基础。机械设备，特别是运动机械，由于振动问题引起的机械故障率高达60%～70%。随着机械系统向高参数化发展，机械振动和机械噪声问题日益突出，已引起工程界的普遍重视和关注，它常常是造成机械和结构恶性破坏和失效的直接原因，例如，1940年美国的Tacoma Narrows吊桥在中速风载下，桥身产生严重的扭转振动和垂直振动而导致坍塌；1972年日本海南电厂的一台66万千瓦汽轮发电机组，在试车中因发生异常振动而全机毁坏，长达51m的主轴断裂飞射，联轴节及汽轮机叶片竟穿透厂房飞落至百米以外；在一般情况下，超出规范标准的振动(如机床颤振、耦合振动等)都会缩短机器寿命，影响机械加工质量，并且降低机械及电子产品的使用性能，甚至产生公害，污染环境。现在，振动分析和振动设计已成为产品设计中的一个关键环节，它对国民经济建设中的重大工程和人民的生命安全都有重大的影响，也是重大工程中的关键力学问题之一。

结构的振动分析将涉及到**模态分析**(modal analysis)、**瞬态动力学分析**(transient dynamic analysis)、**简谐响应分析**(harmonic response analysis)、**随机谱分析**(spectrum analysis)等方面，其中结构的模态分析(固有频率与振型)将是所

有振动分析的基础。

8.1.1　基本方程及有限元分析列式

描述结构动力学特征的基本力学变量和方程与前面的静力问题类似，但所有的变量都将是时间的函数。

1. 基本变量

三大类变量 $u_i(\xi,t)$，$\varepsilon_{ij}(\xi,t)$，$\sigma_{ij}(\xi,t)$ 是坐标位置 $\xi(x,y,z)$ 和时间 t 的函数，一般将其记为 $u_i(t)$，$\varepsilon_{ij}(t)$，$\sigma_{ij}(t)$。

2. 基本方程

(1) 平衡方程（考虑惯性力和阻尼力）

微小体元 $\mathrm{d}x\mathrm{d}y\mathrm{d}z$ 在动力学状态下的平衡关系如图 8.1 所示，利用**达朗贝尔原理**（D′Alembert principle）将**惯性力**（inertial force）和**阻尼力**（damping force）等效到静力平衡方程中，有

$$\sigma_{ij,j}(t)+\bar{b}_i(t)-\rho\ddot{u}_i(t)-\nu\dot{u}_i(t)=0 \tag{8.1}$$

其中 ρ 为密度，ν 为阻尼系数，$\bar{b}_i(t)$ 为所作用的体积力，$\ddot{u}_i(t)$，$\dot{u}_i(t)$ 分别表示位移 $u_i(t)$ 对时间 t 的二次导数和一次导数，即表示 i 方向的加速度和速度。

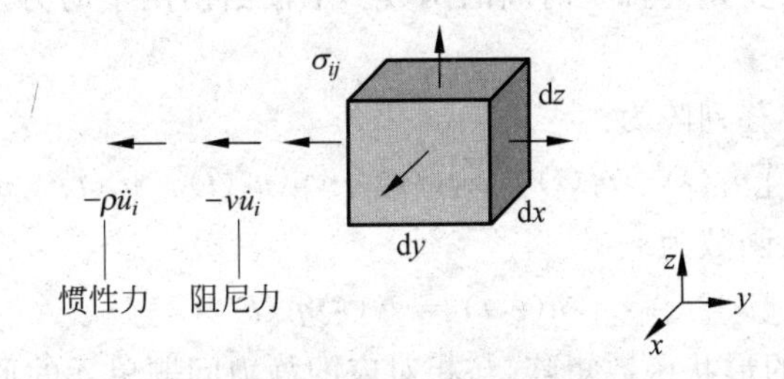

图 8.1　微小体元 $\mathrm{d}x\mathrm{d}y\mathrm{d}z$ 在动力学状态下的平衡

(2) 几何方程

$$\varepsilon_{ij}(t)=\frac{1}{2}(u_{i,j}(t)+u_{j,i}(t)) \tag{8.2}$$

(3) 物理方程

$$\sigma_{ij}(t)=D_{ijkl}\varepsilon_{kl}(t) \tag{8.3}$$

其中 D_{ijkl} 为弹性系数矩阵。

(4) 边界条件 BC

位移边界条件 BC(u)

$$u_i(t)=\bar{u}_i(t)\qquad 在\ S_u\ 上 \tag{8.4}$$

力边界条件 BC(p)

$$\sigma_{ij}(t)n_j=\bar{p}_i(t)\qquad 在\ S_p\ 上 \tag{8.5}$$

初始条件 IC(initial condition):

$$u_i(\xi,t=0)=\bar{u}_i^0(\xi) \tag{8.6}$$

$$\dot{u}_i(\xi,t=0)=\dot{\bar{u}}_i^0(\xi) \tag{8.7}$$

以上方程中的 $\bar{u}_i(t)$为在位移边界 S_u 上给定的位移值,$\bar{p}_i(t)$为在力边界 S_p 上给定的分布外载,$\bar{u}_i^0(\xi)$,$\dot{\bar{u}}_i^0(\xi)$为初始时刻时结构的位移和速度状态。

3. 虚功原理

基于上述基本方程,可以写出平衡方程及力边界条件的等效积分形式

$$\delta\Pi=\int_\Omega -(\sigma_{ij,j}-\rho\ddot{u}_i-\nu\dot{u}_i+\bar{b}_i)\delta u_i\mathrm{d}\Omega+\int_{S_p}(\sigma_{ij}n_j-\bar{p}_i)\delta u_i\mathrm{d}A=0 \tag{8.8}$$

对上述方程右端的第一项进行分部积分(应用 Gauss-Green 公式),经整理后,有

$$\int_\Omega(D_{ijkl}\varepsilon_{ij}\delta\varepsilon_{kl}+\rho\ddot{u}_i\delta u_i+\nu\dot{u}_i\delta u_i)\mathrm{d}\Omega-\left(\int_\Omega\bar{b}_i\delta u_i\mathrm{d}\Omega+\int_{S_p}\bar{p}_i\delta u_i\mathrm{d}A\right)=0 \tag{8.9}$$

这就是动力学问题的虚位移方程(或叫做虚功方程)。

4. 有限元分析列式

用于动力学问题分析的单元构造与前面静力问题时类似,不同之处是所有基于节点的基本力学变量还都是时间的函数。下面给出用于动力学问题单元构造的基本表达式。

单元的节点位移列阵为

$$\boldsymbol{q}_t^e(t)=[u_1(t)\quad v_1(t)\quad w_1(t)\;\vdots\;\cdots\;\vdots\;u_n(t)\quad v_n(t)\quad w_n(t)]^{\mathrm{T}} \tag{8.10}$$

单元内的位移插值函数为

$$\boldsymbol{u}(\xi,t)=\boldsymbol{N}(\xi)\boldsymbol{q}_t^e(t) \tag{8.11}$$

其中 $\boldsymbol{N}(\xi)$为单元的形状函数矩阵,与相对应的静力问题单元的形状函数矩阵完全相同,ξ 为单元中的几何位置坐标。

基于上面的几何方程和物理方程以及(8.11)式,将相关的物理量(应变和应力)表达为节点位移的关系,有

$$\left.\begin{aligned}
\boldsymbol{\varepsilon}(\xi,t)&=[\partial]\boldsymbol{u}=[\partial]\boldsymbol{N}(\xi)\boldsymbol{q}_t^e(t)=\boldsymbol{B}(\xi)\boldsymbol{q}_t^e(t)\\
\boldsymbol{\sigma}(\xi,t)&=\boldsymbol{D\varepsilon}=\boldsymbol{DB}(\xi)\boldsymbol{q}_t^e(t)=\boldsymbol{S}(\xi)\boldsymbol{q}_t^e(t)\\
\dot{\boldsymbol{u}}(\xi,t)&=\boldsymbol{N}(\xi)\dot{\boldsymbol{q}}_t^e(t)\\
\ddot{\boldsymbol{u}}(\xi,t)&=\boldsymbol{N}(\xi)\ddot{\boldsymbol{q}}_t^e(t)
\end{aligned}\right\} \tag{8.12}$$

将关系(8.12)式代入以上虚功方程(8.9)中,有

$$\delta\Pi=[\boldsymbol{M}^e\ddot{\boldsymbol{q}}_t^e(t)+\boldsymbol{C}^e\dot{\boldsymbol{q}}_t^e(t)+\boldsymbol{K}^e\boldsymbol{q}_t^e(t)-\boldsymbol{P}_t^e(t)]^{\mathrm{T}}\cdot\delta\boldsymbol{q}_t^e(t)=0 \tag{8.13}$$

由于节点位移的变分增量 $\delta\boldsymbol{q}_t^e(t)$具有任意性,消去该项后,有

$$\boldsymbol{M}^e\ddot{\boldsymbol{q}}_t^e(t)+\boldsymbol{C}^e\dot{\boldsymbol{q}}_t^e(t)+\boldsymbol{K}^e\boldsymbol{q}_t^e(t)=\boldsymbol{P}_t^e(t)$$

将其简写为

$$\boldsymbol{M}^e\ddot{\boldsymbol{q}}_t^e+\boldsymbol{C}^e\dot{\boldsymbol{q}}_t^e+\boldsymbol{K}^e\boldsymbol{q}_t^e=\boldsymbol{P}_t^e \tag{8.14}$$

其中

$$\boldsymbol{M}^e=\int_{\Omega^e}\rho\boldsymbol{N}^{\mathrm{T}}\boldsymbol{N}\mathrm{d}\Omega \tag{8.15}$$

$$\boldsymbol{C}^e=\int_{\Omega^e}\boldsymbol{\nu}\boldsymbol{N}^{\mathrm{T}}\boldsymbol{N}\mathrm{d}\Omega \tag{8.16}$$

$$\boldsymbol{K}^e=\int_{\Omega^e}\boldsymbol{B}^{\mathrm{T}}\boldsymbol{D}\boldsymbol{B}\,\mathrm{d}\Omega \tag{8.17}$$

$$\boldsymbol{P}_t^e=\int_{\Omega^e}\boldsymbol{N}^{\mathrm{T}}\overline{\boldsymbol{b}}\mathrm{d}\Omega+\int_{S_p}\boldsymbol{N}^{\mathrm{T}}\overline{\boldsymbol{p}}\mathrm{d}A \tag{8.18}$$

$\boldsymbol{M}^e$ 叫做单元的**质量矩阵**(mass matrix),$\boldsymbol{C}^e$叫做**阻尼矩阵**(damping matrix)。同样,将单元的各个矩阵进行装配,可形成系统的整体有限元方程,即

$$\boldsymbol{M}\ddot{\boldsymbol{q}}_t+\boldsymbol{C}\dot{\boldsymbol{q}}_t+\boldsymbol{K}\boldsymbol{q}_t=\boldsymbol{P}_t \tag{8.19}$$

其中

$$\left.\begin{array}{l}\boldsymbol{q}_t=\sum\limits_{e=1}^{n}\boldsymbol{q}_t^e,\quad \boldsymbol{P}_t=\sum\limits_{e=1}^{n}\boldsymbol{P}_t^e\\ \boldsymbol{M}=\sum\limits_{e=1}^{n}\boldsymbol{M}^e,\quad \boldsymbol{C}=\sum\limits_{e=1}^{n}\boldsymbol{C}^e,\quad \boldsymbol{K}=\sum\limits_{e=1}^{n}\boldsymbol{K}^e\end{array}\right\} \tag{8.20}$$

n 为单元的数量。

5. 讨论

(1) **静力学情形**(static case)

由于与时间无关,则方程(8.19)退化为

$$\boldsymbol{K}\boldsymbol{q}=\boldsymbol{P} \tag{8.21}$$

这就是结构静力分析的整体刚度方程。

(2) **无阻尼情形**(undamped case)

则 $\nu=0$,方程(8.19)退化为

$$\boldsymbol{M}\ddot{\boldsymbol{q}}_t+\boldsymbol{K}\boldsymbol{q}_t=\boldsymbol{P}_t \tag{8.22}$$

(3) **无阻尼自由振动**(free vibration of undamped system)

则 $\nu=0$,$\boldsymbol{P}_t=0$,方程(8.19)退化为

$$\boldsymbol{M}\ddot{\boldsymbol{q}}_t+\boldsymbol{K}\boldsymbol{q}_t=0 \tag{8.23}$$

其振动形式叫做**自由振动**(free vibration),该方程解的形式为

$$\boldsymbol{q}_t=\hat{\boldsymbol{q}}\cdot\mathrm{e}^{\mathrm{i}\omega t} \tag{8.24}$$

这是简谐振动的形式,其中 ω 为常数;将其代入(8.23)式中,有

$$(-\omega^2\boldsymbol{M}\hat{\boldsymbol{q}}+\boldsymbol{K}\hat{\boldsymbol{q}})\mathrm{e}^{\mathrm{i}\omega t}=0$$

消去 $e^{i\omega t}$ 后，有

$$(\boldsymbol{K}-\omega^2\boldsymbol{M})\hat{\boldsymbol{q}}=0 \tag{8.25}$$

若令 $\lambda=\omega^2$，则(8.25)式也可写成

$$(\boldsymbol{K}-\lambda\boldsymbol{M})\hat{\boldsymbol{q}}=0 \tag{8.26}$$

该方程有非零解的条件是

$$|(\boldsymbol{K}-\omega^2\boldsymbol{M})|=0 \quad 或 \quad |(\boldsymbol{K}-\lambda\boldsymbol{M})|=0 \tag{8.27}$$

这就是**特征方程**(eigen equation)，λ 为**特征值**(eigen value)，ω 为**自然圆频率**(natural circular frequency)(rad/s)，也叫圆频率，对应的频率为 $f_{rq}=\dfrac{\omega}{2\pi}$(Hz)，称为**自然频率**(natural frequency)(Hz)。求得自然圆频率 ω 后，再将其代入方程(8.25)中，可求出对应的**特征向量**(eigen vector)$\hat{\boldsymbol{q}}$，这就是对应于振动频率 ω 的**振型**(mode)。

8.1.2 常用单元的质量矩阵

由以上的讨论可知，动力学问题的基本方程为(8.19)，处理振动问题的主要工作就是要求解特征方程(8.27)，这要涉及到结构的刚度矩阵、质量矩阵和阻尼矩阵，由(8.17)式可知，动力学问题中的刚度矩阵与静力问题的刚度矩阵完全相同，而质量矩阵则通过(8.15)式来进行计算，对于一种单元，只要得到它的形状函数矩阵，就可以容易地计算出质量矩阵；由阻尼矩阵的计算公式(8.16)可知，它的计算与质量矩阵相同，只是有关的系数不同而已。下面给出常见单元的质量矩阵。

1. 杆单元的质量矩阵

- 一致质量矩阵

对于 2 节点杆单元，在局部坐标内有节点位移列阵和形状函数矩阵

$$\hat{\boldsymbol{q}}^e=[u_1 \quad u_2]^{\mathrm{T}}$$

$$\boldsymbol{N}=\left[\left(1-\frac{x}{l}\right) \quad \frac{x}{l}\right]$$

由公式(8.15)，可以计算出相应的质量矩阵为

$$\boldsymbol{M}^e=\int_{\Omega^e}\rho\boldsymbol{N}^{\mathrm{T}}\boldsymbol{N}\mathrm{d}\Omega=\frac{\rho A l}{6}\begin{bmatrix}2 & 1\\ 1 & 2\end{bmatrix}\begin{matrix}\leftarrow u_1\\ \leftarrow u_2\end{matrix} \tag{8.28}$$

(列对应 u_1、u_2)

其中 ρ 为材料密度，A 为杆的横截面积，l 为杆单元的长度。通常把由形状函数矩阵推导出的质量矩阵叫做**一致质量矩阵**(consistent mass matrix)，所谓"一致"，意指推导质量矩阵时所使用的形状函数矩阵与推导刚度矩阵时所使用的形状函数矩阵相"一致"。

- 集中质量矩阵

将该 2 节点杆单元的质量直接对半平分，集中到两个节点上，就可以得到**集中**

质量矩阵(lumped mass matrix)为

$$
\boldsymbol{M}^e = \frac{\rho A l}{2}\begin{bmatrix} 1 & 0 \\ 0 & 1 \end{bmatrix} \begin{matrix} \leftarrow u_1 \\ \leftarrow u_2 \end{matrix} \quad \text{(columns: } u_1, u_2\text{)} \tag{8.29}
$$

比较(8.28)式和(8.29)式,可以看出,集中质量矩阵的系数都集中在矩阵的对角线上,也就是说对应于各个自由度的质量系数相互独立,相互之间无耦合,这给方程的求解会带来很大好处;而一致质量矩阵的系数则有相互耦合。

2. 梁单元的质量矩阵

- 一致质量矩阵

$$
\boldsymbol{M}^e = \frac{\rho A l}{420}\begin{bmatrix} 156 & 22l & 54 & -13l \\ 22l & 4l^2 & 13l & -3l^2 \\ 54 & 13l & 156 & -22l \\ -13l & -3l^2 & -22l & 4l^2 \end{bmatrix} \begin{matrix} \leftarrow v_1 \\ \leftarrow \theta_1 \\ \leftarrow v_2 \\ \leftarrow \theta_2 \end{matrix} \quad \text{(columns: } v_1, \theta_1, v_2, \theta_2\text{)} \tag{8.30}
$$

其中 ρ 为材料密度,A 为梁单元的横截面积,l 为梁单元的长度。

- 集中质量矩阵

$$
\boldsymbol{M}^e = \frac{\rho A l}{2}\begin{bmatrix} 1 & 0 & 0 & 0 \\ 0 & 0 & 0 & 0 \\ 0 & 0 & 1 & 0 \\ 0 & 0 & 0 & 0 \end{bmatrix} \begin{matrix} \leftarrow v_1 \\ \leftarrow \theta_1 \\ \leftarrow v_2 \\ \leftarrow \theta_2 \end{matrix} \quad \text{(columns: } v_1, \theta_1, v_2, \theta_2\text{)} \tag{8.31}
$$

3. 平面 3 节点三角形单元的一致质量矩阵

- 一致质量矩阵

$$
\boldsymbol{M}^e = \frac{\rho A t}{12}\begin{bmatrix} 2 & 0 & 1 & 0 & 1 & 0 \\ 0 & 2 & 0 & 1 & 0 & 1 \\ 1 & 0 & 2 & 0 & 1 & 0 \\ 0 & 1 & 0 & 2 & 0 & 1 \\ 1 & 0 & 1 & 0 & 2 & 0 \\ 0 & 1 & 0 & 1 & 0 & 2 \end{bmatrix} \begin{matrix} \leftarrow u_1 \\ \leftarrow v_1 \\ \leftarrow u_2 \\ \leftarrow v_2 \\ \leftarrow u_3 \\ \leftarrow v_3 \end{matrix} \quad \text{(columns: } u_1, v_1, u_2, v_2, u_3, v_3\text{)} \tag{8.32}
$$

其中 ρ 为材料密度，A 为单元的面积，t 为单元的厚度。

• 集中质量矩阵

$$\boldsymbol{M}^e = \frac{\rho A l}{3}\begin{bmatrix} 1 & 0 & 0 & 0 & 0 & 0 \\ 0 & 1 & 0 & 0 & 0 & 0 \\ 0 & 0 & 1 & 0 & 0 & 0 \\ 0 & 0 & 0 & 1 & 0 & 0 \\ 0 & 0 & 0 & 0 & 1 & 0 \\ 0 & 0 & 0 & 0 & 0 & 1 \end{bmatrix} \begin{matrix} \leftarrow u_1 \\ \leftarrow v_1 \\ \leftarrow u_2 \\ \leftarrow v_2 \\ \leftarrow u_3 \\ \leftarrow v_3 \end{matrix} \tag{8.33}$$

(列对应 u_1, v_1, u_2, v_2, u_3, v_3)

4. 平面 4 节点矩形单元的质量矩阵

• 一致质量矩阵

$$\boldsymbol{M}^e = \frac{\rho A t}{36}\begin{bmatrix} 4 & 0 & 2 & 0 & 1 & 0 & 2 & 0 \\ 0 & 4 & 0 & 2 & 0 & 1 & 0 & 2 \\ 2 & 0 & 4 & 0 & 2 & 0 & 1 & 0 \\ 0 & 2 & 0 & 4 & 0 & 2 & 0 & 1 \\ 1 & 0 & 2 & 0 & 4 & 0 & 2 & 0 \\ 0 & 1 & 0 & 2 & 0 & 4 & 0 & 2 \\ 2 & 0 & 1 & 0 & 2 & 0 & 4 & 0 \\ 0 & 2 & 0 & 1 & 0 & 2 & 0 & 4 \end{bmatrix} \begin{matrix} \leftarrow u_1 \\ \leftarrow v_1 \\ \leftarrow u_2 \\ \leftarrow v_2 \\ \leftarrow u_3 \\ \leftarrow v_3 \\ \leftarrow u_4 \\ \leftarrow v_4 \end{matrix} \tag{8.34}$$

(列对应 u_1, v_1, u_2, v_2, u_3, v_3, u_4, v_4)

其中 ρ 为材料密度，A 为单元的面积，t 为单元的厚度。

• 集中质量矩阵

$$\boldsymbol{M}^e = \frac{\rho A t}{4}\begin{bmatrix} 1 & 0 & 0 & 0 & 0 & 0 & 0 & 0 \\ 0 & 1 & 0 & 0 & 0 & 0 & 0 & 0 \\ 0 & 0 & 1 & 0 & 0 & 0 & 0 & 0 \\ 0 & 0 & 0 & 1 & 0 & 0 & 0 & 0 \\ 0 & 0 & 0 & 0 & 1 & 0 & 0 & 0 \\ 0 & 0 & 0 & 0 & 0 & 1 & 0 & 0 \\ 0 & 0 & 0 & 0 & 0 & 0 & 1 & 0 \\ 0 & 0 & 0 & 0 & 0 & 0 & 0 & 1 \end{bmatrix} \begin{matrix} \leftarrow u_1 \\ \leftarrow v_1 \\ \leftarrow u_2 \\ \leftarrow v_2 \\ \leftarrow u_3 \\ \leftarrow v_3 \\ \leftarrow u_4 \\ \leftarrow v_4 \end{matrix} \tag{8.35}$$

(列对应 u_1, v_1, u_2, v_2, u_3, v_3, u_4, v_4)

8.1.3　结构动力响应的有限元分析

动力响应问题就是求解动力方程(8.19)，即在 $\boldsymbol{P}_t$ 的作用下，求出作为时间函数的 $\boldsymbol{q}_t$、$\dot{\boldsymbol{q}}_t$ 和 $\ddot{\boldsymbol{q}}_t$，动力响应问题的常用解法有振型法（或**振型叠加法**（mode superposition））和**直接积分法**（direct integration）。

振型法首先利用自然振动的模态矩阵对无阻尼系统、阻尼系统的动力学方程进行**解耦**（uncoupling）处理，以得到各自独立的动力学方程，然后分别进行求解，可以是数值求解，也可以解析求解。

直接积分法就是直接将动力学方程对时间进行分段数值离散，然后计算每一时刻的位移数值，这一过程实际上是将时间的积分区间进行离散化，因此叫做积分算法。关于时间的格式有显式和隐式，具体地，有基于中心差分的**显式算法**（explicit algorithm）和基于 Newmark 方法的**隐式算法**（implicit algorithm）。

1. 无阻尼系统的解耦方程

对于一个无阻尼系统，有以下有限元方程：

$$\boldsymbol{M}\ddot{\boldsymbol{q}}_t + \boldsymbol{K}\boldsymbol{q}_t = \boldsymbol{P}_t \tag{8.36}$$

其中 $\boldsymbol{q}_t$ 和 $\boldsymbol{P}_t$ 都是与时间相关的节点位移列阵和外载列阵。

首先求解相应的无外载状态下的自由振动方程（见(8.25)式），有

$$\boldsymbol{K}\hat{\boldsymbol{q}} - \omega^2\boldsymbol{M}\hat{\boldsymbol{q}} = 0 \tag{8.37}$$

可求出结构的自然圆频率 $\omega_1, \omega_2, \omega_3, \cdots, \omega_n$，以及对应的模态 $\hat{\boldsymbol{q}}_1, \hat{\boldsymbol{q}}_2, \cdots, \hat{\boldsymbol{q}}_n$，$n$ 为结构系统的总自由度。

定义模态矩阵 $\boldsymbol{Q}$ 为

$$\boldsymbol{Q} = [\hat{\boldsymbol{q}}_1 \quad \hat{\boldsymbol{q}}_2 \quad \cdots \quad \hat{\boldsymbol{q}}_n] \tag{8.38}$$

可以证明 $\boldsymbol{Q}$ 是关于 $\boldsymbol{M}$ 正交的，即

$$\boldsymbol{Q}^{\mathrm{T}}\boldsymbol{M}\boldsymbol{Q} = \boldsymbol{I} \tag{8.39}$$

其中 $\boldsymbol{I}$ 为 n 阶单位矩阵。

由于 $\omega_1, \omega_2, \omega_3, \cdots, \omega_n$ 以及 $\hat{\boldsymbol{q}}_1, \hat{\boldsymbol{q}}_2, \cdots, \hat{\boldsymbol{q}}_n$ 是方程(8.37)的解，将其组合在一起，可将(8.37)式写成

$$\begin{bmatrix} \omega_1^2 & & & \\ & \omega_2^2 & & \\ & & \ddots & \\ & & & \omega_n^2 \end{bmatrix} \boldsymbol{M}\boldsymbol{Q} = \boldsymbol{K}\boldsymbol{Q} \tag{8.40}$$

对上式前乘一个 $\boldsymbol{Q}^{\mathrm{T}}$，有

$$\begin{bmatrix} \omega_1^2 & & & \\ & \omega_2^2 & & \\ & & \ddots & \\ & & & \omega_n^2 \end{bmatrix} \boldsymbol{Q}^{\mathrm{T}} \boldsymbol{M} \boldsymbol{Q} = \boldsymbol{Q}^{\mathrm{T}} \boldsymbol{K} \boldsymbol{Q} \tag{8.41}$$

考虑到 $\boldsymbol{Q}$ 的性质，见(8.39)式，上式可写成

$$\begin{bmatrix} \omega_1^2 & & & \\ & \omega_2^2 & & \\ & & \ddots & \\ & & & \omega_n^2 \end{bmatrix} = \boldsymbol{Q}^{\mathrm{T}} \boldsymbol{K} \boldsymbol{Q} \tag{8.42}$$

针对方程(8.36)，可以将 $\boldsymbol{q}_t$ 表示为

$$\boldsymbol{q}_t = \boldsymbol{Q} \cdot \boldsymbol{\eta}(t) \tag{8.43}$$

将其代入到(8.36)式中，有

$$\boldsymbol{M}\boldsymbol{Q}\ddot{\boldsymbol{\eta}}(t) + \boldsymbol{K}\boldsymbol{Q}\boldsymbol{\eta}(t) = \boldsymbol{P}_t \tag{8.44}$$

对上式前乘一个 $\boldsymbol{Q}^{\mathrm{T}}$，有

$$\boldsymbol{Q}^{\mathrm{T}}\boldsymbol{M}\boldsymbol{Q}\ddot{\boldsymbol{\eta}}(t) + \boldsymbol{Q}^{\mathrm{T}}\boldsymbol{K}\boldsymbol{Q}\boldsymbol{\eta}(t) = \boldsymbol{Q}^{\mathrm{T}}\boldsymbol{P}_t \tag{8.45}$$

由(8.39)式和(8.42)式，上式可以写成

$$\ddot{\boldsymbol{\eta}}(t) + \begin{bmatrix} \omega_1^2 & & & \\ & \omega_2^2 & & \\ & & \ddots & \\ & & & \omega_n^2 \end{bmatrix} \boldsymbol{\eta}(t) = \boldsymbol{F}(t) \tag{8.46}$$

其中

$$\boldsymbol{F}(t) = \boldsymbol{Q}^{\mathrm{T}}\boldsymbol{P}_t \tag{8.47}$$

方程(8.46)代表一系列的 n 个**解耦方程**(uncoupled equation)，所谓解耦方程就是相互独立的方程。可以看出方程(8.46)为二阶微分方程，即

$$\ddot{\eta}_i(t) + \omega_i^2 \eta_i(t) = F_i(t) \quad (i = 1, 2, \cdots, n) \tag{8.48}$$

由以上方程分别求出 $\boldsymbol{\eta}_i$ 后，可以组成矩阵

$$\boldsymbol{\eta}(t) = [\eta_1 \quad \eta_2 \quad \cdots \quad \eta_n]^{\mathrm{T}} \tag{8.49}$$

再将其代入(8.43)式中，就可以得到问题的完整解答。

2. 阻尼系统的解耦方程

对于一个阻尼系统，有以下有限元方程：

$$\boldsymbol{M}\ddot{\boldsymbol{q}}_t + \boldsymbol{C}\dot{\boldsymbol{q}}_t + \boldsymbol{K}\boldsymbol{q}_t = \boldsymbol{P}_t \tag{8.50}$$

其中 $\boldsymbol{C}$ 为阻尼矩阵，一般情况下，$\boldsymbol{C}$ 可以表达成 $\boldsymbol{M}$ 和 $\boldsymbol{K}$ 的线性组合，即

$$\boldsymbol{C} = a\boldsymbol{M} + b\boldsymbol{K} \tag{8.51}$$

其中 a 和 b 为系数，可由问题的性质和相关实验来确定。

对于方程(8.50),同样,按照前面类似的处理,可得到以下方程:

$$\boldsymbol{Q}^{\mathrm{T}}\boldsymbol{M}\boldsymbol{Q}\ddot{\boldsymbol{\eta}}(t)+(a\boldsymbol{Q}^{\mathrm{T}}\boldsymbol{M}\boldsymbol{Q}+b\boldsymbol{Q}^{\mathrm{T}}\boldsymbol{K}\boldsymbol{Q})\dot{\boldsymbol{\eta}}(t)+\boldsymbol{Q}^{\mathrm{T}}\boldsymbol{K}\boldsymbol{Q}\boldsymbol{\eta}(t)=\boldsymbol{Q}^{\mathrm{T}}\boldsymbol{P}_t \tag{8.52}$$

再应用(8.39)式和(8.42)式,以上方程可以写成

$$\ddot{\boldsymbol{\eta}}(t)+\left(a\boldsymbol{I}+b\begin{bmatrix}\omega_1^2 & & & \\ & \omega_2^2 & & \\ & & \ddots & \\ & & & \omega_n^2\end{bmatrix}\right)\dot{\boldsymbol{\eta}}(t)+\begin{bmatrix}\omega_1^2 & & & \\ & \omega_2^2 & & \\ & & \ddots & \\ & & & \omega_n^2\end{bmatrix}\boldsymbol{\eta}(t)=\boldsymbol{F}(t) \tag{8.53}$$

其中 $\boldsymbol{F}(t)=\boldsymbol{Q}^{\mathrm{T}}\boldsymbol{P}_t$;将上式写成单独的解耦方程,则为

$$\ddot{\eta}_i(t)+(a+b\omega_i^2)\dot{\eta}_i(t)+\omega_i^2\eta_i(t)=F_i(t)\quad(i=1,2,\cdots,n) \tag{8.54}$$

显然,$(a+b\omega_i^2)$就是第 i 阶模态的模态阻尼常数,通常定义一个**模态阻尼比**(modal damping ratio)ζ_i 来描述,即

$$\zeta_i=\frac{a+b\omega_i^2}{2\omega_i} \tag{8.55}$$

则方程(8.54)可写为

$$\ddot{\eta}_i(t)+2\zeta_i\omega_i\dot{\eta}_i(t)+\omega_i^2\eta_i(t)=F_i(t)\quad(i=1,2,\cdots,n) \tag{8.56}$$

3. 解耦方程的解

对于方程(8.56),首先计算它的齐次方程的**齐次通解**(homogeneous solution),然后再求它的一组**特解**(particular solution)。

关于齐次方程的通解,分以下三种情形。

- **亚临界阻尼情形**(即 $\zeta_i<1$)(underdamped case)

这就是小阻尼情形,此时(8.56)式的齐次方程的解为

$$\eta_i(t)=A\mathrm{e}^{-\zeta_i\omega_i t}\cos(\omega_i\sqrt{1-\zeta_i^2}t-\phi) \tag{8.57}$$

其中 A、ϕ 是由初始条件确定的系数,ϕ 称为相位。

- **临界阻尼情形**(即 $\zeta_i=1$)(critically damped case)

此时(8.56)式的齐次方程的解为

$$\eta_i(t)=\mathrm{e}^{-\omega_i t}(A_1+A_2t) \tag{8.58}$$

其中 A_1 和 A_2 是由初始条件确定的系数。

- **超临界阻尼情形**(即 $\zeta_i>1$)(overdamped case)

这就是大阻尼情形,此时(8.56)式的齐次方程的解为

$$\eta_i(t)=\mathrm{e}^{-\zeta_i\omega_i t}\left[B_1\cosh(\sqrt{\zeta_i^2-1}\omega_i t)+B_2\sinh(\sqrt{\zeta_i^2-1}\omega_i t)\right] \tag{8.59}$$

将以上三种情形下的解以图示的方式给出,如图 8.2 所示。

- 外载荷作用下的特解

方程(8.56)的特解为(当 $\zeta_i<1$ 时)

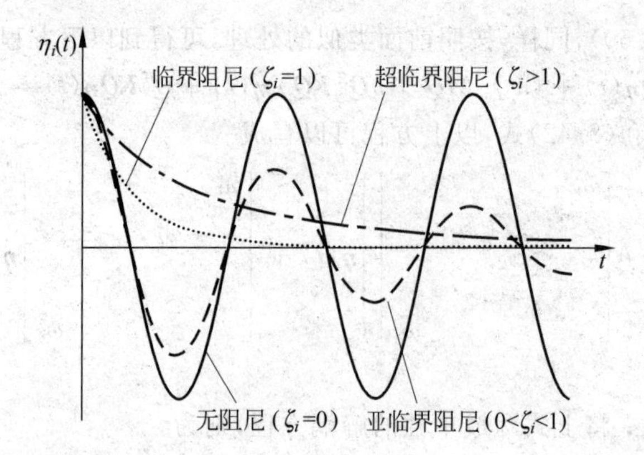

图 8.2 解耦方程的齐次通解的几种形式

$$\eta_i(t)=\frac{1}{\omega_i\sqrt{1-\zeta_i^2}}\int_0^t F_i(\tau)\mathrm{e}^{-\zeta_i\omega_i(t-\tau)}\cdot\sin(\sqrt{1-\zeta_i^2}\omega_i(t-\tau))\mathrm{d}\tau \tag{8.60}$$

在得到 η_i 的结果后,再将其代入(8.43)式中,就可以得到问题的**完整解答**(total solution)。

4. 直接积分方法中的中心差分显式算法

所谓**显式算法**(explicit algorithm)就是由上一时刻的已知计算值来直接递推下步的结果,在给定的时间离散步中,可以逐步求出各个时间离散点的值。下面针对微分方程(8.19)讨论相应的显式算法,首先用**中心差分法**(central difference algorithm)给出(8.19)式中加速度和速度的计算格式,即

$$\ddot{\boldsymbol{q}}_t=\frac{1}{\Delta t^2}(\boldsymbol{q}_{t-\Delta t}-2\boldsymbol{q}_t+\boldsymbol{q}_{t+\Delta t}) \tag{8.61}$$

$$\dot{\boldsymbol{q}}_t=\frac{1}{2\Delta t}(-\boldsymbol{q}_{t-\Delta t}+\boldsymbol{q}_{t+\Delta t}) \tag{8.62}$$

其中 Δt 为等间距的时间步长,将(8.61)式和(8.62)式代入下面 t 时刻的动力学方程中

$$\boldsymbol{M}\ddot{\boldsymbol{q}}_t+\boldsymbol{C}\dot{\boldsymbol{q}}_t+\boldsymbol{K}\boldsymbol{q}_t=\boldsymbol{P}_t \tag{8.63}$$

则有

$$\left(\frac{1}{\Delta t^2}\boldsymbol{M}+\frac{1}{2\Delta t}\boldsymbol{C}\right)\boldsymbol{q}_{t+\Delta t}=\boldsymbol{P}_t-\left(\boldsymbol{K}-\frac{2}{\Delta t^2}\boldsymbol{M}\right)\boldsymbol{q}_t-\left(\frac{1}{\Delta t^2}\boldsymbol{M}-\frac{1}{2\Delta t}\boldsymbol{C}\right)\boldsymbol{q}_{t-\Delta t} \tag{8.64}$$

如果已求得 $\boldsymbol{q}_{t-\Delta t}$ 和 $\boldsymbol{q}_t$,则从(8.64)式可以直接求出 $\boldsymbol{q}_{t+\Delta t}$。

在进行第一步计算时(起步),还需要知道 $\boldsymbol{q}_{-\Delta t}$,从(8.61)式和(8.62)式可以给出

$$\boldsymbol{q}_{-\Delta t}=\boldsymbol{q}_0-\Delta t\dot{\boldsymbol{q}}_0+\frac{\Delta t^2}{2}\ddot{\boldsymbol{q}}_0 \tag{8.65}$$

上式中的 $\dot{\boldsymbol{q}}_0$ 可从初始条件获得,而 $\ddot{\boldsymbol{q}}_0$ 可从在 $t=0$ 时刻的方程(8.63)中求得。因

此(8.65)式给出起步的 $\boldsymbol{q}_{-\Delta t}$ 值。

讨论 1：递推算法(8.64)是显式算法，这是因为递推公式是基于 t 时刻的动力学方程(8.63)推导出来的，则 $\boldsymbol{K}$ 矩阵为 t 时刻的值，而且出现在公式的右端，在求解 $\boldsymbol{q}_{t+\Delta t}$ 时，不需要对 $\boldsymbol{K}$ 求逆，这种性质在非线性分析中尤为重要，因为在每一个增量步中，$\boldsymbol{K}$ 矩阵是变化的，即每一步都需要修改，显式算法可以避免 $\boldsymbol{K}$ 矩阵的求逆，在大规模的非线性问题中，该算法具有非常明显的优势。

讨论 2：中心差分法是**条件收敛**(conditional convergence)的，其稳定收敛的条件是

$$\Delta t \leqslant \Delta t_{\mathrm{cr}} \leqslant \frac{T_n}{\pi} \tag{8.66}$$

其中 T_n 是结构系统的最小固有振动周期，可以由特征值问题来求得。

以上显式算法比较适用于求解波的传播问题，对于这类问题，一般时间步长都希望取得较小，这一点要求正好可以适应(8.66)式的收敛条件。而对于一般的结构动力响应问题，由于响应的过程和持续的时间都较长，从物理上来说都希望取较大的时间步长，已达到减少计算量的目的。但由于有(8.66)式的限制，所以实际的计算步长必受到限制，通常采用无条件稳定的隐式算法。

5. 直接积分法中的 Newmark 隐式算法

Newmark 方法是应用最为广泛的一种**隐式算法**(implicit algorithm)，它实际上是线性加速度法的一种推广，它采用以下公式来计算：

$$\dot{\boldsymbol{q}}_{t+\Delta t} = \dot{\boldsymbol{q}}_t + [(1-\beta)\ddot{\boldsymbol{q}}_t + \beta \cdot \ddot{\boldsymbol{q}}_{t+\Delta t}]\Delta t \tag{8.67}$$

$$\boldsymbol{q}_{t+\Delta t} = \boldsymbol{q}_t + \dot{\boldsymbol{q}}_t \Delta t + \left[\left(\frac{1}{2}-\alpha\right)\ddot{\boldsymbol{q}}_t + \alpha \cdot \ddot{\boldsymbol{q}}_{t+\Delta t}\right]\Delta t^2 \tag{8.68}$$

其中 β 和 α 是根据积分精度和稳定性要求来决定；当 $\beta=\frac{1}{2}$ 和 $\alpha=\frac{1}{6}$ 时，则(8.67)式和(8.68)式变为线性加速度法的格式，由(8.68)式可以求出 $\ddot{\boldsymbol{q}}_{t+\Delta t}$ 为

$$\ddot{\boldsymbol{q}}_{t+\Delta t} = \frac{1}{\alpha \Delta t^2}(\boldsymbol{q}_{t+\Delta t} - \boldsymbol{q}_t) - \frac{1}{\alpha \Delta t}\dot{\boldsymbol{q}}_t - \left(\frac{1}{2\alpha}-1\right)\ddot{\boldsymbol{q}}_t \tag{8.69}$$

Newmark 方法是基于 $t+\Delta t$ 时刻的动力学方程进行推导的，即

$$\boldsymbol{M}\ddot{\boldsymbol{q}}_{t+\Delta t} + \boldsymbol{C}\dot{\boldsymbol{q}}_{t+\Delta t} + \boldsymbol{K}\boldsymbol{q}_{t+\Delta t} = \boldsymbol{P}_{t+\Delta t} \tag{8.70}$$

将(8.69)式代入(8.67)式中，然后再将(8.69)式和(8.67)式代入以上方程中，有

$$\begin{aligned}\hat{\boldsymbol{K}}\boldsymbol{q}_{t+\Delta t} = \boldsymbol{P}_{t+\Delta t} &+ \boldsymbol{M}\left[\frac{1}{\alpha \Delta t^2}\boldsymbol{q}_t + \frac{1}{\alpha \Delta t}\dot{\boldsymbol{q}}_t + \left(\frac{1}{2\alpha}-1\right)\ddot{\boldsymbol{q}}_t\right] \\ &+ \boldsymbol{C}\left[\frac{\beta}{\alpha \Delta t}\boldsymbol{q}_t + \left(\frac{\beta}{\alpha}-1\right)\dot{\boldsymbol{q}}_t + \left(\frac{\beta}{2\alpha}-1\right)\Delta t \ddot{\boldsymbol{q}}_t\right]\end{aligned} \tag{8.71}$$

其中

$$\hat{\boldsymbol{K}} = \boldsymbol{K} + \frac{1}{\alpha \Delta t^2}\boldsymbol{M} + \frac{\beta}{\alpha \Delta t}\boldsymbol{C} \tag{8.72}$$

从计算格式(8.71)可以看出，在计算 $\boldsymbol{q}_{t+\Delta t}$ 时，需要对 $\hat{\boldsymbol{K}}$ 求逆，而 $\hat{\boldsymbol{K}}$ 中又包含了 $\boldsymbol{K}$，在非线性问题中，$\boldsymbol{K}$ 为变化的，因而该算法的计算量比较大，由于推导(8.71)式时，利用了 $t+\Delta t$ 时刻的动力学方程(8.70)式，而需要求解的未知 $\boldsymbol{q}_{t+\Delta t}$ 也是处于 $t+\Delta t$ 时刻，因此该算法称为隐式算法，可以证明当 $\beta \geqslant 0.5$，$\alpha \geqslant 0.25(0.5+\beta)^2$ 时，Newmark 方法是无条件稳定的[14]，虽然时间步长 Δt 的大小不影响求解的稳定性，但会影响求解精度，因此需要根据计算精度的要求来确定 Δt。可以看出：无条件稳定的隐式算法是以 $\hat{\boldsymbol{K}}$ 的求逆而增加计算量这一代价来换取比显式算法大得多的时间步长 Δt 的。

8.1.4 结构振动分析的典型例题

简例 8.1(1) 无约束阶梯杆结构的轴向自由振动分析

一个无约束阶梯杆结构如图 8.3(a)所示，试对该问题的**轴向自由振动**(longitudinal free vibration)频率和模态进行分析。两根杆的弹性模量都为 E，质量密度都为 ρ，横截面面积为 $A^{(1)}=2A^{(2)}=2A$。

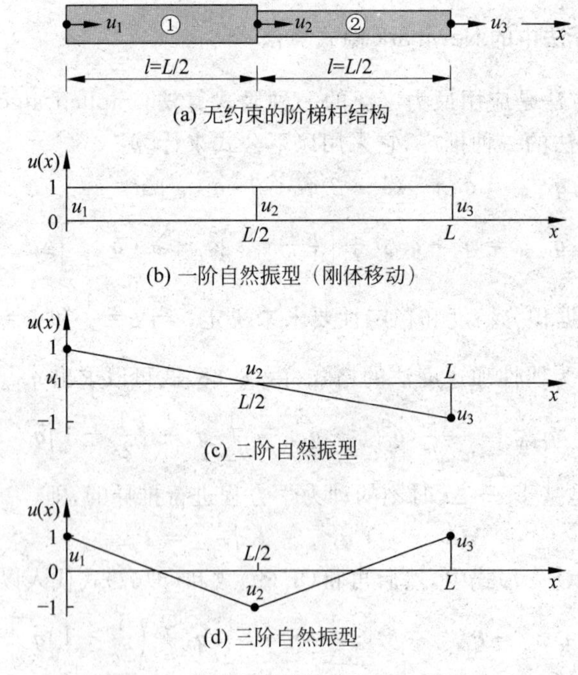

图 8.3 无约束阶梯杆结构的自然振型

解答：该问题的有限元分析如下。

将该结构离散为两个杆单元，分别计算各自的单元刚度矩阵和质量矩阵，有

$$\boldsymbol{K}^{(1)}=\frac{A^{(1)}E^{(1)}}{l^{(1)}}\begin{bmatrix}1 & -1\\ -1 & 1\end{bmatrix}=\frac{4AE}{L}\begin{bmatrix}1 & -1\\ -1 & 1\end{bmatrix}$$

$$\boldsymbol{K}^{(2)}=\frac{A^{(2)}E^{(2)}}{l^{(2)}}\begin{bmatrix}1 & -1\\-1 & 1\end{bmatrix}=\frac{2AE}{L}\begin{bmatrix}1 & -1\\-1 & 1\end{bmatrix}$$

$$\boldsymbol{M}^{(1)}=\frac{\rho^{(1)}A^{(1)}l^{(1)}}{6}\begin{bmatrix}2 & 1\\1 & 2\end{bmatrix}=\frac{\rho AL}{6}\begin{bmatrix}2 & 1\\1 & 2\end{bmatrix}$$

$$\boldsymbol{M}^{(2)}=\frac{\rho^{(2)}A^{(2)}l^{(2)}}{6}\begin{bmatrix}2 & 1\\1 & 2\end{bmatrix}=\frac{\rho AL}{12}\begin{bmatrix}2 & 1\\1 & 2\end{bmatrix}$$

对刚度矩阵和质量矩阵进行组装,形成总体自由振动方程

$$(\boldsymbol{K}-\omega^2\boldsymbol{M})\,\hat{\boldsymbol{q}}=0 \tag{8.73}$$

其中

$$\hat{\boldsymbol{q}}=[u_1 \quad u_2 \quad u_3]^{\mathrm{T}}$$

$$\boldsymbol{K}=\boldsymbol{K}^{(1)}+\boldsymbol{K}^{(2)}$$

$$\boldsymbol{M}=\boldsymbol{M}^{(1)}+\boldsymbol{M}^{(2)}$$

ω 为自然圆频率(rad/s)

方程(8.73)有非零解的条件为

$$|\boldsymbol{K}-\omega^2\boldsymbol{M}|=0 \tag{8.74}$$

即

$$\left|\frac{2AE}{L}\begin{bmatrix}2 & -2 & 0\\-2 & 3 & -1\\0 & -1 & 1\end{bmatrix}-\frac{\omega^2\rho AL}{12}\begin{bmatrix}4 & 2 & 0\\2 & 6 & 1\\0 & 1 & 2\end{bmatrix}\right|=0 \tag{8.75}$$

令

$$\lambda=\frac{\rho L^2\omega^2}{24E} \tag{8.76}$$

计算行列式(8.75)有

$$18\lambda(1-2\lambda)(\lambda-2)=0 \tag{8.77}$$

其解为

$$\lambda_1=0,\quad \omega_1=0,\quad \hat{\boldsymbol{q}}_1=[1 \quad 1 \quad 1]^{\mathrm{T}}$$

$$\lambda_2=\frac{1}{2},\quad \omega_2=3.46[E/(\rho L^2)]^{\frac{1}{2}},\quad \hat{\boldsymbol{q}}_2=[1 \quad 0 \quad -1]^{\mathrm{T}}$$

$$\lambda_3=2,\quad \omega_3=6.92[E/(\rho L^2)]^{\frac{1}{2}},\quad \hat{\boldsymbol{q}}_3=[1 \quad -1 \quad 1]^{\mathrm{T}}$$

相关的振型见图 8.3(b),(c)和(d)。进一步可以验证,振型$\hat{\boldsymbol{q}}_1$,$\hat{\boldsymbol{q}}_2$,$\hat{\boldsymbol{q}}_3$ 关于 $\boldsymbol{M}$ 是正交的,即

$$\hat{\boldsymbol{q}}_i^{\mathrm{T}}\boldsymbol{M}\,\hat{\boldsymbol{q}}_j=\begin{cases}a_i & \text{当 } i=j\\0 & \text{当 } i\neq j\end{cases}\qquad (a_i\ \text{为常数})$$

简例 8.1(2)　左端约束下阶梯结构的轴向自由振动分析

与简例 8.1(1)类似,不同之处在于左端有一个约束,如图 8.4(a)所示。试对该问题的自由振动频率和模态进行分析。

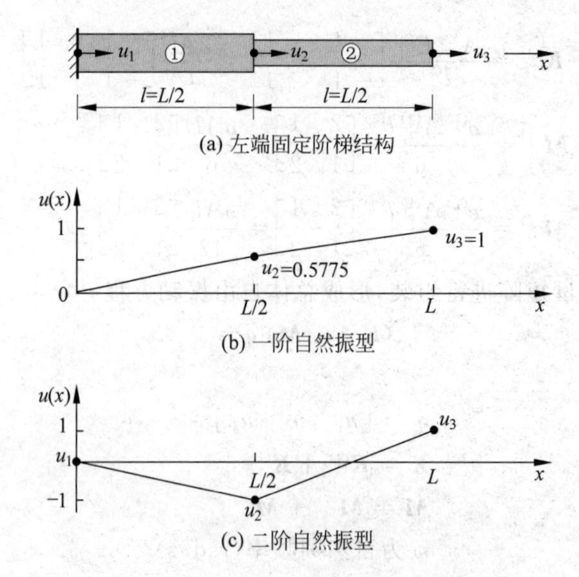

(a) 左端固定阶梯结构

(b) 一阶自然振型

(c) 二阶自然振型

图 8.4　左端固定阶梯结构的自由振动分析

解答：该问题的有限元分析如下。

该问题的节点和单元划分与简例 8.1(1)相同，所形成的整体刚度矩阵和质量矩阵也与简例 8.1(1)相同，不同之处在于，本例的 $u_1=0$。因此，所得到的特征值方程为

$$\left|\frac{2AE}{L}\begin{bmatrix}3 & -1\\ -1 & 1\end{bmatrix}-\frac{\omega^2\rho AL}{12}\begin{bmatrix}6 & 1\\ 1 & 2\end{bmatrix}\right|=0 \tag{8.78}$$

所求得的解为

$$\omega_1=\frac{1.985}{L}\sqrt{\frac{E}{\rho}}\quad(\text{rad/s}),\quad \hat{\boldsymbol{q}}_1=[0\quad 0.5775\quad 1]^{\mathrm{T}}$$

$$\omega_2=\frac{5.159}{L}\sqrt{\frac{E}{\rho}}\quad(\text{rad/s}),\quad \hat{\boldsymbol{q}}_2=[0\quad -0.5775\quad 1]^{\mathrm{T}}$$

相关的振型见图 8.4(b)、(c)。注意这里的$\hat{\boldsymbol{q}}_1$ 和$\hat{\boldsymbol{q}}_2$ 是经过归一化处理后的相对值。同样可以验证，振型$\hat{\boldsymbol{q}}_1$，$\hat{\boldsymbol{q}}_2$ 是关于 $\boldsymbol{M}$ 正交的。

若采用集中质量矩阵，这时的特征值方程为

$$\left|\frac{2AE}{L}\begin{bmatrix}3 & -1\\ -1 & 1\end{bmatrix}-\frac{\omega^2\rho AL}{4}\begin{bmatrix}3 & 0\\ 0 & 1\end{bmatrix}\right|=0 \tag{8.79}$$

该问题的解为

$$\omega_1=1.6906\,\frac{1}{L}\sqrt{\frac{E}{\rho}},\quad \hat{\boldsymbol{q}}_1=[0\quad 0.5775\quad 1]^{\mathrm{T}}$$

$$\omega_2=6.3094\,\frac{1}{L}\sqrt{\frac{E}{\rho}},\quad \hat{\boldsymbol{q}}_2=[0\quad -0.5775\quad 1]^{\mathrm{T}}$$

通过比较可以发现，采用集中质量矩阵来进行处理，计算所得的低阶频率更偏小一些，而高阶频率更偏大一些。

简例 8.1(3)　左端约束下阶梯结构动态响应的有限元分析

左端固定的阶梯结构如图 8.5(a)所示，在节点 3 处受有一个持续时间为 t_0、大小为 P_0 的外载 $P_3(t)$，试分析该结构的动态响应，假定该结构无阻尼。

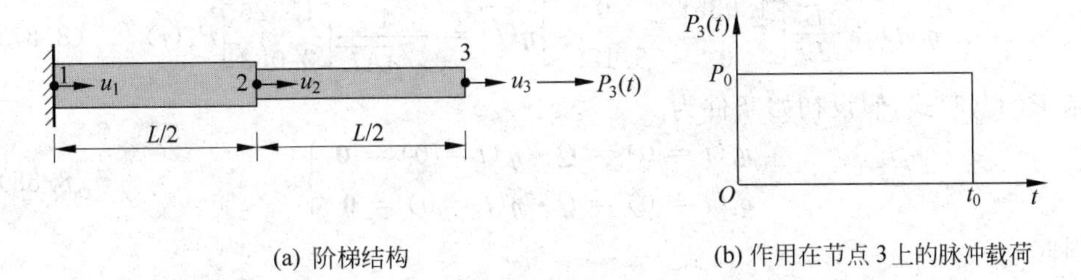

(a) 阶梯结构　　(b) 作用在节点 3 上的脉冲载荷

图 8.5　阶梯结构的动态响应分析

解答：由简例 8.1(2)可得到该结构自由振动的结果：

$$\omega_1 = \frac{1.985}{L}\sqrt{\frac{E}{\rho}}, \quad \hat{\boldsymbol{q}}_1 = [u_2 \quad u_3]^{\mathrm{T}} = \frac{1}{\sqrt{\rho A l}}[0.8812 \quad 1.526]^{\mathrm{T}}$$

$$\omega_2 = \frac{5.159}{L}\sqrt{\frac{E}{\rho}}, \quad \hat{\boldsymbol{q}}_2 = [u_2 \quad u_3]^{\mathrm{T}} = \frac{1}{\sqrt{\rho A l}}[-1.186 \quad 2.053]^{\mathrm{T}}$$

这里振型 $\hat{\boldsymbol{q}}_1$ 和 $\hat{\boldsymbol{q}}_2$ 前的系数是由下列正定关系来确定的：

$$\hat{\boldsymbol{q}}_i^{\mathrm{T}} \boldsymbol{M}\, \hat{\boldsymbol{q}}_j = \begin{cases} 1 & 当\ i = j \\ 0 & 当\ i \neq j \end{cases} \tag{8.80}$$

则模态矩阵为

$$\boldsymbol{Q} = [\hat{\boldsymbol{q}}_1 \quad \hat{\boldsymbol{q}}_2] = \frac{1}{\sqrt{\rho A l}}\begin{bmatrix} 0.8812 & -1.1860 \\ 1.5260 & 2.0530 \end{bmatrix} \tag{8.81}$$

而结构的刚度矩阵和质量矩阵为

$$\boldsymbol{K} = \frac{2AE}{L}\begin{bmatrix} 3 & -1 \\ -1 & 1 \end{bmatrix} \begin{matrix} \leftarrow u_2 \\ \leftarrow u_3 \end{matrix} \quad (\text{列对应 } u_2 \ u_3) \tag{8.82}$$

$$\boldsymbol{M} = \frac{\rho A L}{12}\begin{bmatrix} 6 & 1 \\ 1 & 2 \end{bmatrix} \begin{matrix} \leftarrow u_2 \\ \leftarrow u_3 \end{matrix} \quad (\text{列对应 } u_2 \ u_3) \tag{8.83}$$

可以验证

$$\boldsymbol{Q}^{\mathrm{T}} \boldsymbol{M} \boldsymbol{Q} = \begin{bmatrix} 1 & 0 \\ 0 & 1 \end{bmatrix} \tag{8.84}$$

$$\boldsymbol{Q}^{\mathrm{T}} \boldsymbol{K} \boldsymbol{Q} = \frac{E}{\rho L^2}\begin{bmatrix} 1.985^2 & 0 \\ 0 & 5.159^2 \end{bmatrix} = \begin{bmatrix} \omega_1^2 & 0 \\ 0 & \omega_2^2 \end{bmatrix} \tag{8.85}$$

由(8.47)式计算载荷列阵 $\boldsymbol{F}(t)$

$$\boldsymbol{F}(t)=\boldsymbol{Q}^{\mathrm{T}}P_t=\frac{1}{\sqrt{\rho AL}}\begin{bmatrix}0.8812 & 1.5260\\ -1.1860 & 2.0530\end{bmatrix}\begin{bmatrix}0\\ P_3(t)\end{bmatrix}=\frac{1}{\sqrt{\rho AL}}\begin{bmatrix}1.526\\ 2.053\end{bmatrix}P_3(t) \tag{8.86}$$

由(8.46)式,则无阻尼的解耦运动方程为

$$\ddot{\boldsymbol{\eta}}(t)+\frac{E}{\rho L^2}\begin{bmatrix}1.985^2 & 0\\ 0 & 5.159^2\end{bmatrix}\boldsymbol{\eta}(t)=\frac{1}{\sqrt{\rho AL}}\begin{bmatrix}1.526\\ 2.053\end{bmatrix}P_3(t) \tag{8.87}$$

基于(8.43)式,假设初始条件为

$$\left.\begin{aligned}\boldsymbol{q}_t(t=0)&=\boldsymbol{Q}\cdot\boldsymbol{\eta}(t=0)=\mathbf{0}\\ \dot{\boldsymbol{q}}_t(t=0)&=\boldsymbol{Q}\cdot\dot{\boldsymbol{\eta}}(t=0)=\mathbf{0}\end{aligned}\right\} \tag{8.88}$$

因此

$$\left.\begin{aligned}\boldsymbol{\eta}(t=0)&=\mathbf{0}\\ \dot{\boldsymbol{\eta}}(t=0)&=\mathbf{0}\end{aligned}\right\} \tag{8.89}$$

由公式(8.60),可得到方程(8.87)中的解

$$\begin{aligned}\eta_1(t)&=\frac{1}{\omega_1}\int_0^t F_1(\tau)\cdot\sin\omega_1(t-\tau)\mathrm{d}\tau\\ &=\frac{L}{1.985}\sqrt{\frac{\rho}{E}}\int_0^t\frac{1.526}{\sqrt{\rho AL}}P_3(t)\cdot\sin\left(\frac{1.985}{L}\sqrt{\frac{E}{\rho}}(t-\tau)\right)\mathrm{d}\tau\end{aligned} \tag{8.90}$$

$$\begin{aligned}\eta_2(t)&=\frac{1}{\omega_2}\int_0^t F_2(\tau)\cdot\sin\omega_2(t-\tau)\mathrm{d}\tau\\ &=\frac{L}{5.159}\sqrt{\frac{\rho}{E}}\int_0^t\frac{2.053}{\sqrt{\rho AL}}P_3(t)\cdot\sin\left(\frac{5.159}{L}\sqrt{\frac{E}{\rho}}(t-\tau)\right)\mathrm{d}\tau\end{aligned} \tag{8.91}$$

外载 $P_3(t)$ 如图 8.5(b)所示。则节点位移随时间的变化为

$$\begin{aligned}\boldsymbol{q}_t&=\begin{bmatrix}u_2(t)\\ u_3(t)\end{bmatrix}=\boldsymbol{Q}\boldsymbol{\eta}(t)\\ &=\frac{1}{\sqrt{\rho AL}}\begin{bmatrix}0.8812 & -1.186\\ 1.526 & 2.053\end{bmatrix}\begin{bmatrix}\eta_1(t)\\ \eta_2(t)\end{bmatrix}\\ &=\frac{1}{\sqrt{\rho AL}}\begin{bmatrix}0.8812\eta_1(t)-1.186\eta_2(t)\\ 1.526\eta_1(t)+2.053\eta_2(t)\end{bmatrix}\end{aligned} \tag{8.92}$$

最后的计算结果如下:

(1) 对于 $t<t_0$

$$\left.\begin{aligned}u_2(t)&=\frac{P_0L}{AE}\left[0.2499-0.3414\cos\left(\frac{1.985}{L}\sqrt{\frac{E}{\rho}}t\right)+0.09149\cos\left(\frac{5.159}{L}\sqrt{\frac{E}{\rho}}t\right)\right]\\ u_3(t)&=\frac{P_0L}{AE}\left[0.4324-0.5907\cos\left(\frac{1.985}{L}\sqrt{\frac{E}{\rho}}t\right)+0.1583\cos\left(\frac{5.159}{L}\sqrt{\frac{E}{\rho}}t\right)\right]\end{aligned}\right\} \tag{8.93}$$

(2) 对于 $t>t_0$

$$
\left.\begin{aligned}
u_2(t) &= \frac{P_0L}{AE}\Bigg\{0.3414\left[\cos\left(\frac{1.985}{L}\sqrt{\frac{E}{\rho}}(t-t_0)\right)-\cos\left(\frac{1.985}{L}\sqrt{\frac{E}{\rho}}t\right)\right] \\
&\quad -0.09149\left[\cos\left(\frac{5.159}{L}\sqrt{\frac{E}{\rho}}(t-t_0)\right)-\cos\left(\frac{5.159}{L}\sqrt{\frac{E}{\rho}}t\right)\right]\Bigg\} \\
u_3(t) &= \frac{P_0L}{AE}\Bigg\{0.5907\left[\cos\left(\frac{1.985}{L}\sqrt{\frac{E}{\rho}}(t-t_0)\right)-\cos\left(\frac{1.985}{L}\sqrt{\frac{E}{\rho}}t\right)\right] \\
&\quad +0.1583\left[\cos\left(\frac{5.159}{L}\sqrt{\frac{E}{\rho}}(t-t_0)\right)-\cos\left(\frac{5.159}{L}\sqrt{\frac{E}{\rho}}t\right)\right]\Bigg\}
\end{aligned}\right\} \tag{8.94}
$$

8.1.5　参考内容 1：振动模态分析的自由度缩减方法

结构自由振动模态分析的关键是求解特征值问题，同样规模的特征值问题其计算量比静力问题的计算量要高出几倍，甚至高出一个数量级，因此，如何降低特征值问题的计算规模和减少计算量是一个重要的课题，有关静力问题缩聚见第6.4节。下面同样沿着这一思路讨论“动力缩聚”或“特征值问题缩聚”问题，这种缩聚叫做 Guyan **缩聚**(condensation)[26]。

对于一个结构，设其静力问题的总体刚度方程为

$$\underset{(r\times r)}{\boldsymbol{K}}\ \underset{(r\times 1)}{\boldsymbol{q}} = \underset{(r\times 1)}{\boldsymbol{P}} \tag{8.95}$$

其中 r 为总自由度，将其写成分块矩阵的形式，有

$$\begin{bmatrix} \underset{(m\times m)}{\boldsymbol{K}_{11}} & \underset{(m\times s)}{\boldsymbol{K}_{12}} \\ \underset{(s\times m)}{\boldsymbol{K}_{21}} & \underset{(s\times s)}{\boldsymbol{K}_{22}} \end{bmatrix} \begin{bmatrix} \underset{(m\times 1)}{\boldsymbol{q}_{\mathrm{m}}} \\ \underset{(s\times 1)}{\boldsymbol{q}_{\mathrm{s}}} \end{bmatrix} = \begin{bmatrix} \underset{(m\times 1)}{\boldsymbol{P}_{\mathrm{m}}} \\ \underset{(s\times 1)}{\boldsymbol{P}_{\mathrm{s}}} \end{bmatrix} \tag{8.96}$$

其中 $m+s=r$，上面的分块是根据节点位置的重要程度来划分的，一般情况下，将对应于结构关键位置的节点位移划分为 $\boldsymbol{q}_{\mathrm{m}}$，叫做**“主自由度”**(master DOF)，而剩下的节点位移划分为 $\boldsymbol{q}_{\mathrm{s}}$，叫做**“从自由度”**(slave DOF)。假定我们进行分块时，考虑到 $\boldsymbol{P}_{\mathrm{s}}=0$ 的特征(比如结构内部无载荷，或对应于内部自由度的载荷为零)，同时还可以定义矩阵对角线的相对刚度系数来确定“主自由度”，即计算

$$\delta_i = \frac{k_{ii}}{m_{ii}} \tag{8.97}$$

其中 k_{ii}，m_{ii} 分别为系统的刚度矩阵和质量矩阵主对角线上的元素，当相对刚度系数超过某一临界值时，则所对应的节点自由度被选作为“主自由度”，即

$$\delta_i > \delta_{\mathrm{cr}} \tag{8.98}$$

其中 δ_{cr} 为临界相对刚度系数值，可以根据需要缩聚的自由度数来确定。

在确定好“主自由度”后，则方程(8.96)可以写为

$$\left.\begin{aligned}\boldsymbol{K}_{11}\boldsymbol{q}_{\mathrm{m}}+\boldsymbol{K}_{12}\boldsymbol{q}_{\mathrm{s}}&=\boldsymbol{P}_{\mathrm{m}}\\\boldsymbol{K}_{21}\boldsymbol{q}_{\mathrm{m}}+\boldsymbol{K}_{22}\boldsymbol{q}_{\mathrm{s}}&=0\end{aligned}\right\}\tag{8.99}$$

由上式中的第二式，有

$$\boldsymbol{q}_{\mathrm{s}}=-\boldsymbol{K}_{22}^{-1}\boldsymbol{K}_{21}\boldsymbol{q}_{\mathrm{m}}\tag{8.100}$$

将 $\boldsymbol{q}$ 写成

$$\underset{(r\times1)}{\boldsymbol{q}}=\begin{bmatrix}\underset{(m\times1)}{\boldsymbol{q}_{\mathrm{m}}}\\\cdots\\\underset{(s\times1)}{\boldsymbol{q}_{\mathrm{s}}}\end{bmatrix}=\begin{bmatrix}\underset{(m\times m)}{\boldsymbol{I}}\\\cdots\cdots\\\underset{(s\times m)}{-\boldsymbol{K}_{22}^{-1}K_{21}}\end{bmatrix}\underset{(m\times1)}{\boldsymbol{q}_{\mathrm{m}}}=\underset{(r\times m)}{\boldsymbol{T}}\ \underset{(m\times1)}{\boldsymbol{q}_{\mathrm{m}}}\tag{8.101}$$

其中转换矩阵 $\boldsymbol{T}$ 为

$$\underset{(r\times m)}{\boldsymbol{T}}=\begin{bmatrix}\underset{(m\times m)}{\boldsymbol{I}}\\\cdots\cdots\\\underset{(s\times m)}{-\boldsymbol{K}_{22}^{-1}K_{21}}\end{bmatrix}\tag{8.102}$$

将该转换关系(8.102)代入到求动力学问题的虚功方程中，可以得到动力学系统的方程

$$\underset{(m\times r)}{\boldsymbol{T}^{\mathrm{T}}}\ \underset{(r\times r)}{\boldsymbol{M}}\ \underset{(r\times m)}{\boldsymbol{T}}\ \underset{(m\times1)}{\ddot{\boldsymbol{q}}_{\mathrm{m}}}+\underset{(m\times r)}{\boldsymbol{T}^{\mathrm{T}}}\ \underset{(r\times r)}{\boldsymbol{C}}\ \underset{(r\times m)}{\boldsymbol{T}}\ \underset{(m\times1)}{\dot{\boldsymbol{q}}_{\mathrm{m}}}+\underset{(m\times r)}{\boldsymbol{T}^{\mathrm{T}}}\ \underset{(r\times r)}{\boldsymbol{K}}\ \underset{(r\times m)}{\boldsymbol{T}}\ \underset{(m\times1)}{\boldsymbol{q}_{\mathrm{m}}}=\underset{(m\times r)}{\boldsymbol{T}^{\mathrm{T}}}\ \underset{(r\times1)}{\boldsymbol{P}_{\mathrm{m}}}\tag{8.103}$$

即有

$$\widetilde{\boldsymbol{M}}_{\mathrm{m}}\ddot{\boldsymbol{q}}_{\mathrm{m}}+\widetilde{\boldsymbol{C}}_{\mathrm{m}}\dot{\boldsymbol{q}}_{\mathrm{m}}+\widetilde{\boldsymbol{K}}_{\mathrm{m}}\boldsymbol{q}_{\mathrm{m}}=\widetilde{\boldsymbol{P}}_{\mathrm{m}}\tag{8.104}$$

其中

$$\left.\begin{aligned}\underset{(m\times m)}{\widetilde{\boldsymbol{K}}_{\mathrm{m}}}&=\underset{(m\times r)}{\boldsymbol{T}^{\mathrm{T}}}\ \underset{(r\times r)}{\boldsymbol{K}}\ \underset{(r\times m)}{\boldsymbol{T}}\\\underset{(m\times m)}{\widetilde{\boldsymbol{M}}_{\mathrm{m}}}&=\underset{(m\times r)}{\boldsymbol{T}^{\mathrm{T}}}\ \underset{(r\times r)}{\boldsymbol{M}}\ \underset{(r\times m)}{\boldsymbol{T}}\\\underset{(m\times m)}{\widetilde{\boldsymbol{C}}_{\mathrm{m}}}&=\underset{(m\times r)}{\boldsymbol{T}^{\mathrm{T}}}\ \underset{(r\times r)}{\boldsymbol{C}}\ \underset{(r\times m)}{\boldsymbol{T}}\\\underset{(m\times1)}{\widetilde{\boldsymbol{P}}_{\mathrm{m}}}&=\underset{(m\times r)}{\boldsymbol{T}^{\mathrm{T}}}\ \underset{(r\times1)}{\boldsymbol{P}_{\mathrm{m}}}\end{aligned}\right\}\tag{8.105}$$

考虑无阻尼自由振动，则

$$\underset{(m\times m)}{\widetilde{\boldsymbol{M}}_{\mathrm{m}}}\ \underset{(m\times1)}{\ddot{\boldsymbol{q}}_{\mathrm{m}}}+\underset{(m\times m)}{\widetilde{\boldsymbol{K}}_{\mathrm{m}}}\ \underset{(m\times1)}{\boldsymbol{q}_{\mathrm{m}}}=0\tag{8.106}$$

该方程的解为

$$\boldsymbol{q}_{\mathrm{m}}(t)=\hat{\boldsymbol{q}}_{\mathrm{m}}\mathrm{e}^{\mathrm{i}\omega t}\tag{8.107}$$

其中 ω 为系统的自然频率，将(8.107)式代入到(8.106)式中，有

$$(\widetilde{\boldsymbol{K}}_{\mathrm{m}}-\omega^2\widetilde{\boldsymbol{M}}_{\mathrm{m}})\hat{\boldsymbol{q}}_{\mathrm{m}}=0\tag{8.108}$$

那么，方程(8.108)就是缩聚后的自由振动方程，这是关于“主自由度”的方程，求出“主自由度”$\hat{\boldsymbol{q}}_{\mathrm{m}}$ 后，然后由(8.101)求出所有节点的位移。

以上的缩聚是基于静力问题中对应于“从自由度”$\boldsymbol{q}_{\mathrm{s}}$ 上无外载的情形下推导的，即得到缩聚关系(8.100)式。实际上，对于动力学方程，我们同样可以写出完全的分块矩阵方程，即

$$\left(\begin{bmatrix} \underset{(m\times m)}{\boldsymbol{K}_{11}} & \underset{(m\times s)}{\boldsymbol{K}_{12}} \\ \underset{(s\times m)}{\boldsymbol{K}_{21}} & \underset{(s\times s)}{\boldsymbol{K}_{22}} \end{bmatrix} - \omega^2 \begin{bmatrix} \underset{(m\times m)}{\boldsymbol{M}_{11}} & \underset{(m\times s)}{\boldsymbol{M}_{12}} \\ \underset{(s\times m)}{\boldsymbol{M}_{21}} & \underset{(s\times s)}{\boldsymbol{M}_{22}} \end{bmatrix}\right) \begin{bmatrix} \underset{(m\times 1)}{\hat{\boldsymbol{q}}_{\mathrm{m}}} \\ \underset{(s\times 1)}{\hat{\boldsymbol{q}}_{\mathrm{s}}} \end{bmatrix} = 0 \tag{8.109}$$

对于(8.109)中的第二组方程，有

$$\boldsymbol{K}_{21}\ \hat{\boldsymbol{q}}_{\mathrm{m}} + \boldsymbol{K}_{22}\ \hat{\boldsymbol{q}}_{\mathrm{s}} = \hat{\boldsymbol{P}}_{\mathrm{s}}^{\mathrm{ine}} \tag{8.110}$$

其中$\hat{\boldsymbol{P}}_{\mathrm{s}}^{\mathrm{ine}} = \omega^2(\boldsymbol{M}_{21}\hat{\boldsymbol{q}}_{\mathrm{m}} + \boldsymbol{M}_{22}\hat{\boldsymbol{q}}_{\mathrm{s}})$为惯性力，与(8.99)式中的第二个方程进行比较，(8.110)式中由于存在惯性力$\hat{\boldsymbol{P}}_{\mathrm{s}}^{\mathrm{ine}}$，因为它不为零，由(8.110)式得到的$\hat{\boldsymbol{q}}_{\mathrm{s}}$为

$$\hat{\boldsymbol{q}}_{\mathrm{s}} = (\boldsymbol{K}_{22} - \omega^2\boldsymbol{M}_{22})^{-1}(\omega^2\boldsymbol{M}_{21} - \boldsymbol{K}_{21})\ \hat{\boldsymbol{q}}_{\mathrm{m}} \tag{8.111}$$

那么在获得“主自由度”的振型$\hat{\boldsymbol{q}}_{\mathrm{m}}$后，应该由(8.111)式来求取关于“从自由度”的振型$\hat{\boldsymbol{q}}_{\mathrm{s}}$，总的振型为$\hat{\boldsymbol{q}} = [\hat{\boldsymbol{q}}_{\mathrm{m}}^{\mathrm{T}}\quad \hat{\boldsymbol{q}}_{\mathrm{s}}^{\mathrm{T}}]^{\mathrm{T}}$。由于此时的转换关系(8.111)式与原转换关系(8.100)式有差别，因而基于静力缩聚关系(8.100)计算出的自然频率和振型会有一定的误差，对于高阶振型这种误差更大。下面给出一个计算实例来说明。

如图 8.6 所示为一个边长为 a 悬臂方板[27]，采用三角形弯曲板单元进行有限元振动分析，每个节点有三个自由度，即挠度加上两个转动自由度，图 8.6(a)为无缩聚的计算结果，图 8.6(b)，(c)，(d)为三种缩聚方案的计算结果，图中的频率$\bar{\omega}_i = \omega_i\sqrt{D_0/\rho t a^4}$；可以看出，缩减方案的计算效果还是相当好的，对于低阶频率精度很高，但对于高阶频率其误差相对较大。

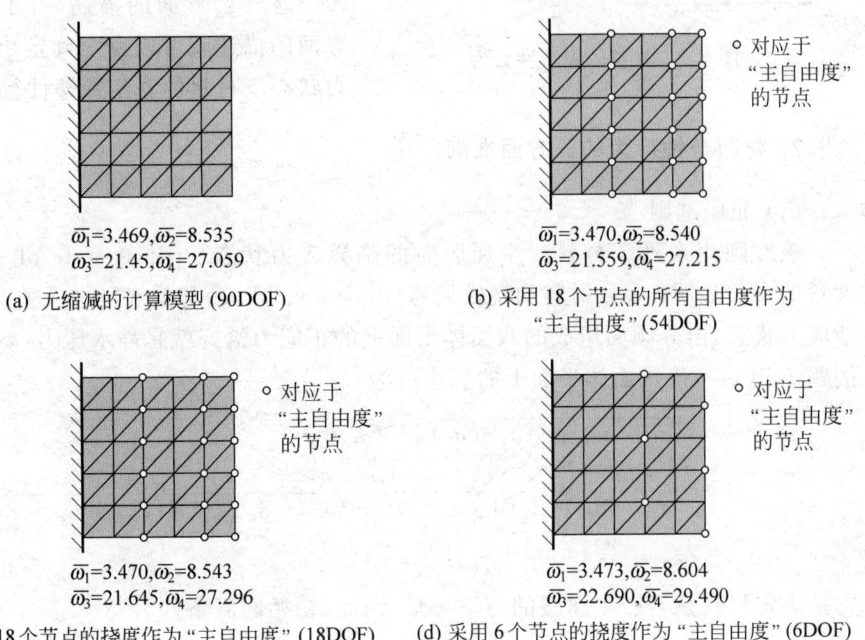

图 8.6　悬臂方板弯曲的自由振动分析(缩聚计算方案的比较)

8.2 弹塑性问题的有限元分析

研究**弹塑性问题**(elastic-plastic problem)的关键在于物理方程的处理。下面主要讨论小变形情形下的弹塑性问题。

8.2.1 弹塑性问题的物理方程

1. 材料的弹塑性行为实验

典型的材料性能实验曲线是通过标准试样的单向拉伸与压缩来获得的,如图 8.7 所示。

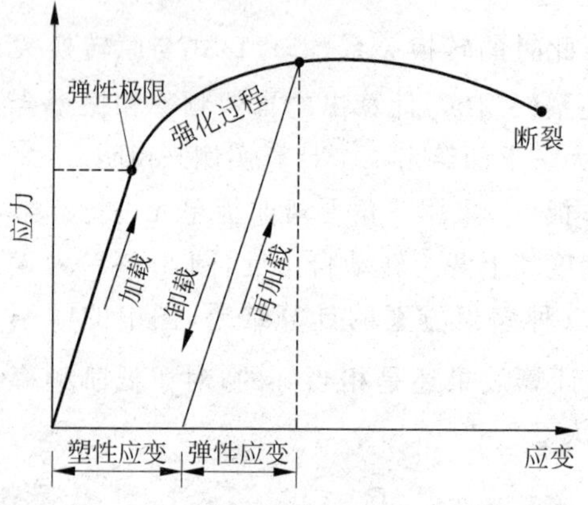

图 8.7 材料的弹塑性行为

在实际结构中,真实的情况是材料处于复杂的受力状态,即 σ_{ij} 中的各个分量都存在,如何基于材料的单拉应力-应变实验曲线,来描述复杂应力状态下材料的真实**弹塑性行为**(elastic-plastic behavior),就必然涉及**屈服准则**(yielding criteria)、**塑性流动法则**(plastic flow rule)、**塑性强化准则**(plastic hardening rule)这三个方面的描述,有了这三个方面的描述就可以完全确定出复杂应力状态下材料的真实弹塑性行为。

2. 材料塑性行为的三方面准则

(1) 屈服准则

该准则用来确定材料产生屈服时的**临界应力状态**(critical state of stress)。大量的实验表明:多数材料的**塑性屈服**(plastic yielding)与静水压力无关;对于复杂应力状态,由等倾面组成的八面体平面上的正应力恰好就是静水压力(参见典型例题 2.7(4)),该八面体平面上的切应力为

$$\begin{aligned}\tau_8 &= \frac{1}{3}\sqrt{(\sigma_1-\sigma_2)^2+(\sigma_2-\sigma_3)^2+(\sigma_1-\sigma_3)^2}\\ &= \frac{1}{3}\sqrt{(\sigma_{xx}-\sigma_{yy})^2+(\sigma_{yy}-\sigma_{zz})^2+(\sigma_{zz}-\sigma_{xx})^2+6(\tau_{xy}^2+\tau_{yz}^2+\tau_{xz}^2)}\end{aligned} \tag{8.112}$$

它是决定材料是否产生屈服的力学参量,因此,初始屈服条件为

$$\tau_8 = \tau_{yd} \tag{8.113}$$

其中 τ_{yd} 为临界屈服剪应力,将由实验来确定,一般是通过单拉实验来获得,由于单

拉实验获得的是临界屈服拉应力 σ_{yd}，所以通过以下关系来换算：

$$\tau_{yd} = \frac{\sqrt{2}}{3}\sigma_{yd} \tag{8.114}$$

如果定义**等效应力**(equivalent stress)为

$$\begin{aligned}\sigma_{eq} &= \frac{3}{\sqrt{2}}\tau_8 \\ &= \frac{1}{\sqrt{2}}\sqrt{(\sigma_1-\sigma_2)^2+(\sigma_2-\sigma_3)^2+(\sigma_1-\sigma_3)^2} \\ &= \frac{1}{\sqrt{2}}\sqrt{(\sigma_{xx}-\sigma_{yy})^2+(\sigma_{yy}-\sigma_{zz})^2+(\sigma_{zz}-\sigma_{xx})^2+6(\tau_{xy}^2+\tau_{yz}^2+\tau_{xz}^2)}\end{aligned} \tag{8.115}$$

则初始屈服条件(8.113)式可以写成

$$\sigma_{eq} = \sigma_{yd} \tag{8.116}$$

将等效应力写成更一般的形式，有

$$\sigma_{eq} = f(\sigma_{ij}) \tag{8.117}$$

则**屈服面函数**(function of yielding surface)为

$$F(\sigma_{ij}) = f(\sigma_{ij}) - \sigma_{yd} = 0 \tag{8.118}$$

图 8.8 给出各种形式的屈服面函数。

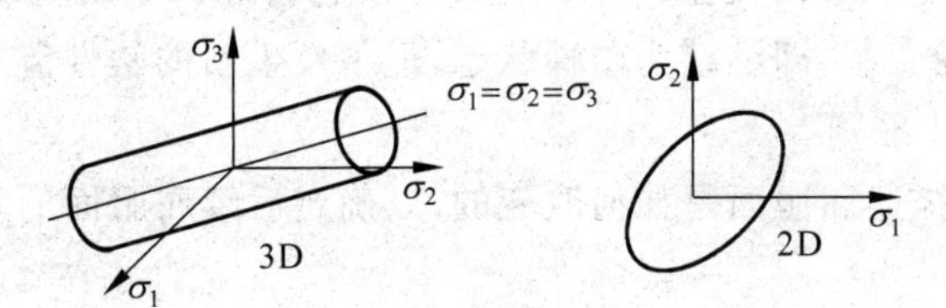

(a) 等向强化屈服面函数

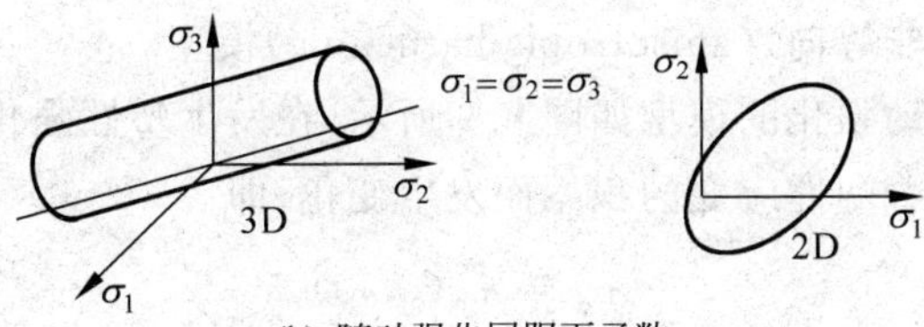

(b) 随动强化屈服面函数

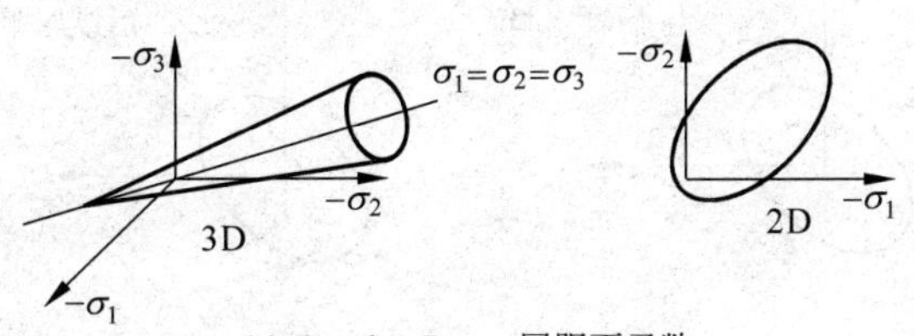

(c) Drucker-Prager屈服面函数

图 8.8　各种形式的屈服面函数

(2) 塑性流动法则

该法则用来确定塑性应变分量在塑性变化时的大小和方向,相应分量沿着一个**势函数**(potential function)的法线方向增长,即

$$d\varepsilon_{ij}^{pl} = \lambda \frac{\partial Q}{\partial \sigma_{ij}} \tag{8.119}$$

其中 $d\varepsilon_{ij}^{pl}$ 为**塑性应变增量**(incremental of plastic strain),λ 为**塑性增长乘子**(plastic multiplier),Q 为塑性势函数,若为**关联塑性流动**(associative plastic flow),则 Q 就是屈服函数,即

$$Q(\sigma_{ij}) = F(\sigma_{ij})$$

当材料从一个塑性状态出发是继续塑性**加载**(loading)还是弹性**卸载**(unloading),通过以下关系来判断:

- 如果 $F=0$,并且$\dfrac{\partial F}{\partial \sigma_{ij}}d\sigma_{ij}>0$,则继续塑性加载
- 如果 $F=0$,并且$\dfrac{\partial F}{\partial \sigma_{ij}}d\sigma_{ij}<0$,则为弹性卸载
- 如果 $F=0$,并且$\dfrac{\partial F}{\partial \sigma_{ij}}d\sigma_{ij}=0$,则对于**理想弹塑性材料**(elastic/perfectly plastic material),是塑性加载;对于**硬化材料**(hardening material),此情况为中性变载,即继续为塑性状态,但不发生新的塑性流动。

(3) 塑性强化准则

该准则用来描述屈服面是如何改变的,以确定后续屈服面的新状态,一般有以下几种模型:

- **等向强化**(isotropic hardening)模型
- **随动强化**(kinematic hardening)模型
- **混合强化(非等向)**(anisotropic hardening)模型

等向强化和随动强化的模型如图 8.9 所示,在发生塑性强化的情况下,材料的临界屈服应力将随着塑性应变的积累而发生变化,即

$$\sigma_{yd} = \sigma_{yd}(\kappa, \alpha_{ij}) \tag{8.120}$$

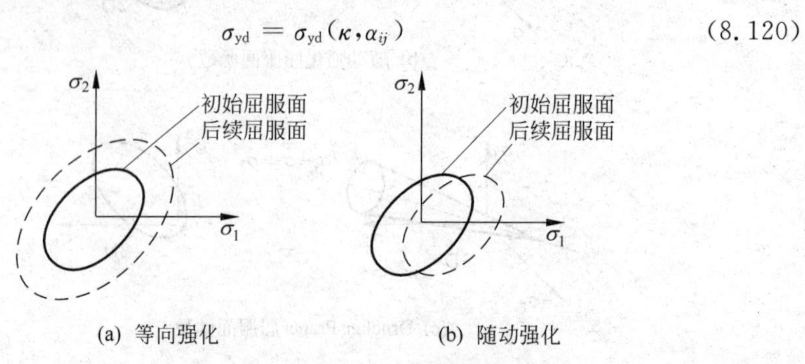

(a) 等向强化　　(b) 随动强化

图 8.9 确定屈服面的塑性强化模型

其中 κ 为**塑性功**(plastic work)，α_{ij} 为**屈服面平移量**(yielding surface translation)，这两个量都可以通过实验来确定。

3. 材料塑性行为的模型

基于以上的准则，再根据各种材料的应力-应变曲线，经过归纳和分类可以给出以下几种典型的描述材料弹塑性行为的模型：

① **双线性 Bauschinger 随动强化**（bilinear kinematic）

② **多线性 Bauschinger 随动强化**（multilinear kinematic）

③ **双线性等向强化**（bilinear isotropic）

④ **多线性等向强化**(multilinear isotropic)

⑤ **非等向强化**(anisotropic)

⑥ Drucker-Prager 模型

所谓 Bauschinger 效应为反向屈服点到卸载点的值为 $2\sigma_{yd}$。以上模型如图 8.10 所示。

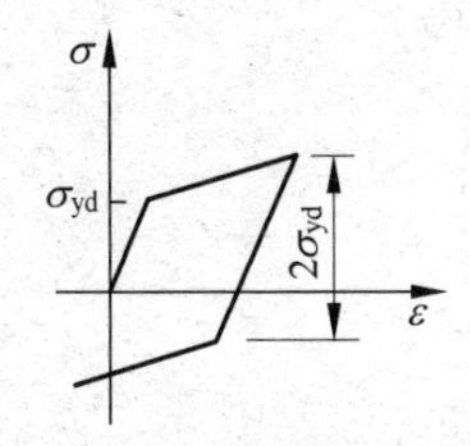

(a) 双线性 Bauschinger 随动强化 (Bilinear Kinematic)

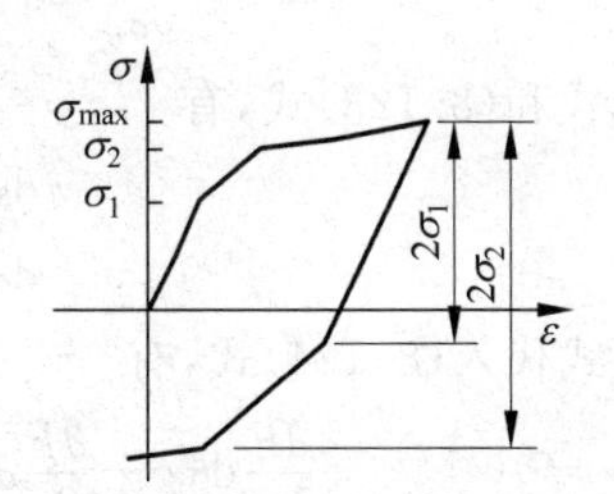

(b) 多线性 Bauschinger 随动强化 (Multilinear Kinematic)

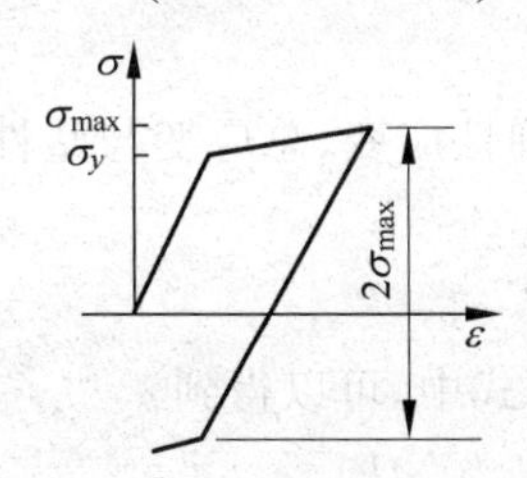

(c) 双线性等向强化 (Bilinear Isotropic)

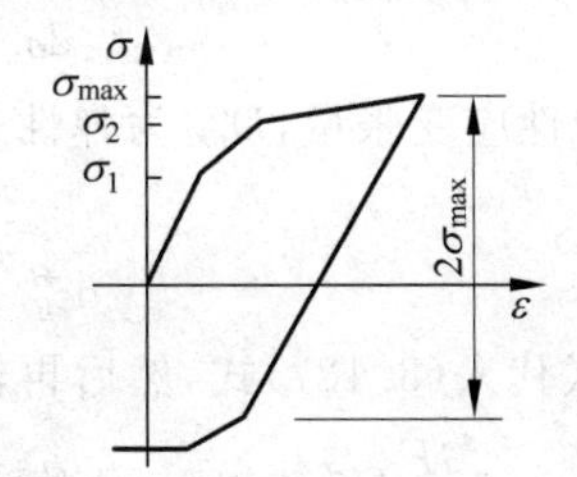

(d) 多线性等向强化 (Multilinear Isotropic)

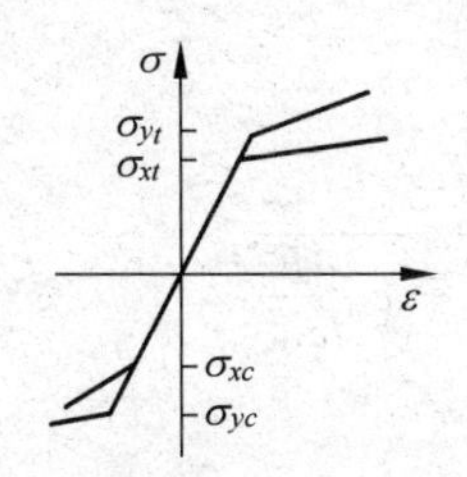

(e) 非等向强化 (Anisotropic)

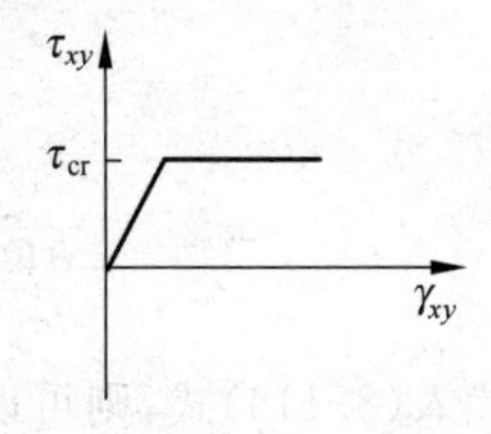

(f) Drucker-Prager 模型

图 8.10　几种典型的材料弹塑性行为模型

4. 复杂应力状态下塑性应变增量的实际计算

基于以上的三方面准则,下面对复杂应力状态下塑性应变增量进行计算。

考虑塑性强化规律(8.120),则屈服函数可重写为

$$F(\sigma_{ij},\kappa,\alpha_{ij})=0 \tag{8.121}$$

塑性功即为塑性应变在整个变形历史中相对于应力所做的功,即

$$\kappa=\int\sigma_{ij}\,\mathrm{d}\varepsilon_{ij}^{pl} \tag{8.122}$$

而屈服面的平移量也为塑性应变的函数,即

$$\alpha_{ij}=\int c\,\mathrm{d}\varepsilon_{ij}^{pl} \tag{8.123}$$

其中 c 为材料参数,α_{ij} 也叫做**背应力**(back stress)(即屈服面中心的位置);对(8.121)式求增量,有

$$\mathrm{d}F=\frac{\partial F}{\partial\sigma_{ij}}\mathrm{d}\sigma_{ij}+\frac{\partial F}{\partial\kappa}\mathrm{d}\kappa+\frac{\partial F}{\partial\alpha_{ij}}\mathrm{d}\alpha_{ij}=0 \tag{8.124}$$

由(8.122)式和(8.123)式,有

$$\left.\begin{aligned}\mathrm{d}\kappa&=\sigma_{ij}\,\mathrm{d}\varepsilon_{ij}^{pl}\\ \mathrm{d}\alpha_{ij}&=c\,\mathrm{d}\varepsilon_{ij}^{pl}\end{aligned}\right\} \tag{8.125}$$

将(8.125)式代入(8.124)式,有

$$\frac{\partial F}{\partial\sigma_{ij}}\mathrm{d}\sigma_{ij}+\frac{\partial F}{\partial\kappa}\sigma_{ij}\,\mathrm{d}\varepsilon_{ij}^{pl}+c\,\frac{\partial F}{\partial\alpha_{ij}}\mathrm{d}\varepsilon_{ij}^{pl}=0 \tag{8.126}$$

另一方面,弹性本构方程的增量形式可以写成

$$\mathrm{d}\sigma_{ij}=D_{ijkl}^{el}\,\mathrm{d}\varepsilon_{kl}^{el} \tag{8.127}$$

其中 ε_{kl}^{el} 为弹性应变张量,D_{ijkl}^{el} 为弹性系数张量;弹性应变、总应变与塑性应变的关系为

$$\mathrm{d}\varepsilon_{ij}^{el}=\mathrm{d}\varepsilon_{ij}-\mathrm{d}\varepsilon_{ij}^{pl} \tag{8.128}$$

将(8.128)式代入(8.127)式,然后再代入(8.126)式中,可以得到

$$\frac{\partial F}{\partial\sigma_{ij}}D_{ijkl}^{el}(\mathrm{d}\varepsilon_{kl}-\mathrm{d}\varepsilon_{kl}^{pl})+\frac{\partial F}{\partial\kappa}\sigma_{ij}\,\mathrm{d}\varepsilon_{ij}^{pl}+c\,\frac{\partial F}{\partial\alpha_{ij}}\mathrm{d}\varepsilon_{ij}^{pl}=0 \tag{8.129}$$

进一步有

$$\mathrm{d}\varepsilon_{mn}^{pl}=\frac{\dfrac{\partial F}{\partial\sigma_{ij}}D_{ijkl}^{el}\,\mathrm{d}\varepsilon_{kl}}{\dfrac{\partial F}{\partial\sigma_{ij}}D_{ijmn}^{el}-\dfrac{\partial F}{\partial\kappa}\sigma_{mn}-c\,\dfrac{\partial F}{\partial\alpha_{mn}}} \tag{8.130}$$

将(8.130)式代入(8.119)式,则可以得到

$$\lambda=\frac{\dfrac{\partial F}{\partial\sigma_{ij}}D_{ijkl}^{el}\,\mathrm{d}\varepsilon_{kl}}{\dfrac{\partial F}{\partial\sigma_{ij}}D_{ijkl}^{el}\,\dfrac{\partial Q}{\partial\sigma_{kl}}-\dfrac{\partial F}{\partial\kappa}\sigma_{ij}\,\dfrac{\partial Q}{\partial\sigma_{ij}}-c\,\dfrac{\partial F}{\partial\alpha_{ij}}\,\dfrac{\partial Q}{\partial\sigma_{ij}}} \tag{8.131}$$

如果塑性势 Q 取为屈服函数 F，称塑性流动过程为关联流动，否则为非关联塑性流动。对于前面所提到的几种屈服准则(函数)，可以具体给出(8.131)式中相应的 F、Q 函数，则可以计算出塑性应变增长因子 λ，再代入(8.119)式中计算塑性应变，即

$$\mathrm{d}\varepsilon_{mn}^{pl}=\frac{\dfrac{\partial F}{\partial\sigma_{ij}}D_{ijkl}^{el}\,\mathrm{d}\varepsilon_{kl}\,\dfrac{\partial Q}{\partial\sigma_{mn}}}{\dfrac{\partial F}{\partial\sigma_{ij}}D_{ijkl}^{el}\,\dfrac{\partial Q}{\partial\sigma_{kl}}-\dfrac{\partial F}{\partial\kappa}\sigma_{ij}\,\dfrac{\partial Q}{\partial\sigma_{ij}}-c\,\dfrac{\partial F}{\partial\alpha_{ij}}\,\dfrac{\partial Q}{\partial\sigma_{ij}}}=\breve{D}_{mnkl}\,\mathrm{d}\varepsilon_{kl}\tag{8.132}$$

其中

$$\breve{D}_{mnkl}=\frac{\dfrac{\partial F}{\partial\sigma_{ij}}D_{ijkl}^{el}\,\dfrac{\partial Q}{\partial\sigma_{mn}}}{\dfrac{\partial F}{\partial\sigma_{ij}}D_{ijkl}^{el}\,\dfrac{\partial Q}{\partial\sigma_{kl}}-\dfrac{\partial F}{\partial\kappa}\sigma_{ij}\,\dfrac{\partial Q}{\partial\sigma_{ij}}-c\,\dfrac{\partial F}{\partial\alpha_{ij}}\,\dfrac{\partial Q}{\partial\sigma_{ij}}}\tag{8.133}$$

叫做塑性张量(矩阵)。

下面给出统一的弹塑性物理方程，由(8.127)式，有

$$\begin{aligned}\mathrm{d}\sigma_{ij}&=D_{ijkl}^{el}\,\mathrm{d}\varepsilon_{kl}^{el}\\&=D_{ijkl}^{el}(\mathrm{d}\varepsilon_{kl}-\mathrm{d}\varepsilon_{kl}^{pl})\\&=D_{ijkl}^{el}\,\mathrm{d}\varepsilon_{kl}-D_{ijkl}^{el}\,\mathrm{d}\varepsilon_{kl}^{pl}\end{aligned}\tag{8.134}$$

将(8.132)式代入上式，有

$$\begin{aligned}\mathrm{d}\sigma_{ij}&=D_{ijkl}^{el}\,\mathrm{d}\varepsilon_{kl}-D_{ijkl}^{el}\breve{D}_{klpq}\,\mathrm{d}\varepsilon_{pq}\\&=D_{ijkl}^{ep}\,\mathrm{d}\varepsilon_{kl}\end{aligned}\tag{8.135}$$

其中

$$D_{ijkl}^{ep}=D_{ijkl}^{el}-D_{ijmn}^{el}\breve{D}_{mnkl}\tag{8.136}$$

叫做弹塑性张量(矩阵)，(8.135)式就是最后的弹塑性物理方程，显然 D_{ijkl}^{ep} 与应力应变状态有关。

8.2.2 基于全量理论的有限元分析列式

假设：整个加载过程为**比例加载**(proportionally loading)，其结果只与状态有关，与加载过程无关，可将物理方程(8.135)写成状态方程，即

$$\boldsymbol{\sigma}=\boldsymbol{D}^{ep}(\boldsymbol{\varepsilon})\boldsymbol{\varepsilon}\tag{8.137}$$

其中 $\boldsymbol{D}^{ep}(\boldsymbol{\varepsilon})$ 为弹塑性状态方程中的弹塑性矩阵；则所建立的有限元分析列式将为

$$\boldsymbol{K}^{ep}(\boldsymbol{q})\Delta\boldsymbol{q}_i=\Delta\boldsymbol{P}_i\tag{8.138}$$

其中 $\Delta\boldsymbol{q}_i$，$\Delta\boldsymbol{P}_i$ 为第 i 步的节点位移步长和外载步长，而

$$\boldsymbol{K}^{ep}(\boldsymbol{q})=\sum_e\int_{\Omega^e}\boldsymbol{B}^{\mathrm{T}}[\boldsymbol{D}^{ep}(\boldsymbol{q})]\boldsymbol{B}\,\mathrm{d}\Omega\tag{8.139}$$

由于为弹塑性本构关系，这时的刚度矩阵 $\boldsymbol{K}^{ep}(\boldsymbol{q})$ 是位移 $\boldsymbol{q}$ 的函数，不是定常数矩阵。

8.2.3 基于增量理论的有限元分析列式

首先讨论增量形式下的虚位移(功)原理。

如果$(t+\Delta t)$时刻的应力为$(\sigma_{ij}(t)+\Delta\sigma_{ij})$,体积载荷为$(\bar{b}_i(t)+\Delta\bar{b}_i)$,边界载荷为$(\bar{p}_i(t)+\Delta\bar{p}_i)$,它们满足平衡条件,则该力系在满足几何方程及位移边界条件BC (u)的虚位移$\delta(\Delta u_i)$上的总虚功为零,即

$$\int_\Omega(\sigma_{ij}(t)+\Delta\sigma_{ij})\cdot\delta(\Delta\varepsilon_{ij})\mathrm{d}\Omega$$
$$=\int_\Omega(\bar{b}_i(t)+\Delta\bar{b}_i)\cdot\delta(\Delta u_i)\mathrm{d}\Omega+\int_{S_p}(\bar{p}_i(t)+\Delta\bar{p}_i)\cdot\delta(\Delta u_i)\mathrm{d}A \quad (8.140)$$

增量理论将考虑真实的加载过程,即变形结果与加载历史有关,写出增量形式下的弹塑性物理方程为

$$\Delta\sigma_{ij}=D_{ijkl}^{ep}(\sigma_{mn},\varepsilon_{mn})\cdot\Delta\varepsilon_{kl} \quad (8.141)$$

其中$D_{ijkl}^{ep}(\sigma_{mn},\varepsilon_{mn})$为弹塑性张量;将(8.141)式代入(8.140)式,并作简单的移项处理,写成矩阵形式,有

$$\int_\Omega\Delta\boldsymbol{\varepsilon}^{\mathrm{T}}\cdot\boldsymbol{D}^{ep}\cdot\delta(\Delta\boldsymbol{\varepsilon})\cdot\mathrm{d}\Omega-\int_\Omega\Delta\bar{\boldsymbol{b}}^{\mathrm{T}}\cdot\delta(\Delta\boldsymbol{u})\mathrm{d}\Omega-\int_{S_p}\Delta\bar{\boldsymbol{p}}^{\mathrm{T}}\cdot\delta(\Delta\boldsymbol{u})\cdot\mathrm{d}A$$
$$=-\int_\Omega\boldsymbol{\sigma}^{\mathrm{T}}(t)\cdot\delta(\Delta\boldsymbol{\varepsilon})\cdot\mathrm{d}\Omega+\int_\Omega\bar{\boldsymbol{b}}^{\mathrm{T}}(t)\cdot\delta(\Delta\boldsymbol{u})\cdot\mathrm{d}\Omega+\int_{S_p}\bar{\boldsymbol{p}}^{\mathrm{T}}\cdot\delta(\Delta\boldsymbol{u})\cdot\mathrm{d}A$$
$$(8.142)$$

对于以上虚功原理,在计算时分两种情况,其一考虑施加一个新的外载荷增量步,即施加$\Delta\bar{\boldsymbol{b}}$和$\Delta\bar{\boldsymbol{p}}$;其二是在已施加外载荷增量步的前提下进行迭代计算,求出满足方程的力学参量。下面分别讨论这两种情况**有限元分析列式**(formulation of finite element analysis)。

① 在施加外载荷增量$\Delta\bar{\boldsymbol{b}}$和$\Delta\bar{\boldsymbol{p}}$的情况下,这时施加之前已有应力状态$(\boldsymbol{\sigma}(t),\bar{\boldsymbol{b}}(t),\bar{\boldsymbol{p}}(t))$是处于平衡的,则(8.142)式的右端项为零,所以相应的虚功方程为

$$\int_\Omega\Delta\boldsymbol{\varepsilon}^{\mathrm{T}}\cdot\boldsymbol{D}^{ep}\cdot\delta(\Delta\boldsymbol{\varepsilon})\cdot\mathrm{d}\Omega-\int_\Omega\Delta\bar{\boldsymbol{b}}^{\mathrm{T}}\cdot\delta(\Delta\boldsymbol{u})\cdot\mathrm{d}\Omega-\int_{S_p}\Delta\bar{\boldsymbol{p}}^{\mathrm{T}}\cdot\delta(\Delta\boldsymbol{u})\cdot\mathrm{d}A=0$$
$$(8.143)$$

② 在已施加外载荷增量步的前提下进行迭代计算,这时无外载增量$\Delta\bar{\boldsymbol{b}}$和$\Delta\bar{\boldsymbol{p}}$,但状态$(\boldsymbol{\sigma}(t+\tau),\bar{\boldsymbol{b}}(t+\tau),\bar{\boldsymbol{p}}(t+\tau))$,$0\leqslant\tau\leqslant\Delta t$,不是处于一种平衡状态,所以需要进行一系列迭代使其达到一种平衡(在一定的误差范围内),由(8.142)式可以得到这时的虚功方程为

$$\int_\Omega\Delta\boldsymbol{\varepsilon}^{\mathrm{T}}\cdot\boldsymbol{D}_\tau^{ep}\cdot\delta(\Delta\boldsymbol{\varepsilon})\cdot\mathrm{d}\Omega=-\int_\Omega\boldsymbol{\sigma}^{\mathrm{T}}(t)\cdot\delta(\Delta\boldsymbol{\varepsilon})\cdot\mathrm{d}\Omega+\int_\Omega\bar{\boldsymbol{b}}^{\mathrm{T}}(t)\cdot\delta(\Delta\boldsymbol{u})$$
$$\cdot\mathrm{d}\Omega+\int_{S_p}\bar{\boldsymbol{p}}^{\mathrm{T}}\cdot\delta(\Delta\boldsymbol{u})\cdot\mathrm{d}A \quad (8.144)$$

其中的$\boldsymbol{D}_\tau^{ep}$为$(t+\tau)$时刻的弹塑性矩阵。

下面就以上两种情况的虚功方程,写出相应的有限元分析列式。

设基于单元节点的位移及应变表达式为

$$\left.\begin{aligned}\Delta \boldsymbol{u} &= \boldsymbol{N} \cdot \Delta \boldsymbol{q}^{e} \\ \Delta \boldsymbol{\varepsilon} &= \boldsymbol{B} \cdot \Delta \boldsymbol{q}^{e}\end{aligned}\right\} \tag{8.145}$$

其中 $\Delta \boldsymbol{q}^{e}$ 为单元的节点位移增量，$\boldsymbol{N}$ 和 $\boldsymbol{B}$ 分别为形状函数矩阵和几何矩阵。

考虑第①种加载情况，将(8.145)式代入方程(8.143)中，由于节点虚位移 $\delta(\Delta \boldsymbol{q}^{e})$ 的任意性，消去该项后，可得到单元的有限元分析方程，经组装后有以下整体有限元分析方程：

$$\boldsymbol{K}^{ep}(\boldsymbol{q}) \cdot \Delta \boldsymbol{q} = \Delta \boldsymbol{P} \tag{8.146}$$

其中

$$\begin{aligned}\boldsymbol{K}^{ep}(\boldsymbol{q}) &= \sum_{e} \int_{\Omega^{e}} \boldsymbol{B}^{\mathrm{T}} \boldsymbol{D}^{ep}(\boldsymbol{q}^{e}) \boldsymbol{B} \mathrm{d}\Omega \\ \Delta \boldsymbol{q} &= \sum_{e} \Delta \boldsymbol{q}^{e} \\ \Delta \boldsymbol{P} &= \sum_{e} \int_{\Omega^{e}} \boldsymbol{N}^{\mathrm{T}} \cdot \Delta \bar{\boldsymbol{b}} \mathrm{d}\Omega + \sum_{e} \int_{S_{p}^{e}} \boldsymbol{N}^{\mathrm{T}} \cdot \Delta \bar{\boldsymbol{p}} \mathrm{d}A\end{aligned}$$

考虑第②种加载情况，将(8.145)式代入方程(8.144)中，由于节点虚位移 $\delta(\Delta \boldsymbol{q}^{e})$ 的任意性，消去该项后，可得到单元的有限元分析方程，经组装后有以下整体有限元分析方程：

$$\boldsymbol{K}_{\tau}^{ep}(\boldsymbol{q}) \cdot \Delta \boldsymbol{q} = \Delta \boldsymbol{P}_{\tau} \tag{8.147}$$

其中

$$\begin{aligned}\boldsymbol{K}_{\tau}^{ep}(\boldsymbol{q}) &= \sum_{e} \int_{\Omega^{e}} \boldsymbol{B}^{\mathrm{T}} \cdot \boldsymbol{D}_{\tau}^{ep} \cdot \boldsymbol{B} \mathrm{d}\Omega \\ \Delta \boldsymbol{q} &= \sum_{e} \Delta \boldsymbol{q}^{e} \\ \Delta \boldsymbol{P}_{\tau} &= -\sum_{e} \int_{\Omega^{e}} \boldsymbol{B}^{\mathrm{T}} \cdot \boldsymbol{\sigma}(t) \cdot \mathrm{d}\Omega + \sum_{e} \int_{\Omega^{e}} \boldsymbol{N}^{\mathrm{T}} \cdot \bar{\boldsymbol{b}}(t) \cdot \mathrm{d}\Omega \\ &\quad + \sum_{e} \int_{S_{p}^{e}} \boldsymbol{N}^{\mathrm{T}} \cdot \bar{\boldsymbol{p}}(t) \cdot \mathrm{d}A\end{aligned}$$

$\Delta \boldsymbol{P}_{\tau}$ 也称为不平衡力列阵，为外载荷与内力之差。弹塑性问题求解的基本过程是，首先就所施加的外载增量 $\Delta \bar{\boldsymbol{b}}$ 和 $\Delta \bar{\boldsymbol{p}}$ 按(8.146)式计算该时刻的节点位移增量 $\Delta \boldsymbol{q}^{t}$，则该时刻的节点位移为 $\boldsymbol{q}^{t} = \boldsymbol{q}^{t-\Delta t} + \Delta \boldsymbol{q}^{t}$，但这时的 $\boldsymbol{q}^{t}$，$\Delta \boldsymbol{q}^{t}$ 是不准确的，即不满足(8.147)式，然后再通过(8.147)式进行迭代，以求得满足平衡关系的 $\boldsymbol{q}^{t}$，$\Delta \boldsymbol{q}^{t}$，这样就完成了一个外载荷增量步的完整计算；再对下一个外载荷增量步进行同样的计算，直到完成所有的外载荷加载。可以看出，(8.146)式为加载过程初步计算，(8.147)式为在其基础上的应力平衡校正计算。

8.2.4 非线性方程求解的 Newton-Raphson(N-R)迭代法

由上面的有限元分析方程可知，方程(8.138)或(8.147)为非线性方程组，目前主要的求解方法有

- 直接迭代法
- Newton-Raphson(N-R)迭代法
- 改进的 N-R 迭代法

下面主要介绍 Newton-Raphson(N-R)**迭代法**(iteration algorithm),即将总载荷分成一系列载荷段,在每一载荷段内进行非线性方程的迭代,该方法的主要步骤如下。

第 1 步:将总外载 $\bar{\boldsymbol{P}}$ 分为一系列载荷段,

$$\bar{\boldsymbol{P}}^{(1)},\bar{\boldsymbol{P}}^{(2)},\bar{\boldsymbol{P}}^{(3)},\cdots,\bar{\boldsymbol{P}}^{(n)}$$

第 2 步:在每一载荷段中进行多步循环迭代,直到在该载荷段内收敛。

其中每一步的迭代计算公式为

$$\boldsymbol{K}_T^{ep}(\boldsymbol{q}_i^{(k)})\cdot\Delta\boldsymbol{q}_i^{(k)}=\Delta\boldsymbol{P}_i^{(k)} \tag{8.148}$$

$\boldsymbol{K}_T^{ep}$ 为弹塑性**切线刚度矩阵**(tangent stiffness matrix),它对应于(8.147)式中的弹塑性刚度矩阵 $\boldsymbol{K}_\tau^{ep}$。上式中的上标(k)表示第 k 个载荷步,下标 i 表示该载荷步中的第 i 次迭代;式(8.148)中的 $\Delta\boldsymbol{P}_i^{(k)}$ 为

$$\Delta\boldsymbol{P}_i^{(k)}=\boldsymbol{P}_{i+1}^{(k)}-\boldsymbol{P}_i^{(k)} \tag{8.149}$$

每一步的迭代计算如图 8.11 所示。

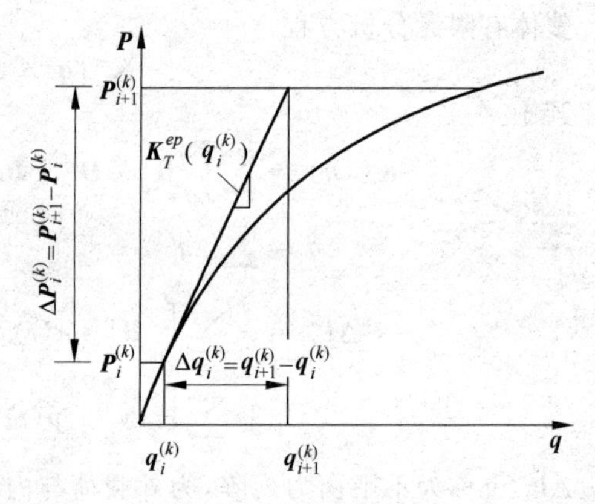

图 8.11 每一载荷段中每一步迭代计算示意图

由(8.148)式可以计算出 $\Delta\boldsymbol{q}_i^{(k)}$,然后再进行下一步的计算。

每一载荷段中多步循环迭代的计算流程如下:

①sub-step1:

对于第 k 载荷段,先由上一载荷段所得到的累计位移量 $\boldsymbol{q}^{(k-1)}$ 作为该载荷段初始位移 $\boldsymbol{q}_1^{(k)}$,则可以直接计算出 $\boldsymbol{K}_T^{ep}(\boldsymbol{q}_1^{(k)})$,然后施加外载增量 $\Delta\boldsymbol{P}_1^{(k)}=\bar{\boldsymbol{P}}^{(k+1)}-\bar{\boldsymbol{P}}^{(k)}$,由公式(8.148)计算出此时的位移增量 $\Delta\boldsymbol{q}_1^{(k)}$。

②sub-step2:

计算新的位移 $\boldsymbol{q}_2^{(k)}=\boldsymbol{q}_1^{(k)}+\Delta\boldsymbol{q}_1^{(k)}$,计算出所对应的 $\boldsymbol{K}_T^{ep}(\boldsymbol{q}_2^{(k)})$ 和对应的外载 $\boldsymbol{P}_2^{(k)}=\boldsymbol{K}_T^{ep}(\boldsymbol{q}_2^{(k)})\cdot\boldsymbol{q}_2^{(k)}$,然后施加外载增量 $\Delta\boldsymbol{P}_2^{(k)}=\bar{\boldsymbol{P}}^{(k+1)}-\boldsymbol{P}_2^{(k)}$,再由公式(8.148)计算出此时的位移增量 $\Delta\boldsymbol{q}_2^{(k)}$。

③重复以上的 sub-step 直到满足以下的收敛条件:

$$\|\Delta\boldsymbol{q}_i^{(k)}\|\leqslant\varepsilon_R$$

其中 ε_R 为收敛误差。

可以看出,以上的 sub-step1 实际就是基于(8.146)式的初步计算,而 sub-step2 以及后续的迭代则是基于(8.147)式的应力平衡校正计算。

每一载荷段中多步循环迭代的计算过程如图 8.12 所示。

第 3 步：进行所有载荷段的循环迭代，并将结果进行累加，如图 8.13 所示。

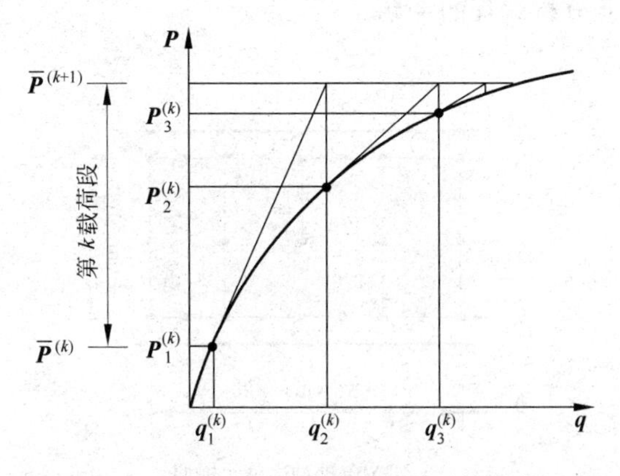

图 8.12　第 k 载荷段中多步迭代计算示意图

图 8.13　进行所有载荷段内的迭代计算

由于 Newton-Raphson(N-R)迭代法需要每次重新形成切线刚度矩阵并进行求逆，带来较大的计算量；如果切线刚度矩阵总是采用初始的，并且保持不变，则可以大大减少计算量，这种方法叫做修正的 Newton-Raphson(modified N-R)迭代法，如图 8.14 所示。

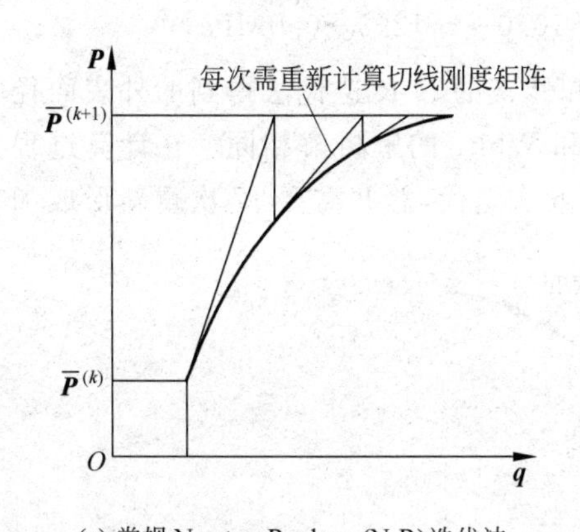

(a) 常规 Newton-Raphson(N-R)迭代法

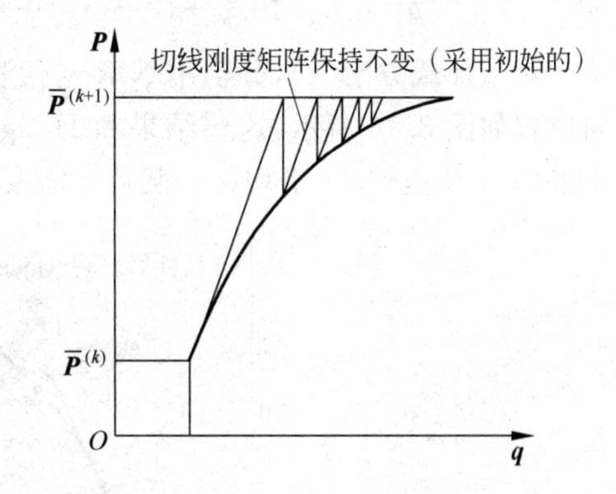

(b) 修正的 Newton-Raphson(modified N-R)迭代法

图 8.14　Newton-Raphson 迭代法与修正的 Newton-Raphson 迭代法[14]

8.2.5　弹塑性问题分析的典型例题

简例 8.2(1)　厚壁圆筒受内压的弹塑性分析

有一个无限长的厚壁圆筒承受内压作用[24]，如图 8.15(a)所示，尺寸为 $a=1.0\text{cm}$，$b=2.0\text{cm}$，材料为理想弹性塑性，并服从 Mises 屈服条件，$E=\dfrac{26}{3}\times 10^4$

N/mm², $\mu=0.3$, $\sigma_s=17.32\text{N/mm}^2$，有限元分析模型如图 8.15(b)所示，在厚度方向采用 4 个 8 节点轴对称单元，深度方向的尺寸为 0.5cm，单元采用 2×2 高斯积分。该问题有解析解，可以作为有限元分析编程的考题。

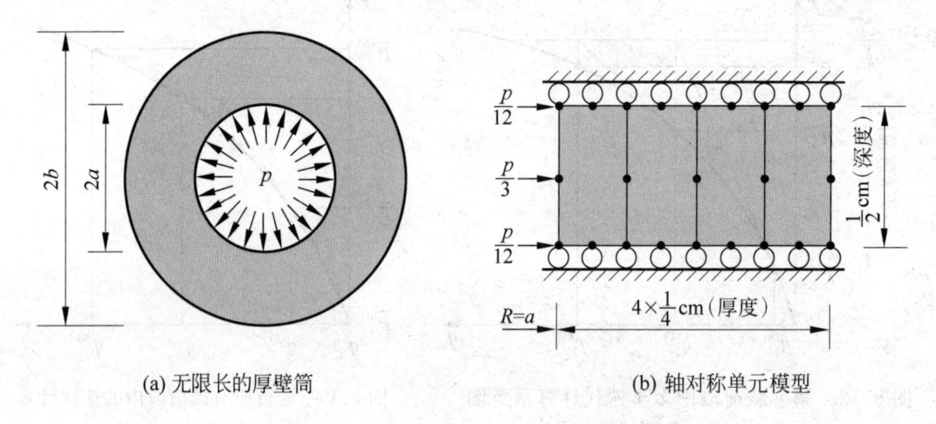

图 8.15　厚壁圆筒受内压的弹塑性分析

计算中采用的加载方案有两种：

(1) 按增量为 0.5MPa 进行分级单调加载，直至塑性区达到厚度的 3/4。

(2) 内压按以下过程进行循环变化加载

$$p=0.0\to10.0\to12.5\to0.0\to-10.0\to-12.5\to0.0\text{MPa}$$

对于加载方案(1)，分别用 N-R 迭代法和修正的 N-R 迭代法得到的外表面径向位移如图 8.16 所示，这些结果和 Hodge 和 White 的解析解相同。在计算过程中采用 N-R 迭代法，平均每一载荷步需要 1.6 次迭代，总共需要 17 次重新形成和

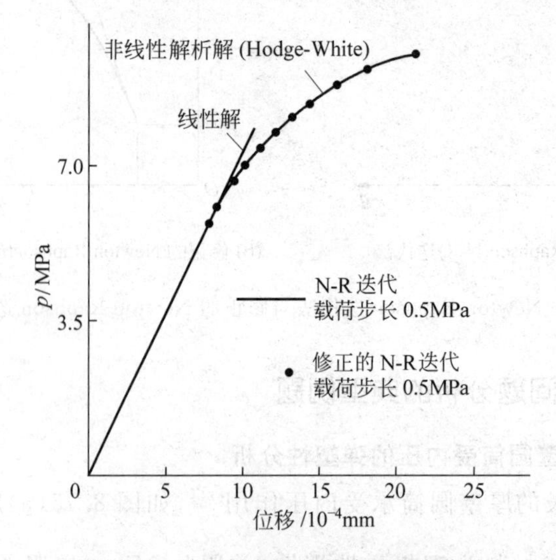

图 8.16　单调加载时的外表面径向位移

分解刚度矩阵。而修正的 N-R 迭代平均每载荷步需要 9 次迭代，但刚度矩阵只需形成和分解一次。当 $p=12.5\text{MPa}$ 时（塑性区达到厚度的 1/2）的应力分布如图 8.17(a)，(b)。再次表明有限元解和 Hodge 等的解析解是一致的。

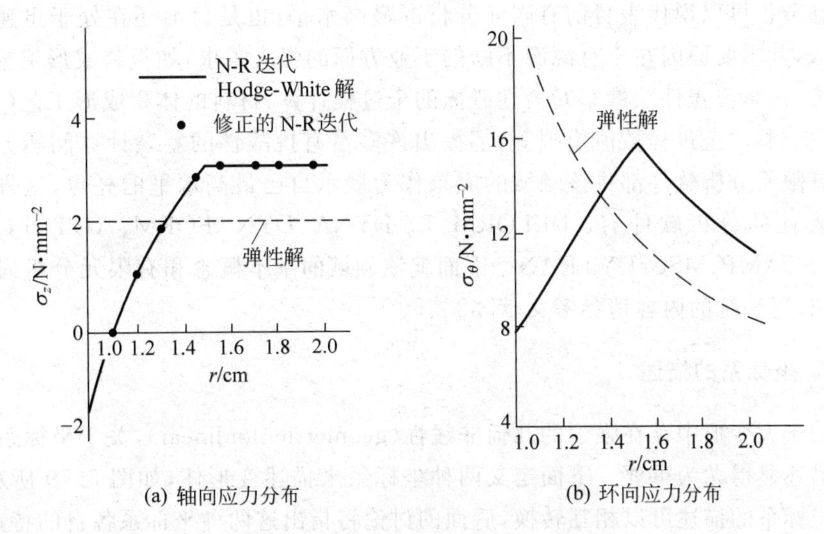

图 8.17　单调加载时的应力分布

对于加载方案(2)，只采用修正的 N-R 迭代，外表面的径向位移如图 8.18 所示。

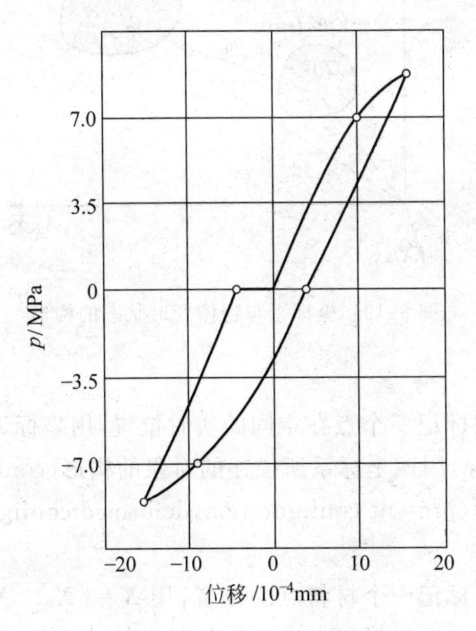

图 8.18　循环加载时的外表面径向位移

8.2.6 参考内容2：大变形动态非线性力学问题的构形描述及求解方法

大变形动态非线性问题(nonlinear problem of dynamic large deformation)的计算和分析可以说代表目前有限元分析的最高水平，也是目前还在处于迅速发展的领域，其主要原因在于有源源不断的工业方面的强大需求，如板料成形工艺的数值模拟(汽车覆盖件)、汽车安全性碰撞的全过程计算、材料的体积成形工艺(挤压、锻造、轧制)的全过程数值模拟等，都提出许多富有挑战性的复杂计算问题。许多著名有限元分析软件都将该领域的成果作为展示自己最高水平的亮点，这方面最有代表性的分析软件有：DEFORM、LS-DYNA、DYNAFORM、AUTOFORM、PAM-STAMP、MSC/DYTRAN。下面就该领域的基本概念和有限元分析列式进行介绍，更系统的内容请参考文献[38]。

1. 坐标系的描述

由于大变形中存在强烈的**几何非线性**(geometric nonlinear)，关于坐标系和变形的描述显得尤为重要。下面定义两种坐标系来描述变形体，如图8.19所示，这两种坐标系的描述可以相互转换，后面的讨论将指出这两种坐标系各自的特点，并还可以形成不同特色的有限元分析列式。

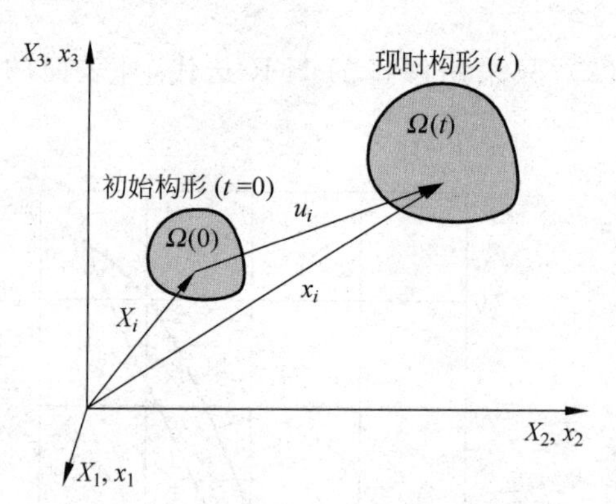

图8.19 坐标系与物体变形状态的构形

(1) 空间坐标 $\boldsymbol{x}$

空间坐标系用来标记一个点在空间的实时位置，用坐标 $\boldsymbol{x}=[x_1 \quad x_2 \quad x_3]^{\mathrm{T}}$ 来表示，称为Euler坐标，用该坐标系所描述的对象的**构形**(configuration)(几何变形状态)，叫做**当前构形**(present configuration, deformed configuration)。

(2) 材料坐标 $\boldsymbol{X}$

材料坐标系用来标记一个材料点的位置，用 $\boldsymbol{X}=[X_1 \quad X_2 \quad X_3]^{\mathrm{T}}$ 来表示，称为Lagrange坐标，每一个材料点由惟一的材料坐标确定，一般采用它在物体**初始构形**(initial configuration, reference configuration)中的空间坐标来表示，可以看出，当 $t=0$，$\boldsymbol{X}=\boldsymbol{x}$。

基于上面的两种坐标描述，可以定义物体变形后的位置为

$$\boldsymbol{x}=\boldsymbol{\Phi}(\boldsymbol{X},t) \tag{8.150}$$

它表明当前的位置状态 $\boldsymbol{x}$（当前构形）是材料坐标 $\boldsymbol{X}$ 和时间 t 的函数，同时也给出当前构形与初始构形之间的变换关系。显然，一个材料点 $\boldsymbol{X}$ 的位移为

$$\boldsymbol{u}(\boldsymbol{X},t)=\boldsymbol{x}-\boldsymbol{X}=\boldsymbol{\Phi}(\boldsymbol{X},t)-\boldsymbol{X} \tag{8.151}$$

2. 单元节点与网格的 Lagrange 描述和 Euler 描述

变形体的节点和单元划分有两种描述方式：

(1) Lagrange 网格　该网格与变形体一起随动，就像在材料上刻上网格一样，当材料变形时，其网格也随同变形。

(2) Euler 网格　该网格是固定的，当材料变形时，该网格不随其物体的变形而变化，就像拿着刻有网格的透明玻璃片观察变形体一样。

究竟这两种网格有何特点？它们之间有何关系？是否可以相互转换？下面的简例将进行讨论。

简例 8.2(2)　考察一维问题的 Lagrange 网格(描述)和 Euler 网格(描述)

对于一个一维问题的运动

$$x=\Phi(X,t)=(1-X)t+\frac{1}{2}Xt^2+X \tag{8.152}$$

试用两种形式的网格来描述该运动的速度。

解答：下面就该问题给出两种格式的描述。

(1) 基于 Lagrange 网格(描述)

计算该运动的速度为

$$v(X,t)=\frac{\mathrm{d}x}{\mathrm{d}t}=\frac{\partial\Phi(X,t)}{\partial t}=1+X(t-1) \tag{8.153}$$

设初始时刻为 $t_0=0$；在初始时刻，将材料划分为两个单元(共有三个节点)，如图 8.20 所示，即节点位置为

$$X_1^{(0)}=0,\quad X_2^{(0)}=0.5,\quad X_3^{(0)}=1 \tag{8.154}$$

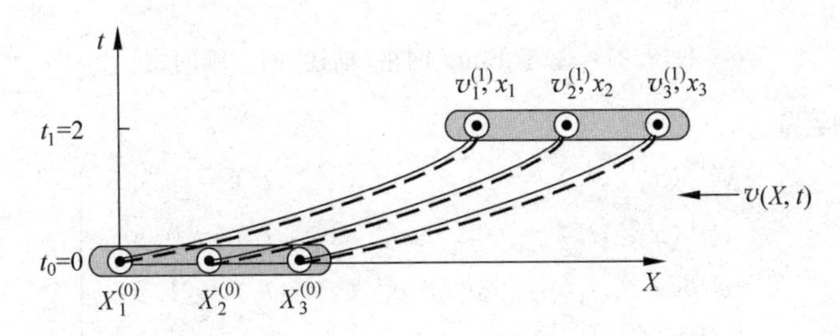

图 8.20　基于 Lagrange 网格(描述)的一维问题

这三个节点的位置就是材料点位置；那么在 $t_1=2$ 时刻，由(8.153)式，材料点的速度为

$$v^{(1)}(X,t_1=2)=1+X \tag{8.155}$$

则对应于初始时刻的材料点(8.154)的速度为

$$\left.\begin{aligned} v_1^{(1)}(X_1^{(0)},t_1)&=1\\ v_2^{(1)}(X_2^{(0)},t_1)&=1.5\\ v_3^{(1)}(X_3^{(0)},t_1)&=2 \end{aligned}\right\} \tag{8.156}$$

(2) 基于 Euler 网格(描述)

为此，我们需要将速度场(8.153)式表达成 x 坐标的函数，基于关系(8.152)式，我们有变换

$$X=\Phi^{-1}(x,t)=\frac{x-t}{\frac{1}{2}t^2-t+1} \tag{8.157}$$

将(8.157)式代入(8.153)式，则有

$$v(x,t)=1+\frac{(x-t)(t-1)}{\frac{1}{2}t^2-t+1}=1+\frac{t-x+xt-t^2}{\frac{1}{2}t^2-t+1} \tag{8.158}$$

同样，考虑 $t_1=2$ 时刻，则有

$$v^{(1)}(x,t_1=2)=x-1 \tag{8.159}$$

在当前时刻对材料进行网格划分，即对(8.159)式中的 x 进行网格划分，如图 8.21 所示，设节点为

$$x_1^{(1)}=0,\quad x_2^{(1)}=0.5,\quad x_3^{(1)}=1,\quad x_4^{(1)}=1.5,$$
$$x_5^{(1)}=2,\quad x_6^{(1)}=2.5,\quad x_7^{(1)}=3 \tag{8.160}$$

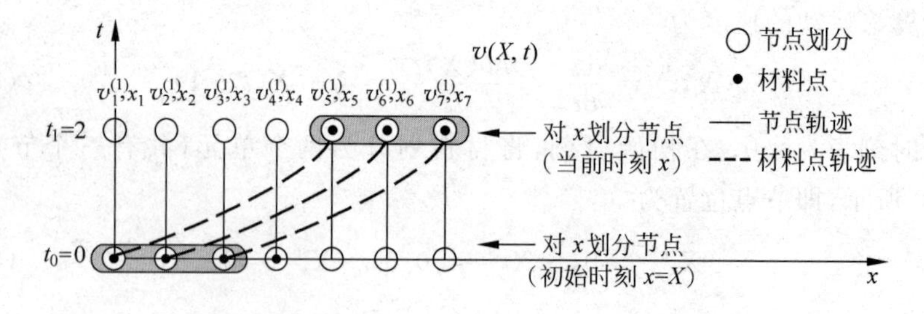

图 8.21 基于 Euler 网格(描述)的一维问题

则对应的速度为

$$\left.\begin{aligned} &v_1^{(1)}(x_1^{(1)},t_1)=-1,\quad v_2^{(1)}(x_2^{(1)},t_1)=-0.5\\ &v_3^{(1)}(x_3^{(1)},t_1)=0,\quad v_4^{(1)}(x_4^{(1)},t_1)=0.5\\ &v_5^{(1)}(x_5^{(1)},t_1)=1,\quad v_6^{(1)}(x_6^{(1)},t_1)=1.5\\ &v_7^{(1)}(x_7^{(1)},t_1)=2 \end{aligned}\right\} \tag{8.161}$$

由变换(8.157)式可知,当 $t_1=2$ 时,有

$$X = x - 2 \tag{8.162}$$

那么(8.160)式中的 $x_5^{(1)},x_6^{(1)},x_7^{(1)}$ 三点对应于(8.154)式中的 $X_1^{(0)},X_2^{(0)},X_3^{(0)}$ 三点,在这三点上,两种网格划分的计算结果也相同。

从以上的分析和计算可以看出两种网格描述具有以下特点。

① Lagrange 网格的节点与材料点是对应和重合的,其节点是在初始构形 $X(t=0)$ 中划分的,随着材料的变形,其网格节点也随着一起运动,单元也随着变形,描述对象的节点数量较少,且用于描述对象的单元和节点数不变。

② Euler 网格的节点与材料点不对应也不重合,其节点是在当前构形 $x(t)$ 中划分,一般情况下,对所有时刻的构形都用相同的网格节点,因此初始构形 $X(t=0)$ 中的网格划分与当前构形中的网格是相同的,所以针对 x 划分的网格节点是固定的,不随材料的变形而变化,材料变形的轨迹将穿过节点轨迹线,如图 8.21 所示,同时,Euler 网格和节点必须足够多和空间范围大,以便在变形前和变形后都能同时"包容"材料点。

简例 8.2(3)　二维纯剪问题的 Lagrange 网格(描述)和 Euler 网格(描述)

考虑一个二维纯剪问题。空间坐标为 $\boldsymbol{x}=[x,y]^{\mathrm{T}}$,材料坐标为 $\boldsymbol{X}=[X,Y]^{\mathrm{T}}$,假设物体的运动为纯剪变形,即有

$$\left.\begin{aligned} x &= \Phi_1(X,Y,t) = X + Yt \\ y &= \Phi_2(X,Y,t) = Y \end{aligned}\right\} \tag{8.163}$$

如果采用 Lagrange 网格,则网格节点与材料点坐标(Lagrange)重合,对于 Lagrange 网格节点

$$\boldsymbol{X}\mid_{\mathrm{point}} = [X_{\mathrm{point}}, Y_{\mathrm{point}}]^{\mathrm{T}} \tag{8.164}$$

将网格节点位置值(8.164)代入(8.163)式中,可得到变形后 t 时刻的网格位置。例如,对于在 X 方向分 5 列,Y 方向分 4 行的网格节点,由变形(8.163)式所描述的初始时刻($t=0$)与变形后的 t 时刻的网格节点如图 8.22(a)所示。

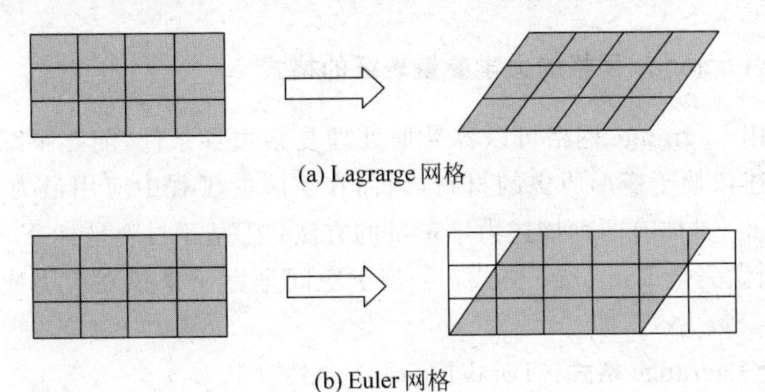

图 8.22　二维剪切变形中的 Lagrange(L)和 Euler(E)网格节点

如果采用 Euler 网格，则网格节点与空间点(Euler)重合，对于 Euler 网格节点

$$\boldsymbol{x}\big|_{\text{point}} = [x_{\text{point}}, y_{\text{point}}]^{\text{T}} \tag{8.165}$$

如果在 x 方向分 5 列，y 方向分 4 行的网格节点，由变形(8.163)式所描述的初始时刻($t=0$)与变形后的 t 时刻的网格节点都将保持不变，如图 8.22(b)所示。

可以看出，Lagrange 网格好像在材料上进行蚀刻，当材料变形时，蚀刻刻痕(网格节点)随着变形，因此单元边界与材料界面保持重合，但随着材料严重变形必然导致单元发生扭曲；而 Euler 网格就像在位于材料前面的玻璃片上进行蚀刻，由于玻璃片与材料是脱开的，当材料变形时，玻璃片上蚀刻刻痕(网格节点)不变形，而材料横穿过网格，网格边界不与材料界面重合；可以看出，一个 Euler 网格必须大到足以包括材料的变形状态，由于网格在变形过程中保持固定，因此，它们的形状不会改变。

还有一种利用 Lagrange 和 Euler 网格的良好特性的网格，使其边界上的节点保持在边界上运动，而内部的节点运动使网格扭曲最小，这种网格叫做 Lagrange-Euler 网格。

下面给出 Lagrange 网格和 Euler 网格各自特点的比较，见表 8.1。

表 8.1 Lagrange 网格和 Euler 网格的比较

网格类型	网格特征	优 点	缺 点
Lagrange 网格	网格和节点在初始时刻划分，并随着材料的变形而附着变化	① 网格节点数较少 ② 边界节点始终保持在边界上	① 网格中的单元会变化 ② 在大变形下单元会严重畸变
Euler 网格	网格和节点在任意时刻都是固定不变的	① 网格始终保持不变 ② 无单元畸形变现象	① 因需要“包容”变形前和变形后的形状范围，网格节点数较多 ② 边界节点的位置会变化，因此边界条件的处理较复杂

3. 基于 Lagrange 网格的力学参量表征的格式

由于采用 Lagrange 网格可以容易地处理复杂边界条件，能够跟踪材料点，可以很好地描述依赖于变形历史的材料，因而在实际的工程中应用最为普遍；基于 Lagrange 网格，具体有两种描述力学参量的方法：①基于材料坐标 X 来描述应力应变参量，叫做完全 Lagrange 格式，②基于空间坐标 x 来描述应力应变参量，叫做更新 Lagrange 格式，即

- **完全 Lagrange 格式**：Total Lagrange 格式(T. L.)
- **更新 Lagrange 格式**：Updated Lagrange 格式(U. L.)

下面讨论在这两种格式下的有限元分析列式。

4. 完全 Lagrange 格式(T.L.)下的有限元分析列式

下面以一维问题为例,讨论三大力学变量的描述。

(1) 位移的描述

设物体的运动为

$$x = \Phi(X,t), \quad X \in [X_a, X_b] \tag{8.166}$$

可以看出函数 $\Phi(X,t)$ 实际上为初始构形 X 和当前构形 x 之间的映射,材料的初始构形为

$$X = \Phi(X, t=0) \tag{8.167}$$

则材料点的位移 $u=(X,t)$ 为

$$u(X,t) = x - X = \Phi(X,t) - X \tag{8.168}$$

(2) 应变的描述

应变定义为

$$\varepsilon(X,t) = \frac{\partial u}{\partial X} = \frac{\partial x}{\partial X} - 1 \tag{8.169}$$

注意(8.169)式中的$\frac{\partial x}{\partial X}$,其 x 为由(8.166)式表达的函数,并非一个独立的坐标变量;为表达方便,进一步将(8.169)式中的$\frac{\partial x}{\partial X}$定义为

$$\mathscr{F} = \frac{\partial x}{\partial X} = \frac{\partial \Phi(X,t)}{\partial X} \tag{8.170}$$

$\mathscr{F}$ 称为**变形梯度**(deformation gradient)。可以将(8.169)式重写为

$$\varepsilon(X,t) = \mathscr{F}(X,t) - 1 \tag{8.171}$$

(3) 应力的描述

设在一给定截面面积 A 上有一个总的受力 T,假设为均匀分布,则定义 Cauchy 应力为(也叫做**真实应力**(true stress))(一维情形下)

$$\sigma = \frac{T}{A} \tag{8.172}$$

以上应力的定义是相对于当前面积 A 的,在 T.L. 格式中一般采用**名义应力**(nominal stress)$\tilde{\sigma}$,即

$$\tilde{\sigma} = \frac{T}{A_0} \tag{8.173}$$

其中 A_0 初始面积或变形前的面积,该名义应力等价为工程应力。

显然 Cauchy 应力与名义应力的关系为

$$\left.\begin{aligned} \sigma &= \frac{A_0}{A}\tilde{\sigma} \\ \tilde{\sigma} &= \frac{A}{A_0}\sigma \end{aligned}\right\} \tag{8.174}$$

(4) 基本方程

根据连续介质力学，描述任何介质(物体)在进行机械运动和热交换时的最一般方程有5类：

① 质量守恒(用于描述变形与质量密度之间的关系)

② 动量守恒(用于描述变形体运动过程中的力的平衡)

③ 能量守恒(用于描述变形体的变形能、外力功、热量变换的守恒关系)

④ 变形关系(用于描述变形体的变形几何关系)

⑤ 本构行为(用于描述材料应力与应变的关系)

对于质量守恒方程，可以推导出

$$\rho \mathscr{F} A = \rho_0 A_0 \tag{8.175}$$

其中ρ为变形材料的密度，ρ_0为初始密度，$\mathscr{F}$为变形梯度，见公式(8.170)。

对于动量守恒方程，可以具体给出

$$\frac{\partial(A_0\,\widetilde{\sigma})}{\partial X} + \rho_0 A_0 \bar{b} = \rho_0 A_0\,\ddot{u}(X,t) \tag{8.176}$$

其中$\bar{b}$为体积力。这里的方程实际上就是运动状态下的平衡方程。

对于能量守恒方程，可以导出虚功原理。

至于变形关系，即应变的定义，就一维物体，见(8.169)式。

对于材料的本构行为，需要写出材料的应力$\widetilde{\sigma}$与应变和应变率的关系，由于应变与变形梯度$\mathscr{F}$存在关系(8.171)，因此一般将本构关系写成应力$\widetilde{\sigma}$与$\mathscr{F}$和变形率$\dot{\mathscr{F}}$的关系，即

$$\widetilde{\sigma} = \psi(\mathscr{F}, \dot{\mathscr{F}}) \tag{8.177}$$

可以看出ψ为变形历史的函数。如果为小变形，一维物体的本构关系可以写成

$$\widetilde{\sigma} = E\cdot(\mathscr{F} - 1) \tag{8.178}$$

或它的率形式

$$\dot{\widetilde{\sigma}} = E\cdot(\dot{\mathscr{F}} - 1) \tag{8.179}$$

其中E为弹性模量。

(5) 基于T.L.格式的有限元分析方程

对于一个一维单元，它的位移场可以表达为

$$u^e(X,t) = \boldsymbol{N}(X)\cdot\boldsymbol{q}^e(t) \tag{8.180}$$

其中$\boldsymbol{N}(X)$为形状函数矩阵，$\boldsymbol{q}^e(t)$为节点位移列阵。单元的应变为

$$\varepsilon^e(X,t) = \frac{\partial u^e}{\partial X} = \frac{\partial \boldsymbol{N}(X)}{\partial X}\boldsymbol{q}^e(t) = \boldsymbol{B}_0(X)\cdot\boldsymbol{q}^e(t) \tag{8.181}$$

其中$\boldsymbol{B}_0(X)$为几何矩阵。根据虚功原理，所建立的单元的有限元分析方程为

$$\boldsymbol{M}^e\ddot{\boldsymbol{q}}^e + \boldsymbol{f}^e_{\text{int}} = \boldsymbol{f}^e_{\text{ext}} \tag{8.182}$$

其中

$$\boldsymbol{M}^e = \int_{\Omega_0^e} \rho_0 \boldsymbol{N}^{\mathrm{T}}\boldsymbol{N}\,\mathrm{d}\Omega_0 \tag{8.183}$$

$$\boldsymbol{f}_{\text{int}}^{e}=\int_{l}\frac{\partial\boldsymbol{N}^{\mathrm{T}}}{\partial X}A_{0}\,\widetilde{\sigma}\,\mathrm{d}X=\int_{\Omega_{0}^{e}}\frac{\partial\boldsymbol{N}^{\mathrm{T}}}{\partial X}\widetilde{\sigma}\,\mathrm{d}\Omega_{0}=\int_{\Omega_{0}^{e}}\boldsymbol{B}_{0}^{e}\,\widetilde{\sigma}\,\mathrm{d}\Omega_{0}\tag{8.184}$$

$$\boldsymbol{f}_{\text{ext}}^{e}=\int_{\Omega_{0}^{e}}\rho_{0}\boldsymbol{N}^{\mathrm{T}}\bar{b}\mathrm{d}\Omega_{0}+\boldsymbol{N}^{\mathrm{T}}\cdot A_{0}\cdot\bar{p}\mid_{S_{p}}\tag{8.185}$$

以上表达式中的 $\boldsymbol{f}_{\text{int}}^{e}$ 是内部节点力，它对应于在材料“内部”的应力；$\boldsymbol{f}_{\text{ext}}^{e}$ 是外加节点力，它对应于外部施加的载荷 $\bar{b},\bar{p}$。与小变形弹性物体的动力学方程 $\boldsymbol{M}^{e}\ddot{\boldsymbol{q}}^{e}+\boldsymbol{C}^{e}\dot{\boldsymbol{q}}^{e}+\boldsymbol{K}^{e}\boldsymbol{q}^{e}=\boldsymbol{P}^{e}$ 进行比较可知，这里的内部节点力 $\boldsymbol{f}_{\text{int}}^{e}$ 将对应于单元内材料的变形力 $\boldsymbol{K}^{e}\boldsymbol{q}^{e}$ 和阻尼力 $\boldsymbol{C}^{e}\dot{\boldsymbol{q}}^{e}$。

简例 8.2(4)　基于 T.L. 格式的 2 节点杆单元

对于一个 2 节点杆单元，如图 8.23 所示。单元的初始长度为 l_0，横截面积为 A_0，初始密度为 ρ_0。在变形后的时刻 t，长度变为 $l(t)$，横截面积变为 $A(t)$，考虑体积力。基于 T.L. 描述给出该单元的表达。

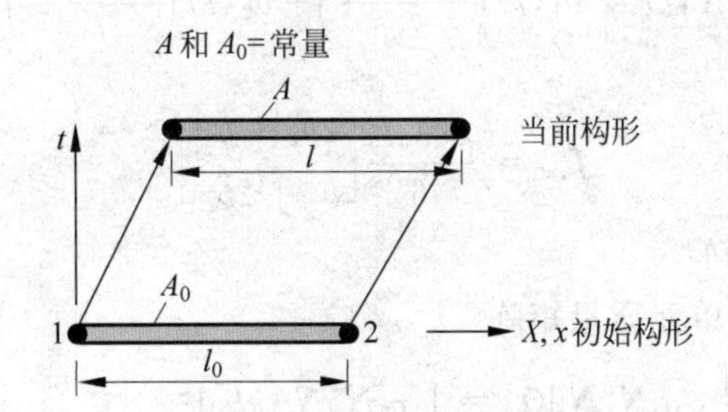

图 8.23　基于 T.L. 描述的一维 2 节点杆单元

解答：设单元的两个节点的坐标为 X_1 和 X_2，变形后这两个节点的位移为 $u_1(t)$，$u_2(t)$，下面进行其他变量的推导。

(1) 位移场、应变和 $\boldsymbol{B}_0$ 矩阵

单元的节点位移列阵为

$$\boldsymbol{q}^{e}(t)=[u_1(t)\quad u_2(t)]^{\mathrm{T}}\tag{8.186}$$

基于材料坐标和线性插值，单元的位移场为

$$u^{e}(X,t)=\frac{1}{l_0}[X_2-X\quad X-X_1]\begin{bmatrix}u_1(t)\\u_2(t)\end{bmatrix}=\boldsymbol{N}(X)\cdot\boldsymbol{q}^{e}\tag{8.187}$$

式中

$$\begin{aligned}\boldsymbol{N}(X)&=[N_1(X)\quad N_2(X)]\\&=\frac{1}{l_0}[X_2-X\quad X-X_1]\end{aligned}\tag{8.188}$$

为形状函数矩阵，$l_0=X_2-X_1$ 为初始长度；则相应的应变为

$$\varepsilon^{e}(X,t)=\frac{\partial u}{\partial X}=\frac{1}{l_0}[-1\quad 1]\begin{bmatrix}u_1(t)\\u_2(t)\end{bmatrix}=\boldsymbol{B}_0(X)\cdot\boldsymbol{q}^{e}\tag{8.189}$$

其中几何矩阵 $\boldsymbol{B}_0(X)$ 为

$$\boldsymbol{B}_0 = \frac{1}{l_0}[-1 \quad 1] \tag{8.190}$$

(2) 内部节点力和外加节点力

由公式(8.184),计算内部节点力

$$\boldsymbol{f}^e_{\text{int}} = \int_{\Omega_0^e} \boldsymbol{B}_0^{\mathrm{T}}\, \tilde{\sigma}\, \mathrm{d}\Omega_0 = \int_{X_1}^{X_2} \frac{1}{l_0}\begin{bmatrix}-1\\+1\end{bmatrix}\tilde{\sigma} A_0 \mathrm{d}X = A_0\, \tilde{\sigma}\begin{bmatrix}-1\\+1\end{bmatrix} = \begin{bmatrix}f_1\\f_2\end{bmatrix}^{\text{int}} \tag{8.191}$$

节点外力由体积力引起,由(8.185)式给出

$$\boldsymbol{f}^e_{\text{ext}} = \int_{\Omega_0^e} \rho_0 \boldsymbol{N}^{\mathrm{T}} \bar{b} A_0 \mathrm{d}X = \int_{X_1}^{X_2} \frac{\rho_0}{l_0}\begin{bmatrix}X_2 - X\\X - X_1\end{bmatrix}\bar{b} A_0 \mathrm{d}X \tag{8.192}$$

若采用线性关系的体积力 $\bar{b}(X,t)$,即

$$\bar{b}(X,t) = \bar{b}_1(t)\left(\frac{X_2 - X}{l_0}\right) + \bar{b}_2(t)\left(\frac{X - X_1}{l_0}\right) \tag{8.193}$$

则由(8.192)式,有

$$\boldsymbol{f}^e_{\text{ext}} = \frac{\rho_0 A_0 l_0}{6}\begin{bmatrix}2\bar{b}_1 + \bar{b}_2\\\bar{b}_1 + 2\bar{b}_2\end{bmatrix} \tag{8.194}$$

(3) 单元质量矩阵

由(8.183)式,有单元质量矩阵

$$\begin{aligned}\boldsymbol{M}^e &= \int_{\Omega_0^e} \rho_0 \boldsymbol{N}^{\mathrm{T}} \boldsymbol{N} \mathrm{d}\Omega_0 = \int_0^1 \rho_0 \boldsymbol{N}^{\mathrm{T}} \boldsymbol{N} A_0 l_0 \mathrm{d}\xi \\ &= \int_0^1 \rho_0 \begin{bmatrix}1-\xi\\\xi\end{bmatrix}[1-\xi \quad \xi] A_0 l_0 \mathrm{d}\xi = \frac{\rho_0 A_0 l_0}{6}\begin{bmatrix}2 & 1\\1 & 2\end{bmatrix}\end{aligned} \tag{8.195}$$

其中 $\xi=(X-X_1)/l_0, \xi\in[0,1]$,从上式可以看出质量矩阵仅取决于初始密度、初始横截面面积和初始长度,与时间无关。以上在计算质量矩阵时采用了描述单元位移函数的形状矩阵,因此叫做"一致" 质量矩阵;还可以采用"集中"质量矩阵,简单的方法是对"一致" 质量矩阵中的每一行元素求和并置于矩阵的对角线位置,就可以得到相应的"集中"质量矩阵,具体对于 2 节点杆单元,有

$$\boldsymbol{M}^e = \frac{\rho_0 A_0 l_0}{2}\begin{bmatrix}1 & 0\\0 & 1\end{bmatrix} = \frac{\rho_0 A_0 l_0}{2}\boldsymbol{I} \tag{8.196}$$

其中 $\boldsymbol{I}$ 为**单位矩阵**(identity matrix)。

在得到了单元的质量矩阵 $\boldsymbol{M}^e$、内部节点力列阵 $\boldsymbol{f}^e_{\text{int}}$、外加节点力列阵 $\boldsymbol{f}^e_{\text{ext}}$后,就可以由(8.182)式建立单元的有限元分析方程。

5. 更新 Lagrange 格式(U.L.)下的有限元分析列式

在 U.L. 格式下,需要选择速度 $v(X,t)$ 作为描述位移场的变量,而与在 T.L. 格式中使用 $u(X,t)$ 作为独立变量相类似,只是形式上不同。在 U.L. 格式中,任何变量都要通过 Euler 坐标来表达,可以通过以下变换来实现:

$$X = \Phi^{-1}(x,t) = X(x,t) \tag{8.197}$$

同样以一维问题为例，给出三大力学变量的描述如下。

（1）速度（位移）的描述

$$v(X,t) = v(X(x,t),t) = \frac{\mathrm{d}u(x,t)}{\mathrm{d}t} = \frac{\mathrm{d}\Phi(x,t)}{\mathrm{d}t} \tag{8.198}$$

（2）应变的描述

应变度量由变形率给出，也称为速度应变，即

$$D_x = \frac{\partial v}{\partial x} \tag{8.199}$$

（3）应力的描述

使用 Cauchy 应力或它的率形式

$$\sigma_{,t}(X,t) = \frac{\mathrm{d}\sigma(X,t)}{\mathrm{d}t} \tag{8.200}$$

（4）基本方程

五类基本方程与前面相同。两类边界条件为

$$\left.\begin{aligned} &\mathrm{BC}(u):\quad v(X,t) = \bar{v}(X,t) \quad \text{在 } S_u \text{ 上} \\ &\mathrm{BC}(p):\quad \sigma(X,t)n = \bar{p}(X,t) \quad \text{在 } S_p \text{ 上} \end{aligned}\right\} \tag{8.201}$$

初始条件为

$$\left.\begin{aligned} \sigma(X,0) &= \sigma_0(X) \\ v(X,0) &= v_0(X) \end{aligned}\right\} \tag{8.202}$$

（5）基于 U. L. 格式的有限元分析方程

基于 U. L. 格式的单元的速度场为

$$v^e(x,t) = \boldsymbol{N}(x)\,\dot{\boldsymbol{q}}^e(t) \tag{8.203}$$

单元的速度应变场为

$$D_x^e(x,t) = \frac{\partial \boldsymbol{N}(x)}{\partial x}\,\dot{\boldsymbol{q}}^e(t) \tag{8.204}$$

根据虚功原理建立的单元的有限元分析方程为

$$\boldsymbol{M}^e\ddot{\boldsymbol{q}}^e(t) + \boldsymbol{f}_{\text{int}}^e = \boldsymbol{f}_{\text{ext}}^e \tag{8.205}$$

其中

$$\boldsymbol{M}^e = \int_{\Omega_0^e} \rho_0 \boldsymbol{N}^{\mathrm{T}}\boldsymbol{N}\mathrm{d}\Omega_0 \quad \text{（与 T. L. 格式中的相同）} \tag{8.206}$$

$$\boldsymbol{f}_{\text{int}}^e = \int_{\Omega^e} \frac{\partial \boldsymbol{N}^{\mathrm{T}}}{\partial x}\sigma\mathrm{d}\Omega = \int_{\Omega^e} \boldsymbol{B}^{\mathrm{T}}(x)\cdot\sigma\cdot\mathrm{d}\Omega \tag{8.207}$$

$$\boldsymbol{f}_{\text{ext}}^e = \int_{\Omega^e} \rho\boldsymbol{N}^{\mathrm{T}}\bar{b}\mathrm{d}\Omega + \boldsymbol{N}^{\mathrm{T}}A\cdot\bar{p}\,|_{S_p} \tag{8.208}$$

$\boldsymbol{M}^e$、$\boldsymbol{f}_{\text{int}}^e$、$\boldsymbol{f}_{\text{ext}}^e$ 分别为 U. L. 格式中单元的质量矩阵、内部节点力列阵和外加节点力列阵。

简例 8.2(5) 基于 U.L. 格式的 2 节点杆单元

参考简例 8.2(4)中单元的基本情况。

设变形后两个节点的速度为 $v_1(t), v_2(t)$,单元的节点速度列阵为

$$\boldsymbol{q}_v^e(t) = [v_1(t) \quad v_2(t)]^{\mathrm{T}} \tag{8.209}$$

单元的速度场为

$$v^e(X,t) = \frac{1}{l_0}[X_2 - X \quad X - X_1]\begin{bmatrix} v_1(t) \\ v_2(t) \end{bmatrix} = \boldsymbol{N}(X)\boldsymbol{q}_v^e \tag{8.210}$$

式中

$$\begin{aligned} \boldsymbol{N}(X) &= [N_1(X) \quad N_2(X)] \\ &= \frac{1}{l_0}[X_2 - X \quad X - X_1] \end{aligned} \tag{8.211}$$

为形状函数矩阵,与基于 T.L. 格式的相同。采用单元局部坐标的形式,则速度场为

$$v^e(\xi,t) = [1-\xi \quad \xi]\begin{bmatrix} v_1(t) \\ v_2(t) \end{bmatrix} = \boldsymbol{N}(\xi)\boldsymbol{q}_v^e \tag{8.212}$$

其中

$$\xi = \frac{X - X_1}{X_2 - X_1} \tag{8.213}$$

下面用 Euler 坐标的形式来表达 ξ。

由于 $x = X + u$,并且对于单元的材料点位置坐标 X 及位移场 $u^e(X,t)$ 也采用速度场(8.210)中相同的插值关系,则

$$X = x - u^e(X,t) \tag{8.214}$$

其中

$$\left.\begin{aligned} X &= N_1(X)X_1 + N_2(X)X_2 \\ u^e(X,t) &= N_1(X) \cdot u_1(t) + N_2(X) \cdot u_2(t) \\ N_1(X) &+ N_2(X) = 1 \end{aligned}\right\} \tag{8.215}$$

上式中的 X_1, X_2 为初始时刻单元中两个节点的坐标,$u_1(t), u_2(t)$ 为 t 时刻单元的两个节点位移。

将(8.214)式和(8.215)式代入(8.213)式中,有

$$\xi = \frac{x - x_1}{x_2 - x_1} = \frac{x - x_1}{l} \tag{8.216}$$

其中 l 是单元在当前构形中的长度。

在当前构形中,对于(8.212)式中的 $\boldsymbol{N}(\xi)$,几何函数矩阵 $\boldsymbol{B}(x)$ 为

$$\boldsymbol{B}(x) = \frac{\mathrm{d}\boldsymbol{N}(x)}{\mathrm{d}x} = \frac{\partial \boldsymbol{N}(\xi)}{\partial \xi}\frac{\partial \xi}{\partial x} = \frac{1}{l}[-1 \quad 1] \tag{8.217}$$

所以,变形率为

$$D_x^e(x,t) = \frac{\partial \boldsymbol{N}(x)}{\partial x}\dot{\boldsymbol{q}}^e(t)$$

$$= \boldsymbol{B} \cdot \dot{\boldsymbol{q}}^e(t)$$

$$= \frac{1}{l}(v_2 - v_1) \tag{8.218}$$

由(8.207)式，计算内部节点力列阵为

$$\boldsymbol{f}_{\mathrm{int}}^e = \int_{x_1}^{x_2} \boldsymbol{B}^{\mathrm{T}} \sigma A \, \mathrm{d}x = \int_{x_1}^{x_2} \frac{1}{l} \begin{bmatrix} -1 \\ +1 \end{bmatrix} \sigma A \, \mathrm{d}x = A\sigma \begin{bmatrix} -1 \\ +1 \end{bmatrix} \tag{8.219}$$

在计算以上积分时，假设 $A\sigma$ 是不变化的。

如果单元的体积力可以表示为线性插值关系 $\bar{b}(\xi,t) = \bar{b}_1(1-\xi) + \bar{b}_2\xi$，而外力 $\bar{p}=0$，则由(8.208)式可以计算外加节点力列阵为

$$\boldsymbol{f}_{\mathrm{ext}}^e = \int_{x_1}^{x_2} \begin{bmatrix} 1-\xi \\ \xi \end{bmatrix} \rho \bar{b} A \, \mathrm{d}x + \left\{ \begin{bmatrix} 1-\xi \\ \xi \end{bmatrix} A\bar{p} \right\} \Bigg|_{S_p} = \frac{\rho A l}{6} \begin{bmatrix} 2\bar{b}_1 + \bar{b}_2 \\ \bar{b}_1 + 2\bar{b}_2 \end{bmatrix} \tag{8.220}$$

由于 U. L. 格式下的质量矩阵与 T. L. 格式下的相同，见(8.195)式；在得到了单元的质量矩阵 $\boldsymbol{M}^e$、内部节点力列阵 $\boldsymbol{f}_{\mathrm{int}}^e$、外加节点力列阵 $\boldsymbol{f}_{\mathrm{ext}}^e$后，就可以由(8.205)式建立有限元分析方程。

将在 U. L. 格式下内部节点力列阵 $\boldsymbol{f}_{\mathrm{int}}^e$、外加节点力列阵 $\boldsymbol{f}_{\mathrm{ext}}^e$与 T. L. 格式下的对应节点力列阵进行比较，利用 Cauchy 应力与名义应力的转换关系(8.174)以及物质守恒关系 $\rho A l = \rho_0 A_0 l_0$，发现两种格式的有限元分析方程是完全等价的。U. L. 格式和 T. L. 格式是同一离散对象的两种表达方式，可以相互转换，格式的选取视方便而定。

6. 非线性方程求解的静力隐式算法和动力显式算法

在实际问题的分析中，可以将基于 T. L. 格式的有限元分析方程(8.182)或基于 U. L. 格式的方程(8.205)中的内部节点力 $\boldsymbol{f}_{\mathrm{int}}^e$表达成对应于单元内材料的变形力 $\boldsymbol{K}^e\boldsymbol{q}^e$ 和阻尼力 $\boldsymbol{C}^e\dot{\boldsymbol{q}}^e$ 的形式，经单元组装后得到的整体有限元分析方程为

$$\boldsymbol{M}\ddot{\boldsymbol{q}}(t) + \boldsymbol{C}\dot{\boldsymbol{q}}(t) + \boldsymbol{K}\boldsymbol{q}(t) = \boldsymbol{f}_{\mathrm{ext}}(t) \tag{8.221}$$

(1) **静力隐式算法**(static implicit algorithm)

将方程(8.221)中的惯性力和阻尼力变成一个等效力，将其移到该方程的右端，使该方程变成为静力非线性方程，可使用求解非线性方程的 Newton-Raphson 方法。从形式上来看，在求 $\boldsymbol{q}(t)$时，需要知道当前时刻的 $\boldsymbol{K}$ 并求逆，因而为隐式算法。

(2) **动力显式算法**(dynamic explicit algorithm)

可以采用**中心差分格式**(central difference formulas)对方程(8.221)中的时间导数进行处理，得到与结构动力学响应分析中相同的显示算法计算公式(8.64)。

简例 8.2(6)　非线性问题中静力隐式算法和动力显式算法的比较

静力隐式算法的特征是迭代计算，因而在收敛性和计算精度方面具有较好的优势，但计算时间长以及效率不高是它的明显不足；动力显式算法的特征是递推计算，对于规模大的计算模型，它在计算时间和效率方面具有明显优势，但该算法

关于时间步长是条件收敛的，这可以通过一些方法来进行调整和克服。在实际应用中，采用何种算法，还得根据问题的性质和要求来确定，一般而言，对于精度要求较高，而计算规模又不太大的问题，可以采用静力隐式算法；而对于计算规模很大，计算时间很长的大型问题，应该采用动力显式算法以发挥该方法的特点。有关这两种算法在各个方面的详细比较见表 8.2。图 8.24 就刚性辊轧制过程的有限元分析给出两种算法的计算结果比较[28]，可以看出两种算法都可以真实地模拟轧制过程，只是静力隐式算法的结果在轧件入口和出口时应力变化要陡一些。

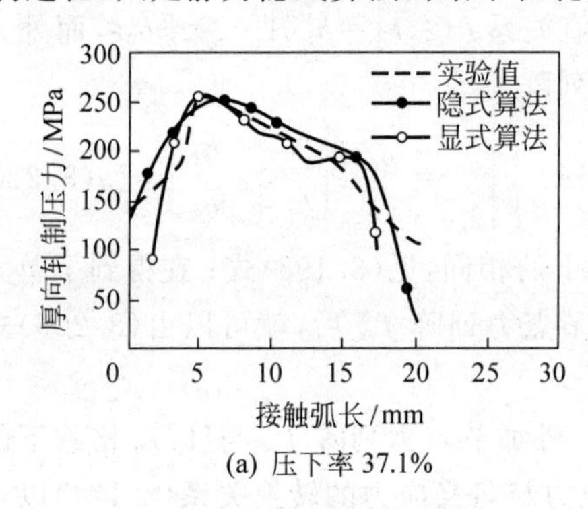

(a) 压下率 37.1%

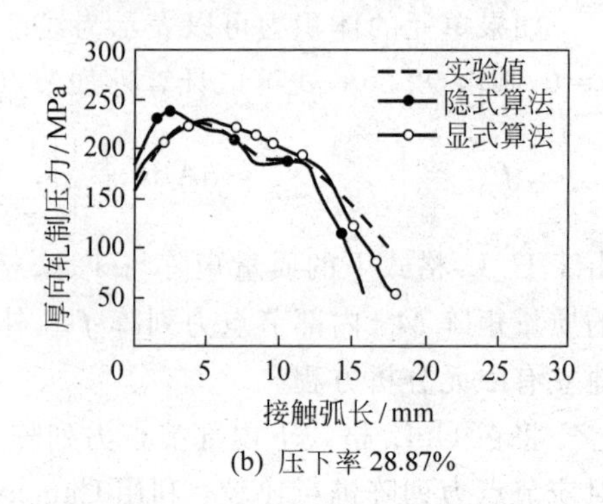

(b) 压下率 28.87%

图 8.24 三维刚性辊轧制过程的有限元分析

表 8.2 静力隐式算法和动力显式算法的比较

特点比较	静力隐式算法	动力显示算法
收敛性	就时间步长而言，理论上为无条件收敛，但在每一时间步内有迭代收敛性问题	其算法关于时间步长是条件收敛的 $\Delta t \leqslant \Delta t_{cr}$
计算时间	计算时间随模型单元数量呈指数增长的关系(由于迭代计算量很大)	计算时间随模型单元数量呈线性增长的关系(由于为递推计算)
迭代方面	在每一时间步内，需反复迭代，迭代收敛性会受许多因素的影响，在计算中需进行迭代收敛方面的调整	无需迭代，就时间步长，直接进行递推计算，还可以通过质量缩放来缩短计算时间
计算精度	计算精度较高	计算精度较低
总体效率	低，当计算规模愈大时，该缺点愈明显	高，当计算规模愈大时，该优势愈明显

8.3 传热与热应力问题的有限元分析

传热(heat transfer)是日常生活和工程实际中广泛存在的自然现象，只要有温度差存在，就一定出现热量的传递，或者只要有热量的输入和输出，就会引起温度的变化；由于有温度的变化，就会引起结构件的应力和应变变化，即出现热应力，这对构件的影响是很大的，甚至会引起结构的失效与破坏；2003 年 2 月 1 日美国的“哥伦比亚号”航天飞机在返回地球的大气层途中，就是由于其他机械故障使得机身的隔热瓦系统出现问题，从而引起机体的温度迅速升高，造成机毁人亡的惨剧。在材料加工工程中，往往会涉及诸如加热、融化、冷却、凝固、保温等工艺，热传导以及所产生的热应力是控制这些工艺的技术关键。下面主要针对由热传导来计算温度和由温度来计算应力这两个方面进行讨论。

8.3.1 传热问题的基本方程

根据 Fourier **传热定律**(heat transfer theorem)和**能量守恒定律**(energy conservation theorem)，可以建立传热问题的**控制方程**(governing equation)[25]，即物体的瞬态温度场 $T(x,y,z,t)$应满足以下方程：

$$\frac{\partial}{\partial x}\left(\kappa_x \frac{\partial T}{\partial x}\right)+\frac{\partial}{\partial y}\left(\kappa_y \frac{\partial T}{\partial y}\right)+\frac{\partial}{\partial z}\left(\kappa_z \frac{\partial T}{\partial z}\right)+\rho Q=\rho c_T \frac{\partial T}{\partial t} \tag{8.222}$$

其中 ρ 为材料密度，$\mathrm{kg/m^3}$；c_T 为材料**比热**(specific heat)，$\mathrm{J/(kg\cdot K)}$；κ_x、κ_y、κ_z 分别为沿 x,y,z 方向的**热传导系数**(thermal conductivity of material)，$\mathrm{W/(m\cdot K)}$；$Q(x,y,z,t)$为物体内部的**热源强度**(strength of heat source)，W/kg。

传热边界条件有三类，即

第一类 BC(S_1)(叫做 Dirichlet 条件，在边界上给定温度值)

$$T(x,y,z,t)=\bar{T}(t) \quad 在 S_1 上 \tag{8.223}$$

第二类 BC(S_2)(叫做给定热流密度的 Neumann 条件)

$$\kappa_x \frac{\partial T}{\partial x}n_x+\kappa_y \frac{\partial T}{\partial y}n_y+\kappa_z \frac{\partial T}{\partial z}n_z=\bar{q}_f(t) \quad 在 S_2 上 \tag{8.224}$$

第三类 BC(S_3)(叫做给定对流换热的 Neumann 条件)

$$\kappa_x \frac{\partial T}{\partial x}n_x+\kappa_y \frac{\partial T}{\partial y}n_y+\kappa_z \frac{\partial T}{\partial z}n_z=\bar{h}_c(T_\infty-T) \quad 在 S_3 上 \tag{8.225}$$

其中 n_x,n_y,n_z 为边界外法线的方向余弦，$\bar{T}(t)$为在边界 S_1 上给定的温度；$\bar{q}_f(t)$为在边界 S_2 上的给定热流密度，$\mathrm{W/m^2}$；$\bar{h}_c$ 为物体与周围介质的对流**换热系数**(heat transfer coefficient)，$\mathrm{W/(m^2\cdot K)}$；T_∞ 为**环境温度**(temperature of surrounding medium)；t 为时间，s；并且物体 Ω 的边界为 $\partial\Omega=S_1+S_2+S_3$。

若该问题的**初始条件** IC(initial condition)为

$$T(x,y,z,t=0)=\bar{T}_0(x,y,z) \tag{8.226}$$

相应的变分提法为，在满足边界条件(8.223)～(8.225)式及初始条件(8.226)式的许可温度场中，真实的温度场使以下泛函 I 取极小值，即

$$\min_{T\in\left\{\begin{array}{l}\mathrm{BC}(S_1,S_2,S_3)\\ \mathrm{IC}\end{array}\right.} I=\frac{1}{2}\int_\Omega\left[\kappa_x\left(\frac{\partial T}{\partial x}\right)^2+\kappa_y\left(\frac{\partial T}{\partial y}\right)^2+\kappa_z\left(\frac{\partial T}{\partial z}\right)^2-2\left(\rho Q-\rho c_T \frac{\partial T}{\partial t}\right)T\right]\mathrm{d}\Omega \tag{8.227}$$

在实际问题的处理过程中，边界条件(8.224)和(8.225)式事先较难满足，因此，可

将这两个条件耦合进泛函(8.227)式中,即

$$\min_{T\in\begin{cases}\mathrm{BC}(S_1)\\ \mathrm{IC}\end{cases}} I=\frac{1}{2}\int_{\Omega}\left[\kappa_x\left(\frac{\partial T}{\partial x}\right)^2+\kappa_y\left(\frac{\partial T}{\partial y}\right)^2+\kappa_z\left(\frac{\partial T}{\partial z}\right)^2-2\left(\rho Q-\rho c_T\frac{\partial T}{\partial t}\right)T\right]\mathrm{d}\Omega$$
$$-\int_{S_2}\bar{q}_f T\,\mathrm{d}A+\frac{1}{2}\int_{S_3}\bar{h}_c(T_\infty-T)^2\mathrm{d}A \tag{8.228}$$

8.3.2 稳态传热问题的有限元分析列式

对于**稳态问题**(steady problem),即温度不随时间变化,有

$$\frac{\partial T}{\partial t}=0 \tag{8.229}$$

将物体离散为单元体,即 $\Omega\to\sum\Omega^e$,在单元体 Ω^e 内,与在结构分析中进行单元位移场插值的情况相同,也可根据节点数来确定单元温度场的函数模式,即将单元的温度场 $T^e(x,y,z)$ 表示为节点温度的插值关系,有

$$T^e(x,y,z)=\boldsymbol{N}(x,y,z)\cdot\boldsymbol{q}_T^e \tag{8.230}$$

其中 $\boldsymbol{N}(x,y,z)$ 为形状函数矩阵,$\boldsymbol{q}_T^e$ 为节点温度列阵,即

$$\boldsymbol{q}_T^e=[T_1\quad T_2\quad\cdots\quad T_n]^{\mathrm{T}} \tag{8.231}$$

其中 $T_1,T_2,\cdots,T_n$ 为节点温度值。将(8.230)式代入到(8.228)式,并求变分极值,$\dfrac{\partial I}{\partial\boldsymbol{q}_T^e}=\boldsymbol{0}$,则有

$$\boldsymbol{K}_T^e\cdot\boldsymbol{q}_T^e=\boldsymbol{P}_T^e \tag{8.232}$$

其中

$$\boldsymbol{K}_T^e=\int_{\Omega^e}\left[\kappa_x\left(\frac{\partial\boldsymbol{N}}{\partial x}\right)^{\mathrm{T}}\left(\frac{\partial\boldsymbol{N}}{\partial x}\right)+\kappa_y\left(\frac{\partial\boldsymbol{N}}{\partial y}\right)^{\mathrm{T}}\left(\frac{\partial\boldsymbol{N}}{\partial y}\right)+\kappa_z\left(\frac{\partial\boldsymbol{N}}{\partial z}\right)^{\mathrm{T}}\left(\frac{\partial\boldsymbol{N}}{\partial z}\right)\right]\mathrm{d}\Omega$$
$$+\int_{S_3^e}\bar{h}_c\boldsymbol{N}^{\mathrm{T}}\boldsymbol{N}\mathrm{d}A \tag{8.233}$$

$$\boldsymbol{P}_T^e=\int_{\Omega^e}\rho Q\boldsymbol{N}^{\mathrm{T}}\mathrm{d}\Omega+\int_{S_2^e}\bar{q}_f\cdot\boldsymbol{N}^{\mathrm{T}}\mathrm{d}A+\int_{S_3^e}\bar{h}_cT_\infty\cdot\boldsymbol{N}^{\mathrm{T}}\mathrm{d}\Omega \tag{8.234}$$

方程(8.232)叫做单元传热方程,$\boldsymbol{K}_T^e$ 称为单元**传热矩阵**(heat transfer matrix),$\boldsymbol{q}_T^e$ 为单元节点温度列阵,$\boldsymbol{P}_T^e$ 为单元节点等效温度载荷列阵。由(8.233)式可以看出,$\boldsymbol{K}_T^e$ 的第一项为单元体内部对传热矩阵所作的贡献,第二项为在 S_3 上由对流热交换条件对传热矩阵所作的贡献,而(8.234)式中右端的三项分别为内部热源、给定热流、对流热交换所引起的等效温度载荷。

由泛函(8.228)式中的最高阶导数可以看出,传热问题为 C_0 问题,并且温度场为标量场,因此,所构造的有限元分析列式比较简单。

8.3.3 瞬态传热问题的有限元分析列式

在**瞬态传热**(unsteady heat transfer, transient heat transfer)问题中,单元的温度场将随时间变化,即

$$T^e(x,y,z,t) = \boldsymbol{N}(x,y,z) \cdot \boldsymbol{q}_T^e(t) \tag{8.235}$$

这里的节点温度 $\boldsymbol{q}_T^e(t)$ 是随时间变化的，即

$$\boldsymbol{q}_T^e(t) = [T_1(t) \quad T_2(t) \quad \cdots \quad T_n(t)]^{\mathrm{T}} \tag{8.236}$$

与稳态问题类似，将(8.235)式代入(8.228)式中，并对 $\boldsymbol{q}_T^e(t)$ 求变分极值，可得到

$$\boldsymbol{C}_T^e \dot{\boldsymbol{q}}_T^e + \boldsymbol{K}_T^e \boldsymbol{q}_T^e = \boldsymbol{P}_T^e \tag{8.237}$$

其中

$$\boldsymbol{C}_T^e = \int_{\Omega^e} \rho c_T \boldsymbol{N}^{\mathrm{T}} \boldsymbol{N} \mathrm{d}\Omega \tag{8.238}$$

$$\dot{\boldsymbol{q}}_T^e = \frac{\mathrm{d}}{\mathrm{d}t} \boldsymbol{q}_T^e = \left[\frac{\mathrm{d}T_1}{\mathrm{d}t} \quad \frac{\mathrm{d}T_2}{\mathrm{d}t} \quad \cdots \quad \frac{\mathrm{d}T_n}{\mathrm{d}t} \right]^{\mathrm{T}} \tag{8.239}$$

而 $\boldsymbol{K}_T^e$ 和 $\boldsymbol{P}_T^e$ 与稳态问题的公式相同，见(8.233)和(8.234)式。

方程(8.237)是一组以时间 t 为独立变量的线性常微分方程组，可进一步对时间域进行离散，即也可将时间分成若干个单元，并进行时间函数的节点描述和插值，通常有对时间的两点插值(循环)公式和三点插值(循环)公式，在计算时还要考虑时间步长的选取，通常可以根据解的稳定性理论来给出一个最大收敛步长的条件，当计算的时间步长不超过该收敛步长时，其解的结果是稳定的，即计算误差不会无限增加。

8.3.4 热应力问题的有限元分析列式

研究物体的热问题包括两个部分内容：(1)传热问题研究，以确定温度场；(2)热应力问题研究，即在已知温度场的情况下确定应力应变。实际上这两个问题是相互影响和耦合的。但在大多数情况下，传热问题所确定的温度将直接影响物体的**热应力**(thermal stress, stress of temperature effect)，而后者对前者的耦合影响不大。因而可将物体的热问题看成是单向耦合过程，可以分两个过程来进行计算，关于传热问题的有限元分析列式前面已作讨论，下面讨论在已知温度分布的前提下所产生的热应力。

1. 热应力问题中的物理方程

设物体内存在温差的分布 $\Delta T(x,y,z)$，那么它将引起热膨胀，其热膨胀量为 $\alpha_{\mathrm{temp}} \cdot \Delta T(x,y,z)$，$\alpha_T$ 为**热膨胀系数**(thermal expansion coefficient)；则该物体的物理方程由于增加了热膨胀量(正方向上的温度应变)而变为

$$\left.\begin{aligned}
\varepsilon_{xx} &= \frac{1}{E}[\sigma_{xx} - \mu(\sigma_{yy} + \sigma_{zz})] + \alpha_T \cdot \Delta T \\
\varepsilon_{yy} &= \frac{1}{E}[\sigma_{yy} - \mu(\sigma_{xx} + \sigma_{zz})] + \alpha_T \cdot \Delta T \\
\varepsilon_{zz} &= \frac{1}{E}[\sigma_{zz} - \mu(\sigma_{xx} + \sigma_{yy})] + \alpha_T \cdot \Delta T \\
\gamma_{xy} &= \frac{1}{G}\tau_{xy}, \quad \gamma_{yz} = \frac{1}{G}\tau_{yz}, \quad \gamma_{zx} = \frac{1}{G}\tau_{zx}
\end{aligned}\right\} \tag{8.240}$$

可将上式写成指标形式

$$\varepsilon_{ij} = D^{-1}_{ijkl}\sigma_{kl} + \varepsilon^0_{ij} \tag{8.241}$$

或

$$\sigma_{ij} = D_{ijkl}(\varepsilon_{kl} - \varepsilon^0_{kl}) \tag{8.242}$$

其中

$$\varepsilon^0_{ij} = [\alpha_T\Delta T \quad \alpha_T\Delta T \quad \alpha_T\Delta T \quad 0 \quad 0 \quad 0]^{\mathrm{T}} \tag{8.243}$$

2. 虚功原理

热应力问题的物理方程为(8.242)，除此之外，其平衡方程、几何方程以及边界条件与普通弹性问题相同，弹性问题的一般虚功原理为 $\delta U - \delta W = 0$，即

$$\int_\Omega \sigma_{ij}\delta\varepsilon_{ij}\,\mathrm{d}\Omega - \left(\int_\Omega \bar{b}_i\delta u_i\,\mathrm{d}\Omega + \int_{S_p}\bar{p}_i\delta u_i\,\mathrm{d}A\right) = 0 \tag{8.244}$$

将物理方程(8.242)代入上式，有

$$\int_\Omega D_{ijkl}(\varepsilon_{kl} - \varepsilon^0_{kl})\delta\varepsilon_{ij}\,\mathrm{d}\Omega - \left(\int_\Omega \bar{b}_i\delta u_i\,\mathrm{d}\Omega + \int_{S_p}\bar{p}_i\delta u_i\,\mathrm{d}A\right) = 0 \tag{8.245}$$

进一步可写成

$$\int_\Omega D_{ijkl}\varepsilon_{kl}\delta\varepsilon_{ij}\,\mathrm{d}\Omega - \left(\int_\Omega \bar{b}_i\delta u_i\,\mathrm{d}\Omega + \int_{S_p}\bar{p}_i\delta u_i\,\mathrm{d}A + \int_\Omega D_{ijkl}\varepsilon^0_{kl}\delta\varepsilon_{ij}\,\mathrm{d}\Omega\right) = 0 \tag{8.246}$$

这就是热应力问题的虚功原理。

3. 有限元分析列式

设单元的节点位移列阵为

$$\boldsymbol{q}^e = [u_1 \quad v_1 \quad w_1 \,\vdots\, \cdots \,\vdots\, u_n \quad v_n \quad w_n]^{\mathrm{T}} \tag{8.247}$$

与一般弹性问题有限元分析列式一样，将单元内的力学参量都表达为节点位移的关系，有

$$\boldsymbol{u} = \boldsymbol{N}\boldsymbol{q}^e \tag{8.248}$$

$$\boldsymbol{\varepsilon} = \boldsymbol{B}\boldsymbol{q}^e \tag{8.249}$$

$$\begin{aligned}\boldsymbol{\sigma} &= \boldsymbol{D}(\boldsymbol{\varepsilon} - \boldsymbol{\varepsilon}^0)\\ &= \boldsymbol{D}\boldsymbol{B}\boldsymbol{q}^e - \boldsymbol{D}\boldsymbol{\varepsilon}^0\\ &= \boldsymbol{S}\boldsymbol{q}^e - \boldsymbol{D}\cdot\alpha_T\Delta T[1 \quad 1 \quad 1 \quad 0 \quad 0 \quad 0]^{\mathrm{T}}\end{aligned} \tag{8.250}$$

其中 $\boldsymbol{N},\boldsymbol{B},\boldsymbol{D},\boldsymbol{S}$ 分别为单元的形状函数矩阵、几何矩阵、弹性系数矩阵和应力矩阵，它们都与一般弹性问题中所对应的矩阵完全相同；不同之处在于(8.250)式中包含有温度应变的影响，可以看出(8.250)中的最后一项表明温度变化只对正应力有影响，对剪应力没有影响。

对单元的位移(8.248)式和应变(8.249)式求变分(也就是求虚位移和虚应

变)，有

$$\left.\begin{aligned}\delta\boldsymbol{u}&=\boldsymbol{N}\cdot\delta\boldsymbol{q}^e\\ \delta\boldsymbol{\varepsilon}&=\boldsymbol{B}\cdot\delta\boldsymbol{q}^e\end{aligned}\right\}\tag{8.251}$$

将单元的位移(8.248)式、应变(8.249)式以及虚位移虚应变(8.251)式代入虚功方程(8.246)，由于节点位移的变分增量 $\delta\boldsymbol{q}^e$ 具有任意性，消去该项后，有

$$\boldsymbol{K}^e\boldsymbol{q}^e=\boldsymbol{P}^e+\boldsymbol{P}_0^e\tag{8.252}$$

其中

$$\boldsymbol{K}^e=\int_{\Omega^e}\boldsymbol{B}^{\mathrm{T}}\boldsymbol{D}\boldsymbol{B}\,\mathrm{d}\Omega\tag{8.253}$$

$$\boldsymbol{P}^e=\int_{\Omega^e}\boldsymbol{N}^{\mathrm{T}}\bar{\boldsymbol{b}}\,\mathrm{d}\Omega+\int_{S_p^e}\boldsymbol{N}^{\mathrm{T}}\bar{\boldsymbol{p}}\,\mathrm{d}A\tag{8.254}$$

$$\boldsymbol{P}_0^e=\int_{\Omega^e}\boldsymbol{B}^{\mathrm{T}}\boldsymbol{D}\boldsymbol{\varepsilon}^0\,\mathrm{d}\Omega\tag{8.255}$$

以上的 $\boldsymbol{P}_0^e$ 也叫做温度等效载荷。和一般弹性问题的有限元列式相比，有限元方程(8.252)中的载荷端增加了温度等效载荷项 $\boldsymbol{P}_0^e$。

8.3.5 传热与热应力问题的典型例题

简例 8.3(1)　构造平面 3 节点三角形传热单元

图 8.25 所示为一由 3 节点组成的平面三角形传热单元，推导以下三种情形的单元矩阵：

(1) 无传热边界，即完全为内部单元；

(2) 如果该单元的 jm 边为第二类传热边界 BC(S_2)时：由 $\bar{q}_f$ 常数来描述；

(3) 如果该单元的 jm 边为第三类传热边界 BC(S_3)时：由 $\bar{h}_c$ 常数来描述。

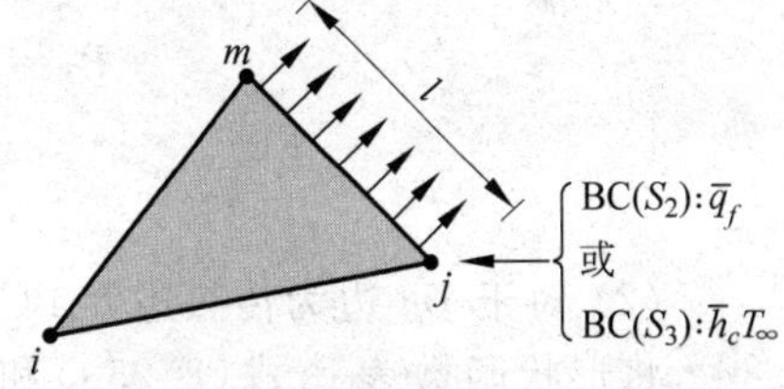

图 8.25　平面 3 节点三角形传热单元

试推导该传热单元的传热矩阵 $\boldsymbol{K}_T^e$ 和节点等效温度载荷列阵 $\boldsymbol{P}_T^e$。

解答：该单元的节点温度列阵为

$$\boldsymbol{q}_T^e=[T_i\quad T_j\quad T_m]^{\mathrm{T}}\tag{8.256}$$

根据第 5.2.1 节中关于一般 3 节点三角形单元的插值函数描述，取单元温度场的插值关系为

$$T^e(x,y,z)=N_iT_i+N_jT_j+N_mT_m=\boldsymbol{N}\cdot\boldsymbol{q}_T^e\tag{8.257}$$

其中形状函数矩阵 **N** 为

$$\boldsymbol{N}=[N_i\quad N_j\quad N_m]\tag{8.258}$$

$$N_i=\frac{1}{2A}(a_i+b_ix+c_iy)$$

$$a_i=\begin{vmatrix} x_j & y_j \\ x_m & y_m \end{vmatrix}=x_jy_m-x_my_j$$

$$b_i=-\begin{vmatrix} 1 & y_j \\ 1 & y_m \end{vmatrix}=y_j-y_m$$

$$c_i=\begin{vmatrix} 1 & x_j \\ 1 & x_m \end{vmatrix}=-x_j+x_m \qquad (i,j,m\text{ 循环})$$

下面分别就几种不同的传热边界，分别计算相应的传热矩阵 $\boldsymbol{K}_T^e$ 和节点等效温度载荷列阵 $\boldsymbol{P}_T^e$。

(1) 完全为内部单元(无传热边界)

将形状函数表达式(8.258)代入 $\boldsymbol{K}_T^e$ 和 $\boldsymbol{P}_T^e$ 的计算公式(8.233)及(8.234)中(注意这里仅考虑二维问题)，有

$$\boldsymbol{K}_T^e=\frac{\kappa_x}{4A}\begin{bmatrix} b_ib_i & b_ib_j & b_ib_m \\ b_jb_i & b_jb_j & b_jb_m \\ b_mb_i & b_mb_j & b_mb_m \end{bmatrix}+\frac{\kappa_y}{4A}\begin{bmatrix} c_ic_i & c_ic_j & c_ic_m \\ c_jc_i & c_jc_j & c_jc_m \\ c_mc_i & c_mc_j & c_mc_m \end{bmatrix} \tag{8.259}$$

(两矩阵的列依次对应 T_i、T_j、T_m)

$$\boldsymbol{P}_T^e=\begin{bmatrix} \frac{1}{3}\rho QA \\ \frac{1}{3}\rho QA \\ \frac{1}{3}\rho QA \end{bmatrix}\begin{matrix}\leftarrow T_i \\ \leftarrow T_j \\ \leftarrow T_m\end{matrix} \tag{8.260}$$

(2) 对于 jm 边为传热边界 BC(S_2)时

将形状函数表达式(8.258)和 BC(S_2)(8.224)代入 $\boldsymbol{K}_T^e$ 和 $\boldsymbol{P}_T^e$ 的计算公式(8.233)和(8.234)中(注意这里仅考虑二维问题)有

$$\boldsymbol{K}_T^e=\frac{\kappa_x}{4A}\begin{bmatrix} b_ib_i & b_ib_j & b_ib_m \\ b_jb_i & b_jb_j & b_jb_m \\ b_mb_i & b_mb_j & b_mb_m \end{bmatrix}+\frac{\kappa_y}{4A}\begin{bmatrix} c_ic_i & c_ic_j & c_ic_m \\ c_jc_i & c_jc_j & c_jc_m \\ c_mc_i & c_mc_j & c_mc_m \end{bmatrix} \tag{8.261}$$

(两矩阵的列依次对应 T_i、T_j、T_m)

$$\boldsymbol{P}_T^e=\begin{bmatrix} \frac{1}{3}\rho QA \\ \frac{1}{3}\rho QA+\frac{1}{2}\bar{q}_fl \\ \frac{1}{3}\rho QA+\frac{1}{2}\bar{q}_fl \end{bmatrix}\begin{matrix}\leftarrow T_i \\ \leftarrow T_j \\ \leftarrow T_m\end{matrix} \tag{8.262}$$

(3) 对于 jm 边为传热边界 BC(S_3)时

同样，将形状函数表达式(8.258)和 BC(S_3)(8.225)代入 $\boldsymbol{K}_T^e$ 和 $\boldsymbol{P}_T^e$ 的计算公式(8.233)和(8.234)中，有

$$\boldsymbol{K}_T^e=\frac{\kappa_x}{4A}\overset{\begin{array}{ccc}T_i & T_j & T_m\\ \downarrow & \downarrow & \downarrow\end{array}}{\begin{bmatrix} b_ib_i & b_ib_j & b_ib_m\\ b_jb_i & b_jb_j & b_jb_m\\ b_mb_i & b_mb_j & b_mb_m\end{bmatrix}}+\frac{\kappa_y}{4A}\overset{\begin{array}{ccc}T_i & T_j & T_m\\ \downarrow & \downarrow & \downarrow\end{array}}{\begin{bmatrix} c_ic_i & c_ic_j & c_ic_m\\ c_jc_i & c_jc_j & c_jc_m\\ c_mc_i & c_mc_j & c_mc_m\end{bmatrix}}+\frac{1}{6}\bar{h}_c l\overset{\begin{array}{ccc}T_i & T_j & T_m\\ \downarrow & \downarrow & \downarrow\end{array}}{\begin{bmatrix} 0 & 0 & 0\\ 0 & 2 & 1\\ 0 & 1 & 2\end{bmatrix}}\tag{8.263}$$

$$\boldsymbol{P}_T^e=\begin{bmatrix}\dfrac{1}{3}\rho QA\\ \dfrac{1}{3}\rho QA+\dfrac{1}{2}\bar{h}_cT_\infty l\\ \dfrac{1}{3}\rho QA+\dfrac{1}{2}\bar{h}_cT_\infty l\end{bmatrix}\begin{array}{l}\leftarrow T_i\\ \\ \leftarrow T_j\\ \\ \leftarrow T_m\end{array}\tag{8.264}$$

简例 8.3(2)　四杆结构的温度应力分析

如图 8.26 所示的结构，与简例 4.3(3)的结构相同，但这里无集中力外载，只有杆单元(2)和(3)存在有升温温度变化 $\Delta T=50$℃，试求解由温度变化引起的各节点位移以及各单元内的应力。热膨胀系数 $\alpha=1/150000$。

解答：单元和节点的划分与简例 4.3(3)相同，所得到的单元刚度矩阵和总刚度矩阵也与简例 4.3(3)相同，下面主要计算由于温度变化所引起的等效载荷。

由(8.255)式，杆单元在局部坐标下的等效温度载荷为

$$\begin{aligned}\hat{\boldsymbol{P}}_0^e&=\int_{\Omega^e}\boldsymbol{B}^{\mathrm{T}}\boldsymbol{D}\,\varepsilon^0\,\mathrm{d}\Omega\\ &=\int_l\begin{bmatrix}-\dfrac{1}{l}\\ \dfrac{1}{l}\end{bmatrix}E\cdot\alpha\cdot\Delta T(A\mathrm{d}x)=EA\cdot\alpha\cdot\Delta T\begin{bmatrix}-1\\ 1\end{bmatrix}\begin{array}{l}\leftarrow\delta_i\\ \leftarrow\delta_j\end{array}\end{aligned}$$

如图 8.27 所示，杆单元的平面坐标转换矩阵为

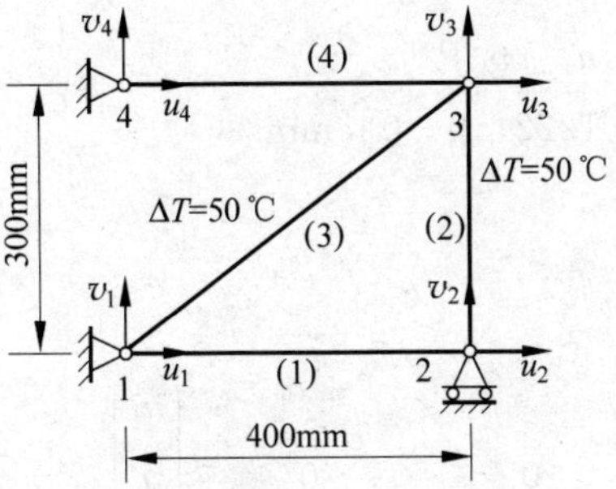

图 8.26　具有温度变化的四杆结构

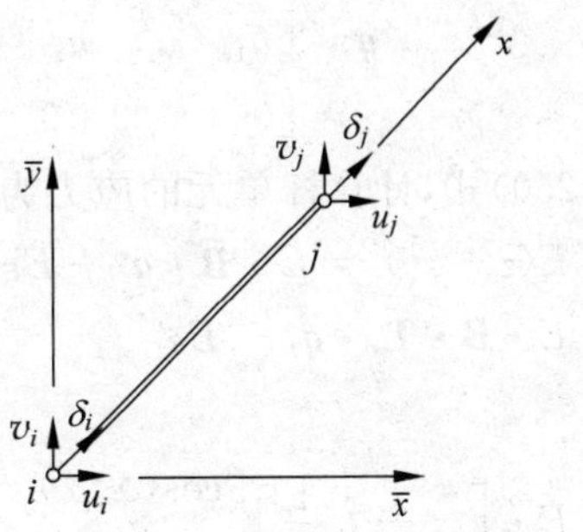

图 8.27　杆单元坐标变换中的符号

$$\boldsymbol{T}^e = \begin{bmatrix} \cos(x,\bar{x}) & \cos(x,\bar{y}) & 0 & 0 \\ 0 & 0 & \cos(x,\bar{x}) & \cos(x,\bar{y}) \end{bmatrix}$$

那么，在整体坐标系下的等效温度载荷将为

$$\boldsymbol{P}_0^e = \boldsymbol{T}^{e\mathrm{T}}\,\hat{\boldsymbol{P}}_0^e$$

$$= EA\cdot\alpha\cdot\Delta T\begin{bmatrix} -\cos(x,\bar{x}) \\ -\cos(x,\bar{y}) \\ \cos(x,\bar{x}) \\ \cos(x,\bar{y}) \end{bmatrix}\begin{matrix} \leftarrow u_i \\ \leftarrow v_i \\ \leftarrow u_j \\ \leftarrow v_j \end{matrix}$$

具体地，对于本问题中的单元(2)，$\cos(x,\bar{x})=0,\cos(x,\bar{y})=\frac{\pi}{2}$，则

$$\boldsymbol{P}_0^{(2)} = EA\cdot\alpha\cdot\Delta T^{(2)}\begin{bmatrix} 0 \\ -1 \\ 0 \\ 1 \end{bmatrix}\begin{matrix} \leftarrow u_2 \\ \leftarrow v_2 \\ \leftarrow u_3 \\ \leftarrow v_3 \end{matrix}$$

对于单元(3)，$\cos(x,\bar{x})=\frac{4}{5}=0.8,\cos(x,\bar{y})=\frac{3}{5}=0.6$，则

$$\boldsymbol{P}_0^{(3)} = EA\cdot\alpha\cdot\Delta T^{(3)}\begin{bmatrix} -0.8 \\ -0.6 \\ 0.8 \\ 0.6 \end{bmatrix}\begin{matrix} \leftarrow u_1 \\ \leftarrow v_1 \\ \leftarrow u_3 \\ \leftarrow v_3 \end{matrix}$$

则所形成的总体刚度方程为(处理位移边界条件 BC(u)后)

$$\frac{29.5\times10^6}{6000}\begin{bmatrix} 15 & 0 & 0 \\ 0 & 22.68 & 5.76 \\ 0 & 5.76 & 24.32 \end{bmatrix}\begin{bmatrix} u_2 \\ u_3 \\ v_3 \end{bmatrix} = \frac{29.5\times10^6\times50}{150000}\begin{bmatrix} 0 \\ 0.8 \\ 1.6 \end{bmatrix}$$

由以上方程可以求出$[u_2\quad u_3\quad v_3]^{\mathrm{T}}=[0\quad 0.03951\quad 0.1222]^{\mathrm{T}}$；整个结构的节点位移为

$$\boldsymbol{q} = [u_1\quad v_1\quad u_2\quad v_2\quad u_3\quad v_3\quad u_4\quad v_4]^{\mathrm{T}}$$
$$= [0\quad 0\quad 0\quad 0\quad 0.03951\quad 0.1222\quad 0\quad 0]^{\mathrm{T}}\,\mathrm{mm}$$

由(8.250)式，计算杆单元的应力为

$$\boldsymbol{\sigma}^e = E(\varepsilon-\varepsilon^0) = E\cdot\boldsymbol{B}\cdot\boldsymbol{q}^e - E\varepsilon^0$$
$$= E\cdot\boldsymbol{B}\cdot\boldsymbol{T}^e\cdot\bar{\boldsymbol{q}}^e - E\varepsilon^0$$

$$= E\cdot\begin{bmatrix} -\frac{1}{l} & \frac{1}{l} \end{bmatrix}\begin{bmatrix} \cos(x,\bar{x}) & \cos(x,\bar{y}) & 0 & 0 \\ 0 & 0 & \cos(x,\bar{x}) & \cos(x,\bar{y}) \end{bmatrix}\begin{bmatrix} u_i \\ v_i \\ u_j \\ v_j \end{bmatrix} - E\varepsilon^0$$

$$= \frac{E}{l}\left[-\cos(x,\bar{x}) \quad -\cos(x,\bar{y}) \quad \cos(x,\bar{x}) \quad \cos(x,\bar{y})\right]\begin{bmatrix} u_i \\ v_i \\ u_j \\ v_j \end{bmatrix} - E \cdot \alpha^0 \cdot \Delta T$$

简例 8.3(3)　无限长平板稳定温度场的有限元分析

如图 8.28 所示为一个无限长平板[25]，其宽度为 0.2m，热传导系数为 $k=1\text{W/m}\cdot℃$，左侧介质温度 $T_{1\infty}=100℃$，右侧介质温度 $T_{2\infty}=0℃$，介质对平板的换热系数 $h_c=20\text{W/m}^2\cdot℃$，设该问题无内热源，且为一个稳定传热过程，用有限元方法求该平板的温度分布。

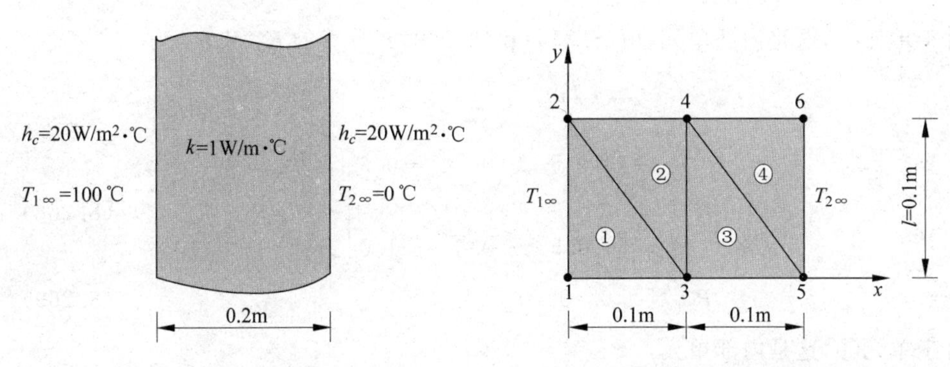

图 8.28　无限长平板的传热问题　　图 8.29　无限长平板传热问题的单元划分及编号

解答：对该问题进行有限元分析的过程如下。

(1) 结构的离散化与编号

在 y 方向取 $l=0.1\text{m}$ 高的截面，划分 4 个三角形单元，单元编号及节点编号如图 8.29 所示，有关节点和单元的信息见表 8.3。

表 8.3　单元编号及节点编号

单　元	节　点	单　元	节　点
①	3　2　1	③	5　4　3
②	2　3　4	④	4　5　6

待求的节点温度列阵为

$$\boldsymbol{q}_T = [T_1 \quad T_2 \quad T_3 \quad T_4 \quad T_5 \quad T_6]^{\mathrm{T}} \tag{8.265}$$

(2) 各个单元的描述

下面分别计算各个单元的传热矩阵 $\boldsymbol{K}_T^e$ 和节点等效温度载荷列阵 $\boldsymbol{P}_T^e$。

对于单元①，这是 BC(S_3) 边界单元，由(8.263)和(8.264)式计算的 $\boldsymbol{K}_T^e$ 和 $\boldsymbol{P}_T^e$ 为

$$\begin{array}{c} \quad\quad\quad T_3 \quad\quad\quad T_2 \quad\quad\quad T_1 \\ \quad\quad\quad \downarrow \quad\quad\quad \downarrow \quad\quad\quad \downarrow \end{array}$$

$$\boldsymbol{K}_T^{(1)} = \begin{bmatrix} 0.5 & 0 & -0.5 \\ 0 & 1.167 & -0.167 \\ -0.5 & -0.167 & 1.667 \end{bmatrix} \begin{matrix} \leftarrow T_3 \\ \leftarrow T_2 \\ \leftarrow T_1 \end{matrix} \tag{8.266}$$

$$\boldsymbol{P}_T^{(1)} = \begin{bmatrix} 0 \\ \dfrac{h_c l}{2} T_{1\infty} \\ \dfrac{h_c l}{2} T_{1\infty} \end{bmatrix} = \begin{bmatrix} 0 \\ 100 \\ 100 \end{bmatrix} \begin{matrix} \leftarrow T_3 \\ \leftarrow T_2 \\ \leftarrow T_1 \end{matrix} \tag{8.267}$$

对于单元②，这是内部单元，由(8.259)和(8.260)式计算的 $\boldsymbol{K}_T^e$ 和 $\boldsymbol{P}_T^e$ 为

$$\begin{array}{c} \quad\quad\quad T_2 \quad\quad\quad T_3 \quad\quad\quad T_4 \\ \quad\quad\quad \downarrow \quad\quad\quad \downarrow \quad\quad\quad \downarrow \end{array}$$

$$\boldsymbol{K}_T^{(2)} = \begin{bmatrix} 0.5 & 0 & -0.5 \\ 0 & 0.5 & -0.5 \\ -0.5 & -0.5 & 1.0 \end{bmatrix} \begin{matrix} \leftarrow T_2 \\ \leftarrow T_3 \\ \leftarrow T_4 \end{matrix} \tag{8.268}$$

$$\boldsymbol{P}_T^{(2)} = [0 \quad 0 \quad 0]^{\mathrm{T}} \tag{8.269}$$

对于单元③，这是内部单元，

$$\begin{array}{c} \quad\quad\quad T_5 \quad\quad\quad T_4 \quad\quad\quad T_3 \\ \quad\quad\quad \downarrow \quad\quad\quad \downarrow \quad\quad\quad \downarrow \end{array}$$

$$\boldsymbol{K}_T^{(3)} = \begin{bmatrix} 0.5 & 0 & -0.5 \\ 0 & 0.5 & -0.5 \\ -0.5 & -0.5 & 1.0 \end{bmatrix} \begin{matrix} \leftarrow T_5 \\ \leftarrow T_4 \\ \leftarrow T_3 \end{matrix} \tag{8.270}$$

$$\boldsymbol{P}_T^{(3)} = [0 \quad 0 \quad 0]^{\mathrm{T}} \tag{8.271}$$

对于单元④，这是 $\mathrm{BC}(S_3)$ 边界单元，

$$\begin{array}{c} \quad\quad\quad T_4 \quad\quad\quad T_5 \quad\quad\quad T_6 \\ \quad\quad\quad \downarrow \quad\quad\quad \downarrow \quad\quad\quad \downarrow \end{array}$$

$$\boldsymbol{K}_T^{(3)} = \begin{bmatrix} 0.5 & 0 & -0.5 \\ 0 & 1.167 & -0.167 \\ -0.5 & -0.167 & 1.667 \end{bmatrix} \begin{matrix} \leftarrow T_4 \\ \leftarrow T_5 \\ \leftarrow T_6 \end{matrix} \tag{8.272}$$

$$\boldsymbol{P}_T^{(4)} = \begin{bmatrix} 0 \\ \dfrac{h_c l T_{2\infty}}{2} \\ \dfrac{h_c l T_{2\infty}}{2} \end{bmatrix} = \begin{bmatrix} 0 \\ 0 \\ 0 \end{bmatrix} \begin{matrix} \leftarrow T_4 \\ \leftarrow T_5 \\ \leftarrow T_6 \end{matrix} \tag{8.273}$$

(3) 建立整体有限元分析方程

将各单元的 $\boldsymbol{K}_T^e$ 和 $\boldsymbol{P}_T^e$ 进行对号装配,可以得到整体的传热方程,即

$$\boldsymbol{K}_T \boldsymbol{q}_T = \boldsymbol{P}_T \tag{8.274}$$

其中

$$\boldsymbol{K}_T = \sum_{e=1}^{4} \boldsymbol{K}_T^e \quad \boldsymbol{P}_T = \sum_{e=1}^{4} \boldsymbol{P}_T^e \tag{8.275}$$

具体的整体传热方程如下：

$$\begin{bmatrix} 1.667 & -0.167 & -0.5 & 0 & 0 & 0 \\ -0.167 & 1.667 & 0 & -0.5 & 0 & 0 \\ -0.5 & 0 & 2 & -1 & -0.5 & 0 \\ 0 & -0.5 & -1 & 2 & 0 & -0.5 \\ 0 & 0 & -0.5 & 0 & 1.667 & -0.167 \\ 0 & 0 & 0 & -0.5 & -0.167 & 1.667 \end{bmatrix} \begin{bmatrix} T_1 \\ T_2 \\ T_3 \\ T_4 \\ T_5 \\ T_6 \end{bmatrix} = \begin{bmatrix} 100 \\ 100 \\ 0 \\ 0 \\ 0 \\ 0 \end{bmatrix} \tag{8.276}$$

(4) 边界条件的处理及方程求解

该问题的边界条件为 BC(S_3),在前面计算单元的相关矩阵时已作考虑,因此可直接对方程(8.276)进行求解,有结果

$$\begin{aligned} \boldsymbol{q}_T &= [T_1 \quad T_2 \quad T_3 \quad T_4 \quad T_5 \quad T_6]^{\mathrm{T}} \\ &= [83.35 \quad 83.35 \quad 50 \quad 50 \quad 16.65 \quad 16.65]^{\mathrm{T}} \ ℃ \end{aligned}$$

而该问题的理论解为

$$[T_1 \quad T_2 \quad T_3 \quad T_4 \quad T_5 \quad T_6]^{\mathrm{T}} = [83.33 \quad 83.33 \quad 50 \quad 50 \quad 16.67 \quad 16.67]^{\mathrm{T}} \ ℃$$

下面就该问题更复杂的传热条件进行讨论。

讨论 1：如果考虑绝热条件(adiabatic condition)

该条件等价于令介质对平板的热交换系数 $h_c=0$,将该条件代入到 $\boldsymbol{K}_T^e$ 和 $\boldsymbol{P}_T^e$ 的计算中,同样可以得到以下整体传热方程

$$\begin{bmatrix} 1 & -0.5 & -0.5 & 0 & 0 & 0 \\ -0.5 & 1 & 0 & -0.5 & 0 & 0 \\ -0.5 & 0 & 2 & -1 & -0.5 & 0 \\ 0 & -0.5 & -1 & 2 & 0 & -0.5 \\ 0 & 0 & -0.5 & 0 & 1 & -0.5 \\ 0 & 0 & 0 & -0.5 & -0.5 & 1 \end{bmatrix} \begin{bmatrix} T_1 \\ T_2 \\ T_3 \\ T_4 \\ T_5 \\ T_6 \end{bmatrix} = \begin{bmatrix} 0 \\ 0 \\ 0 \\ 0 \\ 0 \\ 0 \end{bmatrix} \tag{8.277}$$

这是一个齐次方程组,其解为

$$T_1 = T_2 = T_3 = T_4 = T_5 = T_6 = T^c$$

其中 T^c 为任意值,即有无穷多个解,其物理意义为：孤立的绝热体系可以在任意

均匀温度下处于稳定状态,因此,绝热边界条件本身不能惟一确定温度场。

讨论 2: 考虑第一类热边界条件 BC(S_1)

当平板两侧面的温度为已知,即如果边界节点的温度给定为

$$T_1 = T_2 = 100℃,\ T_5 = T_6 = 0℃ \tag{8.278}$$

需要求解整个温度场分布,下面给出两种处理方法。

① 转化为 BC(S_3)问题来处理

由边界条件 BC(S_3)可知,如果物体边界与介质的温度相同,即 $T=T_\infty$,则必有 $h_c \to \infty$。在数值计算时,可以采用一个很大的数作为 h_c,如令 $h_c=10^4\,\mathrm{W/m^2\cdot℃}$,则原问题转化为处理 BC($S_3$)的问题,相应的整体传热方程为

$$\begin{bmatrix} 334.3 & 166.2 & -0.5 & 0 & 0 & 0 \\ 166.2 & 334.3 & 0 & -0.5 & 0 & 0 \\ -0.5 & 0 & 2 & -1 & -0.5 & 0 \\ 0 & -0.5 & -1 & 2 & 0 & -0.5 \\ 0 & 0 & -0.5 & 0 & 334.3 & 166.2 \\ 0 & 0 & 0 & -0.5 & 166.2 & 334.3 \end{bmatrix} \begin{bmatrix} T_1 \\ T_2 \\ T_3 \\ T_4 \\ T_5 \\ T_6 \end{bmatrix} = \begin{bmatrix} 50000 \\ 50000 \\ 0 \\ 0 \\ 0 \\ 0 \end{bmatrix} \tag{8.279}$$

其解为

$$\boldsymbol{q}_T = [T_1 \quad T_2 \quad T_3 \quad T_4 \quad T_5 \quad T_6]^{\mathrm{T}} = [99.95 \quad 99.95 \quad 50 \quad 50 \quad 0.05 \quad 0.05]^{\mathrm{T}}℃$$

h_c 值取得愈大,计算结果愈精确,如当 $h_c=10^6\,\mathrm{W/m^2\cdot℃}$,有结果

$$\begin{aligned} \boldsymbol{q}_T &= [T_1 \quad T_2 \quad T_3 \quad T_4 \quad T_5 \quad T_6]^{\mathrm{T}} \\ &= [99.9995 \quad 99.9995 \quad 50 \quad 50 \quad 0.0005 \quad 0.0005]^{\mathrm{T}}℃ \end{aligned}$$

② 直接处理 BC(S_1)

对于 BC(S_1)条件,需要在对应的节点赋予指定的温度值,则可在绝热条件下的传热方程(8.277)中,施加给定边界条件(8.278)式,采用乘大数法(如取为 10^8)来进行处理(参见第 6.3.3 节),所得到的方程为

$$\begin{bmatrix} 1\times10^8 & -0.5 & -0.5 & 0 & 0 & 0 \\ -0.5 & 1\times10^8 & 0 & -0.5 & 0 & 0 \\ -0.5 & 0 & 2 & -1 & -0.5 & 0 \\ 0 & -0.5 & -1 & 2 & 0 & -0.5 \\ 0 & 0 & -0.5 & 0 & 1\times10^8 & -0.5 \\ 0 & 0 & 0 & -0.5 & -0.5 & 1\times10^8 \end{bmatrix} \begin{bmatrix} T_1 \\ T_2 \\ T_3 \\ T_4 \\ T_5 \\ T_6 \end{bmatrix} = \begin{bmatrix} 100\times10^8 \\ 100\times10^8 \\ 0 \\ 0 \\ 0 \\ 0 \end{bmatrix} \tag{8.280}$$

同样可以得到满意的结果。

讨论 3: 考虑第二类热边界条件 BC(S_2)

如果已知热流密度 $\bar{q}_f=500\,\mathrm{W/m^2}$,且左侧边界上取正,右侧边界上取负,而壁面温度、介质温度和换热系数 h_c 等均为未知,这就是第二类传热边界条件 BC(S_2),下面来求解该情形下的温度分布。由公式(8.261)和(8.262)计算出相应的 $\boldsymbol{K}_T^e$ 和

$\boldsymbol{P}_T^e$，经组装可得到以下有限元方程：

$$\begin{bmatrix} 1 & -0.5 & -0.5 & 0 & 0 & 0 \\ -0.5 & 1 & 0 & -0.5 & 0 & 0 \\ -0.5 & 0 & 2 & -1 & -0.5 & 0 \\ 0 & -0.5 & -1 & 2 & 0 & -0.5 \\ 0 & 0 & -0.5 & 0 & 1 & -0.5 \\ 0 & 0 & 0 & -0.5 & -0.5 & 1 \end{bmatrix} \begin{bmatrix} T_1 \\ T_2 \\ T_3 \\ T_4 \\ T_5 \\ T_6 \end{bmatrix} = \begin{bmatrix} 25 \\ 25 \\ 0 \\ 0 \\ -25 \\ -25 \end{bmatrix} \tag{8.281}$$

该方程不能得到惟一解，只能给出

$$\left.\begin{aligned} T_1 = T_2, \quad T_3 = T_4, \quad T_5 = T_6 \\ T_1 - T_5 = 100, \quad T_3 = \frac{T_1 + T_5}{2} \end{aligned}\right\} \tag{8.282}$$

即平板中的温度呈直线分布，两侧的温差为 100℃，这是由于未给定初始温度，所以不能确定温度的绝对数值，该结果和解析解的结果相同。

8.4　本章要点

- 结构振动的有限元分析（考虑惯性力的虚功方程、自由振动的特征方程）
- 弹塑性问题的有限元分析（弹塑性物理方程的处理、非线性方程求解的 Newton-Raphson 算法）
- 传热与热应力问题的有限元分析（三种传热边界条件、传热矩阵、传热方程）

8.5　习题

8.1　试求如图所示杆件沿轴向振动时的自然频率和振型。

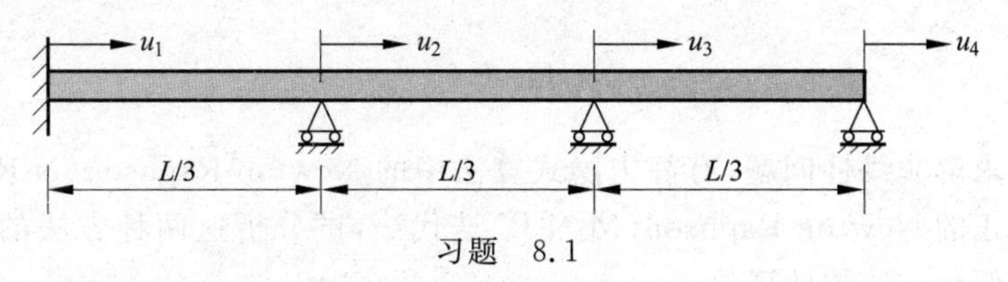

习题　8.1

8.2　对于一结构，若它的刚度矩阵和质量矩阵为

$$\boldsymbol{K} = \begin{bmatrix} 2 & -1 & 0 \\ -1 & 4 & -2 \\ 0 & -2 & 2 \end{bmatrix}, \quad \boldsymbol{M} = \begin{bmatrix} 1 & 0 & 0 \\ 0 & 3 & 0 \\ 0 & 0 & 1 \end{bmatrix}$$

试用解析方法求出该问题的自然频率和振型。

8.3　如图所示为一个由 7 根杆组成的桁架结构，各杆以铰接的形式连接，结构参数为：跨度 $L=2l=4\text{m}$，高度 $h=2\text{m}$；所有杆件参数为：截面积 $A=0.001\ \text{m}^2$，密度 $\rho=800\text{kg/m}^3$，弹性模量 $E=2.1\times10^{11}\ \text{Pa}$；载荷为：$P_1=100\text{N}$，$P_2=200\text{N}$。试对该结构的静力问题和振动模态进行分析。

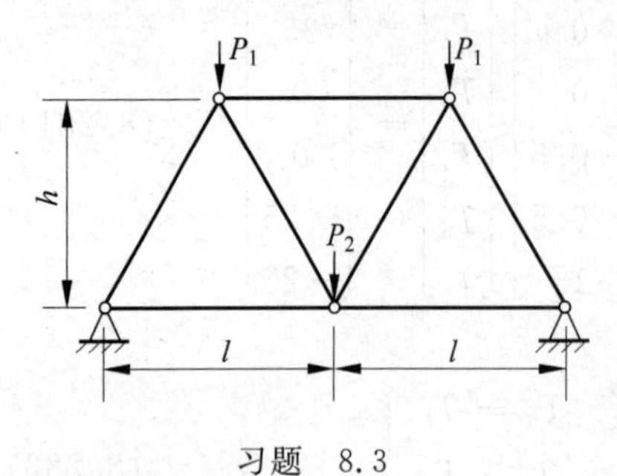

习题 8.3

8.4 在大变形问题中，就 1D 问题的 2 节点单元而言，定义初始构形中的无量纲坐标为

$$\xi=\frac{X-X_1}{X_2-X_1}$$

而在当前构形中的无量纲坐标为

$$\frac{x-x_1}{x_2-x_1}$$

试证明：两种构形的无量纲坐标是相同的，即

$$\xi=\frac{X-X_1}{X_2-X_1}=\frac{x-x_1}{x_2-x_1}$$

8.5 有一个 4 节点单元产生大变形后的构形如图所示，计算该时刻构形的变形梯度和质量密度。

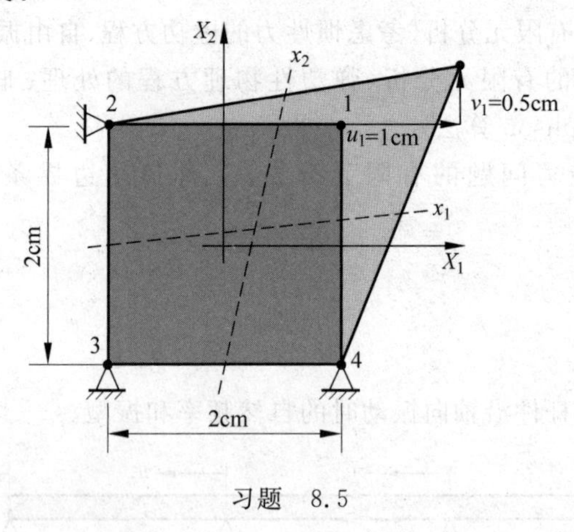

习题 8.5

8.6 对于求解非线性问题，有静力隐式算法中的 Newton-Raphson（N-R）迭代法和修正的 Newton-Raphson（M-N-R）迭代法，试分析这两种方法的特点，比较这两种方法的计算效率。

8.7 二维稳定传热微分方程为

$$\varphi(T)=\frac{\partial}{\partial x}\left(k\frac{\partial T}{\partial x}\right)+\frac{\partial}{\partial y}\left(k\frac{\partial T}{\partial y}\right)+Q=0 \qquad (\text{在 } \Omega \text{ 内})$$

边界条件为

$$\bar{\varphi}(T)=\begin{cases}T-\bar{T}=0 & (\text{在 } \Gamma_T \text{ 上})\\ k\dfrac{\partial T}{\partial n}-\bar{q}_f=0 & (\text{在 } \Gamma_q \text{ 上})\end{cases}$$

其中 T 表示温度；k 和是热传导系数；$\bar{T}$ 和 $\bar{q}_f$ 是边界上温度和热流的给定值；n 是有关边界的外法线方向；Q 是热源密度。若近似解取 $\hat{T}(x,y)=\sum_{i=1}^{n}N_iq_i$，其中 q_i 为节点温度，并设 $\hat{T}(x,y)$ 已事先满足所有边界条件。在此情况下，试用加权残值法构造二维传热问题求解的有限元方程。

8.8　一维传热问题的微分方程为

$$k\cdot\frac{\mathrm{d}^2T}{\mathrm{d}x^2}+Q=0$$

温度边界条件为

$$T(x=0)=T_0$$

表面上的热流量和对流条件为

$$k\frac{\mathrm{d}T}{\mathrm{d}x}n_x+\bar{h}_c(T-T_\infty)+\bar{q}_f=0$$

散热片是一个一维热传导问题的常见例子，散热片的一端连接热源(温度为已知)，通过周围表面和端部向外界环境散热。并且 $Q=\bar{q}_f=0$，求如图所示一维散热片的温度分布。要求 (1)用一个单元，(2)用两个单元。

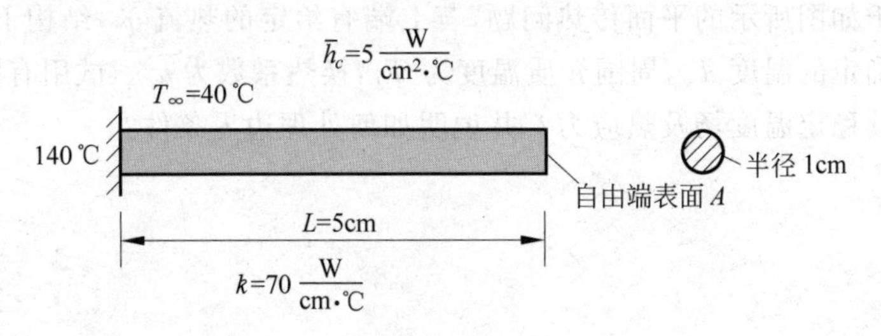

习题　8.8

8.9　求如图所示的具有均匀能量产生的方形区域中的温度分布，设在 z 方向没有温度变化。取 $k=30\mathrm{W/cm\cdot ℃}$，$L=10\mathrm{cm}$，$T_\infty=50℃$以及 $Q=100\mathrm{W/cm^2}$。

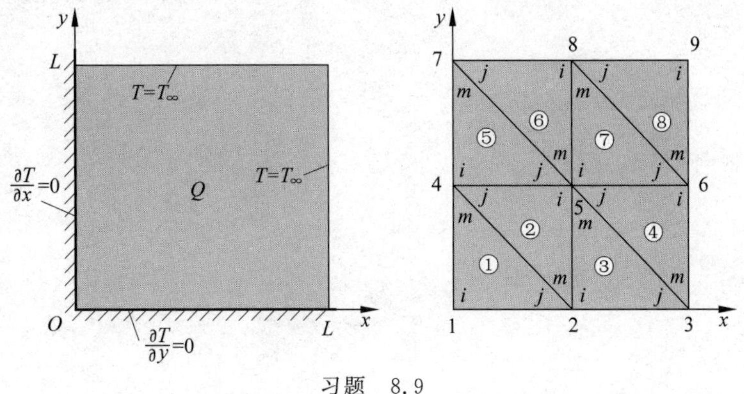

习题　8.9

8.10 设厚度为15cm的平面墙壁的初始温度分布为 $T(x,t=0)=500\sin\frac{\pi x}{L}$，其中 $x=0$ 和 $x=L$ 表示墙壁的两个表面，每一表面的温度保持为零，且随时间增加时，墙壁接近于热平衡。当热扩散率 $\lambda=k/\rho c_T=10\text{cm}^2/\text{h}$ 时，用有限元法分析墙壁中的温度分布随时间的变化。

8.11 如图所示长为 l 的两端固定的细杆，若杆的温度变化为 ΔT，材料的热膨胀系数为 α_T，试用一个单元来分析该细杆的热应力、全应变 ε 及热应变 ε^0。

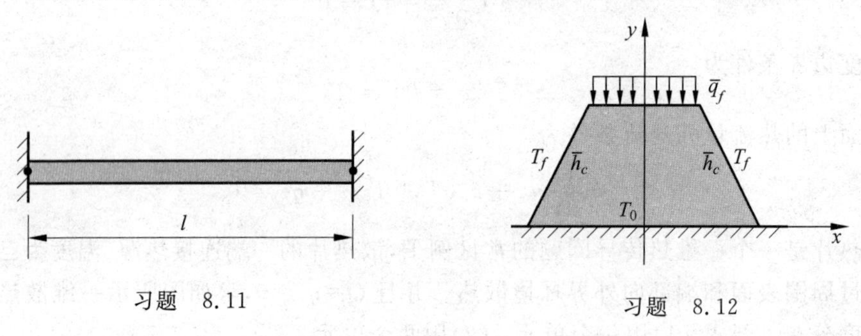

习题 8.11　　习题 8.12

8.12 对于如图所示的平面传热问题，若上端有给定的热流 $\bar{q}_f$，结构下端固定，并有确定的温度 T_0，周围介质温度为 T_f，换热系数为 $\bar{h}_c$。试用有限元方法分析其稳定温度场及热应力？并说明如何处理边界条件？

第 3 篇

有限元分析的建模、软件平台及实例

第9章 有限元分析的实现与建模

有限元方法得以飞速发展的另一个重要原因，就是在工程实际中提出了一大批重要问题需要进行分析，如航空、机械制造、水利工程、土建、桥梁、冶金、远航、核能、地震、物理以及气象、水文等领域中的众多大型科学和工程计算难题；要完成这些分析的前提就是需要先进的计算机硬件平台和成熟的有限元分析软件，正是在这一需求的持续驱动下，出现了上百种商品化有限元分析软件，其中在国际上非常著名的软件就有几十种。

在科学研究、工程应用、软件开发的商业化运作这几个方面的结合上，还没有一个领域能像有限元这样具有如此紧密的联系，许多学者既是学术界的权威，又是著名商业软件公司的创始人和总裁；如在20世纪60年代，美国加州大学的著名学者Ed Wilson就开发了第一个大型通用程序SAP(structural analysis program)；而他的学生Jürgen Bathe在Berkeley获得博士学位后，于1975年在MIT创办了ADINA公司，开发了另一个著名大型通用非线性分析软件系统ADINA(Automatic Dynamic Incremental Nonlinear Analysis)；Pedro Marcal是美国布朗大学应用力学系的教授，于1967年创建了Marc公司，其软件产品为Marc，在非线性分析领域占有重要的位置；1969年，德国斯图加特大学的著名学者Argyris开发了著名的大型有限元分析商业化软件ASKA，用于航空航天飞行器的结构分析；1978年，三位著名学者Hibbit，Karlsson以及Sorensen成立了HKS公司，推出的有限元软件产品为ABAQUS。1976年来自于Lawrence Livermore实验室的学者John Hallguist发布了DYNA程序，几年后，该程序被法国ESI公司商品化，命名为PAM-CRASH，1989年，John Hallguist离开了Livermore，开发了著名的软件系统LS-DYNA，在大变形、非线性问题领域中至今还具有很大的影响。1963年，由R. MacNeal博士和R. Schwendler创办了MSC公司，其主要的软件系统NASTRAN已成为航空航天领域的标准化结构分析软件。1970年，John Swanson博士在美国匹兹堡创办了Swanson公司(后改名为ANSYS公司)，其产品为ANSYS，它是集结构、热、流体、电磁、声学于一体的大型通用有限元分析软件，目前该软件在全球具有最大的用户群，成为国际上最流行的主流软件之一。

下面主要介绍有限元分析平台的构成和一些常用的分析建模技巧。

9.1 有限元分析平台及分析过程

1. 有限元分析的平台

有限元分析平台包括硬件平台和软件平台。

硬件平台(hardware platform)可以是速度达每秒上万亿次浮点运算的巨型计算机、每秒上亿次浮点运算的大型计算机,以及工作站、小型机、个人计算机(PC),可以是单CPU计算机,也可以是多CPU并行处理的高性能计算机,还可以是由大量个人计算机(PC)组成的分布式并行处理机群;进行有限元分析一般要求高性能的CPU、大容量的快速内存储器、大容量硬盘存储器,从处理时间来看,有的分析只需要几十秒钟,但有的计算却需要几天的时间。由此可见,进行有限元分析的硬件平台是非常广泛的,几乎各种类型的计算机都可以用来进行有限元分析和计算,只是在计算速度和效率方面有较大的差异。随着现代计算机技术的飞速发展,个人计算机与小型机、工作站之间的界限已不十分明显,现有的高档个人计算机性能已经达到或超过以往的小型机甚至大型机的水平。

软件平台(software platform)包括计算机系统软件和有限元分析软件,系统软件包括计算机操作系统和高级语言编译系统,如UNIX,LINUX,DOS,WINDOWS,MacOS等,高级语言编译系统如FORTRAN,BASIC,TC,VC,C++等。一般情况下,一个完整的商业化有限元分析软件系统在开发时已经完全进行编译并且自已带有图形处理系统,因此,只要有计算机硬件环境和操作系统,在进行有限元分析软件的合法安装后就可以独立使用。

一个完整的有限元分析软件包括三个组成部分和两个支撑环境,即**前处理**(pre-processing)部分、**有限元分析计算**(FEA solving)部分、**后处理**(post-processing)部分,而两个支撑环境为**数据库**(database)以及**数据可视化**(visualization of scientific data)图形系统,如图9.1所示。数据可视化图形系统可以借鉴已有的图形支撑环境,如AUTOCAD,PRO/E,IDEAS,SOLIDEDGE等。

2. 有限元分析过程中的建模与典型操作

有限元分析过程包括:从物理模型(实际结构)到计算模型的简化和特征提取,该过程称为**特征建模**(characterized modeling);然后是**有限元分析建模**(FEA modeling),即在有限元分析平台上进行计算。如图9.2和图9.3所示,分别为管道传输系统和汽车右翼板的结构特征建模[29],即提取相应的简化模型。

对于特征建模而言,需要分析人员具有相应的数学力学基础、工程分析经验,以及对软件的熟练操作,以便做出准确、合理的简化,得到既能反映物理模型特征,又具有合理离散方案的计算模型。对于有限元分析建模而言,则强调分析人员具

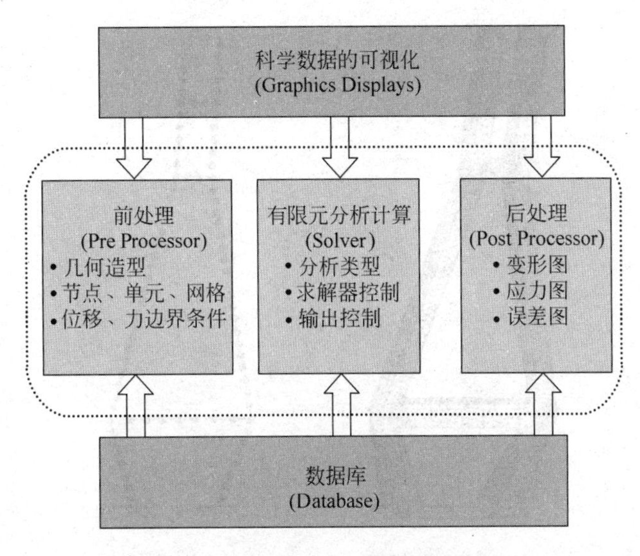

图 9.1　有限元分析软件的组成

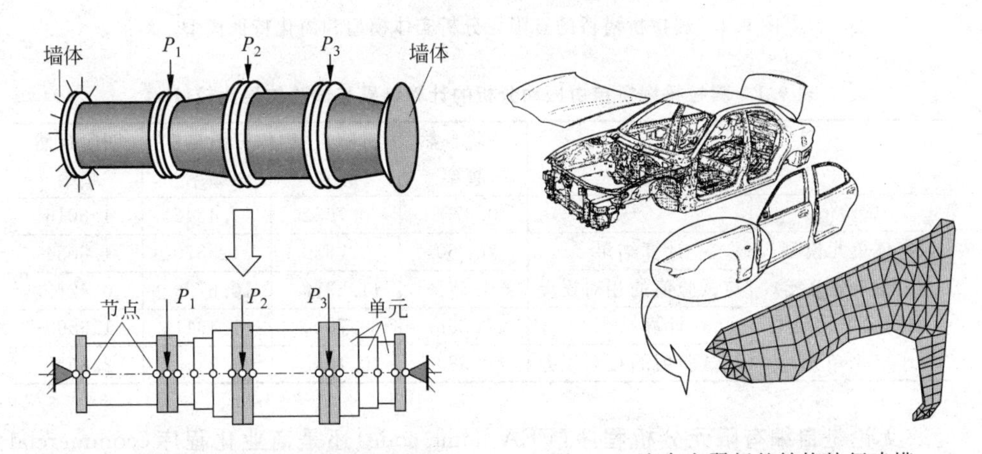

图 9.2　管道传输系统的结构特征建模　　图 9.3　汽车右翼板的结构特征建模

有很好几何造型和软件操作能力。

在实际问题的分析中，人们往往忽略有限元分析的特征建模这一过程，而强调直接针对原始对象的有限元分析，实际上这两个方面都非常重要，甚至特征建模过程更具有本质性，否则，不但要花费成倍的计算成本，而且还得不到较好的计算分析结果。如图 9.4 所示为一斜拉桥塔桥的有限元分析模型，分别采用实体单元(4 节点四面体)和空间梁单元进行建模，其中实体单元模型中采用单元 61566 个，节点 18128 个；而简化的梁单元模型采用单元 92 个，节点 91 个，两种模型的节点数相差 200 多倍。可以看出，实体单元模型是真实再现原始结构的计算模型，而空间梁单元模型实际上是经过简化处理的特征建模，从动力学计算结果的比较来看，空间梁单元模型反而更准确，有关计算结果与试验结果的比较见表 9.1。

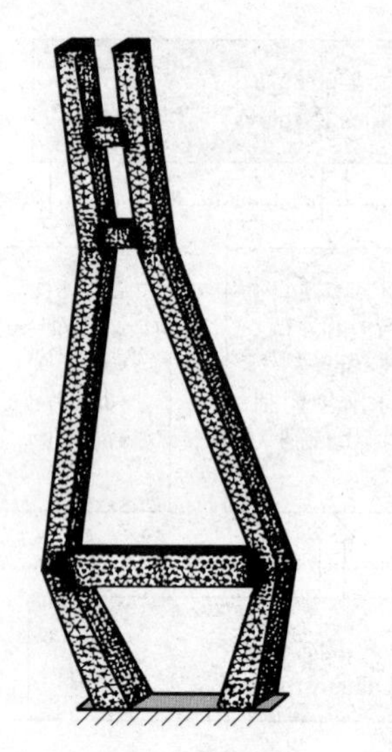

(a) 实体单元计算模型　　(b) 空间梁单元计算模型

图 9.4　斜拉桥塔桥的有限元分析实体模型和简化特征模型

表 9.1　斜拉桥塔桥自由振动分析的计算结果与试验结果比较(Hz)

		一阶自然频率	二阶自然频率	三阶自然频率	四阶自然频率
试验值		0.2735	0.7032	1.4342	1.6016
实体单元模型	计算结果	0.260	0.7830	1.5870	1.6084
(61566 个单元)	与试验值的相对误差	−4.57%	11.29%	10.67%	0.42%
空间梁单元模型	计算结果	0.268	0.7040	1.4311	1.5569
(92 个单元)	与试验值的相对误差	−2.38%	0.10%	−0.23%	−2.80%

无论是**自编有限元分析程序**(FEA home-code)还是**商业化程序**(commercial code),有限元分析建模的典型操作将包含以下内容。

前处理 PREPROCESSING

Modelings

Create:

Keypoints

Lines(Lines, Arcs, Splines)

Areas(Arbitrary, Rectangle, Circle, Polygon)

Volume(Arbitrary, Block, Cylinder, Prism, Sphere, Cone)

Nodes(Write Node File, Read Node File)

Elements(Write Element File, Read Element File)

Operate:

Extrude (Keypoints, Lines, Areas)

Booleans (Intersect, Add, Subtract, Divide, Glue, Overlap, Partition)
Scale (Keypoints, Lines, Areas, Volumes, Nodes)

Move/Modify:

Keypoints, Lines, Areas, Nodes, Rotate Node CS
Elements (Attrib, Nodes, Add Mid Nodes, Shell normal, Orient Normal)
Transfer Coordinate, Reverse Normal

Copy:

Keypoints, Lines (mesh), Areas (mesh), Volumes, Nodes, Elements

Reflect:

Keypoints, Lines (mesh), Areas (mesh), Volumes, Nodes, Elements

Delete:

Keypoints, Lines (mesh), Areas (mesh), Volumes, Nodes, Elements

Meshing

Mesh Attributes:

Element type number
Material number
Real constant set number
Element coordinate System

Mesh Tool:

global Set
Smart Size (Fine, Coarse)
Size Control (Global, Lines, Areas, Layer)
Mesh (Volumes, Areas, Lines)
Shape (Tet, Hex, Tri, Quad, Free, Mapped)

Size Controls:

Smart size
Manual Size (SIZE, element edge length, Element division)
Concentrate Keypoints

Modify Mesh:

Refine
Improve

Check Mesh:

Individual Element (Plot Bad Element, Select)
Connectivity

Clear:

Keypionts, Lines, Areas, Volumes

Checking Controls

Model Checking:

Model / FEA Checking

Shape Checking:

Toggle Checks:

Aspect Ration Tests
Shear / Twist Angle Deviation Tests
Parallel Side Tests, Max Angle Test

Jacobian Ratio Tests

Warp Tests

Numbering Controls

Merge Items:

Nodes, Elements, Keypionts, Range of Coincidence, Solid model tolerance

Compress Numbers:

Nodes, Elements, Keypoints, Lines, Areas, Volumes

Set Start Number:

Coupling

Couple DOFs, Coincident Nodes, Offset Nodes, Constraint Equation, Modify Constraint Eq.

Element Type

Add/Edit/Delete:

Structural (Link, Beam, Pipe, Solid, Shell)

Hyperelastic

Mooney-Rivlin, Visco Solid

Contact

Fluid

Coupled Field

User Matrix

Superelements

Infinite Boundary

Surface Effect

Switch Element Type:

Explicit to Implicit, Implicit to Explicit

Thermal to Structural, Structural to Thermal

Magnetic to Thermal

Fluid to Structural

Elect to Structural

Thermal to Explicit

Add DOFs:

UX, UY, UZ, ROTX, ROTY, ROTZ, WARP, TEMP, VOLT, MAG

Remove DOFs:

UX, UY, UZ, ROTX, ROTY, ROTZ, WARP, TEMP, VOLT, MAG

Real Constants

Add/Edit/Delete:

Cross-sectional area, Initial strain, Area moment of Inertia, Height, Shear deflection constant

Added mass/unit length ADDMAS, Shell thickness

Thickness Function:

Function of Shell Thickness vs Node Number

Material Properties

Material Library:

Export Library, Import Library,

Temperature Units：

Kelvin or Rankin，Celsius，Fahrenheit.

Material Models：

①**Structural：**

Linear：Elastic(Isotropic，Orthotropic，Anisotropic)

Nonlinear：Elastic (Hyperelastic，Multilinear Elastic)

Inelastic

Rate Independent：

Isotropic Hardening Plasticity

Mises Plasticity(Bilinear，Multilinear，Nonlinear)

Hill Plasticity(Bilinear，Multilinear，Nonlinear)

Generlized Anisotropic Hill Potential

Kinematic Hardening Plasticity

Mises Plasticity(Bilinear，Multilinear，Chaboche)

Hill Plasticity(Bilinear，Multilinear，Chaboche)

Combined Kinematic and Isotropic Hardening Plasticity

Mises Plasticity (Chaboche and Bilinear，Chaboche and Nonlinear)

Hill Plasticity (Chaboche and Bilinear，Chaboche and Nonlinear)

Rate Dependent：

Visco-plasticity

Isotropic Hardening Plasticity

Mises Plasticity(Bilinear，Multilinear，Nonlinear)

Hill Plasticity(Bilinear，Multilinear，Nonlinear)

Anand's Model

Creep

Creep only

Mises Potential(Explicit，Implicit)

Hill Potential(Implicit)

With Isotropic Hardening Plasticity

With Mises Plasticity(Bilinear，Multilinear，Nonlinear)

With Hill Plasticity(Bilinear，Multilinear，Nonlinear)

With Kinematic Hardening Plasticity

With Swelling (Explicit)

Non-metal Plasticity (Concrete，Drucker-Prager，Failure Criteria)

Gasket (General Parameters，Compression，Linear Unloading，Nonlinear Unloading)

Cast-Iron (Plastic Poisson's Ratio，Uniaxial Compression，Uniaxial Tension)

Viso elastic (Maxwell，Prony)

Density

Damping

Friction Coef.

User Material Options

②**Thermal**：

Conductivity（Isotropic，Orthotropic）

Specific Heat

Density

Enthalpy

Emissivity

Convection or Film Coef.

Heat Generatin Rate

③**CFD**(计算流体动力学)：

conductivity（Isotropic，Orthotropic）

Specific Heat

Density

Visosity

Emissivity

④**Electromagnetics**：

Relative Permeability（Constant，Orthotropic）

BH Curve

Coercive Force

Resistivity Loss Tangent

⑤**Acoustics**：

Density

Sonic Velocity

Boundary Admittance

⑥**Fluids**：

Viscosity

Water Table

Pipe Flow Data（Film Coef.，Fluid，Conductance）

⑦**Piezoelectrics**：

Piezoelectric Matrix

有限元分析计算 SOLUTION

Analysis Type：

Static

Modal

Harmonic

Transient

Spectrum

Eigen Buckling

Substructuring

Define Loads：

Settings：

Uniform Temp.，Reference Temp.，For surface Load（Gradient，Node Function），Replace vs Add（Constraints，Force，Surface Loads，Nodal Body Load，Element Body Load，Smooth Data）

Apply：

Displacement (On Line Area Keypoints，Node，Symmetry B. C.，Antisymm B. C.)

Force/ Moment (On keypoints，On Nodes)，Pressure (On Lines，Areas，Nodes，Elements，Beams)

Temperature (On Lines，Keypoints，Areas，Volumes，Nodes，From Thermal Analysis，Uniform Temp)

Gravity

Initial Condition

Load Vector (For Superelement)

Operate：

Scale FE Loads (Constraints，Force，Surface Loads，Nodal Body Load，Element Body Loads)

Transfer to FE (All Solid Loads，Constraints，Forces，Surface Loads，Body Loads)

Load Step Options：

Output Controls

Solution Print out，Graphical Solution Tracking，PGR file，Integration Points

Other

Birth & Death，User Routines

Read Load Case File

Write Load Case File

Initial Stress

Read Initial Stress File，Delete Initial Stresses，Write Initial Stresses

Solve：

Current Load Case

From Load Case Files

Partial Solution

Calculate Matrices，Calculate Eigensolution，Calculate JCG Solution

后处理 POST-PROCESSING

General Postprocessor：

Data & File Opts，Results Summary

Read Results

First Set，Next Set，By Load Step，By Time/Freq，By Set Number

Plot Results

Deformed Shape，Contour Plot，Vector Plot，Plot Path Item，Concrete Plot

List Results

Results Summary，Iteration Summary，Percent Error，Nodal Solution，Element Solution

Query Results

Element Solution，Subgrid Solution

Nodal Calculations

Total Force Sum，Summation

Element Table

Define Table，Plot Element Table

Path Operations

Define Path, Plot Path Item

Load Case

Create/Read/Write Load Case, Add, Subtract, Square, Square Root, SRSS, Min & Max, Zero Load Case, Erase Load Case

Submodeling

Interpolate DOF, Interpolate Body Force

Fatigue

S-N Table, Sm-T table, Stress Location, Assign Events, Calculate Fatigue

Safety Factor

Allowable Stress, Safety Factor for Node Stress, Safety Factor for Element Table

Define/ Modify

Nodal Results, Element Results, Element Table

Time History Postprocessor

Settings

File, Data, List, Graph

Store Data

Define Variables

List Variable

Graph Variable

Math Operations

Smooth Data

Table Operations

Generate Spectrum

9.2 有限元分析的离散方式与单元选择

结构对象可分为：**离散体结构**(discrete structure)与**连续体结构**(continuum structure)。**杆梁结构**(truss/frame structure)体系是最常见的离散体结构，由于本身存在有自然的连接关系即自然节点，一般可以直接基于这些节点进行单元划分和离散，所以它们的离散过程叫做自然离散；这种离散方式的计算模型对原始结构具有很好的描述，其用于有限元分析的特征模型和实物模型是直接对应的。

而连续体结构则不同，它本身内部不存在有自然的连接关系，必须人为地在连续体内部和边界上划分节点，以分片(单元)连续的形式来逼近原来复杂的几何形状，因此，这一离散过程为逼近性离散；由于是人为增加节点，则有一系列因素需要考虑：如节点的位置和数量、计算规模及计算量、单元的类型、对几何模型的逼近程度等，因此必须处理好几种矛盾：计算量与离散误差、局部计算精度与整体计算精度。总之，希望以最合理的计算量来获得最满意的计算结果，一般情况下，这类问题的有限元分析特征模型和实物模型是不直接对应的，需要更好地进行问题的特征建模，其关键是应抓住问题的力学本质。

9.2.1　自然离散与逼近性离散

桁架结构是最典型的自然离散结构，可以基于结构中的自然连接关系进行离散和单元划分，即进行**自然离散**(natural discretization)；对于离散后的细长构件，如果在该构件内部无外载作用，可采用杆单元，也可采用梁单元，若采用梁单元，则计算量和自由度的数量都要增加很多，而计算精度与采用杆单元差不多。但对于两端为刚性连接的短粗构件，一般都要采用梁单元。图 9.5 为一悬索桥结构的有限元离散，图 9.6 为飞机机翼的有限元分析离散，其中机翼蒙皮采用了 3 节点或 4 节点膜单元。

(a) 一座悬索桥的新型结构(示意图)

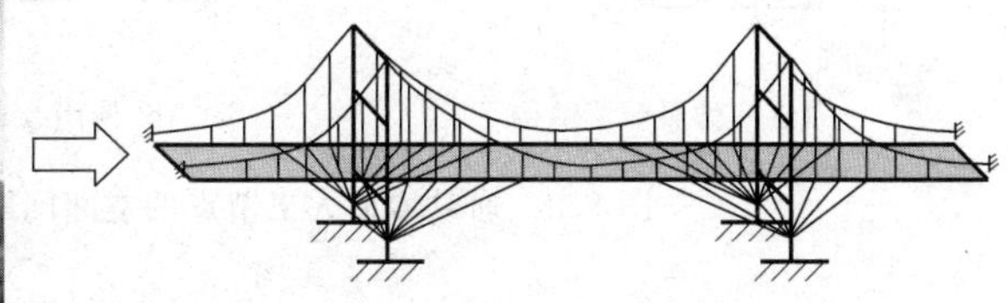

(b) 基于自然连接关系应用杆梁壳单元进行自然离散

图 9.5　悬索桥结构的有限元分析自然离散

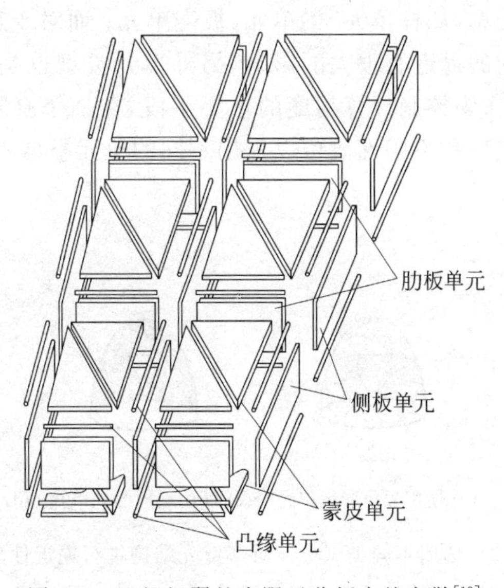

图 9.6　飞机机翼的有限元分析自然离散[18]

对于连续体结构，其离散过程比较复杂，在人工增加节点时，必须考虑到整体计算规模、局部计算精度、几何形状的性质等因素，这叫做**逼近性离散**(approximated discretization)。图 9.7 和图 9.8 分别为平面问题和空间问题的有限元分析逼近性离散。

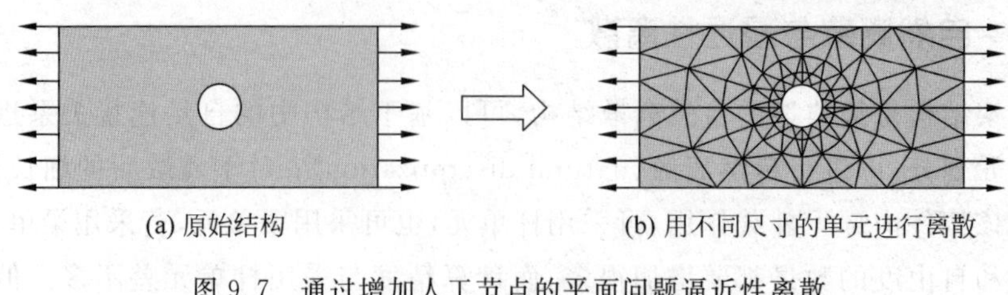

(a) 原始结构
(b) 用不同尺寸的单元进行离散

图 9.7 通过增加人工节点的平面问题逼近性离散

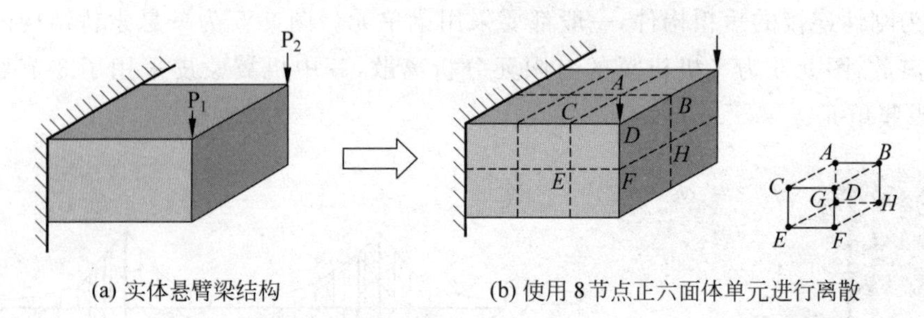

图 9.8 通过增加人工节点的空间问题逼近性离散

9.2.2 单元类型的选择

对于自然离散，由于构件与单元都有比较一致的对应关系，一般都采用与实际构件最接近的单元类型，如杆单元、梁单元、板壳单元；而对于逼近性离散，单元类型的选择对原始结构的逼近有很大的影响，另外单元类型也是影响计算精度的重要因素，因此也将它作为控制计算精度的重要手段，在一个有限元分析计算中，根据结构对象的不同部位和不同性质可以采用不同的单元类型。图 9.9 所示为压力壳结构的三种离散方案。

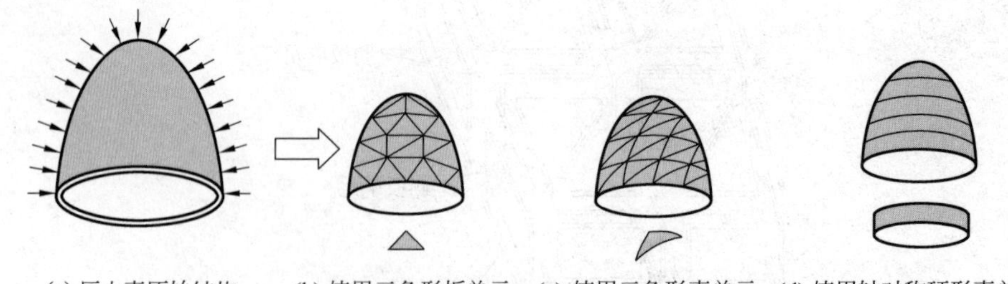

(a) 压力壳原始结构
(b) 使用三角形板单元
(c) 使用三角形壳单元
(d) 使用轴对称环形壳单元

图 9.9 选用不同类型单元对薄壁壳结构进行逼近性离散

9.2.3 节点位置及单元密度的考虑

在有限元分析的逼近性离散中，影响有限元分析精度和计算规模(量)的另一重要因素就是节点的位置和密度，它将充分考虑几何形状突变位置、不同材料连接位置、载荷变化位置等因素的影响，因为往往在这些地方，其应力应变的变化都比较大，需要划分较多的节点和使用较多的单元，而且在分界面或分界线上必须划分节点。图 9.10～图 9.12 分别为几何形状变化、载荷变化、材料变化部位处的节点划分。

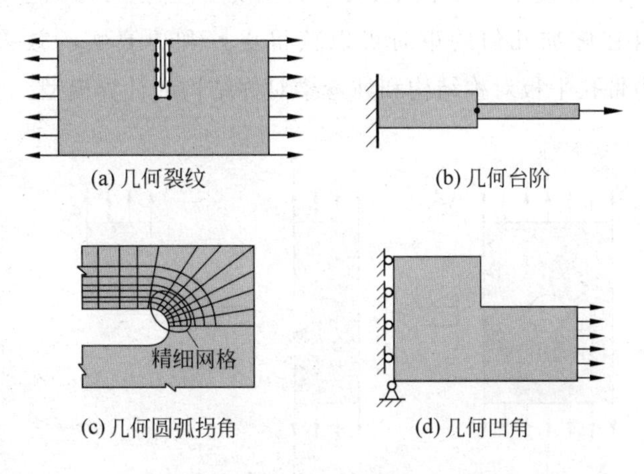

(a) 几何裂纹　(b) 几何台阶

(c) 几何圆弧拐角　(d) 几何凹角

图 9.10　几何形状变化部位的节点划分

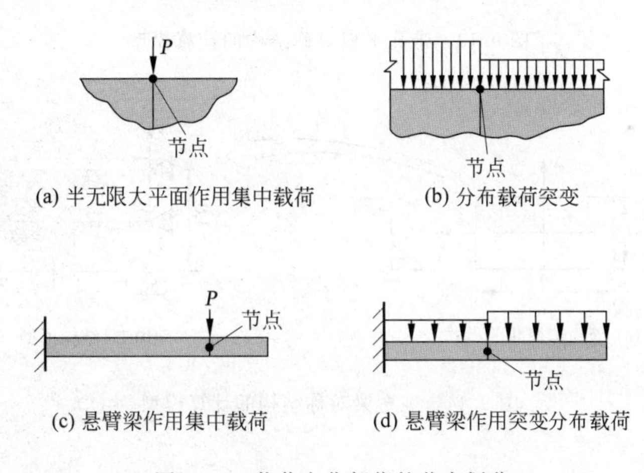

(a) 半无限大平面作用集中载荷　(b) 分布载荷突变

(c) 悬臂梁作用集中载荷　(d) 悬臂梁作用突变分布载荷

图 9.11　载荷变化部位的节点划分

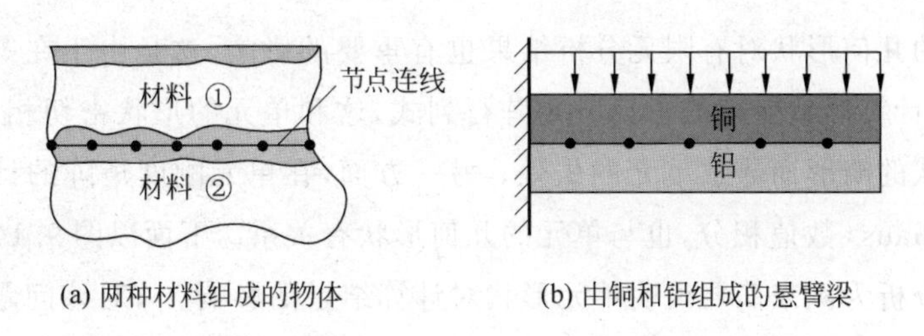

(a) 两种材料组成的物体　(b) 由铜和铝组成的悬臂梁

图 9.12　材料变化部位的节点划分

9.2.4 结构对称性的利用

结构的对称性是指几何形状和载荷同时为对称的情况，这样可以充分结构的对称性质来建立 1/2 模型、1/4 模型、甚至 $1/n$ 模型，不但可以减小计算规模，节约计算成本，而且在施加几何约束时可以获得更好和更真实的效果。图 9.13 和图 9.14 分别为带孔平板对称结构和纯弯梁对称结构的计算模型。

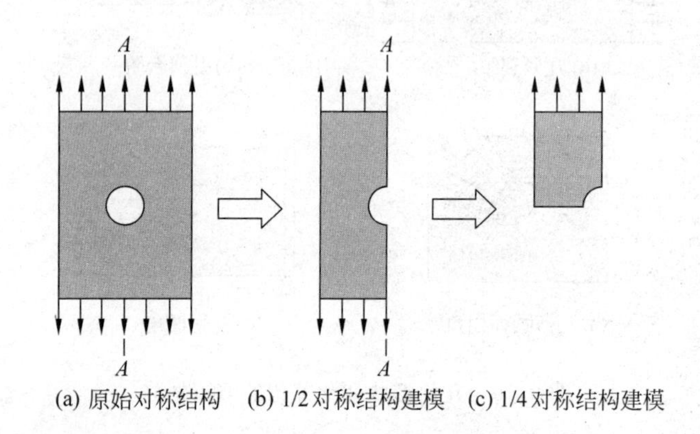

图 9.13 带孔平板对称结构的计算模型

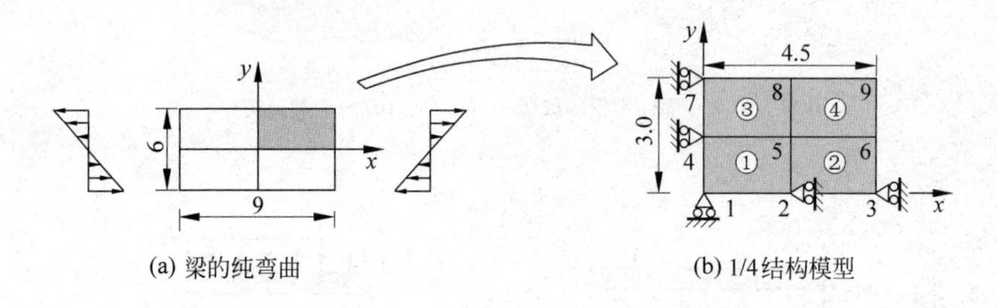

图 9.14 纯弯梁对称结构的计算模型

9.2.5 单元几何形状的影响

单元的几何形状对有限元分析结果也有重要的影响，这是由于在等参单元的处理中，要计算形状变换的 Jacobi 矩阵行列式，这和单元的形状密切相关，有时由于单元形状的畸形而导致单元的失效；另一方面，在单元刚度矩阵的计算中一般都是采用 Gauss 数值积分，也与单元的几何形状有关系。下面以图 9.14 中纯弯梁的有限元分析为例来简要说明单元形状对计算结果的影响[12]，对该问题采用 5 种单元方案，如图 9.15 所示，采用各种单元方案的计算结果见表 9.2，若定义单元的细长比为$\left(\lambda=\frac{\text{单元的长边}}{\text{单元的短边}}\right)$，那么细长比对计算结果的影响见图9.16。

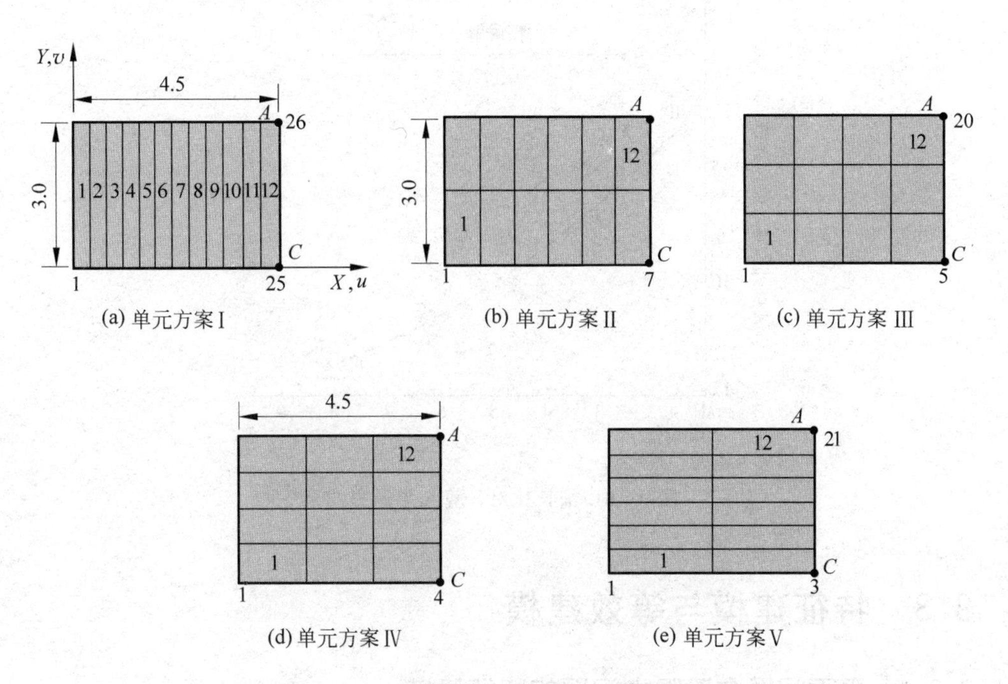

(a) 单元方案Ⅰ　(b) 单元方案Ⅱ　(c) 单元方案Ⅲ

(d) 单元方案Ⅳ　(e) 单元方案Ⅴ

图9.15　纯弯梁计算模型中的5种单元方案

表9.2　各种单元方案的计算结果比较

单元方案	细长比	节点数目	单元数目	位移(10^{-4})			
				点$A(4.5, 3.0)$		点$C(4.5, 0.0)$	
				u	v	u	v
Ⅰ	8.00	26	12	1.296567	−1.102082	0.0	−0.9724
Ⅱ	2.00	21	12	1.442210	−1.227177	0.0	−1.0910
Ⅲ	1.125	20	12	1.452951	−1.237485	0.0	−1.0988
Ⅳ	2.00	20	12	1.427559	−1.218161	0.0	−1.0835
Ⅴ	4.5	21	12	1.354237	−1.159768	0.0	−1.0333
精确解				1.500000	−1.275000	0.0	−1.1250

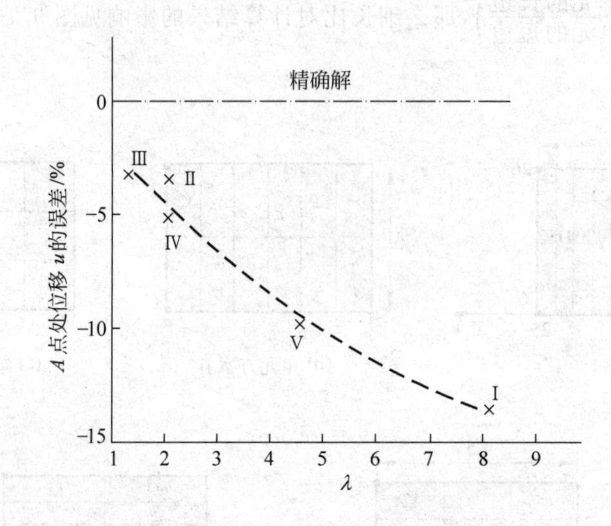

图 9.16　细长比对计算结果的影响

9.3　特征建模与等效建模

9.3.1　平面问题与无限大问题的特征建模

平面问题一般指平面应力和平面应变，在实际建模中应用非常广泛，在使用过程中一定要根据问题的实际特征来进行平面问题的简化，图 9.17 所示为一个等截面大坝的平面应变简化；无限大地基问题在土木工程中经常遇到，关键是要处理好影响区的问题，需要根据实际情况确定一个合适的范围，图 9.18 给出一个实例。

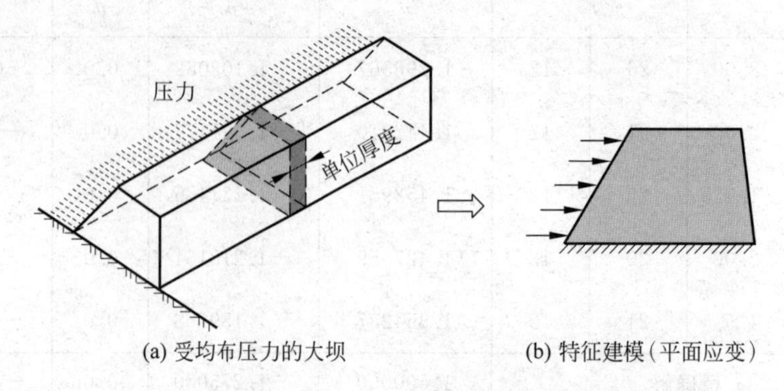

(a) 受均布压力的大坝　　(b) 特征建模（平面应变）

图 9.17　均匀截面大坝承受均匀载荷的特征建模(平面应变)

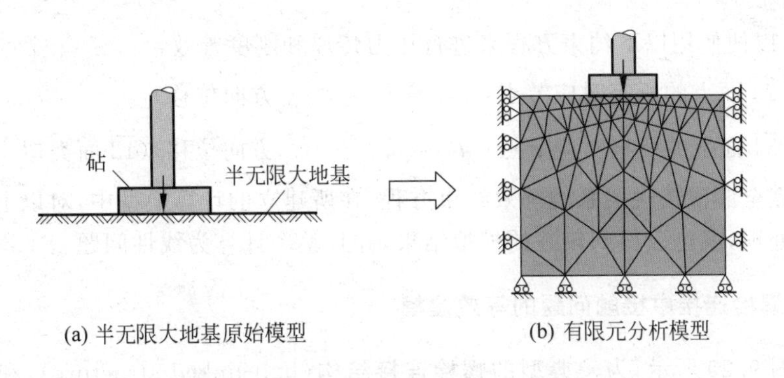

(a) 半无限大地基原始模型　　(b) 有限元分析模型

图 9.18　集中载荷作用下地基的特征建模

9.3.2　常见连接关系的等效建模

1. 完全润滑接触问题的等效建模

如图 9.19 所示，为一典型的塑性成形过程，工件与模具之间存在接触关系，在计算中如何处理这一复杂的非线性关系，往往成为决定整个计算过程是否成功的关键。通常有两种方法来处理该问题。

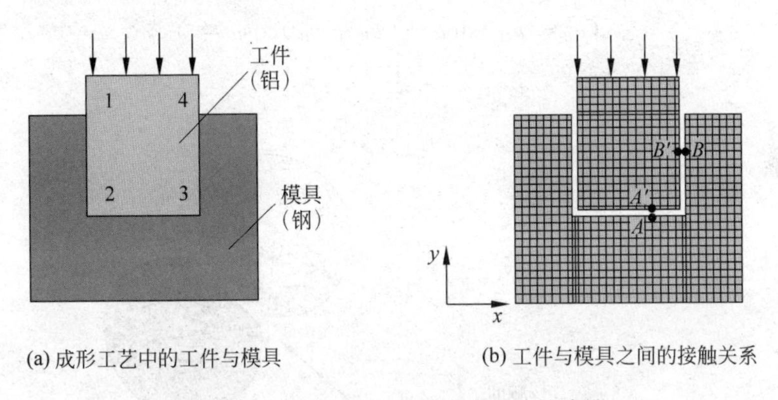

(a) 成形工艺中的工件与模具　　(b) 工件与模具之间的接触关系

图 9.19　塑性成形中接触关系的等效建模

方法 1：可以用**接触单元**(contact element)来真实地考虑$\overline{12}$，$\overline{23}$，$\overline{34}$面的接触问题，但是由于计算量大，接触的非线性问题突出，因而在复杂的结构分析中，其结果往往不容易收敛。

如果我们主要关心模具的分析，只是把真实的接触关系作为传递压力和进行刚度等效作用的一个中介，而不希望过多地处理复杂的非线性关系，可以考虑以下等效处理方法。

方法 2：就模具和工件独立进行几何建模和单元划分，注意：在几何上它们之间不重叠，有一条较小的缝，如图 9.19 所示，在接触区域上，各自的节点尽量在几何上

相对应,以便使用以下约束方程来进行压力传递和刚度等效:

$\overline{23}$ 面上的所有对应节点: $v_{A'} = v_A$ (y 方向位移)

$\overline{34}$ 面上的所有对应节点: $u_{B'} = u_B$ (x 方向位移)($\overline{12}$ 面类似)

这就是完全润滑接触关系的等效约束方程,在所建立的计算模型中,对以上约束方程进行处理,就可以得到较好的模拟结果,并且整个计算为线性问题。

2. **螺栓连接中接触问题的等效建模**

如图 9.20 所示,为一典型的**螺栓连接结构**(bolt-linked structure),和上面的情况类似,完全可以采用接触单元来进行建模,但若采用等效处理方法,则在接触面上所有对应节点的法向位移应相同,即

$$\left.\begin{array}{l} u_{nA} = u_{nA'} \\ u_{nB} = u_{nB'} \\ u_{nC} = u_{nC'} \\ \vdots \end{array}\right\} \tag{9.1}$$

进一步有

$$\left.\begin{array}{l} (u_A - u_{A'})\sin\alpha - (v_A - v_{A'})\cos\alpha = 0 \\ (u_B - u_{B'})\sin\alpha - (v_B - v_{B'})\cos\alpha = 0 \\ \vdots \end{array}\right\} \tag{9.2}$$

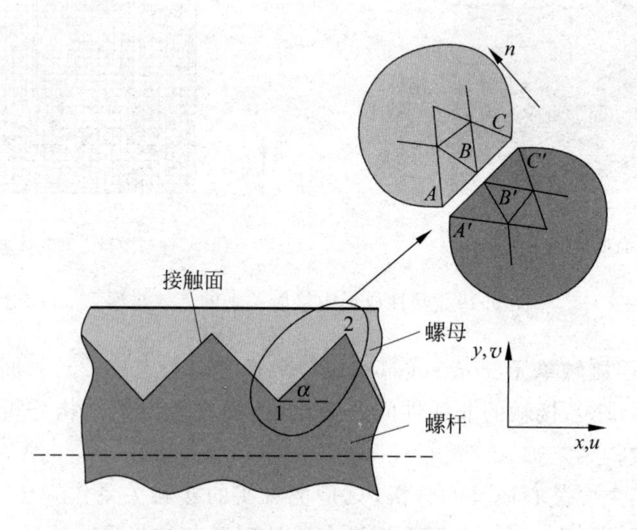

图 9.20 螺栓连接中的接触问题

下面给出一个应用该方法来处理螺栓螺帽接触问题的实例[12],图 9.21 所示为该系统的等效建模,图 9.22 为计算分析的结果。

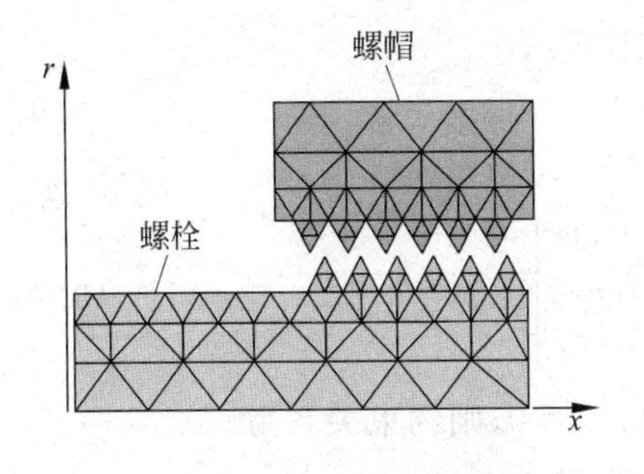

(a) 螺栓螺帽系统的有限元分析模型

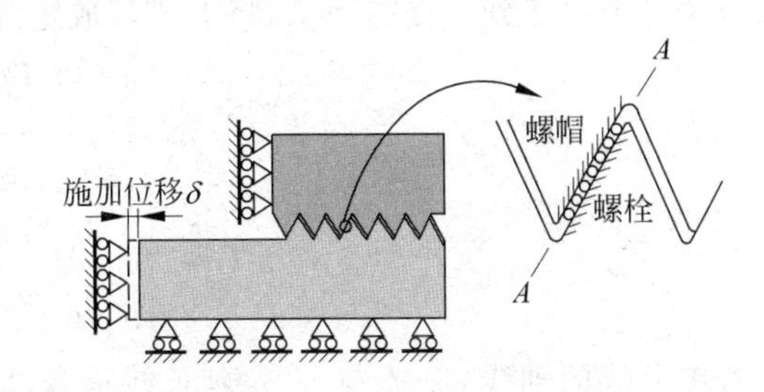

(b) 位移边界条件及接触关系的处理

图 9.21　螺栓螺帽系统的建模

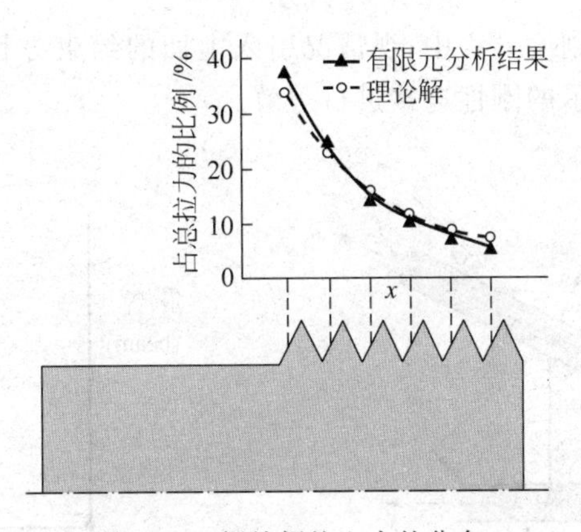

图 9.22　螺栓螺纹上力的分布

3. 刚性连接中的等效建模

图 9.23(a)表示一个刚性连接结构，即在三根梁构件的交接处有刚性很大的镶板进行加固，因此可以将每根梁末端相连接的镶板看成为绝对刚体，可以将图 9.23(a)的结构离散为如图 9.23(b)所示的单元和节点，只要在 a 点和 c 点之间施加一定的约束关系就可以实现对刚性连接关系的等效。

首先对 a—f 段按照一般梁单元建立方程(在 $x'ay'$ 局部坐标系下)，其中 a 点的位移为

$$\boldsymbol{q}'_a = [u_{x'a} \quad v_{y'a} \quad \theta_a]^{\mathrm{T}} \tag{9.3}$$

设 a—b—c—d 部分为绝对刚体，在 c 点的位移为(在 $x'ay'$ 坐标系下)：

$$\boldsymbol{q}'_c = [u_{x'c} \quad v_{y'c} \quad \theta_c]^{\mathrm{T}} \tag{9.4}$$

则 a 点与 c 点之间的位移约束关系为

$$\left.\begin{aligned} u_{x'a} &= u_{x'c} - \theta_c \cdot e \cdot \sin\alpha \\ v_{y'a} &= v_{y'c} + \theta_c \cdot e \cdot \cos\alpha \\ \theta_c &= \theta_a \end{aligned}\right\} \tag{9.5}$$

其中 e 为 a 点到 c 点的距离，将上式写成矩阵形式，有

$$\boldsymbol{q}'_a = \boldsymbol{T}\boldsymbol{q}'_c \tag{9.6}$$

其中

$$\boldsymbol{T} = \begin{bmatrix} 1 & 0 & -e\sin\alpha \\ 0 & 1 & e\cos\alpha \\ 0 & 0 & 1 \end{bmatrix} \tag{9.7}$$

若单元③的轴线 $a—f$ 与 $c—a$ 延长线重合，即有 $\alpha=0$，则约束关系为

$$\left.\begin{aligned} u_{x'a} &= u_{x'c} - \theta_c e \\ v_{y'a} &= v_{y'c} + \theta_c e \\ \theta_c &= \theta_a \end{aligned}\right\} \tag{9.8}$$

那么，在建立的整体刚度方程中，视情况引入上面的约束方程并进行处理，就可以实现对如图 9.23 所示的刚性连接进行等效。

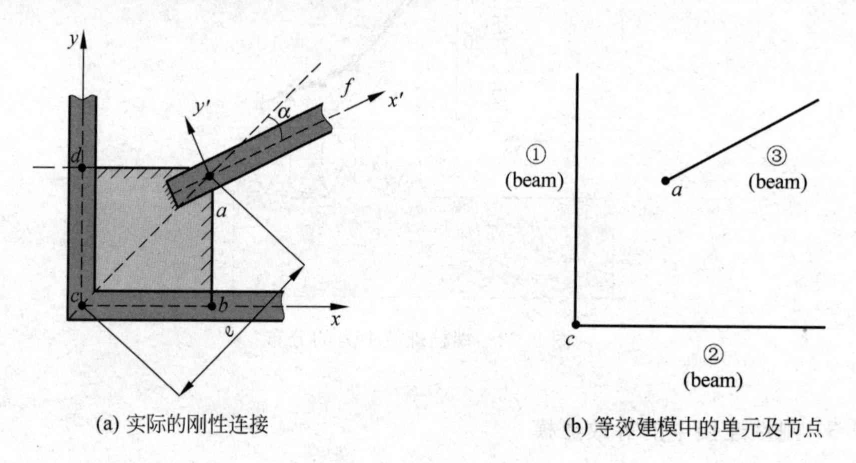

(a) 实际的刚性连接　　(b) 等效建模中的单元及节点

图 9.23　结构中的刚性连接及其等效建模

4. C_0 型问题与 C_1 型问题之间的连接

在一个计算建模过程中经常需要处理不同性质的问题，下面分三种情况进行讨论。

情形 1：混合杆系结构

在桁架和刚架的混合结构中，有时需要同时使用杆单元和梁单元，杆单元为 C_0 型问题，而梁单元为 C_1 型问题，在这两类问题的公共节点上将存在节点自由度不匹配的问题，需要进行一些处理。假如有如图 9.24 所示的平面混合杆梁结构，在确定这类问题的计算模型时，不同节点应

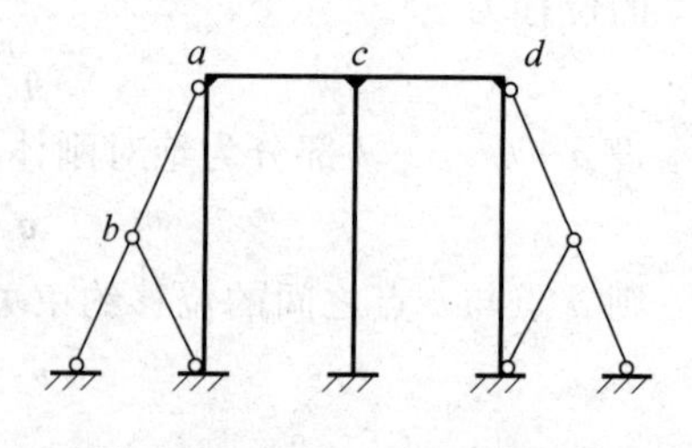

图 9.24　平面混合杆梁结构

规定不同自由度，其中节点 a 为两类问题的公共节点。

如节点 b 为具有两个自由度的铰节点，则它的节点位移列阵为

$$\boldsymbol{q}_b = [u_b \quad v_b]^{\mathrm{T}} \tag{9.9}$$

刚架上的节点 a 和 c 为具有三个自由度的节点，则它们的节点位移列阵为

$$\boldsymbol{q}_a = [u_a \quad v_a \quad \theta_a]^{\mathrm{T}} \tag{9.10}$$

$$\boldsymbol{q}_c = [u_c \quad v_c \quad \theta_c]^{\mathrm{T}} \tag{9.11}$$

在用单元刚度矩阵组装整体刚度矩阵时，需要对相关的节点做适当变换。如对于铰接杆单元 a—b 来说，其单元刚度矩阵本来为(4×4)阶，即

$$\begin{array}{c} \quad\quad\quad u_a \quad\; v_a \quad\; u_b \quad\; v_b \\ \quad\quad\quad \downarrow \quad\;\; \downarrow \quad\;\; \downarrow \quad\;\; \downarrow \end{array}$$

$$\boldsymbol{K}^{ab} = \begin{bmatrix} k_{11} & k_{12} & k_{13} & k_{14} \\ k_{21} & k_{22} & k_{23} & k_{24} \\ k_{31} & k_{32} & k_{33} & k_{34} \\ k_{41} & k_{42} & k_{43} & k_{44} \end{bmatrix} \begin{array}{l} \leftarrow u_a \\ \leftarrow v_a \\ \leftarrow u_b \\ \leftarrow v_b \end{array} \tag{9.12}$$

为了与刚架上节点 a 的 $\boldsymbol{q}_a$ 相协调，可以对上述矩阵进行等效扩充，变换成(5×5)阶，即

$$\begin{array}{c} \quad\quad\quad u_a \quad\; v_a \quad\; \theta_a \quad\; u_b \quad\; v_b \\ \quad\quad\quad \downarrow \quad\;\; \downarrow \quad\;\; \downarrow \quad\;\; \downarrow \quad\;\; \downarrow \end{array}$$

$$\boldsymbol{K}^{ab} = \begin{bmatrix} k_{11} & k_{12} & 0 & k_{13} & k_{14} \\ k_{21} & k_{22} & 0 & k_{23} & k_{24} \\ 0 & 0 & 0 & 0 & 0 \\ k_{31} & k_{32} & 0 & k_{33} & k_{34} \\ k_{41} & k_{42} & 0 & k_{43} & k_{44} \end{bmatrix} \begin{array}{l} \leftarrow u_a \\ \leftarrow v_a \\ \leftarrow \theta_a \\ \leftarrow u_b \\ \leftarrow v_b \end{array} \tag{9.13}$$

这样就可以进行整体矩阵的组装；当然，实际计算时只要对号叠加就可实现上述变换。

情形 2：梁—梁铰接系统

如图 9.25 所示为梁—梁铰接系统，其中梁 AB 的两端为铰支，其余为刚架系统，相应的有限元分析模型如图 9.26 所示。

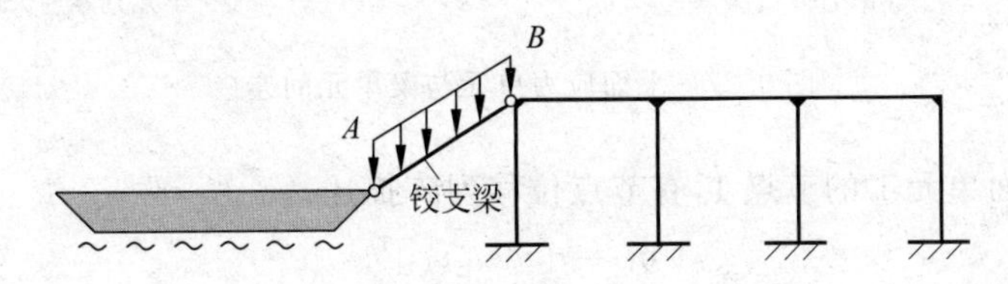

图 9.25　码头上的梁—梁铰接系统

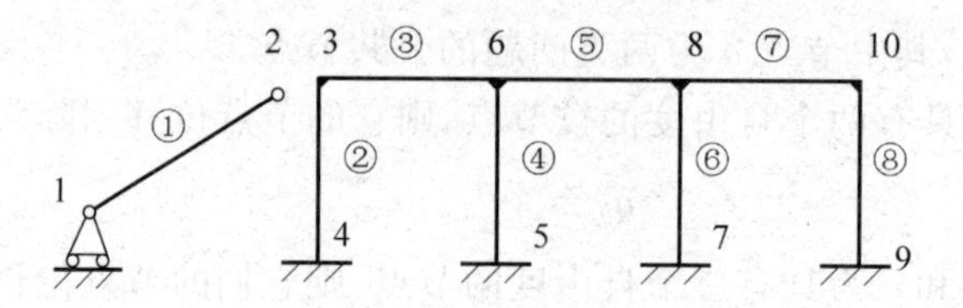

图 9.26 梁—梁铰接系统的单元及节点划分

单元②～⑧都为刚架系统的梁单元，单元①也为梁单元，但它的节点 1 和 2 为铰接点，可以用以下等效方法来实现节点 2 与节点 3 之间的铰支连接关系。将节点 2 和节点 3 在几何位置上分开(可以靠得很近)，使其成为两个独立的节点，并且各自的节点位移列阵为

$$\boldsymbol{q}_2 = [u_2 \quad v_2 \quad \theta_2]^{\mathrm{T}} \tag{9.14}$$

$$\boldsymbol{q}_3 = [u_3 \quad v_3 \quad \theta_3]^{\mathrm{T}} \tag{9.15}$$

在它们之间建立一组约束方程，即

$$\left.\begin{aligned} u_2 &= u_3 \\ v_2 &= v_3 \end{aligned}\right\} \tag{9.16}$$

也就是在建立的实际整体刚度方程中(节点 2 和节点 3 是分开的两个节点)考虑以上约束关系，即可以实现它们之间的铰接关系。

情形 3：平面应力单元与梁单元的连接

如图 9.27 所示的结构为一个平面实体与一个细长实体相连接的平面结构，由于细长实体的高度较小，从计算上来考虑，可以将其等效为平面梁结构，但这样就出现 C_0 型问题与 C_1 型问题相连接的问题，这类问题在实际工程中非常普遍；可采取以下方法进行等效处理。

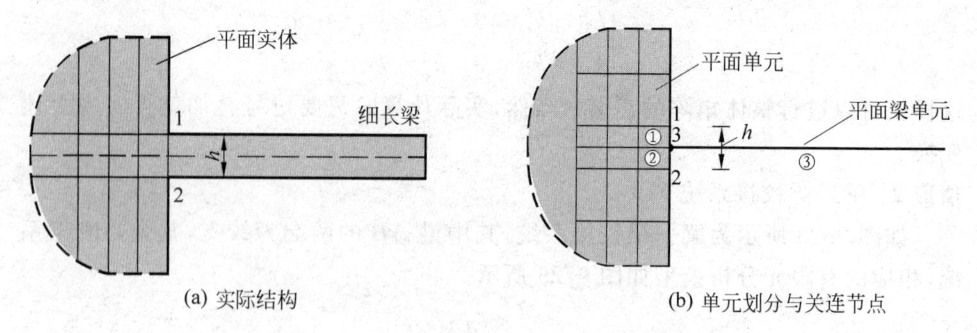

图 9.27 平面应力单元与梁单元的连接

对于平面单元①的节点 1，有节点位移列阵描述

$$\boldsymbol{q}_1 = [u_1 \quad v_1]^{\mathrm{T}} \tag{9.17}$$

对于平面单元②的节点 2，有节点位移列阵描述

$$\boldsymbol{q}_2 = [u_2 \quad v_2]^{\mathrm{T}} \tag{9.18}$$

对于平面梁单元③的节点3，有节点位移列阵描述

$$\boldsymbol{q}_3 = [u_3 \quad v_3 \quad \theta_3]^{\mathrm{T}} \tag{9.19}$$

在由平面单元①和②组装的刚度矩阵中，其节点3上只有位移

$$\boldsymbol{q}'_3 = [u_3 \quad v_3]^{\mathrm{T}} \tag{9.20}$$

显然其中少了 θ_3 项，但在梁单元③中由于存在 θ_3 项，因此，不能完全对应。从结构上可以看出，由于节点1，2，3之间存在梁的悬臂连接关系，可以建立以下约束关系：

$$\theta_3 = \frac{u_1 - u_2}{h + (v_1 - v_2)} \tag{9.21}$$

则在所组装的整体刚度方程中只要考虑以上约束关系，就可以实现节点3的刚性连接关系。

5. 约束不足情况的处理

如图9.28所示的受分布载荷作用的杆件结构，由于沿杆轴向作用有分布载荷，所以不能只用三个杆单元来描述该结构，应该用较多的杆单元来建模，尤其对于受有分布载荷的杆件更应如此，如图9.28(b)所示，计算模型采用了5个杆单元。

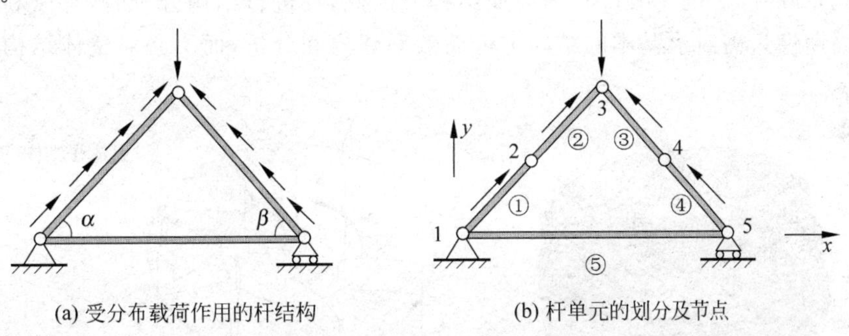

(a) 受分布载荷作用的杆结构　　(b) 杆单元的划分及节点

图9.28　受分布载荷作用的杆单元及节点

该模型总的节点自由度(位移)为

$$\boldsymbol{q} = [u_1 \quad v_1 \quad u_2 \quad v_2 \quad \cdots \quad u_5 \quad v_5]^{\mathrm{T}} \tag{9.22}$$

可以发现，在节点2和节点4处会出现约束不足的情况。因为，作为杆单元的铰接点，会出现垂直于杆轴线的侧向移动自由度，而且这是刚体位移，如果不加以处理，将会出现无解的情况；一种解决方案就是在节点2和节点4处分别给出相应的约束方程，使这两个节点的位移只允许产生轴向位移；具体的约束方程为

$$\left.\begin{aligned} u_2 \sin\alpha - v_2 \cos\alpha = 0 \\ u_4 \sin\beta + v_4 \cos\beta = 0 \end{aligned}\right\} \tag{9.23}$$

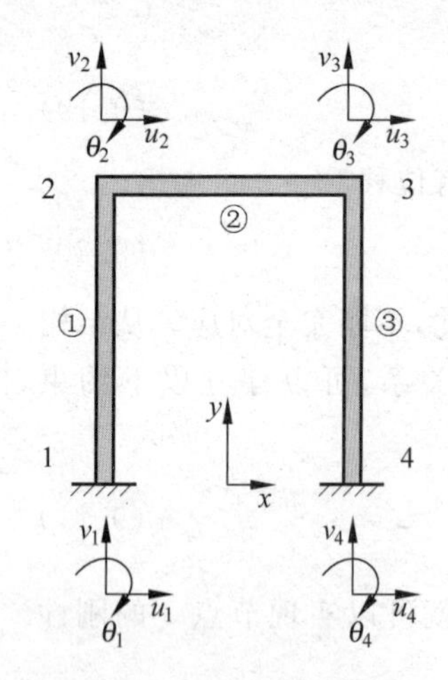

图 9.29 刚架结构

6. 刚架问题

如图 9.29 所示为一平面刚架，如果该刚架的轴向拉压刚度远远大于其弯曲变形刚度，则所形成的刚度矩阵元素的数值大小会相差非常悬殊，在求解方程时，极有可能出现病态，为避免该情况，一种等效的方法是引进近似的假设，即可认为单元的轴向拉压刚度是无穷大，所对应的附加约束条件为

$$\left.\begin{aligned} v_1 &= v_2 \\ u_2 &= u_3 \\ v_3 &= v_4 \end{aligned}\right\} \tag{9.24}$$

那么在所建立的整体刚度方程中，只要处理以上约束方程，就可以得到合理的结果。

9.3.3 旋转周期结构的处理

实际工程中还存在大量的具有一定重复规律的结构，其中旋转周期结构就是最常见的一种，这种结构关于某一对称轴存在周期性的对称，图 9.30 为涡轮发动机的涡轮叶片，它的每一叶片为周期结构。因此，在进行结构分析时，可以利用结构的周期性只需对最基本的结构进行高效率建模和分析，而不必对整体结构进行计算。

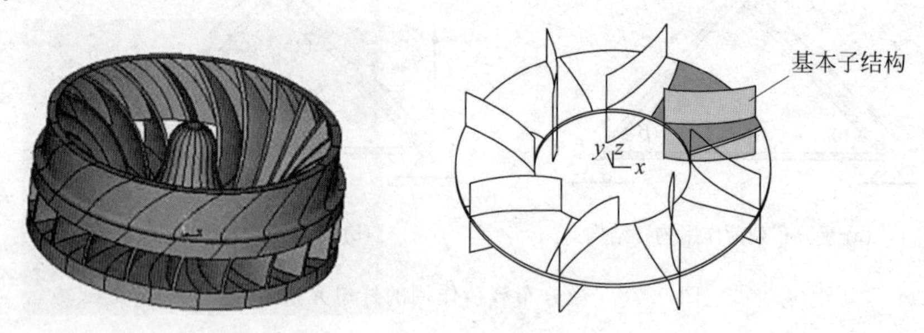

图 9.30 涡轮发动机中的旋转周期涡轮叶片

简例 9.3(1) 旋转周期结构的子结构处理

下面以图 9.31 所示的旋转周期结构为例[14]，推导相应的有限元分析表达式。

解答：图 9.31(b)为从图 9.31(a)所提取出的一个周期性子结构。

设该子结构的有限元分析方程为

$$\begin{bmatrix} \boldsymbol{K}_{AA} & \boldsymbol{K}_{Ai} & \boldsymbol{K}_{AB} \\ \boldsymbol{K}_{Ai}^{\mathrm{T}} & \boldsymbol{K}_{ii} & \boldsymbol{K}_{iB} \\ \boldsymbol{K}_{AB}^{\mathrm{T}} & \boldsymbol{K}_{iB}^{\mathrm{T}} & \boldsymbol{K}_{BB} \end{bmatrix} \begin{bmatrix} \boldsymbol{q}_A \\ \boldsymbol{q}_i \\ \boldsymbol{q}_B \end{bmatrix} = \begin{bmatrix} \boldsymbol{P}_A \\ \boldsymbol{P}_i \\ \boldsymbol{P}_B \end{bmatrix} \tag{9.25}$$

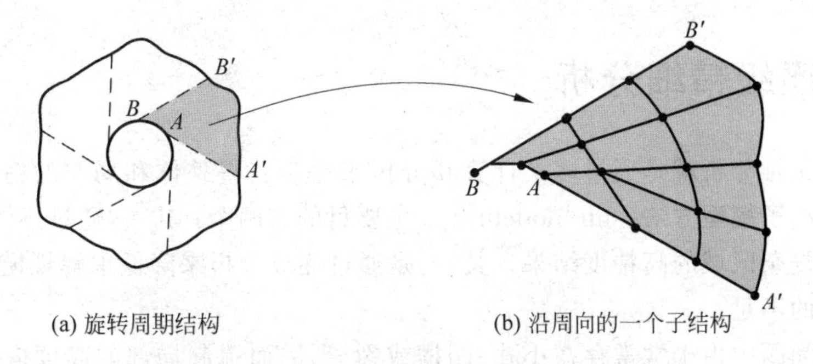

(a) 旋转周期结构　　(b) 沿周向的一个子结构

图 9.31　旋转周期结构的建模

其中 $\boldsymbol{q}_i,\boldsymbol{q}_A,\boldsymbol{q}_B$ 分别表示周期子结构的内部节点、AA' 边界节点和 BB' 边界节点的节点位移列阵，$\boldsymbol{P}_i,\boldsymbol{P}_A,\boldsymbol{P}_B$ 分别是对应的载荷列阵。

由于整体结构关于子结构为周期重复，在子结构的 AA' 边界和 BB' 边界上应划分对应的节点，这样才能做到周期重复；如果在 AA' 边界和 BB' 边界上各自建立相似的局部坐标，例如沿边界的切向和法向，则在局部坐标系中这两条边界上的节点位移 $\bar{\boldsymbol{q}}_A$ 和 $\bar{\boldsymbol{q}}_B$ 应相同，即

$$\bar{\boldsymbol{q}}_A = \bar{\boldsymbol{q}}_B \tag{9.26}$$

假设将总体坐标取成与 AA' 边上的局部坐标系相同，即

$$\boldsymbol{q}_A = \bar{\boldsymbol{q}}_A \tag{9.27}$$

并且 BB' 边界的局部坐标系上的节点位移 $\bar{\boldsymbol{q}}_B$ 可以通过坐标变换 $\boldsymbol{T}$ 变到总体坐标系下的节点位移 $\boldsymbol{q}_B$，即

$$\boldsymbol{q}_B = \boldsymbol{T}\bar{\boldsymbol{q}}_B \tag{9.28}$$

则

$$\boldsymbol{q}_B = \boldsymbol{T}\bar{\boldsymbol{q}}_B = \boldsymbol{T}\bar{\boldsymbol{q}}_A = \boldsymbol{T}\boldsymbol{q}_A \tag{9.29}$$

将上述转换关系代入(9.25)式中，并用 $\boldsymbol{T}^{\mathrm{T}}$ 前乘第三式的两端，则有

$$\begin{bmatrix} \boldsymbol{K}_{AA} & \boldsymbol{K}_{Ai} & \boldsymbol{K}_{AB}\boldsymbol{T} \\ \boldsymbol{K}_{Ai}^{\mathrm{T}} & \boldsymbol{K}_{ii} & \boldsymbol{K}_{iB}\boldsymbol{T} \\ \boldsymbol{T}^{\mathrm{T}}\boldsymbol{K}_{AB}^{\mathrm{T}} & \boldsymbol{T}^{\mathrm{T}}\boldsymbol{K}_{iB}^{\mathrm{T}} & \boldsymbol{T}^{\mathrm{T}}\boldsymbol{K}_{BB}\boldsymbol{T} \end{bmatrix} \begin{bmatrix} \boldsymbol{q}_A \\ \boldsymbol{q}_i \\ \boldsymbol{q}_A \end{bmatrix} = \begin{bmatrix} \boldsymbol{P}_A \\ \boldsymbol{P}_i \\ \boldsymbol{T}^{\mathrm{T}}\boldsymbol{P}_B \end{bmatrix} \tag{9.30}$$

对该方程中的 $\boldsymbol{q}_A$ 进行合并，有

$$\begin{bmatrix} \bar{\boldsymbol{K}}_{AA} & \bar{\boldsymbol{K}}_{Ai} \\ \bar{\boldsymbol{K}}_{iA} & \boldsymbol{K}_{ii} \end{bmatrix} \begin{bmatrix} \boldsymbol{q}_A \\ \boldsymbol{q}_i \end{bmatrix} = \begin{bmatrix} \bar{\boldsymbol{P}}_A \\ \boldsymbol{P}_i \end{bmatrix} \tag{9.31}$$

其中

$$\begin{aligned} \bar{\boldsymbol{K}}_{AA} &= \boldsymbol{K}_{AA} + \boldsymbol{T}^{\mathrm{T}}\boldsymbol{K}_{BB}\boldsymbol{T} + \boldsymbol{K}_{AB}\boldsymbol{T} + \boldsymbol{T}^{\mathrm{T}}\boldsymbol{K}_{AB}^{\mathrm{T}} \\ \bar{\boldsymbol{K}}_{Ai} &= \boldsymbol{K}_{Ai} + \boldsymbol{T}^{\mathrm{T}}\boldsymbol{K}_{iB}^{\mathrm{T}} \\ \bar{\boldsymbol{P}}_A &= \boldsymbol{P}_A + \boldsymbol{T}^{\mathrm{T}}\boldsymbol{P}_B \end{aligned}$$

如果图 9.31(b)中 AA' 边界和 BB' 边界之间的夹角为 α，则坐标变换矩阵 $\boldsymbol{T}$ 可表示为

$$\boldsymbol{T} = \begin{bmatrix} \cos\alpha & \sin\alpha \\ -\sin\alpha & \cos\alpha \end{bmatrix} \tag{9.32}$$

9.4 逐级精细分析

逐级精细分析就是通过多次计算和分析来逐步获得整体和局部的精细结果，该方法也叫**子模型方法**(sub-modeling)；主要目的有两个：其一，通过逐级分析来获取局部复杂区域的高精度结果。其二，是通过逐级分析来降低求解规模，以解决计算资源的不足。

实际问题中由于常常存在小孔、凹槽或裂缝，因而引起局部的高度应力集中；在进行有限元分析建模时，一般有两种作法，其一是采用疏密不同的网格划分，在应力集中源附近，网格极为稠密，渐远则越来越稀疏；另一种作法则把工作分为两步来完成：第一步采用大网格划分来进行初步计算，所得的结果在远离应力集中源的部位是可用的，但在应力集中源附近，则只能得到近似值；然后进行第二步，将邻近应力集中源的部分从弹性体上切出，进行局部区域的精细网格划分，并在边界上施加由第一步计算所得到的边界力或边界位移，作较细致的计算。如果所得到的精度仍然不满意，还可从已切出的部分中，再切出更小的部分，进一步加密网格，作更细致的计算。在每一步的计算中，总是把前一步所算得的位移或节点力作为下一个模型的已知边界条件，如图 9.32 所示为一复杂结构的逐级精细分析实例，图 9.33 为汽车轮毂轮辐的逐级精细分析实例。

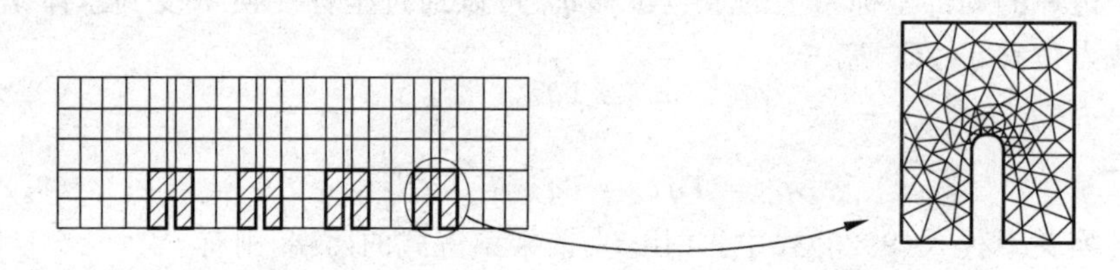

(a) 整体结构的大网格划分建模　　(b) 局部区域的精细网格划分

图 9.32　复杂结构的逐级精细分析

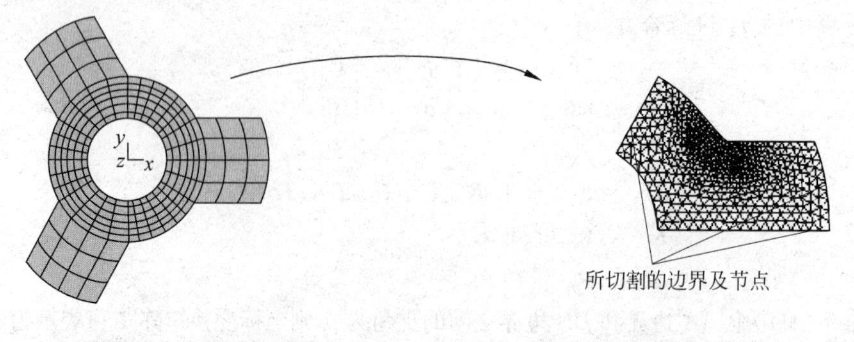

(a) 整体结构的大网格划分建模　　(b) 局部区域的精细网格划分

图 9.33　汽车轮毂轮辐的逐级精细分析

简例9.4(1) 悬臂薄板结构的逐级分析

解答：图9.34为另一个采用逐级分析的示意，该结构为较长的薄板结构。若采用逐级分析方法，首先，取图9.34(b)所示的一段进行计算，假定其左端为完全固定，虽然这是不符合实际情况，但由“圣维南原理”可知，仅在左端附近一段不长的范围内引起误差，所以，由计算所得到的应力分布在自由端附近直至断面Ⅰ-Ⅰ的范围内，可以认为是正确的。然后，再取图9.34(c)所示的一段进行计算，在其左端施加上次计算所得的节点力作为外载荷，在右端，仍旧假定为固支，于是在断面Ⅰ-Ⅰ和Ⅱ-Ⅱ之间，又可以获得比较准确的应力结果；同时，这次计算所得到的节点力，又可施加到图9.34(d)所示的一段上，作最后一次计算。这样就将原如图9.34(a)所示的较大结构化解为如图9.34(b)～(d)所示的三个较小的结构来进行逐级分析计算，以达到降低计算规模和提高计算精度的目的。

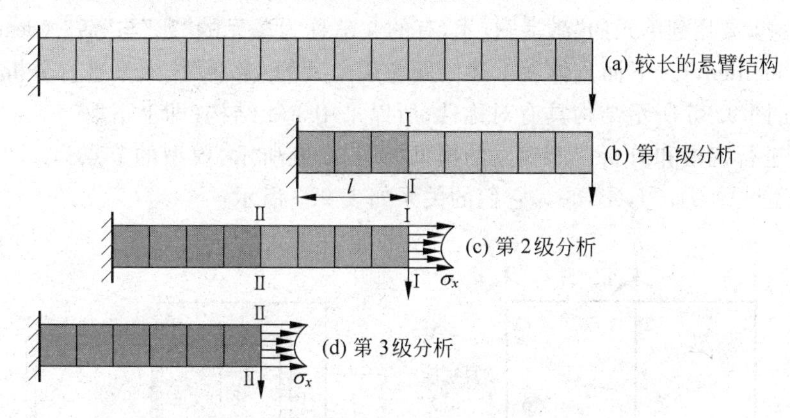

图9.34 用逐级分析方法进行薄板结构力学分析

9.5 单元的“激活”技术

热熔状态的材料在冷却过程中要产生凝固，施工过程中经常要使用辅助支架等装置，在这一类问题中会出现材料及构件的增加或减少，如何对这一类问题进行全过程的建模和分析？单元的“**激活**(activating)”技术可以发挥重要的作用，下面通过一个简单的实例来说明单元“激活”技术的原理。

简例9.5(1) 应用单元“激活”技术分析预紧结构的张拉工艺

考虑一个平面预紧结构的施工工艺过程，如图9.35所示，在受力框架的中部有一个预紧螺栓，在其两侧各有一根拉丝。

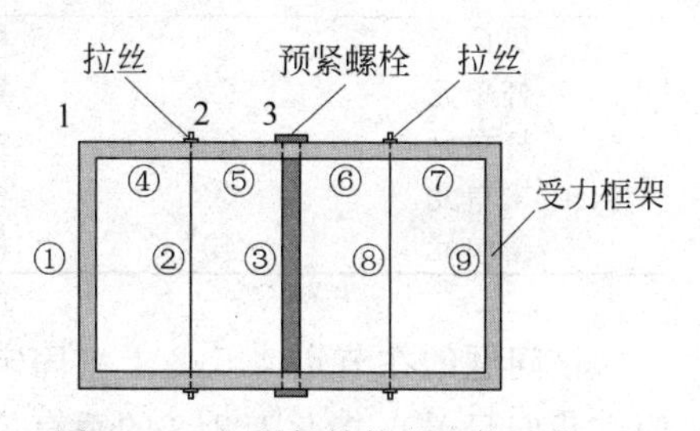

图9.35 一预紧结构的张拉工艺

该预紧结构的施工工艺过程为：

第1步：针对结构框架(初始时，无预紧螺栓和拉丝)，先用螺栓③施加一个预紧力，即螺栓③拧紧。

第 2 步：在已施加预紧力(预紧螺栓作用下)的框架上，进行拉丝，即在变形的框架上进行拉丝，增加拉丝②和⑧，但这时的拉丝②和⑧并不受力。

第 3 步：再将预紧螺栓松开，此时变形框架的力将传向拉丝②和⑧。

现在的问题是计算和分析在这一张拉过程中对拉丝②和⑧所产生的拉力。

解答：可以看出，该问题为一变拓扑的结构分析，即在整个过程中，存在有几何构件的变化(如初始时刻时，构件②和⑧不存在，但在施工后，不存在构件③，而出现构件②和⑧)。分析这类问题的方法有两种：第一种方法为，用两个建模计算来完成，即先用一个带有预紧螺栓而不带拉丝②和⑧的框架结构来计算初始预紧变形，然后再用一个带拉丝而不带预紧螺栓的结构来计算拉丝的拉力。当然由于采用了两种结构模型，还要考虑它们之间的应力传递；第二种方法是采用一个计算模型(一种结构)来完成全过程的分析，这就要用到单元的"激活"技术，有的文献称为**单元的"死"与"活"**(death and birth of element)。下面具体就上述问题应用单元的"激活"技术来进行分析。

由于图 9.35 所示结构具有对称性，所以采用 1/4 结构(即上下取一半，左右取一半)来进行建模和分析。所建立的模型如图 9.36 所示，模型的节点为 1,2,3,4,5,6，单元为①,②,③,④,⑤。它们的关系如表 9.3 所示。

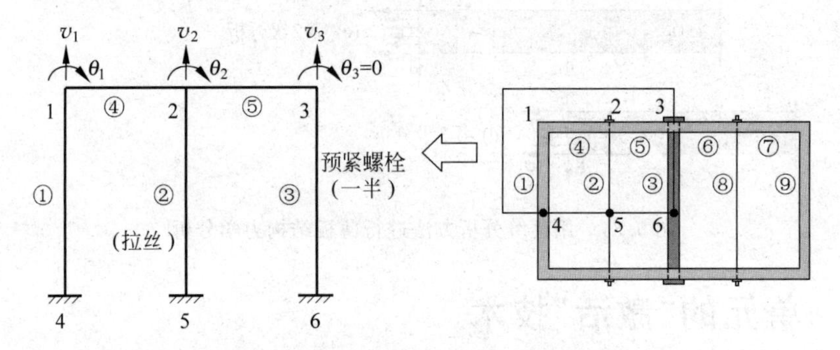

图 9.36 建立对称条件下的计算模型

表 9.3 单元与节点信息

单元			节点号	
单元类型	编号	对应构件		
梁单元	①	框架	1	4
杆单元	②	拉丝	2	5
杆单元	③	螺栓(1/2)	3	6
梁单元	④	框架	1	2
梁单元	⑤	框架	2	3

该问题的在节点 4,5,6 上有固定位移约束，由于对称，节点 3 的转角也为零，假定我们只关心节点 1,2,3 的垂直位移和转角，取模型的整体节点位移为

$$\boldsymbol{q} = [v_1 \quad \theta_1 \quad v_2 \quad \theta_2 \quad v_3]^{\mathrm{T}} \tag{9.33}$$

模型中有 5 个单元,各个单元的刚度矩阵分别为 $\boldsymbol{K}^{(1)}$,$\boldsymbol{K}^{(2)}$,$\boldsymbol{K}^{(3)}$,$\boldsymbol{K}^{(4)}$,$\boldsymbol{K}^{(5)}$,对应于图 9.36 所示结构的刚度方程为

$$(\boldsymbol{K}^{(1)} + \boldsymbol{K}^{(2)} + \boldsymbol{K}^{(3)} + \boldsymbol{K}^{(4)} + \boldsymbol{K}^{(5)})\boldsymbol{q} = \boldsymbol{P} \tag{9.34}$$

具体地,有(处理位移边界条件 BC(u)后):

$$\begin{array}{ccccc} v_1 & \theta_1 & v_2 & \theta_2 & v_3 \\ \downarrow & \downarrow & \downarrow & \downarrow & \downarrow \end{array}$$

$$\begin{bmatrix} k_{11}^{(1)} + k_{11}^{(4)} & k_{12}^{(1)} + k_{12}^{(4)} & k_{13}^{(4)} & k_{14}^{(4)} & 0 \\ k_{21}^{(1)} + k_{21}^{(4)} & k_{22}^{(1)} + k_{22}^{(4)} & k_{23}^{(4)} & k_{24}^{(4)} & 0 \\ k_{31}^{(4)} & k_{32}^{(4)} & k_{33}^{(4)} + k_{33}^{(5)} + k_{33}^{(2)} & k_{34}^{(4)} + k_{34}^{(5)} & k_{35}^{(5)} \\ k_{41}^{(4)} & k_{42}^{(4)} & k_{43}^{(4)} + k_{43}^{(5)} & k_{44}^{(4)} + k_{44}^{(5)} & k_{45}^{(5)} \\ 0 & 0 & k_{53}^{(5)} & k_{54}^{(5)} & k_{55}^{(5)} + k_{55}^{(3)} \end{bmatrix} \begin{bmatrix} v_1 \\ \theta_1 \\ v_2 \\ \theta_2 \\ v_3 \end{bmatrix} = \begin{bmatrix} 0 \\ 0 \\ 0 \\ 0 \\ F_3 \end{bmatrix} \tag{9.35}$$

其中 F_3 为螺栓等效预紧力,可以通过施加等效的温度载荷来实现;各个刚度系数的上标表示单元号,如($k_{11}^{(1)} + k_{11}^{(4)}$)表示单元①的相应刚度系数与单元④的相应刚度系数相加。

由于该结构中的单元②和单元③将要根据实际情况"**抑制**(restrained)"或"**激活**(activating)",我们分别引入两个"抑制"参量来控制这两个单元:$\boldsymbol{\eta}_2$(对于单元②),$\boldsymbol{\eta}_3$(对于单元③)。

令

$$\eta_2 = \begin{cases} 1 & \text{单元 ② 处于“激活”状态} \\ 1 \times 10^{-6} & \text{单元 ② 处于“抑制”状态} \end{cases} \tag{9.36}$$

$$\eta_3 = \begin{cases} 1 & \text{单元 ③ 处于“激活”状态} \\ 1 \times 10^{-6} & \text{单元 ③ 处于“抑制”状态} \end{cases} \tag{9.37}$$

这样,对应于方程(9.35)的总体刚度方程应重新写为

$$(\boldsymbol{K}^{(1)} + \eta_2 \cdot \boldsymbol{K}^{(2)} + \eta_3 \cdot \boldsymbol{K}^{(3)} + \boldsymbol{K}^{(4)} + \boldsymbol{K}^{(5)})\boldsymbol{q} = \boldsymbol{P} \tag{9.38}$$

即

$$\begin{array}{ccccc} v_1 & \theta_1 & v_2 & \theta_2 & v_3 \\ \downarrow & \downarrow & \downarrow & \downarrow & \downarrow \end{array}$$

$$\begin{bmatrix} k_{11}^{(1)} + k_{11}^{(4)} & k_{12}^{(1)} + k_{12}^{(4)} & k_{13}^{(4)} & k_{14}^{(4)} & 0 \\ k_{21}^{(1)} + k_{21}^{(4)} & k_{22}^{(1)} + k_{22}^{(4)} & k_{23}^{(4)} & k_{24}^{(4)} & 0 \\ k_{31}^{(4)} & k_{32}^{(4)} & k_{33}^{(4)} + k_{33}^{(5)} + \eta_2 \cdot k_{33}^{(2)} & k_{34}^{(4)} + k_{34}^{(5)} & k_{35}^{(5)} \\ k_{41}^{(4)} & k_{42}^{(4)} & k_{43}^{(4)} + k_{43}^{(5)} & k_{44}^{(4)} + k_{44}^{(5)} & k_{45}^{(5)} \\ 0 & 0 & k_{53}^{(5)} & k_{54}^{(5)} & k_{55}^{(5)} + \eta_3 \cdot k_{55}^{(3)} \end{bmatrix} \begin{bmatrix} v_1 \\ \theta_1 \\ v_2 \\ \theta_2 \\ v_3 \end{bmatrix} = \begin{bmatrix} 0 \\ 0 \\ 0 \\ 0 \\ F_3 \end{bmatrix} \tag{9.39}$$

基于方程(9.39),就可以使用单元的“激活”技术对该结构的施工工艺过程(第1步～第3步)进行全过程的模拟计算。

第1步:为螺栓作用下的预紧状态,则令单元②处于“抑制”状态,单元③处于“激活”状态,即令

$$\left.\begin{aligned}\eta_2 &= 1\times10^{-6}\\ \eta_3 &= 1\end{aligned}\right\}\tag{9.40}$$

将条件(9.40)代入方程(9.39)中,有对应于第1步的刚度方程

$$\boldsymbol{K}'\boldsymbol{q}' = \boldsymbol{P}'\tag{9.41}$$

其中

$$\boldsymbol{K}' = \boldsymbol{K}^{(1)} + (1\times10^{-6})\times\boldsymbol{K}^{(2)} + (1)\times\boldsymbol{K}^{(3)} + \boldsymbol{K}^{(4)} + \boldsymbol{K}^{(5)}\tag{9.42}$$

$$\boldsymbol{q}' = [v_1' \quad \theta_1' \quad v_2' \quad \theta_2' \quad v_3']^{\mathrm{T}}\tag{9.43}$$

$$\boldsymbol{P}' = [0 \quad 0 \quad 0 \quad 0 \quad F_3]^{\mathrm{T}}\tag{9.44}$$

第2步:令单元②处于“激活”状态,单元③处于“抑制”状态,即

$$\left.\begin{aligned}\eta_2 &= 1\\ \eta_3 &= 1\times10^{-6}\end{aligned}\right\}\tag{9.45}$$

这时的结构刚度矩阵为

$$\boldsymbol{K}'' = \boldsymbol{K}^{(1)} + (1)\times\boldsymbol{K}^{(2)} + (1\times10^{-6})\times\boldsymbol{K}^{(3)} + \boldsymbol{K}^{(4)} + \boldsymbol{K}^{(5)}\tag{9.46}$$

第3步:由于将螺栓③松开,则相当于在原加载的基础上,对单元③施加一个反向的外载,令

$$\boldsymbol{P}'' = [0 \quad 0 \quad 0 \quad 0 \quad -F_3]^{\mathrm{T}}\tag{9.47}$$

这时的整体刚度方程为

$$\boldsymbol{K}''\boldsymbol{q}'' = \boldsymbol{P}''\tag{9.48}$$

将方程(9.46)和(9.47)代入到方程(9.48)中,可求解出 $\boldsymbol{q}''$。

最后,总体的计算结果为

$$\boldsymbol{q} = \boldsymbol{q}' + \boldsymbol{q}''\tag{9.49}$$

注意在计算“激活”状态单元②的变形和应力时,应考虑到它的初始状态(单元的长度)应是第1步加载后的位置状态。

以上为单元“激活”方法的全过程,该求解过程的特点为:

(1) 整个问题在一个整体刚度方程中进行处理,其整体刚度矩阵一次形成,但其刚度系数的变化由“抑制”参量来控制(通过外乘一个很小的参数使其不产生或只有微小的作用)。

(2) 计算过程为多进程,即根据实际的“激活”状态进行多次计算,对于弹性结构,每次计算都为线性问题。

(3) 以上展示的是单元“激活”方法的原理,是人工方法一步一步的实现,在结构分析的软件平台中,只要定义好“激活”单元和“激活”的时机,以上计算过程都可以自动完成,而不必像公式(9.47)中还要施加一个反向外载,也不必像公式(9.49)中还要

进行计算结果的叠加,如 ANSYS 和 MARC 系统中就提供了单元"激活"的功能。

9.6　多场耦合分析

在工程实际中,还有许多问题是多物理场相互耦合的,这类问题叫做**多场耦合问题**(multi-field coupled problem);如温度场与力场、电磁场与力场、微观组织与力场等,处理和求解这类问题一般有两种方法:**强耦合分析**(direct coupled-field analysis)和**弱耦合分析**(sequential weak-coupled analysis),有的文献将前者称为双向耦合求解,将后者称为单向耦合求解。下面分别进行介绍。

1. 强耦合(实时耦合或完全耦合)方程

设单元的控制方程为

$$\begin{bmatrix} \boldsymbol{K}_{11} & \boldsymbol{K}_{12} \\ \boldsymbol{K}_{21} & \boldsymbol{K}_{22} \end{bmatrix} \begin{bmatrix} \boldsymbol{q} \\ \boldsymbol{X} \end{bmatrix} = \begin{bmatrix} \boldsymbol{P}_q \\ \boldsymbol{P}_X \end{bmatrix} \tag{9.50}$$

其中 $\boldsymbol{q}$ 为第一类物理量的节点参量,$\boldsymbol{X}$ 为第二类物理量的节点参量,$\boldsymbol{K}_{ij}$,$\boldsymbol{P}_q$,$\boldsymbol{P}_X$ 为与变量($\boldsymbol{q}$,$\boldsymbol{X}$)相关的耦合系数。例如对于热力耦合问题,$\boldsymbol{q}$ 为节点位移,$\boldsymbol{X}$ 为节点温度,$\boldsymbol{P}_q$ 为由温度引起的等效外载。

由于在一个模型中希望同时计算两种物理场,需要构造(或使用)具有多场物理量描述的单元,这类单元叫做**耦合场单元**(coupled-field element),一般为特殊单元,如对于热力耦合单元,它将同时有位移场和温度场的描述,并且耦合方程(9.50)也为高度非线性。直接求解非线性方程(9.50)便可得到多场变量。

2. 弱耦合(序列耦合)方程

可以将耦合方程(9.50)写为

$$\begin{bmatrix} \boldsymbol{K}_{11} & 0 \\ 0 & \boldsymbol{K}_{22} \end{bmatrix} \begin{bmatrix} \boldsymbol{q} \\ \boldsymbol{X} \end{bmatrix} = \begin{bmatrix} \boldsymbol{P}_q - \boldsymbol{K}_{12}\boldsymbol{X} \\ \boldsymbol{P}_X - \boldsymbol{K}_{21}\boldsymbol{q} \end{bmatrix} \tag{9.51}$$

记为

$$\begin{bmatrix} \boldsymbol{K}_{11} & 0 \\ 0 & \boldsymbol{K}_{22} \end{bmatrix} \begin{bmatrix} \boldsymbol{q} \\ \boldsymbol{X} \end{bmatrix} = \begin{bmatrix} \widetilde{\boldsymbol{P}}_q \\ \widetilde{\boldsymbol{P}}_X \end{bmatrix} \tag{9.52}$$

注意其中的 $\boldsymbol{K}_{11}$,$\boldsymbol{K}_{22}$,$\widetilde{\boldsymbol{P}}_q$,$\widetilde{\boldsymbol{P}}_X$ 为与变量($\boldsymbol{q}$,$\boldsymbol{X}$)相关的耦合系数;将上式写成两组方程,有

$$\boldsymbol{K}_{11}(\boldsymbol{q},\boldsymbol{X}) \cdot \boldsymbol{q} = \widetilde{\boldsymbol{P}}_q(\boldsymbol{q},\boldsymbol{X}) \tag{9.53}$$

$$\boldsymbol{K}_{22}(\boldsymbol{q},\boldsymbol{X}) \cdot \boldsymbol{X} = \widetilde{\boldsymbol{P}}_X(\boldsymbol{q},\boldsymbol{X}) \tag{9.54}$$

该方程的求解过程为:

第 1 步:取初始状态 $\boldsymbol{q}=\boldsymbol{q}^{(0)}$,$\boldsymbol{X}=\boldsymbol{X}^{(0)}$ 为已知。

可由(9.54)式首先求解 $\boldsymbol{X}$,这时的 $\boldsymbol{X}$ 记为 $\boldsymbol{X}^{(1)}$,用来求解 $\boldsymbol{X}^{(1)}$ 的方程为

$$\boldsymbol{K}_{22}(\boldsymbol{q}^{(0)},\boldsymbol{X}^{0})\boldsymbol{X}^{(1)}=\widetilde{\boldsymbol{P}}_{X}(\boldsymbol{q}^{(0)},\boldsymbol{X}^{(0)}) \tag{9.55}$$

第 2 步:在求得 $\boldsymbol{X}^{(1)}$ 后,由方程(9.53)求解 $\boldsymbol{q}^{(1)}$,即

$$\boldsymbol{K}_{11}(\boldsymbol{q}^{(0)},\boldsymbol{X}^{(1)})\cdot\boldsymbol{q}^{(1)}=\widetilde{\boldsymbol{P}}_{q}(\boldsymbol{q}^{(0)},\boldsymbol{X}^{(1)}) \tag{9.56}$$

按照以上方法可以依次求出$(\boldsymbol{X}^{(2)},\boldsymbol{q}^{(2)})$,$(\boldsymbol{X}^{(3)},\boldsymbol{q}^{(3)})$,$(\boldsymbol{X}^{(4)},\boldsymbol{q}^{(4)})$,…,则得到全过程的物理场,由方程(9.55)和(9.56)可以看出,它们都为线性方程,并且为序列求解过程。

3. 两种方法的比较

当物理问题为高度非线性时,在一个方程中对所有变量进行完全直接求解,即进行强耦合方程求解,则具有精度高、计算量小等特点,一般在压电分析、带有流体的共轭热传导、电路电磁场分析等问题中应用较多,当然必须针对这些物理问题专门构造特种耦合单元,并且问题求解的性质为高度非线性。

有许多耦合问题并不是表现出高度非线性的相互作用,对于这类问题,采用序列求解方法来处理,即弱耦合方程求解,则表现出较高的效率和灵活性,它将原耦合问题变为两个各自独立的物理问题进行求解,即在已知一类物理变量的前提下求解另一类物理变量。例如在热力学问题分析中,可以先在传热分析中求解温度变量及分布,然后再进入到结构分析中进行应力应变分析以求得因温度分布而产生的应力和应变,实际上,此时的温度分布已作为已知条件变为"等效温度体积力"加到结构分析中去了。这样,通过两个步骤(序列)把原耦合问题作为两个独立的问题分别进行的计算,而中间通过一类物理量来传递耦合关系。这种处理耦合问题的方法不必需要专门的特殊耦合单元,并且问题求解的性质大多数为线性,因而在实际中应用非常普遍。

9.7 本章要点

- 有限元分析平台(前处理、分析计算、后处理、数据库、数据可视化)
- 有限元分析的过程(问题的特征建模、有限元分析建模及计算)
- 有限元分析的离散方式(自然离散、逼近性离散)
- 常用的特征建模方式(结构对称性、各种连接关系的等效建模)
- 有限元分析的典型技巧(逐级精细分析、单元的"激活"技术、多场耦合分析)

9.8 习题

9.1 试讨论提高有限元分析计算精度的方法和途径。

9.2 什么是有限元分析的效率,试讨论提高有限元分析效率的方法和途径。

9.3　图9.9所示为压力壳结构承受对称的应力作用，若采用三种单元离散方式：三角形板单元、三角形壳单元、轴对称环形壳单元，试对这三种离散方式的特点、误差、计算效率进行分析和讨论。

9.4　如图所示的矩形板，其高度为h、宽度为$9a$，在$h/2$高度处开有3个尺寸相同的矩形孔，板的侧面受线性分布的侧压。就该问题讨论如何利用对称条件来进行建模和分析，画出相应的计算模型，给出计算过程和相关的边界条件。

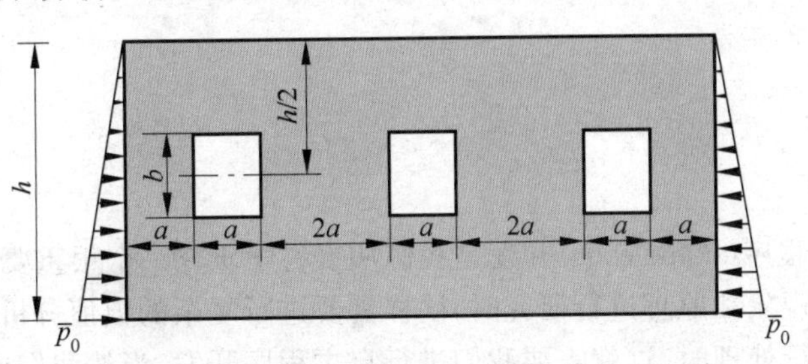

习题　9.4

9.5　如图所示正方形结构，沿对角线承受有两个集中拉力P。若按图示网格取整体模型进行计算，试讨论最优的节点编号和位移边界条件。若利用结构的对称性，只取结构的1/4进行建模，应如何处理边界条件和载荷？

9.6　如图所示的圆轴在其两端受到平衡的扭矩作用，那么该问题是否具有对称性，如何用有限元方法来进行分析和建模？并讨论和分析单元划分、节点载荷、位移边界条件的处理等问题。

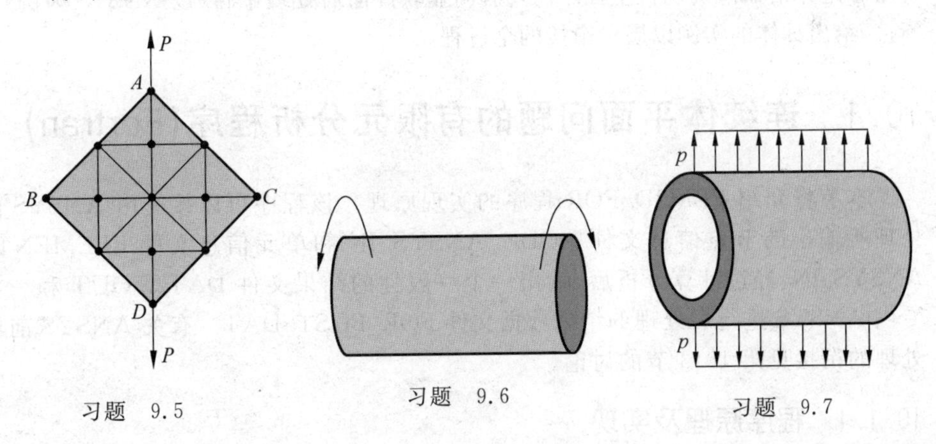

习题　9.5　　　习题　9.6　　　习题　9.7

9.7　如图所示的等厚圆筒，其上下受有均布线载荷。如果圆筒的壁厚很小，则可等效为薄壳，讨论相应的计算模型、单元划分、位移边界条件等问题；当为厚壁圆筒时，应采用三维实体单元，同样进一步讨论相应的计算模型、单元划分及位移边界条件等问题。

第10章 有限元分析的自主程序开发以及与ANSYS平台的衔接

进行自主程序(home-code)开发是我们从事科学研究一个很重要的方面,因为当我们对一些新现象和原理进行研究时,同样需要进行复杂的数值分析,当现有的商业程序还不能进行处理时,这就需要我们进行自主程序开发,当然我们希望只进行核心计算模块的开发,而充分利用现有商业软件的平台,特别是前后处理平台的利用;一般的教科书都提供各种各样的有限元分析源程序,下面在参考相关资料[39]、[40]的基础上特别开发了能够与ANSYS平台进行衔接的有限元分析程序,一个是基于FORTRAN语言的分析程序FEM2D.FOR,另一个是基于C语言的分析程序JIEKOU.CPP,虽然这两个程序只是适用于平面问题的有限元分析,并且只采用3节点三角形单元,但其目的是提供最简单的编程模板,读者在完全理解所提供程序的原理后,可以在此基础上进行扩充,开发出功能更加齐全的自主程序;本章的另一个重要内容是介绍如何实现自主程序与现有商业软件前后处理平台(以ANSYS为例)的衔接,给出具体的实例以展示衔接的全过程。

10.1 连续体平面问题的有限元分析程序(Fortran)

本节将介绍FEM2D.FOR程序的实现原理。该程序可以接受由ANSYS前处理所输出的节点信息文件NODE_ANSYS.IN和单元信息文件ELEMENT_ANSYS.IN,经过计算分析后,输出一个一般性的结果文件DATA.OUT和一个专供ANSYS进行后处理的结果数据文件FOR_POST.DAT。有关ANSYS前后处理的衔接见第10.3节的讨论。

10.1.1 程序原理及实现

该程序的特点如下:

问题类型:可用于弹性力学平面应力问题和平面应变问题的分析

单元类型:常应变(CST)三角形单元

位移模式:线性位移模式

载荷类型:节点载荷,非节点载荷应先换算为等效节点载荷

材料性质：单一的均匀的弹性材料

约束方式：为位移固定约束，为保证无刚体位移，弹性体至少应有针对三个刚体运动自由度的独立约束

方程求解：针对半带宽刚度方程的 Gauss 消元法

节点信息：可以读入由 ANSYS 前处理导出的节点信息文件 NODE_ANSYS. IN，或手工生成

单元信息：可以读入由 ANSYS 前处理导出的单元信息文件 ELEMENT_ANSYS. IN，或手工生成

结果文件：输出一般的结果文件 DATA. OUT，还输出供 ANSYS 进行后处理的文件 FOR_POST. DAT

该程序的原理如框图 10.1 所示。

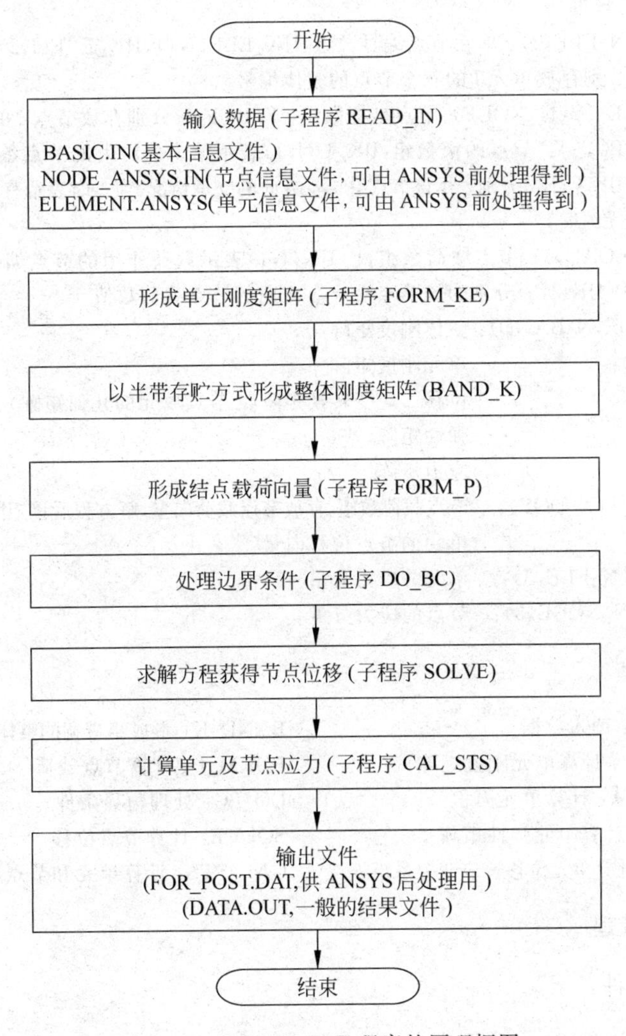

图 10.1　FEM2D. FOR 程序的原理框图

程序中主要变量、子程序、文件管理的说明。

1. 主要变量

ID： 问题类型码，ID=1时为平面应力问题，ID=2时为平面应变问题
N_NODE：节点个数
N_LOAD：节点载荷个数
N_DOF： 自由度，N_DOF=N_NODE*2(平面问题)
N_ELE： 单元个数
N_BAND：矩阵半带宽
N_BC： 有约束的节点个数
PE： 弹性模量
PR： 泊松比
PT： 厚度
IJK_ELE(N_ELE,3)：单元节点编号数组，IJK_ELE(I,1)，IJK_ELE(I,2)，IJK_ELE(I,3)分别存放单元I的三个节点的整体编号
X(N_NODE)、Y(N_NODE)：节点坐标数组，X(I)、Y(I)分别存放节点I的x，y坐标值
IJK_U(N_BC,3)：节点约束数组，IJK_U(I,1)表示第I个约束的节点编号，IJK_U(I,2)，IJK_U(I,3)分别表示该节点沿x，y方向的支承情况，为1时表示有固定约束，为零时无约束
P_IJK(N_LOAD,3)：节点载荷数组，P_IJK(I,1)表示载荷作用的节点编号，P_IJK(I,2)，P_IJK(I,3)分别为该节点沿x，y方向的节点载荷数值
AK(N_DOF,N_BAND)：整体刚度矩阵
AKE(6,6)： 单元刚度矩阵
BB(3,6)： 位移—应变转换矩阵(3节点单元的几何矩阵)
DD(3,3)： 弹性矩阵
SS(3,6)： 应力矩阵
RESULT_N(N_DOF)： 节点载荷数组，存放节点载荷向量，解方程后该矩阵存放节点位移
DISP_E(6)： 单元的节点位移向量
STS_ELE(N_ELE,3)： 单元的应力分量
STS_ND(N_NODE,3)： 节点的应力分量

2. 子程序

READ_IN：读入数据
FORM_KE：计算单元刚度矩阵
CAL_AREA：计算单元面积
CAL_DD：计算单元弹性矩阵
CAL_BB：计算单元位移—应变关系矩阵
BAND_K：形成半带宽的整体刚度矩阵
FORM_P：计算节点载荷
DO_BC：处理边界条件
SOLVE：计算节点位移
CAL_STS：计算单元和节点应力

3. 文件管理

源程序文件：

FEM2D.FOR

程序需读入的数据文件：

BASIC. IN(模型的基本信息文件，需手工生成）
NODE_ANSYS. IN（节点信息文件，可由 ANSYS 前处理导出，或手工生成）
ELEMENT_ANSYS. IN(单元信息文件，可由 ANSYS 前处理导出，或手工生成）

若需从 ANSYS 前处理中导出 NODE_ANSYS. IN 和 ELEMENT_ANSYS. IN 这两个文件，其方法见第 10.3 节。

程序输出的数据文件：

DATA. OUT（一般的结果文件）
FOR_POST. DAT(专供 ANSYS 进行后处理的结果数据文件）

FEM2D. FOR 程序中的文件管理如图 10.2 所示。

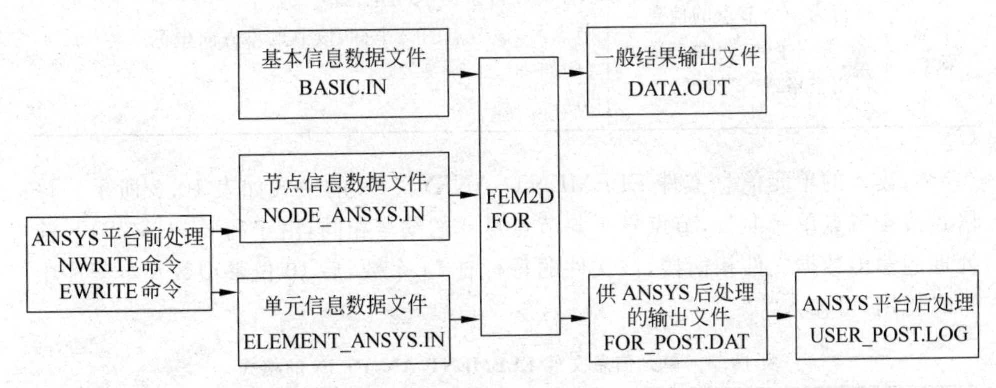

图 10.2　FEM2D. FOR 程序中的文件管理以及与 ANSYS 前后处理平台的衔接

4. 数据文件格式

需读入的模型基本信息文件 BASIC. IN 的格式如表 10.1 所示。

表 10.1　模型基本信息文件 BASIC. IN 的格式

栏　目	格 式 说 明	实际需输入的数据
基本模型数据	第 1 行，每两个数之间用“,”号隔开，整型数	问题类型(ID)，单元个数(N_ELE)，节点个数(N_NODE)，有约束的节点数(N_BC)，有载荷的节点数(N_LOAD) (例如:1,4,6,5,3)
材料性质	第 2 行，每两个数之间用“,”号隔开，实型数	弹性模量(PE)，泊松比(PR)，单元厚度(PT) (例如:1. ,0. ,1.)
节点约束信息	在材料性质输入行之后另起行，每两个数之间用“,”号隔开，整型数(约束代码:1 表示有固定约束，0 无约束)	IJK_U(N_BC,3) 位移约束的节点编号，该节点 x 方向约束代码，该节点 y 方向约束代码，…… (例如:1,1,0,2,1,0,4,1,1,5,0,1,6,0,1)

续表

栏　目	格 式 说 明	实际需输入的数据
节点载荷信息	在节点约束信息输入行之后另起行,每两个数之间用“,”号隔开	P_IJK(N_LOAD,3) 载荷作用的节点编号,该节点 x 方向载荷,该节点 y 方向载荷,…… (例如:1,−0.5,−1.5,3,−1.,−1,6,−0.5,−0.5)

需读入的节点信息文件 NODE_ANSYS.IN 的格式如表 10.2 所示。

表 10.2　节点信息文件 NODE_ANSYS.IN 的格式

栏　目	格 式 说 明	实际需输入的数据
节点信息	每行为一个节点的信息(每行三个数,每两个数之间用空格或“,”分开)	ND_ANSYS(N_NODE,3) 节点号,该节点的 x 坐标,该节点 y 方向坐标 (例如:3　0.5　1.2) ……

需读入的单元信息文件 ELEMENT_ANSYS.IN 的格式如表 10.3 所示。该格式按 4 节点单元准备,节点号 4 与节点号 3 的编号相同,由于需要与 ANSYS 前处理的输出数据文件相衔接,该文件的每行有 14 个数,后 10 位整型数在本程序中暂时无用,可输入“0”。

表 10.3　单元信息文件 ELEMENT_ANSYS.IN 的格式

栏　目	格 式 说 明	实际需输入的数据
单元信息	每行为一个单元的信息(每行有 14 个整型数,前 4 个为单元节点编号,对于 3 节点单元,第 4 个节点编号与第 3 个节点编号相同,后 10 个数暂时无用,可输入“0”,每两个整型数之间用至少一个空格分开)	NE_ANSYS(N_ELE,14) 单元的节点号 1(空格)单元的节点号 2(空格)单元的节点号 3(空格)单元的节点号 4(空格)0(空格)0(空格)0(空格)0(空格)0(空格) 0(空格)0(空格)0(空格)0(空格)0 (例如:1　4　5　5　0　0　0　0　0　0　0　0　0　0) ……

输出结果文件 DATA.OUT (一般的结果文件) 格式如表 10.4 所示。

表 10.4　输出结果文件 DATA.OUT 的格式

栏　　目	实际输出的数据
节点位移	I　RESULT_N(2＊I−1)　RESULT_N(2＊I) 节点号　x 方向位移　y 方向位移
单元应力的三个分量	IE　STS_ELE(IE,1) STS_ELE(IE,2)　STS_ELE(IE,3) 单元号　x 方向应力　y 方向应力　剪切应力

续表

栏　　目	实际输出的数据
节点应力的三个分量（经平均处理后）	I　STS_ND(I,1)　STS_ND(I,2)　STS_ND(I,3) 节点号　x 方向应力　y 方向应力　剪切应力

专供 ANSYS 进行后处理的结果数据文件 FOR_POST. DAT 的格式如表 10.5 所示。

表 10.5　输出结果文件 FOR_POST. DAT 的格式

栏　　目	格式说明	实际输出的数据
PARTI:模型信息	(共 1 行,两个数,格式 2f9.4)	节点数(N_NODE) 单元数(N_ELE) (例如:6.000　4.0000)
PARTⅡ:节点坐标、节点位移、节点应力(经平均处理后的三个分量),在模型信息输出行后的第 1 行代表第 1 号节点的结果,往后依此类推。	(共有总节点数的行数,每行 7 个数,格式 7f9.4)	X(I)　Y(I)　RESULT_N(2 * I-1)　RESULT_N(2 * I)　STS_ND(I,1)　STS_ND(I,2)　STS_ND(I,3) 节点的 x 坐标　节点的 y 坐标　节点 x 方向位移　节点 y 方向位移　节点 x 方向应力　节点 y 方向应力　节点剪切应力 (例如:0.0000 2.0000 0.0000 −5.2527 −1.0879 −3.0000　0.4396)
PARTⅢ:单元节点编号、单元应力的三个分量,在节点输出结果后的第 1 行代表第 1 号单元的结果,往后依此类推。	(共有总单元数的行数,每行 7 个数,格式 7f9.4)	IJK_ELE(I,1)　IJK_ELE(I,2)　IJK_ELE(I,3)　IJK_ELE(I,3)　STS_ELE(I,1)　STS_ELE(I,2)　STS_ELE(I,3) 单元的节点号 1　单元的节点号 2　单元的节点号 3　单元的节点号 4　单元 x 方向应力　单元 y 方向应力　单元剪切应力 (例如:1.0000 2.0000 3.0000 3.0000 −1.0879 −3.0000 0.4396)

10.1.2　完整的 FEM2D.FOR 源程序

（注意:由于排版印刷方面的原因,以下各语句的格式与标准格式会有出入,若读者需要,可以使用本书配书盘所提供的相应文件）

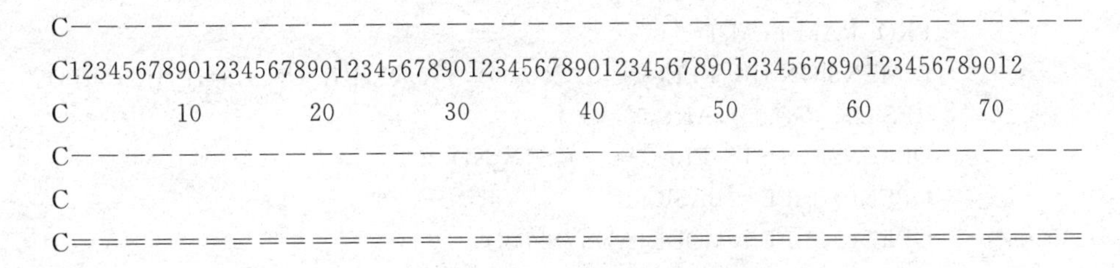

```
C------------------------------------------------------------------------
C123456789012345678901234567890123456789012345678901234567890123456789012
C         10        20        30        40        50        60        70
C------------------------------------------------------------------------
C
C========================================================================
```

```
C
C THIS IS A PROGRAM FOR FINITE ELEMENT ANALYSIS BY
C TRIANGLE ELEMENT
C                         FEM2D. FOR
C
C note:
C     input data files include three:
C     (1) BASIC. IN (basic information, manually)
C     (2) NODE_ANSYS. IN (information of node, which may come from ANSYS or
C manually)
C     (3) ELEMENT_ANSYS. IN (information of element, which may come from ANSYS
C or manually)
C
C     output files include two:
C     (1) DATA. OUT (general output)
C     (2) FOR_POST. DAT (data file for ANSYS postprocessing)
C
C key parameters:
C     ID:      problem indicator(1 for plane stress, 2 for plane strain)
C     N_ELE:   element number
C     N_NODE: node number
C     N_BC:    node number of BC(u)
C     N_LOAD: node number of BC(p)
C     PE,PR,PT:  young's modulus,poisson ratio, thickness
C
C key array:
C     IJK_ELE(N_ELE,3):          node order of element
C     X(N_NODE),Y(N_NODE):   x and y coord. of node
C     IJK_U(N_BC,3):          BC(u)
C     P_IJK(N_LOAD,3):        BC(p)
C     AKE(6,6):               stiffness matrix of 3-node element
C     AK(500,100):            banded global stiffness matrix
C     STS_ELE(500,3):         stress components of element
C     STS_ND(500,3):          stress components of node
C
C========================================
      PROGRAM FEM2D
      DIMENSION IJK_ELE(500,3),X(500),Y(500),IJK_U(50,3),P_IJK(50,3),
     &RESULT_N(500),AK(500,100)
      DIMENSION STS_ELE(500,3),STS_ND(500,3)
      OPEN(4,FILE='BASIC. IN')
      OPEN(5,FILE='NODE_ANSYS. IN')
```

```
      OPEN(6,FILE='ELEMENT_ANSYS.IN')
      OPEN(8,FILE='DATA.OUT')
      OPEN(9,FILE='FOR_POST.DAT')
      READ(4,*)ID,N_ELE,N_NODE,N_BC,N_LOAD
      IF(ID.EQ.1)WRITE(8,20)
      IF(ID.EQ.2)WRITE(8,25)
 20   FORMAT(/5X,'========PLANE STRESS PROBLEM=======')
 25   FORMAT(/5X,'========PLANE STRAIN PROBLEM=======')
      CALL READ_IN(ID,N_ELE,N_NODE,N_BC,N_BAND,N_LOAD,PE,PR,PT,
     & IJK_ELE,X,Y,IJK_U,P_IJK)
      CALL BAND_K(N_DOF,N_BAND,N_ELE,IE,N_NODE,
     & IJK_ELE,X,Y,PE,PR,PT,AK)
      CALL FORM_P(N_ELE,N_NODE,N_LOAD,N_DOF,IJK_ELE,X,Y,P_IJK,
     & RESULT_N)
      CALL DO_BC(N_BC,N_BAND,N_DOF,IJK_U,AK,RESULT_N)
      CALL SOLVE(N_NODE,N_DOF,N_BAND,AK,RESULT_N)
      CALL CAL_STS(N_ELE,N_NODE,N_DOF,PE,PR,IJK_ELE,X,Y,RESULT_N,
     & STS_ELE,STS_ND)
C  to putout a data file for ANSYS postprocessing (channel 9#)
      WRITE(9,70)REAL(N_NODE),REAL(N_ELE)
 70   FORMAT(2f9.4)
      WRITE(9,71)(X(I),Y(I),RESULT_N(2*I-1),RESULT_N(2*I),
     & STS_ND(I,1),STS_ND(I,2),STS_ND(I,3),I=1,N_NODE)
 71   FORMAT(7f9.4)
      WRITE(9,72)(REAL(IJK_ELE(I,1)),REAL(IJK_ELE(I,2)),
     & REAL(IJK_ELE(I,3)),REAL(IJK_ELE(I,3)),
     & STS_ELE(I,1),STS_ELE(I,2),STS_ELE(I,3),I=1, N_ELE)
 72   FORMAT(7f9.4)
C
      CLOSE(4)
      CLOSE(5)
      CLOSE(6)
      CLOSE(8)
      CLOSE(9)
      END
C
C to get the original data in order to model the problem
      SUBROUTINE READ_IN(ID,N_ELE,N_NODE,N_BC,N_BAND,N_LOAD,PE,PR,
     & PT,IJK_ELE,X,Y,IJK_U,P_IJK)
      DIMENSION IJK_ELE(500,3),X(N_NODE),Y(N_NODE),IJK_U(N_BC,3),
     & P_IJK(N_LOAD,3),NE_ANSYS(N_ELE,14)
      REAL ND_ANSYS(N_NODE,3)
```

```
      READ(4,*)PE,PR,PT
      READ(4,*)((IJK_U(I,J),J=1,3),I=1,N_BC)
      READ(4,*)((P_IJK(I,J),J=1,3),I=1,N_LOAD)
      READ(5,*)((ND_ANSYS(I,J),J=1,3),I=1,N_NODE)
      READ(6,*)((NE_ANSYS(I,J),J=1,14),I=1,N_ELE)
      DO 10 I=1,N_NODE
      X(I)=ND_ANSYS(I,2)
      Y(I)=ND_ANSYS(I,3)
   10 CONTINUE
      DO 11 I=1,N_ELE
      DO 11 J=1,3
      IJK_ELE(I,J)=NE_ANSYS(I,J)
   11 CONTINUE
      N_BAND=0
      DO 20 IE=1,N_ELE
        DO 20 I=1,3
        DO 20 J=1,3
          IW=IABS(IJK_ELE(IE,I)-IJK_ELE(IE,J))
          IF(N_BAND.LT.IW)N_BAND=IW
   20 CONTINUE
      N_BAND=(N_BAND+1)*2
      IF(ID.EQ.1) THEN
      ELSE
      PE=PE/(1.0-PR*PR)
      PR=PR/(1.0-PR)
      END IF
      RETURN
      END
C
C  to form the stiffness matrix of element
      SUBROUTINE FORM_KE(IE,N_NODE,N_ELE,IJK_ELE,X,Y,PE,PR,PT,AKE)
      DIMENSION IJK_ELE(500,3),X(N_NODE),Y(N_NODE),BB(3,6),DD(3,3),
     & AKE(6,6), SS(6,6)
      CALL CAL_DD(PE,PR,DD)
      CALL CAL_BB(IE,N_NODE,N_ELE,IJK_ELE,X,Y,AE,BB)
      DO 10 I=1,3
            DO 10 J=1,6
            SS(I,J)=0.0
            DO 10 K=1,3
   10 SS(I,J)=SS(I,J)+DD(I,K)*BB(K,J)
            DO 20 I=1,6
            DO 20 J=1,6
```

```
              AKE(I,J)=0.0
               DO 20 K=1,3
 20   AKE(I,J)=AKE(I,J)+SS(K,I)*BB(K,J)*AE*PT
      RETURN
      END
C
C   to form banded global stiffness matrix
      SUBROUTINE BAND_K(N_DOF,N_BAND,N_ELE,IE,N_NODE,IJK_ELE,X,Y,PE,
     & PR,PT,AK)
      DIMENSION IJK_ELE(500,3),X(N_NODE),Y(N_NODE),AKE(6,6),AK(500,100)
      N_DOF=2*N_NODE
      DO 40 I=1,N_DOF
      DO 40 J=1,N_BAND
 40   AK(I,J)=0
      DO 50 IE=1,N_ELE
        CALL FORM_KE(IE,N_NODE,N_ELE,IJK_ELE,X,Y,PE,PR,PT,AKE)
        DO 50 I=1,3
        DO 50 II=1,2
          IH=2*(I-1)+II
          IDH=2*(IJK_ELE(IE,I)-1)+II
          DO 50 J=1,3
          DO 50 JJ=1,2
              IL=2*(J-1)+JJ
              IZL=2*(IJK_ELE(IE,J)-1)+JJ
              IDL=IZL-IDH+1
              IF(IDL.LE.0) THEN
              ELSE
              AK(IDH,IDL)=AK(IDH,IDL)+AKE(IH,IL)
              END IF
 50   CONTINUE
      RETURN
      END
C
C   to calculate the area of element
      SUBROUTINE CAL_AREA(IE,N_NODE,IJK_ELE,X,Y,AE)
      DIMENSION IJK_ELE(500,3),X(N_NODE),Y(N_NODE)
      I=IJK_ELE(IE,1)
      J=IJK_ELE(IE,2)
      K=IJK_ELE(IE,3)
      XIJ=X(J)-X(I)
      YIJ=Y(J)-Y(I)
      XIK=X(K)-X(I)
```

```
      YIK=Y(K)-Y(I)
      AE=(XIJ*YIK-XIK*YIJ)/2.0
      RETURN
      END
C
C  to calculate the elastic matrix of element
      SUBROUTINE CAL_DD(PE,PR,DD)
      DIMENSION DD(3,3)
      DO 10 I=1,3
        DO 10 J=1,3
   10 DD(I,J)=0.0
      DD(1,1)=PE/(1.0-PR*PR)
      DD(1,2)=PE*PR/(1.0-PR*PR)
      DD(2,1)=DD(1,2)
      DD(2,2)=DD(1,1)
      DD(3,3)=PE/((1.0+PR)*2.0)
      RETURN
      END
C
C  to calculate the strain-displacement matrix of element
      SUBROUTINE CAL_BB(IE,N_NODE,N_ELE,IJK_ELE,X,Y,AE,BB)
      DIMENSION IJK_ELE(500,3),X(N_NODE),Y(N_NODE),BB(3,6)
      I=IJK_ELE(IE,1)
      J=IJK_ELE(IE,2)
      K=IJK_ELE(IE,3)
      DO 10 II=1,3
        DO 10 JJ=1,3
   10 BB(II,JJ)=0.0
      BB(1,1)=Y(J)-Y(K)
      BB(1,3)=Y(K)-Y(I)
      BB(1,5)=Y(I)-Y(J)
      BB(2,2)=X(K)-X(J)
      BB(2,4)=X(I)-X(K)
      BB(2,6)=X(J)-X(I)
      BB(3,1)=BB(2,2)
      BB(3,2)=BB(1,1)
      BB(3,3)=BB(2,4)
      BB(3,4)=BB(1,3)
      BB(3,5)=BB(2,6)
      BB(3,6)=BB(1,5)
      CALL CAL_AREA(IE,N_NODE,IJK_ELE,X,Y,AE)
      DO 20 I1=1,3
```

```
      DO 20 J1=1,6
 20   BB(I1,J1)=BB(I1,J1)/(2.0*AE)
      RETURN
      END
C
C  to form the global load matrix
      SUBROUTINE FORM_P(N_ELE,N_NODE,N_LOAD,N_DOF,IJK_ELE,X,Y,P_IJK,
     & RESULT_N)
      DIMENSION IJK_ELE(500,3),X(N_NODE),Y(N_NODE),P_IJK(N_LOAD,3),
     & RESULT_N(N_DOF)
      DO 10 I=1,N_DOF
 10   RESULT_N(I)=0.0
      DO 20 I=1,N_LOAD
      II=P_IJK(I,1)
      RESULT_N(2*II-1)=P_IJK(I,2)
 20   RESULT_N(2*II)=P_IJK(I,3)
      RETURN
      END
C
C  to deal with BC(u) (here only for fixed displacement) using "1-0" method
      SUBROUTINE DO_BC(N_BC,N_BAND,N_DOF,IJK_U,AK,RESULT_N)
      DIMENSION RESULT_N(N_DOF),IJK_U(N_BC,3),AK(500,100)
      DO 30 I=1,N_BC
          IR=IJK_U(I,1)
          DO 30 J=2,3
            IF(IJK_U(I,J).EQ.0)THEN
            ELSE
            II=2*IR+J-3
            AK(II,1)=1.0
            RESULT_N(II)=0.0
            DO 10 JJ=2,N_BAND
 10             AK(II,JJ)=0.0
                    DO 20 JJ=2,II
 20               AK(II-JJ+1,JJ)=0.0
            END IF
 30   CONTINUE
      RETURN
      END
C
C  to solve the banded FEM equation by GAUSS elimination
      SUBROUTINE SOLVE(N_NODE,N_DOF,N_BAND,AK,RESULT_N)
      DIMENSION RESULT_N(N_DOF),AK(500,100)
```

```
      DO 20 K=1,N_DOF-1
      IF(N_DOF.GT.K+N_BAND-1)IM=K+N_BAND-1
      IF(N_DOF.LE.K+N_BAND-1)IM=N_DOF
      DO 20 I=K+1,IM
        L=I-K+1
        C=AK(K,L)/AK(K,1)
        IW=N_BAND-L+1
        DO 10 J=1,IW
          M=J+I-K
10    AK(I,J)=AK(I,J)-C*AK(K,M)
20    RESULT_N(I)=RESULT_N(I)-C*RESULT_N(K)
      RESULT_N(N_DOF)=RESULT_N(N_DOF)/AK(N_DOF,1)
      DO 40 I1=1,N_DOF-1
        I=N_DOF-I1
        IF(N_BAND.GT.N_DOF-I-1)JQ=N_DOF-I+1
        IF(N_BAND.LE.N_DOF-I-1)JQ=N_BAND
        DO 30 J=2,JQ
          K=J+I-1
30    RESULT_N(I)=RESULT_N(I)-AK(I,J)*RESULT_N(K)
40    RESULT_N(I)=RESULT_N(I)/AK(I,1)
      WRITE(8,50)
50    FORMAT(/12X,'* * * * * RESULTS BY FEM2D * * * * *',//8X,
     &'--DISPLACEMENT OF NODE--'//5X,'NODE NO',8X,'X-DISP',8X,
      '& Y-DISP')
      DO 60 I=1,N_NODE
60    WRITE(8,70) I,RESULT_N(2*I-1),RESULT_N(2*I)
70    FORMAT(8X,I5,7X,2E15.6)
      RETURN
      END
C
C   calculate the stress components of element and node
      SUBROUTINE CAL_STS(N_ELE,N_NODE,N_DOF,PE,PR,IJK_ELE,X,Y,
     & RESULT_N,STS_ELE,STS_ND)
      DIMENSION IJK_ELE(500,3),X(N_NODE),Y(N_NODE),DD(3,3),BB(3,6),
     & SS(3,6),RESULT_N(N_DOF),DISP_E(6)
      DIMENSION STS_ELE(500,3),STS_ND(500,3)
      WRITE(8,10)
10    FORMAT(//8X,'--STRESSES OF ELEMENT--')
      CALL CAL_DD(PE,PR,DD)
        DO 50 IE=1,N_ELE
        CALL CAL_BB(IE,N_NODE,N_ELE,IJK_ELE,X,Y,AE,BB)
        DO 20 I=1,3
```

```
        DO 20 J=1,6
              SS(I,J)=0.0
              DO 20 K=1,3
20  SS(I,J)=SS(I,J)+DD(I,K)*BB(K,J)
    DO 30 I=1,3
    DO 30 J=1,2
        IH=2*(I-1)+J
        IW=2*(IJK_ELE(IE,I)-1)+J
30  DISP_E(IH)=RESULT_N(IW)
    STX=0
    STY=0
    TXY=0
    DO 40 J=1,6
    STX=STX+SS(1,J)*DISP_E(J)
    STY=STY+SS(2,J)*DISP_E(J)
40  TXY=TXY+SS(3,J)*DISP_E(J)
    STS_ELE(IE,1)=STX
    STS_ELE(IE,2)=STY
    STS_ELE(IE,3)=TXY
50  WRITE(8,60)IE,STX,STY,TXY
60  FORMAT(1X,'ELEMENT NO.=',I5/18X,'STX=',E12.6,5X,'STY=',
   & E12.6,2X,'TXY=',E12.6)
C  the following part is to calculate stress components of node
    WRITE(8,55)
55  FORMAT(//8X,'--STRESSES OF NODE--')
    DO 90 I=1,N_NODE
    A=0.
    B=0.
    C=0.
    II=0
    DO 70 K=1,N_ELE
    DO 70 J=1,3
    IF(IJK_ELE(K,J).EQ.I) THEN
    II=II+1
    A=A+STS_ELE(K,1)
    B=B+STS_ELE(K,2)
    C=C+STS_ELE(K,3)
    END IF
70  CONTINUE
    STS_ND(I,1)=A/II
    STS_ND(I,2)=B/II
    STS_ND(I,3)=C/II
```

```
      WRITE(8,75)I,STS_ND(I,1),STS_ND(I,2),STS_ND(I,3)
  75  FORMAT(1X,'NODE NO. =',I5/18X,'STX=',E12.6,5X,'STY=',
     & E12.6,2X,'TXY=',E12.6)
  90  CONTINUE
      RETURN
      END
C   FEM2D program end
```

以上程序已在 Digital Visual Fortran 6.0 和 Fortran PowerStation 4.0 编译器上调试通过。

10.1.3 应用实例

简例 10.1(1) 基于自主程序 FEM2D.FOR 的平面问题有限元分析

如图 10.3(a)所示的正方形薄板四周受均匀载荷的作用[39]，该结构在边界上受正向分布压力 $\bar{p}=1\text{kN/m}$，同时在沿对角线 y 轴上受一对集中压力，载荷为 2kN。若取板厚 $t=1$，泊松比 $\mu=0$，试给出该问题的有限元分析全过程，若采用自主程序 FEM2D.FOR 分析该问题，给出所需要的数据文件。

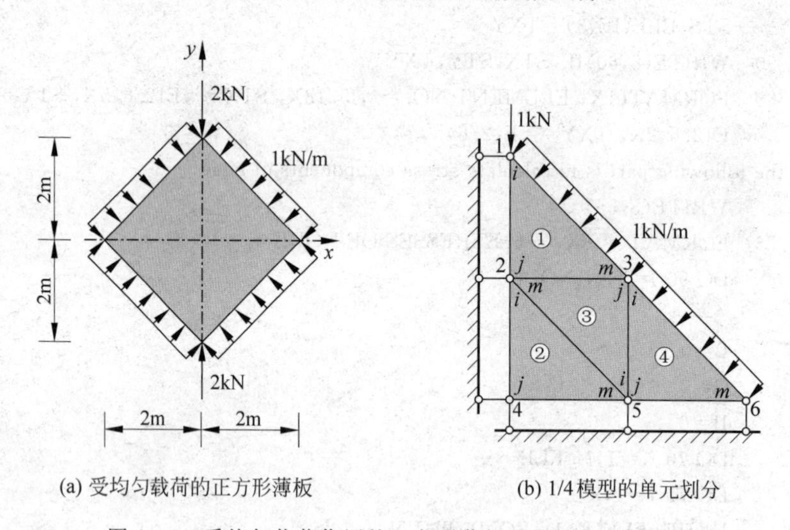

(a) 受均匀载荷的正方形薄板　　(b) 1/4模型的单元划分

图 10.3 受均匀载荷作用的正方形薄板及有限元分析模型

解答：对该问题进行有限元分析的过程如下。

(1) 结构的离散化与编号

该薄板的载荷和几何形状关于 x 轴和 y 轴对称，故可只取结构的 1/4 作为计算模型。将此模型化分为 4 个全等的直角三角形单元，单元编号和节点编号如图 10.3(b)所示。

(2) 各个单元的描述(略)

(3) 建立整体刚度方程

经单元刚度矩阵组装和分布外载等效处理后所形成的整体刚度方程如下：

$$\frac{Et}{4}\begin{bmatrix} 1 & 0 & -1 & -1 & 0 & 1 & 0 & 0 & 0 & 0 & 0 & 0 \\ & 2 & 0 & -2 & 0 & 0 & 0 & 0 & 0 & 0 & 0 & 0 \\ & & 6 & 1 & -4 & -1 & -1 & -1 & 0 & 1 & 0 & 0 \\ & & & 6 & -1 & -2 & 0 & -2 & 1 & 0 & 0 & 0 \\ & & & & 6 & 1 & 0 & 0 & -2 & -1 & 0 & 1 \\ & & & & & 6 & 0 & 0 & -1 & -4 & 0 & 0 \\ & & & & & & 3 & 1 & -2 & -1 & 0 & 0 \\ & & & & & & & 3 & 0 & -1 & 0 & 0 \\ & & & \text{对} & & \text{称} & & & 6 & 1 & -2 & -1 \\ & & & & & & & & & 6 & 0 & -1 \\ & & & & & & & & & & 2 & 0 \\ & & & & & & & & & & & 1 \end{bmatrix}\begin{bmatrix} u_1 \\ v_1 \\ u_2 \\ v_2 \\ u_3 \\ v_3 \\ u_4 \\ v_4 \\ u_5 \\ v_5 \\ u_6 \\ v_6 \end{bmatrix} = \begin{bmatrix} R_{x1}-\frac{1}{2} \\ -\frac{3}{2} \\ R_{x2} \\ 0 \\ -1 \\ -1 \\ R_{x4} \\ R_{y4} \\ 0 \\ R_{y5} \\ -\frac{1}{2} \\ R_{y6}-\frac{1}{2} \end{bmatrix} \tag{10.1}$$

其中 R_{x1}, R_{x2}, R_{x4} 为节点 1,2,4 的水平支反力，R_{y4}, R_{y5}, R_{y6} 为节点 4,5,6 的垂直支反力。

(4) 边界条件的处理及刚度方程求解

该平面问题的位移约束为 $u_1=u_2=u_4=v_4=v_5=v_6=0$，采用置"1"法对这几个自由度进行处理，求解方程后可得到该问题的整体节点位移为

$$\boldsymbol{q}=\frac{1}{Et}[0\ \ -5.252\ \ 0\ \ -2.252\ \ -1.088\ \ -1.372\ \ 0\ \ 0\ \ -0.824\ \ 0\ \ -1.824\ \ 0]^{\mathrm{T}} \tag{10.2}$$

(5) 其他物理量的计算

各个单元的应力为

$$\boldsymbol{\sigma}^{(1)}=\begin{bmatrix} -1.088 \\ -3.000 \\ 0.440 \end{bmatrix},\quad \boldsymbol{\sigma}^{(2)}=\begin{bmatrix} -0.824 \\ -2.252 \\ 0 \end{bmatrix},\quad \boldsymbol{\sigma}^{(3)}=\begin{bmatrix} -1.088 \\ -1.374 \\ 0.308 \end{bmatrix},\quad \boldsymbol{\sigma}^{(4)}=\begin{bmatrix} -1.000 \\ -1.374 \\ -0.132 \end{bmatrix} \tag{10.3}$$

(6) 采用自主程序 FEM2D. FOR 所需要的数据文件

手工准备的模型基本信息文件 BASIC. IN 的数据为

```
1,4,6,5,3
1.,0.,1.
1,1,0,2,1,0,4,1,1,5,0,1,6,0,1
1,-0.5,-1.5,3.,-1.,-1,6,-0.5,-0.5
```

手工准备的节点信息文件 NODE_ANSYS. IN 的数据为

```
1    0.0    2.0
2    0.0    1.0
3    1.0    1.0
4    0.     0.
5    1.0    0.
6    2.0    0.
```

手工准备的单元信息文件 ELEMENT_ANSYS. IN 的数据为

```
1  2  3  3  0  0  0  0  0  0  0  0  0  0
2  4  5  5  0  0  0  0  0  0  0  0  0  0
5  3  2  2  0  0  0  0  0  0  0  0  0  0
3  5  6  6  0  0  0  0  0  0  0  0  0  0
```

(7) FEM2D. FOR 所输出的数据文件

输出结果文件 DATA . OUT 的数据如下,其中节点应力为经平均处理后给出的。

```
==========PLANE STRESS PROBLEM=========
            * * * * * RESULTS BY FEM2D * * * * *

      --DISPLACEMENT OF NODE--

   NODE NO          X-DISP           Y-DISP
        1        0.000000E+00    -0.525275E+01
        2        0.000000E+00    -0.225275E+01
        3       -0.108791E+01    -0.137363E+01
        4        0.000000E+00     0.000000E+00
        5       -0.824176E+00     0.000000E+00
        6       -0.182418E+01     0.000000E+00

      --STRESSES OF ELEMENT--
ELEMENT NO. =     1
          STX=-.108791E+01  STY=-.300000E+01  TXY=0.439560E+00
ELEMENT NO. =     2
          STX=-.824176E+00  STY=-.225275E+01  TXY=0.000000E+00
ELEMENT NO. =     3
          STX=-.108791E+01  STY=-.137363E+01  TXY=0.307692E+00
ELEMENT NO. =     4
          STX=-.100000E+01  STY=-.137363E+01  TXY=-.131868E+00

      --STRESSES OF NODE--
NODE NO. =     1
          STX=-.108791E+01  STY=-.300000E+01  TXY=0.439560E+00
NODE NO. =     2
          STX=-.100000E+01  STY=-.220879E+01  TXY=0.249084E+00
```

```
NODE NO. =    3
              STX=-.105861E+01  STY=-.191575E+01  TXY=0.205128E+00
NODE NO. =    4
              STX=-.824176E+00  STY=-.225275E+01  TXY=0.000000E+00
NODE NO. =    5
              STX=-.970696E+00  STY=-.166667E+01  TXY=0.586081E-01
NODE NO. =    6
              STX=-.100000E+01  STY=-.137363E+01  TXY=-.131868E+00
```

输出的结果文件 FOR_POST. DAT 的数据如下，该文件将作为 ANSYS 后处理的数据文件。

```
6.0000  4.0000
0.0000  2.0000   0.0000  -5.2527  -1.0879  -3.0000   0.4396
0.0000  1.0000   0.0000  -2.2527  -1.0000  -2.2088   0.2491
1.0000  1.0000  -1.0879  -1.3736  -1.0586  -1.9158   0.2051
0.0000  0.0000   0.0000   0.0000  -0.8242  -2.2527   0.0000
1.0000  0.0000  -0.8242   0.0000  -0.9707  -1.6667   0.0586
2.0000  0.0000  -1.8242   0.0000  -1.0000  -1.3736  -0.1319
1.0000  2.0000   3.0000   3.0000  -1.0879  -3.0000   0.4396
2.0000  4.0000   5.0000   5.0000  -0.8242  -2.2527   0.0000
5.0000  3.0000   2.0000   2.0000  -1.0879  -1.3736   0.3077
3.0000  5.0000   6.0000   6.0000  -1.0000  -1.3736  -0.1319
```

10.2 连续体平面问题的有限元分析程序(C)

本节将介绍 JIEKOU. CPP 程序的实现原理。该程序可以接受由 ANSYS 前处理所输出的节点信息文件 NODE_ANSYS. IN 和单元信息文件 ELEMENT_ANSYS. IN，经过计算分析后，输出几个一般性的结果文件(节点位移结果文件 node_displace. dat，单元应力结果文件 ele_stress. dat，节点应力结果文件 node_stress. dat)和一个专供 ANSYS 进行后处理的结果数据文件 FOR_POST. DAT。有关 ANSYS 前后处理的衔接见第 10.3 节的讨论。

10.2.1 程序原理及实现

采用 C 语言编写平面 3 节点结构分析问题的有限元计算程序，并通过与 ANSYS 的接口实现前后处理的可视化。模型建立和网格划分工作由 ANSYS 完成，并自动输出节点信息文件 NODE_ANSYS. IN 和单元信息文件 ELEMENT_ANSYS. IN，其他信息包含在手动写成的信息文件“input. dat”中。也可不利用

ANSYS建模，而是自己编写节点和单元信息文件。程序读入这些信息，通过计算得到节点应力与位移以及单元应力，并建立与ANSYS的后处理接口程序“USER_POST.LOG”。通过调用该log文件，ANSYS可以实现后处理功能的可视化。

JIEKOU.CPP程序流程图如图10.4所示。

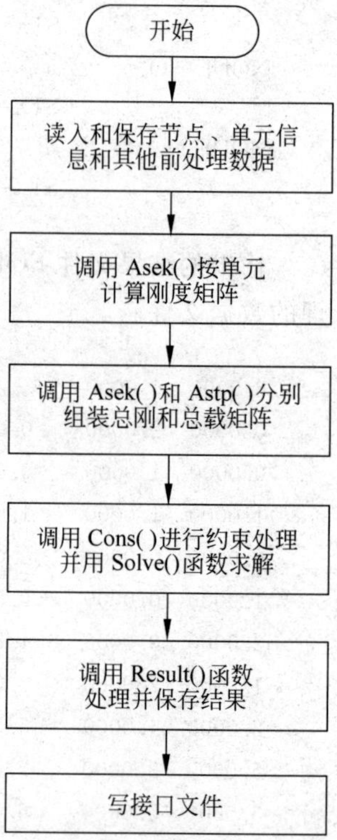

开始
读入和保存节点、单元信息和其他前处理数据
调用Asek()按单元计算刚度矩阵
调用Asek()和Astp()分别组装总刚和总载矩阵
调用Cons()进行约束处理并用Solve()函数求解
调用Result()函数处理并保存结果
写接口文件

图10.4 JIEKOU.CPP程序的原理框图

1. **主要函数和变量**

函数说明：

char Input(char *)：	读入前处理信息
void Calculate()：	有限元求解部分主程序
float Asek(int n,int iask)：	求解单元刚度矩阵
void Astk()：	组装总刚矩阵
void Astp()：	组装总载矩阵
void Cons()：	处理约束支承条件
void Oned()：	一维变带宽存储函数
void Solve()：	求解方程组
void Result()：	给出结果文件及接口文件

基本变量说明：

PTYPE：	问题类型，1为平面应力，2为平面应变
WK[4]：	存储材料基本信息，分别为弹性模量、泊松比、密度和板厚
NODE_SUM：	节点数目
NODE_X[ ],NODE_Y[ ]：	节点坐标
ELE_SUM：	单元数目
ELE_NUM[ ][3]：	单元节点编号
BC_INFO[ ][3]：	节点约束信息，依次为节点编号和x,y方向的约束情况
INFO_LOADLINE[ ][5]：	分布载荷信息，依次为作用边始终节点编号，始终载荷，载荷方向
INFO_LOADNODE[ ][3]：	集中力作用信息，依次为作用节点编号，力的大小、作用方向
EK[6][6]：	单元刚度矩阵
float *stiff：	指向结构刚度矩阵
D[3][3]：	弹性矩阵
S[3][6]：	应力矩阵
DISPLACE[ ]：	节点位移存储矩阵
stx,sty,stu：	分别为x方向的应力、y方向的应力和剪应力

2. 文件管理

输入文件说明：

node. in： 手工编写的节点信息文件
NODE_ANSYS. IN： 从 ANSYS 前处理导出的节点信息文件
element. in： 手工编写的单元信息文件
ELEMENT_ANSYS. IN： 从 ANSYS 前处理导出的单元信息文件
input. dat： 包含除网格划分信息之外的所有前处理信息

结果文件说明：

node_displace. dat： 基本材料信息和节点的坐标与位移
ele_stress. dat： 单元应力结果
node_stress. dat： 节点应力结果
FOR_POST. DAT： 专供 ANSYS 进行后处理的结果数据文件
USER_POST. LOG： 接口文件，供 ANSYS 调用以实现结果的可视化

3. 数据文件格式

对于手工准备的节点信息文件 node. in，按行给出节点的信息；每行三列，格式为：节点号，该节点的 x 坐标，该节点 y 方向坐标；数据之间以空格隔开。

对于手工准备的单元信息文件 element. in，按行给出单元的信息；每行四列，对应一个单元的编号和按照逆时针排序的 3 节点编码，数据之间以空格隔开。

若采用从 ANSYS 前处理导出的节点信息文件 NODE_ANSYS. IN 和单元信息文件 ELEMENT_ANSYS. IN，则可以不采用文件 node. in 和 element. in，在 JIEKOU. CPP 程序中需要进行条件编译，见后面的说明。

从 ANSYS 导出的两个文件 NODE_ANSYS. IN 和 ELEMENT_ANSYS. IN 的格式见表 10. 2 和表 10. 3。

模型信息文件 input. dat 的格式如表 10. 6 所示，数据之间以空格隔开。

表 10. 6 模型基本信息文件 input. dat 的格式

输入顺序与格式	标识符含义
PTYPE	问题类型(1 为平面应力，2 为平面应变)
NODE_SUM	节点数目
ELE_SUM	单元数目
BC_LINE	有约束的直线边数
BC_NODE	分散约束节点数
LOAD_LINE	分布载荷直线边数
LOAD_NODE	集中力作用点数

续表

输入顺序与格式	标识符含义
BC_LINE	边的约束信息： 依次输入该边的起终点坐标及约束信息（－1：x 方向有约束；0：x，y 方向均有约束；1：y 方向有约束）
BC_NODE	分散节点约束信息： 依次输入节点码及 x，y 方向约束信息（有约束为 1，无约束为 0）
INFO_LOADLINE	分布载荷边信息： 依次输入该边的起终点坐标，起终点载荷集度和方向
INFO_LOADNODE	集中力作用信息： 依次输入作用的节点编号，作用力的大小和方向
E P GM TH	材料常数： 弹性模量，泊松比，密度和板厚

注：集中力和分布载荷的方向为从 x 轴正方向逆时针旋转给定的角度后所在的方向

4. 前处理功能的条件编译

条件编译指令是 C 语言中非常有用的一组指令，它允许程序员有选择的编译程序源代码的不同部分，可以实现程序的多种版本和功能。常用的一种条件编译方法是使用编译指令＃ifdef，其一般形式为：

```
＃ifdef macro-name
statement sequence 1
＃else
statement sequence 2
＃endif
```

若 macro-name 被＃define 语句定义过，则编译代码段 statement sequence 1，否则编译代码段 statement sequence 2。

本程序在开始时通过语句＃define ANSYS 定义了字符串 ANSYS，代码段 statement sequence 1 中包含了按照 ANSYS 导出的数据文件名进行读取的命令。因此程序会读取由 ANSYS 导出的网格信息 NODE_ANSYS. IN 和 ELEMENT_ANSYS. IN，从 ANSYS 前处理中导出这两个文件的方法见第 10.3 节。

如果需要读取自己编写的网格信息，只需要把＃define ANSYS 一行注释即可。此时字符串未被定义，程序会执行代码段 statement sequence 2，该代码段中包含了读取手工编写的网格信息数据的命令，因此程序会读取自编数据文件 node. in 和 element. in，作为网格划分信息。

10.2.2　完整的 JIEKOU.CPP 源程序

（注意：由于排版印刷方面的原因，以下语句的格式与标准格式会有出入，若读者需要，可以使用配书盘所提供的文件）

```
#define ANSYS
#include"string.h"
#include"stdio.h"
#include"conio.h"
#include"stdlib.h"
#include"process.h"
#include"malloc.h"
#include"math.h"
#define PI 3.1415926

float NODE_X[500],NODE_Y[500],INFO_LOADLINE[30][5],INFO_LOADNODE
[30][3],WK[4],*stiff;
int NODE_SUM,ELE_SUM,BC_LINE,BC_NODE,LOAD_LINE,LOAD_NODE,
PTYPE;
int bc_num,load_num,NJ2,SH[8],LL[6],ID[1000],ELE_NUM[1000][3],BC_INFO
[50][3];
float DISPLACE[1000],D[3][3],EK[6][6],S[3][6];
FILE *fp,*fp1;

char Input(char *);                              //读入相关参数
float Asek(int n,int iask);                      //求解单元刚度矩阵
void Astk(),Astp(),Cons(),Oned(),Solve();
void Result();                                   //输出相关结果

void main()
{char instr[30];                                 //存放输入和输出的文件名
int i;
printf("\nplease input the datafile name:");
scanf("%s",instr);                               //输入原始数据文件名
i=Input(instr);                                  //读入数据,返回信息变量
if(i==1){printf("Data file input OK! Any key continue\n");getch();}
if(i==2){printf("Data file open error! \n");exit(0);}
Astk();                                          //组装总刚矩阵
Astp();                                          //组装总载矩阵
Cons();                                          //约束处理
Solve();                                         //求解方程组
printf("\nCalculating finish. Anykey to continue...\n");
```

```
getch();
Result();                                          //给出结果并输出
printf("\nAnykey to QUIT! \n");
getch();}

char Input(char * str)
{int i,j,nd,k1,k2,j1,n,sum,ss=0,sp=0;          //sp 标识当前已读入的信息数据个数
float x1,y1,x2,y2,nr,dx1,dy1,dk,dx,dyx,q1,q2,aL;
float a1,a2,a3,a4,w2[20], * w1;              //* w1 指向读入的信息数据的临时存储空间
if((fp=fopen(str,"r+"))==NULL)return 2;         //打开数据文件
if(ferror(fp))return 2;
fscanf(fp,"%d%d%d%d%d%d
%d",&PTYPE,&NODE_SUM,&ELE_SUM,&BC_LINE,&BC_NODE,&LOAD_
LINE,&LOAD_NODE);
//读入控制数据,PTYPE 为 1 表示平面应力问题,为 2 表示平面应变问题
#ifdef ANSYS                                       //条件编译,若定义了"ANSYS"则
                                                     执行下面的语句
sum=(3 * NODE_SUM)+(14 * ELE_SUM)+(5 * BC_LINE)+(3 * BC_NODE)+(7 *
LOAD_LINE) + (3 * LOAD_ NODE) + 4; if(! (w1 = (float * ) malloc ( sum * sizeof
(float))))
                                                   //开辟临时空间给信息数据,首地
                                                     址为 w1
  {printf("out of memory.\n"); exit(0); }          //若空间不够则报警
if((fp1=fopen("node_ansys.in","r+"))==NULL)return 2;
for(ss=0;ss<3 * NODE_SUM;ss++)
fscanf(fp1,"%f",w1+ss);                            //从 w1 地址开始存入节点信息数据
fclose(fp1);
if((fp1=fopen("element_ansys.in","r+"))==NULL)return 2;
for(ss=3 * NODE_SUM;ss<(3 * NODE_SUM+14 * ELE_SUM);ss++)
fscanf(fp1,"%f",w1+ss);                            //继续存入单元信息数据
fclose(fp1);
for(ss=(3 * NODE_SUM+14 * ELE_SUM);ss<sum;ss++)
fscanf(fp,"%f",w1+ss);                             //继续存入其他信息数据
#else                         //条件编译,若没有定义"ANSYS"则执行下面的语句
sum=(3 * NODE_SUM)+(4 * ELE_SUM)+(5 * BC_LINE)+(3 * BC_NODE)+(7 *
LOAD_LINE)+(3 * LOAD_NODE)+4;
if(! (w1=(float * )malloc(sum * sizeof(float))))
    {printf("out of memory.\n"); exit(0); }
if((fp1=fopen("node.in","r+"))==NULL)return 2;
for(ss=0;ss<3 * NODE_SUM;ss++)
fscanf(fp1,"%f",w1+ss);
fclose(fp1);
```

```
if((fp1=fopen("element.in","r+"))==NULL)return 2;
for(ss=3*NODE_SUM;ss<(3*NODE_SUM+4*ELE_SUM);ss++)
fscanf(fp1,"%f",w1+ss);
fclose(fp1);
for(ss=(3*NODE_SUM+4*ELE_SUM);ss<sum;ss++)
fscanf(fp,"%f",w1+ss);
#endif                                        //条件编译结束
fclose(fp);
if(NODE_SUM>0)                                //NODE_SUM 表示节点总数
{for(i=1;i<=NODE_SUM;i++)
    {nd=*(w1+sp+3*i-2-1);                     //nd 读入节点编号
    NODE_X[nd-1]=*(w1+sp+3*i-1-1);            //NODE_X[nd-1]存储该节点横坐标
    NODE_Y[nd-1]=*(w1+sp+3*i-0-1);}           //NODE_Y[nd-1]存储该节点纵坐标
sp=sp+3*NODE_SUM;}
if(ELE_SUM>0)                                 //ELE_SUM 表示单元总数
#ifdef ANSYS                      //条件编译,若定义了"ANSYS"则执行下面的语句
{for(i=1;i<=ELE_SUM;i++)
    {nd=*(w1+sp+14*i-1);                      //nd 读入单元编号
    ELE_NUM[nd-1][0]=*(w1+sp+14*i-13-1);
    ELE_NUM[nd-1][1]=*(w1+sp+14*i-12-1);
    ELE_NUM[nd-1][2]=*(w1+sp+14*i-11-1);}  //ELE_NUM[nd-1]存储
                                              该单元 3 节点编码
sp=sp+14*ELE_SUM;}
#else                          //条件编译,若没有定义"ANSYS"则执行下面的语句
{for(i=1;i<=ELE_SUM;i++)
    {nd=*(w1+sp+4*i-3-1);                     //nd 读入单元编号
    ELE_NUM[nd-1][0]=*(w1+sp+4*i-2-1);
    ELE_NUM[nd-1][1]=*(w1+sp+4*i-1-1);
    ELE_NUM[nd-1][2]=*(w1+sp+4*i-1);} //ELE_NUM[nd-1]存储该单元
                                              3 节点编码
sp=sp+4*ELE_SUM;}
#endif                                        //条件编译结束
bc_num=0;
if(BC_LINE>0)                                 //BC_LINE 表示有约束的直线边数
{for(i=1;i<=BC_LINE;i++)
    {x1=*(w1+sp+5*i-5);y1=*(w1+sp+5*i-4);
    x2=*(w1+sp+5*i-3);y2=*(w1+sp+5*i-2);  //存储该边的起终点坐标
    nr=*(w1+sp+5*i-1);                        //nr 读入该边的约束信息
    k1=0;k2=0;
    if(nr<0.1) k1=1;                          //x 方向有约束则令 k1 为 1
    if(nr>-0.1) k2=1;                         //y 方向有约束则令 k2 为 1
    dx=x2-x1;
```

```
        //下面分斜率是否存在两种情况 分别寻找在直线上的节点,并把边的约束信息转化
          到节点上
        if(fabs(dx)<0.0001)                          //斜率不存在
            {for(j=1;j<=NODE_SUM;j++)
                {dx1=NODE_X[j-1]-x1;
                if(fabs(dx1)<0.0001)                 //顺次判断各个节点是否在该直线上
                    {bc_num++;                       //存储数组元素加 1
                    BC_INFO[bc_num-1][0]=j;
                    BC_INFO[bc_num-1][1]=k1;
                    BC_INFO[bc_num-1][2]=k2; }
        //BC_INFO[]存储在该直线上的节点的约束信息,依次为节点编号和 x,y 方向的约
          束情况
                }
            }
        else                                         //斜率存在
            {dk=(y2-y1)/dx;                          //求斜率
            for(j=1;j<=NODE_SUM;j++)
                {dy1=NODE_Y[j-1]-y1-dk*(NODE_X[j-1]-x1);
                if(fabs(dy1)<0.0001)             //顺次判断各个节点是否在该直线上
                    {bc_num++;
                    BC_INFO[bc_num-1][0]=j;
                    BC_INFO[bc_num-1][1]=k1;
                    BC_INFO[bc_num-1][2]=k2;}
                }
            }
        }
    sp=sp+5*BC_LINE;}
    if(BC_NODE>0)                                    //BC_NODE 表示有约束的节点数
    {for(i=1;i<=BC_NODE;i++)
        {bc_num++;
        BC_INFO[bc_num-1][0]=*(w1+sp+3*i-2-1);
        //BC_INFO[]存储节点约束信息,依次为节点编号和 x,y 方向的约束情况
        BC_INFO[bc_num-1][1]=*(w1+sp+3*i-1-1);
        BC_INFO[bc_num-1][2]=*(w1+sp+3*i-1);}
        sp=sp+3*BC_NODE;}
    load_num=0;
    if(LOAD_LINE>0)                          //LOAD_LINE 表示有分布载荷的直线边数
    {for(i=1;i<=LOAD_LINE;i++)
        {j1=0;
        x1=*(w1+sp+7*i-6-1);y1=*(w1+sp+7*i-5-1);
        x2=*(w1+sp+7*i-4-1);y2=*(w1+sp+7*i-3-1);//读入该边的约束始
                                                               终点坐标
```

```
    q1=*(w1+sp+7*i-2-1);q2=*(w1+sp+7*i-1-1);//读入始终点的载荷
                                                            集度
    aL=*(w1+sp+7*i-1);    //读入从 x 轴按右手法则转至该载荷外作用线的角度
    dx=x2-x1;
    if(fabs(dx)<0.0001)                         //斜率不存在
        {for(j=1;j<=NODE_SUM;j++)
            {dx1=NODE_X[j-1]-x1;
            if(fabs(dx1)<0.0001)                //顺次判断各节点是否在该直线上
                {j1++;
                w2[j1-1]=j; }                   //w2[]存储在该直线上的节点编号
            }
        }
    else                                        //斜率存在
        {dk=(y2-y1)/dx;                         //求斜率
        for(j=1;j<=NODE_SUM;j++)
            {dy1=NODE_Y[j-1]-y1-dk*(NODE_X[j-1]-x1);
            if(fabs(dy1)<0.0001)                //顺次判断各节点是否在该直线上
                {j1++;                          //j1 最后得到在该直线上的节点数
                w2[j1-1]=j;}                    //w2[]存储在该直线上的节点编号
            }
        }
    a1=sqrt((x2-x1)*(x2-x1)+(y2-y1)*(y2-y1));
    a2=(q2-q1)/a1;                              //求出载荷梯度
    //下面一个循环将对直线边的分布载荷转化到各个单元边上
    for(n=1;n<=j1-1;n++)
        {load_num++;
        k1=w2[n-1];k2=w2[n];                    //单元边始终节点编码
        a3=sqrt((NODE_X[k1-1]-x1)*(NODE_X[k1-1]-x1)+(NODE_Y[k1-
        1]-y1)*(NODE_Y[k1-1]-y1));
        a4=sqrt((NODE_X[k2-1]-x1)*(NODE_X[k2-1]-x1)+(NODE_Y[k2-
        1]-y1)*(NODE_Y[k2-1]-y1));
        //a3,a4 分别保存始终点到约束起点的距离
        INFO_LOADLINE[load_num-1][0]=k1;
        INFO_LOADLINE[load_num-1][1]=k2;    //第 load_num 条单元边的始终
                                              节点编码
        INFO_LOADLINE[load_num-1][2]=q1+a3*a2;
        INFO_LOADLINE[load_num-1][3]=q1+a4*a2;    //第 load_num 条单元边
                                                    的始终载荷
        INFO_LOADLINE[load_num-1][4]=aL;}         //第 load_num 条单元边
                                                    的载荷方向
    }
sp=sp+7*LOAD_LINE;}
```

```
if(LOAD_NODE>0)                          //LOAD_NODE表示集中力作用节点数
{for(i=1;i<=LOAD_NODE;i++)
   {INFO_LOADNODE[i-1][0]=*(w1+sp+3*i-2-1);
                                          //INFO_LOADNODE[]存储集中力作用点信息
   INFO_LOADNODE[i-1][1]=*(w1+sp+3*i-1-1);
                                          //依次为节点坐标,力的大小,作用方向
   INFO_LOADNODE[i-1][2]=*(w1+sp+3*i-1);}
   sp=sp+3*LOAD_NODE;}
for(i=0;i<4;i++)WK[i]=*(w1+sp+i);
                              //WK[]依次读入材料的弹性模量,泊松比,密度和板厚
free(w1);                     //释放存储信息数据的临时空间
return 1;}

float Asek(int n,int iask)        //计算单元刚度矩阵,n为单元编号
{float bi,ci,cm,bm,cj,bj,b[3][6],bb[6][3];
int i,j,m,k1=0,k2=0,k3,k4;
float th,ae,a2,at;
float x1,x2,x3,y1,y2,y3;
i=ELE_NUM[n-1][0];j=ELE_NUM[n-1][1];m =ELE_NUM[n-1][2];
                                                //节点单元码i,j,m
cm=NODE_X[j-1]-NODE_X[i-1];bm=NODE_Y[i-1]-NODE_Y[j-1];
cj=NODE_X[i-1]-NODE_X[m-1];bj=NODE_Y[m-1]-NODE_Y[i-1];
ae=(bj*cm-bm*cj)/2.0;                              //ae得到单元面积
th=WK[3];                                          //th得到板厚
if(iask>1)
   {for(k1=0;k1<3;k1++)
      {for(k2=0;k2<6;k2++)
         {b[k1][k2]=0.0;bb[k2][k1]=0.0;}
      }
   b[0][0]=-bj-bm; b[2][1]=b[0][0]; b[0][2]=bj;     b[2][3]=bj;
   b[0][4]=bm;     b[2][5]=bm;      b[1][1]=-cj-cm; b[2][0]=b[1][1];
   b[1][3]=cj;     b[2][2]=cj;      b[1][5]=cm;     b[2][4]=cm;
   a2=0.5/ae;
   for(k3=0;k3<=2;k3++)
      {for(k4=0;k4<=5;k4++)
      b[k3][k4]=a2*b[k3][k4];}                    //生成几何矩阵b[3][6]
   for(k3=0;k3<=2;k3++)
      {for(k4=0;k4<=5;k4++)
         {S[k3][k4]=0.0;
         for(k1=0;k1<=2;k1++)
            S[k3][k4]=S[k3][k4]+D[k3][k1]*b[k1][k4];}
      }
```

```
    }                                                        //生成应力矩阵 s[3][6]
if(iask>2)
    {for(k1=0;k1<3;k1++)
        {for(k2=0;k2<6;k2++)
        bb[k2][k1]=b[k1][k2];} //生成几何矩阵的转置矩阵 bb[k2][k1]=b[k1][k2]
    for(k3=0;k3<6;k3++)
        {for(k4=0;k4<6;k4++)
            {EK[k3][k4]=0.0;
            for(k1=0;k1<3;k1++)
            EK[k3][k4]=EK[k3][k4]+bb[k3][k1] * S[k1][k4];}
        }
    at=ae * th;
    for(k1=0;k1<6;k1++)
        {for(k4=0;k4<6;k4++)
        EK[k1][k4]=at * EK[k1][k4];}
    }                                                        //生成单元刚度矩阵 EK[6][6]
LL[0]=i+i-1;LL[1]=i+i;LL[2]=j+j-1;LL[3]=j+j;LL[4]=m+m-1;LL[5]=
m+m;                                                         //3 节点总自由度码
    return ae;  }                                            //返回单元面积
void Astk()                                                  //组装总刚矩阵
{float tc,eo,po,th,c;
int tll,i,mm,idn,n,j;
eo=WK[0];po=WK[1];                                           //eo 为弹性模量,po 为泊松比
for(i=0;i<3;i++)
    {for(mm=0;mm<3;mm++)  D[i][mm]=0.0;}
if(PTYPE==2)                                                 //平面应变问题对 eo 和 po 转化
    {eo=eo/(1.0-po * po);   po=po/(1.0-po);}
D[0][0]=eo/(1.0-po * po);   D[1][1]=D[0][0]; D[0][1]=D[0][0] * po;
D[1][0]=D[0][1];   D[2][2]=eo/2/(1.+po); //计算弹性矩阵 D[]
NJ2=NODE_SUM * 2;
Oned();
idn=ID[NJ2-1];
if(! (stiff=(float *)malloc(idn * sizeof(float)))) //为总刚矩阵的存储开辟临时空间
{printf("out of memory.\n");
    exit(0); }
for(i=0;i<idn;i++) * (stiff+i)=0;
for(i=1;i<=ELE_SUM;i++)                                      //组装形成总刚矩阵
    {Asek(i,3);
    for(mm=1;mm<=6;mm++)
        {tll=LL[mm-1];
        for(n=1;n<=6;n++)
            {tc=LL[n-1];
```

```
            if(tll>=tc)
                {j=ID[tll-1]-tll+tc;
                *(stiff+j-1)=*(stiff+j-1)+EK[mm-1][n-1];}
            }
        }
    }
}
void Astp()                                          //组装总载向量函数
{float pe[4],gm,th,b,eg,ae,rij,qi,qj,bb;
int i,k,j;
gm=WK[2];th=WK[3];
for(i=0;i<NJ2;i++)DISPLACE[i]=0.0;
if(load_num>0)                                       //将分布力等效到节点上
    {for(k=1;k<=load_num;k++)
        {i=INFO_LOADLINE[k-1][0];
        j=INFO_LOADLINE[k-1][1];
        rij=sqrt((NODE_X[j-1]-NODE_X[i-1])*(NODE_X[j-1]-NODE_X[i-1])+
        (NODE_Y[j-1]-NODE_Y[i-1])*(NODE_Y[j-1]-NODE_Y[i-1]));
        qi=(2.0*INFO_LOADLINE[k-1][2]+INFO_LOADLINE[k-1][3])*rij/6.0;
        qj=(2.0*INFO_LOADLINE[k-1][3]+INFO_LOADLINE[k-1][2])*rij/6.0;
        bb=INFO_LOADLINE[k-1][4];
        pe[0]=qi*cos(bb*PI/180);pe[1]=qi*sin(bb*PI/180);
        pe[2]=qj*cos(bb*PI/180);pe[3]=qj*sin(bb*PI/180);
        DISPLACE[2*i-1-1]=DISPLACE[2*i-1-1]+pe[0];
        DISPLACE[2*i-1]=DISPLACE[2*i-1]+pe[1];
        DISPLACE[2*j-1-1]=DISPLACE[2*j-1-1]+pe[2];
        DISPLACE[2*j-1]=DISPLACE[2*j-1]+pe[3];}
}
if(LOAD_NODE>0)                                      //将集中力等效到节点上
    {for(i=1;i<=LOAD_NODE;i++)
        {j=INFO_LOADNODE[i-1][0];b=INFO_LOADNODE[i-1][2];
        DISPLACE[2*j-1-1]=DISPLACE[2*j-1-1]+INFO_LOADNODE
        [i-1][1]*cos(b*PI/180);
        DISPLACE[2*j-1]=DISPLACE[2*j-1]+INFO_LOADNODE[i-1][1]*
        sin(b*PI/180);}
    }
if(gm>0)                                             //将重力(体积力)等效到节点上
    {for(i=1;i<=ELE_SUM;i++)
        {ae=Asek(i,1);
        eg=-gm*ae*th/3.0;
        for(k=0;k<=2;k++)
            {j=LL[2*k];
```

```
            DISPLACE[j-1]=DISPLACE[j-1]+eg;}
        }
    }
}
void Cons()                                          //约束处理函数
{int i,j,it,itd;
for(i=1;i<=bc_num;i++)
    {for(j=2;j<=3;j++)
        {if(BC_INFO[i-1][j-1]==1)
            {it=2*BC_INFO[i-1][0]+j-3;
            itd=ID[it-1];
            *(stiff+itd-1)=*(stiff+itd-1)*1.0e+20;}  //有约束的主对角元乘大数
        }
    }
}
void Result()                                        //结果输出函数
{float w[3],w1[6],st[500][3],th,pyll,ryll,s1,s2,thet,stx,sty,stu;
int i,l,j,k1;
fp=fopen("node_displace.dat","w");                   //打开节点位移数据文件
fprintf(fp,"\n");                                    //将单元原始信息和节点位移输出
fprintf(fp,"---PLANE PROBLEM ANALYSIS BY TRIANGULAR ELEMENT---\n");
fprintf(fp,"NUMBER OF NODES=%-9d NUMBER OF ELEMENTS=%-3d",NODE
_SUM,ELE_SUM);
if(PTYPE==1)fprintf(fp,"\nPLANE STRESS PROBLEM");
else if(PTYPE==2)fprintf(fp,"\nPLANE STRAIN PROMLEM");
fprintf(fp,"\nELASTICITY MODULUS=%-10.2f POISSON RATIO=%-8.4f",
WK[0],WK[1]);
fprintf(fp,"\nSPECIFIC GRAVITY=%-8.4f PLATE THICKNESS=%-8.4f",
WK[2],WK[3]);
fprintf(fp,"\n\nNODAL COORDINATES&DISPLAYMENTS:");
fprintf(fp,"\nNODE:      X     Y          U          V");
for(i=1;i<=NODE_SUM;i++)
    {fprintf(fp,"\n%3d",i);
    fprintf(fp,"%8.3f    %8.3f     ",NODE_X[i-1],NODE_Y[i-1]);
    fprintf(fp,"%8.3e    %8.3e     ",DISPLACE[2*i-1-1],DISPLACE[2*i-1]);
}
fclose(fp);                                          //关闭节点位移数据文件
fp=fopen("ele_stress.dat","w");                      //打开单元应力数据文件
fprintf(fp,"单元     x应力     y应力     方向\n");
for(l=1;l<=ELE_SUM;l++)
    {Asek(l,2);
    for(i=1;i<=6;i++)w1[i-1]=DISPLACE[LL[i-1]-1]; //计算应力
```

```
        for(i=0;i<3;i++)
            {w[i]=0.0;
            for(k1=0;k1<6;k1++)w[i]=w[i]+S[i][k1]*w1[k1];      }
        st[l-1][0]=w[0];
        st[l-1][1]=w[1];
        st[l-1][2]=w[2];
        fprintf(fp,"%3d  %f  %f  %f\n",l,w[0],w[1],w[2]);}//输出单元应力信息
    fclose(fp);                                   //关闭单元应力数据文件
    fp1=fopen("FOR_POST.DAT","w");
    fprintf(fp1,"%9.4f%9.4f\n",(float)NODE_SUM,(float)ELE_SUM);
    fp=fopen("node_stress.dat","w");              //打开节点应力数据文件
    fprintf(fp,"节点    x应力    y应力    剪应力\n");
    for(l=1;l<=NODE_SUM;l++)
        {k1=0;stx=0.0;sty=0.0;stu=0.0;
        for(j=1;j<=ELE_SUM;j++)
            {if((ELE_NUM[j-1][0]==l)||(ELE_NUM[j-1][1]==l)||(ELE_NUM
            [j-1][2]==l))
                {stx=stx+st[j-1][0];
                sty=sty+st[j-1][1];
                stu=stu+st[j-1][2];
                k1++;}
            }
        stx=stx/k1;sty=sty/k1;stu=stu/k1;
        fprintf(fp,"%3d  %6.4e  %6.4e  %6f\n",l,stx,sty,stu);      //输出节点应力
        fprintf(fp1,"%9.4f%9.4f%9.4f%9.4f",NODE_X[l-1],NODE_Y[l-1],
        DISPLACE[2*l-1-1],DISPLACE[2*l-1]);
        fprintf(fp1,"%9.4f%9.4f%9.4f\n",stx,sty,stu);}
    fclose(fp);                                   //关闭节点应力数据文件
    for(i=1;i<=ELE_SUM;i++)
        {fprintf(fp1,"%9.4f%9.4f%9.4f%9.4f",(float)ELE_NUM[i-1][0],(float)ELE_
    NUM[i-1][1],(float)ELE_NUM[i-1][2],(float)ELE_NUM[i-1][2]);
        fprintf(fp1,"%9.4f%9.4f%9.4f\n",st[i-1][0],st[i-1][1],st[i-1][2]);}
    fclose(fp1);
    fp=fopen("USER_POST.log","w");           //创立与ANSYS后处理的接口文件
    fprintf(fp,"/PREP7\n");
    fprintf(fp,"ET,1,PLANE42\n");
    fprintf(fp,"DOF,rotx\n");
    fprintf(fp,"DOF,roty\n");
    fprintf(fp,"DOF,rotz\n");
    fprintf(fp,"*dim,info,,2\n");
    fprintf(fp,"*vread,info(1),FOR_POST,dat\n");
    fprintf(fp,"(2f9.4)\n");
```

```
fprintf(fp," * dim,nd_info,,info(1),7\n");
fprintf(fp," * vread,nd_info(1,1),FOR_POST,dat,,JIK,7,info(1),,1\n");
fprintf(fp,"(7f9.4)\n");
fprintf(fp," * dim,ele_info,,info(2),7\n");
fprintf(fp," * vread,ele_info(1,1),FOR_POST,dat,,JIK,7,info(2),,info(1)+1\n");
fprintf(fp,"(7f9.4)\n");
fprintf(fp," * do,i,1,info(1)\n");
fprintf(fp,"N,i,nd_info(i,1),nd_info(i,2)\n");
fprintf(fp," * enddo\n");
fprintf(fp," * do,i,1,info(2)\n");
fprintf(fp,"E,ele_info(i,1),ele_info(i,2),ele_info(i,3),ele_info(i,4)\n");
fprintf(fp," * enddo\n");
fprintf(fp,"/post1\n");
fprintf(fp," * do,i,1,info(1)\n");
fprintf(fp,"DNSOL,i,u,x,nd_info(i,3)\n");
fprintf(fp,"DNSOL,i,u,y,nd_info(i,4)\n");
fprintf(fp,"DNSOL,i,rot,x,nd_info(i,5)\n");
fprintf(fp,"DNSOL,i,rot,y,nd_info(i,6)\n");
fprintf(fp,"DNSOL,i,rot,z,nd_info(i,7)\n");
fprintf(fp," * enddo\n");
fprintf(fp," * do,i,1,info(2)\n");
fprintf(fp," * do,j,1,3\n");
fprintf(fp,"num=ele_info(i,j)\n");
fprintf(fp,"desol,i,num,s,x,ele_info(i,5)\n");
fprintf(fp,"desol,i,num,s,y,ele_info(i,6)\n");
fprintf(fp,"desol,i,num,s,z,ele_info(i,7)\n");
fprintf(fp," * enddo\n");
fprintf(fp," * enddo");
fclose(fp);}                                    //关闭接口文件

void Oned()                                     //一维存储函数
{int npoe[300][8],mini[300],kk[300],i,j,l,m,n,kki,kll,imi,k;
for(i=0;i<300;i++)
     {kk[i]=0;mini[i]=0;}
for(i=0;i<8;i++)
     {for(j=0;j<300;j++)npoe[j][i]=0;}
for(i=1;i<=ELE_SUM;i++)
     {for(j=1;j<=3;j++)
          {l=ELE_NUM[i-1][j-1];
          kk[l-1]=kk[l-1]+1;                    //节点相关单元数
          n=kk[l-1];
          npoe[l-1][n-1]=i;}
```

```
        }
    for(i=1;i<=NODE_SUM;i++)
        {mini[i-1]=i;
        kki=kk[i-1];
        for(j=1;j<=kki;j++)
            {k=npoe[i-1][j-1];                       //i节点相关单元码
            for(l=1;l<=3;l++)
                {kll=ELE_NUM[k-1][l-1];
                if(kll<mini[i-1]) mini[i-1]=kll;}   //确定i行最小节点码
            }
        imi=i-mini[i-1];                             //节点半带宽(不包括主对角子块)
        for(m=1;m<=2;m++)
            {n=2*(i-1)+m;
            ID[n-1]=2*imi+m;}                        //每行半带宽(包括主对角元)
        }
    for(i=2;i<=NJ2;i++)
    ID[i-1]=ID[i-1]+ID[i-2];}                        //主对角元在一维存储中的位置

    void Solve()                                     //求解线性方程组函数
    {int i,j,mi,mj,mij,ik,ii,kk,jj,ij,jk,im1,jm1,k,io,jo,l;
    for(i=1;i<=NJ2;i++)
        {io=ID[i-1]-i;
        if(i! =1)
            {mi=ID[i-1-1]-io+1;
            for(j=mi;j<=i;j++)
                {jo=ID[j-1]-j;
                mj=1;
                if(j>1)mj=ID[j-1-1]-jo+1;
                mij=mi;
                if(mj>mi)mij=mj;
                ij=io+j;
                jm1=j-1;
                for(k=mij;k<=jm1;k++)
                    {if(mij<=jm1)
                        {ik=io+k;kk=ID[k-1];jk=jo+k;
                        *(stiff+ij-1)=*(stiff+ij-1)-*(stiff+ik-1)*(*(stiff+
                        kk-1))*(*(stiff+jk-1));}
                    }
                if(j==i)continue;
                jj=ID[j-1];
                *(stiff+ij-1)=(*(stiff+ij-1))/(*(stiff+jj-1));
                DISPLACE[i-1]=DISPLACE[i-1]-(*(stiff+ij-1))*(*(stiff+jj-
```

```
                1))＊DISPLACE[j－1];}
            }
        ii＝io＋i;
        DISPLACE[i－1]＝DISPLACE[i－1]/(＊(stiff＋ii－1));}
    for(l＝2;l＜＝NJ2;l＋＋)
        {i＝NJ2－l＋2;
        io＝ID[i－1]－i;
        mi＝ID[i－1－1]－io＋1;
        im1＝i－1;
        for(j＝mi;j＜＝im1;j＋＋)
            {if(mi＜＝im1)
                {ij＝io＋j;
                DISPLACE[j－1]＝DISPLACE[j－1]－(＊(stiff＋ij－1))＊
                    DISPLACE [i－1];}
            }
        }
    for(i＝0;i＜NJ2;i＋＋)
        {if(fabs(DISPLACE[i])＜1.0e－9) DISPLACE[i]＝0.0;}
    free(stiff);}                              //求解完毕,释放为总刚矩阵开辟的临时空间
```

以上程序已在 Visual C++ 6.0 编译器上调试通过。

10.2.3　应用实例

简例 10.2(1)　基于自主程序 JIEKOU.CPP 的平面问题有限元分析

以简例 10.1(1)中的问题为例,采用基于 C 语言的自主程序 JIEKOU.CPP 进行处理。

解答:对该问题进行有限元分析所需准备的数据文件如下。

(1) 采用自主程序 JIEKOU.CPP 所需要的数据文件

手工准备的基本信息文件 input.dat 的数据为:

```
1    6    4    2    0       1   1
0.0  0.0  2.0  0.0  1
0.0  0.0  0.0  2.0  -1
0.0  2.0  2.0  0.0    1.0  1.0  225
1    1    270
1    0    0    1
```

手工准备的节点信息文件 node.in 的数据为

```
1.     0.0000     2.0000
2.     0.0000     1.0000
3.     1.0000     1.0000
4.     0.0000     0.0000
5.     1.0000     0.0000
6.     2.0000     0.0000
```

手工准备的节点信息文件 element.in 的数据为

```
1  1  2  3
2  2  4  5
3  5  3  2
4  3  5  6
```

(2) JIEKOU.CPP 所输出的数据文件

输出节点位移文件 node_displace.dat 的数据为：

```
---PLANE PROBLEM ANALYSIS BY TRIANGULAR ELEMENT---
NUMBER OF NODES=6            NUMBER OF ELEMENTS=4
PLANE STRESS PROBLEM
ELASTICITY MODULUS=1.00            POISSON RATIO=0.0000
SPECIFIC GRAVITY=0.0000      PLATE THICKNESS=1.0000

NODAL COORDINATES&DISPLAYMENTS:
NODE:    X      Y        U            V
  1    0.000  2.000   0.000e+000  -5.253e+000
  2    0.000  1.000   0.000e+000  -2.253e+000
  3    1.000  1.000  -1.088e+000  -1.374e+000
  4    0.000  0.000   0.000e+000   0.000e+000
  5    1.000  0.000  -8.242e-001   0.000e+000
  6    2.000  0.000  -1.824e+000   0.000e+000
```

输出节点应力文件 node_stress.dat 的数据为：

```
节点      x应力          y应力          剪应力
 1   -1.0879e+000  -3.0000e+000   0.439560
 2   -1.0000e+000  -2.2088e+000   0.249084
 3   -1.0586e+000  -1.9158e+000   0.205128
 4   -8.2418e-001  -2.2527e+000   0.000000
 5   -9.7070e-001  -1.6667e+000   0.058608
 6   -1.0000e+000  -1.3736e+000  -0.131868
```

输出单元应力文件 element_stress.dat 的数据为：

```
单元     x应力        y应力        方向
 1   -1.087912   -3.000000   0.439560
 2   -0.824176   -2.252747   0.000000
 3   -1.087912   -1.373626   0.307692
 4   -1.000000   -1.373626  -0.131868
```

输出的供 ANSYS 进行后处理的结果文件 FOR_POST. DAT 的数据与简例 10.1 中的相应文件一样。

10.3 自主程序开发与 ANSYS 前后处理器的衔接

简例 10.3(1) ANSYS 前后处理器与自主程序的衔接

同样以简例 10.1(1)中的结构为例,如图 10.2 所示,若已有自主有限元分析程序,希望采用 ANSYS 平台作为前后处理器与自主程序加以衔接。

解答: ANSYS 平台的前后处理器的利用如下。以下算例所采用的平台为 ANSYS7.0ED,在 ANSYS 其他版本上(如 ANSYS5.7,ANSYS6.1,ANSYS7.0 等)的实现也完全相同。

(1) ANSYS 前处理的利用

有关 ANSYS 的基本操作见第 11 章。

首先在 ANSYS 平台中直接进行几何建模和单元划分,单元和节点如图 10.5 所示,然后利用 ANSYS 输出节点信息和单元信息的功能,就可以实现前处理器的应用,即由 ANSYS 前处理输出的节点信息文件 NODE_ANSYS. IN 和单元信息文件 ELEMENT_ANSYS. IN。ANSYS 中输出节点信息和单元信息的命令如下:

```
NWRITE,NODE_ANSYS.IN,,0
EWRITE,ELEMENT_ANSYS.IN,,0
```

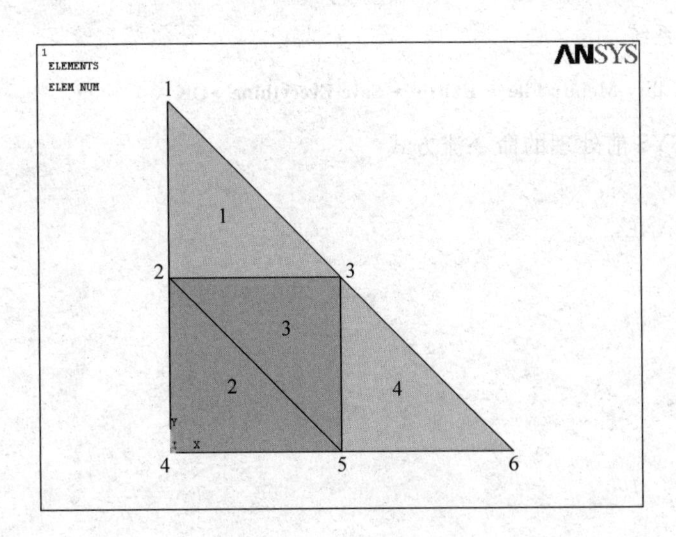

图 10.5 在 ANSYS 平台中所划分的单元和节点

下面给出具体利用 ANSYS 前处理进行操作的两种方式。

- ANSYS 前处理的菜单(GUI)操作方式

① 进入 ANSYS

程序 →**ANSYS ED Release7.0→ ANSYS Interactive →Working directory**（设置工作目录）→ **Initial jobname**(设置工作文件名)：**triangle→Run → OK**

② 设定单元类型

ANSYS Main Menu：**Preprocessor →Element Type→Add/Edit/Delete →Add →Solid：Quad 4node 42**(选择单元类型) →**OK**（返回到 **Element Types** 窗口）→**Close**

③ 生成节点和单元

ANSYS Main Menu：**Preprocessor →Modeling →Create →Nodes →In Active CS →Node number**：**1**(节点号)，**0**(x 坐标)，**2**(y 坐标) → **Apply** →再重复操作输入另 5 个节点号及 xy 坐标：2(0,1),3(1,1),4(0,0),5(1,0),6(2,0) → **OK**

ANSYS Main Menu：**Preprocessor →Modeling →Create →Elements →Auto Numbered → Thru Nodes** →（依次用鼠标选择三个节点）：**1,2,3 → Apply** →（类似操作）：**2,4,5 → Apply → 5,3,2 → Apply → 3,5,6 → OK**

④ 输出前处理中的节点和单元信息

ANSYS Main Menu：**Preprocessor →Modeling →Create →Nodes → Write Node File** →（输入导出的节点信息文件名称）：**NODE_ANSYS.IN → OK**

ANSYS Main Menu：**Preprocessor →Modeling →Create →Elements → Write Elem File** →（输入导出的单元信息文件名称）：**ELEMENT_ANSYS.IN→OK**

⑤ 退出系统

ANSYS Utility Menu：**File→ Exit…→ Save Everything→OK**

- ANSYS 前处理的命令流方式

```
/PREP7
ET,1,PLANE42
N,1,0,2
N,2,0,1
N,3,1,1
N,4,0,0
N,5,1,0
N,6,2,0
E,1,2,3,
E,2,4,5,
E,5,3,2,
E,3,5,6,
NWRITE,NODE_ANSYS.IN,,0          ! write node info to NODE_ANSYS.IN
EWRITE,ELEMENT_ANSYS.IN,,0       ! write element info to ELEMENT_ANSYS.IN
```

由以上 ANSYS 操作所得到的节点信息文件 NODE_ANSYS. IN 和单元信息文件 ELEMENT_ANSYS. IN 的格式如表 10.7 和表 10.8 所示。

表 10.7　ANSYS 所导出的节点信息文件 NODE_ANSYS. IN 的格式

	节点编号	节点 x 坐标	节点 y 坐标
实际数据	1	0.000000000000	2.000000000000
	2	0.000000000000	1.000000000000
	3	1.000000000000	1.000000000000
	4		
	5	1.000000000000	
	6	2.000000000000	
说明	节点编号按照八位整型数据的格式输出，坐标按照 20 位浮点型数据输出，其中空格占六位。节点坐标为 0 时，ANSYS 将不予输出，因此在利用该数据文件作为节点信息读入时，必须注意格式。需要在相应节点坐标处补 0。		

表 10.8　ANSYS 所导出的单元信息文件 ELEMENT_ANSYS. IN 的格式

实际数据	1	2	3	3	0	0	0	0	1	1	1	1	0	1
	2	4	5	5	0	0	0	0	1	1	1	1	0	2
	5	3	2	2	0	0	0	0	1	1	1	1	0	3
	3	5	6	6	0	0	0	0	1	1	1	1	0	4
ANSYS 的编码格式	I	J	K	L	M	N	O	P						NUM
说明	输出是按照 8 节点四边形单元格式输出的，每一行前四列对应四个单元顶点的编号，对于三角形单元第四列与第三列相同。接下来四列输出另外四个节点的编号，缺省为 0。最后一列输出单元编号。每一行第 9～13 列依次输出已定义的单元材料类型编号，问题类型编号，实常数编号，梁单元类型编号，单元坐标系类型编号。													

本例中由 NWRITE 命令所得到的数据文件 NODE_ANSYS. IN 如下（注意：ANSYS 中的命令 NWRITE 对于数据“0”的输出为“空位”）：

```
1  0.000000000000     2.000000000000
2  0.000000000000     1.000000000000
3  1.000000000000     1.000000000000
4
5  1.000000000000
6  2.000000000000
```

本例中由 EWRITE 命令所得到的数据文件 ELEMENT_ANSYS. IN 如下：

```
1  2  3  3  0  0  0  0  1  1  1  1  0  1
2  4  5  5  0  0  0  0  1  1  1  1  0  2
5  3  2  2  0  0  0  0  1  1  1  1  0  3
3  5  6  6  0  0  0  0  1  1  1  1  0  4
```

为避免数据“0”的输出为“空位”，希望节点坐标按照指定格式输出，可以把命令NWRITE,NODE_ANSYS.IN,,0一句换为以下几句：

```
*get,nmax,node,count
*cfopen,NODE_ANSYS,IN
*do,i,1,nmax
*vwrite,i,nx(i),ny(i)
(f5.0,f10.4,f10.4)
*enddo
*cfclose
```

此时，输出的NODE_ANSYS.IN文件如下：

```
1.    0.0000    2.0000
2.    0.0000    1.0000
3.    1.0000    1.0000
4.    0.0000    0.0000
5.    1.0000    0.0000
6.    2.0000    0.0000
```

在得到节点信息文件NODE_ANSYS.IN和单元信息文件ELEMENT_ANSYS.IN后，就可以使用自主程序FEM2D.FOR或JIEKOU.CPP进行有限元分析，然后按规定的格式输出数据文件FOR_POST.DAT(格式见表10.5)，该例题具体的FOR_POST.DAT文件内容见简例10.1(1)。

(2) ANSYS后处理的接口程序

若用户使用自主程序已得到有限元分析的结果，可以利用ANSYS平台进行后处理显示。

对于结构问题可以显示的内容为：节点、基于节点的物理量(如位移、应力、应变等，由用户提供)、单元、基于单元的物理量。

具体的实现方法为：首先由用户按所规定的格式提供数据文件FOR_POST.DAT并放在ANSYS工作目录中，然后在ANSYS环境下调用下面的命令流文件(USER_POST.LOG)，调用方式参见第11.1.2节。

接口程序USER_POST.LOG的内容如下：

```
!————————————user_post.log———————begin———————
!以下为2D问题平面3节点(4节点)单元上用户定义物理量的信息传递过程
!用户提供的信息数据见FOR_POST.DAT文件
!FOR_POST.DAT文件的格式如下
!PART1(共1行两个数，格式2f9.4)：节点总数INFO(1)、单元总数INFO(2)
!PART2(基于节点的信息，共INFO(1)行，每行7个数，格式7f9.4)：
!节点x坐标、节点y坐标、节点物理量1(x方向位移)、节点物理量2(y方向位移)、节点
!物理量3(x方向应力)、节点物理量4(y方向应力)、节点物理量5(剪应力)
```

```
! PART3(基于单元的信息,共 INFO(2)行,每行 7 个数,格式 7f9.4):
! 单元节点 1、单元节点 2、单元节点 3、单元节点 4(对于三角形单元,第 4 个节点号与第 3
! 个相同)、
! 单元物理量 1(x 应力)、单元物理量 2(y 应力)、单元物理量 3(z 应力)
! ------------------
/PREP7
ET,1,PLANE42
DOF,rotx            ! define new DOF at node which should be ploted
DOF,roty
DOF,rotz
*dim,INFO,,2
! above define an array INFO: INFO(1): number of node, INFO(2): number of element
*vread,INFO(1),FOR_POST,dat
(2f9.4)
*dim,ND_INFO,,INFO(1),7
! above define an array ND_INFO which refers to the information of nodes
*vread,ND_INFO(1,1),FOR_POST,dat,,JIK,7,INFO(1),,1
(7f9.4)
*dim,ELE_INFO,,INFO(2),7
! above define an array ele_info which refers to the information of elements
*vread,ELE_INFO(1,1),FOR_POST,dat,,JIK,7,INFO(2),,INFO(1)+1
(7f9.4)
*do,i,1,INFO(1)
N,i,ND_INFO(i,1),ND_INFO(i,2) ! creat the nodes by first two columns of ND_INFO
*enddo
*do,i,1,INFO(2)
E,ELE_INFO(i,1),ELE_INFO(i,2),ELE_INFO(i,3),ELE_INFO(i,4)
! above creat elements by first four columns of ELE_INFO
*enddo
/post1
*do,i,1,INFO(1)       ! cyclically display nodal information
dnsol,i,u,x,ND_INFO(i,3)      ! set ux to display ND_INFO(*,3)data
dnsol,i,u,y,ND_INFO(i,4)      ! set uy to display ND_INFO(*,4)data
dnsol,i,rot,x,ND_INFO(i,5)    ! set rotx to display ND_INFO(*,5)data
dnsol,i,rot,y,ND_INFO(i,6)    ! set roty to display ND_INFO(*,6)data
dnsol,i,rot,z,ND_INFO(i,7)    ! set rotz to display ND_INFO(*,7)data
*enddo
*do,i,1,INFO(2)       ! cyclically display element information
*do,j,1,3
num=ELE_INFO(i,j)
desol,i,num,s,x,ELE_INFO(i,5)    ! set sx to display ELE_INFO(*,5)data
desol,i,num,s,y,ELE_INFO(i,6)    ! set sy to display ELE_INFO(*,6)data
```

```
desol,i,num,s,z,ELE_INFO(i,7)    ! set sz to display ELE_INFO( * ,7)data
 * enddo
 * enddo! ————————————user_post.log———————end——————
```

用户所提供的文件 FOR_POST.DAT 中的数据与接口程序 USER_POST.LOG 中的数组之间的对应关系见表 10.9。

表 10.9 FOR_POST.DAT 的数据与 USER_POST.LOG 的数组的对应关系

FOR_POST.DAT 中数据	USER_POST.LOG 中的数组
PART1 (共1行,两个数,格式 2f9.4,作为一维数组 INFO 的两个数)	INFO(2):节点总数、单元总数
PART2 (共 INFO(1)行,每行 7 个数,格式 7f9.4)	ND_INFO:有 INFO(1)行,7 列;每行的信息为: 节点 x 坐标 节点 y 坐标 节点物理量 1(x 方向位移) 节点物理量 2(y 方向位移) 节点物理量 3(x 方向应力) 节点物理量 4(y 方向应力) 节点物理量 5(剪应力)
PART3 (共 INFO(2)行,每行 7 个数,格式 7f9.4) 单元为按照逆时针排序的 4 个节点编号,对于三角形单元,第 4 列与第 3 列相同	ELE_INFO:有 INFO(2)行,7 列;每行的信息为: 单元的节点号 1 单元的节点号 2 单元的节点号 3 单元的节点号 4 单元 x 方向应力 单元 y 方向应力 单元剪切应力

(3) ANSYS 后处理的实际利用

在 ANSYS 中所得到的本例题的后处理显示结果如图 10.6 所示。

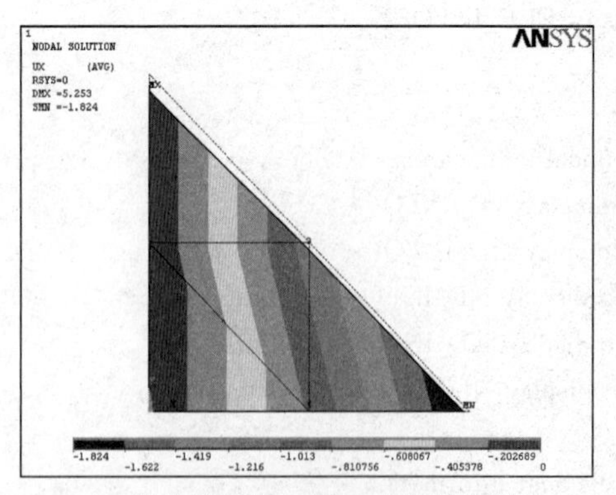

(a) x方向的位移(利用ANSYS中的节点参量UX)

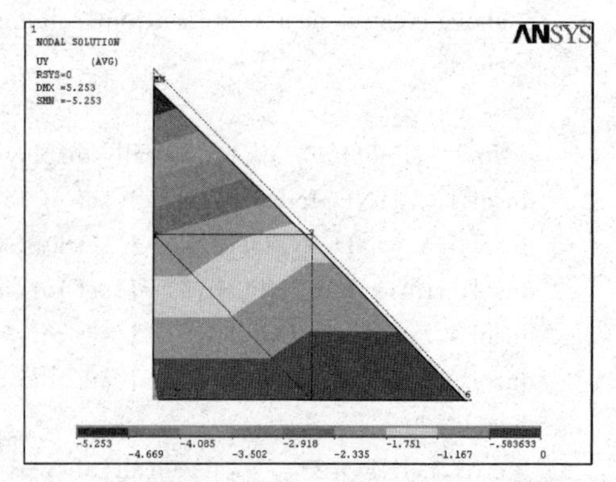

(b) y方向的位移(利用ANSYS中的节点参量UY)

图 10.6 ANSYS 后处理所给出的各种分布图

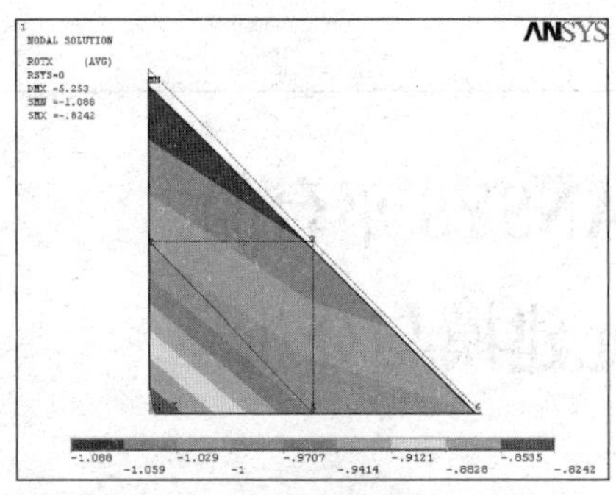

(c) x方向的节点应力
(利用ANSYS中的节点参量ROTX)

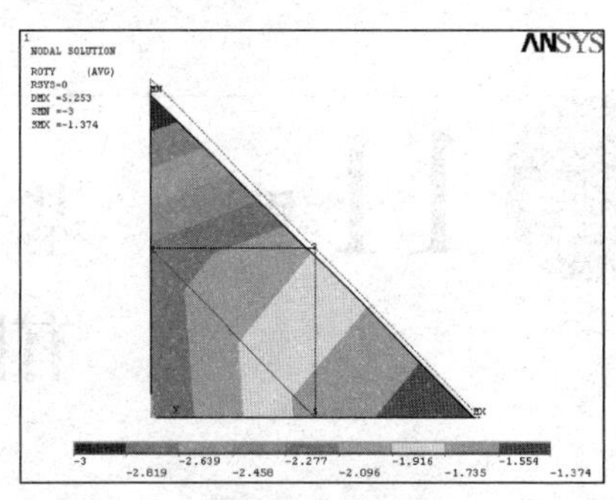

(d) y方向的节点应力
(利用ANSYS中的节点参量ROTY)

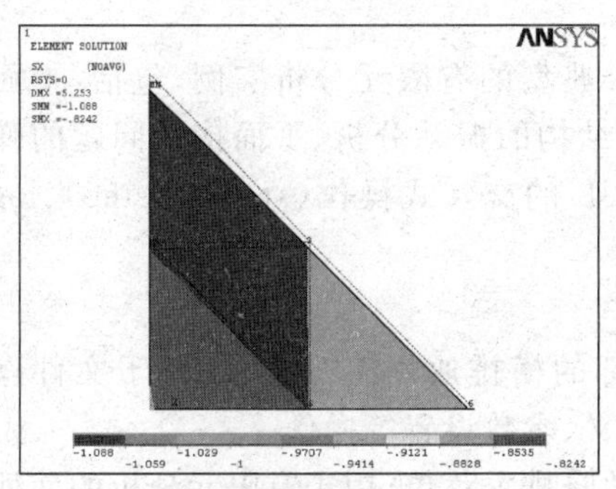

(e) x方向的单元应力
(利用ANSYS中的单元参量SX)

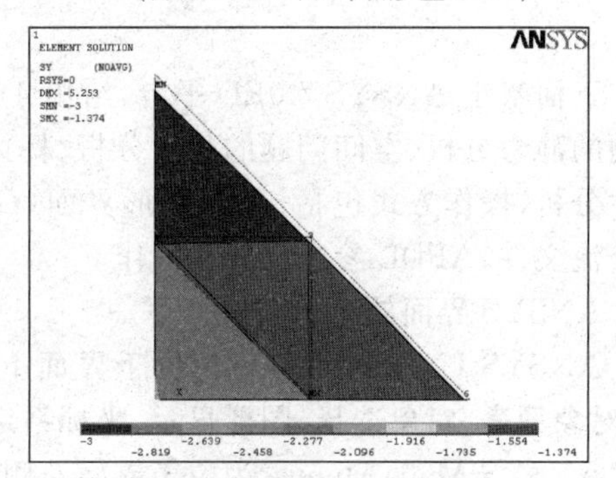

(f) y方向的单元应力
(利用ANSYS中的单元参量SY)

图 10.6 (续)

10.4 习题

10.1 如图(a)所示为一个不计自重的三角形平面应力问题，弹性模量 $E=1\text{MPa}$，泊松比 $\mu=0.25$，比重 $\gamma=0$，厚度 $t=1\text{m}$，集中力 $P=10\text{MN}$。试采用 ANSYS 平台作为前后处理器，并使用自主程序 FEM2D. FOR 或 JIEKOU. CPP 或其他自主程序进行计算和分析。要求单元的划分如图(b)所示。

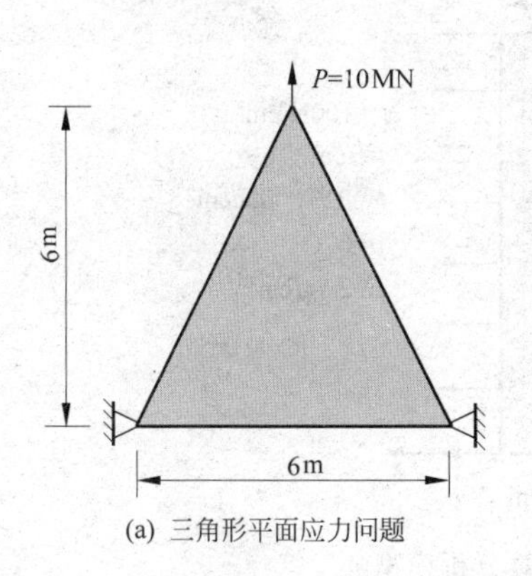

(a) 三角形平面应力问题

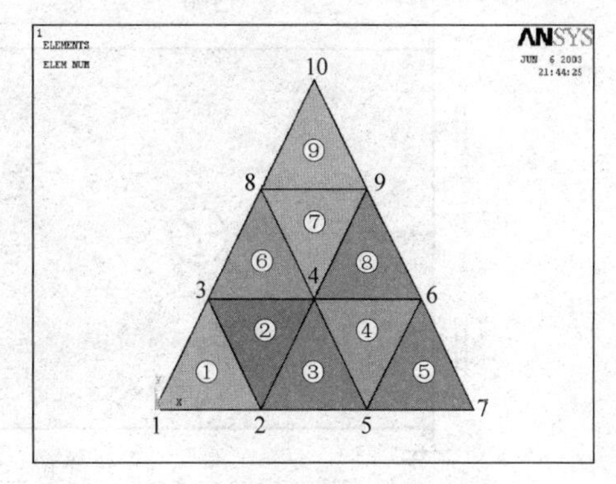

(b) 三角形平面应力问题的单元划分

习题 10.1

第11章 基于ANSYS平台的有限元建模与分析

下面基于 ANSYS 7.0ED 平台，给出 4 个典型的有限元分析实例，包括：平面问题的静力分析、空间问题的静力分析、杆梁结构的振动分析、平面接触问题的弹塑性分析；操作方式包括：基于图形界面（GUI）的交互式操作（step by step）、log 命令流文件、APDL 参数化编程操作。

ANSYS 界面的菜单布置如下。

ANSYS Utility Menu：为位于界面上部的横排通用工具菜单，用于文件操作、对象列表、对象选择、图形显示、坐标系定义、参数设置等操作。

ANSYS Main Menu：为位于界面左侧的竖排主菜单，用于有限元分析的前处理、求解、后处理等操作。

11.1 带孔平板的有限元分析

计算分析模型如图 11.1 所示，在 ANSYS 中所使用的文件名：**plate**。下面对该平面结构进行整体建模和分析，实际上，利用该结构的对称性，还可以取结构的 1/4 部分进行建模和分析。

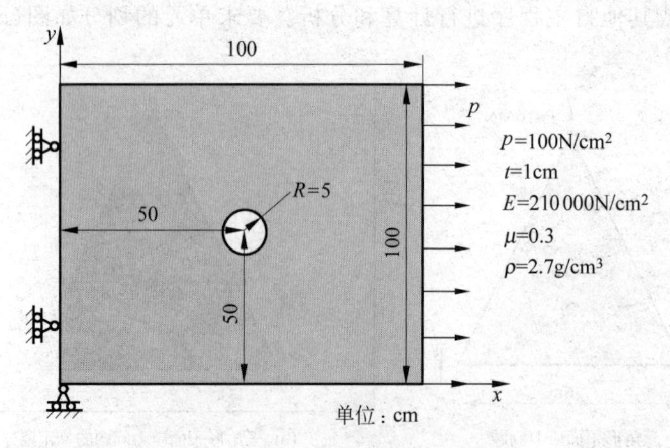

图 11.1 平面问题的计算分析模型

11.1.1　基于图形界面(GUI)的交互式操作(step by step)

(1) 进入 ANSYS(设定工作目录和工作文件)

程序 →**ANSYS ED Release7.0**→ **ANSYS Interactive** →**Working directory**（设置工作目录）→ **Initial jobname**(设置工作文件名)：**plate**→**Run** → **OK**

(2) 设置计算类型

ANSYS Main Menu：**Preferences...** → **Structural** → **OK**

(3) 选择单元类型

ANSYS Main Menu：**Preprocessor** →**Element Type**→**Add/Edit/Delete...** →**Add...** →**Solid**：**Quad 4node 42** →**OK**（返回到 Element Types 窗口）→ **Options...** →**K3**：**Plane Strs w/thk**(带厚度的平面应力问题）→**OK**→**Close**

(4) 定义材料参数

ANSYS Main Menu：**Preprocessor** → **Material Props** → **Material Models** → **Structural** → **Linear** →**Elastic**→ **Isotropic**：**EX**：**2.1e5**（弹性模量）,**PRXY**：**0.3**（泊松比）→ **OK** → 鼠标点击该窗口右上角的"×"来关闭该窗口

(5) 定义实常数以确定平面问题的厚度

ANSYS Main Menu：**Preprocessor** →**Real Constants...** →**Add/Edit/Delete** →**Add** →**Type 1**→ **OK**→**Real Constant Set No**：**1**（第 1 号实常数），**THK**：**1**（平面问题的厚度）→**OK** →**Close**

(6) 生成几何模型

生成平面方板

ANSYS Main Menu：**Preprocessor** →**Modeling** → **Create** → **Areas** → **Rectangle** → **By 2 Corners** →**WP X**：**0**,**WP Y**：**0**,**Width**：**100**,**Height**：**100** →**OK**

生成圆孔平面

ANSYS Main Menu：**Preprocessor** → **Modeling** → **Create** → **Areas** → **Circle** → **Solid Circle** → **WP X**：**50**,**WP Y**：**50**,**Radius**：**5** → **OK**

生成带孔方板(用布尔运算)

ANSYS Main Menu：**Preprocessor** → **Modeling** → **Operate** → **Booleans** → **Subtract** → **Areas** → 鼠标点击 area 1(方板)(由于 area 1 和 area 2 重叠在一个位置,因此可以通过 Prv 和 Next 来进行选择,注意窗口上的提示）→ **OK**(在 Multi_Entities 窗口中）→ **OK**(在 Subtract Areas 窗口中）→ 鼠标点击 area 2（圆孔）(可以用 Next 来选择）→**OK**(在 Multi_Entities 窗口中）→**OK**(在 Subtract Areas 窗口中)

(7) 网格划分

ANSYS Main Menu：**Preprocessor** → **Meshing** → **MeshTool...** → 位于 Size Controls 下的 Global：**Set** → **NDIV**：**4**(每一条线分为 4 段）→ **OK** → **MeshTool** → 点击 **Mesh** 按钮 →**Pick All**(位于 Mesh Areas 选择窗口中的左下角）→ **Close**(关闭黄色 Warning 窗口）→ Close（关闭

MeshTool 窗口）

（8）模型施加约束和外载

左边加 X 方向的约束

ANSYS Main Menu：**Solution → Define Loads → Apply →Structural → Displacement → On Nodes →** 用鼠标选择结构左侧边上的所有节点（可用选择菜单中的 box 拉出一个矩形框来框住左边线上的节点，也可用 single 来一个一个地点选）→ **OK → Lab2 DOFs：UX，VALUE：0 → OK**

左下角节点加 X 和 Y 两方向的约束

ANSYS Main Menu：**Solution → Define Loads → Apply →Structural → Displacement → On Nodes →** 用鼠标选择左下角(0,0)位置的节点 → **OK → Lab2 DOFs：UX，UY**（默认值为零）→ **OK**

右边加 X 方向的均布载荷

ANSYS Main Menu：**Solution → Define Loads → Apply →Structural → Pressure → On Lines →** 用鼠标选择结构右侧边 → **OK → VALUE：－100 → OK → Close**（关闭黄色 Warning 窗口）

（9）分析计算

ANSYS Main Menu：**Solution → Solve → Current LS →OK →** Should The Solve Command be Executed? **Y→ Close**（Solution is done!）→ 关闭文字窗口

（10）结果显示

ANSYS Main Menu：**General Postproc → Plot Results →Deformed Shape... → Def ＋ Undeformed → OK**（返回到 **Plot Results**）→ **Contour Plot → Nodal Solu... → Stress，Von Mises，Def ＋ Undeformed →OK**（还可以继续观察其他结果）

（11）退出系统

ANSYS Utility Menu：**File→ Exit ...→ Save Everything→OK**

（12）计算结果的验证

按以上计算方案，可得到最大的 x 方向的应力和最大的 Von Mises 等效应力如下：

$$\sigma_{x\,\max} = 239.53\text{N/cm}^2$$

$$\sigma_{\text{Von Mises}\max} = 224.14\text{N/cm}^2$$

而孔边的 x 方向应力分布和 Von Mises 等效应力分布分别见图 11.2 和图 11.3。

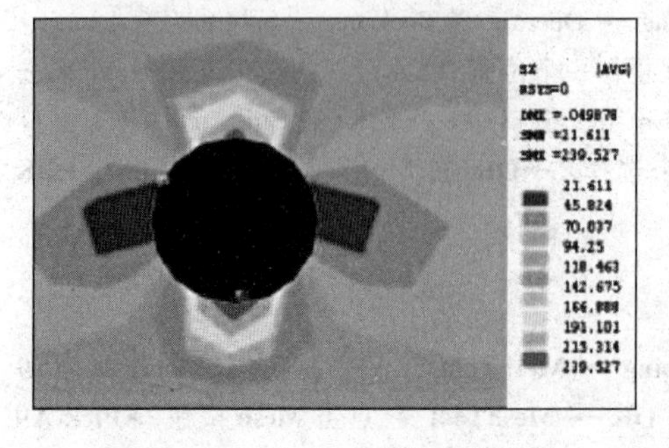

图 11.2　孔边的 x 方向应力分布

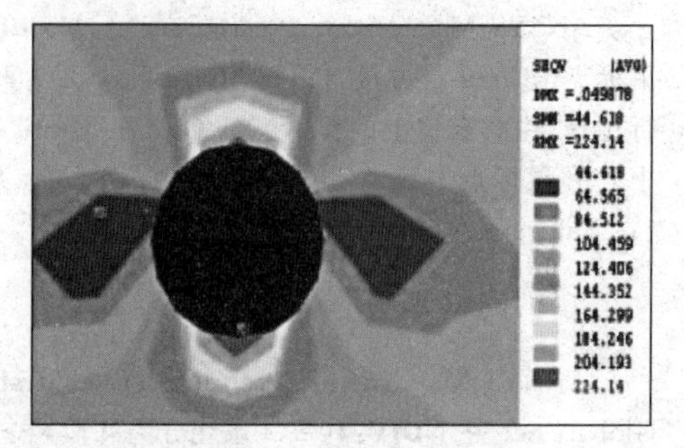

图 11.3　孔边的 Von Mises 等效应力分布

如果将每一条边划分为 32 段(即采用较细的网格划分,在 ANSYS7.0ED 版本中将超出节点控制数,不能实现),可得到更精确的结果(Von Mises 等效应力分布),如图 11.4 所示,其最大的等效应力值为 302。

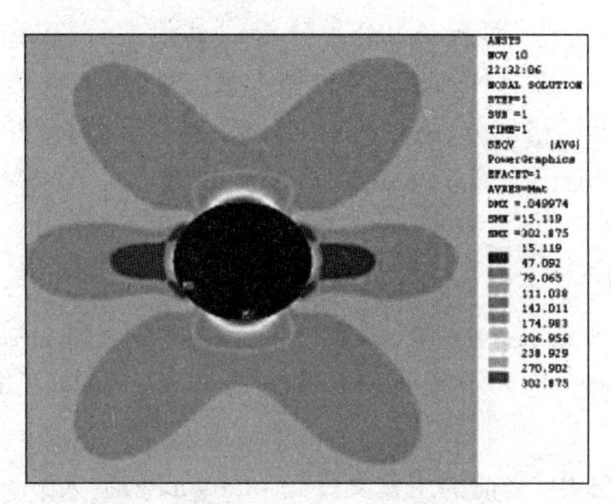

图 11.4　孔边应力集中的精细计算结果(Von Mises 应力)

(13) 考察 ANSYS 所生成的文件系统

在完成以上 GUI 操作后,在工作目录内,将发现和文件名 plate. * 相关的文件如表 11.1 所示。

表 11.1　ANSYS 中所生成的一系列文件

文件名	文 件 内 容
plate. log	ASCII 文本文件,命令流记录文件,将每次操作(无论是菜单操作还是命令操作)全部记录在该文件中,无论你是初次进入 ANSYS 系统还是再次进入,都在 jobname 的 log 文件中(在这里为 plate. log)连续记录。
plate. db	Binary 文件,数据库文件,记录所有有限元系统的信息,包括几何、单元、外载、分析中的信息。该文件必须用 save 命令才能保存最新的信息,如果该文件已存在,则原有的文件将以 plate. db 名称保存。
plate. page	
plate. err	ASCII 文本文件,记录错误信息。
plate. esav	
plate. mntr	
plate. rst	Binary 文件,保存有限元分析完成后的结果。
plate. full	

在以上文件中,plate. log 文件是操作的最原始记录,为文本格式,非常有用,对该文件的内容可以增添和修改,可以进行参数化处理,可以实现满足你个人要求的二次开发,可以实现不同 ANSYS 版本间的移植。当你在 ANSYS 中调入该文件并运行后,将可以生成所有 ANSYS 的其他文件。

11.1.2 log命令流文件的调入操作(可由GUI环境下生成log文件)

以上的操作已经形成了 plate. log 文件,该文件为文本文件,文件很小,如果在工作目录中只有该文件,而无 ANSYS 分析的其他文件(plate. db, plate. emat, plate. rst, plate. err),在 ANSYS 系统中调入该文件,可以自动完成前面已经作过的几何建模、有限元网格划分、施加约束和外载、计算和分析等所有步骤,并生成所有文件(plate. db, plate. emat, plate. rst, plate. err);在 ANSYS 系统中调入该文件并运行的方式如下。

(1) 进入 ANSYS

程序 →**ANSYS ED Release 7.0** →**ANSYS Interactive** → **Working directory**(设置工作目录)→**Initial jobname**: **plate_new**(设置一个新的工作文件,也可以使用原工作文件,但会覆盖原文件)→**Run**→**OK**

(2) 在 ANSYS 中(当前的工作文件是 plate_new)调入 plate. log 文件

ANSYS Utility Menu→**file**→**read input from**→**plate. log**(相应目录中的文件)→**OK**,则可以全自动地完成前面所有操作。

11.1.3 完全的直接命令输入方式操作

以下为求解上述问题的各行命令,也叫命令流,在 ANSYS 菜单界面的命令输入框中可以逐行输入,ANSYS input 的窗口对话框见图 11.5。

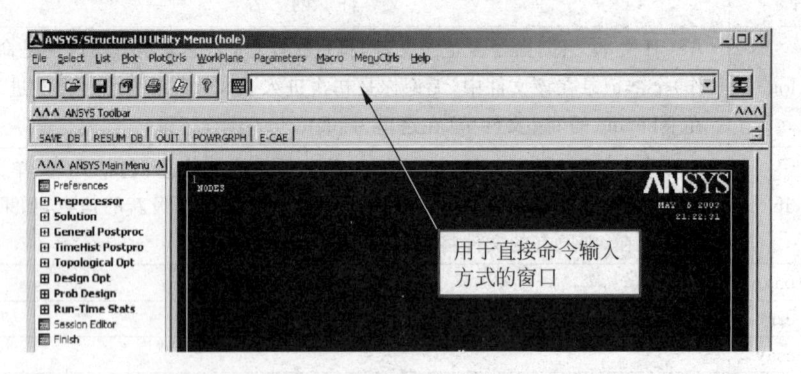

图 11.5 ANSYS 中命令行输入的对话框窗口

也可以将所有命令形成一个文本文件(. log),然后以 ANSYS Utility Menu→**file**→**read input from**→**plate. log**(相应目录中的文件)→**OK** 的方式调入(见第11.1.2节)。

以下为命令流语句。注意:以"!"打头的文字为注释内容,其后的文字和符号不起运行作用。

```
! ——————————————命令流——————begin——————
/PREP7                    ! pre-processor
ET,1,PLANE42              ! select element type (no. 1 plane42 )
KEYOPT,1,3,3              ! set plane stress with thickness
R,1,1,                    ! real constant (thickness=1)
UIMP,1,EX, , ,2.1e5,      ! elastic modulus
UIMP,1,DENS, , ,2.7,      ! density
UIMP,1,PRXY, , ,0.3,      ! poission ratio
BLC4,0,0,100,100          ! create a rectanglar area (x=0,y=0, width=100,height=
                            100), area No. 1
CYL4,50,50,5              ! create a circular area (center x=50,y=50,rad=5) , area No. 2
ASBA, 1, 2                ! subtract area No. 2 from area No. 1, i. e. the area No. 1 - the
                            area No. 2
ESIZE,0,4,                ! divide 4 pieces for every line
MSHAPE,0,2D               ! key=0 for quadrilateral-shaped element (2D)
MSHKEY,0                  ! free meshing (0)
AMESH,all                 ! mesh all area
FINISH                    ! pre-processor end
/SOLU                     ! enter solution environment (for DOF constraints, force, solve)
nsel,s,loc,x,0            ! select the nodes at x=0
D,all,UX                  ! apply ux=0 for selected nodes
nsel,r,loc,y,0            ! re-select the node at y=0 based on above selection (x=0, y=0)
d,all,uy                  ! apply uy=0 for selected node
lsel,s,loc,x,100          ! select the line at x=0
SFL,all,PRES, -100        ! apply a pressure on selected line
nsel,all                  ! select all nodes
lsel,all                  ! select all lines
SOLVE                     ! solve
FINISH                    ! end the solution
! ——————————————命令流——————end——————
```

11.1.4　APDL 参数化编程操作

APDL 的含义为：ANSYS Parametric Design Language，可以实现参数化设置。下面基于上一个实例，给出相应的参数化设置操作过程。

(1) 如果希望将方板的宽度和高度设为参数(每个变量不超过 8 个字符)：

```
plate_w=80
plate_h=120
```

(2) 如果希望将中间孔的位置和半径设为参数：

```
hole_x=30
```

hole_y=40

hole_r=8

(3) 将弹性模量设为参数

e_modu=1e5

(4) 将每边的单元分段设为参数

line_div=6

(5) 将外载值设为参数

pressure=200

在第 11.1.3 节所提供的命令流语句中，首先对新设定参数赋值，然后将相应的数据改为所设定的参数，这就是最简单的参数化操作，以下为经 APDL 参数化设定后的命令流文件(.log)：

```
!  ------parameterized log file: p_plate. log-------begin-----
/PREP7                        ! pre-processor
! set parameters---begin
plate_w=80                    ! set the width of plate
plate_h=120                   ! set the height of plate
hole_x=30                     ! set the x coordinate of hole center
hole_y=40                     ! set the y coordinate of hole center
hole_r=8                      ! set the rad. of hole
e_modu=1e5                    ! elastic modulus
line_div=6                    ! set the divided pieces for every line (for element mesh)
pressure=200                  ! set the value of pressure
! set parameter---end
!
ET,1,PLANE42                  ! select element type (no. 1 plane42 )
KEYOPT,1,3,3                  ! set plane stress with thickness
R,1,1,                        ! real constant (thickness=1)
UIMP,1,EX, , ,e_modu,         ! elastic modulus
UIMP,1,DENS, , ,2.7,          ! density
UIMP,1,PRXY, , ,0.3,          ! poission ratio
!
BLC4,0,0,plate_w,plate_h      ! create a rectanglar area (x=0,y=0, width=plate_w,
                              ! height=plate_h), area No. 1
CYL4,hole_x,hole_y,hole_r     ! create a circular area (center x=hole_x,y=hole_y,rad=
                              ! hole_r),area No. 2
ASBA, 1, 2                    ! subtract area No. 2 from area No. 1, i. e. area No. 1 - area No. 2
ESIZE,0,line_div,             ! divide (line_div) pieces for every line
```

```
MSHAPE,0,2D              ! key=0 for quadrilateral-shaped element (2D)
MSHKEY,0                 ! free meshing (0)
AMESH,all                ! mesh all area
FINISH                   ! pre-processor end
/SOLU                    ! enter solution environment (for DOF constraints, force, solve)
nsel,s,loc,x,0           ! select the nodes at x=0
D,all,UX                 ! apply ux=0 for selected nodes
nsel,r,loc,y,0           ! re-select the node at y=0 based on above selection (x=0,
                           y=0)
d,all,uy                 ! apply uy=0 for selected node
lsel,s,loc,x,plate_w     ! select the line at x=plate_w
SFL,all,PRES, pressure   ! apply a pressure on selected line (value=pressure)
nsel,all                 ! select all nodes
lsel,all                 ! select all lines
SOLVE                    ! solve
FINISH                   ! end the solution
! ----------parameterized log file: p_plate.log------end------
```

一旦有了参数化设定的命令流文件，只要根据需要改变一下参数赋值(应满足相应的逻辑关系)，然后调用和运行该命令流文件就可以自动完成整个计算。

11.2　带法兰油缸的有限元分析

计算分析模型如图 11.6 所示，在 ANSYS 中所使用的文件名：**cylinder**。下面对该空间油缸的 1/4 结构进行建模和分析，实际上，还可以利用该结构上下的对称

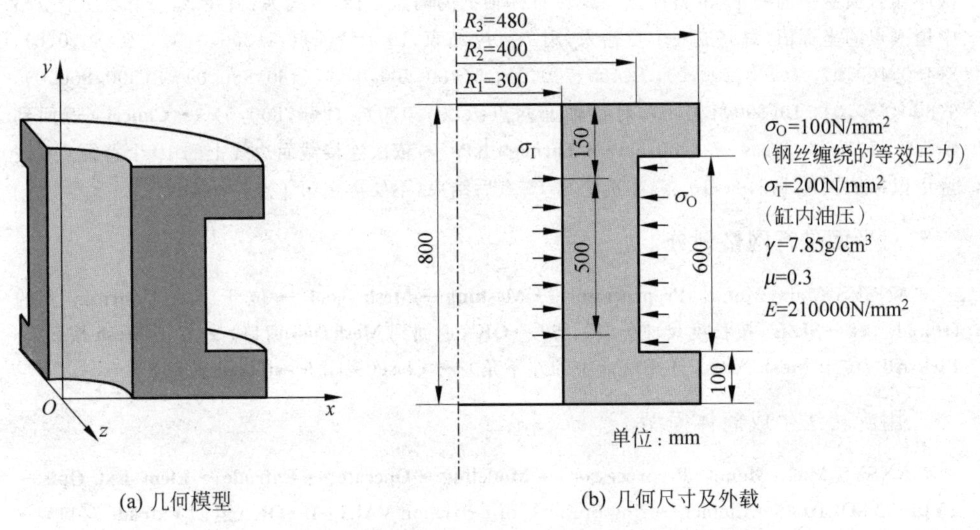

图 11.6　钢丝缠绕预应力带法兰油缸的计算分析模型

性，取结构的1/8部分进行建模和分析。

11.2.1 基于图形界面(GUI)的交互式操作(step by step)

(1) 进入 ANSYS

程序 →**ANSYS ED Release7.0** → **ANSYS Interactive** →**Working directory**（设置工作目录）→ **Initial jobname**(设置工作文件名)：**cylinder**→**Run** → **OK**

(2) 设置计算类型

ANSYS Main Menu：**Preferences...**→ **Structural** →**OK**

(3) 选择单元类型

ANSYS Main Menu：**Preprocessor** → **Element Type** →**Add/Edit/Delete...** → **Add...** → **Solid**：**Quad 4node 42** → **Apply** → **Solid**：**Brick 8node 45** → **OK** → **Close**

(4) 定义材料参数

ANSYS Main Menu：**Preprocessor** →**Material Props** →**Materials Models** →**Structural**→ **Lineal**→**Elastic**→**Isotropic...** → **EX**：**2.1e5**，**PRXY**：**0.3** → **OK** → 鼠标点击该窗口右上角的"×"来关闭该窗口

(5) 构造筒体模型

生成模型截平面

ANSYS Main Menu：**Preprocessor** →**Modeling**→**Create** →**Keypoints** →**In Active CS...** → 按次序输入横截平面的10个特征点和旋转对称轴上的两点坐标，方式为：只在X，Y，Z三个空格中填入点的坐标值，每完成一个点输入，用Apply结束，10个特征点：1(300,0,0)，2(480,0,0)，3(480,100,0)，4(400,100,0)，5(400,700,0)，6(480,700,0)，7(480,800,0)，8(300,800,0)，9(300,650,0)，10(300,150,0)，对称轴上两点：11(0,0,0)，12(0,800,0) → **Cancel**（返回到Create窗口）→ **Areas** → **Arbitrary** → **Through KPs** → 依次连接截面边线上的10个特征点（注意用鼠标依次选1,2,…,10点，在选完第10点后结束，不要再选第1点）→ OK

对平面进行网格划分

ANSYS Main Menu：**Preprocessor** →**Meshing**→ **Mesh Tool** →位于Size Controls下的Global：**Set** →**SIZE**（按长度尺寸分段）：**50** →**OK**（返回到**MeshTool**窗口）→ 点击**Mesh**按钮 → **Pick All**（位于Mesh Areas选择窗口中的左下角）→ **Close**(关闭MeshTool窗口)

用旋转法生成筒体模型

ANSYS Main Menu：**Preprocessor** →**Modeling**→ **Operate** → **Extrude**→ **Elem Ext Opts**→ **TYPE**：**2 SOLID 45**→Element sizing options for extrusion **VAL1**：**1**→**OK**（返回**Extrude**窗口）→ **Areas** →**About Axis**→ 用鼠标点击一下所生成的截面 → **OK** → 用鼠标点击对称轴上的第11点

和第 12 点 → **OK** → **ARC**：**90**(旋转 90 度)；**NSEG**：**3**(分为 3 段) → **OK**

(6) 模型加位移约束

ANSYS Main Menu：**Solution** →**Define Loads** →**Apply** →**Structural**→**Displacement**

两截面分别加 *X*，*Z* 方向的约束

ANSYS Utility Menu：**Select** → **Entities...** → **Nodes**(第 1 个方框中) → **By Location**(第 2 个方框中) → **X coordinates** → **0** → **OK**(返回到 Displacement 窗口中) →**On Nodes** → **Pick All**(位于选择窗口中的左下角) → **Lab2**：**UX**；**VALUE**：**0** →**OK** → ANSYS Utility Menu：**Select** → **Everything**

ANSYS Utility Menu：**Select** → **Entities...** → **Nodes** → **By Location** →**Z coordinates** → **0** → **OK**(返回到 Displacement 窗口) →**On Nodes** →**Pick All** → **Lab2**：**UZ**；**VALUE**：**0** → **OK** → ANSYS Utility Menu：**Select** →**Everything**

底面加 *Y* 方向的约束

ANSYS Utility Menu：**Select** → **Entities...** → **Nodes** → **By Location** → **Y coordinates** → **0** → **OK**(返回到 **Displacement** 窗口) →**On Nodes** → **Pick All** → **Lab2**：**UY**；**VALUE**：**0** → **OK** → ANSYS Utility Menu：**Select** →**Everything**

(7) 模型施加外载荷

ANSYS Main Menu：**Solution** → **Define Loads** →**Apply** →**Structural**→**Pressure** →**On Areas** → 用鼠标点击选择油缸内侧中部的 3 个面(可使用 ANSYS Utility Menu：PlotCrts →Pan Zoom Rotate 中的工具来调整模型的视角，以方便选择) → **OK** →**VALUE**：**200** → **Apply** → **Close**(忽略警告信息) → 用鼠标点击选择油缸外侧中部的 3 个面(先使用 ANSYS Utility Menu：PlotCrtls →Pan Zoom Rotate 工具调整视角) → **OK** → **VALUE**：**100** → **OK**

(8) 分析计算

ANSYS Main Menu：**Solution** → **Solve** → **Current LS** →**OK** → **Close**(Solution is done!) → 关闭文字窗口

(9) 结果显示

ANSYS Main Menu：**General Postproc** → **Plot Results** → **Deformed Shape...** → **Def** + **Undeformed** →**OK**(返回到 Plot Results 窗口)→ **Contour Plot** → **Nodal Solu...** → **Stress**，**Von Mises**，**Def** + **Undeformed** →**OK**(可以看出最大 $\sigma_{\text{Von Mises}}$ = 375.961 还可以继续观察其他结果)

(10) 退出系统

ANSYS Utility Menu：**File**→**Exit...** → **Save Everything**→**OK**。

计算所得到的结果见图 11.7，由于该 1/4 模型在圆周方向只划分了三段单元(即单元划分时沿圆周旋转了三次)，因而计算结果的精度较差，若采用较细的网格划分，沿圆周旋转 8 次，则可以获得很好的结果，但在 ANSYS 7.0ED 版本中将超出节点控制数，不能实现。

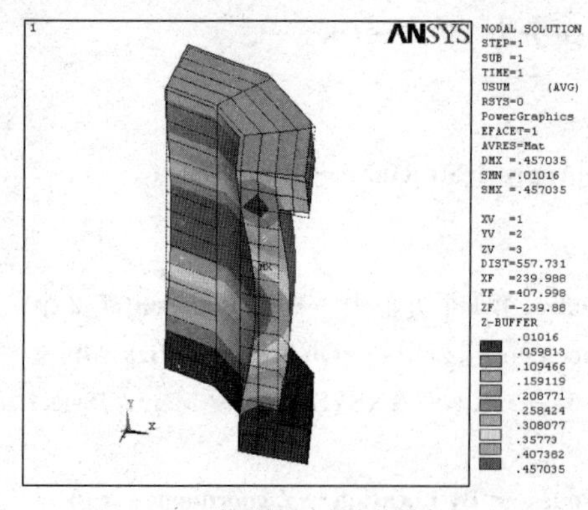

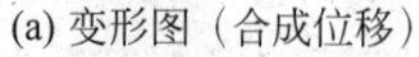
(a) 变形图（合成位移）

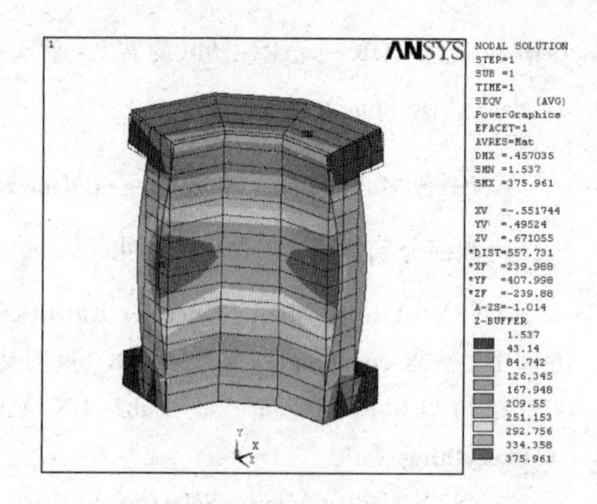

(b) Von Mises 等效应力图

图 11.7　带法兰油缸的计算结果

11.2.2 完全的直接命令输入方式操作

以下为命令流语句。

```
! ——————————命令流————————begin————————
finish                          ! finish the last case
/clear,start                    ! restart
/prep7                          ! preprocessor
et,1,plane42                    ! define the elements
et,2,solid45
mp,ex,1,210000                  ! define materials parameters
mp,prxy,1,0.3
k,1,300,,,                      ! define key points of section frame
k,2,480,,,
k,3,480,100,,
k,4,400,100,,
k,5,400,700,,
k,6,480,700,,
k,7,480,800,,
k,8,300,800,,
k,9,300,650,,
k,10,300,150,,
k,11,,,,                        ! define key points of revolving axis
k,12,,800,0
a,1,2,3,4,5,6,7,8,9,10          ! link the key points to an area
esize,50,,                      ! define element edge length
amesh,all                       ! meshing the area
type,2                          ! define the following element type
extopt,esize,1,0                ! define element division number when extruding
```

```
vrotat,all,,,,,,11,12,90,3 ! extrude (sweep) the area with meshes

/solution                  ! define the load and run this case
nsel,s,loc,x,0             ! select all nodes whose x coordinate are 0
d,all,ux,0                 ! constrain the node's x DOF
allsel,all
nsel,s,loc,z,0             ! select all nodes whose z coordinate are 0
d,all,uz,0                 ! constrain the node's z DOF
allsel,all
nsel,s,loc,y,0             ! select all nodes whose y coordinate are 0
d,all,uy,0                 ! constrain the node's y DOF
allsel,all
sfa,10,1,pres,200          ! define pressure on the inner area of cylinder
sfa,21,1,pres,200
sfa,32,1,pres,200
sfa,5,1,pres,100           ! define pressure on the outter area of cylinder
sfa,16,1,pres,100
sfa,27,1,pres,100
solve                      ! run
finish
/view,1,1,2,3
/post1                     ! postprocessor
plnsol,s,eqv,0,1           ! plot the contour of Von Mises stress
finish                     ! end
! ————————命令流————————end————————
```

11.3　斜拉桥的有限元建模与振动模态分析

计算分析模型如图 11.8 所示，桥梁结构的有关参数见表 11.2。在 ANSYS 中所使用的文件名：**bridge**。

表 11.2　桥梁结构的参数

主桥身（B）	$I_B=\frac{bh^3}{12}=12.26\text{m}^4$	$A_B=15\text{m}^2$	$h=3.1\text{m}$	$b=4.84\text{m}$
主　塔（T）	$I_T=\frac{bh^3}{12}=129.98\text{m}^4$	$A_T=28\text{m}^2$	$h=7.464\text{m}$	$b=3.751\text{m}$
斜拉索（C）	$I_C=\frac{\pi\cdot d^4}{64}$	$A_C=0.02545\text{m}^2$	$r=0.09\text{m}$	
所有材料	$E=2.1\times10^{11}\text{Pa}$	$\rho=7500\text{kg/m}^3$	$\mu=0.3$	

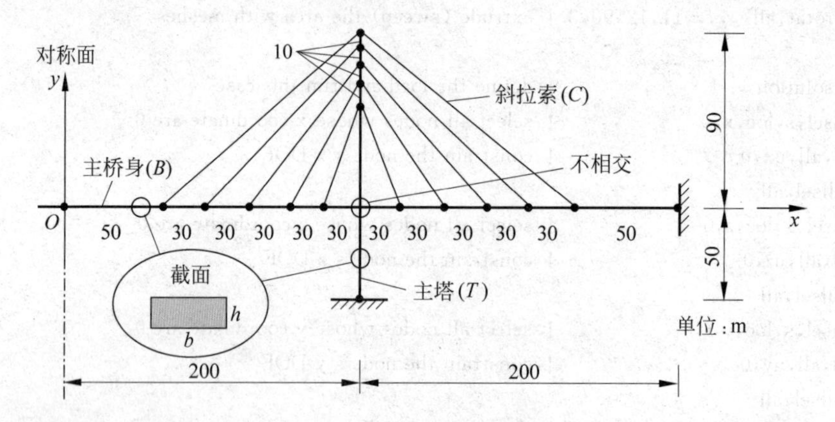

图 11.8 斜拉桥的计算分析模型

建模要求

(1) 右端完整建模,然后用映射方法(Reflect)生成对称结构;

(2) 单元建模:2D 模型,主桥身与主塔:Beam(2D);斜拉索:Link 单元(tension only:不承受压载荷)。

11.3.1 基于图形界面(GUI)的交互式操作(step by step)

(1) 进入 ANSYS

程序 →**ANSYS ED Release7.0** →**ANSYS Interactive** → **Working directory**(设置工作目录)→ **Initial jobname**(设置工作文件名):**bridge**→**Run** → **OK**

(2) 设置计算类型

ANSYS Main Menu:**Preferences...** → **Structural** → **OK**

(3) 选择单元类型

ANSYS Main Menu:**Preprocessor** →**Element Type** →**Add/Edit/Delete...** → **Add...** → **Beam:2d elastic 3** → **Apply** → **Link:bilinear 10**→**OK** →**Close**

(4) 定义实常数

ANSYS Main Menu:**Preprocessor** →**Real Constants...** →**Add...**→ **Type 1 Beam3** → **OK**→ **Real Constants Set No.** :**1**,**AREA**:**15**,**Izz**:**12.26**,**HEIGHT**:**3.1**→ **Apply** → **Real Constants Set No.** :**2**,**AREA**:**28**,**Izz**:**129.98**,**HEIGHT**:**7.464** → **OK**(返回到 Real Constants 窗口)→ **Add...**→ **Type 2 Link 10** → **OK** → **Real Constants Set No.** :**3**,**AREA**:**0.02545** → **OK** →**Close**

(5) 定义材料参数

ANSYS Main Menu:**Preprocessor** →**Material Props** →**Material Models** →**Structural** →

Linear →Elastic →Isotropic → EX：2. 1e11，PRXY：0. 3 → OK →Density（在 Linear 下方）→ **DENS：7500 → OK →** 关闭材料定义窗口

（6）构造斜拉桥模型

生成桥体模型

ANSYS Main Menu：**Preprocessor → Modeling → Create →Keypoints →In Active CS... →** 按图 11.8 中圆点所示输入桥的 18 个特征点坐标（最左端为 0,0 点）**→OK**（返回到 **Create** 窗口）**→ Lines → Lines → Straight Line →** 根据图 11.8 的几何关系，用鼠标依次分别连接两两对应的特征点形成直线（注意：塔的连线与主桥板的连线不相交，即无交点）**→ OK**

网格划分

ANSYS Main Menu：**Preprocessor →Meshing→ Mesh Attributes → Picked Lines →** 用鼠标连续选择桥身（水平线）的每一条线 **→ OK → REAL：1，TYPE：1 BEAM3→ Apply →**用鼠标连续选择主塔（垂直线）的每一条线 **→OK → REAL：2，TYPE：1 BEAM3 → Apply →**用鼠标连续选择各条斜拉索线 **→OK → REAL：3，TYPE：2 LINK10 → OK → Mesh**（Meshing 下的第 6 个子菜单）**→ Lines →Pick all**（位于选择窗口中的左下角）

用映射法生成完整桥体模型

ANSYS Main Menu：**Preprocessor → Modeling → Reflect → Lines →** 在 Reflect lines 选择窗口中用 Box 选取除最左端单元外的所有桥单元 **→ OK → Y-Z Plane，OK**（在 Reflect Lines 窗口中）**→**将映射生成的桥的最右端与反射面上的原桥的左端点连线并定义生成一个新单元（属性与原桥单元一致）（相应过程为：**Create → Elements → Elem Attributes→ TYPE**：1 BEAM3，**MAT**：1，**REAL**：1，OK **→ Auto Numbered → Thru Nodes →** 用鼠标选择桥身中间断开的 2 个节点，**OK**）

（7）模型加约束

ANSYS Main Menu：**Solution → Define Loads →Apply →Structural→ Displacement → On Nodes →** 用鼠标选取桥身两端及两主塔的底端 4 个节点，**OK → Lab2：All DOF，VALUE：0 → OK**

（8）分析计算

ANSYS Main Menu：**Solution → Analysis Type → New Analysis... → Modal → OK → Analysis Options... → Block Lanczos，No. of modes to extract：10 → OK → FREQB：0. 01，FREQE：100 → OK**（返回到 Solution 窗口）**→ Solve → Current LS → OK →Close**（Solution is done!）**→** 关闭文字窗口

（9）结果显示

ANSYS Main Menu：**General Postproc → Results Summary**（计算结果如表 11.3 所示），关闭文字窗口 **→ Read Results → First Set**（第 1 阶振型）**→ Plot Results → Deformed Shape... → Def ＋ undeformed → OK**（还可以继续显示其他振型）

ANSYS Utility Menu：**PlotCtrls → Animate → Mode Shape →OK**（将该振型以动画方式显示）→**Close**（动画控制窗口一般位于整个图形界面的后面，需整体画面移动后才能露出来）

ANSYS Main Menu：**General Postproc → Read Results → Next Set** →ANSYS Utility Menu：**PlotCtrls →Animate →Mode Shape →OK →Close**（以动画方式显示下一阶振型）

（10）退出系统

ANSYS Utility Menu：**File→ Exit ...→ Save Everything→OK**

计算所得到的模态分析结果见图 11.9 和表 11.3。

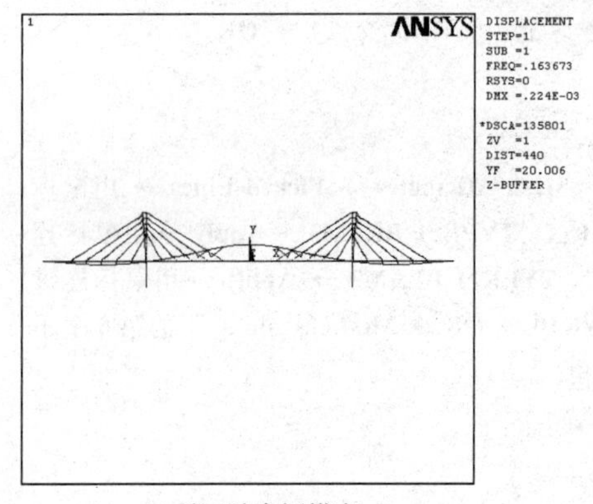

(a) 第1阶自振模态

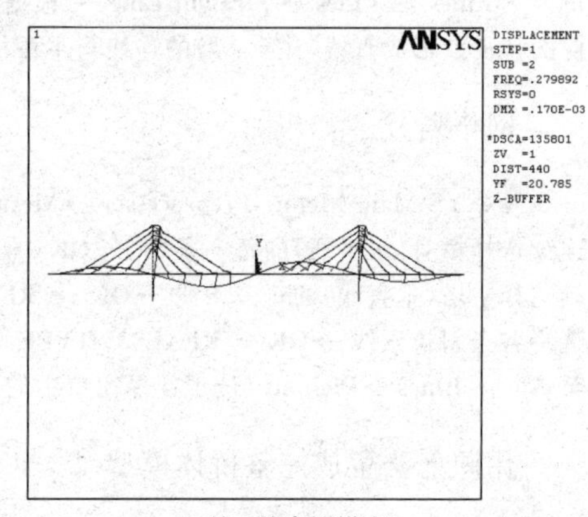

(b) 第2阶自振模态

图 11.9 斜拉桥的振动模态

表 11.3 斜拉桥的各阶自然振动频率

阶次(SET)	1	2	3	4	5
频率 Hz (TIME/FREQ)	0.16368	0.27990	0.41087	0.47339	0.52280
阶次(SET)	6	7	8	9	10
频率 Hz (TIME/FREQ)	0.63604	0.75332	0.86327	0.90317	0.98029

11.3.2 完全的直接命令输入方式操作

以下为命令流语句。

```
!——————————命令流————————begin———————
finish                          ! finish the last case
/clear,start                    ! restart
/prep7                          ! preprocessor
```

```
et,1,beam3                 ! define the elements
et,2,link10
mp,ex,1,2.1e11             ! define materials parameters
mp,prxy,1,0.3
mp,dens,1,7500
r,1,15,12.26,3.1
r,2,28,129.98,7.464
r,3,0.02545
k,1,,,,                    ! define key points of bridge body
k,2,50,,,
k,3,80,,,
k,4,110,,,
k,5,140,,,
k,6,170,,,
k,7,230,,,
k,8,260,,,
k,9,290,,,
k,10,320,,
k,11,350,,
k,12,400,,
k,13,200,90,,              ! define key points of supporting tower
k,14,200,80,,
k,15,200,70,,
k,16,200,60,,
k,17,200,50,,
k,18,200,-50,,
 *do,i,1,11,1              ! link these points to a bridge body
l,i,i+1
 *enddo
 *do,i,13,17,1             ! link these points to a tower
l,i,i+1
 *enddo
 *do,i,0,4,1               ! link these points to some tensing cables
l,i+2,13+i
l,11-i,13+i
 *enddo
lmesh,1,11,1               ! meshing the bridge with default mesh attributes
real,2                     ! set mesh with real constant as 2
lmesh,12,16,1              ! meshing tower
real,3                     ! set mesh with real constant as 3
type,2                     ! set mesh with element type 2 (link10)
lmesh,17,26,1              ! meshing cables
```

```
lsel,u,,,1                      ! select all lines excluding 1st line
lsymm,x,all                     ! mirror them with Y axis
allsel,all
l,19,1                          ! link them
real,1
type,1
lmesh,52                        ! meshing the new line

/solution
dk,29,all,0                     ! constain these key points
dk,12,all,0
dk,35,all,0
dk,18,all,0

antype,2                        ! set analysis type as model analysis
modopt,lanb,10,0.01,100,,       ! select analysis methods as Block Lanczos
                                ! Number of modes to extract: 10
                                ! Beginning frequency of interest: 0.01
                                ! Ending frequency of interest: 100
solve
/post1                          ! postprocessor
set,first                       ! set first model shape
pldisp,1                        ! plot deformed shape with undeformed shape
finish                          ! end
! ————————命令流——————————end—————————
```

11.4 高压容器封头等温塑性成形过程的有限元分析

如图 11.10(a)所示，在半球形封头冲压成形工艺中，上模采用半球形冲头，下模采用漏模，坯料是厚度均匀的圆饼，因此在有限元模拟时，封头成形过程可以作为轴对称问题来处理。由于封头热成形的加工温度一般在 800℃～1000℃之间，为简化起见采用等温模型来模拟封头成形过程，锻造温度定为 900℃。下面考虑一个实例，即用厚度为 180mm，半径为 1800mm 的坯料来成形内径为 1000mm、直边长为 270mm 的半球形封头，采用有限元方法来分析这类带直边半球形封头的冲压成形问题。坯料选用 ANSYS 的 VISCO106 号 2D 大应变单元，本构关系为：$\sigma=\sigma_0\varepsilon^{0.3}$，$\sigma_0=451\text{MPa}$(可以转化为多线性折线来等效)，$\mu=0.4$。坯料与模具之间的接触条件，采用 ANSYS 的 169，171 号二维接触单元来定义，摩擦系数取为 0.15，由于冲头和凹模不发生变形，因此可以视为刚体用其外形轮廓来代替。所建立的几何模型如图 11.10(b)所示。

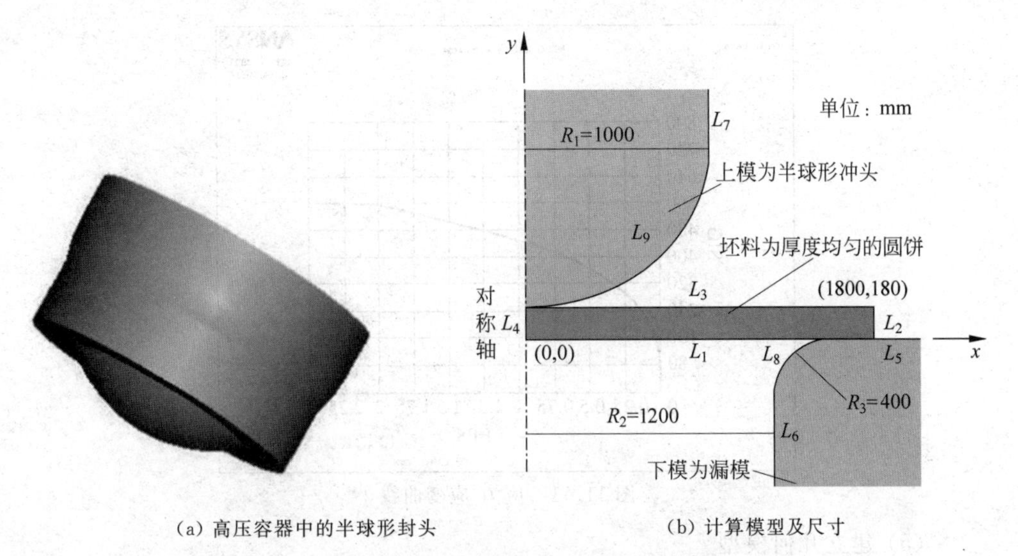

(a) 高压容器中的半球形封头　　　　(b) 计算模型及尺寸

图 11.10　高压容器封头等温塑性成形过程的计算分析模型

11.4.1　基于图形界面(GUI)的交互式操作(step by step)

(1) 进入 ANSYS

程序 → **ANSYS ED Release7.0** → **ANSYS Interactive** → **Working directory**（设置工作目录）→ **Initial jobname**（设置工作文件名）：**drawing** → **Run** → **OK**

(2) 设置分析特性

ANSYS Main Menu：**Preferences...** → **Structural** → **OK**

(3) 定义单元类型

ANSYS Main Menu：**Preprocessor** → **Element Type** → **Add/Edit/Delete...** → **Add...** → **Visco Solid**：**4node Plas106** → **Apply** → **Contact**：**2D Target169** → **Apply** → **Contact**：**2nd surf171** → **OK** → **Type1 Visco106** → **Options...** → **K3**：**Axisymmetric** → **OK** → **Close**

(4) 定义材料参数

ANSYS Main Menu：**Preprocessor** → **Material Props** → **Material Models** → **Structural** → **Linear** → **Elastic** → **Isotropic** → **EX**：**1.84e4**；**PRXY**：**0.4** → **OK** → **Nonlinear** → **Inelastic** → **Rate Independent** → **Isotropic Hardening plasticity** → **Mises Plasticity** → **Multilinear** → **Add point**（获得 7 行 strain and stress 输入栏），在 STRAIN 列的空格栏中依次输入：**0.005**，**0.02**，**0.06**，**0.19**，**0.5**，**1.0**，**2.0**，在 STRESS 列的空格栏中依次输入：**92**，**140**，**194**，**274**，**366**，**451**，**556** → **Graph...**（观察材料曲线如图 11.11）→**OK**→（返回到 Define Material Model Behavior 窗口，位于菜单的左上角）**Material** → **New model** → **Define Material ID**：**2** → **OK** → **Structural** → **Friction Coefficient** → **MU**：**0.15**→**OK** → 关闭材料定义窗口

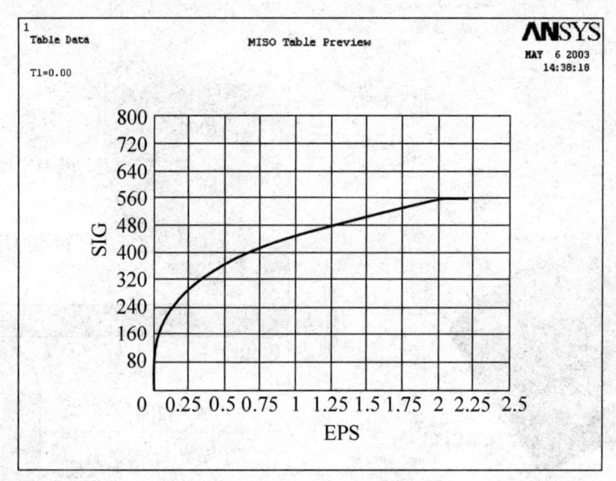

图 11.11 应力-应变曲线

(5) 建立几何模型

建立矩形坯料

ANSYS Main Menu：**Preprocessor → Modeling → Create → Areas → Rectangle → By 2 Corners →WP X：0，WP Y：0，Width：1800，Height：180 → OK**

生成模具外轮廓的特征点

ANSYS Main Menu：**Preprocessor → Modeling → Create→Keypoints→In Active CS... →** 依次输入 6 个特征点，方式为：只在 *X*，*Y*，*Z* 三个空格中填入点的坐标值，每完成一个点输入，用 Apply 结束；6 个点的坐标为：(1200，－800，0)，(1200，0，0)，(2000，0，0)，(0，180，0)，(1000，1180，0)，(1000，1580，0) → **OK**

生成模具外轮廓

ANSYS Utility Menu：**PlotCtrls → Numbering → KP：On，OK**(显示点的编号)

ANSYS Main Menu：**Preprocessor → Modeling → Create → Lines → Lines → Straight Line →** 用鼠标依次选点：**7，6；6，5；9，10**（注意：一定要按先后次序）→ **OK**(产生了 3 条直线）→ **Modeling → Create → Lines → Line Fillet →** 在 Line Fillet 选择窗口中的空白框中输入：**5，6** 然后回车，**OK → RAD：400 → OK**(这样生成了一个 R400 的倒角)

ANSYS Utility Menu：**WorkPlane →Local Coordinate Systems → Create Local CS → At Specified Loc →** 用鼠标点击图形中的任意一点 → **OK**(在选择菜单中) → KCS：**Cylinderical 1，XC，YC，ZC：0，1180，0 → OK**（返回到 Create 窗口）→ **Lines → Lines → In Active Coord →** 在 Lines in Active Coord 选择窗口中的空白栏中输入：**8，9** 然后回车 → **OK**(这样就生成了凸模的 1/4 圆弧)

ANSYS Utility Menu：**WorkPlane →Local Coordinate System →Delete Local CS... → OK**（删除新建立的柱坐标）

ANSYS Utility Menu：**Plot →Multi－Plots**（显示整个模型）

（6）划分单元

定义单元密度

ANSYS Main Menu：**Preprocessor → Meshing → Size Cntrls → ManualSize → Lines → Picked Lines →** 在选择窗口中的空白栏中输入：**2,4,5,6,7** 然后回车 **→ OK → NDIV:4 →Apply →**在选择窗口中的空白栏中输入：**1,3** 然后回车**→ OK → NDIV:30 →Apply →**在选择窗口中的空白栏中输入：**8,9** 然后回车 **→ OK → NDIV:8 → OK**

划分面单元：

ANSYS Main Menu：**Preprocessor → Meshing → MeshTool... →**点击 **Mesh** 按钮（在 MeshTool 窗口中）**→ Pick All**

定义实常数

ANSYS Main Menu：**Preprocessor →Real Constants... →Add... → Type 3 CONTA 171 → OK → Real Constant Set No：2 ，FKN：2**（设置接触单元的穿透尺寸）**→ OK → Close**

划分接触单元

ANSYS Main Menu：**Preprocessor → Meshing → Mesh Attributes → Picked Lines→**在选择窗口中的空白栏中输入：**5,6,7,8,9** 然后回车 **→OK → MAT:2 ;TYPE：2 TARGE 169 →Apply →**在选择窗口中的空白栏中输入：**1,3** 然后回车 **→ OK → MAT:2；TYPE：3 CONTA 171→OK**（返回到 Preprocessor 窗口）**→Meshing →MeshTool... →**（位于 Shape 上方）**Mesh**：line**→** 点击 **Mesh**（按钮）**→**在选择窗口中的空白栏中输入：**1,3,5,6,7,8,9** 然后回车**→OK → Close**（关闭 MeshTool 窗口）

（7）定义约束

ANSYS Main Menu：**Solution → Define Loads → Apply → Structural → Displacement** 对称轴上各点施加 ***X*** 方向约束

ANSYS Utility Menu：**Select →Entities... →Nodes**（第 1 个方框中）**→By Location**（第 2 个方框中）**→X coordinates → 0 →OK**（返回到 **Displacement** 窗口）**→On Nodes →Pick All**（位于选择窗口的左下角）**→ UX；VALUE：0→OK →** ANSYS Utility Menu：**Select →Everything**

下模各点施加 *X*、*Y* 方向约束

ANSYS Utility Menu：**Select → Entities... →Lines**（第 1 个方框中）**→By Num/Pick**（第 2 个方框中）**→OK→**在选择窗口中的空白栏中输入：**5,6,8** 然后回车 **→ OK →** ANSYS Utility Menu：**Select → Entities... →Nodes →Attached to →Lines，all →OK**（返回到 **Displacement** 窗口）**→On Nodes→ Pick All**（位于左下角）**→Lab2：UX，UY；VALUE：0→OK →** ANSYS Utility Menu：**Select →Everything**

上模各点施加（−*Y*）方向位移

ANSYS Utility Menu：**Select → Entities... →Lines**（第 1 个方框中）**→ By Num/Pick**（第 2 个方框中）**→OK→**在选择窗口中的空白栏中输入：**7,9** 然后回车 **→ OK →** ANSYS Utility Menu：**Select → Entities... →Nodes**（第 1 个方框中）**→Attached to**（第 2 个方框中）**→Lines，**

all → **OK**（返回到施加约束的 **Displacement** 窗口）→ **On Nodes** → **Pick All**（位于左下角）→ **Lab2**：**UY**；**VALUE**：**-1500** → **OK**→ ANSYS Utility Menu：**Select** → **Everything**

（8）分析计算

ANSYS Main Menu：**Solution** → **Analysis type** → **Sol'n Controls**（求解控制）→ **Basic**→ **Analysis Options**：**Large Displacement Static** →（位于 Time Control 下面）**Time at end of loadstep**：**25**（设定加载的停止时间）；**Automatic time stepping**：**On**；选中 **Time increment**；**Time step size**：**0.5**，**Minimum time step**：**0.05**，**Maximum time step**：**1**；**Frequency**（位于菜单右下方）：**write every Nth substep**；**Where N**：**5** →**Nonlinear**（位于菜单上排的按钮）→ **Line search**（位于 Nonlinear Option 下面）：**On**；**DOF solution predictor**：**On for all substp**；**Maximum number of iterations**（位于 Equlibrium Iterations 下面）：**35** → **Set convergence criteria**（左下侧按钮）→ **Replace...** → **TOLER**：**0.1** → **OK** → **Close**（关闭 Warning 窗口）→ **Close**（关闭 Nonlinear Convergence Criteria 窗口）→**Advanced NL**（位于菜单上排的按钮）→ **Program behaviour upon nonconvergence**（位于 Termination Criteria 下面）：**Do not terminated analysis** →**OK**（这样就完成了非线性问题求解控制的设置）

ANSYS Main Menu：**Solution** → **Solve** → **Current LS** → 先关闭所弹出的文本窗口（/STATUS Command），**OK** → **Close**（关闭黄色 Warning 窗口）

（9）结果显示

ANSYS Main Menu：**General Postproc** → **Plot Results** → **Deformed Shape** → **Def shape only** → **OK**（如图 11.12(a)所示）→ **Plot Results** → **Contour Plot** → **Nodal Solu** → **Stress**；**Von Mises SEQV** → **OK**（如图 11.12(b)所示）→ **Plot Results** → **Contour Plot** → **Nodal Solu** → **Strain-Plastic**；**Von Mises EPPLEQV** →**OK**（如图 11.12(c)所示）

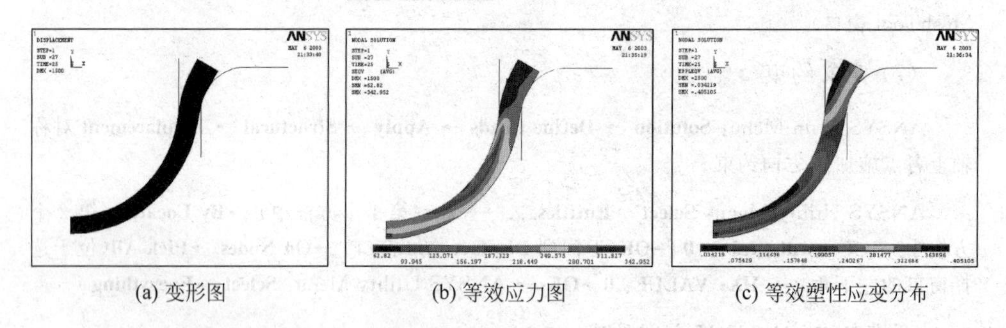

(a) 变形图　　(b) 等效应力图　　(c) 等效塑性应变分布

图 11.12　封头等温塑性成形过程的计算结果

（10）退出系统

ANSYS Utility Menu：**File**→**Exit ...** → **Save Everything**→ **OK**

11.4.2　完全的直接命令输入方式操作

以下为命令流语句。

```
!————————命令流————begin————
finish                    ! finish the last case
/clear,start              ! restart
```

```
/PREP7
ET,1,VISCO106
ET,2,TARGE169
ET,3,CONTA171
KEYOPT,1,3,1              ! axial symmetry model
! *
! * material property 1
! *
MP,EX,1,1.84e4
MP,PRXY,1,0.4
TB,MISO,1,0,7,
TBPT,,0.005,92
TBPT,,0.02,140
TBPT,,0.06,194
TBPT,,0.19,274
TBPT,,0.5,366
TBPT,,1.0,451
TBPT,,2,556
! *
! * material property 2
! *
MP,MU,2,0.15
! * Geometry modeling
blc4,0,0,1800,180

k,,1200,-800,
k,,1200,0,
k,,2000,0,
k,,0,180,
k,,1000,1180,
k,,1000,1580,
l,7,6
l,6,5
l,9,10
lfillt,5,6,400
LOCAL,11,1,0,1180,0, , , ,1,1,
csys,11
l,8,9
csys,0
CSDELE, 11,
lsel,s,line,,2
lsel,a,line,,4,7,1
lesize,all,,,4
lsel,s,line,,1
```

```
lsel,a,line,,3
lesize,all,,,30
lsel,s,line,,8
lsel,a,line,,9
lesize,all, , ,8, , , , ,1
allsel,
aatt,1,,1
amesh,all
r,1,,,
R,2, , ,2, , , ,
lsel,s,line,,5,9,1
latt,2,2,2
lsel,s,line,,1,3,2
latt,2,2,3
lsel,a,line,,5,9,1
lmesh,all
finish

/solu
nsel,s,loc,x,0
d,all, , , , , ,UX, , , , ,
allsel
lsel,s,line,,5,6
lsel,a,line,,8
nsll,s
d,all, all , , , , , ,
lsel,s,line,,7,9,2
nsll,s,1
d,all,uy , -1500, , , ,, , , , ,

allsel
ANTYPE,0
NLGEOM,1
AUTOTS,1
DELTIM,0.5,0.05,1
TIME,25
CNVTOL,F, ,0.1,2, ,
OUTRES,ALL,5
LNSRCH,1
NEQIT,35
PRED,ON,,ON
NCNV,0,0,0,0,0
Solve
! ----------命令流--------end---------
```

第12章 基于MARC平台的有限元建模与分析

MSC. MARC是功能齐全的高级非线性有限元软件求解器,它具有极强的结构分析能力,可以处理各种线性和非线性结构问题包括:线性/非线性静力分析、模态分析、简谐响应分析、频谱分析、随机振动分析、动力响应分析、静/动力接触、屈曲/失稳、失效和破坏分析等;提供了丰富的结构单元、连续单元和特殊单元的单元库,几乎每种单元都具有处理大变形几何非线性、材料非线性和包括接触在内的边界条件非线性以及组合的高度非线性的超强能力;采用网格自适应技术,以多种误差准则来自动调节网格疏密,不仅可提高大型线性结构的分析精度,而且能对局部非线性应变集中、移动边界或接触分析提供优化的网格密度,既保证计算精度,同时也使非线性分析的计算效率大大提高。此外,MARC支持全自动二维网格和三维网格重划,用以纠正过渡变形后产生的网格畸变,确保大变形分析的顺利进行。对非结构的场问题如包含对流、辐射、相变潜热等复杂边界条件在内的非线性传热问题,以及流场、电场、磁场,也具有相应的分析求解能力;还具有模拟流-热-固、土壤渗流、声-结构、耦合电-磁、电-热、电-热-结构以及热-结构等多种耦合场的分析能力。

出于用户的特殊需要和进行二次开发,MSC. MARC提供了方便的开放式用户环境。这些用户子程序几乎覆盖了MARC有限元分析的所有环节,从几何建模、网格划分、边界定义、材料选择到分析求解、结果输出、用户都能够访问并修改程序的默认设置。在MSC. MARC软件的原有功能的框架下,用户能够极大地扩展MARC有限元软件的分析能力。

MSC. MARC的基本模块为MARC和MENTAT。MARC为求解器,MENTAT是MSC. MARC的前后处理图形交互界面,与MARC无缝连接。它具有以ACIS为内核的实体造型功能;具有自动的二维三角形和四边形、三维四面体和六面体网格自动划分建模能力;多种材料模型定义和边界条件的定义功能;分析过程控制定义和递交分析、自动检查分析模型完整性的功能;实时监控分析功能;方便的可视化处理计算结果能力;完善的光照、渲染、动画制作等图形功能。并可直接访问常见的CAD/CAE系统,如:ACIS、AutoCAD、IGES、MSC. NASTRAN、

MSC. PATRAN、Unigraphic、Catia、Solid work、Solid Edge、IDEAS、VDAFS、Pro/ENGTNEER、ABAQUS、ANSYS 等。

MENTAT 与 MARC 程序的关系如图 12.1 所示。MENTAT 可以自动生成 MARC 分析计算所需要的输入文件 model. dat,用户可以在 MENTAT 的图形环境下运行 MARC 程序,此时 MARC 程序对用户来说处于后台,也可以利用 model. dat,采用"run_marc"命令运行 MARC 程序。MENTAT 可以读入 MARC 运行产生的结果文件即后处理文件 model. t19(格式化文件)或 model. t16(非格式化文件)进行数据结果的图形显示。当然用户还可以采用其他方法生成 MARC 输入文件 model. dat。

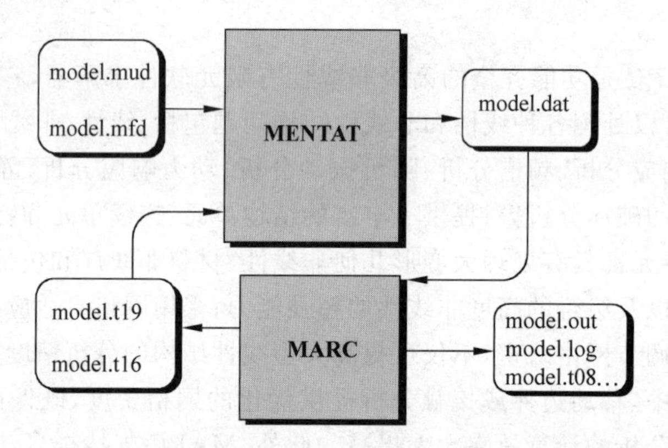

图 12.1 MARC 与 MNETAT 之间的数据传输关系

下面简单介绍 MENTAT 的屏幕布局,如图 12.2 所示,MENTAT 图形界面可以分为图形区、动态菜单区、静态菜单区、对话区和状态区。图形区用于显示数

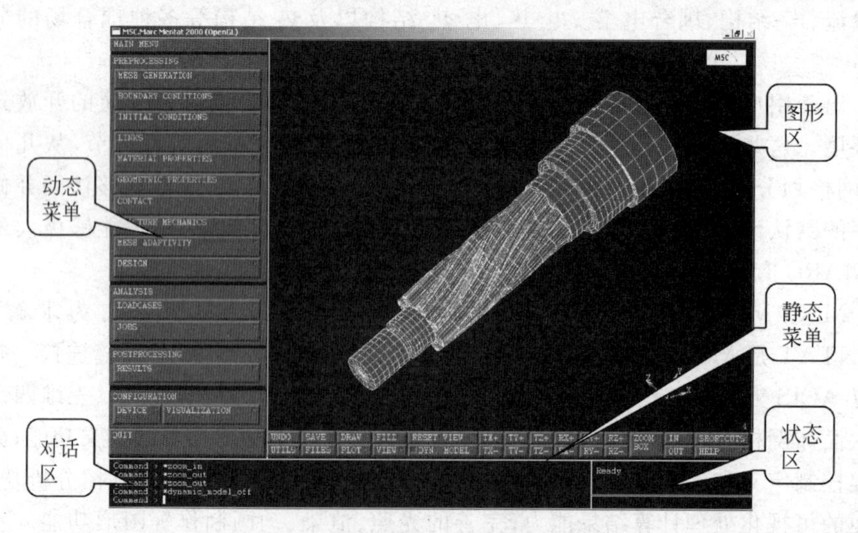

图 12.2 MENTAT 的屏幕布局

据库的当前状态，当开始运行时，图形区是空的，表示数据库是空的。动态菜单区和静态菜单区用于显示可选择的菜单，其中动态菜单区根据选择的菜单将作变化，而静态菜单区始终保持不变，总是显示随时可选择的菜单，对话区是包括 5 行显示区的可滚动区域，程序的提问、警告和反馈信息都将在此区显示，用户可以在区内输入数据和命令。状态区用以显示程序的状态，如 working 或 ready 是反映当前的程序处于运算显示新图形状态还是等待状态。

在静态菜单区中可以使用 FILES→SAVE AS 来选择目录并在 SELECTION 中输入文件名来形成一个新的工作文件；使用 FILES→CURRENT DIRECTORY 来设置当前工作目录。

本章以 MARC 2000 为平台，给出第 11 章中 4 个典型有限元分析实例的操作。

12.1　带孔平板的有限元分析

平面带孔方板的几何形状和尺寸如图 11.1 所示。这里取：$p=1\text{MPa}$，$E=2.1\text{GPa}$，$t=1\text{cm}$，$\mu=0.3$。本算例要求分析带孔方板的应力分布状况。

(1) 生成网格(MESH GENERATION)

本步骤的任务是建立用于有限元分析的几何模型，并进行网格划分。首先，设置屏幕的显示区域，并打开格点显示。

MAIN MENU：PROCESSING：**MESH GENERATION** → COORDINATE SYSTEM：**SET** → ① **U DOMAIN**(设置屏幕 *X* 方向的显示范围)：**0, 0.1**（在命令窗口输入）② **U SPACING**（设置格点之间 *X* 方向的间距），**0.01**（在命令窗口输入）③ **V DOMAIN**（设置屏幕 *Y* 方向的显示范围），**0, 0.1**（在命令窗口输入）④ **V SPACING**（设置格点之间 *Y* 方向的间距），0.01（在命令窗口输入）⑤ **GRID (ON**—显示出格点)⑥ **FILL**(位于图形区下端的静态菜单)⑦ **RETURN**

然后，就可以建立有限元网格：先建立正方形和圆形两条闭合曲线，描述带孔方板的轮廓，再利用平面单元生成器自动获得相应的有限元网格。

MAIN MENU：PROCESSING：**MESH GENERATION** → **CURVE TYPE** → ① MISCELLANEOUS TYPE：**POLY LINE** ② **RETURN** →① CRVS：**ADD**：**(0,0)**，**(0.1,0)**，**(0.1,0.1)**，**(0,0.1)**，**(0,0)**（依次选中 5 个格点）**END LIST**（#）② **CURVE TYPE** →①CIRCLES：**CENCER/RADIUS** ② **RETURN** →①CRVS：**ADD**：**(0.05,0.05)**（选中中心格点），**0.005**（在命令窗口中输入半径值）③ COORDINATE SYSTEM：**GRID OFF** ④ **FILL**（位于静态菜单）⑤ **AUTOMASH**（单元生成器）→ PRELEMINARY：**CURVE DIVISIONS**（设置划分节点的种子点）→① TYPE：# **DIVISIONS**(对固定曲线指定分割的份数)：**36**(在命令窗口输入)② **APPLY CURVE DIVISIONS**（实现上述分割），ALL：**EXIST**（表示对方框和圆都施加上述分割）③ **RETURN** → **AUTOMESH** → CHOOSE：**2D PLANAR MESHING**（平面单元生成器）→ ①MESH CORSENING PARAMETER：**TRANSITION**（疏密过渡系数）：**0.6**（小于 1 表示内部密，边缘疏）② QUADRILATERALS (ADV FRNT)：**QUAD MESH!**（用四边形单元划分），

ALL：**EXIST.**（表示对上述两条曲线之间的区域进行划分）③**RETURN** → **RETURN** → **SWEEP**（清除重合的多余元素）→ ① **ALL**（清除所有多余元素）② **RETURN** → **RETURN**

（2）定义边界条件（BOUNDARY CONDITIONS）

本步骤的任务是对上述带孔平板施加约束和载荷。

MAIN MENU：PROCESSING：**BOUNDARY CONDITIONS** → BOUNDARY CONDITION CLASS：**MECHANICAL** → BOUNDARY CONDITON TYPE：**FIXED DISPLACEMENT**（位移边界条件）→ **X DISPLACEMENT**（*X* 方向的位移）：0，**OK** → ① NODES：**ADD**，选中左边界上的所有节点（*X* 坐标为 0），（可以用鼠标拉框来选择框内的节点）**END LIST**（#）② **NEW** ③BOUNDARY CONDITON TYPE：**FIXED DISPLACEMENT** → **Y DISPLACEMENT**（*Y* 方向的位移），0，**OK** → ① NODES：**ADD** 选中左下角节点（坐标为（0，0）），**END LIST**（#）② MECHANICAL BC'S：**NEW** ③ BOUNDARY CONDITON TYPE：**EDGE LOAD** → **PRESSURE**：（正压力）**−1E6**（负值表示外法线方向），**OK** → ① EDGES：**ADD**，选中右边界（*X* 坐标为 0.1）（用鼠标拉框选中右边界），**END LIST**（#）② **RETURN** → **RETURN**

（3）定义材料特性（MATERIAL PROPERTIES）

本步骤的任务是定义平板材料的力学性能参数。

MAIN MENU：PROCESSING：**MATERIAL PROPERTIES** → MECHANICAL MATERIAL TYPES：**ISOTROPIC**（各向同性材料）→ **YOUNG'S MODULUS**：**2.1E11**，**POISSON'S RATIO**：**0.3**，**OK** → ① ELEMENTS：**ADD**，ALL：**EXIST.**（表示选中全部单元）② **RETURN**

（4）定义几何特性（GEOMETRIC PROPERTIES）

本步骤的任务是定义平板的厚度。

MAIN MENU：PROCESSING：**GEOMETRIC PROPERTIES** → MECHANICAL ELEMENTS：**PLANAR**（平面问题）→ GEOMETRIC PROPERTY TYPES：**PLANE STRESS**（平面应力问题）→ NORMAL TO PLANE：**THICKNESS**（厚度）：**0.01**，**OK** → ① ELEMENTS：ADD（菜单），ALL：**EXIST.**（表示选中全部单元）② **RETURN** → **RETURN**

（5）定义任务（JOBS）

本步骤的任务是设置和定义求解任务，并进行求解。

MAIN MENU：ANALYSIS：**JOBS** → ANALYSIS CLASS：**MECHANICAL** → **JOB RESULTS** → ELEMENT TENSORS：**stress**（显示结果中包括应力张量），**OK** → **OK** → **ELEMENT TYPES** → ANALYSIS CLASS：**MECHANICAL** → **PLANE STRESS** → **3**（4 节点四边形单元 − QUAD（4）），**OK** → ① ALL：**EXIST**（表示选中全部单元）② **RETURN** → **RETURN** → ① **CHECK**（检查前面工作是否有疏漏）② **SAVE**（在默认目录下把上述模型存为文件 model1.mud）③ **RUN** → ① **SUBMIT1**（提交求解器 MARC 进行求解）② **MONITOR**（监视求解进程，当 STATUS 为 COMPLETE 时表示计算结束，EXIT NUMBER 为 3004 表示成功完成）③ **OK** → **RETURN**

(6) 后处理(RESULTS)

本步骤的任务是查看计算结果(带孔方板的 σ_x 分布情况和 σ_x 的最大值。)

MAIN MENU：POSTPROCESSING：**RESULTS** → FILE：**OPEN DEFAULT**（打开结果文件 *.t16）→DEFORMED SHAPES：**SETINGS** → DEFORMATION SCALING：**AUTOMATIC**（由 MARC 自动选择变形显示比例），**RETURN** → **DEF&ORIG**（同时显示变形前后的形状）→ **SCALAR** →Comp 11 of Stress（显示应力分量 σ_x），**OK** → **CONTOUR BANDS**

由结果可知，σ_x 的最大值为 2.863MPa(≈3MPa)，出现在方板内孔上下边沿处，这与理论分析得到的结果是比较相符的。

12.2　带法兰油缸的有限元分析

计算分析模型如图 11.6 所示，本算例要求计算油缸的 σ_r 和 σ_θ 分布。

(1) 生成网格(MESH GENERATION)

建模的思路为首先建立沿轴横截面的平面网格，然后通过旋转操作获得 3D 网格。

首先，设置屏幕的显示区域，并打开格点显示。

MAIN MENU：PREPROCESSING：**MESH GENERATION** →COORDINATE SYSTEM：**SET** → ①input **U DOMAIN**（设置屏幕 *X* 方向的显示范围）：**0，1**（在命令窗口输入）② **U SPACING**（设置格点之间 *X* 方向的间距），**0.1**（在命令窗口输入）③ **V DOMAIN**（设置屏幕 *Y* 方向的显示范围），**0，1**（在命令窗口输入）④ **V SPACING**（设置格点之间 *Y* 方向的间距），**0.1**（在命令窗口输入）⑤ **GRID**（ON—显示出格点）⑥ **FILL**（位于静态菜单）⑦ **RETURN**

然后，就可以建立 1/4 油缸的有限元网格：先建立轴截面轮廓曲线，利用平面单元生成器自动获得相应的有限元网格；再利用旋转功能获得 3D 网格。

MAIN MENU：PROCESSING：**MESH GENERATION** → **CURVE TYPE** → ① MISCELLANEOUS TYPE：**LINE** ② **RETURN** →① ADD：**CRVS**，**(0.3，0)**（选择格点），**point (0.48,0,0)**（在命令行输入后回车，下同）；**(0.48，0)**（选择已有点），**point(0.48，0.1，0)**；**(0.48，0.1)**，**(0.4，0.1)**；**(0.4，0.1)**，**(0.4，0.7)**；**(0.4，0.7)**，**point(0.48，0.7,0)**；**(0.48，0.7)**，**point (0.48，0.8，0)**；**(0.48，0.8，0)**，**(0.3，0.8)**；**(0.3，0.8)**，**(0.3，0)**；② COORDINATE SYSTEM：**GRID OFF** ③ **FILL**（位于静态菜单）④ **AUTOMASH**（单元生成器）→PRELEMINARY：**CURVE DIVISIONS**（设置种子点）→ ① FIXED AVG LENGTH：**AVG LENGHTH**（对固定曲线指定分割每份长度），**0.02**（在命令窗口输入）② **APPLY CURVE DIVISIONS**（实现上述分割），ALL：**EXIST.**（表示对所有线都施加上述分割）③ **RETURN** → CHOOSE：**2D PLANAR MESHING**（平面单元生成器）→ ① QUADRILATERALS（ADV FRNT）：**QUAD MESH!**（用四边形单元划分）ALL：**EXIST.**（表示对上述曲线包围的区域进行划分）② **RETURN** → **RETURN** → **EXPAND**（延展生成 1/36 油缸的 3D 网格）→ ① **ROTATIONS**（旋转操作）：**0 10 0**（绕 *Y* 轴转 10 度），② **ELEMENTS**，**ALL**：**EXIST.**（表示选中所用单元）③ **RETURN**→ **SWEEP**（清除重合的多余元

素）→ **ALL**（清除所有多余元素），**RETURN** →**RETURN**

（2）定义边界条件(BOUNDARY CONDITIONS)

首先，对1/36油缸施加内外压力。

MAIN MENU：PROCESSING：**BOUNDARY CONDITIONS** → BOUNDARY CONDITION CLASS：**MECHANICAL** →BOUNDARY CONDITON TYPE：**FACE LOAD**（施加面载荷）→ **PRESSURE**（正压力 200MPa）：**200E6**，**OK** →① FACES：**ADD**，选中油缸内壁上 Y 坐标从 160mm 到 640mm 的壁面，**END LIST**（#）②NEW ③ BOUNDARY CONDITON TYPE：**FACE LOAD**（施加面载荷）→ **PRESSURE**（正压力 100MPa）：**100E6**，**OK** → ① FACES：**ADD**，选中油缸外壁上 Y 坐标从 100mm 到 700mm 的壁面，**END LIST**（#），**RETURN** → **RETURN**

其次，利用复制操作生成1/4油缸的网格，同时也可以对内外压力进行复制。

MAIN MENU：PROCESSING：**MESH GENERATION** → **DUPLICATE**（复制操作）→ ① **ROTATIONS**(旋转操作)：**0，10，0**（绕 Y 轴转 10 度），Input **REPETIONS**：8（复制 8 份）② **ELEMENTS**，ALL：**EXIST.**（表示选中所用单元）③ **RETURN** → **SWEEP**（清除重合的多余元素）→ **ALL**（清除所有多余元素），**RETURN** →**RETURN**

最后，施加位移边界条件

MAIN MENU：PROCESSING：**BOUNDARY CONDITIONS** → BOUNDARY CONDITION CLASS：**MECHANICAL** →①**NEW** ②BOUNDARY CONDITON TYPE：**FIXED DISPLACEMENT** → **Y DISPLACEMENT**（Y 方向的位移），0，**OK** → ①NODES：ADD，选中底面所有节点(Y 坐标为 0)(用鼠标拉框来选取)，**END LIST**（#）②**VIEW**（位于静态菜单）→① VIEW STATUS：**SHOW ALL VIEWS**：**2**，② **FILL**（位于静态菜单）③ **RETURN** →① **NEW** ② BOUNDARY CONDITON TYPE：**FIXED DISPLACEMENT** → **Z DISPLACEMENT**（Z 方向的位移），0，**OK** → ①NODES：**ADD**，选中 Z 坐标为 0 轴截面上的所有节点，**END LIST**（#）② **NEW** ③BOUNDARY CONDITON TYPE：**FIXED DISPLACEMENT** → **X DISPLACEMENT**（X 方向的位移），0，**OK** → ①NODES：**ADD**，选中剩余的一个轴截面(即 $X=0$)上的所有节点，**END LIST**（#）②**RETURN** → **RETURN**

（3）定义材料特性(MATERIAL PROPERTIES)

本步骤的任务是定义平板材料的力学性能参数。

MAIN MENU：PROCESSING：**MATERIAL PROPERTIES** →MECHANICAL MATERIAL TYPES：**ISOTROPIC**(各向同性材料)→ **YOUNG'S MODULUS**：**2.1E11**，**POISSON'S RATIO**：**0.3**，**OK** →①ELEMENTS：**ADD**，ALL：**EXIST.**(表示选中全部单元)②**RETURN**

（4）定义任务(JOBS)

本步骤的任务是设置定义求解任务，并进行求解。

MAIN MENU：ANALYSIS：**JOBS** →ANALYSIS CLASS：**MECHANICAL** →**JOB RESULTS** → ELEMENT TENSORS：**stress**（后处理结果中包括应力张量），**OK** → **OK** →ANALYSIS

CLASS：**ELEMENT TYPES** → ANALYSIS CLASS：**MECHANICAL** → **3D SOLID** → 7（8 节点六面体单元－HEX(8)）**OK** → ALL：**EXIST**（表示选中全部单元），**RETURN** → **RETURN** → ① **CHECK**（检查前面工作是否有疏漏）② **SAVE**（在默认目录下把上述模型存为文件 model1. mud）③ **RUN** → ① **SUBMIT1**（提交求解器 MARC 进行求解）② **MONITOR**（监视求解进程，当 STATUS 为 COMPLETE 时表示计算结束，EXIT NUMBER 为 3004 表示成功完成）③ **OK** → **RETURN**

（5）后处理(RESULTS)

本步骤的任务是查看计算结果（油缸的 σ_r 和 σ_θ 分布）。

MAIN MENU：POSTPROCESSING：**RESULTS** → FILE：OPEN DEFAULT（打开结果文件 *. t16）→DEFORMED SHAPES：**SETINGS** → DEFORMATION SCALING：**AUTOMATIC**（由 MARC 自动选择变形显示比例），**RETURN** → **DEF&ORIG**（同时显示变形前后的形状）→ SCALAR PLOT：**SETINGS**（把计算结果在柱坐标系里分解）→ **RESULTS COORDINATE SYSTEM** → ① **CYLINDRICAL**（柱坐标系）② ORIENTATION：**ROTATE**：**90，0，0**（使柱坐标系的 Z 轴与油缸的对称轴一致），③ RESULTS COORDINATE SYSTEM：**ACTIVE**（激活柱坐标系）④ APPEARANCE：**DRAW AXES**（关闭柱坐标系的坐标轴的显示）⑤ **RETURN** → **RETURN** →**SCALAR** →Comp 11 of Stress（显示应力分量 σ_r），**OK** → ① CONTOUR BANDS ② **SCALAR** →Comp 22 of Stress（显示应力分量 σ_θ），**OK**

12.3　斜拉桥的有限元建模与振动模态分析

计算分析模型如图 11.8 所示，桥梁结构的有关参数见表 12.1。本算例要求计算斜拉桥的前 10 阶振型和频率。

表 12.1　斜拉桥的各种参数

材料参数	$E=210\text{GPa}$，$\mu=0.3$，$\rho=7500\text{kg/m}^3$
斜拉索	$A_C=0.02545\text{m}^2$
桥身	$A_B=15\text{m}^2$，$I_{xx}=12.26\text{m}^4$，$I_{yy}=29.29\text{m}^4$（x,y 为 MARC 中的局部坐标）
主塔	$A_T=28\text{m}^2$，$I_{xx}=129.98\text{m}^4$，$I_{yy}=32.83\text{m}^4$（x,y 为 MARC 中的局部坐标）

（1）生成网格(MESH GENERATION)

本步骤的任务是建立用于有限元分析的几何模型，并进行网格划分。建模的思路为首先建立斜拉桥的 1/2 模型，然后通过对称映射操作获得全桥模型。

首先，设置屏幕的显示区域，并打开格点显示。

MAIN MENU：PREPROCESSING：**MESH GENERATION** →COORDINATE SYSTEM：**SET** → ① **U DOMAIN**（设置屏幕 X 方向的显示范围）：**－200，200**（在命令窗口输入）② **U SPACING**（设置格点之间 X 方向的间距），**10**（在命令窗口输入）③ **V DOMAIN**（设置屏幕 Y 方向的显示范围），**－100，100**（在命令窗口输入）④ **V SPACING**（设置格点之间 Y 方向的间距），

10（在命令窗口输入）⑤ **GRID**（ON—显示出格点）⑥ **FILL**(位于静态菜单)⑦ **RETURN**

然后，就可以建立斜拉桥的有限元网格：先建立 1/4 斜拉桥的部分网格，利用对称映射功能，并加以补充以获得 1/2 斜拉桥的网格；再继续利用对称映射功能获得全桥的模型。

MAIN MENU：PROCESSING：**MESH GENERATION → ELEMENT CLASS → LINE**（2）（2 节点直线单元），**RETURN** →① ELEMS：**ADD**：**(30,0)(60,0)**（选择格点，下同），**(60,0)，(90,0)；(90,0)，(120,0)；(120，0)，(150，0)；(150，0)，(200，0)；(150，0)，(0，90)；(120，0)，(0，80)；(90，0)，(0，70)；(60，0)，(0，60)；(30，0)，(0，50)**；② **SYMMETRY → ELEMENTS**，ALL：**EXIST.**（表示选中所用单元），**RETURN** → ① ELEMS：**ADD**：**(−30，0)，(30,0)；(0,90)，(0,80)；(0,80)，(0,70)；(0,70)，(0,60)；(0,60)，(0,50)；(0,50)，(0,−50)**；②COORDINATE SYSTEM：**GRID OFF** ③ **FILL**（位于静态菜单）④ **MOVE** → ① **TRANSLATIONS**：**200 0 0**（向 X 正方向平移 200m）② **ELEMENTS**，ALL：**EXIST.**（表示选中所用单元）③ **RETURN →SYMMETRY→①ELEMENTS**，ALL：**EXIST.**（表示选中所用单元）② **RETURN** ③**FILL**（位于静态菜单）④ **SWEEP**（清除重合的多余元素）→**ALL**（清除所有多余元素），**RETURN →RETURN**

(2) 定义边界条件(BOUNDARY CONDITIONS)

本步骤的任务是对斜拉桥施加载荷与约束。

MAIN MENU：PROCESSING：**BOUNDARY CONDITIONS** → BOUNDARY CONDITION CLASS：**MECHANICAL** →BOUNDARY CONDITON TYPE：**FIXED DISPLACEMENT**(位移边界条件)→**X DISPLACEMENT**（X 方向的位移）：**0**，**Y DISPLACEMENT**（Y 方向的位移）：**0**，**Z DISPLACEMENT**（Z 方向的位移）：**0**，**X ROTATION**（X 方向的转角）：**0**，**Y ROTATION**（Y 方向的转角）：**0**，**Z ROTATION**（Z 方向的转角）：**0**，**OK** →① NODES：**ADD**，选中桥身两端及两主塔底端的 4 个节点，**END LIST**（#）② **RETURN → RETURN**

(3) 定义材料特性(MATERIAL PROPERTIES)

本步骤的任务是定义平板材料的力学性能参数。

MAIN MENU：PROCESSING：**MATERIAL PROPERTIES** → MECHANICAL MATERIAL TYPES：**ISOTROPIC**（各向同性材料）→ **YOUNG'S MODULUS**：**2.1E11**，**POISSON'S RATIO**：**0.3**，**MASS DENSITY**：**7500**，**OK** →① ELEMENTS：**ADD**，ALL：**EXIST.**（表示选中全部单元）② **RETURN**

(4) 定义几何特性(GEOMETRIC PROPERTIES)

本步骤的任务是斜拉桥各部分构件的厚度。

MAIN MENU：PROCESSING：**GEOMETRIC PROPERTIES** → MECHANICAL ELEMENTS：**3-D**（三维问题）→ GEOMETRIC PROPERTY TYPE：**TRUSS**（杆件）→ ① CROSS SECTION：**AREA**（截面积）：**0.02545** ②**OK** →① ELEMENTS：**ADD**，选中所有斜拉索单元，**END LIST**（#）② **NEW** ③ **ELASTIC BEAM**（桥面梁）→ ① **AREA**：**15**，**Ixx**：

12.26，**Iyy**：**29.29**，② **VECTOR DEFINING LOCAL X-AXIS**，**X**：**0**，**Y**：**0**，**Z**：**1** ③ **OK** → ① ELEMENTS：ADD，选中所有桥面单元，**END LIST**（#）②**NEW** ③ **ELASTIC BEAM**（主塔梁）→① CROSS SECTION：**AREA**：**28**，**Ixx**：**129.98**，**Iyy**：**32.83** ② **VECTOR DEFINING LOCAL X-AXIS**，**X**：**0**，**Y**：**0**，**Z**：**1** ③**OK** →① ELEMENTS：**ADD**，选中所有主塔单元，**END LIST**（#）② **RETURN** → **RETURN**

（5）定义载荷工况（LOADCASES）

本步骤的任务是设置动力学模态分析求解参数。

MAIN MENU：ANALYSIS：**LOADCASES**→ LOADCASE CLASS：**MECHANICAL** → LOADCASE TYPE：**DYNAMIC MODAL** → LANCZOS：**LOWEST FREQUENCY**（LANCZOS 方法的最小频率）：0.01，**HIGHEST FREQUENCY**（LANCZOS 方法的最大频率）：**100**，# **MODES**：**10**，**OK**→**RETURN** → **RETURN**

（6）定义任务（JOBS）

本步骤的任务是设置定义求解任务，并进行求解。

MAIN MENU：ANALYSIS：**JOBS** → ANALYSIS CLASS：**MECHANICAL** → ① AVAILABLE：**lcase1** ② **OK** → **ELEMENT TYPE** → ELEMENT CLASS：**MECHANICAL** → **3-D TRUSS/BEAM**，**9**（2 节点杆单元－LINE(2)），**OK** →① 选中所有斜拉索单元，**END LIST**（#）② **3-D TRUSS/BEAM**：**52**（2 节点梁单元－LINE(2)），**OK** →选中所有桥面单元和所有主塔单元（用鼠标拉框进行选取），**END LIST**（#），**RETURN** →**RETURN** → ① **CHECK**（检查前面工作是否有疏漏）② **SAVE**（在默认目录下把上述模型存为文件 model1.mud）③ **RUN** → ① **SUBMIT1**（提交求解器 MARC 进行求解）② **MONITOR**（监视求解进程，当 STATUS 为 COMPLETE 时表示计算结束，EXIT NUMBER 为 3004 表示成功完成）③ **OK** → **RETURN**

（7）后处理（RESULTS）

本步骤的任务是查看计算结果（斜拉桥的前 10 阶振型和频率）。

MAIN MENU：POSTPROCESSING：**RESULTS** → FILE：OPEN DEFAULT（打开结果文件 *.t16）→DEFORMED SHAPES：**SETINGS** → DEFORMATION SCALING：**AUTOMATIC**（由 MARC 自动选择变形显示比例），**RETURN** → **DEF&ORIG**（同时显示变形前后的形状），通过点击 FILE：**NEXT INC** 按钮，可以由低阶到高阶查看各阶频率（左上角显示）和相应的振型。

12.4　高压容器封头等温塑性成形过程的有限元分析

如图 11.10(a)所示的半球形封头，考虑到上模为半球形冲头，下模为圆柱形凹模，坯料为厚度均匀的圆饼，因此按轴对称问题处理。坯料尺寸为 $\phi3600\times180$mm，成形后得到内径 1000mm、直边长 270mm 的半球形封头。冲头和凹模不发生变形，视为刚体；坯料本构关系为：$\sigma=\sigma_0\varepsilon^{0.3}$，$\sigma_0=451$MPa，$\mu=0.4$。坯料与上下模之间的摩擦系数为 0.15。这里的分析模型如图 12.3 所示，在 MARC 中，X 轴为默认的轴对称轴。

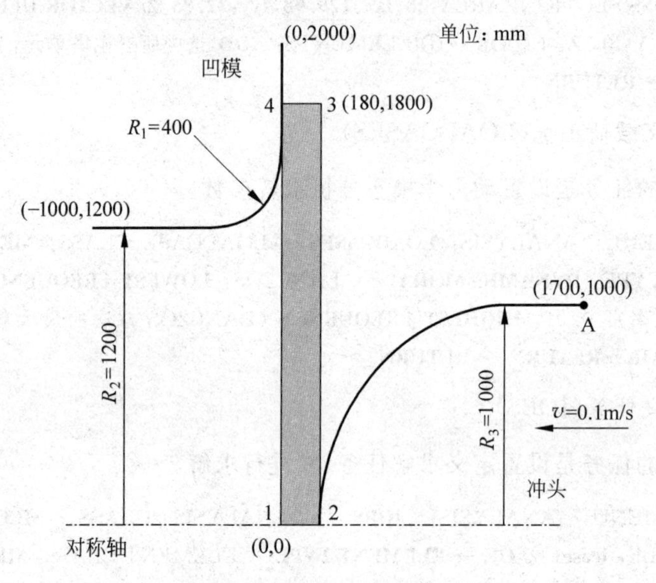

图 12.3　高压容器封头的等温塑性成形分析模型

(1) 生成网格(MESH GENERATION)

本步骤的任务是建立用于有限元分析的几何模型，并进行网格划分。

首先，设置屏幕的显示区域，并打开格点显示。

MAIN MENU：PREPROCESSING：**MESH GENERATION** →COORDINATE SYSTEM：**SET** → ①input **U DOMAIN**(设置屏幕 X 方向的显示范围)：**−1，2**（在命令窗口输入）② **V DOMAIN**（设置屏幕 Y 方向的显示范围），**0，2**（在命令窗口输入）③ **GRID**（ON—显示出格点）④ **FILL**(位于静态菜单)⑤ **RETURN**

然后，就可以建立有限元网格：先用几何曲线画出上下模的轮廓，再对坯料划分网格。

MAIN MENU：PROCESSING：**MESH GENERATION** → **CURVE TYPE** →① ARCS：**CENTER/RADIUS/ANGLE/ANGLE** ② **RETURN** →① CRVS：**ADD**(在命令窗口中输入)：**1.18，0，0**(回车)（冲头圆弧中心），**1**（半径），**90**(起始角度)，**181**（终止角度，使冲头轮廓稍大于坯料的范围）② **CURVE TYPE** →① MISCELLANEOUS TYPES：**LINE** ② **RETURN** →①CRVS：**ADD**：选中冲头圆弧的右端点 A，选中格点(**1.7，1**)；(**−1，1.2**) (**0，1.2**)；(**0，1.2**) (**0，2**)；③**CURVE TYPE** →① MISCELLANEOUS TYPES：**FILLET** ② **RETURN** → ① CRVS：**ADD**：依次选中凹模的两条直线，0.4（倒角半径），② NODES：**ADD**(在命令窗口中输入)：0，0，0(回车)，0.18，0，0(回车)，0.18，1.8，0(回车)，0，1.8，0(回车)③ELEMS：**ADD**：依次选择刚才建立的节点 1，2，3 和 4；④ COORDINATE SYSTEM：**GRID OFF** ⑤**FILL**（位于静态菜单）⑥ **SUBDIVIDE**（单元细分）→① **DIVISIONS**（各方向的分割数）：**4 30 1**（在命令窗口输入）

② **ELEMENTS**（选择细分单元），**ALL**：**EXIST.**（表示选中全部单元）③ **RETURN** →**SWEEP**（清除重合的多余元素）→SWEEP：**ALL**（清除所有多余元素），**RETURN** → **RETURN**

（2）定义材料特性（MATERIAL PROPERTIES）

本步骤的任务是定义坯料的力学性能参数。

MAIN MENU：PROCESSING：**MATERIAL PROPERTIES** → MECHANICAL MATERIAL TYPES：**ISOTROPIC**（各向同性材料）→① **YOUNG'S MODULUS**：**1.84e10**，**POISSON'S RATIO**：**0.4**，② PLASTICITY：**ELASTIC-PLASTIC** → ① METHOD：**POWER LAW** ② **COEFFICIENT A**：**451E6**，**EXPONENT M**：**0.3** ③ **OK** → **OK** →① ELEMENTS：**ADD**，ALL：**EXIST.**（表示选中全部单元）② **RETURN**

（3）定义接触关系（CONTACT）

本步骤的任务是定义坯料与模具之间的接触关系。

MAIN MENU：PROCESSING：**CONTACT** → **CONTACT BODIES**（接触体）→ CONTACT BODY TYPE：**DEFORMABLE**（变形体）→ FRICTION：**FRICTION COEFFICIENT**（摩擦系数）：**0.15**，**OK**→ ① ELEMENTS：**ADD**，ALL：**EXIST.**（表示选中全部单元）② CONTACT BODIES：**NEW** ③ CONTACT BODY TYPE：**RIGID** → BODY CONTROL：VELOCITY：**PARAMETERS** → ① VELOCITY：**X**：**−0.1** ② INITIAL VELOCITY：**X**：**−0.1** ③ **OK** → ① FRICTION：**FRICTION COEFFICIENT**（摩擦系数）：**0.15** ② **OK** →① CURVES：**ADD**：选中冲头曲线，**END LIST**（#）② CONTACT BODIES：**NEW** ③ CONTACT BODY TYPE：**RIGID** → ① FRICTION：**FRICTION COEFFICIENT**（摩擦系数）：**0.15** ② **OK** →① CURVES：**ADD**：选中凹模曲线，**END LIST**（#）② **ID CONTACT** ③ **FLIP CURVES**（调整刚体的接触面，保证刚体所显示的法线方向指向刚体内侧），选中上模右端的直线，**END LIST**（#）④**RETURN** → **RETURN**

（4）定义载荷工况（LOADCASES）

本步骤的任务是设置封头成形过程的准静态分析求解参数。

MAIN MENU：ANALYSIS：**LOADCASES**→ LOADCASE CLASS：**MECHANICAL** → LOADCASE TYPE：**STATIC** → ① **TOTAL LOADCASE TIME**（总的加载时间）：**20** ② STEPPING PROCEDURE：FIXED：**PARAMETERS** → # **STEPS**：**20**，**OK** → **OK** → **RETURN** → **RETURN**

（5）定义任务（JOBS）

本步骤的任务是定义求解任务，并进行求解。

MAIN MENU：ANALYSIS：**JOBS** → ANALYSIS CLASS：**MECHANICAL** → AVAILABLE：**lcase1**（选中上步定义的 LOADCASE）→ **ANALYSIS OPTIONS** → ① **LARGE DISPLACEMENT**（ON，大变形）② **UPDATED LAGRANGE PROCEDURE**（ON，更新 Lagrange 算法）③ **OK**→**JOB RESULTS** →ELEMENT TENSORS：**stress**（显示结果中包括应力张量），**pl_strain**（显示结果中包括塑性应变张量使用该子窗口最右端的下拉按钮才能显出来），**OK** → **OK** → ANALYSIS CLASS：**ELEMENT TYPES** → ANALYSIS CLASS：**MECHANICAL** → **AXISYMMETRIC SOLID** → 10（4 节点四边形单元－QUAD(4)），**OK** →ALL：**EXIST**（表示选

中全部单元)，**RETURN** →**RETURN** →① **CHECK**(检查前面工作是否有疏漏)② **SAVE**(在默认目录下把上述模型存为文件 model1. mud)③ **RUN** → ① **SUBMIT1**(提交求解器 MARC 进行求解)② **MONITOR**(监视求解进程，当 STATUS 为 COMPLETE 时表示计算结束，EXIT NUMBER 为 3004 表示成功完成)③ **OK**→ **RETURN**

(6) 后处理(RESULTS)

本步骤的任务是查看计算结果(变形情况和应力应变分布)。

MAIN MENU：POSTPROCESSING：**RESULTS** → FILE：OPEN DEFAULT(打开结果文件 *. t16)→DEFORMED SHAPES：**SETINGS** → DEFORMATION SCALING：**AUTOMATIC**(由 MARC 自动选择变形显示比例)，**RETURN** → **SCALAR** →Equivalent plastic strain(显示等效塑性应变)，**OK** →**DEF ONLY**(显示变形后的形状)，通过点击 FILE：**NEXT INC** 按钮，可以按时间顺序查看各增量步(左上角显示)的计算结果。

参考文献

［1］ Courant R. Variational methods for the solution of problems of equilibrium and vibrations. Bulletin of American Mathematical Society，1943，49：1～23

［2］ Turner M J，Clough R W，Martin H C，Topp L J. Stiffness and deflection analysis of complex structures. Journal of Aeronautical Sciences，1956，23：805～824

［3］ Clough R W. The finite element method in plane stress analysis. Proc. 2nd Conf. Electronic Computation，ASCE，Pittsburg，1960，Sept.

［4］ Argyris J H. Energy Theorems and Structural Analysis. London：Butterworth，1960（根据 Aircraft Enginnering，1954 Oct-1955 May 重印）

［5］ Zienkiewicz O C，Cheung Y K. The Finite Element Method in Structural and Continuum Mechanics. London：McGraw-Hill，1967

［6］ Oden J T. Finite element for nonlinear continua. New York：McGraw-Hill，1972

［7］ Zienkiewicz O C. The finite element methods，from intuition to generality. Applied Mechanics Reviews，1970，23(2)

［8］ 胡海昌.论弹性体力学与受范性体力学中的一般变分原理.物理学报，1954，10(3)：259

［9］ 钱伟长.变分法及有限元.北京：科学出版社，1980

［10］ 徐芝纶.弹性力学.北京：人民教育出版社，1979

［11］ 鹫津久一郎.弹性和塑性力学中的变分法.老亮等译.北京：科学出版社，1984

［12］ Desai C D，Abel J F. Introduction to The Finite Element Method. New York：Van Nostrand Reinhold，1972

［13］ 陆明万，罗学富.弹性理论基础.北京：清华大学出版社，2001

［14］ 王勖成，邵敏.有限单元法基本原理和数值方法.第二版.北京：清华大学出版社，1997

［15］ Chandrupatla T R，Belegundu A D. Introduction to Finite Elements in Engineering. New Jersey：Prentice Hall，2002

［16］ 诸德超，王寿梅.结构分析中的有限元素法.北京：国防工业出版社，1981

［17］ Wilson E L，Taylor R L，Doherty W P，Ghaboussi J. Incompatible displacement models. in：Numerical and Computer Methods in Structural Mechanics（eds，Fenves S J）. Academic Press，1973

［18］ Rao S S. The Finite Element Method in Engineering. Oxford：Pergamon Press，1982

［19］ Strang G，Fix G. An Analysis of The Finite Element Methods. New Jersey：Prentice-Hall，1973

［20］ 诸德超.升阶谱有限元法.北京：国防工业出版社，1993

［21］ Bardell N S. Free vibration analysis of a flat plate using the hierarchical finite element method. in：Petyt M，Wolfe H F，Met C，ed. Structural Dynamics：Recent Advances. England：Elsevier Applied Science，1991. 221～230

［22］ Hooley R F，Hibbert P D. Bounding plane stress solution by finite elements. Proc. ASCE，ST1，1966，39～48

［23］ 卡德斯图赛主编. 有限元法手册. 诸德超，傅子智译. 北京：科学出版社，1996

［24］ Mondkar D P，Powell G H. Static and dynamic analysis of nonlinear structures. Report

No. EERC 75～10, Earthquake Engineering Research Center, Univ. of California, 1975
[25] 孔祥谦.有限单元法在传热学中的应用.北京:科学出版社,1986
[26] Guyan R J. Reduction in stiffness and mass matrices. AIAA Journal, 1965, 3(2): 380
[27] Anderson R G, Irons B M, Zienkiewicz O C. Vibrations and stability of plates using finite elements. Int. J. of Solids and Structures, 1968, 4:1031～1055
[28] 刘立忠等.隐式静力和显式动力有限元在轧制过程模拟中的应用.塑性工程学报,2001, 8(4): 81～83
[29] Zhang L C. Solid Mechanics For Engineers. New York: Palgrave, 2001
[30] Carnevali P, Morris R B. New basis functions and computational procedures for p-version finite element analysis. Int. J. Numer. Methods Eng., 1993, 36:3759～3779
[31] Babuska I, Dorr M R. Error estimates for the combined h and p versions of finite element method. SIAM J. Numer. Analysis, 1981, 37:257～277
[32] Oden J T et al. Toward a universal h-p adaptive finite element strategy. Computer Methods in Applied Mechanics and Engineering, 1989, 77:113～180
[33] Tworzydlo W W, Oden J T. Knowledge-based methods and smart algorithms in computational mechanics. Engineering Fracture Mechanics. 1995, 50(5,6): 759～800
[34] Oden J T. H-p adpative methods in CFD. in:Adeli H,et al,ed. Mechanics Computing in 1990's and Beyond. ASCE. 1991. 129～133
[35] Zeng P. Composite element method for vibration of structure, Part Ⅰ: principle and C0 element(bar),Part Ⅱ: C1 element (beam). Journal of Sound and Vibration , 1998, 218 (4): 659～696
[36] 曾攀.计算力学中的高精度数值分析新方法:复合单元法.中国科学(E辑), 2000, 30 (1): 39～46
[37] 王俊民.弹性力学学习方法解题指导.上海:同济大学出版社,2000
[38] 彼莱奇科等.连续体和结构的非线性有限元. 庄茁等译.北京:清华大学出版社,2002
[39] 沈养中,李桐栋.工程结构有限元计算.北京:科学出版社,2001
[40] 俞铭华,吴剑国,王林.有限元法与C程序设计.北京:科学出版社,1998
[41] 王润富,佘颖禾.有限单元法概念与习题.北京:科学出版社,1998
[42] 赵经文,王宏钰.结构有限元分析.北京:科学出版社,2001

中 文 索 引

B

八面体的平面(octahedral plane)　36
板壳构件(plate and shell)　263
半带宽(semi-bandwidth)　210,234
半逆解法(semi-inverse method)　50
半正定(positive semi-definite)　212
包容性(inclusive property)　273
背应力(back stress)　322
本构方程(constitutive equation)　8,17,21
逼近性离散(approximated discretization)　144,371
比例加载(proportionally loading)　323
比热(specific heat)　343
边界条件(boundary condition)　19,21,214
编号方案(numbering scheme)　233
变分方法(variational method)　65,77
变换矩阵(transformation matrix)　104,109,116,122
变形(deformation)　7,15
变形梯度(deformation gradient)　32,335
变形体(deformed body)　7
变形协调条件(compatibility condition)　16
泊松比(Poisson's ratio)　17
薄板(thin plate)　263
薄板中面(middle plane of plate)　263
补偿(compensation)　258

C

C_0 型单元(C_0 element)　223,380
C_1 型单元(C_1 element)　223,252,263
参数单元(parametric element)　170
残差(residual error)　57,59
插值模型(interpolation model)　92
常应变 CST 单元(constant strain triangle)　151,181
超参元(super-parametric element)　174,199
超级单元(super-element)　270,271
超临界阻尼情形(overdamped case)　307
乘积单元(product element)　287
重构(re-building)　240
初始(参考)构形(reference configuration)　30,330

初始构形(initial configuration) 30,330
初始条件(initial condition) 343
处理边界条件(treatment of boundary condition) 94,214
传热(heat transfer) 342
传热定律(heat transfer theorem) 343
传热矩阵(heat transfer matrix) 344,351
纯弯变形(pure bending deformation) 54
从节点(slave node) 271
从自由度(slave DOF) 315

D

2D natural coordinate(2D 自然面积坐标) 190
3D 自然面积坐标(3D natural coordinate) 193
达朗贝尔原理(D'Alembert principle) 299
大变形动态非线性问题(nonlinear problem of dynamic large deformation) 330
带宽(bandwidth) 209
带状(banded) 214
待定系数(unknowns) 57,92
单调收敛(monotonic convergence) 221
单位矩阵(identity matrix) 338
单元的死与活(death and birth of element) 388
单元刚度方程(stiffness equation of element) 99,112,138,151,159,162,163,168,169
单元刚度矩阵(stiffness matrix of element) 93,99,111,113,121,149,157,162,163,168,169
弹塑性问题(elastic-plastic problem) 318
弹塑性行为(elastic-plastic behavior) 318
弹性模量(elastic modulus) 17
弹性系数矩阵(elastic matrix) 18,148,168
当前构形(present configuration,deformed configuration) 30,330
等参元(iso-parametric element) 174,198
等向强化(isotropic hardening) 320
等效节点载荷(equivalent nodal load) 123,150
等效应力(equivalent stress) 319
迭代法(iteration algorithm) 326
叠加原理(superposition principle) 28,34
动力显示算法(dynamic explicit algorithm) 341
对称张量(symmetric tensor) 32
多场耦合问题(multi-field coupled problem) 391
多线性等向强化(multilinear isotropic) 321
多线性随动强化(multilinear kinematic) 321

E

Einstein 求和约定(Einstein Summation convention) 9
二阶张量(second-order tensor) 10

F

发散(divergence) 221
罚函数法(penalty approach) 125,217
反对称张量(anti-symmetric tensor) 32
泛函(functional) 77,82,84,
非等向(混合)强化(anisotropic) 321
非柔性结构(compact structure) 199
非协调元(incompatible element,nonconforming element) 223,243,266
分块矩阵(block matrix) 98
复合单元(composite element method) 275

G

Galerkin 加权残值法(Galerkin WRM) 56,59,60
Gauss 积分(Gauss integration) 176,229
杆单元(bar element) 91,99
杆梁结构(truss/frame structure) 370
刚度方程(stiffness equation) 94,101
刚体位移(rigid displacement) 31,211,222,267
高次多项式(high-order polynomial) 249,253,259
高阶单元(high-order element) 218,249,253,255,260
各向同性(isotropy) 12
更新 Lagrange 格式(updated Lagrange formulation) 334
功的互等定理(reciprocal theorem of work) 212
构形(configuration) 30,330
关联塑性流动(associative plastic flow) 320
惯性矩(moment of inertia) 55,112,119
惯性力(inertial force) 299
广义变分原理(generalized variational principle) 81,84
广义胡克定理(generalized Hooke law) 17
广义力(generalized force) 265
广义应变(generalized strain) 264
规范性(standard) 50

H

Hermite 插值(Hermite interpolation) 252,269
h 方法(h-version,h-method) 231
行(row) 256
行列式(determinant) 172
后处理(post-processing) 362
胡-鹫原理(Hu-Washizu principle) 83
互补原理(complementary principle) 83
环境温度(temperature of surrounding medium) 343

环向位移(circumferential displacement) 40
换热系数(heat transfer coefficient) 343
混合非等向强化(anisotropic hardening) 320

J

基底函数(base function) 272
基准单元(parent element) 154,170
基准坐标系(reference coordinate) 170
激活(activating) 387,388
集中质量矩阵(lumped mass matrix) 302,303,304
几何方程(strain-displacement relationship) 8,15,21,40,42,44,54,92,111,147,156,161,167
几何非线性(geometric nonlinear) 330
几何函数矩阵(strain-displacement matrix) 92,111,139,148,156,161,168
加权残值法(weighted residual method) 56
加载(loading) 320
间隙(gap) 101
剪切模量(shear modulus) 17
剪切自锁(shear locking) 140,291
剪应力(shear stress) 12,14,36
剪应力互等定理(reciprocal theorem of shear stress) 15
简谐响应分析(harmonic response analysis) 298
接触单元(contact element) 377
节点(node) 91,110,145,154,160,162,166,168
节点编号(nodal numbering) 96,209,233
节点力列阵(nodal force vector) 93,99,112,119
节点位移(nodal displacement) 91
节点位移列阵(nodal displacement vector) 92,99,112,119
结构振动(structural vibration) 298
解的惟一性(uniqueness of solution) 33
解耦(uncoupling) 305
解耦方程(uncoupled equation) 306
解析法(analytical method) 50
径向正应变(radial normal strain) 40
静力学情形(static case) 301
静力隐式算法(static implicit algorithm) 341
静水压力(hydrostatic pressure) 36
局部坐标系(local coordinate system) 104,109,115
矩形薄板单元(rectangular plate bending element) 266
矩形单元(rectangular element) 154,178,181,200,255
绝热条件(adiabatic condition) 353
均匀性(homogeneity) 11

K

Kirchhoff 假定(Kirchhoff hypothesis) 136,263
Kronecker δ 记号(Kronecker delta symbol) 36,176,192,239,251
可靠性(reliability) 50
可行性(feasibility) 50
空间问题(3-dimensional problem,3D problem) 20
控制方程(governing equation) 56,343
框架变形功方法(frame work method) 4

L

Lagrange 插值(Lagrange interpolation) 169,255,262
Lagrange 乘子(Lagrange multiplier) 82
拉梅常数(Lame constant) 35
离散单元的装配(assembly of discrete elements) 93
离散体结构(discrete structure) 370
离心惯性力(centrifugal force) 42,128
理想弹塑性材料(elastic/perfectly plastic material) 320
连续体结构(continuum structure) 370
连续性(continuity) 11,222
梁单元(beam element) 110
列(column) 256
临界条件(critical condition) 103
临界应力状态(critical state of stress) 318
临界阻尼情形(critically damped case) 307
零函数(zero function) 268
六面体单元(hexahedron element) 168,262
螺栓连接结构(bolt-linked structure) 378

M

Mindlin 板单元(Mindlin plate element) 290
面积映射(mapping of area) 170
面积坐标(area coordinate) 190
名义应力(nominal stress) 335
模态分析(modal analysis) 298
模态阻尼比(modal damping ratio) 307
磨平(smooth improving) 242
莫尔应力圆(Mohr circle of stress) 25

N

Newton-Cotes 数值积分(Newton-Cotes numerical integration) 175
Newton-Raphson 迭代法(N-R iteration algorithm) 325,326
内部节点(inner node) 218
挠度(deflection) 53,110

能量守恒定律(energy conservation theorem) 343

O

欧拉方程(Euler equation) 78
欧拉-拉格朗日方程(Euler-Lagrange equation) 78
耦合场单元(coupled-field element) 391

P

p 方法(p-method,p-version) 232
偏导数映射(mapping of partial differential) 170
拼片试验(patch test) 223,225,243,245
平衡方程(equilibrium equation) 8,12,21,67,68
平面问题(2-dimensional problem,2D problem) 12
平面应变(plane strain) 29
平面应力(plane stress) 28

Q

齐次通解(homogeneous solution) 307
奇异(singularity) 214,291
气泡函数(bulb function) 268
前处理(pre-processing) 362
强耦合分析(direct coupled-field analysis) 391
切线刚度矩阵(tangent stiffness matrix) 326
切向正应变(tangent normal strain) 43
球对称问题(sphere symmetric problem) 43
曲边单元(curved element) 171
曲率(curvature) 54
屈服面函数(function of yielding surface) 319
屈服面平移(yielding surface translation) 321
屈服准则(yielding criteria) 318
权函数(weight function) 57

R

Rayleigh-Ritz 原理(Rayleigh-Ritz principle) 64
r 方法(r-version) 232
热传导系数(thermal conductivity of material) 343
热膨胀系数(thermal expansion coefficient) 345
热应力(thermal stress,stress of temperature effect) 345
热源强度(strength of heat source) 343
柔性结构(flexible structure) 199
软件平台(software platform) 362
弱耦合分析(sequential weak-coupled analysis) 391

S

Serendipity 单元(Serendipity element) 257
三角形薄板单元(triangular plate bending element) 268
3 节点三角形单元(3-node triangular element) 144,200
商业化程序(commercial code) 364
上界(upper bound) 221
升阶谱单元(hierarchical finite element) 272
圣维南原理(Saint-Venant principle) 51,387
势函数(potential function) 320
势能(potential energy) 28,56,93
试函数(trial function) 56,61
适应性(adaptability) 50
收敛(convergence) 221
收敛准则(convergence criterion) 221
数据可视化(visualization of scientific data) 362
数据库(database) 362
数值积分(numerical integration) 175,229
双线性等向强化(bilinear isotropic) 321
双线性随动强化(bilinear kinematic) 321
瞬态传热(transient heat transfer,unsteady heat transfer) 344
瞬态动力学分析(transient dynamic analysis) 298
四面体单元(tetrahedron element) 166,260
塑性功(plastic work) 321
塑性流动法则(plastic flow rule) 318
塑性强化准则(plastic hardening rule) 318
塑性屈服(plastic yielding) 318
塑性应变增量(incremental of plastic strain) 320
塑性增长乘子(plastic multiplier) 320
算子矩阵(operator matrix) 147
随动强化(kinematic hardening) 320
随机谱分析(spectrum analysis) 298
缩聚(condensation,reduction) 219,271,315

T

Timoshenko 梁单元(Timoshenko beam element) 139
特解(particular solution) 307
特征方程(eigen equation) 302
特征建模(characterized modeling) 53,55,362
特征向量(eigen vector) 302
特征值(eigen value) 302
体积力(body force) 18
体积应变(volume strain,bulk strain) 33

体积坐标(volume coordinate) 193
条件收敛(conditional convergence) 309

V

Voigt 标记(Voigt notation) 10
Voigt 移动规则(Voigt kinematics rule) 10

W

外部节点(connective node) 218
外力功(work by force) 26
完备(completeness) 159,196,222
完全 Lagrange 格式(total Lagrange formulation) 334
完整解答(total solution) 308
微小体元(representative volume) 8,12,15
位移(displacement) 7
位移附加项(additional item of displacement) 243
稳态问题(steady problem) 344
无阻尼情形(undamped case) 301
无阻尼自由振动(free vibration of undamped system) 301
物理坐标系(physical coordinate) 170
误差指示算子(error indicator) 232

X

稀疏矩阵(spars matrix) 214
细长梁(long beam) 53,263,141
下界(lower bound) 221
显式算法(explicit algorithm) 305,308
线弹性(linear elasticity) 12
小变形(small deformation) 12
小挠度薄板理论(small deflection theory of thin plate) 263
协调(compatibility) 159,196,222
协调单元(compatible element,conforming element) 223
卸载(unloading) 320
形状函数矩阵(shape function matrix) 92,111,147,156,250,267,269
虚功(virtual work) 62
虚功原理(principle of virtual work) 62,300
虚拟试验(virtual test) 3,6
虚位移(virtual displacement) 61
虚应变能(virtual strain energy) 62
虚应力(virtual stress) 76
虚余功原理(principle of complementary virtual work) 76
许可位移(admissible displacement) 62,64,67

Y

哑指标(dumb index) 9
雅可比矩阵(Jacobian matrix) 172
亚参元(sub-parametric element) 174,199
亚临界阻尼情形(underdamped case) 307
杨氏模量(Young's modulus) 17
一致质量矩阵(consistent mass matrix) 302
抑制(restrained) 389
隐式算法(implicit algorithm) 305,309
应变(strain) 8,16,20,37,40,41,43,264
应变不变量(strain invariant) 39
应变能(strain energy) 26,52,56,111
应力(stress) 8,13,20,23,40,41,43,92,148,157,168
应力不变量(stress invariant) 24
应力函数矩阵(stress-displacement matrix) 92,111,149,157,162
应力集中问题(problem of stress concentration) 40
应力应变关系(stress-strain relationship) 8,17,21
映射(mapping) 154,170
硬化材料(hardening material) 320
硬件平台(hardware platform) 362
有限差分法(finite difference method) 50
有限元方法(finite element method) 3,90,144,209,249,298,361
有限元分析(finite element analysis) 3,90,144,209,249,298,361,394
有限元分析建模(FEA modeling) 362,436,459
有限元分析列式(formulation of finite element analysis) 324
有限元分析求解(FEA solving) 362
有限元分析软件(FEA code) 5
约束方程(constraint equation) 125,378

Z

张量(tensor) 9
张量不变量(tensor invariant) 24
真实解(true solution) 66
真实应力(true stress) 335
振型(mode) 302
振型叠加法(mode superposition) 305
整体刚度方程(global stiffness equation) 96,107,114,119,125
整体坐标系(global coordinate system) 104,115
正定(positive definite) 213
正交各项异性(orthotropy) 36
正应力(normal stress) 12,36
支反力(reaction force) 91,98,101,108,131

直接积分法(direct integration) 305
指标记法(indicial notation) 9
质量矩阵(mass matrix) 301,302,303,304
中心差分法(central difference algorithm) 308
中心差分格式(central difference formulas) 341
中性层(neutral layer) 54
轴对称单元(axisymmetric ring element) 160
轴对称弹性问题(axisymmetric elastic problem) 41
轴向自由振动(longitudinal free vibration) 310
主方向(principal direction) 24
主节点(master node) 271
主应力(principal stress) 24
主自由度(master DOF) 271,315
转动圆盘(rotating discs) 42
转换(transformation) 170
转角(slope) 110,263,139
准确解(correct solution) 221
子结构(sub-structure) 270
子模型方法(sub-modeling) 386
自编有限元分析程序(FEA home-code) 364
自然离散(natural discretization) 91,371
自然频率(natural frequency) 302
自然圆频率(natural circular frequency) 302
自适应方法(adaptive method) 232
自由度 DOF(degree of freedom) 99,110,119,145,154,166,209
自由振动(free vibration) 301,311,316
自由指标(free index) 9
自主程序(home-code) 394
阻尼矩阵(damping matrix) 301
阻尼力(damping force) 299
最佳逼近(best approximation) 68
最小二乘法(least squares method) 56
最小势能原理(principle of minimum potential energy) 64
最小余能原理(principle of minimum complementary potential energy) 76
坐标函数映射(mapping of coordinate) 170

英 文 索 引

A

activating（激活） 387，388
adaptability（适应性） 50
adaptive method（自适应方法） 232
additional item of displacement（位移附加项） 243
adiabatic condition（绝热条件） 353
admissible displacement（许可位移） 62,64,67
analytical method（解析法） 50
anisotropic hardening（混合非等向强化） 320
anisotropic（非等向(混合)强化） 321
anti-symmetric tensor（反对称张量） 32
approximated discretization（逼近性离散） 144,371
area coordinate（面积坐标） 190
assembly of discrete elements（离散单元的装配） 93
associative plastic flow（关联塑性流动） 320
axisymmetric elastic problem（轴对称弹性问题） 41
axisymmetric ring element（轴对称单元） 160

B

back stress（背应力） 322
banded（带状） 214
bandwidth（带宽） 209
bar element（杆单元） 91,99
base function（基底函数） 272
beam element（梁单元） 110
best approximation（最佳逼近） 68
bilinear isotropic（双线性等向强化） 321
bilinear kinematic（双线性随动强化） 321
block matrix（分块矩阵） 98
body force（体积力） 18
bolt-linked structure（螺栓连接结构） 378
boundary condition（边界条件） 19,21,214
bulb function（气泡函数） 268
bulk strain（体积应变） 33

C

C_0 element（C_0 型单元） 223,380
C_1 element（C_1 型单元） 223,252,263

central difference algorithm (中心差分法) 308
central difference formulas (中心差分格式) 341
centrifugal force (离心惯性力) 42,128
characterized modeling (特征建模) 53,55,362
circumferential displacement (环向位移) 40
column (列) 256
commercial code (商业化程序) 364
compact structure (非柔性结构) 199
compatibility (协调) 159,196,222
compatibility condition (变形协调条件) 16
compatible element (协调单元) 223
compensation (补偿) 258
complementary principle (互补原理) 83
completeness (完备) 159,196,222
composite element method (复合单元) 275
condensation (缩聚) 219,315
conditional convergence (条件收敛) 309
configuration (构形) 30,330
conforming element (协调单元) 223
connective node (外部节点) 218
consistent mass matrix (一致质量矩阵) 302
constant strain triangle (常应变 CST 单元) 151,181
constitutive equation (本构方程) 8,17,21
constraint equation (约束方程) 125,378
contact element (接触单元) 377
continuity (连续性) 11,222
continuum structure (连续体结构) 370
convergence (收敛) 221
convergence criterion (收敛准则) 221
correct solution (准确解) 221
coupled-field element (耦合场单元) 391
critical condition (临界条件) 103
critical state of stress (临界应力状态) 318
critically damped case (临界阻尼情形) 307
curvature (曲率) 54
curved element (曲边单元) 171

D

2D natural coordinate (2D 自然面积坐标) 190
2-dimensional problem (2D problem)(平面问题) 12
3D natural coordinate (3D 自然面积坐标) 193
3-dimensional problem (3D problem)(空间问题) 20
D'Alembert principle (达朗贝尔原理) 299

damping force（阻尼力） 299
damping matrix（阻尼矩阵） 301
database（数据库） 362
death and birth of element（单元的死与活） 388
deflection（挠度） 53,110
deformation（变形） 7,15
deformation gradient（变形梯度） 32,335
deformed body（变形体） 7
deformed configuration（当前构形） 30,330
degree of freedom（自由度 DOF） 99,110,119,145,154,166,209
determinant（行列式） 172
direct coupled-field analysis（强耦合分析） 391
direct integration（直接积分法） 305
discrete structure（离散体结构） 370
displacement（位移） 7
divergence（发散） 221
dumb index（哑指标） 9
dynamic explicit algorithm（动力显示算法） 341

E

eigen equation（特征方程） 302
eigen value（特征值） 302
eigen vector（特征向量） 302
Einstein Summation convention（Einstein 求和约定） 9
elastic matrix（弹性系数矩阵） 18,148,168
elastic modulus（弹性模量） 17
elastic/perfectly plastic material（理想弹塑性材料） 320
elastic-plastic behavior（弹塑性行为） 318
elastic-plastic problem（弹塑性问题） 318
energy conservation theorem（能量守恒定律） 343
equilibrium equation（平衡方程） 8,12,21,67,68
equivalent nodal load（等效节点载荷） 123,150
equivalent stress（等效应力） 319
error indicator（误差指示算子） 232
Euler equation（欧拉方程） 78
Euler-Lagrange equation（欧拉-拉格朗日方程） 78
explicit algorithm（显式算法） 305,308

F

FEA code（有限元分析软件） 5
FEA home-code（自编有限元分析程序） 364
FEA modeling（有限元分析建模） 362,436,459
FEA solving（有限元分析求解） 362

feasibility（可行性） 50
finite difference method（有限差分法） 50
finite element analysis（有限元分析） 3,90,144,209,249,298,361,394
finite element method（有限元方法） 3,90,144,209,249,298,361
flexible structure（柔性结构） 199
formulation of finite element analysis（有限元分析列式） 324
frame work method（框架变形功方法） 4
free index（自由指标） 9
free vibration（自由振动） 301,311,316
free vibration of undamped system（无阻尼自由振动） 301
function of yielding surface（屈服面函数） 319
functional（泛函） 77,82,84

G

Galerkin WRM（Galerkin 加权残值法） 56,59,60
gap（间隙） 101
Gauss integration（Gauss 积分） 176,229
generalized force（广义力） 265
generalized Hooke law（广义胡克定理） 17
generalized strain（广义应变） 264
generalized variational principle（广义变分原理） 81,84
geometric nonlinear（几何非线性） 330
global coordinate system（整体坐标系） 104,115
global stiffness equation（整体刚度方程） 96,107,114,119,125
governing equation（控制方程） 56,343

H

hardening material（硬化材料） 320
hardware platform（硬件平台） 362
harmonic response analysis（简谐响应分析） 298
heat transfer（传热） 342
heat transfer coefficient（换热系数） 343
heat transfer matrix（传热矩阵） 344,351
heat transfer theorem（传热定律） 343
Hermite interpolation（Hermite 插值） 252,269
hexahedron element（六面体单元） 168,262
hierarchical finite element（升阶谱单元） 272
high-order element（高阶单元） 218,249,253,255,260
high-order polynomial（高次多项式） 249,253,259
h-method（h 方法） 231
home-code（自主程序） 394
homogeneity（均匀性） 11
homogeneous solution（齐次通解） 307

Hu-Washizu principle (胡-鹫原理) 83
h-version (h 方法) 231
hydrostatic pressure (静水压力) 36

I

identity matrix (单位矩阵) 338
implicit algorithm (隐式算法) 305,309
inclusive property (包容性) 273
incompatible element (非协调元) 223,243,266
incremental of plastic strain (塑性应变增量) 320
indicial notation (指标记法) 9
inertial force (惯性力) 299
initial condition (初始条件) 343
initial configuration (初始构形) 30,330
inner node (内部节点) 218
interpolation model (插值模型) 92
iso-parametric element (等参元) 174,198
isotropic hardening (等向强化) 320
isotropy (各向同性) 12
iteration algorithm (迭代法) 326

J

Jacobian matrix (雅可比矩阵) 172

K

kinematic hardening (随动强化) 320
Kirchhoff hypothesis (Kirchhoff 假定) 136,263
Kronecker delta symbol (Kronecker δ 记号) 36,176,192,239,251

L

Lagrange interpolation (Lagrange 插值) 169,255,262
Lagrange multiplier (Lagrange 乘子) 82
Lame constant (拉梅常数) 35
least squares method (最小二乘法) 56
linear elasticity (线弹性) 12
loading (加载) 320
local coordinate system (局部坐标系) 104,109,115
long beam (细长梁) 53,263,141
longitudinal free vibration (轴向自由振动) 310
lower bound (下界) 221
lumped mass matrix (集中质量矩阵) 302,303,304

M

mapping (映射) 154,170

mapping of area (面积映射) 170
mapping of coordinate (坐标函数映射) 170
mapping of partial differential (偏导数映射) 170
mass matrix (质量矩阵) 301,302,303,304
master DOF (主自由度) 271,315
master node (主节点) 271
middle plane of plate (薄板中面) 263
Mindlin plate element (Mindlin 板单元) 290
modal analysis (模态分析) 298
modal damping ratio (模态阻尼比) 307
mode (振型) 302
mode superposition (振型叠加法) 305
Mohr circle of stress (莫尔应力圆) 25
moment of inertia (惯性矩) 55,112,119
monotonic convergence (单调收敛) 221
multi-field coupled problem (多场耦合问题) 391
multilinear isotropic (多线性等向强化) 321
multilinear kinematic (多线性随动强化) 321

N

3-node triangular element (3 节点三角形单元) 144,200
natural circular frequency (自然圆频率) 302
natural discretization(自然离散) 91,371
natural frequency(自然频率) 302
neutral layer (中性层) 54
Newton-Cotes numerical integration(Newton-Cotes 数值积分) 175
Newton-Raphson(N-R) iteration algorithm(Newton-Raphson 迭代法) 325,326
nodal displacement vector (节点位移列阵) 92,99,112,119
nodal displacement(节点位移) 91
nodal force vector (节点力列阵) 93,99,112,119
nodal numbering (节点编号) 96,209,233
node(节点) 91,110,145,154,160,162,166,168
nominal stress (名义应力) 335
nonconforming element (非协调元) 223,243,266
nonlinear problem of dynamic large deformation (大变形动态非线性问题) 330
normal stress (正应力) 12,36
numbering scheme (编号方案) 233
numerical integration (数值积分) 175,229

O

octahedral plane (八面体的平面) 36
operator matrix (算子矩阵) 147
orthotropy (正交各项异性) 36
overdamped case (超临界阻尼情形) 307

P

parametric element（参数单元） 170
parent element（基准单元） 154,170
particular solution（特解） 307
patch test（拼片试验） 223,225,243,245
penalty approach（罚函数法） 125,217
physical coordinate（物理坐标系） 170
plane strain（平面应变） 29
plane stress（平面应力） 28
plastic flow rule（塑性流动法则） 318
plastic hardening rule（塑性强化准则） 318
plastic multiplier（塑性增长乘子） 320
plastic work（塑性功） 321
plastic yielding（塑性屈服） 318
plate and shell（板壳构件） 263
p-method（p 方法） 232
Poisson's ratio（泊松比） 17
positive definite（正定） 213
positive semi-definite（半正定） 212
post-processing（后处理） 362
potential energy（势能） 28,56,93
potential function（势函数） 320
pre-processing（前处理） 362
present configuration（当前构形） 30,330
principal direction（主方向） 24
principal stress（主应力） 24
principle of complementary virtual work（虚余功原理） 76
principle of minimum complementary potential energy（最小余能原理） 76
principle of minimum potential energy（最小势能原理） 64
principle of virtual work（虚功原理） 62,300
problem of stress concentration（应力集中问题） 40
product element（乘积单元） 287
proportionally loading（比例加载） 323
pure bending deformation（纯弯变形） 54
p-version（p 方法） 232

R

radial normal strain（径向正应变） 40
Rayleigh-Ritz principle（Rayleigh-Ritz 原理） 64
reaction force（支反力） 91,98,101,108,131
re-building（重构） 240
reciprocal theorem of shear stress（剪应力互等定理） 15

reciprocal theorem of work (功的互等定理) 212
rectangular element (矩形单元) 154,178,181,200,255
rectangular plate bending element (矩形薄板单元) 266
reduction (缩聚) 219,271
reference configuration (初始(参考)构形) 30,330
reference coordinate (基准坐标系) 170
reliability (可靠性) 50
representative volume (微小体元) 8,12,15
residual error (残差) 57,59
restrained (抑制) 389
rigid displacement (刚体位移) 31,211,222,267
rotating discs (转动圆盘) 42
row (行) 256
r-version (r 方法) 232

S

Saint-Venant principle (圣维南原理) 51,387
second-order tensor (二阶张量) 10
semi-bandwidth (半带宽) 210,234
semi-inverse method (半解析法) 50
sequential weak-coupled analysis (弱耦合分析) 391
Serendipity element (Serendipity 单元) 257
shape function matrix (形状函数矩阵) 92,111,147,156,250,267,269
shear locking (剪切自锁) 140,291
shear modulus (剪切模量) 17
shear stress (剪应力) 12,14,36
singularity (奇异) 214,291
slave DOF (从自由度) 315
slave node (从节点) 271
slope (转角) 110,263,139
small deflection theory of thin plate (小挠度薄板理论) 263
small deformation (小变形) 12
smooth improving (磨平) 242
software platform (软件平台) 362
spars matrix (稀疏矩阵) 214
specific heat (比热) 343
spectrum analysis (随机谱分析) 298
sphere symmetric problem (球对称问题) 43
standard (规范性) 50
static case (静力学情形) 301
static implicit algorithm (静力隐式算法) 341
steady problem (稳态问题) 344
stiffness equation (刚度方程) 94,101

stiffness equation of element（单元刚度方程） 99,112,138,151,159,162,163,168,169
stiffness matrix of element（单元刚度矩阵） 93,99,111,113,121,149,157,162,163,168,169
strain（应变） 8,16,20,37,40,41,43,264
strain energy（应变能） 26,52,56,111
strain invariant（应变不变量） 39
strain-displacement matrix（几何函数矩阵） 92,111,139,148,156,161,168
strain-displacement relationship（几何方程） 8,15,21,40,42,44,54,92,111,147,156,161,167
strength of heat source（热源强度） 343
stress（应力） 8,13,20,23,40,41,43,92,148,157,168
stress invariant（应力不变量） 24
stress of temperature effect（热应力） 345
stress-displacement matrix（应力函数矩阵） 92,111,149,157,162
stress-strain relationship（应力应变关系） 8,17,21
structural vibration（结构振动） 298
sub-modeling（子模型方法） 386
sub-parametric element（亚参元） 174,199
sub-structure（子结构） 270
super-element（超级单元） 270,271
super-parametric element（超参元） 174,199
superposition principle（叠加原理） 28,34
symmetric tensor（对称张量） 32

T

tangent normal strain（切向正应变） 43
tangent stiffness matrix（切线刚度矩阵） 326
temperature of surrounding medium（环境温度） 343
tensor（张量） 9
tensor invariant（张量不变量） 24
tetrahedron element（四面体单元） 166,260
thermal conductivity of material（热传导系数） 343
thermal expansion coefficient（热膨胀系数） 345
thermal stress（热应力） 345
thin plate（薄板） 263
Timoshenko beam element（Timoshenko 梁单元） 139
total Lagrange formulation（完全 Lagrange 格式） 334
total solution（完整解答） 308
transformation（转换） 170
transformation matrix（变换矩阵） 104,109,116,122
transient dynamic analysis（瞬态动力学分析） 298
transient heat transfer（瞬态传热） 344
treatment of boundary condition（处理边界条件） 94,214
trial function（试函数） 56,61

triangular plate bending element (三角形薄板单元) 268
true solution (真实解) 66
true stress (真实应力) 335
truss/frame structure (杆梁结构) 370

U

uncoupled equation (解耦方程) 306
uncoupling (解耦) 305
undamped case (无阻尼情形) 301
underdamped case (亚临界阻尼情形) 307
uniqueness of solution (解的惟一性) 33
unknowns (待定系数) 57,92
unloading (卸载) 320
unsteady heat transfer (瞬态传热) 344
updated Lagrange formulation (更新 Lagrange 格式) 334
upper bound (上界) 221

V

variational method (变分方法) 65,77
virtual displacement (虚位移) 61
virtual strain energy (虚应变能) 62
virtual stress (虚应力) 76
virtual test (虚拟试验) 3,6
virtual work (虚功) 62
visualization of scientific data (数据可视化) 362
Voigt kinematics rule (Voigt 移动规则) 10
Voigt notation (Voigt 标记) 10
volume coordinate (体积坐标) 193
volume strain (体积应变) 33

W

weight function (权函数) 57
weighted residual method (加权残值法) 56
work by force (外力功) 26

Y

yielding criteria (屈服准则) 318
yielding surface translation (屈服面平移) 321
Young's modulus (杨氏模量) 17

Z

zero function (零函数) 268